分散型サニテーションと資源循環

概念、システムそして実践

DESAR
Decentralised Sanitation and Reuse

監　修　　虫明功臣
監　訳　　船水尚行／橋本　健
企　画　　財団法人ダム水源地環境整備センター
　　編　　Piet Lens, Grietje Zeeman and Gatze Lettinga

技報堂出版

Integrated Environmental Technology Series

The *Integrated Environmental Technology Series* addresses key themes and issues in the field of environmental technology from a multidisciplinary and integrated perspective.

An integrated approach is potentially the most viable solution to the major pollution issues that face the globe in the 21st century.

World experts are brought together to contribute to each volume, presenting a comprehensive blend of fundamental principles and applied technologies for each topic. Current practices and the state-of-the-art are reviewed, new developments in analytics, science and biotechnology are presented and, crucially, the theme of each volume is presented in relation to adjacent scientific, social and economic fields to provide solutions from a truly integrated perspective.

The *Integrated Environmental Technology Series* will form an invaluable and definitive resource in this rapidly evolving discipline.

Series Editor

Dr. Ir. Piet Lens, Sub-department of Environmental Technology, The University of Wageningen, P.O. Box 8129, 6700 EV Wageningen, The Netherlands. (piet.lens@algemeen.mt.wag-ur.nl)

Forthcoming titles in the series include:

Closing Industrial Cycles: *Challenges for the integration of biotechnology*
Technologies to Treat Phosphorous Pollution: *Principles and engineering*
Anaerobic Environmental Biotechnology
Biofilms: *Analysis, prevention and utilisation*

Decentralised Sanitation and Reuse

Concepts, Systems and Implementation

Edited by

Piet Lens, Grietje Zeeman and Gatze Lettinga
Department of Environmental Technology,
University of Wageningen, The Netherlands

IWA Publishing

Published by IWA Publishing, Alliance House, 12 Caxton Street, London SW1H 0QS, UK
Telephone: +44 (0) 20 7654 5500; Fax: +44 (0) 20 7654 5555; Email: publications@iwap.co.uk
www.iwapublishing.com

First published 2001
© 2001 IWA Publishing

Printed by TJ International (Ltd), Padstow, Cornwall, UK

Apart from any fair dealing for the purposes of research or private study, or criticism or review, as permitted under the UK Copyright, Designs and Patents Act (1998), no part of this publication may be reproduced, stored or transmitted in any form or by an means, without the prior permission in writing of the publisher, or, in the case of photographic reproduction, in accordance with the terms of licences issued by the Copyright Licensing Agency in the UK, or in accordance with the terms of licenses issued by the appropriate reproduction rights organization outside the UK. Enquiries concerning reproduction outside the terms stated here should be sent to IWA Publishing at the address printed above.

The publisher makes no representation, express or implied, with regard to the accuracy of the information contained in this book and cannot accept any legal responsibility or liability for errors or omissions that may be made.

British Library Cataloguing in Publication Data
A CIP catalogue record for this book is available from the British Library

ISBN 1 900222 47 7

This translation of Decentralised Sanitation and Reuse: Concepts, Systems and Implementation is published by arrangement with
IWA Publishing of Alliance House, 12 Caxton Street, London, SW1H 0QS, UK,
www. iwapublishing. com through Tuttle-Mori Agency, Inc., Tokyo

推薦の辞

　21世紀に本格的に展開するであろう近代の後に来る新しい時代を特徴付ける鍵となる言葉は，「サステイナビリティー（Sustainability）」とそれを支える「資源循環と保全（Reuse and Conservation）」であろう．人類の生存と，その基盤となる生態系の維持とそれを支える地球上の自然資源の継続的利用・確保が目的となる．

　19世紀，20世紀のキーワードは「進歩と成長」であり，それを支えたのが「科学技術の開発と高速大量輸送系の拡大整備」であった．20世紀の100年で世界人口は4倍に増加し，経済（GDP）は17倍になった．世界平均で一人当りの所得が4倍になった．しかしながらそのために，エネルギーを11倍，水資源を11倍も使うようになってしまった．化石エネルギーの過使用はついに地球温暖化という最終熱汚染を地球にばら撒いてしまった．水資源の不足も顕在化し，大農業地帯の地下水位の大低下，大河川の断流，淡水湖沼の縮小と消滅化など人類の食の基盤にまで危機が迫ってきた．さらに，再生不能資源である石油の枯渇も時間の問題となりつつあり，リンのような食物生産に不可欠な鉱物資源の急枯渇までが危ぶまれる．

　さらに，19・20世紀世界の成長は地球上で一様でなく，地域的に貧富の大きな差を生み，植民地化社会が広く世界を覆った近代が終わってもなお南北問題として世界の生存レベルの極端な非対称が終わらない．近代は西欧文明が卓越的な役割を果たした時代である．英国に始まるエネルギー革命・産業革命，そしてフランス革命を経て，西欧文明は世界の卓越文明として振舞うようになり，アメリカ・アジア・アフリカの植民地化を経て世界文明化した．ヨーロッパ起因の文明が，気候・土地の条件を問わずデファクト・スタンダードとして世界に広まった．経済的にも気候・風土的にもヨーロッパ文明を受け入れがたい植民地にヨーロッパ近代が流れ込むことによって様々な矛盾が風土の違う諸地域で発現することになる．

推薦の辞

　世界で最も温暖で適度な降水量を持つヨーロッパで始まった近代上下水道が，清浄な水をすべての用途に豊富に供給し，排泄物を一挙に流し去る都市・集落の水施設・衛生施設の最良のものとして世界中にひろがった．一人当り GDP が 2～3 万ドル/年にも及ぶ国々でも家計支出の 4～5％を投じなければ，上下水道を持つことができない．$1m^3$ の清浄水を供給し，下水として一括排除し処理するために，一人当り 1kWh 近くのエネルギーが常時要ることになる．人口が急増し都市化が急速に進む地域で，水道用水源を常時確保できる地域・国は限られる．エネルギーを安定に確保できない場合も多い．長距離大量輸送の管路網を建設維持するお金もない．先進国の援助でヨーロッパ型の上下水道を整備することが良いのかどうか，多くの地域で問題になる．

　先進国でも，地域の水資源量に比して需要人口が過大になり清浄原水が逼迫してくると，供給量のせいぜい 1/4 以下の 50L/(人・日) しか必要でない飲用可能水を，洗濯・入浴・水洗便所にまで供給することへの疑問が生じる．国連のダブリン宣言が世界の人にあまねく 50L/(人・日) の清浄水を供給したいという望みを，近代上水道で清浄水を大量に送り続ける方式では成し遂げられそうにもない．水洗便所に $1m^3$ 当り 5kWh も費やしてつくった海水淡水化の水を使うのは，産油国の乾燥地帯であっても続くはずがない．飲料の水と再生水または下流河川水を非飲用に使うのが良い．捨て方を工夫すれば，地先の水もしくは集落排水を再利用できる．巨大な水輸送系を持たない，輸送エネルギー消費を大きく節約した分散型の水供給系が当該都市・集落の自己責任で設計できる．

　し尿を水で薄めて，大規模な輸送系で大量に下流域に処分するよりは，発生源付近でし尿とその他の廃水を分離・処理し，時には糞と尿を分離し起源の確かな排出源について資源循環を行うことが考えられる．資源再生，特に貴重資源としてのリンの回収，雑排水の非飲用系・農業系への再利用など地域の特性に応じたきめ細かな配水系をつくることができる．わが国でも 60 歳以上の人はバキュームカー収集と浄化槽の組み合わせを経験しているはずである．下水道が整備されるまでの間という限定で使われてきたが，いまやほとんど下水道に置き換えられて，その技術を知る専門家もいなくなってきた．便所の構造を本格的に工夫すれば，下水道でないすばらしいし尿再利用系が再発足できそうである．途上国 (ODA) と組んでのすばらしい開発テーマである．

　この本は，私が会長をしていた国際水協会（IWA ： International Water

Association）が力を入れている，エコ・サン計画（Eco-Sanitation）の活動メンバーが力をあわせて IWA 出版から上梓したものである．現在考えられるほとんどの課題を扱い，次の時代を考える良い足場となる．北海道大学の船水尚行教授とダム水源地環境整備センターの橋本健理事が中心になって，多くの研究者・教員の努力で日本語版が刊行されることとなった．この本から思考を膨らまし，近代上下水道だけが都市・集落の水と衛生のデ・ファクト標準であるという呪縛を解いていただきたいと思う．

2005 年 3 月

放送大学長・元 IWA（国際水協会）会長

丹保　憲仁

日本語版　序

　前世紀後半から始まった急激な人口増加と人間活動の拡大は，地球温暖化による水循環系と水資源の変化，水需要の増大と水不足，水環境の劣悪化，安全な飲料水へのアクセス不足，水域生態系の破壊，水災害の激化など，グローバルからリージョナルそしてローカルにわたる様々な水問題を顕在化させています．さらに，世界人口が現在の60億から2050年頃には90億余へと増加が見込まれるなかで，「21世紀は水危機の時代」という表現に象徴されるように，これらの問題は今後ますます深刻になることが懸念されています．

　とりわけ，水供給とサニテーションの問題は，1980年代を"国際水供給と衛生の10年"とすることを採択した，1977年のマルデルプラタにおける国連で初めての水会議以来，国際的協力のもとで解決すべき最も重要な課題の一つとされてきました．しかし，現在でも世界で毎年300万人から400万人以上が水に直接起因する病気で死亡しているといわれ，途上国では未だ解決の方途が見出されていない状況です．2002年のヨハネスブルク・サミット（持続可能な発展に関する世界首脳会議）においても，5つの重点分野のひとつとして"水と衛生"が取り上げられており，2015年までに達成すべき次のような数値目標が掲げられています．

1) 安全な飲料水を入手できない約12億人，世界人口の20％を半減させる．
2) 基本的な衛生施設にアクセスできない約24億人，世界人口の40％を半減させる．

　これを達成するのにどのような具体的な方策を適用すべきか？　それは必ずしも明らかではありません．欧米や日本などが採用してきた大規模な水資源開発と下水道システムを途上国へ全面的に導入するのはコストの面で明らかに不可能です．

　一方，先進国においても，自らが近代化の過程で採用し発展させてきた集中型の水供給—下水道排水システムが，環境と資源循環の持続可能性の観点から適切

な方式であるかについて疑問が呈されています．すなわち，飲料可能な水質の水を輸送媒体として使うことへの疑問，下水管の敷設と維持管理に必要な莫大な費用の問題，そして，人間の排泄物と家庭やレストランや事業所などからの排水を混ぜて水で薄めることによって，処理効率が極めて低下するとともに循環資源としての再生と回収を困難にしている点，などです．

本書「Decentralized Sanitation and Reuse：分散型サニテーションと資源循環」は，DESAR（Decentralized Sanitation and Reuse）を集中型下水道システムに対置する概念として提示し，具体的な種々の方策を紹介しています．DESARとは，その名のとおり，発生源に近いところで排泄物や排水の種類別に処理して，肥料やガスなどの資源を回収・利用する方式です．し尿を肥料として農業に利用するなど，発想そのものは，往古からあるものですが，科学技術的な研究を基にDESARが現代的システムとして開発・構成されるようになったのは，近年のことです．本書では，DESARの個別要素技術を解説した後，西欧先進国への適用事例，アフリカや中米の途上国への導入の試みを紹介するとともに，DESARと公衆衛生や環境保全との係わり，DESARを社会経済システムそして都市／住宅へ導入するに当たっての方策と課題などについて広汎に議論されています．

DESARが，現在使われている下水道システムに取って代わるサニテーション・システムであるか，あるいは，下水道システムを補完するシステムと位置付けるかについては，各章の執筆者により思想が異なっているようです．いずれにせよ，特に途上国において，また先進国においても地域によっては下水道システムの全面的な導入は困難なことを考えれば，私たちは，地域の実情と時代の変化に合ったDESAR技術を開発し，多様な技術メニューを持つべきです．

こうした新たなDESAR技術の導入には，これを受け入れる市民／住民の環境保全・改善に対する理解の深化と価値観やライフスタイルの変更が不可欠です．その意味で，本書は，専門家だけで無く，一般の方々にも読んでいただくことを念頭に日本語訳はできるだけわかりやすくするよう留意しています．わが国では，浄化槽を除いて広く普及しているDESAR技術はほとんどありません．また，本書で紹介されている事例の中でアジアでのDESAR技術については，日本の浄化槽しか触れられていません．日本ならびにアジア諸国に適用できるDESAR技術の研究開発の促進と実用化の拡大への刺激となること，これが，本書の翻訳の一番大きな動機です．

日本語版　序

　原書の出版元である国際水協会（IWA: International Water Association）に翻訳本の出版を認めていただくにあたり，前IWA会長を務められた放送大学丹保憲仁学長にご尽力を賜りました．また，翻訳出版には，ダム水源地環境整備センター加藤昭理事長から深いご理解とご支援をいただきました．

　この翻訳出版は，私が研究総括を務めている科学技術推進機構・戦略的創造研究推進事業（CREST）の研究領域「水循環系モデリングと利用システム」に北海道大学船水尚行教授が代表者として採択された「持続可能なサニテーションシステムの開発と水循環系への導入に関する研究」の研究活動の一環として計画されました．翻訳作業は，その研究プロジェクトの分担者とダム水源地水質保全技術研究会のメンバーが中心となって分担・協力して進められました．用語や表現などの最終的な統一などの監訳には，船水教授とダム水源地環境整備センター橋本健理事がご尽力くださいました．また，技報堂出版の小巻慎編集部長をはじめとする方々にはたいへんお世話になりました．

　本書の出版は，多くの方々の熱意と共同作業によって実現しました．関係各位に心から感謝申し上げます．

　船水教授のプロジェクトは，日本発信のDESARシステムの開発と実用化に向けて，基礎的研究から日本と中国，インドネシアの数地域における応用・実証実験にわたって，鋭意，着実に進められていることを付記し，この分野の研究がさらに拡大・発展し，持続可能な水利用システムの構築に大きく貢献することを期待しています．

2005年3月

福島大学教授・東京大学名誉教授
虫明　功臣

≪≪≪≪ 翻訳版の出版にあたって ≪≪≪≪

　本書「Decentralised Sanitation and Reuse」は，サニテーションにおける分散型技術やそれに伴う資源再利用について，調査研究・技術開発の現状と展望について述べたものです．またこれらの技術が社会的にどのような可能性を持っているのかということも論じられています．執筆者によりニュアンスの差がありますが，それは本書が EU の 2000 年サマー・スクール講義録を中心にまとめられているためです．分散型サニテーションの意義や重要性については，版権取得にご尽力を頂いた放送大学丹保憲仁学長（元 IWA 会長）の「推薦の辞」や，監修をお引き受け頂いた福島大学虫明功臣教授の「序」において述べていただいているところです．当センターでは，平成 13 年夏，「自然システムを利用した水質浄化」を翻訳出版しておりますが，本書で取り扱われているテーマはより広範囲であり，研究途上のものを多く含んでいます．

　当センターにおいては，ダム貯水池の水質保全が，生態環境，景観保全，水利用にとって極めて重要なことから，かねてより，こうした技術体系には深い関心を寄せてきております．ダム貯水池の水質保全対策を流域において実現させる手段が確立するなら，「混ぜない・薄めない」という意味で，多くの効果が期待できます．また，資源循環という観点から，持続可能で活力のある水源地コミュニティーの構築にも貢献できるのではないかとも考えます．もちろん単なる技術開発にとどまらず，本書の随所に述べられていますように，循環型社会を実現するには，社会的・文化的受容性や既存のインフラストラクチャーとの賢明な整合など，多くの課題が横たわっています．その意味で本書は，分散型サニテーションについて，議論の出発点としての役割を担っていると思われます．

　本書は早稲田大学石崎勝義教授にご紹介いただいたものです．翻訳については，別表に揚げさせていただいておりますが，CREST の「持続可能なサニテーションシステムの開発と水循環系への導入に関する研究」（代表者：北海道大学船水尚行教授）の研究メンバーや，ダム水源地水質保全技術研究会の会員を中心とす

る多くの方々のご協力の賜物です．特に，船水教授には全面的なご指導を頂きました．また，技報堂出版の小巻愼部長・宮村正四郎次長をはじめとする方々には大変にお世話になりました．心から感謝を申し上げます．

2005 年春

(財) ダム水源地環境整備センター理事長

加藤　昭

◇◇◇◇ 翻訳者・監訳者名簿 ◇◇◇◇

(*印は翻訳・監訳者／50音順／所属は2005年2月現在)

荒巻	俊也	アジア工科大学院客員助教授（東京大学大学院工学系研究科助教授）
石崎	勝義*	社団法人日本建設業経営協会中央技術研究所所長
稲森	悠平	独立行政法人国立環境研究所水土壌圏環境研究領域主席研究官
大瀧	雅寛	お茶の水女子大学大学院人間文化研究科助教授
大森	英昭*	財団法人日本環境整備教育センター理事
岡部	聡	北海道大学大学院工学研究科助教授
京才	俊則*	株式会社西原環境テクノロジー取締役
切明	かおる	株式会社都市整備技術研究所企画調査部
小池	俊雄	東京大学大学院工学系研究科教授
佐藤	和明*	財団法人河川環境管理財団技術参与
澤田	寿*	ダム水源地水質保全技術研究会代表
山海	敏弘	独立行政法人建築研究所環境研究グループ上席研究員
高橋	正宏	国土交通省国土技術政策総合研究所下水道研究部部長
瀧澤	悦子*	財団法人ダム水源地環境整備センター企画部主任研究員
谷本	修志*	柴田工事調査株式会社最高顧問
寺沢	実	北海道大学大学院農学研究科教授
富岡	誠司*	国土交通省東北地方整備局青森河川国道事務所所長
中尾	忠彦	財団法人河川情報センター理事
長澤	靖之*	株式会社都市整備技術研究所代表取締役
中村	圭吾	独立行政法人土木研究所水循環研究グループ（河川生態）主任研究員
橋本	健*	財団法人ダム水源地環境整備センター理事
船水	尚行*	北海道大学大学院工学研究科教授
古米	弘明*	東京大学大学院工学系研究科教授

翻訳者・監訳者名簿

水落	元之	独立行政法人国立環境研究所循環型社会形成推進・廃棄物研究センター主任研究員
楊	新泌	財団法人日本環境整備教育センター調査研究部主任研究員
安田	成夫*	国土交通省国土技術政策総合研究所河川研究部ダム研究室室長
山下	武宣	財団法人ダム技術センターダム技術研究所首席研究員
吉川	勝秀	財団法人リバーフロント整備センター技術普及部長／慶應義塾大学大学院政策・メディア研究科教授

序

　過去一世紀における我々の社会の技術的成果は，事実上全ての分野において巨大なものであった．技術上の革新と発明というこの過程は，時には絶え間ない加速を伴って，いまだに続いている．この過程はどこに向かっているのだろうか？ 社会はこの技術的成果と革新の全てと折り合いをつけることができるのだろうか？　これらの成果と革新は常に人類にとっての向上を意味するのだろうか？ 社会はこの世界でどのように展開していくのだろうか？　こうしたことを危惧している人々が増えつつある．全ての技術分野で起きている途方もなく急速な進歩は，社会の改良とか生活の快適化といったものとの間に，十分なバランスを保っていないようにも見える．何百万という人々にとっては人間としての基本的な要求が満たされていない：人々は深刻な環境汚染に当面している：そして鉱物資源は，人類のほんの一部分の人たちの繁栄のために無駄遣いされている．南北の貧しい人々と富んだ人々の間の格差は急速に拡大している．我々の社会の何かがひどく間違っている：我々の知識と技術を，少数の特別な人々のためだけでなく，全ての人々のために使うことを学ばなければならない．そうすることで，誰もが汚染のない環境で持続可能な生き方を送ることができる．

　サニテーションの問題というものは，我々が直面している他の様々な問題に比べると比較的控え目な役割しか果たしていない．しかしサニテーションは，生活の質に直接的な影響をもつので重要な問題である．貧弱なサニテーションは人の健康への深刻なリスクを意味するため，ほとんどの国でサニテーションは政府の責務とされている．環境汚染に歯止めをかけ，廃棄物や排水が国民にもたらす公衆衛生上のリスクを軽減するため，政府は可能なことを全て実施する．

　そのようなわけで，人間の排泄物やその他の家庭からの廃棄物を可及的速やかに生活の場から遠くへ輸送してしまうという方法が，多くの国々で一般にとられている．その際，それらの内容物が何であるかを考えず，その潜在的な価値を考えず，また近隣に与えるインパクトを考えていない．我々が自らの排泄物の処理

を語ることはタブーに満ちているのだが，人間であるということが摂食と排泄の間にこれだけ大きな食い違いをつくり出していることには不思議を感じる．排泄物を水で流してしまうことは通例のやり方であり，大部分の人はそれによる影響に責任を負おうとしない．こうした振る舞いは，現状のサニテーションが抱えているジレンマを解く鍵である．

非常に多くの人々が，途上国においてさえ，サニテーションやその結果得られるクリーンな環境には投資せず，車やビデオや携帯電話に資金を使いたがるのは不思議なことではないだろうか．我々の世代と未来の世代が調和のとれた環境で生活できるようにするためには，近代的な機械仕掛けの小道具と同じくらいに人を惹きつける適切なサニテーション技術の開発が必要である．

実際のところ，現行のサニテーション技術は100年前に開発されたものとほとんど同一である．問題を生活の場から外へともち出すのである．この技術は，資源の保全とか残渣や廃棄物の再利用については考えていない．本書はサニテーションにおける現行の扱い方を批判的な立場から概観し評価する．それは技術を否定するためではなく，持続可能な発展というニーズに適合した新たな過程や概念を開発・導入し，現行のシステムに変更を加える道を模索するためである．技術的なノウハウに加え，建築，都市計画，社会経済を含んだ多くの異なる側面を考慮しなければならない．本書ではこうした要素を全て統合しているという面で，サニテーションにおける集中化と分散化の問題に特に注目する．

多種多様な章を組立てたこの本の目的は最新の重要な展望を示すことである．各章は独立しているので，読者は各章のテーマから独立に情報を得ることができる．しかし，初めはまったく違ったテーマだと思われた事柄が互いに関連していることに気づくであろう．学際的な関連を引出し際立たせるのが我々の狙いである．そのため，総合的な索引を付けて相互参照が容易なようにしてある．本書が，この分野で既に活躍している人々に着想を与え，この分野に踏み込んでみようとする人々を勇気づける．このことを我々は望んでいる．

本書を作成するにあたり，熱心かつ迅速に貢献してくれた方々に感謝したい．本書は，2000年6月にオランダのWageningenで開催されたユーロ夏期講座「分散型サニテーションと資源循環」に基づいている．この夏期講座はEUの計画である「人間の潜在能力の改善（Improving the Human Potential）」（IHP-1999-0060）から資金的支援を受けた．本書の内容は大部分が口頭発表されたものであ

るが，執筆を依頼したものも含まれている．また，IWA 出版の Alan Click と Alan Peterson には，本書の出版に当たっての助力・支援に感謝したい．

Piet Lens

Grietje Zeeman

Gatze Lettinga

Wageningen, 2001 年 3 月

原書著者一覧

Andrea Angelakis
National Agricultural Research Foundation, Institute of V.V.F. of Iraklio, Water Resources and Environment Division, PO Box 1841, 71110 Iraklio, Crete, Greece

Raf Bellers
Aquafin, Dijkstraat 8, 2630 Aartselaar, Belgium

Lailach Ben-David
Ben-Gurion University, Environmental Water Resources Centre, The Institute for Desert Research, Kiryat Sde-Boker 84990, Israel

Markus Boller
Swiss Federal Institute for Environmental Science and Technology (EAWAG), Ueberlandstrasse 109, CH-8600 Duebendorf, Switzerland

Paul Cooper
The Ladder House, Cheap Street, Chedworth, Cheltenham, Gloucestershire GL54 4AB, UK

Claire Diaper
School of Water Sciences, Cranfield University, Cranfield MK43 0AL, UK

Fatma El-Gohary
Water Pollution Control Department, National Research Centre, Tahreer Street, Dokki, 12622 Cairo, Egypt

Eva Eriksson
Department of Environmental Science and Engineering, Technical University of Denmark, Building 115, 2800 Lyngby, Denmark

Hartlieb Euler
TBW GmbH, Baumweg 10, 60316 Frankfurt am Main, Germany

Leonid Gillerman
Ben-Gurion University, Environmental Water Resources Centre, The Institute for Desert Research, Kiryat Sde-Boker 84990, Israel

Tova Halmuth
Central Virological Laboratory, Sheba Medical Centre, Tel-HaShomer 52621, Israel

Lennert Heip
Aquafin, Dijkstraat 8, 2630 Aartselaar, Belgium

Mogens Henze
Department of Environmental Science and Engineering, Technical University of Denmark, Building 115, 2800 Lyngby, Denmark

Nigel Horan
Department of Civil Engineering, University of Leeds, Leeds LS2 9JT, UK

Look Hulshoff Pol
Department of Environmental Technology, University of Wageningen, PO Box 8129, 6700 EV Wageningen, The Netherlands

Bruce Jefferson
School of Water Sciences, Cranfield University, Cranfield MK43 0AL, UK

Simon Judd
School of Water Sciences, Cranfield University, Cranfield MK43 0AL, UK

Youssouf Kalogo
Laboratory Microbial Ecology, University of Gent, Coupure L. 653, 9000 Gent, Belgium

Ludmilla Kats
Ben-Gurion University, Environmental Water Resources Centre, The Institute for Desert Research, Kiryat Sde-Boker 84990, Israel

Katarzyna Kujawa-Roeleveld
Department of Environmental Technology, University of Wageningen, PO Box 8129, 6700 EV Wageningen, The Netherlands

Tove Larsen
Swiss Federal Institute for Environmental Science and Technology (EAWAG), Ueberlandstrasse 109, CH-8600 Duebendorf, Switzerland

Jon Kristensson
Kristinsson BV Architect & Ir. Bureau, Noordenbergsingel 10, 7411 SE Deventer, The Netherlands

Katsuhiko Kuniyasu
Japan Education Centre of Environmental Sanitation, 3-33-2 Haramachi, Shinjuku-ku, Tokyo, Japan

原書著者一覧　xix

Anna Ledin
Department of Environmental Science and Engineering, Technical University of Denmark, Building 115, 2800 Lyngby, Denmark

Piet Lens
Department of Environmental Technology, University of Wageningen, PO Box 8129, 6700 EV Wageningen, The Netherlands

Gatze Lettinga
Department of Environmental Technology, University of Wageningen, PO Box 8129, 6700 EV Wageningen, The Netherlands

Jorgen Logstrup
DRT-TransForm, Borgervede 6, 1st floor, 1300 Copenhagen, Denmark

Alexia Luisings
Delft University of Technology, Faculty of Architecture, Environmental Design, Berlageweg 1, Postbus 5043, 2600 GA Delft, The Netherlands

Yossi Manor
Central Virological Laboratory, Sheba Medical Centre, Tel-HaShomer 52621, Israel

Harri Mattila
Tampere University of Technology (TUT), Institute of Water and Environmental Engineering (IWEE), PO Box 541, FIN-33101 Tampere, Finland. Also: Finnish Environment Institute, FEI, PO Box 140, FIN-00251 Helsinki, Finland

Janusz Niemczynowicz
Department of Water Resources Engineering, University of Lund, Box 118, 22100 Lund, Sweden.

Hallvard Odegaard
Department of Hydraulic and Environmental Engineering, Norwegian University of Science and Technology, N-7491 Trondheim, Norway

Hideaki Ohmori
Japan Education Centre of Environmental Sanitation, 3-33-2 Haramachi, Shinjuku-ku, Tokyo, Japan

Gideon Oron
Ben-Gurion University, Environmental Water Resources Centre, The Institute for Desert Research, Kiryat Sde-Boker 84990, Israel

Ralf Otterpohl
Technische Universität Hamburg-Harburg, Arbeitsbereich Abfallwirtschaft, Eißendorferstr. 42, 21071 Hamburg, Germany

原書著者一覧

Erik Poppe
Aquafin, Dijkstraat 8, 2630 Aartselaar, Belgium

Lucas Reijnders
Anna van den Vondelstraat 10, 1054 GZ Amsterdam, The Netherlands

Japp Schiere
AqN-Consult, Oudeweg 63, 9201 EK Drachten, The Netherlands

Miquel Salgot
Laboratori d'Edafologia, Facultat de Farmàcia, Universitat de Barcelona, Joan XXIII s/n. 08028, Barcelona, Spain

Friedhelm Streiffeler
Humbolt/dt-Universitat zu Berlin, LGF-WISOLA, Unter den Linden 6, 10099 Berlin, Germany

Anke Stubsgaard
Department of Monitoring and Information Technology, DHI, Gustav Wieds Vej 10, 8000 Arhus C, Denmark

Paul Terpstra
De Dreijenborch, Ritzema bosweg 32a, 6703 AZ Wageningen, The Netherlands

Willy Verstraete
Laboratory Microbial Ecology, University Gent, Coupure L. 653, 9000 Gent, Belgium

Michael von Hauff
Volkswirtschaftslehre und Wirtschaftspolitik, Universitaet Kaiserslautern, Gottlieb-Daimler-Strasse, 67663 Kaiserslautern, Germany

Rony Wallach
Faculty of Agriculture, The Hebrew University, Rechovot 76100, Israel

Madeleen Wegelin-Schuringa
IRC International Water and Sanitation Centre, PO Box 2869, 2601 CW Delft, The Netherlands

Peter Wilderer
Institute of Water Quality Control and Waste Management, Technical University of Munich, Am Coulombwall, D-85748 Garching, Germany

Takeshi Yahashi
Japan Education Centre of Environmental Sanitation, 3-33-2 Haramachi, Shinjuku-ku, Tokyo, Japan

Xinmi Yang
Japan Education Centre of Environmental Sanitation, 3-33-2 Haramachi, Shinjuku-ku, Tokyo, Japan

Grietje Zeeman
Department of Environmental Technology, University of Wageningen, PO Box 8129, 6700 EV Wageningen, The Netherlands

目　次

第1部　環境保全のための分散型サニテーションと資源循環

1章　持続可能な発展に向けた環境保護技術 ……………………………… 3
 1.1 持続可能な発展と環境保護　3
 1.2 持続可能な発展のための環境技術　4
 1.3 参考文献　10

2章　排水処理の歴史 …………………………………………………………… 11
 2.1 はじめに　11
 2.2 先史時代　11
 2.3 ローマ時代：BC800〜AD450年　12
 2.4 公衆衛生の暗黒時代：450〜1750年　13
 2.5 公衆衛生の啓蒙時代と産業革命：1750〜1950年　15
 2.6 基本的処理プロセスの発展：1870〜1914年　23
 2.7 処理方法の発展時代：1914〜1965年　27
 2.8 環境保護のための基準に向けた処理法の改善：1965〜2000年　31
 2.9 まとめ　35
 2.10 排水処理年表　36
 2.11 参考文献　38

3章　分散型排水管理と集中型排水管理 ……………………………………… 41
 3.1 はじめに　41
 3.2 集中型水管理システムの評価　43
 3.3 分散型水管理システム　47
 3.4 まとめ　54
 3.5 参考文献　55

第2部　廃棄物・排水の特徴とそれらのオンサイト収集

4章　従来型の一括して排出される家庭排水の種類，特性および量 ……… 59
 4.1 はじめに　59
 4.2 排水の成分　59
 4.3 人口当量（PE）と個人負荷（PL）　65
 4.4 排水の色　65
 4.5 家庭からの廃棄物　66

4.6　水使用　69
　　4.7　家庭の排水計画　70
　　4.8　廃棄物の輸送量　72
　　4.9　参考文献　73

5章　家庭ゴミの種類，性状と廃棄量 …………………………………………75
　　5.1　はじめに　75
　　5.2　家庭ゴミの種類　76
　　5.3　家庭ゴミの性状　78
　　5.4　家庭ゴミの管理　87
　　5.5　参考文献　93

6章　排水の収集と輸送 ……………………………………………………………97
　　6.1　はじめに　97
　　6.2　排水の収集方式　99
　　6.3　合流式下水道　102
　　6.4　分流式下水道　109
　　6.5　管内堆積　111
　　6.6　排出源コントロール　112
　　6.7　参考文献　115

7章　都市サニテーションのジレンマ …………………………………………117
　　7.1　はじめに　117
　　7.2　サニテーションシステムの変革を必要とする背景的論拠　118
　　7.3　排水処理で発生する汚泥に関する問題　119
　　7.4　肥料として尿　121
　　7.5　現在のサニテーションのあり方と持続可能な発展　122
　　7.6　有機物質の持続可能な管理における現在の潮流　123
　　7.7　世界の動き　127
　　7.8　参考文献　130

第3部　DESARの技術的要素

＜A　DESARの概念と技術＞

8章　混合された家庭排水のDESAR処理 ……………………………………133
　　8.1　はじめに　133
　　8.2　分散的アプローチ　136
　　8.3　技術的選択肢　137
　　8.4　おわりに　159
　　8.5　参考文献　160

9章　極めて効率的な発生源管理サニテーションの設計と実践例 …………163
　　9.1　ようこそ未来へ―地域の排水管理におけるゼロエミッション　163
　　9.2　従来型サニテーションの問題　164

9.3	排水管理と地域計画　165	
9.4	発生源管理サニテーションの設計と適切な水管理に関する基本的考察　166	
9.5	新しい展開1：分離式トイレと自然流下　168	
9.6	新しい展開2：真空式トイレとバイオガスプラントへの真空式輸送　172	
9.7	新しい展開3：低コストで維持が容易なオンサイトシステム　177	
9.8	新しい展開4：既設下水道インフラの機能向上　177	
9.9	リスク，障害，制約　178	
9.10	ようこそ未来へ！　179	
9.11	参考文献　179	

＜B　嫌気性前処理＞

10章　低温な条件下における家庭排水の嫌気性処理の可能性 …………………181
- 10.1　はじめに　181
- 10.2　比較的低い気温の下での嫌気性処理の基礎　182
- 10.3　比較的低い気温の下で適用する嫌気性処理技術　189
- 10.4　コスト評価　196
- 10.5　謝　辞　199
- 10.6　参考文献　199

11章　高温な条件下における家庭排水の嫌気性前処理の可能性 ………………203
- 11.1　はじめに　203
- 11.2　UASBを用いた排水処理　204
- 11.3　考察と結論　212
- 11.4　参考文献　213

12章　高濃度家庭排水の嫌気性処理システム ……………………………………217
- 12.1　はじめに　217
- 12.2　嫌気性処理システムと排水濃度の関係　218
- 12.3　モデル計算　223
- 12.4　参考文献　231

＜C　低濃度排水の処理（後処理）＞

13章　集落用のコンパクトなオンサイト処理－ノルウェーの経験 ……………233
- 13.1　はじめに　233
- 13.2　ノルウェーのコンパクトなプレハブ式オンサイト処理装置の技術（ミニ処理施設）　237
- 13.3　ノルウェーにおけるコンパクトな小規模処理施設（35～2000人）の技術　241
- 13.4　まとめ　251
- 13.5　参考文献　253

14章　浄化槽による生活排水のオンサイト処理 …………………………………255
- 14.1　はじめに　255
- 14.2　浄化槽の構造　257
- 14.3　小型浄化槽の処理性能　261

14.4　小型浄化槽によるディスポーザー排水の処理　265
　　　14.5　膜分離技術を導入した小型浄化槽　268
　　　14.6　小型浄化槽の維持管理（保守点検と清掃）　273
　　　14.7　今後の展望　277
　　　14.8　参考文献　278

15 章　嫌気的に前処理された排水の後処理 ················329
　　　15.1　はじめに　279
　　　15.2　排水基準　281
　　　15.3　嫌気性前処理からの排水の水質　283
　　　15.4　排水安定池　284
　　　15.5　通性安定池　286
　　　15.6　熟成池　289
　　　15.7　安定池の設計に関するその他の考察　294
　　　15.8　エアレーション式ラグーン　295
　　　15.9　参考文献　298

16 章　土壌あるいは湿地を用いた自然処理システムによる排水管理 ············301
　　　16.1　はじめに　301
　　　16.2　自然処理システムの必要性　302
　　　16.3　自然処理システムの特徴とその目的　305
　　　16.4　オンサイト排水処理方式　307
　　　16.5　緩速処理法　308
　　　16.6　急速浸透法　312
　　　16.7　表面流下法　317
　　　16.8　水生植物法　320
　　　16.9　湿地システム　322
　　　16.10　安定池　326
　　　16.11　自然処理システムの組合せ　328
　　　16.12　参考文献　329

＜D　水と無機物資源の回収＞

17 章　グレイウォーターの処理 ················331
　　　17.1　はじめに　331
　　　17.2　グレイウォーターの特性　332
　　　17.3　再生水水質基準　336
　　　17.4　処理技術　338
　　　17.5　参考文献　348

18 章　グレイウォーターを利用した地下水涵養 ················351
　　　18.1　はじめに　351
　　　18.2　グレイウォーターの特性　352
　　　18.3　土壌と水中における汚濁物質の挙動　360
　　　18.4　参考文献　366

19章　住宅その他の建築物における水再利用の可能性 …………………………369
- 19.1　はじめに　369
- 19.2　家庭における水利用　370
- 19.3　水質と水利用　372
- 19.4　持続可能な水供給システムのモデル　375
- 19.5　動的シミュレーションによる節水効果の評価　377
- 19.6　実現の可能性　380
- 19.7　参考文献　381

20章　DESARにおける栄養塩類回収の展望 …………………………383
- 20.1　はじめに　383
- 20.2　廃棄栄養塩類の起源と種類　384
- 20.3　廃棄物の流れ　386
- 20.4　栄養塩類回収のオプション　388
- 20.5　栄養塩類回収の技術　390
- 20.6　DESARへの適合性　397
- 20.7　尿分離技術（AN技術）：一つの例　397
- 20.8　AN技術はどのようにDESARコンセプトに対応するか？　403
- 20.9　まとめ　404
- 20.10　参考文献　406

＜E　農業への再利用＞

21章　潅漑と施肥の可能性 …………………………409
- 21.1　はじめに　409
- 21.2　SDIの野外実験　413
- 21.3　結　果　415
- 21.4　考　察　422
- 21.5　参考文献　423

22章　DESARと家庭廃棄物価格安定策によるアフリカ都市農業の可能性 …427
- 22.1　はじめに　427
- 22.2　アフリカの都市環境問題　427
- 22.3　アフリカの都市農業　429
- 22.4　都市内および都市周辺農業の問題点　431
- 22.5　都市農業の問題点　433
- 22.6　統合的解決　434
- 22.7　分散的解決それとも集中的解決？　435
- 22.8　統合的解決の問題点　435
- 22.9　西アフリカでの事例研究　437
- 22.10　排水の利用　440
- 22.11　結　論　441
- 22.12　参考文献　442

23章　排水再利用のガイドラインと規制 …………………………445
- 23.1　はじめに　445
- 23.2　排水の再生利用　446

23.3 再利用の条件　448
23.4 再生水の水質基準に影響する要因　449
23.5 歴史的展開　454
23.6 現行の規制　455
23.7 参考文献　462

第4部　DESARの環境的・公衆衛生的側面

24章　DESARの衛生的側面：水循環　…………467
24.1 はじめに　467
24.2 リスクの概念　472
24.3 考察　479
24.4 おわりに　480
24.5 参考文献　480

25章　排水の固形部分の衛生学的側面　…………483
25.1 はじめに　483
25.2 排水中の固形部分の種類　483
25.3 各種処理法での病原性微生物低減速度　484
25.4 分散型汚泥処理　486
25.5 ドライサニテーション　487
25.6 潜在的病原性微生物媒介物（ベクター）　492
25.7 発病に要する病原体レベル　494
25.8 DESARのリスク管理　495
25.9 参考文献　496

26章　集中型処理と分散型処理の環境影響比較　…………499
26.1 はじめに　499
26.2 検討すべき環境影響　501
26.3 排水処理の戦略的視点　503
26.4 現在の排水処理方式の比較　505
26.5 参考文献　510

第5部　DESARの社会経済的側面

27章　DESAR技術適用における一般市民の支持の役割　…………515
27.1 はじめに　515
27.2 排水のオンサイト処理の必要性　516
27.3 Pyhäjärvi湖地域におけるDESARの開発　522
27.4 運用と保守管理　528
27.5 参考文献　530

28 章　サニテーションへの住民の啓発と動員 …………………………533
- 28.1　はじめに　533
- 28.2　戦略，方法，取組み　537
- 28.3　対話と社会的動員の方法および手段　546
- 28.4　参考文献　550

29 章　DESAR における嫌気性消化適用の展望と障害 …………………551
- 29.1　はじめに　551
- 29.2　嫌気性処理のプロセス　553
- 29.3　経済的側面　560
- 29.4　望ましい枠組み条件　565
- 29.5　嫌気性 DESAR の例　569
- 29.6　参考文献　573

30 章　排水の分散型処理のミクロ・マクロな経済学的側面 …………………575
- 30.1　はじめに　575
- 30.2　適切なサニテーションを整備するための費用　577
- 30.3　技術的対策の経済的評価　579
- 30.4　排水処理代替方式の経済的評価　581
- 30.5　分散型処理の財政的評価　584
- 30.6　参考文献　588

第 6 部　DESAR の建築的・都市計画的側面

31 章　市街地における DESAR 実施の都市計画的側面 …………………593
- 31.1　はじめに　593
- 31.2　閉鎖循環系の持続可能性　599
- 31.3　DESAR に対する市民の受容性　602
- 31.4　市街地における DESAR の実施　603
- 31.5　分散型サニテーションシステムの住環境への統合　609
- 31.6　参考文献　615

32 章　DESAR の開発と実施における建築的・都市計画的側面 …………617
- 32.1　はじめに　617
- 32.2　DESAR と生活の質　619
- 32.3　美的価値観への非西欧的アプローチ　624
- 32.4　DESAR に関する建築家と都市計画専門家の相互影響　628
- 32.5　参考文献　639

あとがき …………………………641

略　　号 …………………………643

索　　引 …………………………647

第1部

環境保全のための分散型サニテーションと資源循環

1章
持続可能な発展に向けた環境保護技術

G. Lettings, P. Lens and G. Zeeman

© IWA Publishing. Decentralised Sanitation and Reuse：Concepts, Systems and Implementation.
Edited by P. Lens, G. Zeeman and G. Lettinga. ISBN：1 900222 47 7

1.1　持続可能な発展と環境保護

　環境の質は，我々人類全体にとって，とりわけこれからの世代にとって極めて重大な関心事となっている．環境を汚染から保護するための大きな変革を必要とする時期が来ていることを，ますます多くの人々が感じるようになっている．すなわち，地域レベルと世界レベルの双方で生物の多様性をどのように維持できるのか，資源の枯渇をどのように防いだらよいのかといった問題に対する関心が高まっている．現代の社会は持続可能なライフスタイルを緊急に必要としており，そのライフスタイルは選定される環境保護技術に深く係わっている．

　このことは，過剰な人口，栄養不良，砂漠化，水質の劣化といった現在の全地球的問題に対して，多くの専門分野にわたる全体的な取組みが必要であることを意味している．エコロジーの観点から，エコシステムを持続可能な状態に保ちたいと思うなら，エコシステムにおける無制限な指数関数的成長は抑制する必要がある．エコシステムの積載能力をめぐる調和と均衡が必要なのであるが，持続可能性と成長を実際に両立させることができるものだろうか．確かにいえることは，「持続可能性と指数関数的成長を両立させることはできない」ということである．人間社会についていえば，このことは資源の枯渇を防ぐという意味だけではなく，「希望のない多数の貧困の上に少数が繁栄を極める事態を防ぐ」という社会的公正の意味においても当てはまる．

　持続可能な発展というコンセプトはもちろん新しいものではない．けれども，このことが世界中で理解され実行されることは非常に難しい．持続可能性を数量化するうえでの基準を欠くため，このコンセプトにはどうしても曖昧さが伴う．このことから，政治家や政策立案者が提案する目標や対策も十分に明確化される

ことはなく，場合によってはそれが恣意的になされることもある．有名なBrundlandt（ブルントラント）委員会のような国際的委員会が係わる場合でも，このコンセプトの定義が非常に幅広いものであるため，人々，各種機関および各国政府が適切な措置を講じるのを回避する手段となりやすい．

例えば，いくつかの政府が水環境の汚染を防止するうえで非常に厳しい基準を提案すると，「環境改善の必要性が極めて高い貧困国でもなけなしの資金や技術しか投入されていない．こんな時に，一つの国や地域だけが天国のような自然環境を追求することにどのような意味があるのか？」といった疑問が提示される．これは環境に対するある種の視野狭窄症なのであるが，多分，市民には政治家たちは環境浄化に気を遣っているという印象を与えることだろう．だが実際のところ，そのような考え方は，持続可能性や力強い環境保護とはほとんど関係のない短期的な目標に導くことにしかならない．その結果，最初に企図された方向とは反対の方向に事態が展開していく場合がしばしば見受けられる．

1.2 持続可能な発展のための環境技術

1.2.1 集中型サニテーションとその持続可能性

世界の全排水のうち95％が処理されないまま環境に排出されている（Niemczynowics, 1997）．1997年には，適切なサニテーションを欠いている人口は30億人に達している．サニテーション設備が現在の基準で設置されていくならば，2035年までにはサニテーションを欠く人口が最高55億人に達することになるが，その多くは都市の人口密集地で生活している人々である（Niemczynowics, 1997）．このようにサニテーションが不十分な結果，年間35億人が下痢症に感染し，うち330万人が死亡している．アフリカだけで，8 000万人がコレラに罹患するリスクに曝され，毎年1 600万人のチフス患者が出ているのは，適切なサニテーションが行われず清浄な飲料水が不足しているためである（WHO, 1996）．ヨーロッパ諸国ではサニテーションが不十分であるという問題は比較的少ないといえるが，それでも流行病が定期的に発生する（クリプトスポリジウム，ジアルジア，レジオネラ，コレラなど）ということは，先進国にもサニテーションが不適切であるという問題が存在することを示している．

このような状況に陥っている主な理由の一つは，現在の水を運搬手段とするサ

ニテーションのコストが技術的・方法的に高価なためである。公衆衛生部門で地歩を築いている衛生工学の世界では，投資と運用の双方で非常に高価なハイテク集中型システムを実施することが強調されている．飲料水の浄水・配水と固形廃棄物・排水の収集，輸送，処理にはこの技術が使われている．前世紀，特に工業国において，そのような集中型都市サニテーション（CUS：centralised urban sanitation）システムが多数開発され実現されている（Harremoes, 1999）．必要な下水道システムを設置するために膨大な資金が投下され，これらの設備を保守管理するにも高額の経費が費やされている（**30章を参照**）．Grau（1994）によると，年平均1人当り国民総生産（GNP）が1 000ドルを下回る国は，下水処理場を建設する資金を欠いているだけでなく，これらの処理場が無償で建設されたとしてもそれを維持することができないとされている．さらに，下水道設備の寿命はわずか50～70年程度であるため，投資は再三繰返されることになる．

　CUSシステムは，長大な下水管システムを通じて排水を収集し，集中型処理システムに輸送するという方法に基礎を置いている．このシステムでは，例えば糞便のような比較的濃度の高い家庭廃棄物の輸送媒体に清浄な水（主に水道水）を使用している．また，肥料（窒素，リン，カリウム）のような有益な副産物が回収されることはほとんどない．それどころか，不安定でありかつ汚染された汚泥が大量に発生するが，それらを農業に再利用するのは好ましくないため処分しなければならない．このように，CUSシステムは持続可能なシステムとは到底いえない．CUSシステムを適正に機能させるには，エネルギー供給，コンピューターハードウェアなどが安定していなければいけないが，政治的に不安定な貧困国ではそれらは窃盗，破壊活動，軍事攻撃の対象になりやすい．

1.2.2　分散型サニテーションと持続可能性

　近代的なCUSシステムが前世紀を通じて効率的な環境保護に果たした役割，およびそれによって西側世界の先進国における市民の生活の快適さを大きく改善してきたことを無視することはできない．けれども，CUSシステムには持続可能なサニテーションと矛盾する点が数多く存在する（**表1.1**）．大量の水道水が，輸送媒体として用いられることによって浪費されている．これにより廃棄物質が大幅に希釈されるため，高価でエネルギー消費量が多く，技術的にも複雑な排水処理技術を用いなければならない．そのため，CUSシステムは，とりわけ貧し

い国にとっては重い財政的負担となっている．しかも，下水道設備の多くは洪水に対応できず，一定以上の豪雨の際には，未処理排水が余水吐から溢れて周辺環境に排出されることになる．CUS システムは，資源が消費され，処理水以外は回収されることがないため，持続可能なシステムとはいえない．

表 1.1 持続可能なサニテーションの基準

・高濃度の家庭(および産業)廃棄物質を清浄水で希釈することが，皆無あるいはほとんどないこと．
・灌漑，施肥，土壌改良などのために，処理水や副産物の回収と再利用を最大限に行うこと．
・効率的かつ堅牢で信頼性の高い（資源消費が少なく長い寿命を持つ）排水の収集・輸送システムおよび処理技術を用いること．

CUS システムに持続可能性が備わっていないことは，汚染源が分散している場合に明らかになる．現在，サニテーションと処理が完全に実施されているのは富裕国だけであり，その対象人口は世界人口のわずか 6％にすぎない．工業化や近代化のレベルがどれほど高くても，まだ多くの人口が農村地域で生活している．

西ヨーロッパ，米国，日本のような高度工業社会でも，農村地域で生活している人口はいまだに 20～40％に達する（Watanabe and Iwasaki, 1997）．これら農村地域における人間活動，すなわち人里離れたリゾートや集落，ホテル，キャンプ場などが排水や廃棄物の分散汚染源になっている．農業，木材伐採，建設，鉱業および埋立処分のような様々な土地利用によっても，分散汚染が生じている（Boller, 1997）．

適切な技術を用いれば自然からいくらでも水を得ることができるという，一般的に受け入れられている考え方が，こうした状況を強力に助長している（Niemczynowics, 1997）．人間が本当に必要としている水量や水質の程度は最近まで定量化されていなかった．最高の水質が必要とされるのは飲料や調理についてだけであって，それは現在の水使用量全体の約 5％にすぎない．しかし現在は単一の配水管網が存在しているだけであるため，供給される全ての水が同じ質になっている．

その上，いったん水洗トイレが使用されるなら供給される水の全てが汚染され，使用後に家庭から排出される全ての水は「廃水」と呼ばれることになるが，実際その大部分は廃物にされた水である．

CUS システムの欠点の多くは，分散型サニテーションのコンセプトを適用す

ることで克服することができる（表1.2）．このコンセプトでは汚染防止に力点が置かれ，輸送のために清浄水を使用することがほとんどない．そして，家庭内の高濃度排水と低濃度排水を分離して別個に処理する（表1.3）．集落内またはその周辺での処理，低コストで持続可能な処理システムの採用，同様に発生源またはその周辺での有益な副産物の回収と再利用（農業用水や栄養塩類，バイオガス形態での家庭用エネルギーなど）も行われる（Lettinga, 1996；MacKenzie, 1996；Van Lier and Lettinga, 1999）（図1.1）．分散型都市サニテーション（DUS：decentralised urban sanitation）システムは，エネルギーや水の供給といった複雑なインフラに依存しないので原理的に安定度が高く，単純かつ堅牢なシステムである（van Riper and Geselbracht, 1998）．

表1.2 堅牢な都市サニテーションの規準

・電力や水道といった複雑なインフラにほとんど依存していないこと．
・システムの建設，運用，保守における自立性が高いこと（高度な専門家・専門会社からの独立性）．
・妨害行為や破壊行為などによる損傷を受けにくいこと．
・多く住民が参加でき，総ての社会層に受け入れられること．
・場所と規模に関係なく適用できること．

表1.3 環境汚染の防止

・総ての廃棄物資源を可能な限り完全に利用すること．
・水，土壌または大気を汚染しないこと．
・あらゆる残留廃棄物に適切な最終処分地を見つけること．

1.2.3　集中型サニテーションと分散型サニテーション

これまでのところ既存の衛生関係の技術は，CUSシステムの考え方に代わる，例えば"分散型サニテーションと資源循環"（DESAR）のコンセプトのような，持続可能性の高い堅牢なシステムや新技術の開発に乗り気でない．表1.4の記述は，有力な専門家が，環境保護のために低コストで単純な分散型システムを開発・実施することについて抱いている種々の疑問を示している．また，人工湿地やラグーンのようないわゆる低コスト排水処理システムを扱っている有力なグループも，DUSシステムとCUSシステムの双方に対して偏見をもっていることに注意しておく必要がある．それぞれの専門グループが自分達のやり方にこだわっ

ているように見える．残念なことだが，他の分野と同じように，正しい解決を本当に必要としている人々を無視して専門家の間で意見の対立が起っている．それが自然そのものを無視することになるのはいうまでもないことである．

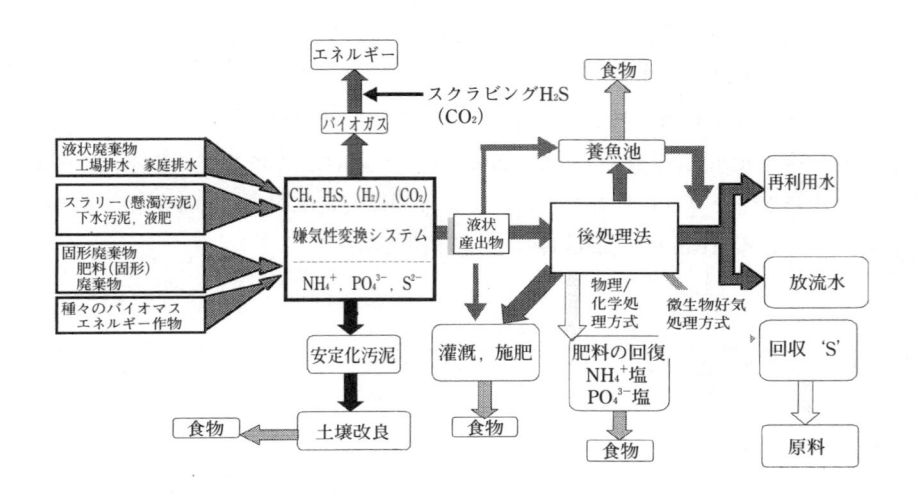

図 1.1 嫌気性物質変換により廃棄物から資源（水，食物，新素材，エネルギー）を回収できる可能性がある

Harremoës（1997・1999）によれば，「それ（環境汚染）は技術的な問題というより社会的な問題であり，奇跡を行うローテクによる解決策を期待しても無駄である」．このことはハイテクによる解決策についてもいえることで，奇跡を行うハイテク方式など存在するだろうかと問うことができる．ここで確認しておくべき重要な点は，優れたローテクシステムを開発することは可能であり，既にある程度は利用されているということである（図 1.1）．環境汚染の原因が技術的というよりは社会的なものであるという点は間違いないが，現在の環境汚染をもたらしている主な理由の一つは，持続可能でない CUS システムの使用を継続している点にある．このような近代西欧的なコンセプトは，繁栄した工業社会においては（当面は）経済的・技術的に実現可能であるように思われるが，貧困国にとっては余りに高価で複雑すぎるものである（Grau, 1996）．とはいえ，このことは，資金力およびシステムを運転・維持する専門知識が不足している国に対し，コンサルタントやコントラクターや科学者がサニテーションを導入しようとすること

を妨げるものではない．

表 1.4 既存の衛生工学の視点からの，CUS 代替方式としての DUS の評価（Harremoës, 1997）

- 局地的な排水処理は都市では実現できない．その理由は，その方法が既定の公衆衛生要件やリスク評価を満たしていない「ローテク」であるか，エネルギー消費量の高い「ハイテク」だからである．
- 現在利用可能な，いわゆる「ローテク」の集中型都市サニテーション（CUS）方式は，単純でもないし容易な方法でもない．そのため，「ハイテク」の CUS 方式より優れているとはいえない．
- 現在の分散型都市サニテーション（DUS）方式は，都市環境，運用管理（基準の遵守）に対する適応性に欠けている．

それほど豊かでない世界では，資源の節減と再利用が可能な統合型分散サニテーションシステム，すなわち DESAR に類した環境保全策に対する要求が高まっている．ここで，DESAR システムは小規模システムであるとは限らないという点を強調しておかなければならない．それは，地域社会における水と栄養塩類の循環の向きを変えることであり，比較的大規模なシステムも可能である．また，それはローテクであるわけでもない．ただ，このシステムの核心部分は本質的にローテクであり持続可能性と堅牢性を備えているといえる．肥料などの資源回収には，ハイテクシステムや，より集中したシステムが必要なことは確かである．状況はそれぞれに固有であり，個々に最適な方法が存在する．

主にヨーロッパ諸国において，過去十年間にわたり工業分野で嫌気性処理と物理化学処理が統合して実施され，分散型方式の可能性が明らかにされてきた．DUS をサニテーション部門に適用する際に直面する問題は，都市域に存在する様々な状況に対して最適な DESAR システムはどのようなものであり，それをどのように開発するかということである．公共部門において DESAR システムが魅力的と思われる場合でも，既存の CUS システムをただちに廃棄することを考えるべきではない．むしろ CUS システムだけを唯一可能なサニテーションの解決策とするのではなく，持続可能で堅牢なサニテーションシステムの実施に向けて一歩ずつ前進しながら，合理的な最適システムに到達するために集中化の程度を緩和していくように努めるべきである．そのような最適システムを明らかにするために検討すべきことは数多く残されており，ある特定の状況に対する最適なシステムというものは複数存在し，それぞれが独特な特性を備えているのである．本書の目的は，公共サニテーション部門における持続可能な環境保護対策の選択

と実践に寄与することである.

これは,非常に広範囲で複数の専門分野にまたがる課題である.全ての関連分野を詳細に論じることは不可能である.したがって,ここではサニテーション問題に関して現在存在する解決策に限って概観し,批判的に評価している.また,技術以外の多くの側面(社会的・経済学的側面,環境および公衆衛生,建築および都市計画など)に関する知見が提示されている.それらは多くの場合,サニテーションシステムの実施を成功させるうえで決定的に重要なものである.

1.3 参考文献

Boller, M. (1997) Small wastewater treatment plants – a challenge to wastewater engineers. *Wat. Sci. Tech.* **35**(6), 1–12.
Grau, P. (1994) What next? *Wat. Qual. Int.* **4**, 29–32.
Grau, P. (1996) Low cost wastewater treatment. *Wat. Sci. Tech.* **33**(8), 39–46.
Harremoës, P. (1997) Integrated water and waste management. *Wat. Sci. Tech.* **35**(9), 11–20.
Harremoes, P. (1999) Water as a transport medium for waste out of towns. *Wat. Sci. Tech.* **39**(5), 1–8.
Lettinga, G. (1996) Sustainable integrated biological wastewater treatment. *Wat. Sci. Tech.* **33**(3), 85–98.
MacKenzie, K. (1996) On the road to a biosolids composting plant. *Biocycle* **37**, 58–61.
Niemczynowics, J. (1997) The water profession and agenda 21. *Wat. Qual. Int.* **2**, 9–11.
Van Lier, J.B. and Lettinga, G. (1999) Appropriate technologies for effective management of industrial and domestic wastewaters: the decentralised approach. *Wat. Sci. Tech.* **40**(7), 171–183.
van Riper, C. and Geselbracht, J. (1998) Water reclamation and reuse. *Wat. Environ. Res.* **70**, 586–589.
WHO (1996) Water supply and sanitation sector monitoring. Report 1996: "Sector status as of 31 December 1994". In: WHO/EOS/96.15. Geneva, Switzerland.
Watanabe, Y. and Iwasaki, Y. (1997) Performance of hybrid small wastewater treatment system consisting of jet mixed separator and rotating biological contactor. *Wat. Sci. Tech.* **35**(6), 63–70.

2章

排水処理の歴史

P. F. Cooper

© IWA Publishing. Decentralised Sanitation and Reuse：Concepts, Systems and Implementation.
Edited by P. Lens, G. Zeeman and G. Lettinga. ISBN：1 900222 47 7

2.1 はじめに

　この章は，排水処理の歴史を詳述することを目的としているわけではなく，いくつかの最も重要な技術的発展を概観し，現行の排水処理に到った由来を述べたものである．歴史学者の観点からというより，排水処理実務家の観点から記述している．また読者の大多数は同じ分野の経験者であると想定されるため，排水処理のプロセスに関する詳細な説明は省いている．英国，とりわけロンドンにおける発展の歴史について多く言及した．それは主に英国が最初に工業化された国の一つであり，そのため人口密度の高い都市で発生する問題を，他の多くの国より早く経験しているからである．上下水道システムについて述べているのは，それらが排水処理技術の開発と密接な関係があるからで，詳細な議論を展開しているわけではない．

2.2 先史時代

　下水道は古くから使われている．メソポタミア文明時代（BC3500～2500年），家屋には雨水排出設備があり，そこに下水が流されていた．バビロンには，鉛直な直径18インチ（450mm）の多孔土管で汚水溜に連結された便所があった．しかしながら，バビロンの人々の多くは，生ゴミや排泄物などの塵芥を舗装されていない道路に捨てていたので，その道路を定期的に土で覆わなくてはならなかった．そうして最後には，家に降りるための階段をつくらなければならないほどの高さになった．

　インダス文明時代の都市モヘンジョダロ（パキスタンに位置する）では，富裕

層だけでなく農民の一部も便所と汚水溜を使用していた．これらは道路の排水溝に接続されていた．排水は汚水溜から排水溝を通じて近くの川に流された．時には，2階のバスルームと道路の排水溝を接続するために，テラコッタ（素焼き粘土）パイプが使用されることもあった．

考古学者は，BC1700年に存在したクノッソス（クレタ島）のミノス王宮殿で，4系統の独立した排水設備を発見している．排水はセメントで接合されたテラコッタパイプを通して石造りの下水溝に排出された．雨水溜と石造りの水路の組合せで，バスルームと便所には絶えず水が流され，その水は最後にはKairatos（カイラトス）川に排出された．BC2000年から，クレタ島には，テラコッタパイプからなる排水設備が存在していた．パイプは差込継ぎ手式でセメントで接合されていた．この設備は主に雨水を運ぶためのものであったが，ヒトの廃棄物の一部が流されることもあった．この設備に水を定期的に流すために，大型の瓶に蓄えられた水が使用された．Wolfe（1999）によると，これらの排水設備の多くは今日でもまだ使用されている．

最近，中国河南省中央部において，前漢（BC206～AD24年）時代の王墓から，石造りの水洗便所が発見された（Rennie, 2000）．

古代ギリシャ人達は（BC300～AD500年），廃棄物の問題に様々な方法で取り組んだ．彼らは下水溝に流される公衆便所をもっていたが，下水と雨水はその下水溝から都市外の溜池に導かれていた．そこから煉瓦造りの排水溝を通して排水は農場に運ばれ，潅漑や作物・果樹の施肥に使用された．下水溝は排水で定期的にフラッシュされた．

World of Water 2000の特別号に，下水道と廃棄物処分の最も早い時代の用例に関するWolfe（1999）の優れたレビューが掲載されている．さらに詳しい内容はそのレビューを参照されたい．

2.3　ローマ時代：BC800～AD450年

BC800年頃に，ローマ人達は中央下水道システムであるCloaca Maxima（クロアカ・マクシマ：大下水溝）を建設した．これは沼沢地を干拓するためであって，後日その上にローマ市が建設された．このシステムは地表水をTiber（ティベレ）川に流した．AD100年までには，このシステムは大部分が完成され，一

部の家屋に接続された．しかし道路は依然としてむき出しの下水道でもあった．ローマ人達の多くは公衆便所を使用していたが，ヒトの排泄物はまだ道路に投げ出されていた．水は水道で供給され，公衆浴場と公衆便所の下水や排水は，都市の下水道を通って最終的にティベレ川に流された．道路は水道で送られた水で定期的に洗浄され，廃棄物は下水道に洗い流された（Wolfe, 1999）．

　ローマ人達は，清浄水の必要性と，飲料用水源から離れた場所に排水を処分する必要性とを認識していた．英国では，泉が出る丘陵の近くに住居（ヴィラ）が建設され，住まいから離れた小川に排水が捨てられた．ローマ人達がロンドン（ロンディニウムと呼ばれていた）に煉瓦造りの下水道を建設したことは以前から知られていた．しかし最近，それ以前に木で内張りした下水道によって市街地からテムズ川に排水されていたことが発見された．煉瓦造りの下水道は今でも存在している．

2.4　公衆衛生の暗黒時代：450〜1750年

　ローマ帝国の崩壊に伴い，彼らの衛生システムも崩壊した．そのシステムは長距離の水道に依存しており，実効性のある行政と強力な軍隊による保護を必要としたからである（Wolfe, 1999）．

　この時代のパリやロンドンといったヨーロッパの都市における廃棄物処理（固形と液状）の主なやり方は，道路にそのまま捨てるというものであった．Tout a la rue（パリ），All in the road, Gare de l'eau（エジンバラ），Gardyloo（グラスゴー）という成句（元来は，全てを道に，水に注意，などの意）は，この時期につくられたものである．しばしば窓から直接投げ捨てられることもあり，たまたまそこを通りかかった者は災難であった．このことから，紳士が歩道の車路に最も近い側を歩くという習慣が始まった．そうすることで，通過する荷車や馬車のはね上げ，そして歩道に突き出ている2階の窓から投げ捨てられる排泄物のしぶきから婦人を守ることができたのである．

　パリは，AD360年にローマ時代の都市 Lutece（リュテース）の廃墟上に建設された（Wolfe, 1999）．廃棄物は道路に捨てられたが，降雨や激しい通行にその分解を助けられたり，豚や野良犬によって持ち去られたり，街路掃除人によって収集されて肥料にされたりした．13世紀に，フィリップ・オーギュスト王は，

市街地の道路を舗装して，生ゴミと下水が混ざったような悪臭を減らすように命じた．けれどもいったん舗装がなされると，廃棄物が分解して泥になることはなくなった．このため，1348年にフィリップⅥ世は道路をきれいにするための清掃作業部隊を初めて組織した．また，全市民が自宅の前を清掃し，生ゴミをゴミ捨て場に廃棄することを求める布告を発した．1370年に最初の下水道が敷設され，下水はルーブル付近でセーヌ川に排水された．フランスの君主は，悪臭が漂う場合にだけ下水道対策を講じた．フランソワⅠ世は，悪臭から逃れさせるために母親をチュイルリー宮殿に移した．1539年にヨーロッパで疫病が蔓延した時，フランソワⅠ世は新築家屋に下水収集用の汚水溜（屋内の竪穴式トイレ）を建築するよう家屋所有者に命じた．この汚水溜は，汚水が浸透するようにつくられていたので，頻繁に汲み取る必要はなかった．これらは1700年代の後期まで使用されていた．

ロンドンには1189年に汚水溜が存在していた．最初のロンドン市長Henry Fitzalwynは，それが石で造られる場合は近隣の建物から2.5フィート（75cm）以上，それ以外の材料でつくられる場合は3.5フィート（105cm）以上離れた位置に設けるように規則を定めた（Wolfe, 1999）．スコットランド南部のシトー派修道院では石で内張りした下水道が建設され，修道僧の庵室の便所からの汚物を近くの水路に排出した．ロンドンのローマ人によって設置された粘土パイプと煉瓦造りの下水道はまだ使用されていたが，それらは，もともと地表水を流すためのものであった．Stephen Halliday（ステファン・ハリデイ）は，最近出版された書物『ロンドンの悪臭』の中で，1800年代の後半にビクトリア朝のロンドンを浄化するための下水道を設けたJoseph Bazalgette（ジョセフ・バザルゲット）卿の仕事について詳しく述べている．その書物で彼は，1884年に出版された *The Builder* 誌の文章を引用し，1800年頃までは下水や有害物質を下水道に排出することは犯罪であり，雨水のような地表水だけが対象とされていたことを指摘している．

市街地では下水は汚水溜に収集され，そこに溜まったものは田舎に運搬されて土壌に散布された．中世にはこの仕事は特定の都市住民が行い，汚水溜から汚水を取り出して市壁のすぐ外側に住む農民に販売した．1300年代までには，当時ロンドンに次ぐイングランドで2番目の大都市であったNorwich（ノリッジ）市では，市壁外の農民に下肥（ナイトソイル：night soil）を肥料として売っていた（Campbell, 2000）．

汚水溜からは暗渠によって道路へ排水するようになっていたが，これが詰まると下水が建物の下に広がり，飲料水を供給する浅井戸や水路を汚染した．市当局が廃棄物によって問題が発生していることに気付くまでに，ロンドンの何十万もの人々がコレラ，チフス，疫病および伝染病で死ぬことになった（Wolfe, 1999）．汚水溜が溢れると近隣の住居に流れていき，貧しい家庭は近所の排泄物にまみれた家の中で生活しなければならなくなる．地下室の中やその地下に集まった下水から発生した硫化水素で，家族全員が窒息死することもあった．

1596年にJohn Harington（ジョン・ハリントン）卿はエリザベス女王I世のために2つの水洗便所（「必需品」と呼ばれた）を設計したが，これは1700年代後期にロンドンの人々に採用されるまで一般に普及することはなかった（1861年にThomas Crapper（トマス・クラッパー）が，それ以前のものより優れたフラッシングの仕組みを発明し，長年にわたり名声を博した）．

2.5　公衆衛生の啓蒙時代と産業革命：1750〜1950年

2.5.1　瘴気，疾病，安全な水の不足そして進展

この時代の特徴は，新興工業都市で人口が急増し人口密度が高くなったことである（図2.1，図2.2および表2.1）．ロンドンにおける人口増加率は極めて高く，1801年では100万人弱であったものが1861年には280万人（図2.2およびHalliday, 1999を参照），1900年までには650万人（Lee, 1997）に増加している．死亡率の増加（表2.2）は，今では水と水系伝染病に関連したものであることが知られている．

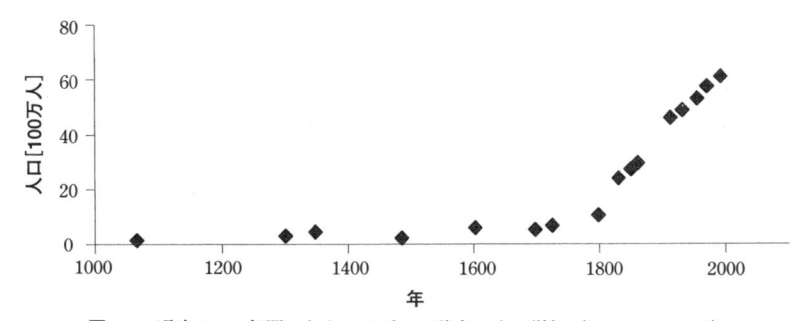

図2.1　過去1000年間にわたるイギリス諸島の人口増加（Lee, 1997, 1999）

2章　排水処理の歴史

表 2.1 新興工業都市の人口増加．ヨークシャーの毛織物工業都市 (Stanbridge, 1976)

	1801 年	1831 年
ハダーズフィールド	15 000	34 000
ブラッドフォード	29 000	77 000
ハリファックス	63 000	110 000
リーズ	53 000	123 000

表 2.2 グレートブリテンにおける産業革命中の疾病．1 000 人当りの死亡者数 (Stanbridge, 1976)

	1811 年	1841 年
バーミンガム	15	27
リーズ	20	27
ブリストル	17	31
マンチェスター	30	34
リバプール	21	35

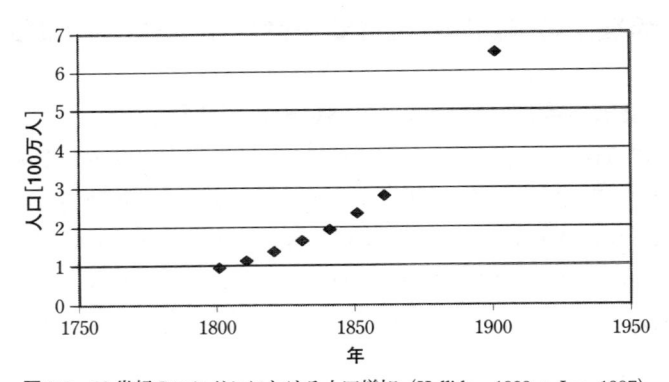

図 2.2 19 世紀のロンドンにおける人口増加 (Halliday, 1999 ; Lee, 1997)

　19 世紀の前半（1820 〜 1850 年）に，コレラやチフスのような疾病がどのようにして拡大するのか，産業革命が進行して急速に拡大する都市においてそれを防止するにはどうすれば良いのかといった問題に関する大論争がまき起った．ヨーロッパの他の大都市ではコレラが大流行した．

　この時代は瘴気の時代であった．当時は瘴気（道路や公共の場所に捨てられた腐敗した廃棄物から生じた有害ガスの発散とそれによる感染）が疾病をもたらすと考えられていた．すなわち，ヒトは有毒な空気によって病気に罹るというわけである．この考え方は，フローレンス・ナイチンゲールやエドウィン・チャドウ

ィックなどの「瘴気派」（Miasmatists）によって提唱された．この考えと対立するもう一つのグループである「接触感染派」（Contagionists）は，ヒトからヒトへの感染であれ，汚染された食物や水を通しての感染であれ，疾病は物理的な接触によって伝染すると考えた．

　John Snow（ジョン・スノー）博士とWilliam Budd（ウィリアム・バッド）は，疾病，特にコレラの発生源として最も可能性が高いのは汚染された水であると考えた（Chartered Institute of Environmental Health, 1998）．世紀末までこれら相互の関連性についての結論は出なかったが，ヨーロッパおよび特に米国における進展は1840年代の英国流「衛生思想」の影響によるものであった（Melosi, 2000）．汚物や悪臭は流行病の原因であると考えられた．瘴気理論では疾病の原因は示されなかったものの，疾病と闘うためにサニテーションが必要であることは力説された．

　Melosi（2000）は，ヨーロッパと北アメリカ全体の水および排水システムの基準を定める際の指導者となった19世紀英国の土木技師と衛生学者に大いに賛辞をささげている．中でも特にチャドウィック卿（1800～1890）の仕事に注目して，1830年までの時期を「前チャドウィック時代」とまで言っている．チャドウィックは弁護士であると共にジャーナリストでもあり，1820年代の「功利主義者」として知られているジェレミー・ベンサムその他の思想的急進派と関係をもっていた．彼はロンドンのスラム街の状況に関心をもち，この仕事でチフスに感染もしたがそこから回復している．彼は「救貧法」の実情の調査委員に任命され，その成果は1834年の「救貧法報告」として表わされた．チャドウィックは同委員会主事を努め，1842年には『グレートブリテンにおける労働者の衛生状態に関する報告』を作成した．その報告には以下の提案が述べられている．

- 全ての家に給水設備を備える．
- 古い設備（汲取り式便所と屋外便所）に変えて水洗式便所を使用する．
- 家庭排水を汚水溜ではなく下水道に直接排出する．
- 道路の固形ゴミも下水道で排除する．
- 河川に排出する代わりに，町から離れた農地に下水を運んで肥料として利用する（今日では，これは土壌処理（潅漑法）と呼ばれている）．

　この報告書には，背景にある様々な事実と考えが記されている．以下はそのほんの一例である．

- 貧民地域では衛生設備を備える習慣はなく，人の多い路地にも屋外便所はほとんどない．
- リバプールでは7905人に対して屋外便所は33ヵ所．
- マンチェスターでは80人に対して屋外便所は2ヵ所．
- 中庭には厚さ6インチ（15cm）にゴミを廃棄．

　この報告をもとに達成された重要な成果の一つが，1848年の公衆衛生法であり，この法律によって「地方衛生局」が設立され下水道を敷設する権限が与えられた．

　彼が提唱した対策が成功したにも係わらず，チャドウィックの評判はそれほどよくなかった．彼のやり方には強引さが目立ったため，周囲との軋轢が絶えなかった．彼の評判がよくなかった理由の一つとして，「新救貧法委員会」の主事であったことがあげられる．その委員会では，1834年改正救貧法の作業を行うとされていた（Chartered Institute of Environmental Health, 1998）．救貧法は英国で最初に成立した公的な社会福祉制度であったが，極めて評判の悪い法律であった．チャドウィックは委員長補佐として，その法律のもとになる報告書の作成に関与していたため，人々に入居をためらわせるような，平板で合目的型の救貧院を設計した建築家として世間から見られたのは当然であった．彼は，2000人の貧民を収容できるこのような巨大施設を建設することには反対していた．彼が望んでいたのは，様々なニーズに対応する専門性の高い救貧院であり，特に子供達の面倒をきちんとみることに関心をもっていた．

　チャールズ・ディケンズは，彼を批判した主要な人物の一人で，新聞記事や*Oliver Twist*で彼を攻撃した．その後1851年に，彼の義理の弟で公衆衛生技師，総合衛生局局長であったHenry Austin（ヘンリー・オースチン）がチャドウィック提案の利点を説いた．ディケンズはチャドウィック改革の支持者になった．

　チャドウィックは，ある水理学的な（動脈－静脈）システムを提案した．それは，水洗便所を備えた家に水道水を供給し，次に汚水を公共下水道に運んで，近隣の農地の「液肥」にするというものであった（Melosi, 2000）．彼はまた，家の前面から下水管を接続する通常のやり方ではなく，背面が互いに向かい合うように建てられた家屋（急速に拡大する都市貧民地域で建てられていた）の裏庭側（屋外便所，屋内便所，水洗便所が置かれていた）から下水を排出するという「裏庭排水管（背割下水管）」を提案した（General Board of Health, 1852）．彼は，

2.5 公衆衛生の啓蒙時代と産業革命：1750～1950年

それによって下水管敷設費用を 2/3～4/5 削減でき，より小口径の下水管を用いることができると主張した．ブラジルでは 130 年後にこのアイディアを採用して成功を収めた（Mara, 1999）．

1700 年代後期にロンドンで採用され始めた水洗便所は，1800 年代になるとその人気が一気に高まってきた．それは，下水道にいったん接続すると，ヒトの排泄物をただちに除去できるため，汚水溜がもはや必要でなくなるからである．これによって家庭の生活条件は改善されたが，ロンドンの水道の大半が水を引いていたテムズ川を，事実上の汚水溜に変えてしまった．水洗便所の使用が増えた結果，ロンドンの排水システムの水量は 1850 年から 1856 年までの 6 年間で約 2 倍に増加した（Halliday, 1999）．

全てがチャドウィックの思い通りにできたわけではなかった．再度コレラが流行した後の 1855 年に，議会は「首都圏工務局」を設立してロンドンにふさわしい下水道システムを建設するための法律を制定した．バザルゲットが主任技師になったが，彼は下水を収集して農地に使用するというチャドウィックの考えに反対であった．その代りに，排水がテムズ川に入る前で遮集する東西方向の一連の暗渠式下水管を提案した．彼は排水をロンドンより下流の河口側に流すよう提案した．1856 年に行った最初の提案は，排水放流地点の問題で否決された．2 年後の 1858 年に「ひどい悪臭（Great Stink）」が発生し，政府はその決定を覆した（Halliday, 1999；Melosi, 2000）．高温の気候に加えて，何千という水洗便所の使用によって，テムズ川の感潮域に溜まった下水の腐敗による悪臭が 2 年間続いた．川沿いの国会では開いた各窓に塩化カルシウムを染み込ませた布をたらすことによって何とか審議を進められるありさまだった（Melosi, 2000）．1858 年にバザルゲットの下水道システムの建設が開始され，1865 年頃にはほぼ完成した．全長 83 マイル（133km）の下水管が敷設され，約 100 平方マイル（256km^2）の排水が行われた．これは，ギリシャ・ローマ時代の「汚染の解決策は希釈にある（the solution of pollution is dilution）」という原理の一例であった．しかし，希釈と分散だけでは十分ではなく汚染物質を取除かなければならないという点が理解されるようになったのは，1800 年代の後半になってからのことである．

チャドウィックのアイディアは米国，特にニューヨークなど東海岸都市の人々の考え方に大きな影響を与え，それはヨーロッパのいくつかの都市にも同じように広がっていった．1845 年にニューヨーク市の監査官 John Griscom（ジョン・

グリスコム）博士は「ニューヨークの労働者の衛生状態」という研究を発表した．次の世紀にかけて，東海岸都市とヨーロッパの大都市の間でアイディアの自由な交換が行われた．

この時期のもう1人の重要な貢献者はジョン・スノー博士で，彼は疾病と衛生状態の関係を解明し，瘴気説との関係を解決することができた．1849年には，『コレラの伝播形態』という論文を発表，コレラはコレラ患者の嘔吐物や糞便で汚染した水から伝播すると考えた．その理論は，1854年，劇症発作のコレラがロンドンで発生した時に証明された（Binnie, 1999）．彼は，同市の水道会社2社から給水されている世帯で発生したコレラの死亡者数を注意深く記録した（この2社で併せて約300 000人に給水していた（BBC, 2001））．

この2つの会社は，市内の同じ地域に住む人々に水を供給していたが，異なる水源から水を引いていた．Southwark（サザク）・ウォーターカンパニーが給水していた地域では10 000世帯当り315名の死亡者が出ており，この会社はテムズ川でもひどく汚染された下流域から水を引いていた．同時期に，Lambeth（ランベス）・ウォーターカンパニーが給水していた地域では10 000世帯当り37名の死亡者が出ただけであったが，この会社はテムズ川の上流域から水を取っていた．

彼は特に，ケンブリッジとBroad Street（ブロードストリート）の交差点に近い一つの地域では，1854年の10日間に500人以上がコレラで死亡したことを明らかにした．調査後彼は，ブロードストリートのポンプから汲み上げられた水に関係があると結論付けた．そのポンプからハンドルを取除いて水が使えないようにすると，流行病は抑えられた．この時の研究で彼は，顕微鏡検査を用いると共に，Arther Hill Hassall（アーサー・ヒル・ハッサル）博士の研究を参考にした（Bingham, 1999）．

図2.3にブロードストリートにおける疾病発生の経過を示す．本当のところは，この図からも流行病がほとんど終っていたことは明らかである．スノー博士はこのことを十分承知していた．そして，ポンプのハンドルを取除いたことが真に重要であったのは，それによって2回目の流行を阻止できたたからである．ハンドルを取除いた当日に，後日そこがポンプの汚染源であることがわかった家で，新たなコレラ患者が発生していたのである（BBC, 2001）．今日では，コレラは温暖湿潤条件下において繁殖するコレラ菌が原因であることがわかっている．この疾病はわずか5〜12時間程度で進行することもあるが，通常3〜4日間かかる．

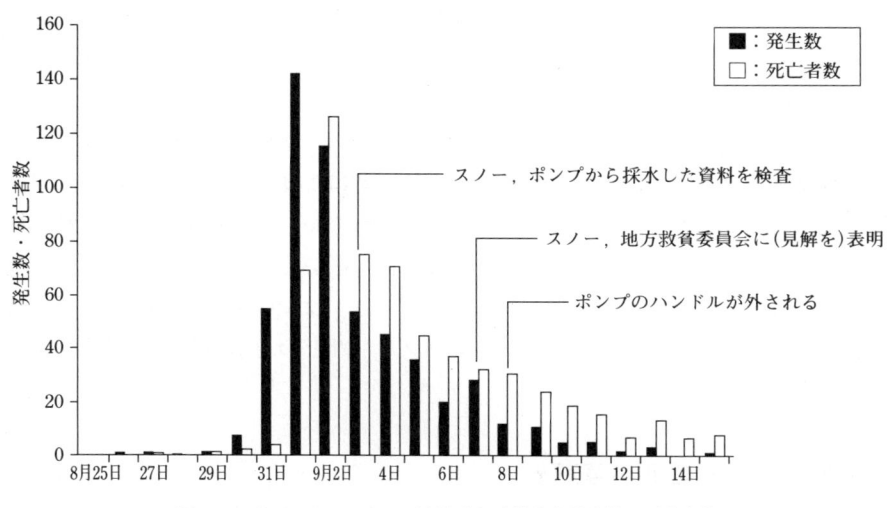

図 2.3 ブロードストリート流行時の重篤患者発生数と死亡者数

グラフ注釈:
- スノー，ポンプから採水した資料を検査
- スノー，地方救貧委員会に(見解を)表明
- ポンプのハンドルが外される

潜伏期間は最小 24 時間，最大 5 日間であると考えられている（Evans, 1987）.

この時期には，ヨーロッパ本土，特にドイツにおいて産業革命が急速に進行していた．ロンドンの場合と同じ理由で，コレラの流行によりヨーロッパの大都市でも定期的に多くの人命が奪われていた（Evans, 1987）．ヨーロッパにおける最初の統合的な下水管網の建設は，英国の技師 William Lindley（ウィリアム・リンドレイ）によって，1848 年にハンブルグで開始された（Melosi, 2000）．リンドレイは，鉄道を敷設するために 1838 年にドイツに渡っている．そこにそのまま留まり公共の浴場と洗濯場を建設し，その後，下水管網を建設した．彼は Isambard Kingdam Brunel（イサムバード・キングダム・ブルネル：鉄道および橋梁などの土木工学者）とチャドウィック双方の弟子であった．

リンドレイは，「ハンブルグ大火」の後に同市の再建に係わったが，このことが集中型下水道網の建設について同意を得ることを可能にした．1842 年 11 月，彼はチャドウィックと最新のアイディアについて議論し，その進歩を確かめるためにロンドンに渡った．1843 年にはハンブルグの市中央の下水管網を提案し，その提案は最終的に受け入れられ，1848 年に建設が開始された．そのシステムは 1853 年に供用開始され，1859 年には St Pauli（セントパウリ）地区が接続された．1860 年までには同市には，48km の下水管があったが，これは新興の郊外

域につながってはいなかった (Evans, 1987). 全市が 100 %下水管網に接続されたと市当局が言えるようになったのは, 1890 年代になってからのことであった. コレラが最後に大流行したのは 1893 年であった.

リンドレイは,「廃棄物を農家に肥料として売るという考えは実際的ではない」という結論に達していた. このシステムでは, 週に 1 度, 主要な下水管を潮汐作用で洗い流すことができた. この方法は大きな影響を与え, 英国の技師が雇われたヨーロッパの他都市のモデルになると共に, 米国でもニューヨークとシカゴの下水道システムのモデルとなった. リンドレイは, ブダペスト, ワルシャワ, サンクトペテルブルグ, バーゼル, フランクフルトなどの上水道と下水道プロジェクトにも関係した.

2.5.2 土壌処理（灌漑法）

都市の急速な拡大を受けて最初に行われた処理は土壌処理であったが, この方法はローマ時代や先史時代にまで遡ることができる (Wolfe, 1999). 最初の組織的な利用者の一人は Stirlingshire（スターリングシャー）の木綿工場所有者の James Smith（ジェームズ・スミス）であった. 彼は, 工場の屋外便所からし尿を汲出し, それを農場に撒けば作物の収穫量が増えることを知った (Stanbridge, 1976). 1842 年に彼はロンドンに移り, ホースと噴射機を用いて圃場に下水を配水するという James Vetch（ジェームズ・ベッチ）のアイディアを取入れた. このアイディアはチャドウィックによって熱烈に支持された. 肥料になるもの（特にリン含有物）は農地に用いるべきであると主張したドイツの著名な化学者 Justus von Liebig（ユストゥス・フォン・リービッヒ）により, スミスは大いに激励された (Stanbridge, 1976). スミスは「都市衛生委員会」の委員に任命された. およそ全ての発想, 改善案, 設計がその後 50 年間にわたって実施されていった.

大都市では, 下水を利用した農地用に土地が次々と購入された. 今日でも, 多くの下水処理場が慣用的に下水農場 (sewage farms) といわれている. 土壌処理は 20 世紀になっても継続され, 英国で最後のシステムは 1980 年代まで使われていた. このシステムはしだいに放棄されていったが, その理由は,

① 土壌処理は大規模な用地を必要とするが, 拡大する都市周辺の高価な土地を購入するためコストが高くなった.

②土壌が目詰りしたり土地が水浸しになった．
③高い衛生基準を達成することができなかった．

2.5.3 化学処理

下水道における化学処理は，1740年にはパリで，沈殿剤として石灰を用いて行われていた（Wardle, 1893）．

1850～1910年の間に，下水の処理法に関する数百の特許申請があった．その狙いは2つに大別できる．すなわち，

①下水を安全に放流できるよう下水から汚濁物質を除去するための処理，
②人工グアノ（グアノは海鳥の糞からできた肥料）の製造，

である．1800年代初期の英国では，農地を肥沃化し作物収穫量を増加させるために，南アメリカとガラパゴス諸島から鳥の糞を大量に輸入していた．下水によって肥沃度を向上させることができることはわかっていたが，下水は希釈されているために広大な面積が必要であった．化学物質を使って沈殿率を向上させ，固形物質をより小さな容量で回収するならば，発生する汚泥は濃縮肥料になるだろう．こうして，2つの問題はすぐに解決されるだろうと考えられた．

化学処理は汚濁物質の一部を取除く上で役に立ったが，2つの欠点があった．浮遊性汚濁物質だけは取除くことができるが，それでは処理水に汚濁負荷全体の約1/3が残った．しかも，より大量に産出された汚泥は廃棄が困難になった．1800年代の末に生物処理（それは浮遊物質だけでなく溶解性の汚濁物質も除去した）が登場して以来，化学処理は徐々に使用されなくなっていった．しかし1970年代にリン酸塩を除去するために復活し，今日もこの役割は続いている（Culp and Culp, 1971）．

2.6　基本的処理プロセスの発展：1870～1914年

2.6.1　最初沈殿

下水処理のために初めて農地が使用されるようになった頃は，処理前に比較的重い固形物を除去して土壌への負荷を減らすために，トレンチ（溝）やピット（立坑）が掘られることがあった．そこが一杯になると覆土して（Stanbridge, 1976）別の場所を掘った．この方法が初めて使用されたのは，おそらく1829年

のエジンバラの Craigentinny Meadows（牧場）においてであった．

次に出現した方法は，粘土でつくられることもある平底タンクだった．これらは，サイホンで排水しながらフィル・アンド・ドロー方式で運用されたようだ．William Higgs（ウィリアム・ヒッグス）は，1846 年に取得した沈殿剤に石灰を用いる特許の中で，「町や村から運ばれた下水および排水の含有物を収集し，そこに含まれる動物性や野菜の固形物を固めて乾燥させるタンクまたは貯水池」について述べている（Stanbridge, 1976）．1850 年代に水平流式タンク，1905 年に放射流式タンクが発明されたようだ．これらのシステムの多くは手動で，スクレーパーとスクイージー（掻き寄せ器と圧搾器）を用いて汚泥を除去しなければならなかった．1850 年代と 1860 年代にバケット・ウインチ式の汚泥除去設備がいくつかあったが，本格的な動力式機械設備が登場したのは，1900 年代に入ってからであった．

1860 年に，フランスの Vesoul の L. H. Mouras（ムラス）が汚水溜を設計した．それは流入用のパイプと排出用のパイプを水面下に挿入することで水密を確保するものであった．1881 年の *Cosmos les Mondes* 誌において Abbe Moigno（アベ・モアーニョ）は，この「ムラスの堀割」と呼ばれる設備では固形物の液化が起るが，それは嫌気性作用によるものであると説明した（Stanbridge, 1976）．これは近代的腐敗槽の先駆けである．1895 年にエクスターの市調査官 Donald Cameron（ドナルド・キャメロン）と F. J. Cummins（カミンズ）は，同種の改良された設備の特許を取った．キャメロンはそれを「腐敗槽（セプティック・タンク）」と呼んだ．この処理法は大変な人気を得ることになり，ある評者は「腐敗槽のアイディアが支持されたため，下水タンクの全ての設計者が，自分の設計したタンクにその名前を使用するようになった．それもそのはずで，防腐という言葉が防菌を意味するように，腐敗（セプティック）という言葉は元々，単にバクテリアを意味していたからだ」と述べた（Melosi, 2000）．ドイツの Emscher（エムシャー）排水局のカール・イムホフが 1906 年に設計したイムホフタンクは，それまでのものより一段と進歩していた．これは腐敗槽の設計を改良して，2 つのチャンバーを用いることで，沈殿と汚泥消化のプロセスを分離できるようにしたものだった．このシステムは大変な成功を収め，イムホフタンクは 1930 年代の末までに米国の処理場全体の半分近くを占めるようになり（Wolfe, 1999），今日でも世界中で使用されている．

2.6.2 生物フィルター

 1900年までは,ほとんど全ての下水処理が土壌処理(潅漑法)によって行われた.しかし農場は浸水という大きな問題があり,常にうまくいったわけではなかった(Nicoll, 1988).人口は増加を続け,都市圏周辺に十分な用地を見つけるのはますます難しくなってきた.もっと良い方法,すなわち,生物を利用する方法があるのではないかと考える人達が徐々に現われてきた.1870年に,Edward Frankland(エドワード・フランクランド)卿が土壌ろ過の基本原理を確立し,その後開発される多くの技術の基礎をつくった(河川汚染に関する第二回王立委員会:Second Royal Commission on River Pollution, 1870).彼は,ロンドン南部 Croydon の Beddington 下水農場で,多孔質の粗石を含むフィルターの実験を行い,1日当りろ床に $0.045m^3/m^3$ の割合で散布するなら排水は十分に硝化され,しかも4ヵ月運転した後も目詰りが起こらないことを発見した(Stanbridge, 1976).1882年に Warington(ワーリントン)は,「下水にはそれ自体を分解する作用をもつ生物が含まれており,目的に沿って培養することができるだろう.」と書いた.そして,「普通の土壌より強い酸化力」を持つろ床に関する,最初のアイディアを提言した(Nicoll, 1988).彼はまた,天然土壌よりも多孔質の媒体から成るフィルターの使用を提言した(Stanbridge, 1976).1887年に,William Dibdin(ウィリアム・ディブディン:ロンドン首都圏工務局および,その後1882~1897年ロンドン州審議会の主任化学者)は次のように述べた.

> おそらく下水浄化の真の方法は,最初に汚泥を分離し,次にそれが何であれ,目的に合わせて培養した適切な生物を添加して中性の流水に変えることである.それに十分な時間を与えると,その間に空気が十分に通って,浄化された状態で川に放流されることになる.これが真の目的であり,下水農場では完全になしえなかったことである.

 おそらくこれは,近代の1次処理と2次処理によって行われたことについての最初の記述である.下水を生物的に処理する方法があるかもしれないという発想は,当時では革命的なものであったが,下水が砂礫質の土壌を通過すると,その汚濁が減ることは既に下水農場で証明されていた.このことから,「接触ろ床」につながる「人工的な土地」の考えが出てきて,最終的に近代の「生物フィルター」が登場することになった(Nicoll, 1988).ワーリントンの提言(Warington, 1882)が行われた後,Baldwin Latham(ボールドウィン・レイサム)はロンド

ン南部の Merton に焼成粘土と土壌の互層を含む「人工フィルター」を導入した (Stanbridge, 1976). 1885～1891 年の間に，英国で様々な人工フィルターが構築された．

生物フィルターの設計は 1886 年に設立された米国マサチューセッツ州衛生局 (MSBH) の Lawrence（ローレンス）実験所で劇的なブレークスルーを遂げ，それまで以上に信頼できる性能を持つようになった．

1880 年代の米国では，それより 20 年前の英国と同様な経過で，地方衛生局が設立されていった．それは，急成長する都市で発生する疾病と闘うためのものであった．1880～1920 年までの米国における急速な人口増と下水処理人口を**表 2.3** に示す．

表2.3　1880～1920 年における米国の都市人口 (Melosi, 2000)

年	合衆国人口 [100 万人]	都市人口 [100 万人]	下水処理人口 [100 万人]
1880	50.15	14.3	0.005
1890	62.95	22.11	0.100
1900	75.99	30.16	1.000
1910	91.97	41.99	4.450
1920	105.71	54.16	9.500

ローレンス実験所は，設立された当初は化学分析を行うことが目的であったが，飲料水とチフスの関係から細菌学に集中することになり (Melosi, 2000)，それに続いて，下水処理に関する調査を行うようになった．実験所は，マサチューセッツの土壌が下水中の有機物質を酸化するのに適しているかどうかについて評価を行っていた．そして，砂利が最適なフィルター媒体であるというフランクランド卿の見解を確認し，1890 年 11 月に最初の「散水ろ床」が発注された (Stanbridge, 1976)．このような飛躍的な発展に続いて，米国と英国において急速な進歩がみられた．当初導入したシステムは間欠ろ過や接触ろ床であったが，間もなく今日知られているような連続流ろ床として発展した．1890 年代に開発された接触ろ床は以下のようなものであった．

　　微生物を成長させるために比較的表面積の大きな割石，スレート，その他の粗い不活性物質を含むタンク．それは，フィル・アンド・ドロー方式で運転され，ろ床のバクテリアが下水中の有機物質を分解した．ろ槽が空になる

とフィルターろ材の空隙から空気が流入してバクテリアの成長が促進された (Wolfe, 1999；American Public Works Association, 1976).

　最も初期の生物フィルターの一つは，1893年に英国のマンチェスター近郊の Salford で，米国では1901年にウィスコンシン州の Madison で使用された．1895～1920年の間に，英国の市街地において下水処理のために数多く導入された．このように急速に採用されたことは，英国では1913年に発明された活性汚泥法を実施するうえで，悪影響を与えることになった．市や町の議員たちは，それまで既に生物フィルター処理に税金を使っていたため，もう一つの新しい処理方法に資金を投入したがらなかった．

　それ以後，生物フィルターは徐々に発展して今日に到っているが，それは1900年のものとそれほど違っているわけではない．20世紀初頭のシステムの多くが，今でも世界中で運転されている．

2.6.3　下水処理に関する王立委員会

　1898年に，英国政府によって「王立下水処理委員会」が設立されるという重要な出来事があった．この委員会は，1901～1915年までに10回の報告書を出すことになった．1912年の王立委員会第8回報告 (Royal Commission Sewage Disposal, 1912) は，大きな影響を与えた．その報告書は，河川に排出される下水と処理水に適用される基準（および検査方法）に関するものであった．その報告書で，いわゆる「20:30の基準」，「王立委員会基準」すなわち「一般基準」が提案され，他の多くの国で模倣された．これは，下水処理施設からの排水に対して，BOD 20mg/L，浮遊物質 30mg/L という一般的基準を定めたものである．しばしば忘れられることは，この基準では放流水域においては，少なくとも8倍に希釈されることが前提だということである．

2.7　処理方法の発展時代：1914～1965年

2.7.1　活性汚泥

　1882年頃から下水のエアレーションに関する実験が行われたが，19世紀の最後の20年間は，まだ有望と思われていた生物フィルターに研究が集中した．
　1912年11月に，マンチェスター大学の Gilbert Fowler（ギルバート・ファウ

ラー）博士が，ニューヨーク港の汚染問題に関連して米国を訪問した（Cooper and Downing, 1997・1998）．彼はまた，マンチェスター・コーポレーションの顧問化学者としても雇用されていた．帰国すると，同僚の Edward Ardern（エドワード・アーダーン）と William Lockett（ウィリアム・ロケット）に，マサチューセッツ州衛生局ローレンス実験所で見てきた，内部を緑藻で被覆したボトル内で下水をエアレーションする実験について語った．25mm 間隔のスレートのスラブを収納したエアレーション式タンクの試験も実施されていた．ファウラーは同僚に，マンチェスターでも同様の試験をしてみることを提案した．

彼は凝集のメカニズムを発見することに熱中し，1913 年には Mumford（マムフォード）と共同で M7 メカニズムに関する研究を行っている（Ardern and Lockett, 1914；Coombs, 1992）．これは炭鉱作業で発見されたバクテリアで，低濃度の鉄塩が存在するもとでの有機物質の沈殿に役立った．

1913 ～ 1914 年の間，彼らは数週間継続的に下水にエアレーションを行い完全な硝化を達成した．ロケットは，処理水を沈殿させ，上澄み液を静かに注いで捨てた．そのあとには，最初の活性汚泥が残されていた．ボトルは褐色の紙で覆うことで光から遮断され，藻の成長が防がれた．

同様の研究を行った他の研究者はエアレーションが終ったものをそっくり捨ててしまったが，マンチェスターの研究者はこれに未処理排水を追加して最初の沈殿物に接触させてエアレーションをかけた．彼らは，一定時間のエアレーションの後には，今日では活性汚泥と呼ばれている固形物の分量が増加してくると同時に，下水中の物質の酸化に要する時間が短くなってくることを発見した．最終的には 24 時間で完全に酸化させることが可能になったのである（水質汚染管理研究所：Institute of Water Pollution Control, 1987）．これら一連の実験は，マンチェスターの異なる 4 地区の下水と Macclesfield（マックルズフィールド）の下水を用いて同市の Davyhulme（ダビヒューム）下水処理場で実施された．この結果について，アーダーンとロケットによる議論が一流紙上で展開され，これらは 1914 年 4 月 3 日にマンチェスターのグランドホテルで開催された化学工業協会の会合で発表された．

1914 年のうちに，この処理法はダビヒューム下水処理場でパイロットプラント規模に拡大された．試験のいくつかは連続流であるが，フィル・アンド・ドロー方式が用いられたものもある（これは現代の回分式反応槽の先駆けであった）．

2.7 処理方法の発展時代：1914〜1965年

ダビヒュームでの最初の研究は，粗泡散気装置，その後に微細気泡散気装置で行われた．2年後に，最初の本格的連続流方式がWorcester（ウースター）で導入された（Coombs, 1992 ; Institute of Water Pollution Control, 1987）．

1914年，フィル・アンド・ドロー方式を用いた大規模試験がSalford（サルフォード）で行われた．このフィル・アンド・ドロー方式プラントでは完全な硝化が達成され，汚泥の沈降やバルキングにかかる問題がまったくなかったことは留意しておくべきである．活性汚泥法に関する最初の書物が書かれるまでに（Martin, 1927），この方法は米国，デンマーク，ドイツ，カナダ，オランダ，インドで使用されていた（ファウラー教授は，インド工学研究所に転勤していた）．

活性汚泥法を初めて全面的に採用した英国の都市は，1920年のシェフィールド市であった．それとは対照的に，米国における適用はそれよりずっと速かった．その理由は，第一次世界大戦の後で，英国における投資資金は極めて乏しく，その上全ての主要都市は1890〜1910年間に生物フィルターに基づく下水処理場に既に投資をしていたからである．そのため，ロンドンのMogden（モグデン：125万人に供給），マンチェスターのDavyhulme（ダビヒューム），バーミンガムのColeshill（コーズヒル）という主要な活性汚泥処理施設は，1934〜1935年に至ってようやく建設された．それとは対照的に米国では，活性汚泥プラントの多くは，最初の下水処理方式であった．

1916年にテキサス州San Marcos（サンマーコス）で大規模試験（500m^3/日）が実施された．それに続いて1917年にテキサス州ヒューストン（40 000m^3/日），1922年にイリノイ州Des Plaines（デスプレーンズ）（20 000m^3/日），1925年にミルウォーキー（170 000m^3/日）およびインディアナポリス（190 000m^3/日），1927年にシカゴ北（660 000m^3/日）において本格的試験が行われた．

ヨーロッパでは，1922年にデーンマークのSoelleroed（セラレド）市でこの方法が最初に適用された（Henze et al., 1997）．ドイツではイムホフがエッセンで最初の実験プラントを1924年に建設した（von der Emde, 1964・1997）．引き続いて，1926年にはドイツのEssen-Relinghausen（エッセン-レーリングハウゼン）において，最初の本格的システムが導入された．1927年にKessener（ケスナー）はオランダのApeldorn（アペルドールン）において，ブラシエアレーターを備えた活性汚泥処理法を用いて，食肉処理場排水の処理を行った（Institute of Water Pollution Control, 1987）．

1938年にMohlman（モールマン）は，米国の下水道協会で活性汚泥処理法の最初の25年間を論じている．

　1913年，活性汚泥はマンチェスター下水処理場におけるボトル実験の過程でロケットによって発見され，その効用が認識された．1938年には，数百の本格的下水処理場において活性汚泥法が実施され，10億ガロンを上回る下水が毎日処理されている．今では活性汚泥プラントは，フィンランドのヘルシンキから，インドのバンガロール，カナダのマニトバ州 Flin Flon（フリン・フロン），オーストラリアの Glenelg（グレネルグ），サンフランシスコのゴールデンゲートパーク，南アフリカのヨハネスブルグまで世界中で運用されている．ロンドン，ニューヨーク，シカゴ，クリーブランド，ミルウォーキーでは巨大プラントが運用されている．過去25年間におけるこの驚異的な成長は，下水処理の歴史において前例のないものであり，活性汚泥法が近代生活の速度と科学に調和しているからであるといえよう．近代都市における下水処理場は，もはや非効率で不愉快な作業ではなくなっている．悪臭に悩まされることもなくなり，わずかな用地しか必要とせず，科学的に管理されている．

第二次世界大戦によって1948年頃まで処理法の発展が停滞したが，それ以後プラントの能力を高めるための管理方法の研究が始まった．このような研究は，多くの国で多くの人によって，その後40年間にわたって続けられた．

この一世紀，活性汚泥法とその多くの変法は2次処理における主流となっており，環境改善のプロセスの中でも，おそらく最大のインパクトを与えた．ヨーロッパの他の国では，英国や米国と同じように急速な進歩がみられなかった．フィンランドでは，ロシアとの戦争やそれによる占領によって普及が遅れ，1910年には下水処理場が3ヵ所しかなかった．それが1950年には7ヵ所に増加し（Katko, 1997），水法（Water Act）が制定された後の1960年代には急速に増加していった．このことの公衆衛生への影響について，スウェーデン，スイス，イングランド及びウェールズと比較したものが**表2.4**に示されている．フィンランドには現在では，110の近代的下水処理場が存在する（Katko, 1997）．

表 2.4 1930～1959年のヨーロッパのいくつかの国におけるチフスとパラチフスによる死亡率（Katko, 1997）

国	期間	100万人当り年間死亡率
イングランドおよびウェールズ	1941～1950	1.5
スウェーデン	1941～1947	4.0
スイス	1941～1949	5.3
フィンランド	1931～1940	25.0
フインランド	1941～1950	43.0

2.8 環境保護のための基準に向けた処理法の改善：1965～2000年

この時期には，以下の点が強調された．
・BOD および TSS 除去技術の普及．
・硝酸塩，リン酸塩，アンモニア態窒素の除去による環境保護および改善．
・消毒．

当初の生物フィルターを，より固定的な膜状の過程に改良した生物フィルターが徐々に開発されてきた．現在普及しているのは，水中エアレーション式生物フィルターとプラスティックろ材を用いた生物フィルターである．

2.8.1 栄養塩類除去

この時期に，富栄養化の防止に役立ち，水源で硝酸塩濃度の増大を防止するための栄養塩類除去法が急速に進展した．

1960年代までは，2次処理の主流は活性汚泥処理であった．1960年代初期までの活性汚泥方式の主要な問題の一つは，アンモニア態窒素の酸化（硝化）に信頼性がなく予測ができなかったことである．これに対する解決策が，英国 Stevenage（スティーブニッジ）の WPRL（後の WRc の一部）において Downing（ダウニング）ら（1964）の研究によって発見された．その時の研究結果は，現在の設計方法とコンピューターモデルに取入れられている．生物的脱窒については1800年代後期から知られていたが，下水処理で最初に実施されたのは1930年代になってからである（Edmondson and Goodrich, 1947）．彼らは生物フィルターを過負荷にしておき，硝酸塩を酸素供給源として使用した．1962年，

米国で Ludzack（リュザック）と Ettinger（エッティンガー）が，活性汚泥処理過程の無酸素ゾーンを利用して生物的脱窒を達成した．この方法は現在，全ての AS（活性汚泥）処理と一部の固定生物膜処理の標準的な方法となっている．

活性汚泥処理においてリンを除去する方法は，南アフリカの James Barnard（ジェイムズ・バーナード）(1974) のグループによって開発された．この技術は現在世界中で適用されている．20世紀の後半において，南アフリカの水道業界は，水源を慎重に保護するとともに，水不足や人口の急増に対処するためにリサイクル処理法を開発した．その結果，ここで最も進んだ下水処理法が開発されることになった．

2.8.2 基　　準

1970年代，住民の意識が高まる中で，その意見を取り入れながら環境基準を定めることで環境保護を向上させていく動きが出てきた．この方向に向けた第一歩は，1972年に定められた米国の「水質浄化法」であった．欧州連合は当初の5ヵ国から現在の15ヵ国に拡大し（2001年現在），水質汚染の防止と国際水資源の保護を目的とした一連の指令が出されるようになった．それは1975年の「地表水に関する指令」に始まり，1976年の「水遊びに適した水指令」，1978年の「魚類の生息に適した水指令」，1979年の「貝類の生息に適した水指令」に関する各指令，そして1980年の「飲料水に関する水指令」へと続いた．「都市の排水処理に関する指令」(CEC, 1991) はこの5年間，運用者に非常に大きな影響を与えた．というのもこの指令は，ヨーロッパ全体に適用される基準であり，窒素とリンのレベルに対する相当厳しい基準が設けられているからである．

2.8.3 汚泥の処理・処分

初期には汚泥の処理・処分についてはほとんど語られることはなかった．簡単な処理・処分法がしだいにとれなくなり，この20年間で重要な問題になってきた．ヨーロッパでは，下水汚泥の海洋投棄は1990年代までは一般的な慣行であったが，いまでは許可されない．農地への廃棄基準も厳しくなってきた．新しい処理法が数多く提案され開発されている．英国で最も一般的に使用されているのはいまだに農地であるが，焼却や乾燥/ペレット化が普及しつつある．プロセスの設計に際しては，汚泥の処理・処分経路は一番最初の段階で検討すべきである．

2.8.4 コンピューターによるモデリングと管理

1970年代後期，産業用コンピューター（および電子制御バルブ）が登場して，処理装置を初めて自動的に管理できるようになった．それ以来，この方法が急速な進歩を遂げた．1980年代後期に，個人がパーソナルコンピューター（PC）を購入できるようになった時，それまでは強力なメインフレームコンピューターを必要としていた活性汚泥法による処理プロセスのコンピューターモデル開発に，大きな変化が生じた．IAWPRC（CODに基づく）（Olsson and Newell, 1999）とWRc STOATモデル（BODに基づく）（Smith and Dudley, 1998）がその変化を主導した．それらは特に，雨天時の条件をシミュレートすることや，雨のような外部条件が処理プロセスに与える影響をチェックするうえで役に立っている．(Smith et al., 1998)

2.8.5 ヨシろ床/人工湿地

過去20年間で，それほど高度ではない排水処理システムと，池や湿地による処理システムに対する関心が高まってきた．このような処理法は，低コストで安全な処理を求めるヨーロッパで強く関心がもたれている．ヨシろ床（人工湿地としても知られている）は1980年代に使用されるようになった（Cooper and Findlater, 1990 ; Cooper et al., 1996）．これらのシステムは，農村地域の小規模な分散型排水処理システムとして，とくに有益である．大古のイタリアで使用され，古代ローマ人もその使用法を知っていたことを示す物語がある．

2.8.6 排水の嫌気性処理

過去50年間にわたり，排水処理に嫌気性処理法を適用する数多くの試みがなされてきた．1970年代にオランダで開発されたUASB（上向流嫌気性汚泥床）反応槽による農業排水と工業排水の処理は，かなりうまくいった（Zeeman et al., 2001）．この処理システムが成功したのは，農業排水と工業排水は通常，高温または高濃度（もしくは高温かつ高濃度）の有機性排水だからである．都市の家庭排水は通常低温で濃度が低いため，まだ嫌気性処理を適用して成功した例がない．最近，家庭の雑排水（グレイウォーター）と水洗排水（ブラックウォーター）を分離することで生じる高濃度排水の嫌気性処理に関する数多くの研究が行

われている (Zeeman et al., 2001). これは, オンサイトで処理を行う分散型処理にとっては前途有望な話であるが, 現在の低濃度の家庭下水の処理に対する解決策とはならないだろう.

2.8.7 膜システム

最も重要な発展の一つに, 膜を利用するシステムがある. これは過去40年間で最も斬新な処理法である. バクテリアを除去するために膜を使用する3次, 4次処理はヨーロッパ, オーストラリア, そして米国で既に実施されている. 逆浸透 (RO), 精密ろ過 (MF), 限外ろ過 (UF) などの膜を使用する可能性については, 1960年代 (米国の月面着陸で使用された) から知られているが, 下水のような集中的な排水処理に安価に使用できる膜が研究開発されたのはごく最近のことである. トータルな運用コストは1992年から1/4に低下 (低下率75%) している (おそらく, 1970年代初頭の約100分の1の安さ). 最も面白いのは, 日本のクボタシステムのような膜分離生物反応槽 (MBRs) である. このシステムでは, 活性汚泥エアレーションタンクに膜パネルが直接挿入されている. これにはいくつかの利点がある.

① 沈殿段階 (活性汚泥処理法で常時最も信頼できない部分) を経る必要がない.
② パイプが相当量削減される.
③ 3次処理流出水を2段階または1段階で産出できる.
④ TSSのない殺菌流出水が産出され, 2次的目的に再利用できる.
⑤ 自動活性汚泥処理装置を小人数用のパッケージ装置として使用できる. 以前は, 貧弱な汚泥沈殿手段がこの適用を妨げていた.
⑥ このシステムでは, バイオマス濃度を15 000mg/Lに増加させることができ, エアレーション反応槽を大幅に小型化できる.

クボタのシステムは, 日本と英国で小人数用のものが使用されている (Yates, 2000). 英国では4 000人と23 000人の2町村でシステムが導入されているが, このシステムはクボタの事業グループで開発されたもので, 50人までの集団に対処可能なものであることに注意を払う必要がある. 小規模な分散型下水道システムおよび処理水の再利用に大きな可能性があるかもしれない. また, 膜システムはロンドン Greenwich (グリーンウィッチ) の Millennium Dome (ミレイニアムドーム) においても, グレイウォーターをリサイクルしてトイレ水洗水を供

給するため使用されている．

2.9 まとめ

　歴史の示すところによると，変化は循環的に起るように思われる．すなわち，ある分野のアイディアやプロセスが，他の分野で使われて発展し，それがふたたび戻ってきて使われるということがある．その良い例が，回分式反応槽（SBR）である．これは，活性汚泥法，フィル・アンド・ドロー方式の原型をなすものであった．この技術は1990年代に活発に使用されるようになったが，その理由は，汚泥のバルキングを避けることができる処理法として注目されたためである．この技術がふたたび注目されだしたのは1970年であるが，最近になって強力に開発が進められた．コンピューターが発展し電子制御バルブが開発されたため，いまでは回分式反応槽（SBR）は自動運転ができる．1920年代には，全てを作業員が手動で操作しなければならなかった．

　このように技術が循環する例は最近のブラジルにもみられ，そこではもともとは1850年代に提案された方法である，裏庭排水管/長屋式下水管（背割下水管）に関心がもたれている．その他の例をあげると，化学物質の使用がある．これは前世紀には浮遊物質の除去に使われていたが，現在はリン除去の目的で使われている．とくに1850～1950年の間には，国際協力とアイディアの自由な交流が開発を加速するうえで大きな影響を与えてきた．この時期に，急速な発展と下水に起因する感染症問題を経験していたロンドンとニューヨークやボストンのような米国の東海岸都市の間で，アイディアの交換が頻繁に行われた．このようなアイディアの交換はヨーロッパ内でもみられ，それは今日まで継続している．

　水を輸送手段とする技術の歴史は非常に古いものである．BC2000年頃にギリシャで始まり，1840年，チャドウィックの仕事によって英国に引き継がれた．いうまでもなく，先進国では現在それが下水処理の主要形式となっている．水使用量の少ない場合に発生する下水の処理や真空式システムの設計では，廃棄物質が高濃度になるため，アンモニア態窒素の濃度が高くなって硝化菌に対して有害な作用をもたらすことに注意する必要がある．もちろんこれらは，下水道システムの主要形式にとって代わるものとは考えていない．しかし集中型下水道から離れた小人口地域や農村地域においては，このような分散型システムは効果的だと

思う．このような分散型システムでは，排水の処理として安定池システムやヨシろ床／人工湿地システムが世界中で実施されている．これらのシステムは安価であると共に，簡単な技術と装置を用いて地元の人々が建設できるため，開発途上国にとって大きな可能性がある（Cooper and Pearce, 2000；Mara, 2000）．

ヨーロッパにおける上水や排水の処理に関するこの30年間の傾向をみると，初めは自治体の機関によって取組まれてきたが，現在は河川流域を単位とする管理当局によって取組まれているとみることができる．このことは，コストを抑えながら環境保護を改善してきたことで地域と住民の利益になっていると思われる．

2.10 排水処理年表

3500〜2500BC	メソポタミア帝国の雨水排水システム．バビロンでは粘土パイプが汚水溜に通じていた．
1700BC	ミノス王宮殿に4つの独立した排水システム．クノッソス，クレタではテラコッタパイプによって石造下水道に排水．
c. 800BC	ローマでCloaca Maxima中央下水道システム建設．
c. 100AD	ローマの下水道網が家に接続．
c. 400AD	ロンドンのレンガ製下水道．
c. 1100	スコットランドのシトー派修道院が水路の近くに建てられ水路につながる下水道を通じて便所の排水．
1189	ロンドンで汚水溜の設置に関する規制．
1370	パリで最初の暗渠式下水道でルーブル近くのセーヌ川に排水．
1531	ロンドンの下水道委員会．
1596	ジョン・ハリントン卿がエリザベス女王Ⅰ世のために水洗便所を2つ建設．これは「必需品」と呼ばれ，バルブシステムによる最初の水洗便所．
1740	化学的下水処理の最初の記録．パリで石灰を使用．
1776	ジョン・ショートブリッジ判事が，鉛管によって台所の排水とし尿を堆積場に廃棄するようにグラスゴーの居住者に要求．
1790	グラスゴーで最初の下水道建設．
1793	発明の200年後にグラスゴーで最初の水洗便所．
1842	エドウィン・チャドウィックが，救貧法委員会に「グレートブリテン島における労働者の衛生状態に関する報告」という画期的な報告を提出．都市衛生協会の設立．
1844	都市衛生委員会がチャドウィック建議を採択．

2.10 排水処理年表

1846	化学処理に関する英国における最初の特許が石灰の使用に対して W. Higgs に付与.
1848	チャドウィックの主導による英国の公衆衛生法. 地方衛生局が設立され下水道の建設権限付託.
1849	ロンドンの首都圏下水道委員会.
1848～54	ジョン・スノー博士がコレラの発生と下水に汚染された水道との関係を証明.
1853	ドイツ, ハンブルグで最初の統合的下水道システム完成. ウィリアム・リンドレイが設計したシステムが米国およびヨーロッパの都市のモデルとなる.
1850～1910	英国と米国で化学的下水処理に関する数多くの特許申請. 1856～1876年までに英国において417件の特許が認可.
1860	フランスで L. H. Mouras が越流式汚物溜（腐敗槽の先駆け）を設計.
1862～65	米国の南北戦争で戦闘での死者より多数の兵士がチフスとコレラで死亡.
1866	枢密院の医務官（ビクトリア女王の顧問）が, チャドウィック勧告の実施による死亡率の顕著な低下を報告.
1868～70	フランクランドによる土壌と砂利の下水ろ過試験（土壌処理（灌漑法）の拡張）. 硝化を達成.
1870～90	英国および米国において種々の材料を用いた多数の下水ろ過試験.
1887	Dibdin が生物処理の基礎を示唆, 近代の一次, 二次処理について記述.
1890	米国マサチューセッツ州衛生局ローレンス実験所で最初の本格的な生物フィルター.
1890～1900	英国における多くの試験や計画で, 生物フィルターに関するアメリカの研究をフォロー.
1895	Cameron と Cummins（Exeter）が腐敗槽で特許.
1898	英国で第一回王立下水処理委員会.
1906	ドイツでイムホフタンクの設計.
1912	第八回王立下水処理委員会が, BOD 20mg/L, SS 30mg/L の「王立委員会基準」を規程.
1913	英国マンチェスター大学において Fowler, Ardern, Lockett による活性汚泥に関する最初の実験.
1916	Worcester において最初の本格的活性汚泥プラント. 米国で大規模試験. 米国テキサス州ヒューストンで最初の本格的活性汚泥プラント.
1922	デンマーク Soelleroed で活性汚泥プラント建設.

1924	ドイツの Essen でパイロット活性汚泥プラント．
1926	ドイツ Rellinghausen で本格的活性汚泥プラント．
1927	オランダ Apeldoorn で Kessener ブラシエアレーション．
1936	Sheffield で脱窒実施．
1964	英国 Stevenage の WPRL で Downing，Painrer，Knowles による一貫した硝化の基礎が確立．
1972	南アフリカのバーナードによりリンの生物学的除去の記述．
1970 年代	WRC と IAWPRC によるコンピューターモデル開発．
1990 年代	日本で膜分離生物学的リアクター開発．

2.11 参考文献

American Public Works Association (1976) *History of Public Works in the United States, 1776-1976*, p. 403.

Ardern, E. and Lockett, W.T. (1914) Experiments in the oxidation of sewage without the aid of filters. *Journal of the Society of the Chemical Industry* **33**(10), 524.

Barnard, J.L. (1974) Cut P and N without chemicals. Part 1. *Water and Wastes Engineering* **72**(6), 705.

BBC (2001) BBC Radio 4 Radio Series. *Disease Detectives; Cholera and Dr John Snow*, 24 January, 2001, British Broadcasting Corporation, UK.

Bingham, P. (1999) Dr Arthur Hill Hassall 1817-1894: microscopist to the Broad Street outbreak. *Health and Hygiene* **20**, 106–108.

Binnie, C. (1999) The Present London. In World of Water 2000 (full reference given below), pp. 40–51.

Campbell, B. (2000) Britain 1300. *History Today* **50**(6), June, 10–17.

Chartered Institute of Environmental Health (1998) For the common good: 150 years of Public Health. CIEH, London, UK.

Coombs, E.P. (1992) *Activated Sludge Ltd. – The Early Years*, published privately by C.R. Coombs, Bournemouth, Dorset, UK.

Commission of the European Communities (1991) Urban Waste Water Treatment Directive.

Cooper, P.F. and Findlater, B.C. (eds) (1990) *Constructed Wetlands in Water Pollution Control*, Pergamon Press, Oxford, UK, p. 605.

Cooper, P.F., Job, G.D., Green, M.B. and Shutes, R.B.E. (1996) *Reed Beds and Constructed Wetlands for Wastewater Treatment*. Water Research Centre, Medmenham, UK, p. 208.

Cooper, P.F. and Downing, A.L. (1997) Milestones in the development of the activated sludge process over the past eighty years. Paper presented to the CIWEM Conference, Activated Sludge into the 21st Century, Manchester, UK, 17–19 September.

Cooper, P.F. and Downing, A.L. (1998) Milestones in the development of the activated sludge process over the past eighty years. *Journal of the Chartered Institution of Water and Environmental Management* **12**(5), 303–313. [This is an abridged version of the paper above and the pre-1950 material has been drastically

2.11 参考文献

shortened.]

Cooper, P.F. and Pearce, G. (2000) The potential for the application of constructed wetlands in the village situation in arid developing countries. Paper presented to the CIWEM Aqua Enviro conference, Wastewater Treatment: Standards and Technologies to meet the Challenge of the 21st Century, Leeds, 4–6 April.

Culp, R.L. and Culp, G.L. (1971) *Advanced Waste Water Treatment,* Van Nostrand Reinhold, New York.

Dibdin, W.J. (1887) Sewage sludge and its disposal. *Proceedings of the Institution of Civil Engineers*, p. 155.

Downing, A.L., Painter, H.A. and Knowles, G. (1964) Nitrification in the activated sludge process. *Journal of the Institute of Sewage Purification* **2**, 130.

Edmondson, J.H. and Goodrich, S.R. (1947) Experimental work leading to increased efficiency in the bio-aeration process of sewage purification and further experiments on nitrification and recirculation in percolating filters. *Journal of the Institute of Sewage Purification* **2**, 17–43.

Evans, R.J. (1987) *Death in Hamburg: Society and politics in the cholera years 1830–1910,* Oxford University Press, Oxford, UK, p. 673.

General Board of Health (1852) Minutes of information collected with reference to works for the removal of soil, water or drainage of dwelling houses and public edifices and for sewerage and cleansing of the sites of towns, HMSO, London, p. 144.

Halliday, S. (1999) *The Great Stink of London: Sir Joseph Bazalgette and the Cleansing of the Victorian Metropolis,* Sutton Publishing, Stroud, Gloucestershire, p. 210.

Henze, M., Harremoes, P., la Cour Jansen, J. and Arvin, E. (1997) *Wastewater Treatment – Biological and Chemical Processes*, 2nd edn, Springer Verlag, Berlin, p. 54.

Institute of Water Pollution Control (1987) *Unit Processes: Activated Sludge*, IWPC, London, UK. [Reprinted and updated in 1997 by Chartered Institution of Water and Environmental Management.]

Katko, T.S. (1997) *Water: Evolution of water supply and sanitation in Finland from the mid-1800s to 2000.* Finnish Water and Waste Water Works Association, Helsinki, Finland.

Lee, C. (1997) *This Sceptred Isle: 55 BC–1901*, BBC Books and Penguin Books, London, p. 616.

Lee, C. (1999) *This Sceptred Isle: Twentieth Century,* BBC Worldwide and Penguin Books, London, p. 497.

Mara, D. (1999) Condominial sewerage in Victorian England. *Water and Environmental Manager*, September, 4–6.

Mara, D. (2000) A long way to go: Wastewater treatment in developing countries in the twenty-first century. Paper presented to the CIWEM and Aqua Enviro conference, Wastewater Treatment: Standards and Technologies to meet the Challenge of the 21st Century, Leeds, 4–6 April.

Melosi, M V. (2000) *The Sanitary City: Urban infrastructure in America from colonial times to the present,* Johns Hopkins University Press, Baltimore, Maryland, p. 578.

Mohlman, F.W. (1938) Twenty-five years of activated sludge, Chapter VI in *Modern Sewage Disposal*, anniversary book of the Federation of Sewage Works Association, USA, p 38.

Nicoll, E.H. (1988) *Small Water Pollution Control Works: Design and Practice*, Ellis Horwood, Chichester, UK.

Olsson, G. and Newell, R. (1999) *Wastewater Treatment Systems: Modelling, Diagnosis and Control*, IWA Publishing, London.

Rennie, D (2000) China flushed with pride over loo find. The *Daily Telegraph*, 27 July, p 18.

Royal Commission on Sewage Disposal Eighth Report (1912) Standards and tests for sewage and sewage effluent discharging to rivers and streams. Cd 6464, London.

Second Royal Commission on Rivers Pollution (1870) First report. London.

Stanbridge, H.H. (1976) *History of Sewage Treatment in Britain* (in 12 volumes), Institute of Water Pollution Control, Maidstone, UK.

Smith, M., Cooper, P.F., McMurchie, J., Stevenson, D., Mann, B., Stocker, D., Bayes, C. and Clark, D. (1998) Nitrification trials at Dunnswood Sewage Treatment Works and process modelling using WRc STOAT. *Water and Environmental Management* **12**(3), 157–162.

Smith, M and Dudley, J (1998) Dynamic process modelling of activated sludge plants. *Water and Environmental Management* **12**(5), 346–356.

von der Emde, W. (1964) 50 Jahre Schlammbelebungsverfahren, *Gas-u-Wasser Fach* **105**(28), 755–760. [In German.]

von der Emde, W. (1997) The history of the activated sludge process. Review for ATV, Germany.

Wardle, T. (1893) *On Sewage Treatment and Disposal*, John Heywood, London, p 43.

Warington, R. (1882) Some practical aspects of recent investigations on nitrification. *Journal of the Royal Society of Arts*, 532–544.

Wolfe, P. (1999) History of wastewater. In *World of Water 2000* (full reference given below) pp. 24–36.

Wolfe, P. (ed) *World of Water 2000 – The Past, Present and Future* (1999). Water World/Water and Wastewater International Supplement to PennWell Magazines, Tulsa, OH, USA, pp. 167.

Yates, J. (2000) Membrane process systems are establishing a significant position for the treatment of both municipal and industrial wastewaters. Paper presented to the CIWEM and Aqua Enviro conference, Wastewater Treatment: Standards and Technologies to meet the Challenge of the 21st Century, Leeds, 4–6 April.

Zeeman, G., Kujawa-Roeleveld, K. and Lettinga, G. (2001) Anaerobic treatment systems for high-strength domestic waste (water) streams. Chapter 12 in this book.

3章

分散型排水管理と集中型排水管理

P.A.Wilderer

© IWA Publishing. Decentralised Sanitation and Reuse：Concepts, Systems and Implementation.
Edited by P. Lens, G. Zeeman and G. Lettinga. ISBN： 1 900222 47 7

3.1 はじめに

1999年5月，Weimar（ワイマール）で開催されたEU加盟国の環境担当閣僚の年次会合において，「統合的製品政策（IPP）」と呼ばれる概念の採択・実施が決定された．この概念をヨーロッパの環境法制の共通基盤とするとの宣言がなされた．IPP（Integrated Product Policy）は，「製品とサービスについてその全ライフスパン（いわば，揺りかごから墓場まで）を考慮に入れて，製品とサービスが環境に与える影響を徐々に改善していくための政策手段」と定義された．この概念は，いわゆる末端処理的（end-of-the-pipe）技術を克服し，それを，物質フラックスを最小化し，有用物質を回収し，物質循環に還元するといったことを含む，総体的な物質フラックス管理技術（図 3.1 参照）に置き換えていくことを目的としている．環境上，経済上健全な財の生産（つまり，クリーン技術）および

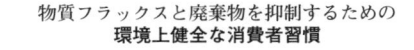

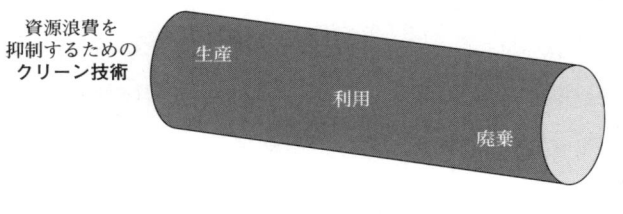

図 3.1 従来の直線的系列の生産，利用，廃棄物排出のモデルとしての「パイプ」（IPPのコンセプトに固有の全体論的な枠組をオーバーレイしてある）

高度なリサイクル技術の応用がここでは重要であるが，財とサービスの環境上，経済上健全な配分と利用も同様に重要である（例えば，自動車の燃費やCO_2排出量の最小化）．そこで，IPPでは全体論的な枠組み手法を用いる．IPPは，資源の消費抑制，長期間効果のある技術，高度処理の要件を目指している．それは，経済，社会，環境の持続可能な発展に調和的なLCA（ライフサイクルアセスメント）の帰結と理解することができる．

これらは，水や排水の集中型管理や分散型管理とどのように関係しているのだろうか？　水は製品ではなく天然物ではないかと思われるかもしれない．水は河川，貯水池または地下から採取され，家庭，企業，または産業用プラントなどに供給される．だが，顧客の水質に関する要求を満足するためには，原水を浄化しなければならない．このため，水は顧客が購入する製品となり，最後に排水となるのである．どの工業製品にもみられる生産，利用，廃棄という直線的系列は，水についても当てはまる．

水および排水の処理と流通には，塩素のような化学薬品だけでなく，建設・配管資材，ポンプ，エネルギーの供給が必要となる．特に産業においてプロセス用水として使用される場合には，水の利用は，直接的・間接的な環境影響を伴うことになる．処理された排水は表流水域に排出され，その後，下流に位置する自治体や産業によって再利用される．水管理に関するIPPは，水の取水・配水，水の使用だけでなく排水の収集，処理，廃棄についても，環境影響を最小化するための最適化システムとして全体論的に理解される必要がある（図3.2）．

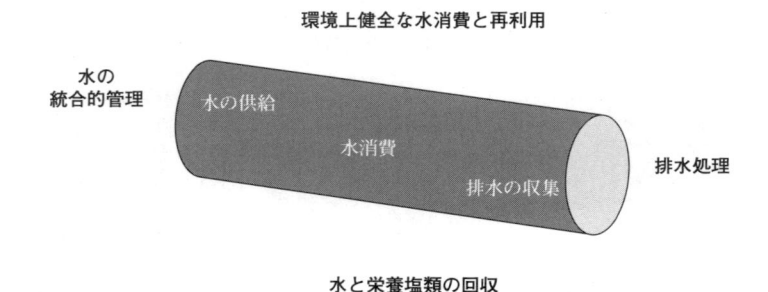

環境上健全な水消費と再利用

水と栄養塩類の回収

図3.2 IPPのコンセプトでは，水の供給，消費および排水処理の直線的系列は，水の再生・再利用の閉鎖ループに組み込まれなければならない．取水量，利用者による有害物質の導入，下水管からの漏出，下水処理のための物質およびエネルギーの消費を削減する努力が必要である．

IPP の概念を吟味すると，IPP が目指すものを達成するには，長年にわたって開発されてきたこれまでの技術体系を，批判的に検討しなければならないことが明らかになる．IPP の概念を尺度とすると，これまでの市街地の水/排水管理システムをこれ以上改善・最適化することは難しそうである．しかし，それに代わるべき方途はあるのだろうか．この疑問に正しく答えるためには，工業国と途上国の両方について，経済的・法制的条件ならびに気候・文化の相違について考慮する必要がある．

水供給・排水処理システムの大規模な建設・改良がなされなければ，これからの 50 年で，安全な飲料水にアクセスできない人々の割合は大幅に増加すると予想されている (World Bank, 2000)．既に数十億の人々が現在適切なサニテーションにアクセスできずにいる．固形廃棄物の収集と処理が行われているのは，地球人口の半分にはるかに及ばない．毎年数百万の人々が水系伝染病で死亡している (Kalbermatten *et al*., 1999)．アフリカ，アジア，ラテンアメリカの多くの開発途上地域では疾病が蔓延している．家庭や産業からの未処理または処理不十分な排水や，大々的に肥料が散布された農地からの流出水，そして，採鉱場や埋立地からの浸出水などが原因となって，多くの国で水道水源の水質が悪化している．途上国ばかりでなく，水処理に関する規制が不十分な工業国も同様な状況におかれている．

3.2 集中型水管理システムの評価

3.2.1 成果と便益

質の高い飲料水の供給と，下水・雨水の収集およびこれらを自然水域に排出する前の高度処理は，公衆衛生，産業の成長，一国の繁栄にとっての重要な前提条件である．歴史を振り返ればこのことは明らかである．工業国の台頭は，水道技術，都市のサニテーション・排水処理技術の進歩・普及と密接に関係していた．

工業国で長年にわたって発展してきた都市の水管理システムは，以下のような特徴をもっている．

・地下水保全地域や保全された貯水池のような保護された領域からの水道原水の取得
・水道原水の規制された浄化処理と，年間を通じて十分な量の高品質な水の配

水

- 下水と雨水の下水道による収集
- 収集された排水の都市域からの輸送
- 排水・雨水の高度処理
- 自然の地表水域への排出にあたって処理水水質の規制
- 汚泥の処理・利用や，管理された廃棄

このような方法は一般的に，「集中型」水管理（図 3.3）と呼ばれている．都市域で分配される全ての水は，都市から離れた場所で浄化され，都市域で収集された排水は，都市とは離れた処理場に送られて処理・排出されるからである．

この方法には多くの利点がある．特に処理プラント（浄水，排水処理）の管理・制御の信頼性が高く効率的であるため，消費者と環境の両方に対して利点がある．加えて，同一の都市域に適用する場合，一つの大型処理プラントを建設する方が，投下資本や運用コストが，多くの小さなプラントを建設する場合より低く抑えられると考えられる．

このような集中型処理方式の重要なポイントは，「制御」にある．水質と水量が基準に抵触した場合，重大な結果をもたらすことになる．配水する前に病原性生物を有効に除去しなければ，人々の健康を損なう．重金属，塩素化炭化水素，医薬品・ホルモン様化合物といった有害物質が配水システムに過剰に混入すると，長期的な健康被害をもたらす．公衆衛生の悪化は，地域経済を脅かし公益を損なう．同様に，水量が確保されなければ，産業上の支障を生じることになる．

排水処理プラントを効率的に運用することも同じく重要である．排出規制を順

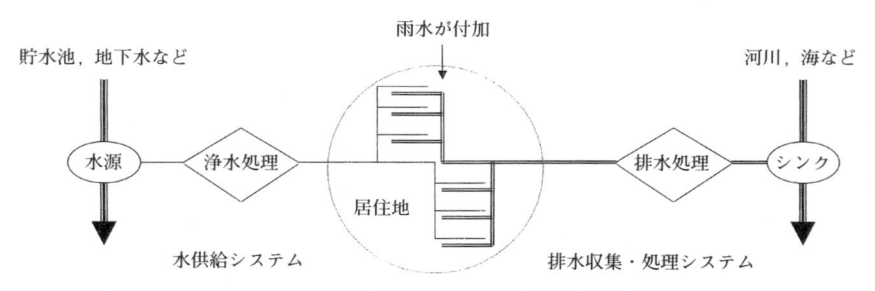

図 3.3 水供給/排水収集・処理における従来の集中型システム

守しないと，水域の水質悪化をもたらす．その水を飲料水として使用する下流域では，水を浄化するための努力や注意が必要であり，コストも増大する．

3.2.2 現状の集中型システムの問題点

集中型水管理システムには様々なプラス面があるのだが，特に先に述べた IPP の観点からすると，無視できない不利な点がある．

配水・収集システムの建設・保守管理までを考慮に入れると，集中型システムの費用便益上の有利さはそれほどでもなくなってくる．配水管網および下水管網の建設コストは，処理システムの建設コストより1桁ほど高くつく．多くの都市での調査によれば，広範囲に漏水がみられ，地下水浸入や排水漏出による地下水汚染が生じていることが明らかになっている．例えば，ドイツにおける配管システムの改良コストは，1 000億ユーロ程度になると見積もられている．

集中型システムを世界中で実施するコストを算定すると，世界の金融市場がその必要投資額を賄えるほど潤沢でないことは明らかである．途上国，特にその巨大都市域において，集中型システムが最善の問題解決策であるということは信じ難いのである．

集中型システムを評価してみると，さらに，以下の問題点が考えられる．

- 都市域に供給されている良質な水のうちわずかな量だけが，飲料，洗濯，調理用として使用されている．その大部分は，洗浄，水洗，および植木や芝生への散水に使用されている．飲用可能な質の水のうちかなりの量が，排水処理プラントに汚染物質を輸送する手段としてのみ必要である．どうして，高質の飲料用水を廃棄物の輸送などに使用するのだろうか？
- 離れた場所から取水し，広く囲い込まれた都市域へ送り，最後に遠方の水域に排出することは，その地域における水収支に悪影響を与えるかもしれない．地下水位は低下するだろう．すると，庭園，公園，農地に対する人為的な灌漑の必要性が高まる．その結果，天然水源から更に多くの水を取り出すことが必要になり，事態はさらに悪化する．
- 下水管から排水が漏れ出すだろう．すると，土壌や地下水が汚染される．逆もまた同様で，地下水の浸入により処理プラントへの水量負荷が増加するだろう．余分な水量負荷に対処するには，より大容量の配管や処理槽が必要になる．その上，排水は希釈されてしまい，処理技術は更に困難になる．

- 飲料水と再生水を供給するための二重給水配管システムは，費用と衛生上の理由から，大規模な形で実施することは困難である．
- すべての種類の排水と雨水を混合してしまうと，非常に複雑多様な汚染物質を含むことになり，その組成や濃度も大きく変動することになる．このため，汚染物質除去は困難になる．
- 重金属のような問題物質によって汚染されない限り，排水には肥料として使用できるリンなどの成分が含まれている（Larsen and Gujer, 1996a）．排水に含まれる有益な成分が汚染・希釈されると，次の用途に再利用することができなくなる．
- 同様に，下水処理施設から出てくる汚泥はひどく汚染されているが，少なくとも潜在的には，様々な有用な物資を含んでいる可能性がある．汚泥は，土壌改良剤や肥料として使用できるコンポストに変換することができる．残念ながら，都市の集中型処理プラントから排出される汚泥は，病原性生物，家庭用化学物質，医薬品，重金属などの有害物質で汚染されていることが多く，有益な製品に変換するのは難しい．

3.2.3 結論と疑問点

以上の検討により，集中型システムは多くの点で有益であるが，IPPの概念が要求する内容を満足しないことは明らかである．さらに，財政的な理由から，適切なサニテーションシステムを導入する必要がある途上国の問題を解決することはできない．

しかし，それに代わるべき方法があるのだろうか？　実行可能なシステムを模索するにあたっては，以下のような疑問点に全て答えていく必要がある．

- 分散型システムはより優れた方法であろうか，あるいは集中型システムと分散型システムの両方を組合せた方法はどうだろうか？
- 分散型システムの処理プラントの規模は，どの程度小さくできるのか？
- 分散型システムは財政的に適切であろうか？
- 分散型システムは，集中型システムと同様の安全性と信頼性を備えているだろうか？
- 個々のプラントを誰が所有するのだろうか，またその運用と保守の責任を誰がもつのだろうか？

次々と疑問が沸いてくるが，満足できる回答はまだ見つかっていない．近年，分散型排水処理の分野に積極的に取組む研究チームや企業が増えている．本章の残りで，そのような様々な取組みと技術の現況に関する概観を提示してみよう．

3.3 分散型水管理システム

3.3.1 従来の取組み

　分散型排水処理システムは，既に世界の多くの場所に存在している．大半は農村地域である．それらは，その地域に合わせて設計・建設された多くの小規模な排水処理施設である．技術の現況については，Crites および Tchobanoglous (1998)，Loetscher ら (1997) によって要約・評価されている．全体を通じて，IPP 関連基準（資源の低消費，技術の長期持続性，高度処理要求）を尺度とした場合，実際の処理結果は満足できるものではない．

主に以下の3つの問題がある．
- 多くの場合,処理水の水質はレベルが低く,安全な再利用はめったにできない
- 処理施設が適切に運用されていない
- 水管理当局にとって処理施設の監督と規制が難しい

　近代的方法とは違い，適用される方式が原始的（例えば，流水式屋外トイレ (aqua privy) や汲取り式トイレなど）またはローテク（例えば，2～3チャンバー型の腐敗槽）である．また，安定池，人工湿地，鉛直浸透施設のような自然システムに近い方法も使用されている．一方では，大規模処理施設で通常適用される先端的処理方式の小型版が使用される分散型システムもある（例えば，散水ろ床方式や回分式反応槽 (SBR) など）．問題は，適用される処理方式が高度な処理能力を有するものであっても，所有者が処理施設にほとんど注意を払わないため，十分な機能を発揮できないということである．

　通常，家庭（**図 3.4**），店舗または工場から出てくる様々な排水は，そのまま混合されて処理プラントに送られ，それぞれの排水に特有の組成，有害物質や再利用可能性が考慮されるということはない．浄化された排水が，水洗や洗浄に有用な水源として考えられることはめったにない (Asano *et al.*, 1996)．

48   3章　分散型排水管理と集中型排水管理

　　　　糞便　　尿　　台所　　シャワー　　固形廃棄物
　　　　　　　　　　ゴミ　　洗濯機
　　　　　　　　　　　　　　清掃

　　　　　ブラック　　　　　　グレイ
　　　　ウォーター　　　　ウオーター

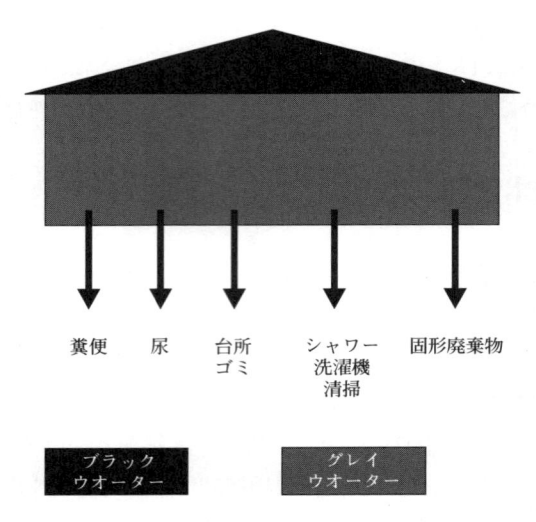

図3.4　家庭で産出および排出される廃棄物の流れ

3.3.2　斬新なアイディアや概念

　集中型方式の明白な欠点を克服し，環境上・経済上健全な統合された水管理システムを整備していくために，最近多くの研究者がアイディアや革新的な概念を提案している（例えば，Larsen and Gujer, 1996b；Otterpohl *et al.*, 1997；Venhuizen, 1997；Zeeman *et al.*, 2000）．これらの提案には，以下の共通点がある．

・水，排水，家庭ゴミを総合的に管理する
・集水域（家屋，住居，集落，工場，工業団地）から排出される様々な廃棄物を種類毎に分離収集し処理する
・「産業エコロジー」の概念に基づき，有用物質を回収し，高度に，多くの場合直接的に使用する（例えば水，コンポスト，バイオガス，肥料）(Jelinski *et al.*,1992；Raha *et al.*, 1999)

　水と排水の管理システムをローカルスケールで統合することによって（図3.5），必要な淡水量が最小化される．

　その結果，淡水水源（地下水または地表水の貯水池）の利用を最小化できる．このことで地下水を高いレベルに維持でき，特に樹木など植物の成長を妨げないで済む．水不足の地域では，淡水の需要を減らすことは経済的に極めて重要であ

3.3 分散型水管理システム

る．それにより，例えば，脱塩のためのコストを最小にできる．

ある特定の組成をもつ排水のみを収集することによって，排水の組成と再利用目的にあわせた排水浄化プロセスと物質変換プロセスを適用することができる．

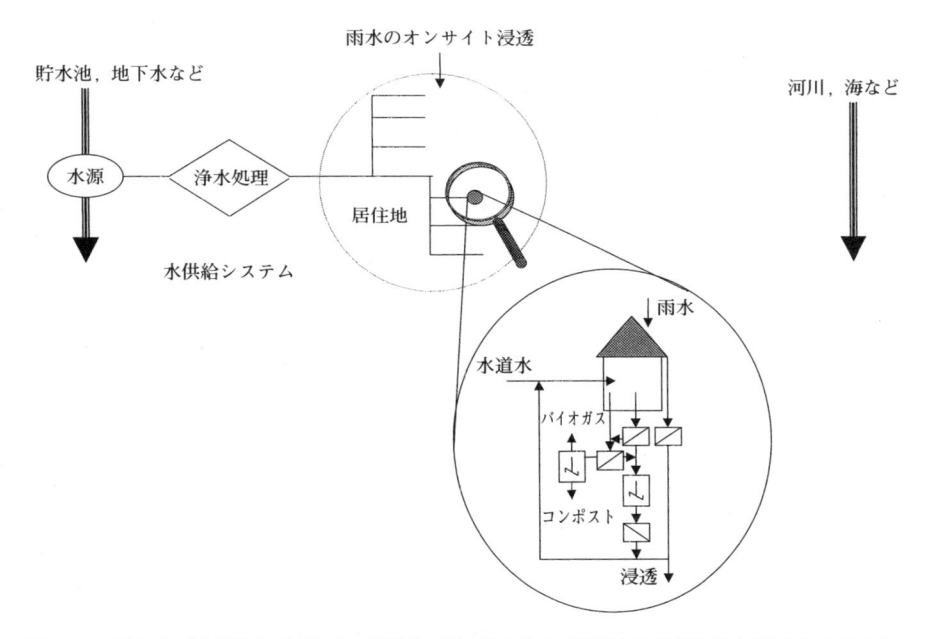

図 3.5 雨水および処理排水が水洗水，洗浄水，庭の散水として使用される分散給水／排水システムのコンセプト

都市に適用する場合（家庭，アパート，カフェテリア，レストラン，ホテル），排水（および廃棄物）を5種類に区別することができる（図3.4参照）．
・糞便を含む排水
・主に尿を含む排水
・洗濯機，洗濯桶，シャワー，浴室または清掃からの排水（生活雑排水，グレイウォーター）
・台所の流しからの排水（流しのディスポーザーで破砕された生ゴミを含む）
・オンサイトでの処理・再利用に適さない固形廃棄物（紙，プラスチック，金属など）

このように分類された廃棄物には，成分組成や濃度に大きな違いがある．そこ

に含まれる有害物質の量には大きな差がある．

　ブラックウォーター（糞便と尿）は，衛生上のリスクという面で大きな問題となる．それは病原性生物だけでなく，薬品残留物を含んでいるかもしれない．だが，有機物質濃度が高いので，バイオガスに変換することができるという魅力がある．尿は窒素やリンを豊富に含んでおり，肥料生産の原料として使用できる．台所ゴミは有機物質濃度が高く，ブラックウォーターの成分と組合せて，バイオガスやコンポストに変換することができる．グレイウォーターは有機物質濃度が低い．全成分というわけではないが，グレイウォーターの成分の大部分は容易に生分解できる．グレイウォーターの無機物質濃度は非常に低い．この種の排水は比較的容易に浄化でき，飲料用水の代りに水洗トイレ，洗浄および潅漑など様々な用途に使用できる．排水処理水をどのような目的に使うにせよ，ヒトの健康に負の影響を与えないように，飲料用水に近い水質にしてやる必要がある．

　分散型システムに関して現在議論されている提案は，以下のようである．
・主要な4種類の家庭排水を別系統で収集する
・排水の収集・再利用システムに，屋根や車路から収集された雨水を含める
・分離したそれぞれの排水の処理はオーダーメイド技術で行う
・処理から得られた生成物を物質循環に戻す

　提案されているシステムは，規模の点でも様々なものがある．単独の家屋，集合住宅，工業団地，居住区全体，それぞれから排出される排水の処理に焦点を当てて，解決策が議論されている．

　尿の分離収集は，LarsenおよびGujer（1996a, b）によって提言された．このためには，特別に設計された便器が必要である．Otterpohlら（1997）は，船舶，列車，航空機などで広く使用されている，真空式トイレによるブラックウォーターと尿の収集を提唱している．WildererおよびSchreff（2000）は，グレイウォーターの処理水を従来型の水洗便所に用いるシステムを提唱した．ブラックウォーターと尿は台所の流しから出る生ゴミに混合され，バイオガスを生成するための高速消化槽に送られる（**図 3.6**）．一方で，グレイウォーターは生物膜処理槽で好気性処理される．

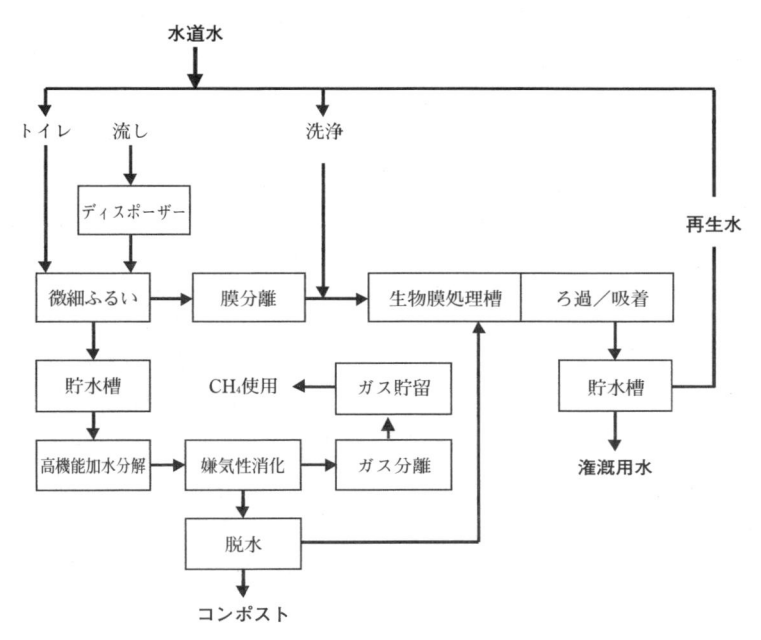

図 3.6 Wilderer および Schreff が提案した，有機廃棄物を含むブラックウォーターと洗濯機などから排出されるグレイウォーターを処理するシステム

技術的に有望な方法として，新しい排水処理システムの提案者の大半は，固液分離に膜分離法を用いている．また，有機物質をバイオガスとコンポストに変換するために，生ゴミを含めたブラックウォーターの嫌気性処理法を用いている．

3.3.3 コストに関する考察

規模の大小にかかわらず，排水処理システムというものは，汚染物質や栄養塩類が過剰に環境に排出されることを防ぐように設計される．もしもある都市が分散方式を採択しようとするのなら，単一の大規模プラントの場合と同レベルの処理が，複数の小規模分散型プラントでも達成できるようにしなければならない．

　　　　［小規模分散型プラントからの排出の総和］
　　　　　　≦［大規模集中型プラントからの排出］

この考え方は，従来の小規模排水処理プラントに適用されるものより，かなり厳しい処理目標と放流水質が必要であることを意味する．新しいタイプの小規模プラントは，最低限，以下の要件を満たさなければならない．

① ヒト，ペット，その他の動物が処理水やコンポストに接触することは避けられないので，液体と固体との両方について，処理生産物は安全で衛生的でなければならない．健康リスクは，可能な限り最小化する必要がある．

② 飲料や調理に使用されることがない場合であっても，処理水は，飲料用水基準を満たさなければならない．

③ 生成した固形物は十分に安定化させ，不快な臭気が発生しないようにしなければならない．

④ バイオエネルギー源としてのバイオガスは，バーナー，機械，触媒変換機を（例えば腐食によって）損傷することのないように扱わなければならない．

このように高い質的基準を満たす処理プラントは技術的に非常に複雑であり，制御，維持作業および管理技術に高い水準を必要とすることは明らかである．第一，そのような小規模プラントを建設，実施，運用するには，極めて高いコストがかかることになる．誰がそのようなプラントに対して支払う気になれるのだろうか？ 安全な水の供給や組織立った廃棄物管理を必死に求めている途上国の巨大都市の住民に，その経済的余裕があるのだろうか？

基本的に，近代的技術システムは全て複雑である．例えば，コンピューターは技術的にいって先端的かつ複雑で非常に精巧な装置である．携帯電話や自動車も同様である．だが驚くべきことに，コンピューター，携帯電話，自動車は，限られた技能しかもたない普通の人々によって，途上国を含んだ世界中で使用されている．それらは極めて複雑な装置ではあっても，驚くほど低コストであり，信頼性も高い．これは，なぜだろうか？ 要するに，これらのハイテクシステムは，高度に専門化した技術者チームによって設計され大量生産されているからである．小規模排水処理システムにもこの考え方を適用したらどうだろうか？

現代の自動車は専門家チームが設計し，相当程度ロボットによって製造されている．それは利用者が使いやすいようにつくられ，自動車走行原理の詳細を知らなくても運転することができる．自動車，コンピューター，携帯電話の所有者は，自分が使用する装置の保守管理を行う必要はなく，必要とされる保守点検や修理作業は専門のサービス会社が行っている．繰返すが，小規模排水処理システムにもこの考え方を適用したらどうだろうか？

飲用可能な水を手頃な価格で供給できるハイテクな水処理システムを設計・建設できるのは，地元のコンサルタント会社，建設業者，水道工事業者ではない．

3.3　分散型水管理システム　　53

近代的分散型排水システムの工事を行い,経済的で信頼性の高いものにするには,処理プラントの設計，工事，サービス提供が工業化されなければならない．数十年にわたる熱心な研究により，我々は排水と固形廃棄物を経済的に価値のある製品に変換できる，効率的でコンパクトな「マシン」を設計するために必要な知識を獲得している．したがって，適切な設計・生産を行うための基礎は備わっている．ハイテクでコンパクトな処理システムの市場は，既に存在している．開拓する必要だけがある．同時に，プラントを円滑に運転するための監視とサービスステーションのネットワークを構築する必要がある．それらは民間企業か政府によって運営されることになるだろう．どちらが運営する場合でも，第三者的な品質管理は不可欠である．

3.3.4　未解決の問題

　以上はやや楽観的に見た場合の評価で，もっと細かい点をつつけば，いくつかの問題があるかもしれない．排水や台所ゴミに，容易に生分解できる物質だけでなく，扱いにくい物質が含まれていることは問題である．処理システムに投入される排水や台所ゴミは，その組成，流量，重量フラックスが大きく変動する．処理水やバイオガスの利用技術も十分発達しているとはいえない．人口密度の高い地域では，土壌の浸透能力が低いので処理水を灌漑や地下水涵養に使用できなかったり，地域で生産されるコンポストに対する需要がなかったりするかもしれない．新たな法制が必要である．システムの運用が不適切だったために疾病の流行や健康問題が発生したりすることのないように，厳しい規制をかけなければならない．

　大きな問題になるのは，家庭で使用される薬品などの化学物質である．特に，殺虫剤のような化学物質が問題で，それは家庭でリサイクルされる水に蓄積し，庭の作物への灌水によって食物連鎖に入り込むことになる．ホルモン様物質，廃棄薬剤，薬品代謝物が排水や固形廃棄物の流れに含まれることになる．これらの物質がヒトの健康に及ぼすであろう長期的な影響については，まだよくわかっていない．統合的分散型処理システムを実現するには，さらに進んだ研究だけでなく，化学・薬品産業との共同作戦が必要である．

　排水と固形廃棄物の組成や発生量の多様性は，システムに容量バッファ機能を備えることによって対処できる．ここで考察しているシステムはコンパクトなも

のでなければならないので，容量バッファ方式には限界がある．より良い代替策を発見するための研究と現地調査が必要である．

　水道水に代えて再生水を洗濯機や皿洗い機に使用できるかどうかについては，まだ十分な調査がなされていない．特に問題になるのは，再生水中に生成・蓄積する腐植性物質である．これが洗浄に及ぼす影響については明らかでなく，調査が必要である．バイオガスを使うことにも問題がある．バイオガスを家庭で使用するには，硫化水素，水分，および臭いを除く必要がある．バイオガスを燃料電池に供給し，発電に使用できれば理想的である．しかし，このような技術開発への道のりは遠い．

　人口稠密な地域では，水と固形物の再利用の考え方について検討する必要がある．基本的な問題は，どの程度まで再生水をオンサイトで利用できるのか，再生水はどの程度まで水道水で置き換えなければならないのかということである．この点についても，正確な答えを見つけるためには長期にわたる調査を行わなければならない．固形物を地先から除去するについては，比較的容易に解決する方法があるだろう（例えば，トラックによる収集）．そのほか，固形物は液化してメタンガスに変換できよう．そのような方法を実現するための技術は，まだ実用化段階にはなっていないが．

　法制度やその施行という観点では，新たな規制が必要である．分散型処理プラントは，個人が設置し所有するのが理想的である．けれども，処理プラントが適切に機能するか否かは，社会全体の利害に係わる問題である．すなわち，都市や国家は，プラントの運用状態を規制し，必要ならば所有者に対しシステムを適切に稼動させるよう命令する権限をもつ必要がある．個々のプラントを遠隔制御するには，堅牢で信頼できるセンサーシステムが必要である．この問題については，研究・開発されるべきことがまだ数多くある．

3.4　まとめ

　工業国において開発され，実施されてきた集中型水管理システムには，利点がある．ただし，それは普遍的に適用できる方法とはいえない．

　その代替策として，統合的な排水・固形廃棄物管理の概念が様々な研究者グループによって議論されている．基本的な考え方は，排水（台所ゴミと共に）をそ

の場で小規模・高効率な処理システムによって処理し，処理に伴う生成物（水，コンポスト，バイオガス）を直接的に利用するということである．

そのようなシステムを建設するために必要な技術の大半は存在する．そのような処理システムを大量生産し，サービスシステムを構築すれば，分散型排水/廃棄物管理システムは，低コストで効率的に運用できると思われる．けれども，そのようなシステムを全地球的規模で実施する前に，様々な問題を解決しておかなければならない．特に問題となるのは，家庭で使用される化学物質や薬品，生物処理の結果生じる腐植性の物質，バイオガスに含まれる硫化水素および臭気である．

所有権限と責任を明確化し，プラント所有者を規制に従わせると共に，処理システムの適切な運用が確保されるような，新たな法制を定める必要がある．

3.5 参考文献

Asano, T., Maeda, M. and Takaki, M. (1996) Wastewater reclamation and reuse in Japan: Overview and implementation examples. *Wat. Sci. Tech.* **34**(11), 219–226.

Crites, R. and Tchobanoglous, G. (1998) *Small and Decentralized Wastewater Management Systems,* McGraw Hill, Boston, USA.

Jelinski, L.W., Graedel T.E., Laudise, R.A., McCall, D.W. and Patel, C.K.N. (1992) Industrial Ecology: Concepts and approaches. *Proceedings of the National Academy Science USA* **89**, 793–797.

Kalbermatten, J.M., Middelton, R. and Schertenleib, R. (1999) *Household-Centered Environmental Sanitation,* EAWAG News, Duebendorf, Switzerland.

Larsen, T. and Gujer, W. (1996a) Separate management of anthropogenic nutrient solutions. *Wat. Sci. Tech.* **34**(3–4), 87–94.

Larsen, T. and Gujer, W. (1996b) The concept of sustainable urban water management. *Wat. Sci. Tech.* **35**(9), 3–10.

Loetscher, T. (1999) Appropriate sanitation in developing countries – the development of a computerised decision aid. Ph.D. thesis, the University of Queensland, Brisbane, Australia.

Loetscher, T., Keller, J. and Greenfield, P. (1997) Appropriate sanitation in developing countries. *World Water* **20**(9), 16–20.

Otterpohl, R., Grottker, M. and Lange, J. (1997) Sustainable water and waste management in urban areas. *Wat. Sci. Tech.* **35**(9), 121–133.

Raha, S., Ghose, A.K. and Allen, N.W. (1999) Industrial ecology – analogy, or the technical core of sustainability. *Green Business Opportunities* **5**(2), 5–10.

Venhuizen, D. (1997) Paradigm shift: Decentralized wastewater systems may provide better management at less cost. *Water Environment & Technology*, Water Environment Federation, 49–52.

Wilderer, P.A. and Schreff, D. (2000) Decentralized and centralized wastewater management: a challenge for technology developers. *Wat. Sci. Tech.* **41**(1), 1–8.

World Bank (2000) *Korrespondenz Abwasser* **47**(6), 807.

Zeeman, G., Sanders, W. and Lettinga, G. (2000). Feasibility of the on-site treatment of sewage and swill in large buildings. *Wat. Sci. Tech.* **41**(1), 9–16.

第2部

廃棄物・排水の特徴と
それらのオンサイト収集

4章 従来型の一括して排出される家庭排水の種類，特性および量

M. Henze and A. Ledin

© IWA Publishing. Decentralised Sanitation and Reuse：Concepts, Systems and Implementation.
Edited by P. Lens, G. Zeeman and G. Lettinga. ISBN：1 900222 47 7

4.1 はじめに

人間が活動すると廃棄物の排出が起る．これは避けることができない．全ての人間が同量の廃棄物を出すわけではない．家庭廃棄物の量と種類は，人々の行動，ライフスタイル，生活水準だけでなく，彼らを取り巻く技術的・法制的枠組みによっても大きく影響される．家庭廃棄物の大半は固形か液状であるが，この2種類の廃棄物の量と成分はかなり変化する性格のものである．家庭廃棄物は継続的なものである．したがって，柔軟性と適応性を備えた解決策を選ぶこと，これが長期にわたる持続可能性を保つうえで不可欠である．現在一番持続可能な解決策と思われても，新しい発見や新しい技術の開発がなされると，将来もそうであるとは限らない．

本章の目的は，従来型の一括して排出される家庭排水の特性を示し，その構成要素について議論することである．このことを前提に，現在家庭で使用されている技術がどのように改善できるかを考えてみる．

4.2 排水の成分

排水の成分は表 4.1 に示すように，性状を異にする主要なグループに分けることができる．本章では以下，家庭排水と集落排水（産業の影響を受けていないもの）について，種々の排水の成分を明らかにしていく．

表 4.1 家庭排水に含まれる成分 (Henze et al., 2001)

成分	特に問題になるもの	環境的影響
微生物	病原性バクテリア，ウイルスおよび寄生虫の卵	水遊びや貝の摂食に伴うリスク
生分解性有機物質	川，湖，峡湾（フィヨルド）における酸素の減少	魚の死亡，臭い
その他の有機物質	洗剤，殺虫剤，脂肪，オイルおよびグリース，染色剤，溶剤，フェノール，シアン化物	毒性，外見上の不快感，食物連鎖における生体内蓄積
栄養塩類	窒素，リン，アンモニア	富栄養化，酸素欠乏，毒性
重金属	Hg, Pb, Cd, Cr, Cu, Ni	毒性，生体内蓄積
その他の無機物	酸，硫化水素，塩基など	腐食，毒性
熱的影響	温水	動植物の生息条件の変化
臭い（および味）	硫化水素	不快感，毒性
放射能		毒性，蓄積

4.2.1 家庭排水/集落排水

排水の濃度は，汚濁負荷とそれが混合される水量の組合せで決る．したがって，1日あるいは1年の汚濁負荷は，排水の成分評価の良い基礎になる．**表 4.2** に，様々な国における概略値を示す．多くは推計値である．家庭排水と集落排水の成分は，場所と時間によって顕著な差がある．その理由の一部は，汚濁物質の排出量が変化することにある．しかしその主たる原因は，家庭の水使用量の違いや，下水管での地下水等の浸入量や排水の漏出量の違いである．**表 4.3～表 4.7** に典型的な家庭排水/集落排水の成分を示す．排水濃度が高い場合は，水使用量もし

表 4.2 個人に関連する汚濁負荷 (Treibel, 1982 ; Henze, 1977・2001 ; Andersson, 1978 ; USEPA, 1977 ; Lønholdt, 1973)

	汚濁物質	デンマーク	ブラジル	エジプト	イタリア	スウェーデン	トルコ	米国
[kg/(人·年)]	BOD	20～25	20～25	10～15	18～22	25～30	10～15	30～35
	SS	30～35	20～25	15～25	20～30	30～35	15～25	30～35
	全窒素	5～7	3～5	3～5	3～5	4～6	3～5	5～7
	全リン	1.5～2	0.6～1	0.4～0.6	0.6～1	0.8～1.2	0.4～0.6	1.5～2
	洗剤	0.8～1.2	0.5～1	0.3～0.5	0.5～1	0.7～1.0	0.3～0.5	0.8～1.2
[g/(人·年)]	Hg	0.1～0.2		0.01～0.2	0.02～0.04	0.1～0.2	0.01～0.02	
	Pb	5～10		5～10	5～10	5～10	5～10	
	Zn	15～30		15～30	15～30	10～20	15～30	
	Cd	0.2～0.4				0.5～0.7		

COD = (2～2.5) × BOD, VSS = (0.7～0.8) × SS, NH₃-N = (0.～0.7) × 全窒素

くは浸入量が少なく，排水濃度が低い場合は，水使用量もしくは浸入量が多いことがわかる．通常の雨水の成分は，濃度の非常に低い排水より低濃度であるため，雨水の混入は排水をさらに希釈することになる．

表 4.3 と表 4.4 は，家庭排水/集落排水の有機物質含有量の概要である．

表 4.5 は，家庭排水/集落排水の栄養塩類濃度を示している．これらの濃度は，し尿の取扱い法とリン含有洗剤使用の有無に大きく左右される．

排水に重金属が含まれていると，排水処理汚泥を農地に還元できる可能性が制約されることがある．表 4.7 は，家庭排水/集落排水の化学的パラメータの範囲を示している．また，**表 4.8** に生物学的パラメータの範囲を示す．

表 4.3 家庭排水の典型的平均有機物質含有量 [$g\text{-}O_2/m^3 = mg/L = ppm$]（Henze, 1982・1992 ; Ødegaard, 1992 に基づく）（Henze *et al*., 2001 から引用）

分析パラメータ	排水の種類			
	濃い	普通	薄い	非常に薄い
生物化学的酸素要求量（BOD）				
長期間	530	380	230	150
7 日	400	290	170	115
5 日	350	250	150	100
溶解性	140	100	60	40
溶解性で易分解性	70	50	30	20
2 時間後沈殿物	250	175	110	70
重クロム酸塩による化学的酸素要求量（COD）				
合計量	740	530	320	210
溶解性	300	210	130	80
浮遊性	440	320	190	130
2 時間後沈殿物	530	370	230	150
全難生分解有機物質	180	130	80	50
溶解性	30	20	15	10
浮遊性	150	110	65	40
全分解可能有機物質	560	400	240	160
非常に易分解性	90	60	40	25
易分解性	180	130	75	50
緩分解性	290	210	125	85
従属栄養性細菌量	120	90	55	35
脱窒性細菌量	80	60	40	25
独立栄養性細菌量	1	1	0.5	0.5
過マンガン酸による化学的酸素要求量（COD_p）				
合計量	210	150	90	60

処理プラントが扱うのは集水域からの排水だけではない．プラントが大規模になればなるほど，より大量の内部循環水と外部から持ち込まれる排水・汚泥を扱わなければならない．分散型排水処理の場合は，腐敗槽汚泥が問題になる．

表4.9には，腐敗槽汚泥の典型的成分を示す．しばしば腐敗槽汚泥は処理プラ

表4.4 家庭排水の典型的平均有機物質含有量（Henze, 1982・1992；Ødegaard, 1992に基づく）（Henze el at., 2001から引用）

分析パラメータ	単位	排水の種類			
		濃い	普通	薄い	非常に薄い
全有機炭素	[g-C/m^3]	250	180	110	70
炭水化物	[g-C/m^3]	40	25	15	10
タンパク質	[g-C/m^3]	25	18	11	7
脂肪酸	[g-C/m^3]	65	45	25	18
脂肪	[g-C/m^3]	25	18	11	7
脂肪，オイル，グリース	[g/m^3]	100	70	40	30
フェノール	[g/m^3]	0.1	0.07	0.05	0.02
フタル酸塩 DEHP [*1]	[g/m^3]	0.3	0.2	0.15	0.07
フタル酸塩 DOP [*2]	[g/m^3]	0.6	0.4	0.3	0.15
ノニルフェノール NPE [*3]	[g/m^3]	0.08	0.05	0.03	0.01
洗剤，陰イオン [*4]	[g-LSA/m^3]	5	10	6	4

[*1] ジ（2-エチルヘキシル）フタル酸塩
[*2] ジ-n-オクチルフタル酸塩
[*3] ノニルフェノールおよびノニルフェノールエトキシレート
[*4] LAS＝ローリル・アルキル・スルホン酸塩

表4.5 家庭排水の典型的栄養塩類含有量（Henze, 1982・1992；Ødegaard, 1992に基づく）（Henze et al., 2001から引用）

分析パラメータ	単位	排水の種類			
		濃い	普通	薄い	非常に薄い
全窒素	[g-N/m^3]	80	50	30	20
アンモニア態窒素 [*1]	[g-N/m^3]	50	30	18	12
亜硝酸態窒素	[g-N/m^3]	0.1	0.1	0.1	0.1
硝酸態窒素	[g-N/m^3]	0.5	0.5	0.5	0.5
有機態窒素	[g-N/m^3]	30	20	12	8
Kjeldahl性窒素 [*2]	[g-N/m^3]	80	50	30	20
全リン	[g-P/m^3]	23 (14) [*3]	16 (10)	10 (6)	6 (4)
オルトリン酸塩	[g-P/m^3]	14 (10)	10 (7)	6 (4)	4 (3)
ポリリン酸塩	[g-P/m^3]	5 (0)	3 (0)	2 (0)	1 (0)
有機リン酸塩	[g-P/m^3]	4 (4)	3 (3)	2 (2)	1 (1)

[*1] $NH_3 + NH_4^+$
[*2] 有機態窒素＋$NH_3 + NH_4^+$
[*3] リンを含まない洗剤の場合

表 4.6 家庭排水の典型的金属含有量 [mg-金属/m³]（データは Henze, 1982；Henze *et al.*, 2001 から引用）

分析パラメータ	排水の種類			
	濃い	普通	薄い	非常に薄い
アルミニウム	1 000	650	400	250
ヒ素	5	3	2	1
カドミニウム	4	2	2	1
クロム	40	25	15	10
コバルト	2	1	1	0.5
銅	100	70	40	30
鉄	1 500	1 000	600	400
鉛	80	65	30	25
マンガン	150	100	60	40
水銀	3	2	1	1
ニッケル	40	25	15	10
銀	10	7	4	3
亜鉛	300	200	130	80

表 4.7 家庭排水の様々なパラメータ（Henze,1982）

分析／物質	単位	排水の種類			
		濃い	普通	薄い	非常に薄い
浮遊物質	[g-SS/m³]	450	300	190	120
揮発性浮遊物質	[g-VSS/m³]	320	210	140	80
2時間後沈殿物	[mL/L]	10	7	4	3
2時間後沈殿浮遊物質	[g/m³]	320	210	140	80
沈殿物の揮発性固形物質	[g/m³]	220	150	90	60
2時間後浮遊物質	[g-SS/m³]	130	90	50	40
粘性係数	[kg/(m·s)]	0.001	0.001	0.001	0.001
表面張力	[dyn/cm²]	50	55	60	65
伝導性	[mS/m]*[1]	120	100	80	70
pH		78	78	78	78
アルカリ度 (TAL)	[eqv/m³]*[2]	37	37	37	37
硫化物*[3]	[g-S/m³]	0.1	0.1	0.1	0.1
シアン化物	[g/m³]	0.05	0.035	0.02	0.015
塩化物*[4]	[g-Cl/m³]	500	360	280	200
ホウ素	[g-B/m³]	1	0.7	0.4	0.3

*[1] mS/m = 10μS/cm = 1m mho/m
*[2] 1eqv/m³ = 1m eqv/L = 50mg-CaCO₃/L
*[3] $H_2S + HS^- + S^{2-}$
*[4] 給水中 100g-Cl/m³

ントに送られ，流入排水に混入される．ここで追加される廃棄物質は，排水の全廃棄物質負荷に対して無視できない割合に達する．

表4.8 排水中の微生物濃度［微生物数/100mL］（Henze et al., 2001）

	高い	低い
大腸菌	5×10^8	10^6
大腸菌群数	10^{13}	10^{11}
ウェルシュ菌	5×10^4	10^3
糞便連鎖球菌	10^8	10^6
サルモネラ菌	300	50
カンピロバクター	10^5	5×10^3
リステリア菌	10^4	5×10^2
ブドウ球菌	10^5	5×10^3
コリファージ	5×10^5	10^4
鞭毛虫	10^3	10^2
回虫	20	5
エンテロウイルス	10^4	10^3
ロタウイルス	100	20

表4.9 腐敗槽汚泥の成分（Henze et al., 2001）

成分	腐敗汚泥 高い場合	腐敗汚泥 低い場合	単位
全 BOD	30 000	2 000	[g/m^3]
溶解性 BOD	1 000	100	[g/m^3]
全 COD	90 000	6 000	[g/m^3]
溶解性 COD	2 000	200	[g/m^3]
全窒素	1 500	200	[g-N/m^3]
アンモニア態窒素	150	50	[g-N/m^3]
全リン	300	40	[g-P/m^3]
オルトリン酸塩	20	5	[g-P/m^3]
浮遊物質	100 000	7 000	[g/m^3]
揮発性浮遊物質	60 000	4 000	[g/m^3]
2時間後沈殿物	900	100	[mL/L]
塩化物	300	50	[g/m^3]
硫化物	20	1	[g/m^3]
pH	8.5	7	
アルカリ度	40	10	[eqv/m^3]
鉛	30	10	[mg/m^3]
全鉄	200	20	[g/m^3]
糞便性大腸菌	10^8	10^6	[No./100mL]

4.3 人口当量（PE）と個人負荷（PL）

排水量は人口当量（PE：population equivalent）単位で表現されることがある．人口当量は，排水量またはBODで表現される．世界的に次の2つが使用されている．

$1PE = 0.2 m^3/日$

$1PE = 60 g\text{-}BOD/日$

これらは行政的な目的やある種の簡便設計に使われ，その際，一定値とされる．排水区域に生活している人々からの実際の排出量である個人負荷（PL：person load）は，**表 4.10** に示されるようにかなりの差がある．これはライフスタイルの違いが原因である．

表 4.10　個人負荷（PL）の変動（Henze *et al.*, 2001）

成分	レベル
BOD [g/(人・日)]	15 ～ 80
COD [g/(人・日)]	25 ～ 200
窒素 [g/(人・日)]	2 ～ 15
リン [g/(人・日)]	1 ～ 3
排水 [m³/(人・日)]	0.05 ～ 0.40

PEとPLはよく混同されるので，それらを使う場合は注意を要する．どちらも平均的な寄与に基づいており，排水処理プロセスへの負荷の影響を表わすために使用される．それらを短期間のデータから計算してはならない．

個人負荷は，表4.2に示した年間数値にみられるように，国によって様々である．

4.4 排水の色

表 4.3 ～表 4.8 に示されている排水は，家庭からの混合排水である．**表 4.11** のように，排水を色で分けることもできる．

表 4.11 排水の色(家庭排水成分の定義)

種類	内容
クラシック	トイレ,風呂,台所,洗濯
ブラック	トイレ
グレイ	風呂,台所,洗濯
ライトグレイ	風呂,洗濯
イエロー	尿
ブラウン	糞便

4.5 家庭からの廃棄物

廃棄物の成分を詳細に分析するためには,物質流分析法がある.家庭の場合,排水と固形廃棄物の成分は,家庭内の様々な発生源から排出された結果である.廃棄物の流れの量と成分は変えることができる.ある廃棄物の総量は,適切な方法を用いれば増減することができる.例えば,排水中の汚濁負荷は,次の2つの方法で削減できる.

①家庭で発生する廃棄物を削減すること
②排水に含まれていた負荷を固形廃棄物(ゴミ)に転換すること

先進国の家庭から排出される有機廃棄物と栄養塩類の量を**表 4.12**に示す.この表をみれば,排水の成分を変更するためのアイディアが容易に浮かんでくる.

表 4.12 家庭排水成分別の発生源と非エコロジカルな生活の場合の値(Henze, 1997;Sundberg, 1995;Eilerson *et al.*, 1999)

	単位	トイレ 合計(尿を含む)	尿	台所	風呂/洗濯	合計
排水量	[m³/年]	19	11	18	18	55
BOD	[kg/年]	9.1	1.8	11	1.8	21.9
COD	[kg/年]	27.5	5.5	16	3.7	47.2
窒素	[kg/年]	4.4	4	0.3	0.4	5.1
リン	[kg/年]	0.7	0.5	0.07	0.1	0.87
カリウム	[kg/年]	1.3	0.9	0.15	0.15	1.6

4.5.1 生理的廃棄物

　人間の食生活は結果としての廃棄物量に影響する．しかし，生理的に排出される廃棄物量を減らす方法はよくわかっていない．したがって，このような廃棄物の生成については，人間活動による自然な結果として受け入れるほかない．トイレの廃棄物（生理的廃棄物すなわちヒト起源廃棄物）を水によって運搬される系統から分離すると，排水中の窒素，リンおよび有機物質を大幅に低減することができる．分離後の廃棄物は，家庭の外へ，多くの場合都市の外へと移送する必要がある．

　この種の廃棄物を処理する技術は多数存在する．
①世界中で使用されているナイトソイル（下肥）システム．
②主として農業地域の各戸で使用されているコンポスト式トイレ（コンポスト化を最も効率的に行うためには尿を分離することが望ましい）．
③腐敗槽．つづいて地下浸透あるいは下水道による輸送を行う．

　尿は栄養塩類含有量が多いことから，最近，尿の分離に特別な関心が寄せられている（Sundberg, 1995）．表 4.12 から，家庭廃棄物中の栄養塩類においては，尿が主たる寄与者であることがわかる．

4.5.2 台所排水

　台所から排出される廃棄物には，相当な量の有機物質が含まれており，従来から排水に排出されてきた．クリーンテク調理法によって，排水に含まれていた液状汚濁物質の一部を固形廃棄物に転換することが可能である．それにより，排水の全有機負荷を大幅に低減することが可能である（Danish EPA, 1993）．クリーンテク調理法とは，食物ゴミをゴミ箱に捨て，水道水で下水に流し込まない方法のことである．台所からのこうした固形有機廃棄物は，他の家庭廃棄物と一緒に処分することができる．台所から出るグレイウォーターは，灌漑に使ったり，処理を行った後トイレの水洗に使ったりすることができる．台所排水には家庭用化学物質も含まれている．化学物質の使用は，廃棄物のこの部分の成分や負荷に大きな影響を及ぼす．

4.5.3 洗濯と風呂

　この排水は比較的汚濁負荷が低い．負荷の一部は家庭用化学物質由来である．

化学物質の使用は，廃棄物のこの部分の成分や負荷に影響を及ぼす．洗濯と風呂から出る排水は，従来型の台所排水と一緒に潅漑に使用することができる．そのほか，トイレの水洗にも再利用することができる．どちらの場合も，相当な処理が必要である．

4.5.4 固形台所廃棄物

都市の住民が排出する固形廃棄物は，我々が生きている間に飛躍的に削減されることはない．したがって，この事実を直視して適切な廃棄物管理技術を選ぶ必要がある．過去の廃棄物管理法は，今日ではもはや最善の方法とはいえないだろう．

台所から出る固形廃棄物でコンポスト化可能な部分は，分離しておくか，従来水で運搬していた生ゴミと混合し，その後コンポスト化または嫌気性処理を行う．

家庭の固形廃棄物のうちコンポスト化が可能な部分を，キッチンディスポーザーを用いて処理することの是非については，米国，カナダ，オーストラリア，北ヨーロッパなどを代表とする多くの国で議論がされているところである（Jones, 1990；Tabasaram, 1984；Nilsson et al., 1990；Dircks et al., 1997）．この方法は，下水道の汚濁負荷が増加するため敬遠されることもある．けれども，家庭から出た廃棄物は何らかの手段で家庭や都市の外に輸送されなければならない．

本節で議論した他の大部分の方法と同様，固形廃棄物を下水道に排出しても，家庭から出る廃棄物の総量が変わるわけではない．ただ，廃棄物の最終到着地点が変わることになる．家庭廃棄物のうちコンポスト化が可能な部分を運搬車で運搬すると，しばしば労働衛生上の問題が発生する（Christensen, 1998）．固形廃棄物の輸送システムとして下水道を使用することで，この種の問題を緩和することができる．

4.5.5 色分けした家庭排水の汚濁負荷

表4.13に，家庭排水の成分毎の年間負荷量を示す．それぞれの排水の年間負荷量には大きな差がある．したがって，取り扱い技術と再利用という観点からは，排水の水質はかなり違うということになる．

表 4.13 家庭排水の典型的汚濁負荷 [kg/(人·年)]

	BOD	COD	窒素	リン	カリウム
クラシック	22	47	5.1	0.9	1.6
ブラック	9	27	4.4	0.7	1.3
グレイ	13	20	0.7	0.2	0.3
ライトグレイ	1.8	3.7	0.4	0.1	0.15
イエロー	1.8	5.5	4	0.5	0.9
ブラウン	7.3	22	0.4	0.2	0.4

4.6 水使用

家庭における水の使用は，廃棄物発生の重要な部分である．表 4.14 は用途別の水使用量である．地下水の下水管への浸入も水使用とみなせる．利用するかどうかに関係なく，地下水を枯渇させるからである．浸入するのは地下水ばかりでなく，給水管から漏れる水道水のこともある．水使用は，地理的要因や文化/ライフスタイルによって変化する．

表 4.14 北欧における典型的水使用量 [L/(人·日)] (Henze et al., 1997)

水使用	現状	節水機構あり[*1]	節水機構がある場合の1次水使用[*2]
トイレ	50	25/0	0
風呂	50	25	25
台所	50	25	25
洗濯	10	5	1
浸入	80	25	—
合計	240	105	51

[*1] 機器新設と下水道更新
[*2] 上記1に加えてトイレおよび洗濯に2次水を使用

4.6.1 節水メカニズム

節水と地下水の下水管への浸入を抑えることで，水使用量を表 4.14 の中央列の数値に近づけることができる．右端の列に示されているように，未来の水供給はその一部だけが1次水で，これは飲料水になるだろう．水使用の残りの部分は，2次水（雨水または処理されたグレイウォーター）でまかなえる．

種々の領域で水使用を大幅に低減させることは可能である．家庭における水使

用を50％削減するには，たいした努力を必要としない．さらに下水管を更新するとそれ以上の削減になるが，これには時間と経費がかかる．家庭における現実的な削減対策としては，古い装置を交換する際に，節水型の装置を取付けることがある．こうしたことで，先進国では，設備の大部分を取替えるのに20～40年かかることになる．

節水することは，社会にとって2つの重要な意味をもつことになる．第一に，水供給と排水処理に使われるエネルギーを減らせること．第二に，貴重な淡水資源の使用を減らせることである．トイレや洗濯に使用する水は，雨水のような2次水によって代替できる．水使用が少なければ，エネルギー消費の観点から，より持続可能性が高くなることは明白である．

節水すれば排水の汚濁物質の濃縮度を高めることになり，処理コストをわずかではあるが削減することができる．なぜなら，除去すべき汚濁物質の量は変わらないのに，処理すべき水はより少なくなるからである．**表4.15**に，下水に含まれるものを含め，家庭排水の様々な汚濁物質の濃度を示す．

表4.15 節水／下水管改良による従来型排水での汚濁物質濃度（一部のデータはHenze *et al.*, 2001より）

浸透を含む排水 [g/m^3]	250 [L/(人·日)]	160 [L/(人·日)]	80 [L/(人·日)]
COD	520	815	1 625
BOD	240	375	750
窒素	50	80	165
リン	10	16	31

4.7 家庭の排水計画

家庭について，先にあげた廃棄物管理技術の1つ以上と節水を組合せれば，家庭からの排水水質を計画的に変更することができる．家庭からの排水水質を変えることができれば，さらに進んだ適切な処理が可能になる．排水への汚濁物質負荷を低減することが目標の場合には，**表4.16**のような様々な方策がある．

4.7 家庭の排水計画

表 4.16 分離型トイレとクリーンテク調理により低減される排水への廃棄物質負荷 [g/(人·日)] (Henze, 1997)

技術	現状	分離型トイレ*1	クリーンテク調理*2
COD	130	55	32
BOD	60	35	20
窒素	13	2	1.5
リン	2.5	0.5	0.4

*1 水洗便所→ドライトイレまたはコンポスト式トイレ
*2 調理ゴミの一部を流しに流さず,固形廃棄物として処理

節水技術と負荷削減を組合せると,排水水質の計画にあたり,より自由度が増す.その結果を**表 4.17**に示す.

表 4.17 分離型トイレとクリーンテク調理を採用した場合の排水汚濁物質濃度(無リン洗剤使用の場合)(Henze, 1997)

排水量		250[L/(人·日)]	160[L/(人·日)]	80[L/(人·日)]
COD	[g/m^3]	130	200	400
BOD	[g/m^3]	80	125	250
窒素	[g/m^3]	6	9	19
リン	[g/m^3]	1.6	2.5	5

排水の成分が変化すると,CODの内容も変化する.これによって,溶解性と浮遊性の成分割合が変化する.つまり,有機物質の生分解特性に変化が生じる.例えば,排水中の有機物質がいくぶんかは生分解されやすいものになる.今日では,排水の成分が処理プロセスに大きな影響を及ぼすことがわかっている(Henzeら, 1995).

様々な技術により節水し,できるだけ多くの有機廃棄物を下水道に流入させるというようなことをすると,**表 4.18**に示されるような排水特性を得ることもできる.

表 4.18 最大の有機物質負荷をかけた場合の排水汚濁物質濃度(無リン洗剤使用の場合)(Henze, 1997)

排水量		250[L/(人·日)]	160[L/(人·日)]	80[L/(人·日)]
COD	[g/m^3]	880	1 375	2 750
BOD	[g/m^3]	360	565	1 125
窒素	[g/m^3]	59	92	184
リン	[g/m^3]	11	17	35

最も一般的な分離法は，トイレの廃棄物とそれ以外の排水を分離することである．こうすることで，グレイウォーターとブラックウォーターが生じる．その特性は**表4.19**にみられるようなものである．グレイウォーターに関する詳細については，Ledinら（2000）を参照されたい．

表4.19 グレイウォーターとブラックウォーターの特性．低い値は多量の水使用によるもの.高い値は水使用が少量か，または台所からの汚濁負荷が高いため．（Henze,1997；Sundberg, 1995；Almeida *et al.*, 2000；Eilersen *et al.*,1999）

成分	グレイウォーター		ブラックウォーター		単位
	高い	低い	高い	低い	
全 BOD	400	100	600	300	[g-O$_2$/m^3]
全 COD	700	200	1 500	900	[g-O$_2$/m^3]
全窒素	30	8	300	100	[g-N/m^3]
全リン	7	2	40	20	[g-P/m^3]
カリウム*	6	2	90	40	[g-K/m^3]

* 供給水中の成分は除く

4.8 廃棄物の輸送量

全ての家庭廃棄物は，処理や処分の場所まで輸送しなければならない．輸送の手段は，①運搬車，②下水道，③土壌浸透，の3通りが考えられる．下水道と土壌は移動式とはいえないが，家庭廃棄物の位置を変える手段である．

各家庭での土壌浸透により雨水や家庭廃棄物の一部を処理することができるが，廃棄物の残りの部分は運搬車か下水道によって，家庭から離れた遠い場所に輸送する必要がある．

廃棄物を処理・処分するためには最善の方法を選択しなければならない．廃棄物は土壌で輸送できないので，下水道と運搬車で輸送できる廃棄物の量を**表4.20**にあげておく．コンポスト化できる固形廃棄物も下水道で輸送するとした場合に輸送できる廃棄物量を最大値の欄に示す．表中の下水道での最小とは，トイレを分離し，台所からの廃棄物をできるだけ固形廃棄物として処理した場合である．運搬車によって家庭から搬出される廃棄物の最大値と最小値もあげておく．

表 4.20　下水道と運搬車で輸送可能な廃棄物の最小・最大輸送量 [g/(人・日)]（Henze, 1997）

輸送手段	最小値				最大値			
	COD	BOD	N	P	COD	BOD	N	P
下水道	33	20	1.5	0.4	220	90	14.7	2.8
運搬車	0	0	0	0	188	70	13.2	2.4

4.9　参考文献

Almeida, M.C., Butler, D. and Friedler, E. (2000) At source domestic wastewater quality. *Urban Water* **1**, 49–55.

Andersson, L. (1978) Föroreningar i avloppsvatten från hushåll. (Pollutions in Dometic Wastewater). Statens Naturvårdsverk, Stockholm, Sweden.

Christensen, T.H (1998) Affaldsteknologi (Solid waste technology). Teknisk Forlag, Copenhagen, Denmark, p. 46.

Danish Environmental Protection Agency (Danish EPA) (1993) *Husspildevand og renere teknologi (Domestic wastewater and clean technology)*. Miljøprojekt Nr. 219, Miljøstyrelsen, Strandgade 29, DK1401 Copenhagen, Denmark. (In Danish.)

Dircks, K., Pind, P. and Henze, M. (1997) Garbage grinders. Environmental improvement or pollution? *Vand & Jord* **4**, 205–209. (In Danish.)

Eilersen, A.M., Nielsen, S.B., Gabriel, S., Hoffmann, B., Moshøj, C.R., Henze, M., Elle, M. and Mikkelsen, P.S. (1999) Assessing the sustainability of wastewater handling in non-sewered settlements. Department of Environmental Science and Engineering, Technical University of Denmark. Accepted for *Ecological Engineering*.

Henze, M. (1977) Approaches and Methods in the Estimation of the Polluting Load from Municipal Sources in the Mediterranean Area. Paper presented at the Meeting of Experts on Pollutants from Landbased Sources, Geneva, 19–24 September. United Nations Environment Programme (UNEP Project Med X).

Henze, M. (1982) Husspildevands sammensætning (The Composition of Domestic Wastewater). *Stads og Havneingeniøren Journal* **73**, 386–387.

Henze, M. (1992) Characterization of wastewater for modelling of activated sludge processes. *Wat. Sci. Tech.* **25**(6), 1–15.

Henze, M. (1997) Waste design for households with respect to water, organics and nutrients. *Wat. Sci. Tech.* **35**(9), 113–120.

Henze, M., Harremoës, P., la Cour Jansen, J. and Arvin, E. (2000) *Wastewater Treatment: Biological and Chemical Processes*, 3rd edn, Springer-Verlag, Berlin.

Jones, P.H. (1990) Kitchen garbage grinders. The effect on sewerage systems and refuse handling. University report, Institute of Environmental Studies, University of Toronto, Canada.

Ledin, A., Eriksson, E. and Henze, M. (2001) Aspects of groundwater recharge using grey wastewater. Chapter 18 of this book.

Lønholdt, J. (1973) Råspildevands indhold af BI5, N og P (The Content in Raw Wastewater of BOD, N and P). *Stads og Havneingeniøren Journal* **64**, 138–144.

Nilsson, P., Hallin, P.O., Johanson, J., Karlén, L., Lijla, G., Petersson, B.Å. and Pettersson, J. (1990) Source separation with garbage grinders in households. Bulletin VA 56. Institute for Water Technology, Lund University, Sweden. (In Swedish.)

Ødegaard, H. (1992) Norwegian experiences with chemical treatment of raw wastewater. Presented at the Management of Waste Waters in Coastal Areas conference, Montpellier, France, 31 March–2 April.

Sundberg, K. (1995) *What Is The Content In Wastewater From Households?* Swedish Environmental Protection Agency, Report 4425, Stockholm, Sweden. (In Swedish.)

Tabasaran, O. (1984) *Study On The Effects Of Home Garbage Grinders On Drainage Systems, Sewage Treatment Plants, Receiving Water Courses And Garbage Disposal Procedures.* Institut für Siedlungswasserwirtschaft, University of Stuttgart, Germany.

Triebel, W. (1982) *Lehr und Handbuch der Abwassertechnik. (Wastewater Techniques: Textbook and Manual)*, 3rd edn, Verlag von Wilhelm Ernst, Berlin. (In German.)

United States Environmental Protection Agency (1977) *Process Design Manual. Wastewater Treatment Facilities for Sewered Small Communities.* US EPA, Cincinnati, Ohio (EPA 625/177009).

5章
家庭ゴミの種類，性状と廃棄量

K. Kujawa-Roeleveld

© IWA Publishing. Decentralised Sanitation and Reuse：Concepts, Systems and Implementation.
Edited by P. Lens, G. Zeeman and G. Lettinga. ISBN： 1 900222 47 7

5.1 はじめに

　家庭ゴミを除去することは，これまでも常に問題であったが，それが注目を浴び始めたのはごく最近のことである．何千年もの間，人々はゴミを収集し，それを運び出し，離れた場所に捨てたり埋めたりして何とか対処してきた．素朴なやり方ではあるが，大半のゴミは容易に分解される有機物質であったので，そのような方法でうまくいっていた．しかも昔は人口が少なく，包装材料もそれほどなかったため，ゴミの量は今日よりはるかに少なかった．

　この50年の間に，新しい合成材料や有害な素材が廃棄物の流れの中に入ってきた．これによって，問題が非常に複雑になってきた．これらの素材の多くは生分解しにくく，埋立や焼却による処理が困難な有害残留物を産み出すからである．埋立地が不足し，多くの地方自治体が，文字通り廃棄物の中に埋もれかかっている．

　固形廃棄物という用語は，ゴミ，くず，その他の放棄された固形物のことを指し，産業活動や生活活動から出るものを含む．しかし，家庭排水中の固形物質や溶解物質，あるいはシルトのような水道原水中の汚濁物質，産業排水中の溶解物質・浮遊固形物質，農業排水中の溶解物質またはその他の水質汚濁物質は含まない．

　固形廃棄物の流れを管理する主な方法は，以下の通りである．

・埋立
・焼却
・リサイクル
・廃棄物発生の抑制

現在のところ，大半の固形廃棄物は埋立処分されている．しかし埋立のための用地も不足気味になり，処分コストが増大している．そこで，コスト削減と環境保護のために，廃棄物をリサイクルすることが避けられなくなってきている．一般に，処分ということは，あくまでも，廃棄物を減量，再利用，リサイクル（reduce, reuse and recycle）した後の最後の手段とすべきである．バイオ廃棄物（野菜，果物，剪定ゴミを含む庭ゴミ：VFY）として知られる固形廃棄物から分離された有機固形分は，各家庭で再利用するのに適している．さらに，固形廃棄物のあるものは有害廃棄物として知られており，特別な処分方法が必要である．それにはコストがかかるため，その発生をなるべく減らし，処分する場合は適正な受け入れ先を確保することが重要である．

5.2 家庭ゴミの種類

5.2.1 バイオ廃棄物

バイオ廃棄物は，屋外・屋内で収集された有機固形物からなる．屋内のバイオ廃棄物は主に台所から出るが，花や室内植物のこともある．屋外の廃棄物は主に庭から発生し，葉，草，枝，庭の表土，木屑などである．地方自治体などでは有機系廃棄物が，発生する固形廃棄物全体の量の半分以上になることがある（Roosmalen and van de Langrijt, 1989）．

(1) 屋内ゴミ―生ゴミ

生ゴミ（果物，野菜，コーヒーの出がらし，ティーバッグ，卵の殻など）は，栄養塩類の豊富な有機物質であり，容易に生物的に分解される．生ゴミは，生分解される他の家庭ゴミと比べて，揮発性固形物質の比率が高いことが特徴である．「残飯」という用語は，特にレストランとか病院といった，家庭よりは規模の大きい施設から出る廃棄物をいう場合に用いられることが多い（van Duynhoven, 1994）．このような廃棄物は，自治体が設けたセンターの施設に収集してコンポスト化することも可能であるが，生ゴミをオンサイト処理すると多くの利点がある．オンサイトで食品廃棄物をコンポスト化すると，廃棄物を有用な有機原料に変換することができる．

(2) 屋外ゴミ―庭ゴミ

庭ゴミは，世界の多くの地域で，バイオ廃棄物の重要な要素である．それらは，

家庭ゴミの約20％を占める（Cooley *et al.*, 1999）．夏季に出る全廃棄物の約1/3は，草刈りによるものである．庭ゴミは，木質繊維（リグノセルローズ）のような成分が存在するため，屋内ゴミより生分解しにくい．庭ゴミは季節によってその組成が変化するため，生ゴミなどと一緒に処理するのは安定した処理法とはいえない．しかし一方，一緒に処理してできるコンポストという産物は，土壌改良に適した材料となる．

5.2.2 家庭の有害廃棄物

「有害廃棄物」という用語は，固形廃棄物の量，濃度，物理・化学的特性または感染性が，以下のような場合を指している．
・死亡率を上昇させる原因となるか，重篤な疾病の増加につながる
・処理，保存，輸送または廃棄が適切でないと，ヒトの健康や環境に有害なものとなる

有害廃棄物は，家屋，ガレージ，庭から出る，有害物質を含んだ使用済み製品または残渣からなる．それらの化学的特性から，取扱いを誤ると有毒なものになったり，腐食，爆発または発火の原因となる．そのような製品の分類と例を**表5.1**に示す．これらのゴミを家庭のゴミ入れに廃棄したり埋立地に処分すること

表5.1　固形家庭ゴミの中にある有害性の恐れがある製品の分類とその例

塗料用製品	洗浄用製品	芝や庭の手入れ
オイル系・ラテックス塗料	漂白剤・液体洗剤	除草剤
塗料用シンナー・除去剤	パイプ洗浄剤	殺虫剤
染料・ニス	オーブン洗浄剤	除草剤含有肥料
エアゾール缶	室内装飾品洗浄剤	げっ歯類用毒餌
エポキシ・接着剤	金属・家具磨き剤	アリ・ゴキブリ用噴霧剤
木材防腐剤	浴槽・タイル洗剤	
	染み取り剤	
自動車	その他	
自動車オイル	車路目地材	
オイルフィルター	屋根葺き用タール	
ガソリン	小型エンジン/ボート燃料	
溶剤	プール用化学薬品	
ブレーキオイル	写真用化学薬品	
トランスミッションオイル		
鉛酸バッテリー		
光沢剤・ワックス		

は，法令により禁止されていることが多い．

大抵は，空になった容器だけが廃棄できる．製品の有害性を示すため，次のような警告が表示されている．

　　危険性，毒物，腐食性，有毒性，可燃性，燃焼性，殺虫性，焼勺性，注意または警告．

5.2.3　糞　　便

家庭にコンポスト式トイレまたはドライトイレを設置する場合は，糞便は家庭の固形廃棄物に分類できる．これらはヒトの生理的固形廃棄物として知られる．

5.2.4　建築・解体のゴミ

建築および解体（C&D：construction and demolition）に伴うゴミは，建物の建築，改築，解体によって発生する．C&Dゴミの主な成分は，コンクリート，木材，アスファルト，石膏ボード，金属，粉塵，石材，段ボール紙，紙，プラスチックなどである．その他有害な物質もわずかに存在する．

5.2.5　その他の固形廃棄物

先にあげた家庭ゴミのほかに，家庭からは次のような廃棄物も発生する．
- 紙（新聞，段ボール，包装材）
- プラスチック（主に包装材）
- 金属（スズ）
- ガラス
- 布地

リサイクル用に分離収集されていない固形廃棄物は，グレイ廃棄物と呼ばれる．グレイ廃棄物にリサイクル可能なものが混入するかどうかは，人々の熱意と環境に対する認識次第である．

5.3　家庭ゴミの性状

家庭ゴミは，量と質の点で多種多様である．その組成は，その地域の開発状況と経済状態によって異なる．

5.3.1 固形廃棄物の質的特性

通常，家庭から出る固形廃棄物はその大部分が生ゴミからなり，紙とプラスチックがそれに続く．例えば，ベイルート（レバノン）の家庭で出される固形廃棄物全体の組成は，**表 5.2** および **図 5.1** のようになっている．ベイルートの3居住地区のうちの一つの地区（Rauoche区）について調べると，夏季と冬季の1人1日当り廃棄物排出量はそれぞれ 0.77kg，0.63kg となっている．他地区のデータも併せると，年間1人当りの廃棄量は 274kg となる（Ayoub *et al*., 1996）．

表 5.2 ベイルートの3地区における固形廃棄物量の平均組成（重量）(Ayoub *et al*., 1996)

成分	量 [kg/(人・日)]
生ゴミ	0.463
紙・ダンボール類	0.103
プラスチック	0.083
金属	0.020
布地	0.025
ガラス	0.039
その他	0.017
合計	0.75（274kg/(人・年)）

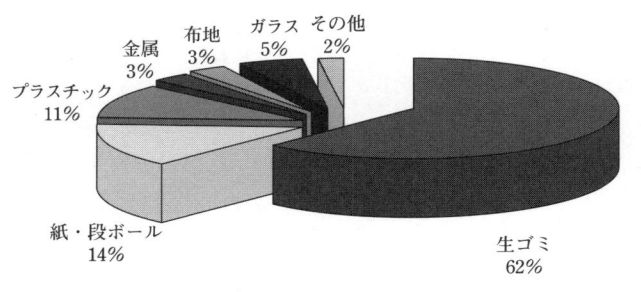

図 5.1 ベイルート（レバノン）における固形廃棄物の分類（Ayoub *et al*., 1996 年）

1991年のオランダおける家庭の固形廃棄物は，350kg/(人・年) であった（粗大ゴミを含む）（Haskoning, 1992, RIVM, 1989a）．RIVMの研究（1989a）で，家庭の固形廃棄物はガラス（減少傾向），プラスチック（増加傾向）などいくつかの例外はあるものの，1970～1987年間で比較的一定であったことがわかった．

米国とオランダにおける固形廃棄物の内訳の例を，**図 5.2** と **表 5.3** に示す．

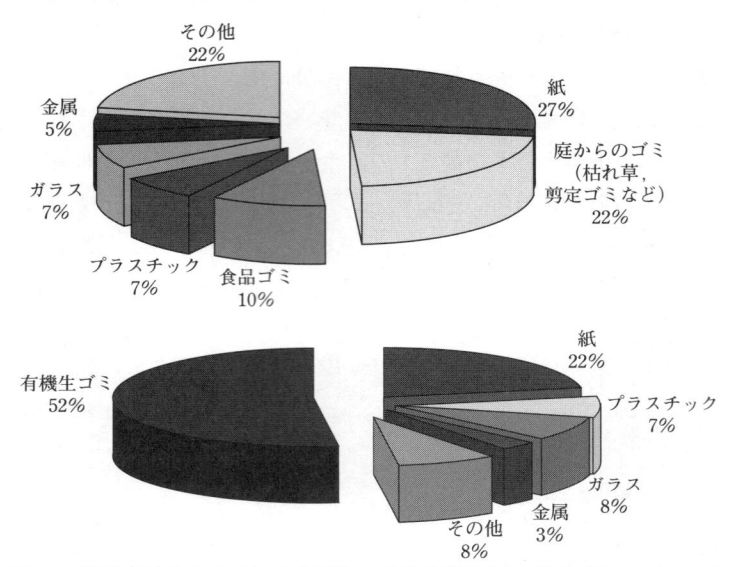

図 5.2 米国(上図)とオランダ(下図)における家庭ゴミの組成 (Roosmalen and van de Langrijt, 1989)

表 5.3 各国から報告された固形家庭ゴミの分類 [%]

種類	国				
	米国	オランダ		レバノン	オーストラリア
		1989年(左)	1991年(右)	(1994～1996年)	(1995年)[*2]
紙	27	22	24.2	13.7	22.3
コンポスト化可能有機ゴミ		52	48 [*3]	61.7	56.1
庭からのゴミ	22				
食品ゴミ	10				
その他の有機物質			2.3 [*4]		2.9
			2.1 [*5]		
ガラス	7	8	7.2	5.2	3.8
プラスチック	7	7	7.1	11.1	7.3
鉄	5		2.6		3.1
非鉄金属			0.6		0.9
金属		3 [*1]		2.7	
布地			2.1	3.3	
家庭有害物質			0.4		0.2
その他	22	8	3.5	2.3	3.2

[*1] 鉄
[*2] 可搬ゴミ入れをランダムに300個選び,内容物を分類して重量を計測した
[*3] VFY(野菜,果物,庭ゴミ)および不特定廃棄物(例えば砂のようなもの)
[*4] パン
[*5] 動物(ペット)の糞尿

5.3.2 家庭の固形廃棄物の質的特性
(1) バイオ廃棄物

バイオ廃棄物または特定の有機系廃棄物は VFY（野菜，果物，庭ゴミ：vegitable, fruits and yard（garden）waste）とも称し，通常以下のような構成要素からなる．

- 野菜，果物，ジャガイモの葉，皮および残渣
- 全ての食物残渣：肉，魚，ソース，骨
- チーズおよびチーズの外皮
- 卵の殻
- コーヒーフィルター，コーヒーの出がらし，ティーバッグ，茶の葉
- ナッツおよびピーナツの殻
- 切花，屋内植物，少量の植木
- ペットの糞尿
- 刈り草，藁，葉
- 小枝および園芸植物
- 野菜の皮むきに使用した新聞紙

VFY を分離して適切に管理するには，それらに混ざりものがないことが重要である．すなわちコンポスト化できない（生分解されない）成分を少なくすることである．オランダにおける VFY の純度は，季節により変動するが，90 ～ 97 % の間と推計されている（Haskoning, 1992）．コンポスト化は可能だが問題もある廃棄物の大部分は紙である．一方で，プラスチックや鉄のような汚染物は 0.5 % である．VFY の水分は約 55 ～ 60 重量%，有機物質は 400 ～ 600kg/m^3，炭素と窒素の質量比は平均で約 1：30 となっている．

VFY の全有機物質量のもっと詳細な分画は，スイスにおいて Perringer（1999）によって実施された（**表 5.4**）．

表 5.4 VFY の揮発性固形物質組成百分率（スイスでの例）(Perringer, 1999)

セルロース	ヘミ-セルロース	糖類[*1]	タンパク質	脂質	リグニン
21.4	12.6	32.0	18.7	10.0	5.3

[*1] 24.3 % は水溶性

フィンランドの家庭ゴミの有機部分は，31％の全固形物（TS）および22.5％の揮発性浮遊物質（VSS）を含んでいた．TSの20.6％は炭水化物で，脂質とタンパク質はそれぞれ2.9％，5.7％だった（Jokela and Rintala, 1999）．VFYの分画は1987年と1988年にRIVMが実施した（RIVM, 1988・1989b）．その結果が図5.3である．

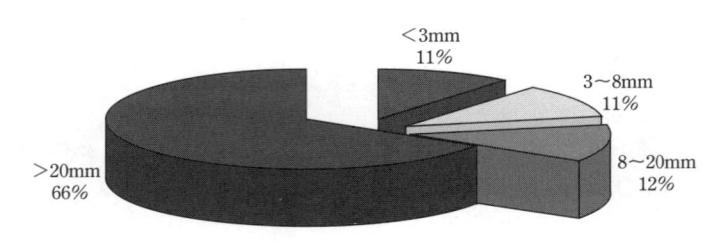

図5.3 VFYの物理的分画（RIVM, 1988・1989b）

VFY中のCa，Mg，NH_4の濃度はリンの含有量に対し比較的高い．このことは，VFY処理に嫌気性消化法を選択するとすれば，スツルバイト（$MgNH_4PO_4$）やヒドロキシアパタイト（$Ca(PO_4)_3OH$）を生成する危険性があるということである．

許容基準をこえる重金属が存在するために，VFYのリサイクルができないことがある（Veeken, 1998）．VFYの大部分は有機物質ではなく土壌無機分である．その理由は，VFYの約80％は戸外で収集され，相当量の土壌がVFYに取込まれるからである．VFYが農村地域から排出された場合，VFYの50％以上を土壌無機分が占めている．VFYが都市の屋内から出たものの場合，土壌無機分はほとんどない．

分画された廃棄物の重金属含有量は，これらの成分の自然の濃度と一致している（Veeken, 1998）．新鮮な植物や食品残渣中の重金属含有量は非常に少ないが，腐植土中で部分的に腐敗し，腐植化途上にある有機物質には重金属が多く含まれている．しかしながら，これらは腐植物質の通常濃度である．庭の砂質園芸土にみられる重金属濃度も自然レベルである．重金属汚染は，工業地域や都市域由来のゴミを取込んだり，環境汚染が進むことによって引き起こされる．Veeken (1998)（**表5.5**）が行った粒径別分析では，VFYのわずか17％を占めるだけの

0.05mmより小さな粒子サイズの有機一無機分画に，重金属の45〜60％が蓄積されていることがわかる．この分画は酸化金属や粘土鉱物のようなヒューマスな物質からできているので，重金属を極めて強力に捕捉する．

表5.5 粒径別VFYの重金属含有量［乾燥物質 mg/kg］とそれに対応するオランダのコンポスト品質の法的規制（SDU, 1991）

重金属	バイオ廃棄物合計	有機物質部分		BOOM 基準	
		> 1mm	< 1mm	コンポスト	クリーンコンポスト
Cd	0.6	0.25	1	1	0.7
Cu	20	23	60	60	25
Pb	65	40	150	100	65
Zn	140	110	300	200	75

刈り草には2〜4％の窒素が含まれる．これは葉（0.5〜1％），コーヒーの出がらし（0.5〜2％），馬糞（1〜2％）などの他の有機物質に比べ比較的多い．土壌を適切に混合すると，刈り草中に窒素が十分にあることから，草自体の微生物的分解が増進する．

(2) 生 ゴ ミ

生ゴミの詳しい特性は文献にみられる．この特性は，分析が実施された場所に大きく左右される．いくつかの分析例を，**表5.6**（イタリア），**表5.7**（韓国），**表5.8**（ドイツ），**表5.9**（オランダ）に示す．

表5.8は，ドイツにおける自治体の固形廃棄物の有機分（OFMSW：organic fraction of municipal solid waste）と調理場ゴミの一般的な組成比較である．2種類のバイオ廃棄物の窒素とリンの含有量は似ている．調理場ゴミは塩分含有量が高いので，コンポスト化を行う上で問題がある．

表5.6 Treviso市のスーパーマーケットや軽食堂から毎日収集される生ゴミの主な特性（Cecchi et al., 1994）

分析項目	［単位］	平均	範囲
TS	[g/kg]	81.8	54.4〜132.7
VSS	[g/kg]	67	46.8〜105.6
全COD	[kg-O_2/kg-TS]	1.0	0.7〜1.5
全窒素	［％ TS］	2.1	1.4〜3.3
全リン	［％ TS］	2.8	1.3〜3.3

表 5.7 台所ゴミの成分 (Paik *et al.*, 1999)

分析項目	[単位]	平均	範囲
TS	[g/L]	168	119 〜 235
VSS	[g/L]	154	108 〜 216
全 COD	[g/L]	180	102 〜 239
BOD	[g/L]	108	69 〜 170
全窒素	[g/L]	5	3.2 〜 7.8
全リン	[g/L]	0.63	0.35 〜 0.9
炭水化物	[g/L]	31	9.5 〜 71.4
タンパク質	[g/L]	29.4	17 〜 46.7
脂質	[g/L]	27.8	17.6 〜 48.2
C/N 比	[－]	10.9	7.2 〜 21.1

表 5.8 ドイツにおける自治体の固形廃棄物 (OFMSW) と軽食堂とレストランから出る調理場ゴミの組成比較 (Kubler *et al.*, 1999)

パラメータ(単位)		OFMSW		調理場ゴミ	
		平均	範囲	平均	範囲
TS	[%重量]	39	23 〜 35	27	19 〜 37
VSS	[% TS]	63	57 〜 70	93	88 〜 96
塩分	[% TS]		2.0 〜 2.7		8 〜 11
窒素	[% TS]		2.2 〜 3.4		3.2 〜 4.0
リン	[% TS]		0.4 〜 0.6		0.5 〜 0.7

表 5.9 オランダの病院における残飯の組成 (Braber, 1993 ; Duynhoven, 1994)

分析項目	含有率 [% TS]	含有量 [g/L]	含有量 [g/人]
TS		162	
VSS	92.3	149	
COD		278	111.2
炭水化物	27.9	98.5 [*1]	39.4 [*1]
タンパク質	20	48.6 [*1]	19.4 [*1]
脂質	55.3	131.1 [*1]	52.4 [*1]
全リン	0.6 [*2]	0.97	
pH		4.4	

[*1] g-CZV/L
[*2] % VSS

病院から出る残飯（swill）の組成に関する詳細なデータも公表されている．これは家庭の台所からでるゴミの組成と本質的に大きな差はないが，その量が違う．オランダの多数の病院でみられる残飯の組成が表5.9に示されている．1993年に測定された患者1人当りの残飯平均量は0.4L/（人・日）（Braber, 1993；Duynhoven, 1994），一方の家庭ゴミでは0.2L/（人・日）であった．

残飯は非常に高い生分解性がある．コンポスト成分の加水分解に関するVeekenおよびHamelers（1999）の研究では，屋内で収集されたバイオ廃棄物（残飯）は屋外の廃棄物より生分解性が相当高いことがわかった．パン，オレンジの皮，コーヒーフィルターでは，それぞれ分解率は90％，92％，99％もあった（全COD基準）．

Vermeulenら（1993）によると，台所由来のバイオ廃棄物には4.7g-N/kg$_{waste}$もの窒素が含まれている．この場合，アンモニア態窒素（NH$_4$-N）はおおむね3.5g-N/kg$_{waste}$であった．アンモニアの濃度が高いと，嫌気性消化に際しては，メタンバクテリアを阻害する可能性がある．台所ゴミをバイオ廃棄物と分離せずに一緒に埋めると，高濃度のアンモニアが埋立地の浸出水に溶解する（Jokela and Rintala, 1999）．

(3) 糞　　便

毎日消費される食物量と生理的固形廃棄物中の成分（消化されたものではなく排泄されたもの）に基づいて，糞便の組成を詳しく計算することができる．

糞便にはバクテリア，消化液，腸細胞が含まれている．おおまかにいって糞便は，1/3が食物残渣，1/3が腸内バクテリア，1/3が腸組織自体（腸細胞および腸液）からなっている．そのため，糞便の組成は食事のパターンによってそれほど違わない．糞便の重量は基本的に生分解されない繊維（パンその他の穀物製品，野菜，ジャガイモ，果物などの繊維）によって決る．

いくつかの研究によると，糞便の乾燥重量は1日1人当り70～170gの間にあり，平均排便回数は1回/（人・日）前後である（**表5.10**）．

5章 家庭ゴミの種類，性状と廃棄量

表 5.10 糞便の総重量と乾燥重量および平均排便回数

文献	総重量 [g/(人·日)]	乾燥重量 [g/(人·日)]	平均排便回数 [1/(人·日)]
Bingham, 1979	70～140	19～38	—
Cummings et al., 1992	106	—	—
Glatz and Katan, 1993	170	44.2	1.2
Cummings et al., 1996	138	34	0.9
Belderok et al., 1987	100～200		

糞便の詳しい組成が van der Wijst および Groot-Marcus（1998）によって示されている．栄養物の消化率と摂取に基づく，平均的なオランダ人の糞便の COD 含有量は 41.4g/(人·日) である（**表 5.11**）．それと比較するために，乾燥重量基準での糞便の組成を，同じ表に示す（Wijn and Hekkens, 1995）．

表 5.11 健康な平均的オランダ人の栄養物の消化，消費と排泄物の COD 値(van der Wijst and Groot-Marcus, 1998)

成分	未消化率 [%]	成分の摂取量 [g/(人·日)]	平均 COD [g/(人·日)]	Wijn and Hekkens, 1995 [(g/(人·日)]
炭水化物				7.3
単糖類	2～4	121	3.8	
多糖類	2～22	126	15.81	
脂質	2～10	92	14.86	13.3
タンパク質	<5	81	6.93	15.4
合計			41.4	36

摂取された脂質は，その 90～98％がヒトの身体に吸収される．糞便中の脂質は，脂肪酸，Ca および Mg の脂肪酸，コレステロール，野菜ステロールの混合物である（Stasse-Wolthuis and Fernandes, 1991）．脂質の存在は消化過程を遅らせる．オランダでは，120g/(人·日) の脂質と 1～3g/(人·日) のコレステロールが摂取され，約 1g/(人·日) の脂質と 0.5g/(人·日) のコレステロールが排泄されている．

炭水化物はヒトの重要なエネルギー源であり，食物中に澱粉（60％），サッカロース（30％），ラクトース（10％）として存在している．炭水化物の消化率は約 70％である（Bingham, 1979）．炭水化物の腸内吸収率は，澱粉の種類によって異なる（Stasse-Wolthuis and Fernandes, 1991）．

植物と肉製品に由来するタンパク質は，ヒトにとって唯一の窒素源である．窒素の大半は，尿により排泄され，残りが糞便，汗，脱け毛，皮膚細胞から排泄される．これらのタンパク質には窒素が約16％含まれる．健康なヒトでは，摂取されるものと同量の窒素が排泄される．糞便には，摂取された窒素の約5％が含まれる．

糞便に含まれる窒素についてはいくつかの異なったタイプの研究が行われた．その結果を**表5.12**にあげる．実験方法の違いよってその値はかなり異なる．オランダの場合，糞便に含まれる窒素は1～2g-N/(人·日)となっている．

表5.12 異なる国で測定された糞便中窒素 [g/(人·日)]

糞便中窒素 [g/(人·日)]	実験のタイプ	文献
1.62	英国では，異なる食習慣の12人が調査された．	Wijn and Hekkens, 1995
5.0～7.0	様々な国の文献の調査平均	Flameling, 1994
2.4	ブラジルでは，男性5人が1日56gのタンパク質を摂取．	Sergio Marchini *et al.*, 1996
0.27	米国では，女性5人が1日70gのタンパク質を摂取．	Fricker *et al.*, 1991
1.13	ナイジェリアでは，女性12人が1日30gのタンパク質を摂取．	Egun and Atinmo, 1993

5.4 家庭ゴミの管理

この節では，現在の廃棄物管理，その長所と短所，およびDESARの概念に関連した動向について簡単に述べる．全般的な動向としては，可能な限り大量の再利用とリサイクルを行うということである．管理における優先順位は以下の通りである．

・ゴミ排出の減量
・リサイクル，コンポスト化，再利用
・エネルギー回収を伴う焼却
・処分

5.4.1 ゴミ排出の減量

プロセスの管理を強化し購買方法（特にレストランやカフェテリアに当てはまる）を変えるだけで，固形廃棄物は著しく（最高85％まで）減量できる．家庭，

病院，事務所，レストラン，バーなどに適用できる例としては，以下のようなものがある．

- 必要な量に合わせられる各種サイズの缶やボトルのものを購入することで，残飯などの量が減る
- 梱包材が減るようなら（レフィルなどの）補充品をまとめ買いする
- 1回使いを避ける，すなわち，紙皿のような製品を避ける
- 使い捨てプラスチック，紙，ポリエチレン製品の使用を避ける
- 調理と皿洗いを計画的に行い，水とエネルギーを効率的に使用する
- 布製タオル，繰返し利用できる食品容器，陶器製（非プラスチック）食器，刃物類を使用する
- 傷んだり擦り切れたりしたテーブルクロスからテーブル用ナプキンをつくる
- 紙ではなく布製のテーブル用ナプキンを使用する
- 傷んだタオルやテーブルクロスを雑巾に使用する
- 未使用の食品をチャリティーに出す
- ガラス，容器，調理油，アルミ缶を可能な限りリサイクルする
- 空の飲料水容器をリサイクルできるように廃棄場所を指定する
- 食品廃棄物をコンポスト化するために（ワーム：ミミズ）コンポスト槽を設置する

5.4.2 リサイクル

リサイクルは炭素と栄養塩類の物質循環を助長し，温室効果ガスの排出を削減する．廃棄物を家庭で分別するのは，持続可能な廃棄物管理への出発点として優れている．廃棄物分別の規模や効率は，――地方自治体の設備整備状況，住居のタイプ，年齢層，収入および教育レベルなど――こうした条件に恵まれるほど促進される．廃棄物の種類は，その地域が環境というものをどう認識をしているかの反映なので，分別方法はそれによって様々になる（Jeunesse, 2000）．

廃棄物の分別法およびリサイクルには，地方自治体の考え方が明確に影響する．それに続いて，住居のタイプが，リサイクルの方向に直接的に影響する．Ademe (Jeunesse, 2000) がフランスで行った調査では，戸建ての家に住んでいる人の75％はガラスをリサイクルしているが，集合住宅に住んでいる人ではわずか46％である．集合住宅に住むことは，リサイクルへの意欲の障害となる．

収入，年齢，教育レベルが，環境への意識の高さに比例するという報告もある．何か一つの廃棄物を分別する人なら，その他の廃棄物も分別するだろう．

リサイクルのために分別される廃棄物には通常以下のようなものがある．
- ガラス
- 紙
- バイオ廃棄物
- バッテリーその他の有害物
- プラスチック
- 金属

バイオ廃棄物は，生物学的にコンポスト化することでリサイクルできる．それは土壌改良材や肥料として再利用できる．有機系廃棄物の分解と循環は，土壌保全，および森林，牧草地，庭園における植物の健康な成長に不可欠である．ニューヨークの Bellport（ベルポート）でパイロット計画が実施されたが，家庭でコンポスト化を行うだけで，混合廃棄物を 30% 減量できた（Cooley *et al*., 1999）．

工業国では，新聞，ガラス瓶，アルミニウム缶などをリサイクルすることによって，廃棄物を減量できる．例えば上記のベルポートでは，混合廃棄物の処理委託料は 1 トン当り 66 ドルであるが，プラスチック，金属，およびガラスをリサイクルするための委託料は 1 トン当り 33 ドルである．このことは，再利用とリサイクルを進めると，コストが削減できることを意味している．

比較的進んだ分離法を取っていても，余分な廃棄物は発生してくる．これはグレイ固形廃棄物とも呼ばれる．上述以外のあらゆる廃棄物からなり，地域住民がリサイクルの計画にどれだけ協力的であるかによってその分量が増減する．例えばオランダでは通常，グレイ廃棄物は分離施設に持ち込まれる（Grontmij, 1997）．分離施設の目的は，廃棄物を高エネルギー（カロリック，caloric）類，低エネルギー類，紙・プラスチック・鉄・非鉄（他の金属）類の 3 種類に分離することである．高エネルギー類は焼却方式に，低エネルギー類は洗浄して消化する方式に適している．金属（鉄および非鉄金属類）は，金属工業において再利用される．紙とプラスチックの混合物は，紙・プラスチック工業において加工される．

(1) コンポスト化

コンポストは好気性過程の産物で，植物その他の有機物質が管理された条件下で分解されたものである．バイオ廃棄物を豊富な栄養塩類，水分，酸素を含む槽

に入れると，バクテリア，菌類がこれを分解する．出来上がったものは，分解した有機物質からできており，黒褐色で，土のようで，サクサクした土壌の匂いがする物質である．安定コンポストまたはヒューマスと呼ばれる．

　有機物質の炭素・窒素比（C：N）は，おがくずで 500：1 から，食べ残しで 15：1，これらの間にある．様々の異なる廃棄物（つまり C：N 比が様々である）を原料に，コンポスト微生物の活動に理想的な C：N 比を得るには，これらを混合する必要がある．C：N 比が 30：1 とするのが高速・高温でのコンポスト化には理想的である．それより高い比率（例えば 50：1）ならゆっくりとしたコンポスト化に向いている．

　コンポスト化は，庭ゴミを扱う上で最も実用的で便利な方法である．袋詰めしてゴミ捨て場にもっていくより，簡単で安上がりである．生きていたものなら何でもコンポスト化できる．落ち葉，刈り草，雑草，枯れた植物など，庭ゴミは優れたコンポストになる．庭の木質ゴミについては，掻き集めて木材ストーブや暖炉の燃料用に切断したり，破砕機にかけて根覆い（マルチング）や通路に使う木材チップ（マルチング材）をつくることができる．根覆いや通路に使用すると，結果的に分解されコンポストになる．コンポストは花壇や菜園を豊かにし，高木や低木の周辺の土壌を改良する．土の代りとして室内植物やプランターに使える．種子の養生や芝生の覆いとして使用できる．

　コンポストは土壌肥沃化の重要な素材である．質の良いコンポストは，栄養塩類，微量元素，有機物質，ヒューマスとなり生物活動を活性化する．コンポストの中の豊富で有用な微生物は，植物に必要なほとんどの栄養塩類を含んでいる．これらの微生物が死ぬと，他の方法では得られない栄養塩類が，生育期間中ゆっくりと放出されることになる．コンポストを使うことで肥料の使用が減り，また使った肥料の効率が高まる．

　コンポストは，安定な土壌団粒構造の形成を促す．これは土壌の構造化と土壌の生態系の創造に不可欠である．それによって有用な微生物，菌類および植物の繁殖を促す．コンポストは砂質土壌の水分保持能力を向上させ，粘性土壌を構造化し浸透性をよくする．良好な粒状土壌は，水分，空気，栄養塩類を植物の根まで自由に通し，土壌と植物の健康を増進する．コンポストは，種子の発芽を早め，植物の生育を促進する．芝生から鉢植え植物まで，全ての植物について園芸実験をしたところでは，埴土にコンポストを加えると植物と苗木の成長が速くなるこ

とがわかった．また，コンポストを混ぜた土壌で生育した植物は，暑さに強くなり害虫に襲われにくくなる．

ヒューマスから栄養塩類が与えられるので，市販肥料への依存度が低くなる．コンポスト化も，廃棄物を減量し貴重な資源を保全する．

(2) バイオ廃棄物の嫌気性消化

バイオ廃棄物（VFY）の嫌気性消化で，有機物質はメタン（CH_4），二酸化炭素（CO_2），バイオマスに変換される．嫌気性消化処理の基礎的内容とその実際的応用に関しては，本書の他の場所で述べる（**10～12章参照**）．消化後のバイオガスの組成は，CH_4が55％，CO_2が45％である．古紙を加えるとバイオガスの収率が高まる．古紙を加える目的は次の2つである．

・ガスの生成を増加させる

・酸性化のリスクを低減させる

消化後の生成物（バイオマス）は，有機物質含有量の点では安定化されており，溶解性の栄養塩類が豊富に含まれるため，土壌改良材や肥料として再利用できる．

(3) 刈り草の管理

芝刈り後の刈り草を処理する一つの方法は，芝生の上に残しておくことである．それによって，天然肥料になる．もう一つの方法は，専門業者に頼んで草の成長を遅らせてもらうことである．これらの最も良い点は，前者では生成物がCO_2と水に分解されることであり，後者では草の成長が50％まで落ちることである．

刈り草の処分は非常にコストがかかり無駄が多い．米国の一部の州（例えばニュージャージー（Cooley *et al*., 1999））では，刈り草は何千トンもの固形廃棄物になっている．実際，夏季にゴミ収集業者が扱う全廃棄物の約1/3は刈り草である．これにより，廃棄物管理コストとして，直接的にいうならゴミ収集業者に支払う経費，つまり間接的にいうなら税金がかかる．例えば，埋立地に刈り草を1トン運んでもらうと，処分料として65～100ドルの費用がかかる．さらに，埋立てられた刈り草は，酸素不足のためになかなか分解しない．

刈り草をリサイクルして土壌に戻してやると，$1m^2$当り約10gの有用な窒素を芝生が毎年再利用できる．それだけでは芝生を十分健全に保つことはできないので，窒素分をもう$7.5g/m^2$追加する．

(4) 生ゴミの埋立

　食品ゴミは，菜園や花壇の空いた場所に埋めることができる．埋めた食品ゴミは，土壌水分，気温，ミミズの生息数や食物原料などに応じ，2～6ヵ月で分解する．庭の土壌が良ければ，葉菜類は数週間で分解するが，柑橘類の皮が全て分解するには，肥沃なさらさらした土壌でも数ヵ月かかる．

(5) 有害廃棄物の管理

　有害廃棄物の管理方法は，廃棄物の種類によって異なる．全ての有害廃棄物はリサイクルか焼却に回される．車のバッテリー，使用済み自動車オイル，オイルフィルター，不凍液，ラテックス塗料などがリサイクルの対象とされる．

5.4.3 焼　　却

　焼却は固形廃棄物管理のうちで最もコストのかかる方法と考えられる．焼却は大気汚染の原因（例えば，重金属，ダイオキシン，ジベンゾフランなど）となるので，費用のかかる後処理が必要になる（White et al., 1995）．焼却は温室効果の原因になるし，埋立処理を必要とする有害副産物を生じる（McBean et al., 1995）．

　有害廃棄物の管理には，焼却過程が含まれることが多い．その熱源として溶剤その他の可燃物が焼却される．殺虫剤などの他の物質も分解される．

　有害廃棄物の焼却，あるいは非有害廃棄物との混合焼却に関しては，焼却炉の設置，運転，空気・水の排出，残留物などの処理過程の全側面において，現在の政策では，汚染を防止・削減することにますます注意が払われるようになってきている（Peyret, 2000）．

5.4.4 埋立または違法な処分

　埋立に関する問題としては，用地の不足，温室効果ガスの無制限な排出，浸出により地下水や土壌が汚染される可能性などがある（Farquhar and Rovers, 1973；Hjelmar, i1995）．現在の流れとしては，埋立地の設計と運用には，廃棄物管理の3つの要素（3つのR），すなわち減量（reduce），再利用（reuse），リサイクル（recycle）を反映することが必要である．これは，浸出水や埋立地からのガスの発生を防止したり，少なくとも最小化する努力が必要だということである．最近では，5％以上の有機物質を含む廃棄物を埋立地に処分することは禁止されている．

有害廃棄物をゴミに混ぜて廃棄することは，違法行為である．有害物質を廃棄すると，地下水に浸透し用水路や河川を汚染する．残念ながら，許可されていない場所への違法な廃棄が頻繁に行われている．よく廃棄される物には次のようなものがある．

- ドライウォール（ペンキ仕上げの壁・天井），シングル屋根板，木材，煉瓦，コンクリートなどの建築・解体廃材
- 放置車両，自動車部品，廃タイヤ
- 日用品，家具
- 家庭のがらくた
- 医療廃棄物

ゴミが歩道や縁石沿いに残っていると，豪雨に際して側溝に流れ込み，川や海に到達する．ゴミは非常に不潔で，見た目に悪いだけでなく，バクテリアや有毒物質を運搬する．ゴミは風雨にさらされると分解を始め，悪臭を放つことになる．

5.5 参考文献

Australian Waste Database (1997) Composition of solid domestic waste, Mitcham, SA. The University of New South Wales. Sydney, Australia. (http://www.water.civeng.unsw.edu.au/water/awdb/compostn/sa/Mitcham.htm)

Ayoub, G.M., Acra, A., Abdallah, R. and Merhebi, F. (1996) Fundamental aspects of municipal refuse generated in Beirut and Tripoli. Field studies 1994–1996. Department of Civil and Environmental Engineering, Reports of American University of Beirut (http://www.sdnp.org.lb/ump/solid10.html)

Belderok, B., Breedveld, B.C., Douwes, A.C., Fernandes, J., Korver, O., Nagengast, F.M., Smit, G.P.A., Swinkels, J.J.M. and Vandewoude, M.F.J. (1987) Langzame en snelle koolhydraten, serie: Voeding en Gezondheid. Samson Stafleu, Alphen aan den Rijn, the Netherlands (In Dutch)

Bingham, S., (1979) Low-residue diet: a reappraisal of their meaning and content. *Journal of Human Nutrition* **33**, 5–16.

Braber, K. (1993) Anaerobe vergisting van swill, Publicatiecentrum NOVEM, SITTARD (In Dutch)

Cecchi, F., Battistoni, P, Pavan, P., Fava, G. and Mata-Alvarez, J. (1994) Anaerobic digestion of OFMSW (organic fraction of municipal solid waste) and BNR (biological nutrient removal) processes: a possible integration – preliminary results. *Wat. Sci. Tech* **30**(8), 65–72.

Cooley, A., Stravinski, D. and Tripp, J.T.B. (1999) *The Village Of Bellport's Program For The Home Composting Of Kitchen Waste*. Reports of Environmental Defence, New York, 1999. (http://www.edf.org/pubs/Reports/compost.html)

Cummings, J.H., Bingham, S.A., Heaton, K.W. and Eastwood, M.A. (1992) Fecal weight, colon cancer risk, and dietary intake of nonstarch polysaccharides (dietary

fiber). *Gastroenterology* **103**(6), 1783–1789.
Cummings, J.H., Beatty, E.R., Kingman, S.M., Bingham, S.A. and Englyst, H.N. (1996) Digestion and physiological properties of resistant starch in the human large bowel. *British Journal of Nutrition* **75**, 733–747.
Duynhoven, van A.H.M. (1994) Verwijdering van organisch keukenafval. De beordeling van drie verwijderingsmethoden voor het Academisch Ziekenhuis Nijmegen. MSc report Milieukunde nr. 79, Katholieke Universiteit Nijmegen, The Netherlands (In Dutch).
Egun, G.N. and Atinmo, T. (1993) Protein requirement of young adult Nigerian females on habitual Nigerian diet at the usual level of energy intake. *British Journal of Nutrition* **70**, 439–448.
Farquhar, G.J. and Rovers, F.A. (1973) Gas production during refuse decomposition. *Water, Soil and Air Pollution* **2**, 483.
Flameling, A.G. (1994) Studies into possibilities of anaerobic treatment of domestic wastewater in order to reduce the greenhouse effect. Doctoraal scriptie, Landbouwuniversiteit Wageningen, The Netherlands (In Dutch).
Fricker, J., Rozen, R., Melchior, J.C. and Apfelbaum, M. (1991) Energy metabolism adaptation in obese adults on a very low calorie diet. *American Journal of Clinical Nutrition* **53**, 826–830.
Glatz, J.F.C. and Katan, M.B. (1993) Dietary saturated fatty acids increase cholesterol synthesis of fecal steroid excretion in healthy men and women. *European Journal of Clinical Investigation* **23**, 648–655.
Grontmij (1997) MER Vagron. Samenvatting, Grontmij Advies en Techniek, De Bilt, The Netherlands (in Dutch)
Haskoning (1992) Report Milieu-effectrapport Vergistingsinstallatie GFT-afval Midden-Brabant, Haskoning, Nijmegen, The Netherlands.
Hjelmar, O. (1995) Composition and management of leachate from landfills within the EU. In: Proceedings Sardinia 1995, Fifth International Landfill Symposium, Calgliari, 243.
Jeunesse, V. (2000) Waste sorting in France. Journal Hors-Serie Environnement & Technique. Salon Paris 2000, 32-33.
Jokela, J.P.Y. and Rintala, J.A. (1999) Long-term anaerobic incubation of source-sorted putrescible household waste: ammonification, methane production and effect of waste characteristics. Proceedings of the Second International Symposium on Anaerobic Digestion of Solid Waste (II ISAD-SW), June, Barcelona, Spain.
Kübler, H., Hoppenheidt, K., Hirsch, P., Kottmair, A., Nimmrichter, R., Nordsieck, H., Mücke, H. and Swerev, M. (1999) Full-scale co-digestion of organic waste. Proceedings of the Second International Symposium on Anaerobic Digestion of Solid Waste (II ISAD-SW), June, Barcelona, Spain.
McBean, E.A., Rovers, F.A. and Farquhar, G.J. (1995) *Solid Waste Engineering and Design*, Prentice Hall, New Jersey, USA.
Paik, B-C., Shin, H-S., Han, S-K., Song, Y-C., Lee, C-Y. and Bae, J-H. (1999) Enhanced acid fermentation of food waste in the leaching bed. Proceedings of the Second International Symposium on Anaerobic Digestion of Solid Waste (II ISAD-SW), June, Barcelona, Spain.
Péringer, P. (1999) Biomethanation of sorted household waste: experimental validation of a relevant mathematical model. Proceedings of the Second International Symposium on Anaerobic Digestion of Solid Waste (II ISAD-SW), June, Barcelona, Spain.
Peyret, L. (2000) Waste. The future European framework for incineration. Journal Hors-

Serie Environnement & Technique. Salon Paris 2000, 33-34.
RIVM (1988) Fysisch en chemisch onderzoek aan huishoudelijk afval van 1987 inclusief batterijen. RIVM report. Bilthoven, The Netherlands (In Dutch).
RIVM (1989a) Afval 2000 – een verkenning van de toekomstige afvalverwijderingsstructuur. RIVM report, Bilthoven, The Netherlands (In Dutch).
RIVM (1989b) Fysisch onderzoek naar de samenstelling van het Nederlandse huishoudelijke afval. Resultaten 1988. RIVM report, Bilthoven, The Netherlands (In Dutch).
Roosmalen, G.R. E.M. van and Langrijt, J.C. van de (1989) Green waste composting in the Netherlands. *Biocycle* **30**, 32–35.
SDU (1991) Besluit overige organische meststoffen (BOOM). *Staatblad* **613**, 1–45. (In Dutch.)
Sergio Marchini, J., Moreira, E.A.M., Moreira, M.Z., Hiramatsu, T., Dutra de Oliveira, J.E. and Vannucchi, H. (1996) Whole body protein metabolism turnover in men on a high or low calorie rice and bean Brazilian diet. *Nutrition Research* **16**(3), 435–441.
Stasse-Wolthuis M. and Fernandes J. (1991) Voeding en spijsvertering. Bohn Stafleu Van Loghum, Houten/Antwerpen (In Dutch).
Veeken, A. (1998) Removal of heavy metals from biowaste. Modelling of heavy metal behaviour and development of removal technologies. Ph.D. thesis, Wageningen University, the Netherlands.
Veeken, A. and Hamelers, B. (1999) Effect of temperature on hydrolysis rates of selected biowaste components. *Bioresource Technology* **69**, 249–254.
Vermeulen, J., Huysmans, A., Crespo, M., van Lierde, A., De Rycke, A. and Verstraete, W. (1993) Processing of biowaste by anaerobic composting to plant growth substrates. *Wat. Sci. Tech.* **27**, 109–119.
White, P.R., Franke, W. and Hindle, P. (1995) Integrated solid waste management – a life cycle inventory, Blackie, London.
Wijn, J.F. de and Hekkens, W.Th.J.M. (1995) Fysiologie van de voeding, 2nd edition, Bohn, Stafleu Van Loghum, Houten, The Netherlands, ISBN 9031310093.
Wijst, van der, M. and Groot-Marcus, A.P. (1998) Huishoudelijk afvalwater. Berekening van de zuurstofvraag, Huishoud en Consumentenstudie, Landbouwuniversiteit Wageningen, The Netherlands, report STOWA 98-40 (In Dutch).

6章

排水の収集と輸送

L. Heip, R. Bellers and E. Poppe

© IWA Publishing. Decentralised Sanitation and Reuse：Concepts, Systems and Implementation.
Edited by P. Lens, G. Zeeman and G. Lettinga. ISBN： 1 900222 47 7

6.1 はじめに

　水は人間が必要とするものの中では，最も基本的なものであろう．したがって，人類文明のほとんどが川の近傍で生じたのは不思議ではない．河川は飲料水の水源としてだけではなく，排水を簡便に処分する手段として利用された．排水は昔から，側溝や小川に排出するとか，地表面を流して河川に排出するという，最も簡単な方法で処分されていた．都市が発達するにつれ，排水を処分するということがますます問題になってきた．都市域内の河川水を飲料水として利用することは，大部分の都市で，非常に早い段階から放棄されている．排水を街路や側溝に流すことは，数々の問題を引き起こした．紀元前4500年に，アッシリア人は下水道網を建設した．この問題は，古代ローマでも認識されていた．ローマ市の司政官達は，この問題を多少とも解決しようとして，最も有名な古代下水道であるCloaca Maxima（クロアカ・マクシマ）を建設した（Berlamont, 1997）．

　しかしながら一方で，大部分の中世都市では，古い方法による排水処分が広汎に行われていた．例えば，ベルギーのAntwerp（アントワープ）市では，18世紀まで，多くの小川が開水路として使われていた．様々な問題が起った．悪臭が漂ったり，酔っ払いが転落したり，さらに悪い場合，水系伝染病の原因になったりした．そこで，アントワープ市当局は，水路に蓋かけをすれば上部に家の新築や建て増しをしてもよいということで，住民を誘導したのである．暗渠化されたこれらの水路は，現在でもアントワープの旧市街における下水道システムの基盤として，地下水路網を形成している（図6.1）．

　19世紀の産業革命は，状況を劇的に悪化させた．その結果，コレラが発生した．英国では，19世紀中葉に最初の大規模な近代下水道システムが建設された

図 6.1　下水道化のために蓋かけされた開水路：アントワープの Ruien（写真提供: Aquafin）

(Stedman, 1995)．これらの下水道は，排水の排除と溢水氾濫の防除という 2 つの目的を持っていた．都市の主要部分は舗装され，雨水が浸透しなくなった．そのため，雨が降るたびに街路は川になってしまう．そこで，下水道は排水を河川へ排除するだけでなく，雨水も排除するように設計された．実際，下水道はあらゆる水を，可能な限り速やかに河川へ排除できるように設計された．最初のうちは，このやり方で問題が解決できた．しかし間もなく，河川の水質が目をみはるほど悪化し，公衆衛生上の大きな脅威になってきた（Martin, 1927）．自然の自浄能力をこえたために，河川はもはやその汚濁負荷に対応できなくなっていた (Hosten, 1991)．

　長い間，家庭排水の唯一の処分方法は，地面に撒き散らすことであった．そうした 19 世紀末，排水処理法の開発につながる多くの発見があった．その原理の大半は，河川に放流する前の排水に空気を加えることで，自然の自浄能力を後押ししてやるという方法を基本としている．浮遊（活性汚泥）あるいは接触材に付着（例えば散水ろ床）したバイオマスが，汚濁物質の分解に寄与する．「好気性処理」として知られるこれらの方法は，有機汚濁物質を除去することに焦点を当てている（Verstraete et al., 1999）．

好気性処理に代わるべきものとして嫌気性処理がある．この方法では，有機汚濁物質はエネルギー回収が可能なバイオガスに変換される（Lettinga, 2001）．こうした方法は，主として産業排水処理に用いられている．これまで大規模な公共下水道システムでの使用は稀であった．しかし，最近では熱帯諸国での適用が増えてきている．

さらに近年（第二次世界大戦以後）になると，排水に含まれる他の成分に起因する新たな問題が発生している．窒素やリンのような栄養塩類が藻類の繁殖を促し，有機汚濁とあいまって，夜間，河川や湖沼の溶存酸素の低下を引き起こしている．これは魚類のように，比較的高等な生物の成長を妨げる．富栄養化は，栄養塩類濃度を自然の背景レベルまで低減すれば防ぐことができる．1980年代の中期以降，活性汚泥法を改良することにより，排水から栄養塩類を除去する新しい処理法が開発されている（Wanner *et al.*, 1992）（**図 6.2**）．

図 6.2 栄養塩類を除去する Krüger 型下水処理場（WWTP），Tielt（写真提供: Aquafin）

6.2 排水の収集方式

今日，下水道システムの主な目的は，排水を適切な処理プラントに輸送することである．この目的のために，いくつかの異なった計画法がある．

100　6章　排水の収集と輸送

　歴史的には，最初の大規模下水管網は，雨水と排水を同じ管渠で輸送する合流式下水道であった．近年になり，2系列の管路の方式が，より一般的に使用されるようになった．これらは一般的に分流式と呼ばれている．一方の管路で排水を輸送し，他方の管路で雨水を排除している．

　合流式下水道，分流式下水道のいずれも，基本的には，排水も雨水も自然流下である．つまり，管路は常にシステムの下流端に向かって傾斜していなければならない．このために管路の埋設深が深くなりすぎるような場合には，ポンプ場が必要になってくる（経済的にみて8〜10m程度の深さが限界になる）．フランダース地方やネーデルランド地方のような平坦地では，大規模下水管網にはしばしば多数のポンプ場が設けられることとなり，かなりの費用がかかるし，管理も難しくなる．

　比較的小規模な下水道集水区域では，それに代わる方式の適用が可能である．1つは，真空式下水道システムである．この方式では全ての管路は減圧されている（Gray, 1991；Schinke, 1999）(**図 6.3**)．排水は管路に吸入され，下水処理場（WWTP）に輸送される．自然流下式ではないので，管路に勾配をもたせる必要はない．全ての管路を地表面近くに設置することができる．管路の敷設は割安になり，破損修理や保守管理の費用も抑えられる．排水が管路から漏れ出て環境を

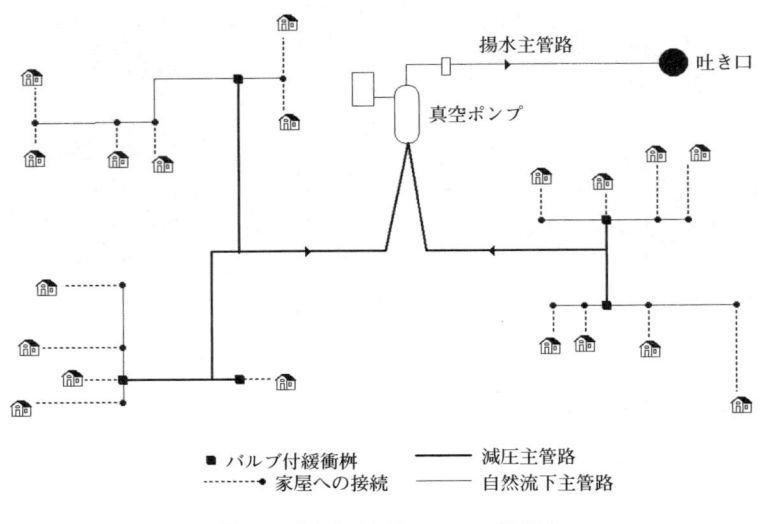

図 6.3　真空式下水道システムの概略図

6.2 排水の収集方式

汚染することがないため，自然流下式システムに比べて環境面の利点もある．自然流下式システムは老朽化すると漏れやすくなり，排水の漏出で地下水を汚染したり，清浄な地下水を管路に引き込んだりする原因となる．

　真空式下水道システムの大きな欠点は，耐久性の低さである．真空管路は特に接続部で壊れやすい．このシステムが故障した場合，その先に接続されている家では，修理が済むまで排水を流すことができない．また，多数のバルブ（数戸の家屋毎に1個の割合）があることから，運転上の重大な問題が発生することがある．多くのバルブのうちどれか一つが壊れると，システムが機能を停止する．そのため，本システムの運用コストは高くなりやすい．しかしながら，新素材によって耐久性はかなり向上してきており，このシステムは競争力をつけてくるかもしれない．

　自然流下式システムに代わるもう1つの方法は，圧力式下水道システムである（Pfeiffer, 1996 ; Dugre, 1995）．このシステムでは，数戸の家屋から出た排水はまとめてポンプで加圧され主管路に送られる（図6.4）．この場合も，ポンプ場に接続される管路は小規模なものでよい．特段の勾配をもたせる必要がないため，地表面近くに埋設が可能なのでコストを抑えることができる．管路は比較的耐久性がある．また，管路が破損した時にも排水を継続できる．しかしながら，管路が破損すると排水の大半が土壌に直接排出されるため，重大な汚染を引き起こすことになる．

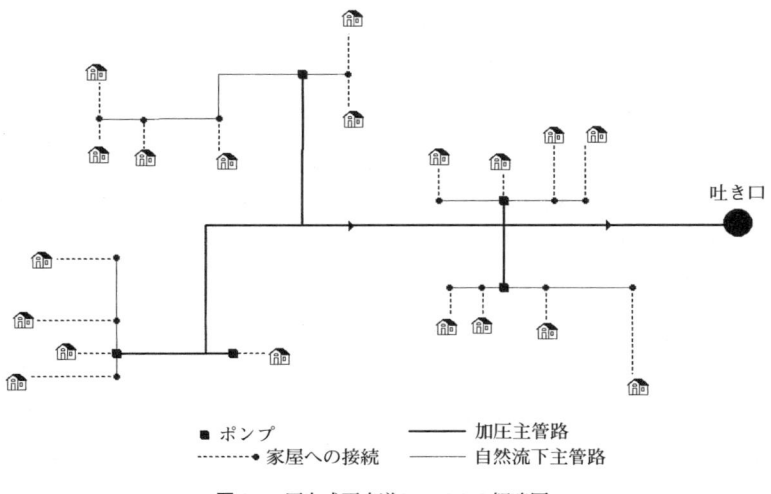

図6.4 圧力式下水道システムの概略図

自然流下式と圧力式の中間のシステムとして，カスケード式下水道システムがある（Anonymous, 1994）．排水を全て加圧主管路にポンプ揚水するのではなく，自然流下式でポンプ場に接続する．各ポンプ場の設置場所は，自然流下式の管路が極端に深くならないような位置に決められる．本システムは，特に集水域が帯状に展開している地域に適している．

真空式下水道，圧力式下水道，カスケード式下水道は，排水の輸送のみに適したシステムであり，雨水には別途のシステムが常に必要である．

どのタイプの下水道システムでも，加わる圧力は低いので（通常，5～10 mH$_2$O 未満），広範な種々の材料を使用できる．その範囲は，コンクリート鋳鉄管を初めとして，高密度ポリエチレン（HDPE），ポリ塩化ビニル（PVC），繊維強化ポリエステルのようなポリマーまで様々である．直径900mm以上の自然流下式の管渠には，鉄筋コンクリートが最も一般的である．小規模なパイプ（家屋への接続など）では，陶管もよく使用される．これらの材料は全て限られた圧力なら耐えることができる．加圧主管については，鋳鉄が最も一般的な材料であるが，鉄筋コンクリートを使うこともできる．どの材料を選択するかは，経済的な観点から判断される場合がほとんどである．

6.3　合流式下水道

6.3.1　なぜ合流式下水道なのか？

合流式下水道は，そもそも排水を処理するために開発されたものではない．その主な目的は，排水と雨水を可及的速やかに放流水域に排除することであった．

大部分の下水管は，排水の処理が開始される以前から運用されていることが多い．そのような場合，既存の下水管は大抵，1つあるいは2つ以上の直接的な放流地点と1つあるいは2つ以上の放流水域とを組合せたシステムになっている．この既設の下水管システムには，巨大な設備投資がなされている．ゆえに，経済的な理由から，排水処理計画には既存の収集システムを組込むことになる．

西ヨーロッパや北米の都市部では，排水の処理が行われる以前から下水管が建設されているため，ほとんどの下水道は合流式である．**表 6.1** は欧州連合（EU）12ヵ国（オーストリア，フィンランド，スウェーデンを除く）に関する下水道施設の概況である．

6.3 合流式下水道

表6.1 1994年のEU加盟国における排水収集システムと下水処理施設 (Henderson, 1998)

国	B ベルギー	DK デンマーク	F フランス	D ドイツ
人口 [100万人]	9.9	5.1	57.8	80.3
%都市部	70	85	72	?
%農村部	30	15	28	?
人口密度 [人/km^2]	323	119	100	220
収集システムに接続された人口割合 [%]	58	94	74	90
%都市部	?	99	90	?
%農村部	?	1	50	?
処理割合（二次処理以上）[%]	25	92	50	78
都市域のうち合流式収集システムが採用されている割合 [%]	70	45～50	75～80	67
収集システムの使用年数(既知の場合)	?	1960年以後に50%建設, 1980年以後に20%建設	?	1945年以後に74%建設, 1963年以後に60%建設%

国	GR ギリシャ	IRL アイルランド	I イタリア	LUX ルクセンブルグ
人口 [100万人]	10.3	3.6	56.7	0.4
%都市部	58	56	74	57
%農村部	42	44	26	43
人口密度 [人/km^2]	74	50	188	142
収集システムに接続された人口割合 [%]	45	67	82	96
%都市部	80	99	93	100
%農村部	?	23	50	93
処理割合（二次処理以上）[%]	18	25	40	84
都市域のうち合流式収集システムが採用されている割合 [%]	20	60～80	60～70	80～90
収集システムの使用年数(既知の場合)	1960年以後に60%建設	?	1965年以後に40%建設	1965年以後に50%建設

国	NL オランダ	P ポルトガル	E スペイン	UK 英国
人口 [100万人]	14.9	10.5	39.1	57.5
%都市部	88	64	75	88
%農村部	12	36	25	12
人口密度 [人/km^2]	348	114	78	232
収集システムに接続された人口割合 [%]	97	62	82	96
%都市部	100	88	?	99
%農村部	30	15	?	85
処理割合（二次処理以上）[%]	78	40～50	45	83
都市域のうち合流式収集システムが採用されている割合 [%]	74	40～50	96	70
収集システムの使用年数(既知の場合)	1955年以後に50%建設	1960年以後に70%建設	?	1945年以後に50%建設

注) ？：その国のデータが得られていないことを意味している

6.3.2 合流式下水道の計画

既存の合流式下水道を排水処理インフラに組込むということは，これまでの放流地点を下水処理場に接続するということである．晴天時汚水量（DWF：dry-weather-flow）は，雨天時の最大流量に比べるとわずかな量である．中央および北ヨーロッパの穏やかな気候条件でも，雨天時ピーク流量は汚水流量の百倍にも達する．それより南の地域では，さらに多くなることがある．これら全ての水を下水処理場に輸送することは，経済的に実現不可能である．また，どのような排水処理プロセスでも，1～100倍の流入量に対処できるような柔軟性をもち合わせてはいない．さらに，汚濁負荷も雨水の希釈効果により変動する．したがって，下水処理場で処理する排水には限界を設けなければならない．この限界は晴天時汚水量の2～10倍の範囲に設定される（**表6.2**）．この限界をこえた流量は，処理されずに放流水域に放流されることとなる．

いくつかの国（英国，デンマーク，オランダ，アイルランド）では，合流式下水道越流量（CSO：combined sewer overflow）を環境質目標/環境質基準（EQO/EQS）に基づいて決める傾向が強まっている．この方法では，放流水域に対する放流システムの影響（汚濁の希釈や排水処理を含む）が，この放流先の水質目標と比較される．この方法を実施するためには，下水道や河川などの全て

表6.2　EU加盟国における合流式下水道越流（CSO）設定値（越流せずに輸送できる流量の晴天時汚水量（DWF）に対する倍率）

国	CSO設定値
ベルギー	2～5×DWF平均値
デンマーク	5×DWF最大値（8～10×DWF平均値）
フランス	3×DWF最大値（4～6×DWF平均値）
ドイツ	7×DWF（2×DWF平均値＋処理場への浸透水量）およびATVガイドラインA128（負荷の90％は処理に）
ギリシャ	3～6×DWF平均値
アイルランド	6×DWF（最近は公式A，英国を参照）
イタリア	3～5×DWF平均値
ルクセンブルグ	3×DWF最大値（4～6×DWF平均値）；現在はATVガイドラインA128
オランダ	場所固有の値; 不浸透面積からの流出（最小貯留を7mmとする）
ポルトガル	6×DWF平均値
スペイン	3～5×DWF平均値
英国	従来は6×DWF平均値，現在は公式A：$DWF + 1360P + 2^E$，ここにP：人口，E：産業排水

図 6.5 CSO（写真提供：Objectief）

のシステム要素をモデル化する必要がある（Van Assel *et al.*, 1997）．

いったん，越流量が決定されると，合流式下水道の設計は雨水排除機能を考えるだけで行うことができる．合流式下水道の設計ガイドラインでは，許容できる浸水発生頻度が設定される（**表 6.3**）．

これらのガイドラインに従って合流式下水管の管径が決定される．合流式下水管内の流量は降雨によるものであり，降雨は確率的な現象であるから，計画に必要な降雨強度を設定する必要がある．正確な想定を行うためには，既往降雨の観測記録を利用する．しかし，降雨記録が使用できない場合は，計画降雨（下水管内の流量を算定するために用いられる，特定の確率的特性をもったモデル降雨）が使われる．降雨記録は国によって違い，通常は気象台が提供している．

次の段階では，下水管に流入する降雨量を決定する．これは非常に複雑なプロセスで，まだ理論が十分に確立されているとはいえない．蒸発散や水溜りの形成などの現象については近似的な予測しかできない．この複雑なプロセスは，設計上扱いやすくするため単純化されることが多い．

表 6.3　EU 規準 EN 752-2 －建築物外の雨水・下水システム
(EU 規準 EN 752-2;1996, 第 2 部：品質要件)

場所	満管流発生頻度	浸水発生頻度
農村地域	1 年に 1 回	10 年に 1 回
住居地域	2 年に 1 回	20 年に 1 回
都市中央/工業地域/商業地域		
－溢水氾濫チェックあり	2 年に 1 回	30 年に 1 回
－溢水氾濫チェックなし	5 年に 1 回	
地下鉄/地下道	10 年に 1 回	50 年に 1 回

注）満管流発生頻度は，豪雨によって下水道の管渠内が圧力管（満管）状態にならない（平均の）期間である．
浸水頻度は，浸水が発生してはならない（平均の）期間を表している．
EU 規準より緩くても，常に各国の規準の方が優先する（例えば，フランドル地方の規準では，圧力が地表下 50cm を越えない満管状態が生じる頻度が 2 年に 1 回，浸水の発生頻度が 5 年に 1 回としている）．

　流入量に応じた下水管の管径の計算には，いくつかの異なる方法がある（Berlamont, 1997）．合理式による方法（Brown, 1993）のような非常に単純なものから，St-Venant（サン・ベナン）方程式全体を解く非常に複雑な数値モデルまで様々である．後者の場合は，強力なコンピューターと適切なソフトウェアが必要となる（Crabtree et al., 1994 ; Long, 1995）．

6.3.3　補助的構造物

　合流式下水道のいくつかのあらかじめ計画された地点では，前もって設定された流量をこえる部分は越流を起し，下水処理場（WWTP）へ輸送されない．この越流水量と越流地点は，環境上や経済性上の基準で判断される．越流地点が下水道システムの下流に位置するほど，溢水氾濫を防ぐためにはそれより上流側の管路の径を大きくしなければならない．一方で，越流水は必ずそれぞれの放流水域を汚染する．環境上の支障が最も少なくなるように，越流箇所数を制限することも，考慮すべき基準である．

　経済的・環境的な観点から正しい設計を行うには，EQO/EQS 基準を組入れた非常に複雑なプロセスを必要とする．現段階では，越流水負荷や下水処理場・産業排水処理施設からの放流水質を正確に予測する手段は確立されていない．にもかかわらず，この点を考慮できる設計法は既にいくつか存在し，使われるようになってきている．開発地域における下水道基本計画の新規立案や，既存の下水道が環境問題や溢水氾濫問題を引き起こしている場合の解決策発見など，使用され

る機会も増えつつある．

　合流式下水道では，越流水（CSO）を完全になくすことは不可能である．未処理排水の直接放流が減るに従い，越流水による汚濁はますます重大な問題になってくる．だが，様々な措置を講じることで越流水による汚濁を最小限に抑えることができる．

　越流水による汚濁で最も大きな問題は，放流先における固形物の沈積である．そこで，越流時でも固形物の沈殿除去が可能な構造に設計することで，汚濁負荷を抑えることができる．これらは，敷高の高い越流堰による方式と渦流方式の2種類の方式に分けることができる．最近の研究で，両方式について，越流に関する新しい設計基準ができてきた（Luyckx, 1997；Van Poucke, 1998）．これらの設計基準は，最大沈殿効率を75％としている．ただし，これらのガイドラインに従って設計された越流構造物は，大きさで従来の2～3倍となり，3倍以上のコストがかかる．

　汚濁を抑えるためのもう一つの方法は，越流の頻度を減らすことである．これは，貯留を行うことによって実現できる（Berlamont, 1997）．このような貯留を沈殿槽で行うなら，一石二鳥である．越流回数が減ると共に，越流した場合も沈殿ができるので，越流負荷が減少することになる．

　越流水の放流構造物の後に何らかの処理機能を備えると，CSOの汚濁が減少する可能性がある．ヨシロ床（reed-bed）が一つの方法である．越流は非常に不規則になりがちなので，植栽の維持は必ずしも簡単ではない．そのような場合，植物を載せた浮きマット（浮島）が解決法となる（**図6.6**）．このシステムはドイツの試験で成功しており（Janssen, 1998；Van Authaerden, 1999），ベルギーでも間もなく試験が実施される．

　どの合流式下水道もその末端は下水処理場であるべきである．下水処理場が設計される場合の最大流量は通常，CSO設定値に等しい（表6.2）．従来から下水処理場では，雨天時の全流入水に対して生物処理を行ってはいない．一定の流入水までは物理処理と生物処理を行うが，残りは物理処理のみである．物理処理は通常，スクリーン，サンドトラップで，場合によってはグリーストラップが含まれる．物理処理されただけの排水は，沈殿池に一時的に貯留される．この沈殿池に貯留された排水は降雨後に生物処理に送られるが，降雨中にここから越流する部分は放流水域に直接放流される．沈殿池は滞留時間を決めて設計されているた

図 6.6 植栽を施した浮きマット（浮島）（写真提供：Bitumar）

めに，この設定をこえると越流を起すのである．

物理処理のみで放流される越流水は，放流水域に相当な汚濁負荷をもたらす．こうしたことからフランダース地方では，全流入水を生物処理することが普通になってきている．このためには，晴天時流量の1〜6倍の流入汚水に対処できるような，柔軟なプロセスを必要とする．フランダース地方でわかったのは，設計と運転をうまく行えば，流入水の全てを生物処理することで汚濁負荷を大幅に低減することができることである．下水処理場は流入水の全てを受け入れると，処理効率は低下する．しかし，降雨時に通常の処理をしきれずに沈殿池から越流が起きてしまう場合に比べ，放流結果は良好である（Carrette *et al.*, 1999）．

6.3.4 化学・生物反応槽としての下水管

合流式下水道では，管路の径は輸送する必要のある雨水量によって決定される．このことは，晴天時には管路内滞留時間が極めて長く，流速が非常に遅いことを意味している．水流が緩やかであるため，管路は巨大な沈殿池のような役割を果たすことになる．これは，バイオマスが繁殖して排水を生分解するうえで理想的

な環境である（Cao and Alaerts, 1995）．付着性および浮遊性のバイオマスが，いずれも大量に繁茂する．これによる影響は大きい．この影響は通常は好ましくないものである．第一に，下水道内のバイオマスは分解しやすい基質を分解してしまう．この基質は下水処理場内で栄養塩類を除去するために必要なもので，管路内でこれらの基質が分解してしまうと，下水処理場内で栄養塩類が全く除去できなくなる．第二に，管路内が嫌気的条件になりやすく，そうすると硫化水素（H_2S）が形成される．この H_2S は管路内でふたたび酸化されて硫酸になる（Hvitved-Jacobsen and Nielsen, 2000）．硫酸は下水管に最も多用されているコンクリートを腐食する（Boon, 1995）（図 6.7）．

管路内における固形物の沈積も好ましいものではない．管路内の大きな堆積物は流下能力を損ない，溢水氾濫が起りやすくなる．さらに，堆積物が降雨時に再度浮遊すると，それが越流水によって地表水域に放流される可能性がかなり高くなる（Heip and Ockier, 1997）．

図 6.7 硫酸によって損傷した下水道
（写真提供：Aquafin）

6.4　分流式下水道

合流式下水道から発生する汚濁は，越流水（CSO）によるものである．越流とは，技術的にも経済的にも下水処理場に輸送して処理することができない過剰な雨水を，放流水域に排出することにほかならない．この問題は，排水と雨水を分離し，排水は下水処理場に輸送し，雨水は水域に放流することで根本的に解決される．

完全な分流式下水道は，互いに連結されていない2系列の管路からなる（図6.8）．
1組目の管路（汚水管）が排水を処理場に輸送し，2組目の管路（雨水管）が

110   6章　排水の収集と輸送

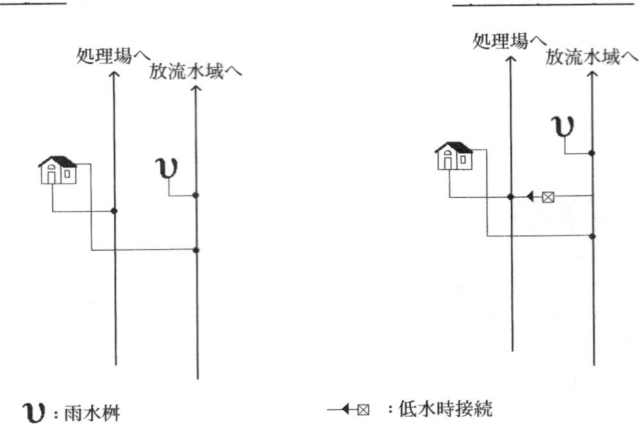

図6.8　完全な分流式下水道と改良された分流式下水道

雨水を放流水域に輸送する．汚水管は処理場に接続された大きな下水管網を形成する必要があるが，雨水管は放流可能な場所までの短い延長の下水管の組合せである．そのため，雨水管網には多くの放流口が存在する．

汚水管は，通常，晴天時平均汚水量の2倍の流量を流すのに必要な管径に設計される．雨水管は，CSOに代わって放流水域に雨水を直接放流するので，合流式下水道とまったく同じ方法で設計される．

雨水管網で溢水氾濫を防ぐ良策は，これを開水路で構築することである．こうすることでピーク流量は低減され，地下浸透は促進される．開水路にはコスト低減という利点もある．

分流式下水道の主な欠点の一つは，降雨による初期流出水が清浄であるとは限らないことである．特に長く続いた晴天後の雨水の汚染は著しい（Wiggers, 1996）．初期流出には，例えばPb，粉じん，PAH（多環芳香族），冬季の塩分，ゴムなどの汚染物質が含まれることがある．したがって，雨水の放流口では，何らかの処理が必要となる．この場合の適正な水質を保つための処理は，排水と混合した雨水を処理する場合よりはるかに簡単である．比較的単純で安価な処理施設で十分である．しかし，雨水管網は放流口が多くなりがちなので，施設がいくつも必要となることがある．それでも総じていうなら，合流式下水道の越流水を処理するのに比べれば安価になると考えられる．

この問題を解決する方法として，改良された分流式下水道がある（図6.8）．これも2組の管路からなるが，雨水管が汚水管に接続され，雨水管に入ってくる初期の雨水は処理場に輸送し，その後の雨水だけを水域に直接放流する．このシステムには環境上多くの利点があるが，コストが非常に高く，運用が難しいため，ほとんど採用されていない．このシステムでは，処理場からの汚泥が，家庭排水には通常みられないPb，炭化水素などで汚染されるという，環境上のマイナス面がある．家庭排水のみから発生した汚泥は，処理が容易で農業への再利用もできるが，改良型分流式下水道から発生した汚泥は，再利用に適さないほど汚染される可能性がある．

分流式下水道のもう一つの欠点は，誤接続の危険性である．家庭からの排水の5％以上が間違って雨水管に接続されると，同じ人口を対象とした合流式下水道のCSOから出されるものと同程度の汚濁負荷となる．すなわち，完全分流式下水道への接続は注意深く監視する必要がある．このため，高額の保守管理コストがかかり，住民による監視と，管路設置者の注意深い作業を必要とする．

溢水氾濫という点では，分流式下水道の場合でも，管路で構成されているとするなら，合流式との間に大きな差はみられない．しかしながら分流式では，雨水排除を多数の放流口で行うため，雨水は広く分散した水域に放流されることとなり，放流水域の緩衝能力を有効に利用できる．溢水氾濫リスクは軽減される．

また，比較的きれいな雨水による溢水氾濫は，合流式の排水混じりのものと比べて汚染のリスクが低い．家屋への浸水があったとしても衛生上の問題が少なくなる．

6.5 管内堆積

分流式下水道の汚水管の流量は通常極めて少ないため，管路内での堆積が起りやすい．給水量が少ない国やディスポーザーが普通に使われている国では，特に浮遊固形物質の濃度が高くなる．この場合，定期的な洗浄が必要になるが，適切な設計を行えば分流式下水道を使用することができる．

適切に設計された圧力式または真空式下水道では，堆積を防止するためにポンプで流速を増している．こうしたシステムでは堆積の問題をあまり心配する必要はない．

合流式下水道では降雨時の流速は十分速く，堆積は防止される．晴天時には，流量が少なく堆積は避けがたい．管路勾配が小さい場合は，豪雨時でも管内流速が堆積を防止するほどにならないことがある．このような下水道は設計が悪いと考えられるが，平地ではこのような事態をいつも避けられるとは限らない．このような下水道管を維持するには，定期的な監視と清掃が必要である．

6.6 排出源コントロール

合流式下水道は非常に長期にわたって運用されることになるため，越流水による汚濁を減らすためには，何らかの補助的な構造物・施設を設ける必要がある．しかしながら，これらは常に末端処理的（end-of-the-pipe）な手法となってしまう．CSO問題を前向きに解決するためには，排出源コントロールが重要である（De Jong et al., 1998）．すなわち，舗装された地区からの雨水を遮断し，下水道システム内へ流れ込まないようにすることである．

下水道に流入する雨水量を制限することによって，越流の頻度が減り，かつ汚濁負荷も低減されることとなる．いくつかのシステムがこの計画に使える．

個別（つまり，1戸の家屋または一連の建物群のため）の対応策の基本としては，雨水を直接下水道に流さず，雨水貯留槽に溜めると良い．雨水は家事に使用する（例えば，トイレの水洗，洗車，庭の散水など）．雨水貯留槽に集めた雨水は下水道に流入しないため，この水は「溢れる」ことに加担しない．この対策は，放流水域に雨水貯留槽からの溢流雨水に対応する能力的余裕さえあれば，溢水氾濫にも直接影響する．さらに，雨水を家庭で使用することは水道の節水となる（Mikkelsen et al., 1998）．溢流口が下水道へ接続された雨水貯留槽では，雨水が再利用されている場合だけ汚濁が抑えられる．再利用がされていないと，雨水貯留槽は常に満杯で貯留能力をもたない．雨水が再利用されているとしても，豪雨時の溢水氾濫水量に比べて貯留槽の容量は小規模なので，これらの設備が溢水氾濫抑制に与える効果は限定的なものにとどまる（Vaes and Berlamont, 1998）．

より大規模な区域（工業団地など）では，集合型の貯留施設を使用することができる．溢流口と放流口の両方が放流水域に接続されている場合は，溢水氾濫に対して大きな効果が期待される．ここで貯留される雨水は汚染されている可能性があるため，再利用は難しいことを念頭に置かなければならない．その施設が下

水道に接続され，放流口からの排水を絞り込んだ状態で徐々に空にしていくやり方をとるなら，汚濁を低減する可能性は残る．個別雨水貯留槽よりは貯留量が多いため，溢水氾濫に対する効果もより大きい．しかし，通常，溢水氾濫水量は貯留槽容量を上回る．さらに，個別であれ大規模であれ，豪雨に先だって貯留槽に空容量がある場合にのみ効果を発揮する．

　雨水の土壌浸透は，溢流頻度の低減および溢水氾濫防除に効果がある（図 6.9 参照）．しかし，浸透がピーク流量にどの程度の効果があるのかがよくわかっていないため，この方法を計画におりこむのは非常に難しい．雨水貯留槽の場合と同じように，豪雨時のピーク流量は浸透能を上回るため，どの浸透設備にも溢流機構が必要となる．雨水貯留する場合と同様に，どのレベルで溢流させるかは溢流先の状況で決定される．溢流先が下水道ではない場合に，汚濁と溢水氾濫の両方の観点から条件が最も厳しくなる．流出水には Pb，Cu，PAH，ゴムなどの汚染物質が含まれることが多く，雨水が浸透すると地下水を汚染するという点は注意しなければならない．

　当然のことだが，地下浸透は，地下水位が十分に低い場合にのみ効果がある．

図 6.9　建設中の浸透溝（写真提供：Haskoning）

浸透設備には以下のようなものがある．

- 浸透溝
- 浸透池，例えばハニカム（蜂の巣）構造のプラスチックブロックを敷設した池
- 浸透トレンチ，つまり砂利のような素材で充填され雨水が浸透するトレンチ
- 地表面流下浸透，つまり雨水を草地の上に流して浸透させるもの

　下水道における溢水氾濫の挙動は，豪雨時のピーク流量によって決る．雨水の平均流入量を制限してもピーク流量が減少するとは限らない．排出源コントロールは溢水氾濫に対していくらかの効果があるが，効果の程度は判断しにくい．現在の知識では，排出源コントロールを行っても溢水氾濫を防ぐという保証はない．排出源コントロール対策は溢水氾濫防除に対してなにがしかの効果はあるが，その効果を計測することは難しい．排出源コントロールを行ったからといって，下水管路のサイズを大幅に小さくすることは賢明なやり方とはいえない．

　その一方で，汚濁防止効果は比較的明確である．どんな小さな溢流でも，排出源コントロールによって防ぐことができれば，それによる汚濁の低減は小さなものではない．例えば，排出源コントロールを行えば沈殿池の設計を小さくできる．

　排出源コントロールをすることは，汚濁防止と溢水氾濫防除の両方の面で有効な措置ではあるが，それだけで溢水氾濫も汚濁も解決できるわけではない．

図 6.10　1998 年におけるアントワープの溢水氾濫（写真提供：G. Coolens）

排出源コントロール対策を提言する場合，全ての境界条件を考慮しておくことが不可欠である．地下水位が高すぎると浸透の効果は期待できない．排出源コントロール設備の溢流口が水路等の放流水域に直接接続されている場合は，その放流水域に溢流雨水に対応する能力的余裕がなければ，溢水氾濫は緩和されない（図6.10）．最後に，ピーク流量に対する排出源コントロールの効果は判断しにくいため，排出源コントロールによっても合流式下水道の設計はそれほど小さくできない．一方，汚濁除去設備は，排出源コントロールによってかなり小規模なものにできる．

6.7 参考文献

Anonymous (1994) Mechanische Riolering. Aanbevelingen beheer. Final report of research project 92-03, RIONED, stichting RIONED – Ede, the Netherlands. (In Dutch).
Berlamont, J. (1997) *Rioleringen.* Acco Leuven/Amersfoort.
Boon, A. (1995) Septicity in sewers: causes, consequences and containment. *Wat. Sci. Tech.* **31**(7), 237–253.
Brown, A. (1993) Rational design. Lecture notes, Aquafin.
Cao, Y.S. and Alaerts, G.J. (1995) Aerobic biodegradation and microbial population of a synthetic wastewater in a channel with suspended and attached biomass. *Wat. Sci. Tech.* **31**(7), 181–189.
Carrette, R., Bixio, D., Thoeye, C. and Ockier, P. (1999) Storm operational control: High flow activated sludge process operation. *Wat. Sci. Tech.* **41**(9), forthcoming.
Crabtree, R., Grasdal, H., Gent, R., Mark, O. and Dorge, J. (1994) Mousetrap – deterministic sewer flow quality model. *Wat. Sci. Tech.* **30**(1), 107–115.
De Jong, S.P., Geldof, G.D. and Dirkzwager, A.H. (1998) Sustainable solutions for urban water management. *European Water Management* **1**(5), 47–55.
Dugre, P. (1995) Alternative wastewater collection systems. *Vecteur Environment* **28**(1), 33–42.
Gray, D.D. (1991) Prospects for vacuum sewers. *Wat. Env. Tech.* **3**(7), 47–49.
Heip, L. and Ockier, P. (1997) Vuilvrachtreductie in rioolstelsels: een literatuuroverzicht. *Water* **93**, 51–54. (In Dutch.)
Henderson, R. (1998) Wastewater collecting systems and treatment provisions in EU member states in 1994. Report for the European Wastewater Group.
Hosten, L. (1991) Technologie van de zuivering van water. Lecture notes, Technical Chemistry Laboratory, Faculty of Applied Sciences, University of Gent, Belgium. (In Dutch.)
Hvitved-Jacobsen, T. and Nielsen, P.H. (2000) Sulfur transformations during sewage transport. Chapter 6 in *Environmental Technologies to Treat Sulfur Pollution* (eds P.N.L. Lens and L. Hulshoff), IWA Publishing, London.
Janssen, V. (1998) Optimalisatie van een alternatieve kleinschalige modelwaterzuivering. Graduation thesis, BME-CTL, Gent. (In Dutch.)
Lettinga, G. (2001) *Potentials Of Anaerobic Treatment Of Domestic Sewage Under Temperate Climate Conditions* (Chapter 11 in this book).

Long, R. (1995) Water model is a Derby winner. *Surveyor* **182**(5326), 16–18.
Luyckx, G. (1997) Fysische modelstudie van een hoge zijdelingse overstort. Riooloverstorten: randvoorzieningen (fase 2). Chapter 6 of a study performed by the Universities of Leuven, Brussels, Gent and Antwerp, commissioned by AMINAL and VMM, 6.1–6.38. (In Dutch.)
Martin, A.J. (1927) *The Activated Sludge Process*, MacDonald and Evans, London.
Mikkelsen, P.S., Adeler, O.F., Albrechtsen, H.-J. and Henze, M. (1998) Collected rainfall as a water source in Danish households: What is the potential and what are the costs? Proceedings Options for closed water systems – sustainable water management, International WIMEK congress, 11–13 March, the Netherlands.
Pfeiffer, W. (1996) Requirements for sewerage systems using pressurised and reduced pressure drainage facilities. *3R Internationals* **35**(3/4), 157–165.
Schinke, R. (1999) Vacuum-operated sewer systems – a process offering many often unrealised opportunities. *Korrespondenz Abwasser* **46**(4), 506–513.
Stedman, L. (1995) A journey through time. *Water Resources* **677**, 8–9.
Vaes, G. and Berlamont, J. (1998) Het effect van berging in regenwaterputten, fase 2: het effect op de dimensionering van riolen. Study performed by the University of Leuven, commissioned by Aquafin. (In Dutch.)
Van Assel, J., Dierickx, M. and Heip, L. (1997) Case study Tielt UPM. WaPUG Autumn Meeting, Blackpool, Paper no 7.
Van Authaerden, M. (1999) Optimalisatie van een kleinschalige plantenzuivering bestaande uit een hydrobotanische geul, twee percolatierietvelden en een naklaringsvijver. Graduation thesis, KUL, Leuven. (In Dutch.)
Van Poucke, L. (1998) Terreinmetingen en fysische modelstudie van een omtrekoverstort. Riooloverstorten: randvoorzieningen (fase 3). Chapter 1 of a study performed by the Universities of Leuven, Brussels, Gent and Antwerp, commissioned by AMINAL and VMM, 1.1–1.11.
Verstraete, W., Van Vaerenbergh, E., Bruyneel, B., Poels, J., Gellens, V., Grusenmeyer, S. and Top, E. (1999) Biotechnological processes in environmental technology. Lecture notes, Laboratory Microbial Ecology, Faculty of Agricultural and Applied Biological Sciences, University of Gent, Belgium.
Wanner, J., Cech, J.S. and Kos, M. (1992) New process design for biological nutrient removal. *Wat. Sci. Tech.* **25**, 4–5.
Wiggers, J. (1996) Riolering in de toekomst, duurzame stedelijke waterkringloop in het jaar 2040. Personal note. (In Dutch.)

7章 都市サニテーションのジレンマ

J. Niemczynowicz

© IWA Publishing. Decentralised Sanitation and Reuse：Concepts, Systems and Implementation.
Edited by P. Lens, G. Zeeman and G. Lettinga. ISBN：1 900222 47 7

7.1 はじめに

　ある社会の持続可能性の水準というものは，何よりも，その社会が，水とサニテーションと家庭からの排出物をどのように扱っているかで決まる．サニテーションと有機ゴミから出る有機残渣をいかに処理するかという問題は，徐々に世界規模で大きくなり，一つのジレンマになってきた．このジレンマについては，学問，政治，そして経済の分野で議論がなされている．サニテーションとそのシステムは，固形ゴミの処分システムと同様，ヒトの排出物を安全に片付けて処分するだけでなく，農業における栄養塩類の再利用という選択肢をもたらす——このことがはっきりしてきた．同時に，ヒトの廃棄物を処理することが人々の集団や自然環境にリスクをもたらすようなことは，長期的にはわずかな可能性でもあってはならない．

　都市で発生し，汚水管を経由し，処理場に輸送された混合下水は，バクテリアや化学物質で汚染されている．これを農地に直接利用できないことは明らかである．ヨーロッパの数ヵ国で，政府を含む政治家に加えて科学者によって導き出された結論は——家庭からの栄養塩類を農業にリサイクル可能にするためには，サニテーションシステムを分散型に変える必要がある．それも，可能な限り単一の家庭，あるいは一連の家屋という単位で——というものである．この理念を受けて，コンポスト式やし尿分離式トイレを含んだ，分散型サニテーション手法が開発された．そして，スウェーデンでは，70年代の終りから80年代にかけて，「エコロジカルビレッジ」と呼ばれる多くの実験的家屋で設置された．後には，スウェーデンの何千という一般家屋と公共建築物に設備された．90年代の新規住宅団地は上記の考えに基づいて建設された．一方，既設の古い住居地域を分散

型サニテーションに変更することは大変に難しい．多くの場合，改造に多大なコストを要するだけでなく，地域で処理した結果生じる膨大な有機物質を，都市から農業地帯へと輸送するための適切なインフラがなかった．有機物質を取込んだ，適切・安全な農法を開発する必要もあった．

これと類似の開発とジレンマは，多くの途上国ばかりでなく，先進国の多くの都会，特に巨大都市において起った．都市計画担当者は次のような問いに答える必要がある：社会のサニテーションと栄養塩類の流れを変えるこの新しい考え方と方法は，人々に受け入れられ，そして現行の都市規模あるいは国家規模での計画と管理に，重大な変革を引き起こすほどの強制力を持つものなのだろうか？

新しい有機ゴミ処理法と同様，新しいサニテーション技術も徐々に多くの地域に導入されてきている．そして，いくつかの新しい問題をもたらしている．この新技術が，適切な安全策もなく実施されると，長い間には，ヒトの集団や環境の健全性のリスクを大きくする可能性がある．増大するリスクにどう対処するかという問題は，慎重に扱われなければならないし，現行法体系に影響を与えずにはおかない．

20世紀と21世紀は，人類と自然の関係が，ますます急速かつ強力に変化する時代とみることができる．将来の世代のために，環境を保全し，天然資源を維持していく必要がある．この目標を達成するためには，社会のあらゆる部門を組織化する必要がある．この変化は既に，飲料水の供給・利用，水処理そしてサニテーションなどの方法・技術を含め，水管理の面で世界規模での重大な変化を引き起こしつつある．この変化は，技術的な設備ばかりでなく，組織の仕組み，社会的相互作用そしてライフスタイルにまで影響している．

7.2 サニテーションシステムの変革を必要とする背景的論拠

社会におけるサニテーションや栄養塩類と有機物質の流れの管理をつくり直す必要性が叫ばれる背景は，アジェンダ21（UNCED, 1992）で提議された，いわゆる「持続可能な発展のための基本的システム条件」にみてとれる．次の条件は，水とサニテーションの管理も含んで，将来のあらゆる開発について順守されなければならない．

①有限な天然資源の使用は，最小にされなければならない

②生分解されない物質の環境への排出は，中止されなければならない
③物質循環の物理的条件は，維持されなければならない
④更新可能な資源の使用は，その再生速度以下とされなければならない

　スウェーデンでは，排水の管理はうまく組織化されている．スウェーデンの都市には全て，排水の3次処理施設が設置されており，窒素削減のための措置が間もなく全国的に展開される．雨水の大部分は乾式または湿式の池，浸透施設あるいは湿地で処理されている（Niemczynowicz, 1999）．しかしながら，これらのプロセスから発生する汚泥の汚染の問題は全てが解決されているわけではないので，汚泥中の栄養塩類の農業再利用がうまく進んでいない．

　つまり，ヨーロッパの他のいくつかの国同様，サニテーションや雨水・排水管理に現在最高の技術を使ってはいるのだが，スウェーデンでのサニテーション実践の現状は，持続可能な発展の条件に完全に合致しているわけではない．

7.3　排水処理で発生する汚泥に関する問題

　最近，スウェーデンと国際的な研究団体の間で，排水汚泥の利用可能性について激しい議論が起きた．

　例えば Priesnitz（2000）は，排水汚泥には変異原性，すなわち遺伝子損傷を起す物質が含まれているという．また，汚泥はカドミウム（Cd）のような重金属を含み，これが体内に蓄積し，長期的には腎臓病を起す可能性があるという．土壌が汚泥と一緒に処理されると，重金属や残留性有機汚染物質が増加するという証拠があるので，政府は土壌中の許容重金属濃度に関する数値基準を出した．

　この基準は，汚泥中の Cd の許容濃度を規制しているが，植物体に摂取される Cd は，土壌の種類，雨量，その時間分布，作物の種類，成長期，その他いくつもの要因に左右される．市販肥料中のカドミウム濃度は 2〜3mg-Cd/kg-P（リン），一方，汚泥中の濃度は 50mg-Cd/kg-P である（Lindgren, 2000）．汚泥中の Cd の許容レベルは国により大きな差がある．例えば，スウェーデンでは汚泥の乾燥重量1トン当り 2mg-Cd であるが，米国では 50mg-Cd が認められている．

　汚泥にはそのほかにも多くの化合物が含まれる．防炎剤，薬品，抗生物質，ホルモン類似物質（環境ホルモン），臭素，ダイオキシン，フランレジン，PCB，そして大部分が不明なその他の物質．だが，これらの物質の大部分については，

汚泥中の含有に関する規制基準がないし，その毒性や蓄積する速さについての情報がない．

　排水汚泥中にみられる上記化合物やその他の残留性有害物質は，遅かれ早かれ，地表水や地下水に入っていく．長い目でみれば，これらの物質は農産物にも入っていく．1999 年の議論に際しては，ヨーロッパの国々の河川・湖沼にみられるホルモン類似物質がリストアップされた．これらが生態系やヒトの健康に長期的にどんな影響を与えるのかは，誰もはっきりとしたことは言えない．

　重金属や毒物が，土壌から始まって，地下水，地表水，植物，そして野生生物にどのように移動するのかは，ほとんどわかっていない．有害金属の地下水中への移動や土壌・作物への蓄積を促進あるいは遅延させるうえで，土壌の酸性度が鍵になる要因と考えられている．全米科学アカデミー研究評議会（NRC）は，「土壌が農業に用いられている限りは」という短い言葉で，汚泥の農地への利用を認めている．しかし Priesnitz はいう，

　　……（完全に解明されているわけではないが）ある種の条件下では，有害な有機物質が汚泥を施された土壌から作物に移動することは，研究結果から明らかである．レタス，ほうれん草，キャベツ，フダンソウ，ニンジンは，排水汚泥を施された土壌で栽培されると，有害な金属または有毒な塩素化炭化水素（あるいはその両者）を蓄積した（Priesnitz, 2000）．

　したがって，排水汚泥を施された草地で飼われた家畜が，牧草あるいは牧草に付着した汚泥を食べることにより，汚染物質を摂取することは十分考えられる．Priesnitz はさらに「汚泥で栽培されたキャベツを食べていた羊が，肝臓と甲状腺に障害を起した」という．今のところ，排水汚泥を処理し利用するについて，リスクを伴わない方法はないように思われる．焼却，埋立，ペレット化，あるいはそれ以外の新規な手法，そのどれをとっても，遅かれ早かれ，潜在的有害物質は生態系に入ってくるし，ついにはヒトの体内に入ってくるということになる．おそらく主要な問題は，こうしたシステムでは，生命活動に起因する有機性のゴミを，人の居住地から農業に安全にリサイクルすることができない，ということなのだ．

　排水汚泥の処理は，大都市，特に人口 1 千万人を超す巨大都市においては，決して小さな問題ではない．スウェーデン国外での排水汚泥問題の大きさを強調するためには，ヨーロッパの 14 ヵ国で毎年 6 631 000 トンの汚泥が発生することを

指摘すれば十分だろう．汚泥処理には乾燥重量トン当り200ポンドのコストがかかる．つまり年間1 326 200 000ポンドということである（Davis, 1992）．これだけコストがかかるということは，サニテーション技術に投資して，排水汚泥を生み出さずに栄養塩類を直接農業にリサイクルできるようになれば，ただちに元が取れるということを暗示している．

7.4 肥料としての尿

健康な人体から排泄された尿は無菌である．尿には次のような重量割合で栄養塩類が含まれる．窒素（N）：11，リン（P）：1，カリウム（K）：3である．窒素は主として（80%以上が）アンモニアの形で含まれ，容易に硝化され植物が利用できる（Hoglund et al., 1999；Kärrman et al., 1999）．し尿分離式トイレでは，尿の水洗に約100mLの水が通常使用され，尿貯留槽に流入する濃度は2.4～3.6g-N/Lおよび0.18～0.38g-P/Lの範囲で変化する．

栄養塩類の漏出を防ぐためには，大気から遮断された容器に尿を貯留する必要がある．こうした容器は，通常地面下または路面下に設置される．窒素の漏出を避けるため，貯留槽には気密の被覆をする．ヒトの尿は大気に接触させずに貯留槽に保存しておくと，貯留後1年間程度は肥料としての価値を保つ．

成人が1年間に排泄する尿には，約5.6kgの窒素，0.5kgのリン，1.0kgのカリウムが含まれている（Wolgast, 1996）．これらの栄養塩類の割合は，市販肥料の成分割合と極めて似ている．1年間に1人が排泄する栄養塩類は，1年間に1人が必要とする栄養塩類を満足に補う栄養価を含む穀物量を生産するに十分である．農業に必要な栄養塩類は，動物と人間の食物連鎖を通して，少なくとも一部分はリサイクルできる．したがって論理的には，住んでいる場所，開発段階，気候条件に関係なく，世界では誰も飢えずに済むはずだということになる．

上に述べた事実は全て，人々や民族の間の平等の問題と密接な関係がある．人口が増加しつつある途上国では，食糧を絶えず増産しなければならない．これらの国々でどのようなサニテーションシステムが選択され，農業に必要な栄養塩類がどこからもたらされるのかということは，食糧増産の可能性と密接に関連している．

7.5 現在のサニテーションのあり方と持続可能な発展

　7.2 で述べた事実は，し尿分離式トイレを使用しているスウェーデンやその他の国々では，雨水，サニテーション，排水，汚泥などの都市における水の流れの管理が，今日的基準に合うようによく組織されていることを示唆している．すると，これらの国々では，そうした管理に関連した環境問題はあまりないと思われるかもしれない．しかしながら，アジェンダ 21 の原理および 4 つの持続可能な発展のための基本的システム条件に立ち戻って考えるなら，そうはいえないことは明らかである．

　第一に，豊かな国々では，水関連インフラを整備する過程で，他の多くの国々より多くの天然資源をすでに使ってきた．資源の使用がその再生速度を超えていたことは確実である．第二に，これらの施設を建設・改良・維持するために費やされる資金と資源の両面でのコストは高いものであり，途上国が賄うことはできない．第三に，7.3 で述べた現在のスウェーデン国内や世界的な議論からわかるように，排水汚泥を農業の肥料として使うと，生分解不可能な物質が土壌に蓄積し，遅かれ早かれヒトの食物連鎖に入ってくる．

　水と排水の管理に関する現在のインフラの問題は，スケールが大きいという点にある．集中型システムである下水道システムは大都市の下水を集めてくるが，それは有用な物質と有害な物質の混合物である．利用者には，自らの行動とそれが環境にもたらす結果との関連が見えない．例えば，利用者はトイレに化学物質を流すが，それが処理プラントで何を引き起こすのか，そして最終的に，環境に何をもたらすのかを考えない．

　将来的にこの問題を解決する抜本的な唯一の方法は，スケールを集中型から分散型に変更することだと思われる．この方法を採ると，その代償として，トータルコストが上昇する，脆弱性が増す，利用者個人の行動に頼りすぎてしまう，といったことが出てくる．スケール変更をシステム全体で同時に行うことはできない．しかし，古い建物の改築に際してシステムを変更する，また，家を新築する時には従来と違ったサニテーション・下水道システムを建設する，といったようにして徐々に実行することはできる．

　分散型にするという一般的解決策を採ることは，利用者にとっては明らかな義

務である．また，個人レベルの行動を責任をもって変えさせる必要もある．有害な液体や家庭用化学物質・薬品などをし尿分離式トイレに捨ててはいけない．利用者に責任ある行動をとらせるためには，そのための新たな経済的インセンティブが必要であろう．スウェーデンやその他の国で新しいサニテーションに関する本格的な実験が行われているが，そうした行動変化が広汎に起る可能性があるという希望が見えてきている（Frittschen and Niemczynowicz, 1997）．

7.6 有機物質の持続可能な管理における現在の潮流

7.6.1 スウェーデンにおける現在の動き

スウェーデン政府は最近，持続可能な発展に向けて舵を切るという真剣な決意表明を行った．そこでは，有機物質の流れをうまく管理することが重要な要素になるだろう．スウェーデン国民は，「アジェンダ21プラン」として知られている計画を具体化し実現するよう政府から要請されている．1998年，スウェーデン首相 Göran Person は，スウェーデンは持続可能な発展への道を進むとの声明を行った．それによると，「スウェーデンは土壌の汚染レベルを現況より悪化させることなく，今後10年以内に，有機固形ゴミおよびトイレ排水を含んだ全有機物質について，家庭から農業へのリサイクル率を75％に引き上げる．技術的には，現在の排水，下水道および処理施設は，この要請に適合していく必要がある．さもなければ無くしてしまうだけである」．

実際には，文面ほど過激なものではないだろう．しかし，水に係わるサニテーションは，新規の要件に適応するように変わらなければならない．水洗便所を使った従来型サニテーションは，コンポスト式トイレまたはし尿分離式トイレといった新しい「ドライサニテーション」に変化することになる．既に述べたように，「エコロジカルビレッジ」では数年前から実験され，既存のものに替わるべきサニテーションが採用されている．まずコンポスト式トイレが使われた．しかし，スウェーデンのような寒冷な気候下ではコンポスト式はうまくいかなかった．スウェーデンの次世代「エコロジカルサニテーション」は，特別な便器で糞便と尿を分離する方式になる（図7.1（b））．

これらのトイレは，非常に少量の水しか使用しない．例えば"Dubbletten"というトイレシステムでは，水使用量を最大80％削減する．使用される水は尿と

一緒に気密の地下貯留槽に貯留される（**図7.1（a）**）．貯留槽が満杯になると，農家が汲取って空にする．尿1に対して水10で希釈して肥料に使用する．固形部分は少量の水でコンポスト化チャンバーに送られる．約6ヵ月後，そのコンポストも農業に使えるようになる．

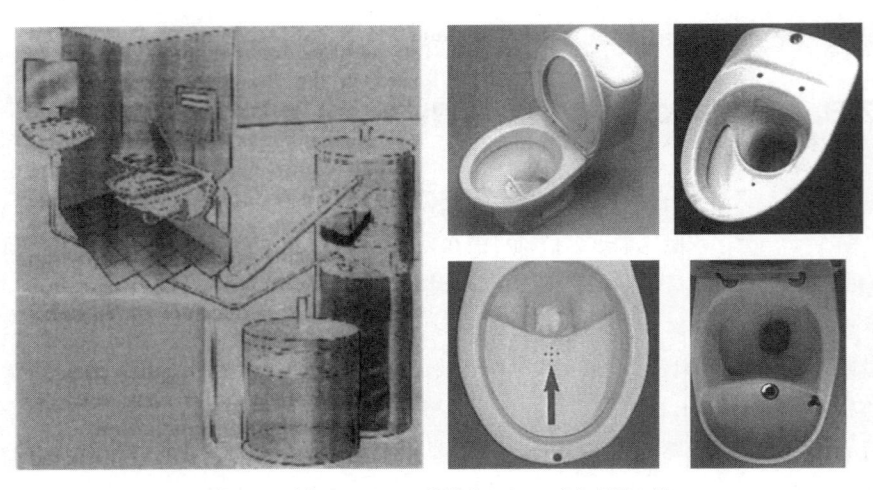

図7.1 （a）Dubbletten 分離式トイレ，（b）便器の例

7.6.2 スウェーデンにおける節水サニテーションシステムを利用した建物の例

し尿分離式トイレは，一般家庭から始まりストックホルムの Marienfred の大展示場に至るまで，数百の建物に導入されている．同展示場には1日25 000人の来訪者がある．その他にも Understenshöjden の住宅団地における44棟のアパート，Falberg の100人が住む40棟のアパート，175室をもつ Lund の国際学生寮，ストックホルムの8階建ビルなど様々な例がある．状況は日々変化しているため公式統計は存在しない．しかしここでは，多くの住宅団地が分離式サニテーションを備えていると述べるだけで十分である．分離式サニテーションまたはドライサニテーションの導入における同様の展開は，ヨーロッパの他の都市，特にドイツ，デンマーク，オランダ，ノルウェーで見ることができる．

7.6.3 スウェーデンの初期の「エコロジカルビレッジ」－小史－

　コンポスト式トイレは，1980年代初期のスウェーデンのいわゆる「エコロジカルビレッジ」において初めて使用された．水供給，サニテーション，固形ゴミ管理を自足できるように建設された住宅団地である．この運動が始まるや，「エコロジカルな生活」は，環境と調和した生活のためには快適さを一部犠牲にしてもよいという意志を持った，意識の高い小グループを惹きつけた．

　最初のエコビレッジに使用されたコンポスト式トイレは，維持のために居住者の手間が多くかかるうえに，スウェーデンの寒冷な気候下ではうまく機能しなかった．その後のエコビレッジでは，コンポスト式トイレは徐々にし尿分離式トイレに取って替わられてきた．この方式は利用者にコンポスト式ほどの苦労を強いることなく，生活の基本形を大きく変えることもなかった．尿とコンポストを家庭菜園や共同緑地に使っているエコビレッジも多い．新しい住宅団地では，し尿分離式トイレを備えている場合，尿は近くの農家が1年に2度汲み取り，水で希釈して肥料として使用している．コンポストも農業に使用されるが，市の中心部では下水道に投棄されることもある．

　エコロジカルな生活の動きはスウェーデン社会の中に大きく広がり，現在では，多数の家屋，高層建築物，住宅団地，学校，公共建築物などに，し尿分離式サニテーションが設置されている．

　スウェーデンにおける最初のエコビレッジの一つであるToarpエコビレッジは，1992年にスウェーデン南西部のMalmö近くに建設された．しかし，当初は大変だった．Toarpの住宅団地は37棟に約150人という計画だった．居住者は，家屋の建築やサニテーション設備の設置には関与しなかった．コンポスト式トイレが設置され，地下室にコンポスト化チャンバーが設けられた．保守点検のためにこのチャンバーに入るには，家屋前面の路上に設置された80×80 cmの鉄蓋を開けなければならなかった．そのためチャンバーを点検するのは面倒で，居住者は実施しなかった．

　その結果，コンポストは生成せず臭いどろどろの汚泥が溜まり，それを人力で除去しなければならなかった．一部の居住者は，コンポスト式トイレからし尿分離式トイレに変えることにした．もっと積極的な居住者はコンポスト式トイレを改良し，今でもそれを使用している．このように計画と建築に様々な欠陥があっ

たにもかかわらず，その村を去る者はいなかった．これから得られた教訓は，家を新築しようとする人々は，よりよい計画立案とその建築について学習する必要があるということである．もう一つの結論は，環境への意識の高い人々は，環境と調和した生活を送る決意の証しとして，多くのことを我慢できるということである（Fittschen and Niemczynowicz, 1997）．

次に紹介するのは，もっとうまく展開した例である．1997年に建設されたLundのÖstra Torn中学校の場合である．この学校は，リサイクルされたタイルでつくられ，太陽パネル付きのパッシブエネルギー保全システムをもち，Dubbletten サニテーションシステム，排水・雨水リサイクルによる閉鎖式水循環システムを備えている．排水処理と有機ゴミのコンポスト化は現地で行われている．この学校では，飲料水，電力，電話を除き，市が提供するサービスを受けていない．尿とコンポストは農家が収集して，地域農業に使われている．全てが計画通りに進んでいる．このような「普通」の学校に関心をもって，団体とか個人が次々と訪問してくるのはなぜだろうと，生徒達は理解し難い思いでいる．

7.6.4 分散化によるリスクレベルの増大

水洗便所と高度なサニテーションは19世紀初頭の英国で発祥した．引き続く同じ世紀中に，欧州の残りの地域と欧州外先進国に導入された．これによって都市の公衆衛生は劇的に改善された．他の何にも増して，流行性伝染病が減少したことで明らかであった．

尿や生ゴミを開放処理することに加え，システムそのものが分散化されるため，コンポスト式や分離式のサニテーションを備えた新規の住宅団地では，地域住民の健康リスクが増大するのではないかという予想があった．だが，私の知る限り，それが事実であると証明する調査例はない．

Toarpのエコビレッジ住民，Lundの国際学生寮の居住者，LundのÖstra Torn中学校の教師と生徒，こうした人々を対象に調査が実施されたが，周辺地域の他の住民に比べて伝染性やその他疾病の罹患率が高いという傾向はみられなかった．Lundの国際学生寮への来訪者について実施された調査でも，同様の結果が得られた．とりあえずの結論だが，使用されるサニテーションの種類よりも，住民の総合的な衛生レベルの方が健康にとっては重要だ，ということではなかろうか．

7.7 世界の動き

　WMO（Simpson-Hebért, 1996）によると，1996年時点では，世界人口の37％が適切なサニテーションを備えていなかった．しばしば粗末なサニテーションが原因となって，水源汚染により毎年2500万人近くが死亡している．世界で発生する疾病の半数は水を通して伝播しており，その多くは不適切なサニテーションに関係している．1996年には世界人口の約50％が安全な飲料水を入手することができなかったし，2050年には約65％の人々が水不足の地域で生活することになると推計されている（Milburn, 1996）．もっと新しい統計資料（Knight, 1998）からは，人口増加のペースは減速しているが，その傾向が続いても25～40％の人々が飲料水の不足に直面すると予測されている．1900～1995年までに，世界の水使用量は6倍に増加したが，これは人口の増加割合の2倍以上である（WMO, 1998）．水に依存したサニテーションをこのまま進めると，世界的な水不足問題をいっそう悪化させることになる．

　こうした事実に直面した途上国の意志決定者たちは，水供給とサニテーションをどう進めればよいのかという，真のジレンマを抱えるに至っている．水資源開発とサニテーションの提供に用いられてきた従来の方法では，開発途上国で急速に増大するニーズを満たすことはできず，大規模で切迫した環境問題をもたらすだけである（Milburn, 1996）．水供給とサニテーションの問題は，特に途上国の都市において，持続可能な発展に向けての最大の障害物の一つである．この問題が解決できるか否かは，水部門における研究の推進，革新的技術の導入，そしてとりわけ，国家の長期開発戦略に組込まれるサニテーションの形式に懸っている．

7.7.1　節水の技術

　水供給とサニテーションを扱う研究者や実務家の間では，今後のサニテーションはその根幹を水に依存してはならない，という理解が育ちつつある．今では，水を運搬手段とするサニテーションは，長い間には「借り」をつくり出すものだと理解されている．この方法を続けていると，ますます厳しくなる水質や汚泥質についての基準を満足させていくように下水道管路と処理プラントを建設,管理,改良していくことになるのだが，これはコスト的には高価で資源的には浪費にほ

かならない．同じような意味で，水洗便所は家庭における最大の水使用である．ドライまたは分離式サニテーションを使うだけで，家庭における水の使用量を70〜80％も削減できる．

しかしながら，水を運搬手段としないサニテーションを選択する最も重要な理由はこれではない．最重要な理由とは，持続可能なサニテーションシステムというものは，ヒトの有機廃棄物中の栄養塩類を食料生産に安全に再利用するものでなければならないからである．排水中には，非常に有用な有機物質と，病原体にひどく汚染された非有機物質，この両者が含まれている．いったん混合された排水を食物生産に利用するのは難しい．将来の都市部のサニテーションや下水道の形式を選択することは，将来の人間のニーズという複雑な領域の中心課題であり，水管理問題の基本的部分である．そして以前にはめったに関連しなかった様々な課題を結びつけることなのである．

サニテーションの問題は，以前に予想されていたより，はるかに広汎な問題である．排水中の栄養塩類，あるいはもっと一般的にいえば，ヒトが生活する場から発生する全ての有機物質は，価値のある物質なのである．それを使うことで，現行の人工肥料への依存を終らせ，化石肥料の使用を増やさずに食糧を増産することができる．同時に，家庭，農場，一部の工業，農業から出される有機廃棄物は，生物的消化を通すことによりクリーンエネルギー源になる．

7.7.2　農業への栄養塩類の再利用

水供給とサニテーションの新たな目標は，ヒトの残渣を安全に処分するだけでなく，土壌，地表水，地下水に有害物質の蓄積を起こさせることなく，サニテーションシステムからの栄養塩類や固形廃棄物の有機質部分を，食料生産を含む農業に再利用することである．このような取組みは，とりわけ新規の住宅団地において，水供給とサニテーション分野での新しい機会を生み出す．新規の住宅団地にドライサニテーションを広範囲に採用すると，水供給インフラや排水処理施設に高額な投資を行う必要がなくなる．農業は，市販肥料に比べ汚染成分が少ない有機残渣起源の肥料の供給源を新たに入手する．

水洗便所をドライトイレへ，さらにはし尿分離式トイレへという新様式の水管理を採用する理由は，尿やコンポスト化糞便が，市販肥料と類似の栄養塩類成分を含みながらカドミニウム含有量は少ないという，良質の農業肥料になるからで

ある．このことから，スウェーデンだけでなくヨーロッパの他の諸国の農家も，分離式サニテーションを広範囲に使う活動を推進している．

世界的規模，とりわけ水資源の乏しい途上国および旧東・中央ヨーロッパ諸国では，輸送手段として水を利用しないサニテーションは大幅なコスト節減になる．新規に下水管や処理プラントを建設する必要がないからである．長期的には，都市と農用地の間で栄養塩類の閉鎖循環システムをつくれば，環境に有害な影響を及ぼすことなく農業生産を増大させることができる．サニテーション—農業部門全体について新しい考え方や技術を採用するならば，途上国を含めたあらゆる国で，より急速な技術・経済的開発をもたらす可能性がある（Karl, 2000）．

現在まで行われた調査では，分離式サニテーションを備えた住宅団地や公共建築物で，明瞭な衛生上の問題が発生したという結果はみられていない．とはいえ，そうしたサニテーション残渣を長期にわたって扱うことが，健康リスクと関連があるのかどうかはまだ検証されていない．

7.7.3 支援制度

全ての国で，特に途上国の急成長中の都市域では，現在のサニテーションの状況を改善しながら，サニテーションから得られる栄養塩類の農業へのリサイクルを促進するという，大きな課題に直面している．ここでの主要な問題は，この目標を達成するためにはどのような技術が最善，かつ最適な選択であるかということである．

サニテーションの代替的方法をさらに開発し応用すること，サニテーションシステムを改良すること，ならびにサニテーションから得られた栄養塩類を農業に利用することについては，世界の様々な権威ある会議および機関で提言がなされている．1996年にインスタンブールで開催された会議 HABITAT II, UNCHR (UNCHR, 1996) では次の勧告がなされた．

「各国政府は適切なレベルで他の関係者と協力することにより，排水および家庭廃棄物の有機成分を肥料やバイオマスなどの有用な生産物としてリサイクルするため，ドライトイレのような効率的かつ安全なサニテーションシステムの開発・利用を促進しなければならない」

世界保健機構（WHO, 1998）は次のように述べている．

「援助機関に対しては，水を使用しないサニテーションシステムの研究を支

援することを奨励する．教育・訓練に係わる機関は，手持ちのカリキュラムを次のように調整する必要がある：下水道やその他水使用型のサニテーションには距離を置く．そして，"水資源が欠乏し，人口が増加し，水不足が深刻化している"という世界の現実に焦点を当てなければならない」

7.8 参考文献

Agenda 21, UNCED (1992) The Rio Declaration on Environment and Development. The United Nations Conference on Environment and Development, Rio de Janeiro, 3-14 June 1992.

Davis, R.D. (1992) Europe's mountainous problem. *Water Quality International*, 3, 22.

Fittschen, I. and Niemczynowicz, J. (1997) Experiences with dry sanitation and grey water treatment in the ecological village Toarp. *Wat. Sci. Tech.* **35**(9), 161–170.

Habitat Agenda (1996) Recommendations from HABITAT II. United Nations Commission for Habitat Research (UNCHR), Istanbul, Chapter IV, item 141j .

Höglund, C., Stenström, T.A., Vinerås, B. and Jönsson, H. (1999) Chemical and microbiological composition of human urine. In *Proc. Int. Civil and Environmental Eng. Conference*, Bangkok, Thailand, 8–12 November, II 105–112

Karl, D.M. (2000) Phosphorous, the staff of life. *Nature*, **406**, 31–33.

Kärmann, E., Jönsson, H., Sonnesson, U., Gruvberger, C. and Dalemo, M. (1999) System analysis of wastewater and solid organic waste – conventional treatment compared to licit composting, urine separation and irrigation to energy forests. In *Proc. Int. Civil and Environmental Eng. Conference*, Bangkok, Thailand, 8–12 November, V27–V36.

Knight, P. (1998) Environment–population: outlook bleak on water resources. World News Interpress Service, Washington, 17 December.

Lindgren, G. (2000) Kretslopp och Slam hör inte Ihop. (Recycling and sludge do not match). Personal e-mail, 10 January. (In Swedish.)

Milburn, A. (1996) A global freshwater convention – the best means towards sustainable freshwater management. *Proc. Stockholm Water Symposium*, 4–9 August.

Niemczynowicz, J. (1999) Urban hydrology and water management – present and future challenges. *Urban Water Journal* 1, 1–14.

Presnitz, W. (2000) The real dirt on sewage sludge. *Natural Life* magazine, November. http://www.life.ca

Simpson-Hébert, M. (1996) Sanitation myths: obstacles to progress? *Proc. Int. Stockholm Water Symposium*, 4–9 August, 47–53.

UNCHR (1996) Habitat Agenda. Report of UNCHR's Conference on Human Settlements, Habitat II, Istanbul, Chapter IV, Item 141J.

WHO (1998) Collaborative Council Working Group on Sanitation. In *Sanitation Protection* (eds M. Simpson-Hébert and S. Wood), Report of WSCC Working Group.

WMO (1998) World Water Day 1997. http://www.wmo.ch

Wolgast, M. (1995) Recycling system WM ekologen. Stencil WM-Ekologen ABCo, Stockholm, Box 11162, S-10062 Stockholm, Sweden. (In Swedish.)

第3部

DESARの技術的要素

A　DESARの概念と技術

B　嫌気性前処理

C　低濃度排水の処理（後処理）

D　水と無機物資源の回収

E　農業への再利用

8章

混合された家庭排水の DESAR 処理

F. A. El-Gohary

© IWA Publishing. Decentralised Sanitation and Reuse： Concepts, Systems and Implementation.
Edited by P. Lens, G. Zeeman and G. Lettinga. ISBN： 1 900222 47 7

8.1 はじめに

8.1.1 背　景

　どの時代にも，水はヒトの生存に係わる最も重要な天然資源と考えられてきた．全ての古代文明が，河川，湖沼，湿地または地下水源の近くで発達し繁栄したことはよく知られた事実である．現在，淡水の政策的重要性はこれまで以上に世界的に広く認識され，持続可能な水管理に関する問題は世界中の科学的，社会的または政治的な課題となっている．水資源は量的・質的に深刻な脅威に直面している．

　人口増加，工業化，そして急速な経済開発，加えて政治的・行政的に不適切な対応は，世界の多くの国における水資源の供給や水質に重大なリスクをもたらしている．

　地中海地域の水不足問題はよく知られていることである．地中海地域の大半の国は，乾燥または半乾燥地帯にある．降雨量は少なく，その大部分は季節的に偏ってしかも不安定な分布を示す．また，急速な開発において農業部門を最優先にしてきたため，従来からの水資源が枯渇状態に陥っている．この点は，水利用の50％（アルジェリア）から90％（リビア）が灌漑で占められている南地中海諸国で特に深刻である．さらに，農業には季節的な需要パターンがあり，観光産業のような他の水利用と対立することがよくある．国連の推計（UN 人口局，1994）によると，地中海地域の4ヵ国の水資源量は，既に自国の食糧生産を支えるために最低限必要な量（750m^3/（人・年））を割っており，2050年までには8ヵ国がほとんど同じような状況になる．これらの国は全て基本的に地中海の南側にある国である（Angelakis *et al.*, 1999）．

水不足に加えて水質が汚染の危機に曝されている．その結果，これまでの水資源管理方法により，水資源の過剰開発，地下水位の低下，表流水の枯渇，河川・湖沼・地下帯水層の汚染，自然生態系の脆弱化などが発生している．水質汚染の主な原因の一つは，ヒトが野放しに排出する廃棄物である．近年では安全な水や適切なサニテーションに大きな改善がみられるものの，多くの場合これらの恩恵は貧困層には届いていない．

適切なサニテーションが実施されていないこうした不健全な状態を放置するわけにはいかない．サニテーション関連の疾病や水資源の汚染は，都市と農村の全ての住民に対して社会的，経済的，環境的に甚大な影響を及ぼすことになるからである．水系伝染病，特に下痢性疾病は0～14才の子供達の死亡率や罹患率が上昇する主要な原因となっている．したがって，都市や農村の貧困層に適切なサニテーション施設を供給することは，中東および北アフリカの多くの国が直面している課題である．

8.1.2 小集落の排水システム

サニテーションのニーズを満たす上での進展を阻む主要な障害はプロジェクトの規模である．大規模で高価なプロジェクトを実施しようとすると，高額の経費をまかなえないために都市周辺および農村地域がプロジェクトから除かれることになる．サニテーションプログラムを複数の小規模プロジェクトに分散化することで，これを最も必要としている地域が支払えるコストにすることができる．これは，全体像を考慮しなくてもよいということではない．逆に，プロジェクト実施地域におけるサニテーションサービス提供の全体的な方向性を決めるための戦略的な枠組みを定めた後に分散化を行わなければならない．分散化を行うのはそうした柔軟な全体的将来像の枠内においてであり，それに基づいて各地区の必要に応じた様々な施設についての詳細投資計画が作られる (Wright, 1997)．分散化とは，より現実的で処理しやすい要素に投資を分割する方法である．分散化には，水平的分散化と垂直的分散化の2種類がある．

水平的分散化では，サービスを地理的に分割する．大規模な地域をそれぞれが自己完結的なサニテーションサービスを持つ2以上の区画に分割する．分散型下水道は水平的分散化の一つの例であり，これは平坦地や地下水位の高い地域に特に適している．そのような地域を自己完結的な区画に分割することで，従来の下

水道システムで地域全体をカバーしようとすると必要な高価なポンプ場や遮集管渠が不要になる．分散化のもう1つの利点は，集中型システムと比べて下水管の平均径や埋設深を減少できることである．これらはコストのかかる主要な2要素（下水管の延長と共に）であり，水平的分散化は，それが技術的に実現可能な場合，経済的利点となりうる．

　垂直的分散化は，とくに貧困層に対して，支払い可能なサニテーションサービスを段階的に普及させていくうえで有用である．家屋内部の改善に関する意志決定と，近隣地域供給システムおよび全市規模の基幹システムに関する意志決定とを分けることで，当面得られる利益と当面必要なコストの関係が明確になる．家屋レベルから始めて1段階ずつの投資を行うことができる．垂直的分散化には，以下の3つの技術的なレベルがある．

　(1) 家屋設備には，屋外トイレ，屋内トイレ，腐敗槽，排水管などがある．これらの設備は廃棄物の発生場所にあり，それらの便益は家屋所有者個々人のものである．他の投資と比べて，家屋システムへの費用は所有者にとって最も無駄が少ない．利益が直接的なので，所有者の価値判断は簡明である．市場の力が働くとともに民間がサービスを提供できる範囲が大きく，競争によるコストの節減がもたらされる．都市周辺では，財産権の保護不足が個々人の投資を妨げる重要な問題になっているところもある．

　(2) 供給基盤施設としては，ある区画内の居住者が共有する近隣下水管または収集システムがある．使用者には，システムを適正に機能させるという共通の関心がある．供給システムに関する意志決定と支払いは，受益者共同で行う必要がある．時には，使用者集団の需要をまとめて，地元機関がこれを行うこともあるだろう．特に，後になって幹線下水管のコストを割振る必要がある場合などには，需要を喚起する手段として奨励策が採られることもある．スケール・メリットも顕在化し始めるが，下水管システムは個別サニテーションよりコストがかかる．市場の力や民間部門の関与によって，コスト削減が促進される．

　(3) 幹線基盤施設には，市や村落全域のための幹線管路，下水処理場などがある．そのような大規模施設の運転コストは高い．スケール・メリットによるコスト低下分は，制限のある競争によって相殺される．幹線システムは使用者から離れた場所にあり，その便益をただちに理解できないことがある．そのた

め，下水道使用料が投資回収の最善の手段とは限らない．一般的には自治体レベルで意志決定する必要があるが，維持管理は税金で賄うのが最善であろう．民営化などによる民間部門の関与は可能であるが，規制的な保障措置が必要になる．

8.2 分散的アプローチ

分散的アプローチは，下水管敷設済み地域および未敷設地域において，統合的な方法で排水管理に対処する新しい手段である．ここでは，長期的な解決策として，個別または共同の土壌処理技術に基礎を置いたオンサイトシステムを用いることができる．分散型排水管理（DWM：decentralised wastewater management）では，個別家屋，住宅群，孤立集落，工場，公的施設ならびに排水排出源またはその周辺地域から出る排水の収集，処理，処分/再利用を行う．DWMは，排出源近くの排水中の固形物と液体の両方を扱うが，液体部分と残留固形物はさらなる処理と再利用のために施設に輸送することがある（Tchobanoglous, 1996）．

DWMシステムは次の要素からなる．①排水の前処理，②排水の収集，③排水の処理，④処理水の再利用または処分，⑤汚泥と腐敗槽汚泥の管理．これらの要素は大規模集中型システムと同じであるが，適用される技術に違いがある．なお，いずれのDWMにも上記の要素が全て組込まれているというわけではない．

8.2.1 分散型システムの利点

分散型排水処理システムを用いると以下のような利点がある（Douglas, 1998）．

・コストの削減——基準に逐次対応するのでなく，予防措置（地域の条件/要望の評価および既存システムの保守管理）に力を入れることで不必要なコストの発生を防ぐ．
・家屋所有者の投資効果の確保——家屋所有者が腐敗槽システムを設置するために最初の投資を行った時点から便益を受け続けることができる．
・より望ましい流域管理の推進——集中型処理では起こりうるある流域から他流域への大規模な水の移動を回避する．
・人口密度の小さい地域への適切な解決策の提供——人口密度の低い小規模集落（税基盤が小さい）では，分散型システムはコスト効率が最も高い選択で

ある．
- 様々な現地条件に適した代替案（つまり分散型システム：本章では以下同じ）は，高い地下水位，浅い基盤，透水性の低い土壌，小規模な用地などの現地の特性にあわせて設計できる．
- 環境が影響されやすい地域への効果的な方法の提供——分散型システムは，帯水層に水を再注入すると共に排水排出源の近くで再利用する機会を提供しながら，栄養塩類除去や殺菌などの高度処理を必要とする地域にコスト効率の高い方法を提供できる．

さらに，大規模集中型処理場では，一箇所で放流する必要のある大量の処理水が発生する．処理水を再利用する可能性を狭め，排水が海や河川に直接的に放流されることが多くなり，藻類の繁殖と富栄養化の原因となりうる．

8.3 技術的選択肢

小規模地域のための分散型排水処理の代替案は，基本的に排水の処理，輸送，処分という3つの範疇に分類される（US EPA, 1992）．

① 土壌処理，人工湿地，地下浸透などを含む，処理・処分媒体として土壌を利用する自然システム．砂乾燥床，土壌散布，ラグーンなど，いくつかの汚泥や腐敗槽汚泥処理システムを含む．

② 従来の自然流下式下水管よりジョイントが少なく，排水受入れ部の構造が単純で，浅層に埋設できる軽量プラスチックパイプを用いる代替収集システム．これには，圧力式，真空式，自然流下式小口径下水管システムなどが含まれる．

③ 生物的・物理的プロセスの組合せを利用する従来の処理システム．これらはシステム部品としてタンク，ポンプ，送風装置，回転機構その他の機械部品を用いている．ここには，浮遊生物法，固着生物法および両者の組合せが含まれる．また，消化，脱水，コンポスト化システムおよび適切な処分情報などの汚泥や腐敗槽汚泥の代替管理法も，この処分の範疇に含まれる．

小規模分散型排水管理システムについて，過去20年間に起った最も重要な変化は，新技術やハードウェアの開発，および新しい装置を用いた古い技術の再適用である．重要な例としては次のようなものがある．

①性能向上した腐敗槽,
②高速嫌気性処理,
③代替排水収集技術,
④水生植物処理システム,
⑤人工湿地,
⑥土壌処理システム.

8.3.1 嫌気性処理プロセス
(1) 歴史的背景

排水処理に関して最初に嫌気性消化が応用されたのは，フランスの Mouras が初期の腐敗槽を開発した 1860 年頃にさかのぼることができる（Dunbar, 1908）．その後，いくつかの嫌気性処理システムが開発されたが，ドイツのイムホフが開発したイムホフタンクが最もよく知られている．これらは1次処理システムである．

嫌気性消化による排水の1次処理は，2つの世界大戦に挟まれた時期にヨーロッパで広く使用された．ドイツでは 1 200 万人以上が嫌気性処理システムを利用していたが，その大半はイムホフタンクの系統である．

その後の数十年は，排水の嫌気性処理は好気性処理システムほどの人気はなかった．好気性システムと比べて嫌気性システムの除去効率が低いためであるが，これは設計上の失敗に原因があると思われる．その後，嫌気性ろ床（AF: anaerobic filter）（Young and McCarty, 1969），上向流嫌気性汚泥床（UASB: upflow anaerobic sludge blanket）反応槽（Lettinga *et al*., 1979），および腐敗槽システムの改良といった様々な新しい高速嫌気性処理プロセスの開発によって，排水の嫌気性処理は飛躍的に進歩した．

(2) エジプト農村地域のサニテーション

エジプトの農村地域では，適切なサニテーションシステムの普及率が非常に低い．残念ながら，水供給と排水の収集・処理施設の計画が連動していない．このため，施設の機能を上回る家庭排水が発生している．

屋内や周辺に公共水道施設のない地域では，素掘式やコンクリート貯留槽式の汲取り便所が使用されている．

・エジプトの農村地域で，一般的に用いられている汲取り便所を図 8.1 に示す．

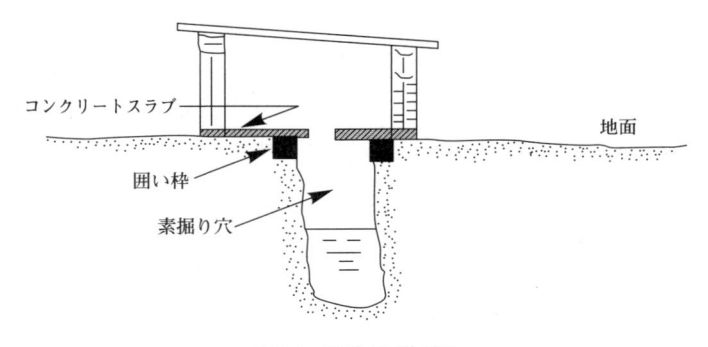

図 8.1 素掘式屋外便所

1.5m³ の穴の容量は，5～6人に対しては十分であると考えられる．陥没を防ぐために，開口部は石造で補強されている．

・土壌が硬く透水性が低い場所，または飲料水供給用井戸から安全な距離に素掘式汲取り便所を設ける余地がない場合は，コンクリート貯留槽式汲取り便所が使用される（図 8.2）．貯留槽は鉄筋コンクリートで建設され，1人当り3立方フィートの容量を備えている．貯留槽には，臭いを抑えるために石灰が撒かれることが多い．貯留槽は約2/3まで一杯になったら空にされる．

屋内配管があり飲料水が供給されている場合，屋内または屋外便所は，屋外腐敗槽と土壌処分地からなるシステムに管で接続される（図 8.3）．このシステムは，Save the Children Federation のエジプト現地事務所（SCF/EFO）と米国国

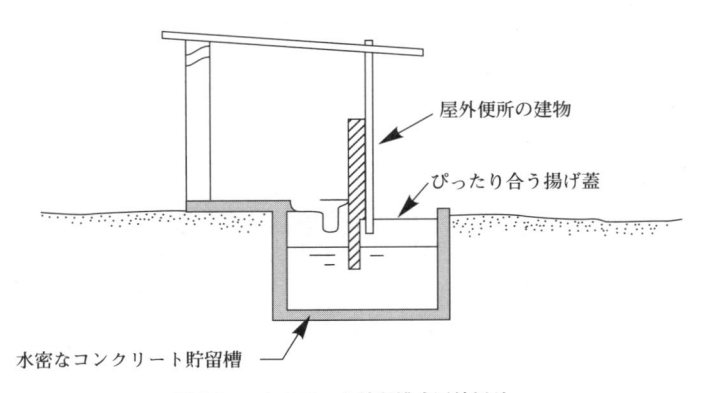

図 8.2 コンクリート貯留槽式屋外便所

際開発庁（USAID）とが共同で，上エジプト（ナイル川上流部）とパレスチナの農村地域で実施したものである（Kuttab, 1993）.

現代的な設計による伝統的腐敗槽システムは，以下のような4つの基本要素からなっている．

① 下水管
② 腐敗槽
③ 分配槽
④ 排水地（または浸透地）

家庭排水には基本的に2種類ある．トイレからのし尿（ブラックウォーター）と，流し，シャワー，洗濯から排出される雑排水（グレイウォーター）である．

ポンプ排水をする従来型の家庭では，これらの混合排水は，家屋から直径3～4インチのパイプを通って腐敗槽に入っていく．

腐敗槽は大抵コンクリートやFRPでつくられるが，鉄，レッドウッド，ポリ

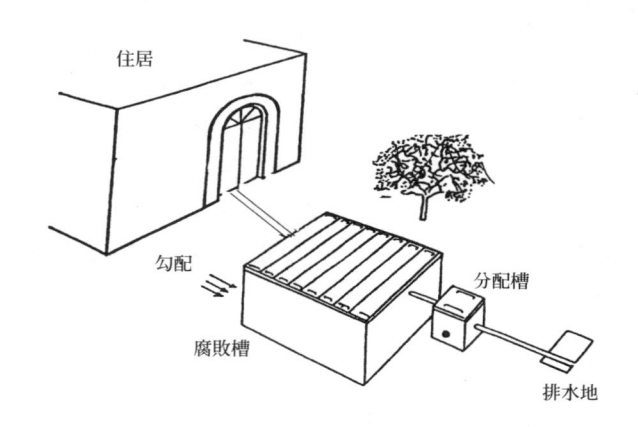

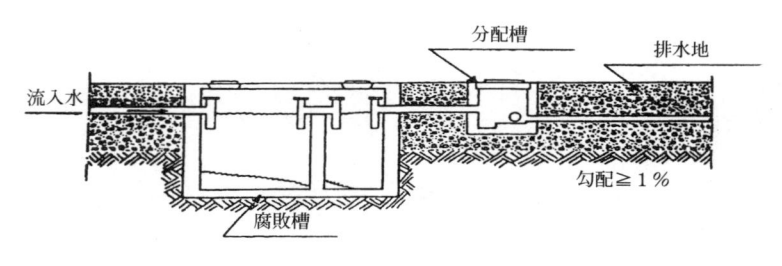

図8.3　代表的な地下排水技術

エチレン，などの素材も使用されている．鉄やレッドウッドのタンクはほとんどの監督機関がその使用を認めなくなってきている．ポリエチレンタンクの使用は続いているが，強度はコンクリートやFRPより劣っている．長期的なクリープ変形がポリエチレン製タンクの問題点である．より高価なFRP製タンクは，コンクリートタンクの配送トラックが通行できない地域で使われている．材質に関係なく，腐敗槽を適正に機能させるためには，水密で頑丈でなければならない．引き続いて，間欠循環式ろ床，あるいは圧力式下水道等でさらに処理する場合は，特にこの点が重要である．

腐敗槽の容量は，家族の人数や水使用量に応じて1 000〜2 000ガロンの範囲となる．学校，サマーキャンプ場，公園，ホテルといった家庭以外の場所で使用される場合は，これより大きなタンクを用意するか，あるいは複数のタンクを（多くの場合直列に）配置する必要がある．

腐敗槽に流入する固形物の大半は，底に沈殿して汚泥層を形成する．オイルやグリースその他の軽い物質は表面に浮かび，スカムを形成する．タンクの底に溜まった有機物質は，通性および嫌気性分解を受け，より安定した成分や二酸化炭素（CO_2），メタン（CH_4），硫化水素（H_2S）のようなガスに変換される．汚泥とスカムの蓄積によって，タンクの排水貯留容量は徐々に減少する．そうなると，流入固形物が効率的に沈殿せず，タンクから排水地に溢れて目詰まりを起こしたり熟成不足が生じたりする．腐敗槽に蓄積した固形物を定期的（2〜3年毎）に排出することは，固形物の排水地流入防止に役立つ．腐敗槽流出水は，直径4インチのパイプで分配槽に排出され，そこから2本以上のパイプラインにより，ほぼ均等に分配して排水地に流出させる（図8.3）．標準的な排水地では，砕石で囲まれた4インチの多孔管がネットワーク状に地中に設置してある．この排水地の構造はトレンチである．管網からの流出水は，砕石を通りその下の土壌に浸透していく．

土壌における排水処理は，微生物による栄養塩類摂取，土壌による物理的ろ過，生分解，土壌の化学的反応に依存している．これらのプロセスは全て滞留時間によって異なる．滞留時間が長いと，排水が土壌粒子や微生物に長時間接触することになり，化学的，微生物的，物理的反応が促進される．滞留時間は土質に大きく影響される．粒径の粗い砂質土では滞留時間が短く，汚濁物質の除去効率は平均的な土壌より劣る．反対に，細かいシルトや粘土では滞留時間が長い．滞留時

間が長いと，化学的，微生物的，物理的な処理プロセスが促進される．しかし，粒径の細かい土壌では排水がゆっくり通過するため，これらの土壌はそこに排出される排水を量的に処理するこができないことがある．

腐敗槽の運転で最も深刻な問題は，固形物，オイル，グリースの流出である．この問題を克服するためには，タンクを2つに仕切る方法がある．未処理固形物の排出をなくすためのもっと効率的な方法は，単一区画のタンクに流出フィルターを組み合わせることである．

(3) 腐敗槽流出水の改善

土壌や現場の条件が従来の嫌気性システムに十分適していない地域では，安全な下水処理を保証し公衆衛生を保護するために，代替システムが使用されることが多い．代替システムには，小口径下水管システムや砂ろ過などがある．

a. 小口径下水管システム

エジプトの村落において，世界保健機関（WHO）と国連児童基金（UNICEF）がパイロット・プロジェクトを実施した．このプロジェクトは，以下の要素からなっている．

① 排気パイプを加えることによる既存の汲取り便所の改良．
② 1戸毎の住居または公共建築物に設置するための，排気式改良汲取り便所（VIPL：ventilatd improved pit latrine）の増設．
③ 用地面積や通りの幅に応じて，個々の建築物または2棟以上の隣接建築物に腐敗槽を1基ずつ設置．

腐敗槽からの流出水は小口径下水管に排出され，自然流下によってポンプ場に送られる．ポンプ場の排水溜めに貯留された排水は，処理のために安定池に揚水される．

b. 砂ろ過システム

代表的な砂ろ過システムには4つの段階がある．

① 腐敗槽．
② ポンプ室．
③ 砂ろ過槽．
④ 代替用地を伴う排水地を含む処分区画．

腐敗槽からの流出水を収集するポンプ室は，コンクリート，FRPまたはポリエチレンの容器である．ポンプ室には，ポンプ，ポンプ運転制御用フロート，高水位警

報フロートが入っている．制御用フロートは，排出量に応じて調整可能である．水位がオンの位置まで上昇すると，ポンプが流出水を砂ろ過槽に輸送する．水位がオフの位置まで下がると，ポンプは停止する．

ポンプ室の高水位警報フロートは，ポンプやシステムの不調を警告するための警報装置を作動させる．ポンプ室の水位がポンプオンの位置をこえると，フロートが警報装置を作動するように設定されている．警報装置はブザーと見えやすい光を発する機能を備えたものにする．警報装置は，ポンプの制御統計から独立した電気回路とする．

ポンプ排出用パイプは通常，ポンプを容易に取り外すことのできるユニオン継ぎ手などを備えている．ポンプ室からポンプを出し入れするために，非腐食性のナイロン製などのロープをポンプに取り付ける．

代表的な砂ろ過槽は，特定の砂材料で満たされたコンクリートまたはPVCライニングのボックスである．砂層の上面の砂利床に小口径パイプ網が配置される．腐敗槽の流出水は，一様に配水されるように分量が調節されながらポンプからパイプに低圧で供給される．

パイプからの流出水は，砂利の中に少しずつ流れ降り，砂ろ過処理される．下部集水部は処理水を収集して，圧力配水式排水地に放流するために2番目のポンプ室に流下させる．自然流下式排水地に流下させることもある．2番目のポンプ室は，砂ろ過槽内に設置されることもある（図8.4）．

砂ろ過処理水は排水地に流入する．排水地には，幅2～3フィートの砂利詰めトレンチまたは土壌床（幅3フィート以上）に置かれたパイプ網がある．砂ろ過

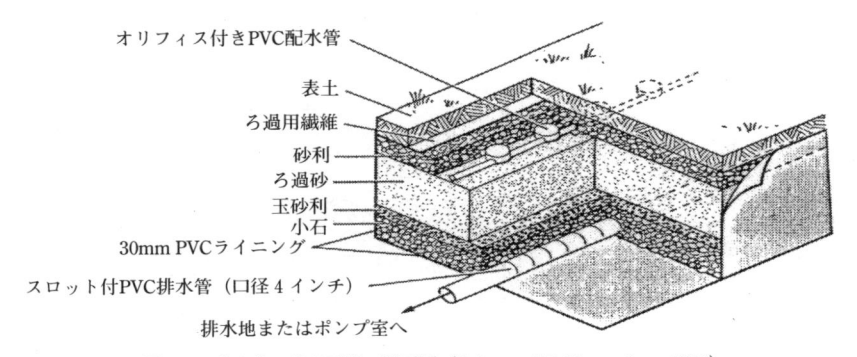

図8.4　砂ろ過の基本要素の断面図（Crites and Tchbanoglous, 1998）

処理水はパイプを出て，砂利の中をゆっくり流れ土壌に浸透する．

これらの排水地には，一定の代替地を設ける必要がある．この用地は，既存の排水地と同程度の広さである．既存のシステムに増設または修理の必要が生じた場合に備えて代替地を維持しておく．

(4) 上向流嫌気性汚泥床（UASB）反応槽

上向流嫌気性汚泥床（UASB）反応槽はオランダで開発された（Lettinga *et al.*, 1980）．UASB 反応槽の最も特徴的な装置は，相分離装置である．反応槽の上端に設置されるこの装置は，低部の消化ゾーンと上部の沈殿ゾーンに分けられる（図 8.5）．排水は反応槽の底全体からできる限り均一に流入させる．相分離装置の壁が傾斜しているため，沈殿ゾーンの水面積が増加する．結果的に排水の上向流速が低下する．その結果，沈殿ゾーンでフロック形成や沈殿が起る．ある段階で，相分離装置に蓄積した汚泥重量がそれを斜面に保持していた摩擦力を上回ると，汚泥は消化ゾーンに滑り降りて，再度，汚泥塊の一部となって流入水の有機物質を消化する．

このように，消化ゾーンの上に沈殿装置が存在することで，UASB 反応槽の大きな汚泥塊が維持される一方で，基本的に浮遊物質の少ない処理水となる（van Haandel and Lettinga, 1994）．嫌気性条件のもとで生成されたガス（主にメタンと二酸化炭素）は，表面に上昇して反応槽の含有物を混合する役割を果たす．また，上昇ガスは，フロックの形成と維持にも役立つ．ガスによって浮上した汚泥フロックがガス抜きバッフルに当たり，汚泥床の上にある沈殿ゾーンから汚泥床

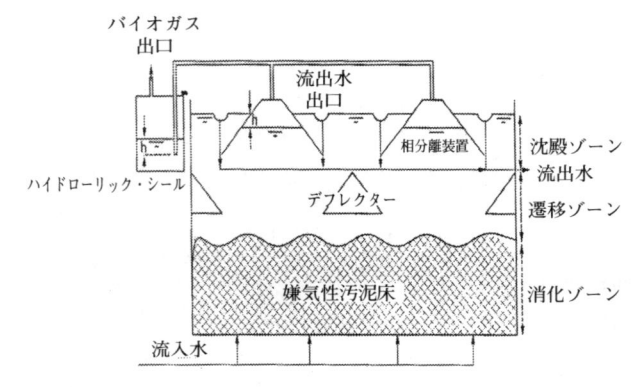

図 8.5　上向流嫌気性汚泥床（UASB）反応槽の概略図（van Haandel and Lettinga, 1994）

に戻って沈殿する．ガスは，反応槽の上端にあるガス収集ドームで捕獲される．

エジプトで調査された実績データは，UASBは効果的であり，8時間の水理学的滞留時間（HRT）で最高85％のCODと約85％の流入浮遊物質が除去されたことを示している．糞便性大腸菌は，1ログ（log）単位以上は除去されなかった．しかし，嫌気性汚泥床は明らかに，全ての種類の寄生虫卵に対するふるいとして機能している．流出水にはこれらの卵がまったく検出されなかった．汚泥試験では，ほぼ全てのサンプルに回虫が存在することが示されており，UASB反応槽の余剰汚泥は慎重に扱う必要がある．同じ8時間のHRTで運転した場合，2段階システムの方が1段階システムより性能が良かったことは注目すべき点である（El-Gohary and Nasr, 1999）．

UASB流出水の改善

嫌気的な処理水は通常，必要とされる基準を満たしていない．そのため，適切な仕上げ処理が必要である．UASB処理水を改善するために使用できる代替案は以下の通りである．

・好気性生物処理（浮遊生物または付着生物）
・人工湿地．
・砂ろ過槽．
・藻類安定池．

UASB流出水を改善するために藻類安定池（AP：algal pond），ウキクサ安定池（LP：lemna（duckweed）pond），養魚池，小型の回転円板生物接触装置（RBC：rotating biological contactor）を使用することについて，El-Goharyら

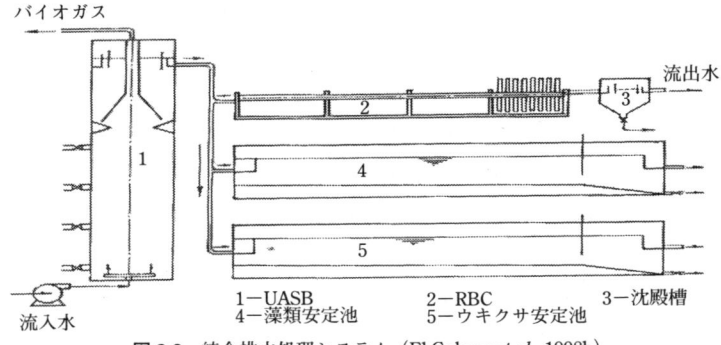

図8.6 統合排水処理システム（El-Gohary *et al.*, 1998b）

1—UASB　2—RBC　3—沈殿槽
4—藻類安定池　5—ウキクサ安定池

(1998) による調査が行われた．実験システムのフローを図 8.6 に示す．99.99 % の糞便性大腸菌を安定池で除去するためには，最低 10 日の HRT が必要であった．

この時処理水中に残存する糞便性大腸菌群数は，1.3×10^3 MPN/100mL であった．しかし，安定池は，COD および浮遊物質除去にはあまり効果がなかった．回分式養魚池では，非解離性アンモニアを 0.14mg/L に保つことができれば，ティラピア（*Tilapia nilotica*）は死亡せずに繁殖した．0.46mg/L の非解離性アンモニアでは，魚の死亡率が 28 % であった．

LP では COD 除去率は非常に高かったが，病原体の除去率は低かった．水量負荷 0.063m^3/(m$^2 \cdot$日）および平均 BOD 負荷 4.2g-BOD/(m$^3 \cdot$日）の RBC と UASB 反応槽の組合せでは，非常に満足できる結果が得られた．COD と BOD の除去率はそれぞれ 47 % と 66 % であった．糞便性大腸菌群数は 5 ログ単位減少した．残留糞便性大腸菌群数の幾何平均は，2.8×10^3 MPN/100mL であった．

得られた結果から，適切な後処理を組合せた UASB 反応槽は，乾燥地帯の地中海諸国では排水管理の理想的な解決策の一つになることが示された．

8.3.2 人工湿地

湿地とは関連植物の成長のために，水が地面より上にある土地，または水で飽和した土壌条件を維持できる土地と定義される（Reed *et al*., 1988）．自然生態系に干渉することを避けつつ，様々な排水を処理するように水理状況が調節された人工湿地が広く利用されている（Hammer, 1989）．

人工湿地は排水処理システムの一部と考えられる．一方，大半の自然湿地は（公共用）受水域にあたると考えられ，放流に関する法令・規制の適用を受ける．現在稼働している人工湿地システムへの流入水質の範囲は，腐敗槽流出水から 2 次処理放流水までである．

水の流路によって 2 種類の人工湿地がある．比較的浅い湿地床または水路からなる自由水面流（FWS）湿地と呼ばれる第一のタイプでは，抽水植物が繁殖する．このシステムでは，流下する水面が大気に曝露する．二番目のタイプは，地下浸透流（SF）湿地と呼ばれ，1 フィート以上の透水性の高い小石，砂利または粗い砂が，抽水植物の根を支える．このシステムの湿地床または水路の水はこれらの材料の表面下を流れる．

両タイプの人工湿地は，湿地床下または水路下の地下水の汚染を防ぐように設計される．ライニング材としては締固め粘土から防水膜まで様々なものがある．人工湿地には多様な流入方式が使用されている．水深を調節するために様々な流出構造・方法がある．

湿地システムにおける主要な汚濁物質の除去・変換機構を**表 8.1** に要約する．対象汚濁物質は，有機物質（例えば BOD），浮遊物質，窒素，リン，重金属，微量有機物質，病原体である．

表 8.1 人工湿地の主要な除去・変換機構の概要（資料: Crites and Tchobanoglous, 1998）

汚濁物質	自由水面流（FWS）	地下浸透流（SF）
生分解性有機物	溶解性 BOD：植物や夾雑物表面に生息する好気性，通性，嫌気性バクテリアによる生物変換．粒子状 BOD：吸着，ろ過，沈殿．	植物や夾雑物表面に生息する通性，嫌気性バクテリアによる生物変換．
浮遊物質	沈殿，ろ過．	ろ過，沈殿．
窒素	硝化／脱窒，植物摂取，揮発．	硝化／脱窒，植物摂取，揮発．
リン	沈殿，植物摂取．	ろ過，沈殿，植物摂取．
重金属	植物および夾雑物表面への吸着，沈殿．	植物の根および夾雑物表面への吸着，沈殿．
微量有機物質	揮発，吸着，生分解．	吸着，生分解．
病原体	自然死滅，捕食，UV 照射，沈殿，植物の根からの抗生物質の排出．	自然死滅，捕食，沈殿，植物の根からの抗生物質の排出．

（1）自由水面流人工湿地

自由水面流人工湿地（沼地または湿原）では，水深 0.1〜0.45m の範囲に抽水植物が繁茂している．代表的な植物としては，ガマ，ヨシ，カヤツリグサ，イグサなどがある．自由水面流システムは，天然または人工の水漏れしない水路または溜池からなる．

自由水面流人工湿地の植物は，様々な機能をもっている．茎，水中の葉，腐葉土では，付着バクテリアが成長する．水面上の葉は水面を隠し，藻類の成長を抑える．葉から酸素が送られ植物の成長を助ける．少量の酸素が水中の茎から漏出して付着バクテリアの成長を助けるかもしれない．自由水面流湿地の前処理は通常，沈殿（腐敗槽またはイムホフタンク），RBC によるスクリーニング，安定化ラグーン，または UASB 反応槽からなる．主な酸素供給源は大気からの自然エアレーションや付着藻類によるものであり，BOD 負荷は通常 100 ポンド/（エー

カー・日）以下に保つ必要がある．排水は付着バクテリアおよび物理化学的プロセスにより処理される．

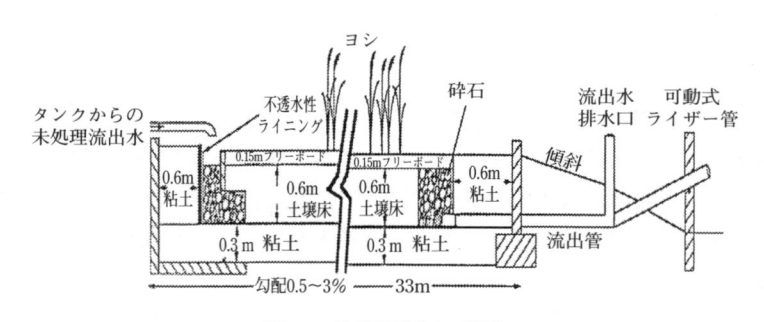

(2) 地下浸透流人工湿地

地下浸透流人工湿地（図8.7）では，排水は多孔質媒体の中を横断的に流下して処理される．地下浸透流システムは，ヨシが植えられた砕石ろ過層，微生物等が付着した砕石ろ過層，水中植栽ろ床，ヨシ原，水生植物システムとしても知られている．これらは，自由水面流システムと比べて，必要用地が少なく臭いや蚊の問題がないという利点がある．地下浸透流システムの欠点は，砂利媒体が必要でありそれが詰まる可能性があるため，コストが高くなることである．抽水植物は，粗い砂利から砂までの媒体に植栽される．ろ床の深さは0.45～1mで，代表的な勾配は0～0.5％である．

地球環境ファシリティー（GEF：Global Environmental Facility）は現在，エジプトの湿地実証計画に資金を提供している．その人工湿地の設計処理能力は，農業排水25 000m^3/日である．この排水は，潅漑用地からの浸出水と一部処理あるいは未処理の家庭排水および工場排水の混合水である．この計画の主目的は，Manzala湖の水質悪化防止である．

図8.7 地下浸透流人工湿地

8.3.3 ラグーン処理

ラグーン処理システムは，排水処理のために計画・建設された素掘りの池または貯水池である．1940年代のラグーン建設によって，低コストな代替システムとしての排水処理ラグーンが発達した（McGauhey, 1968；Marais, 1970）．実際，「ラグーン」と「池」という言葉は同じ意味で使用される．

排水処理ラグーンは，浅いものから深いものまである．一般的に，バクテリアが排水の有機物質を同化するために必要とされる酸素に関係して，好気の度合いと酸素供給源によって分類される．**表 8.2** は，主な 4 種類のラグーンシステムを分類したものである．

表 8.2 好気性の度合いと酸素供給源に基づくラグーンシステムの分類

ラグーンの種類	酸素の存在
好気性	光合成による酸素供給で全水深が好気性となる．
通性	水面領域は好気性．水中領域は，無酸素性または嫌気性．
部分混合エアレーション式	表面エアレーションにより好気層を形成する．好気層の厚さは酸素供給量とラグーン水深に応じて水深の半分から全水深まで変化する．
嫌気性	全水深が嫌気性．

ラグーン技術は，主に小規模な農村地域で使用されるが，エアレーション式ラグーンと通性ラグーンは，中規模地域で使用されることが多い．ラグーンシステムは，単独か，他の排水処理システムとの組合せで使用される．ラグーンの利点は以下の通りである．

・安い建設費
・最小限の運転技術
・汚泥引き抜きと処分が 10 〜 20 年間隔で済む
・土壌処理と水生植物処理プロセスを併せて行える

ラグーンの欠点は以下の通りである．

・大規模な用地を必要とする
・（公共の）地表水への放流が問題となるほど多量の藻類発生がありうる
・多くの場合，非エアレーション式ラグーンは厳しい排水基準を満たさない
・ライニング材がない場合，あるいはそれが破損した場合，地下水に悪影響を及ぼす可能性がある
・不適切な設計と運転がなされると悪臭発生の可能性がある
・水の蒸発による水中塩分濃度の増加

（1）好気性ラグーン

底まで光を透過させる必要から，好気性ラグーンは比較的浅い．その結果，日

中は，全水深で光合成活動が活発に行われる．ラグーンの代表的な水深は0.3～0.6mである．高速ラグーンは，藻類の光合成活動を最大限に行わせるように設計される．「高速」とは，藻類の光合成による酸素生成速度を指し，代謝速度は変わらない．光合成による酸素によって，バクテリアが有機物質を好気的に分解する．溶存酸素とpHは日中に上昇してピークに達し，夜間に低下する．滞留時間は比較的短く，代表値は5日間である．好気性ラグーンは他のラグーンと組合せて使用され，適用は高温で日光の多い気候に限られる (Reed et al., 1995)．

(2) 通性ラグーン

通性ラグーンは最も一般的で，他のタイプの特徴を兼ね備えているので多目的に利用できる．水深は1.5～2.5mで，酸化池または安定化ラグーンともいう．上部好気層，および無酸素性または嫌気性の下部層における微生物活動によって処理が進む．下部層の状態は風に起因する混合によって変化する．

沈降性固形物質はラグーンの底部に堆積する．酸素は，自然の水面エアレーションと光合成によって供給される．通性ラグーンは，放流量制御型や非放流型のラグーンとして，あるいは土壌処理（潅漑法）システム前段の貯留ラグーンとしても使用することができる．池の必要面積を減らすために，様々な方法が研究されている．水深増加はその一例である．Oraguiの研究は，水深2～3mの池におけるバクテリアとウィルスの除去率は，従来の1～1.5mの池に匹敵することを示している (Oragui, 1987)．

もう一つの方法は，通性池の人工エアレーションである (El-Gohary et al., 1994)．ただし，発生する生物性固形物質を沈殿するために，一つ以上の熟成池が必要である．

(3) 部分混合エアレーション式ラグーン

部分混合エアレーション式ラグーンは，通性ラグーンより深く有機物質負荷を大きくできる．一般に，酸素は機械式浮遊エアレーターまたは水中ディフューザーで供給される．エアレーション式ラグーンの水深は2～6m，滞留時間は3～20日である．エアレーション式ラグーンの主な利点は，他のラグーンシステムほど用地を必要としないということである．部分混合エアレーション式ラグーンの利点は，通性ラグーンと同様であることに加え（汚泥の発生と処理が最小），必要な用地が少ないことである．

（4）嫌気性ラグーン

嫌気性ラグーンは，遠隔地・農村地域における高濃度工場排水に使用される．好気性領域はなく，水深は 5 〜 10m，滞留時間は 20 〜 50 日である．臭気発生の可能性があるため，嫌気性ラグーンは遮蔽するか，居住地から離れた場所に設ける必要がある．

（5）汚濁物質の除去性

a. BOD 除去

ラグーンは，保持微生物量の少ない生物反応槽である．嫌気性ラグーン以外は全て，溶解性 BOD はバクテリアによる酸化によって減少する．粒子性 BOD は沈殿によって除去される．通性および嫌気性ラグーンでは，嫌気的生分解が生じる．ラグーンにおける BOD 除去は，滞留時間と水温によって異なる．

b. 浮遊物質除去

流入浮遊物質は，沈殿によって除去される．流出浮遊物質の大部分は，処理中に発生する藻類である．流出水中の浮遊物質は，好気性ラグーンで 140mg/L，エアレーション式ラグーンで 60mg/L にもなりうる．ラグーン処理に引き続いて緩速土壌処理または再利用が行われる場合は，藻類性浮遊物質はほとんど問題にならない．しかし，流出水基準を満たすまで藻類を除去するのは難しく，追加処理を必要とすることがある．

c. 窒素除去

ラグーンにおける窒素除去は，アンモニアの揮発（pH に依存），藻類による摂取，硝化/脱窒，汚泥への堆積および底泥への吸着などの機構の組合せの結果であると考えられる．

d. リン除去

凝集沈殿用の薬品添加が無い場合，ラグーンにおけるリン除去はわずかである．硫酸アルミニウムまたは塩化第二鉄の添加によって，実際，リンを 1mg/L 以下に低減している（Reed *et al*., 1995）．

e. 病原体の除去

滞留時間の長い，多段式ラグーンでは，バクテリア，寄生虫，ウイルスがかなり除去される．ラグーンにおける病原体は，自然死滅，捕食，沈殿，吸着によって除去される．寄生虫，そのシストおよび卵はラグーンの静止域の底部に沈殿する．滞留時間約 20 日の 3 段式通性ラグーンおよび排出前に分離用沈殿槽をもつ

好気性ラグーンは，寄生虫と原虫を十分除去するであろう．しかし，高温の気候条件において，バクテリア数をガイドラインレベルまで減らすには通常，少なくとも28日が必要である（Mara and Silva, 1986）．

(6) エジプトの経験

農村地域におけるサニテーション問題の緊急性を踏まえて，エジプト村落再建・開発機関（Organisation for Reconstruction and Development of Egyptian Villages）と米国国際開発庁（USAID）は，異なる5つの技術，すなわち長時間エアレーション，酸化池，接触エアレーション，標準安定池，改良型エアレーション式安定池を対象とするBVS（Basic Village Service）プロジェクトを開始した．

El-Goharyら（1998）の調査では，調査した2種類の酸化池の日流入水量は，設計値を上回っていた．その結果，エアレーション式安定池では37％，標準安定池では53％滞留時間が減少した（**図8.8**，**図8.9**）．

これらの処理施設の性能を向上させるには，施設を拡張する必要がある．これらの施設はデルタ地帯に存在しているため，利用できる土地が少なく，現行の嫌気性安定池をUASBのようなもっと効率的なシステムに取替えることが推奨される．

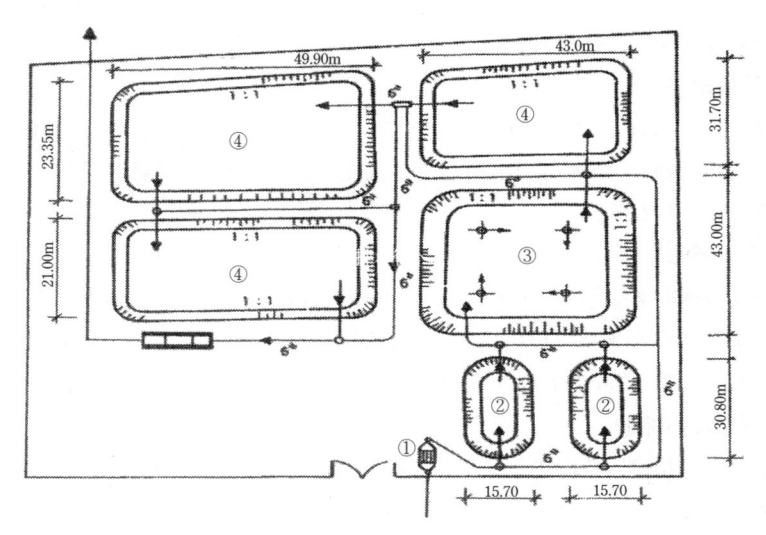

図8.8 エアレーション式安定池（El-Gohary *et al.*, 1998）
注) ①：スクリーン，②：嫌気性池（有効水深3.4m），③：エアレーション式ラグーン（有効水深3.5m），④：直列式熟成池（有効水深1.5m）

8.3 技術的選択肢　153

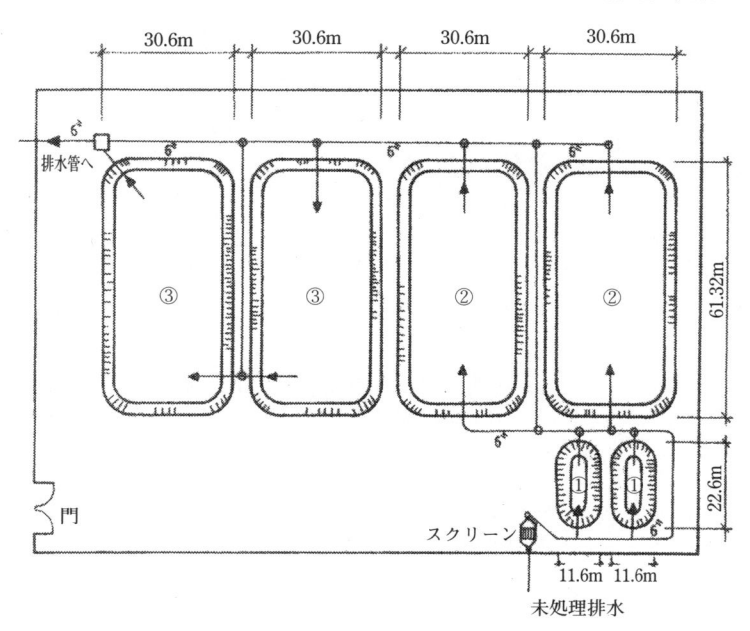

図 8.9　標準安定池（EL-Gohary et al., 1998）
注）①：嫌気性池（有効水深 3.2m），②：通性池（有効水深 2.05m），③：熟成池（有効水深 1.55m）

（7）ラグーン流出水の改善

ラグーン処理システムは，流出水中の浮遊物質を低濃度にするうえではそれほど効率的とはいえない．浮遊物質を除去してラグーン流出水を改善するために，以下のような様々な技術が用いられている．

・間欠式砂ろ床
・マイクロストレーナー
・小石ろ床
・気泡浮上分離法（DAF）
・浮遊水生植物
・人工湿地

間欠式砂ろ床（ISF：intermittent sand filter）は，浮遊物質をろ過してラグーン流出水を改善するための生物的・物理的処理装置である．流入水中の藻類は，砂ろ床の表面に集まる．浮遊物質の堆積厚が 50 ～ 80mm になると，定期的に除

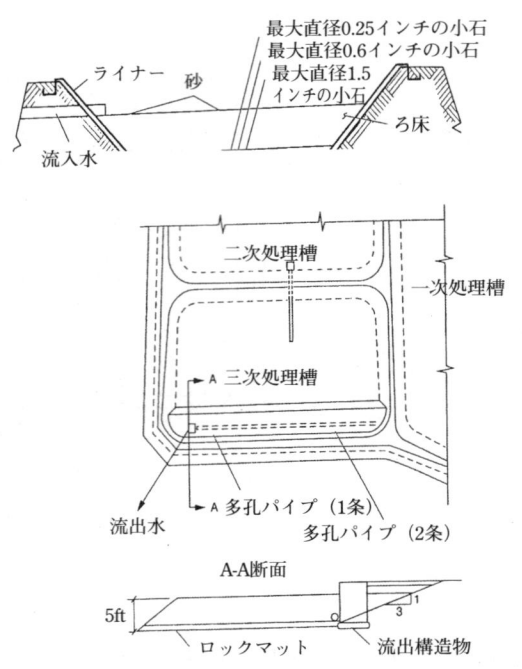

154   8章　混合された家庭排水の DESAR 処理

図 8.10　間欠式砂ろ床（US EPA, 1983）

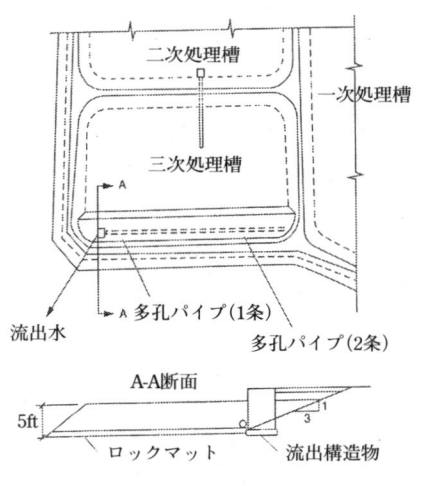

図 8.11　小石ろ床（US EPA, 1983）

（訳者註：原著では図 8.10 と図 8.11 の A-A 断面図が同じになっている．本書も原著のままとした）

去しなければならない．砂ろ床は少なくとも 0.45m に加え，年に 1 回洗浄（砂の掻取り）をするために十分な深さとしなければならない（Reed et al., 1995）．1回の洗浄で，25 ～ 50mm の砂を掻き取る．代表的なろ床の深さは 0.9m である．ISF の砂は均等係数 5.0 未満で，粒径は 0.20 ～ 0.30mm でなければならない．0.1mm 以下の砂は，1 ％未満でなければならない．

ラグーン流出水の処理では，ISF の水量負荷は通常 0.37 ～ 0.56m/日である．50mg/L 以上の高濃度の藻類では，洗浄までの運転時間を長くするために水量負荷を 0.19 ～ 0.37m/日に減らす必要がある．冬季の洗浄を避けるために，寒冷地域のろ床では負荷範囲の最小値を用いなければならない．

ISF のろ過面積は，平均流量を設計水量負荷流量で除して求める．洗浄に数日かかることがあるため，継続運転を保証するためには補助用ろ床が必要である．最低限 3 槽を備えることが望ましい．手動洗浄を行う小規模システムでは，個々のろ床は $90m^2$ を上回ってはならない．機械洗浄装置を備える大規模システムでは，個々のろ床は最大 $5\,000m^2$ まで可能である．図 8.10 に代表的な ISF を示す．

小石ろ床では，ラグーン流出水が小石の空隙を水平に流れる間に，浮遊物質は沈殿除去される（図 8.11）．蓄積した藻類は，生物的に分解される．

小石ろ床の利点は，単純な運転管理と比較的低い建設コストである．50mg/L 以上の硫酸塩を含有する排水では，臭気の問題が発生しうる．

8.3.4　代替排水収集システム

排水収集システムには，従来型の自然流下式下水道から圧力式下水道，および真空式下水道まで様々なものがある．従来型の自然流下式下水道はコストが高く，小規模集落では賄うことができない．このような高いコストを避けるために，代替排水収集システムが開発されている．

(1) 腐敗槽流出水自然流下式下水道

腐敗槽流出水自然流下式（STEG：septic tank effluent gravity）下水道では，小口径の（20 ～ 50mm）プラスチックパイプを用いて，流出水フィルターを備えた腐敗槽から小口径の収集システムに流出水を輸送する（図 8.12 (a)）．この収集システムには，沈降性固形物質が存在しないため，収集システムは地下（例えば地下 0.9m）に様々な勾配で埋設できる．そのため，この STEG システムは，小口径可変勾配型自然流下式下水道ともいわれる．収集管路は水密性であるため，

システムへの浸入水はない．地形をうまく生かして，多くのシステムが，STEGと腐敗槽流出水のポンプ式下水道を組合せて建設されている．

(2) 腐敗槽流出水ポンプ式下水道

近代の腐敗槽流出水ポンプ式（STEP）下水道では，高揚程タービンポンプを

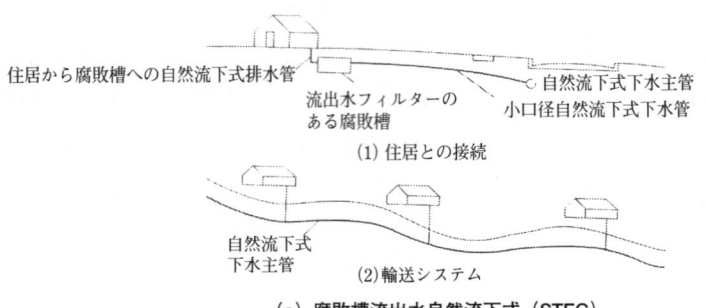

(a) 腐敗槽流出水自然流下式（STEG）

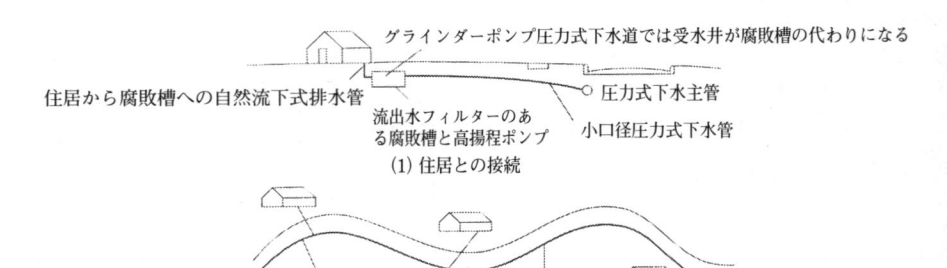

(b) 腐敗槽流出水ポンプ式（STEP）およびグラインダーポンプ圧力式

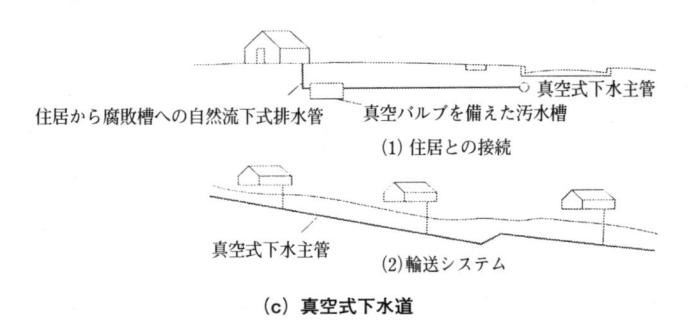

(c) 真空式下水道

図8.12 排水収集システムの説明図（Crites and Tchobanoglous, 1998）

用いて，スクリーンを通った腐敗槽の流出水を圧力式収集システムに揚水する（図 8.12（b）).腐敗槽からの排出管のサイズは，通常 1 ～ 1.5 インチである.圧力式下水主管は，直径 2 インチ以上のプラスチックパイプである．STEG システムと同様に，収集管路が水密性であるため浸入水問題は起らない．圧力がかかっているため，収集管路は地形に合わせて埋設できる．埋設深が浅いため，高水位地下水や岩石混じり土に起因する建設上の問題を避けることができる．

(3) グラインダーポンプ圧力式下水道

グラインダーポンプ圧力式下水道では，腐敗槽が使用されない．腐敗槽の代りに排水ポンプ付の小型ポンプ井が置かれる．排水を小口径パイプラインに加圧して輸送できるようにするため，排水ポンプには排水中の固形物を砕断するチョッパーが装備されている（図 8.12（b）).その結果，固形物，オイル，油脂濃度は高くなる．STEP システムと同様に，収集管路が水密性であるため浸入水問題は起らない．グラインダーポンプ圧力式下水道の埋設深は，STEP 下水道の深さと同様である．

(4) 真空式下水道

真空式下水道では，中央真空装置を用いて小口径収集主管に水銀柱 380 ～ 500mm の真空を維持し，個別家屋からの排水を中央処理場に輸送する（図 8.12（c）).他の代替収集システムと同様に，収集管路は水密性であるため浸入水問題は起らない．

8.3.5 汚泥と腐敗槽汚泥の管理
(1) 腐敗槽汚泥

腐敗槽汚泥は，数年をかけて腐敗槽の底に沈殿した汚泥で，腐敗槽（または遮集管）から取り出される．腐敗槽汚泥の特徴は，タンクサイズと設計，利用者の習慣，汲取り頻度，気候，季節的気象条件，ディスポーザー・洗濯機・硬水軟化装置のような機器の有無といった要素に応じて極めて多様である．

腐敗槽汚泥量は，汲取り頻度によって異なる．計画上の代表値は $0.227 m^3/$（人・年）である．腐敗槽の汲取り頻度がわかっていれば，年間容積を以下のように計算できる．

$$年間容積＝(腐敗槽数)・(代表的容積)/(汲取り間隔)$$

ここで，年間容積：腐敗槽汚泥量［m^3/年］，代表的容積：代表的な腐敗槽容積

[m³], 汲取り間隔：腐敗槽を汲取る時間間隔 [年].

　最大間隔と最小間隔を決定するためには，腐敗槽汚泥の地元運搬業者に問合わせる必要がある．寒冷地域における腐敗槽洗浄回数に影響する主な要素は気候である．汲取り回数は，1棟当りの人数にもよる．

　土壌還元は最も一般的な腐敗槽汚泥の処理方法である．下水処理場での処理も広く行われている．小規模集落における独立した施設は単純で低コストな方法に限られ，安定化ラグーンや石灰安定化システムなどが普通である．

　腐敗槽汚泥の土壌散布技術は，液状下水汚泥の場合と同様である．土壌還元前に腐敗槽液状汚泥の安定化が必要な場合は，石灰安定化を考慮すべきである．石灰安定化は，適用される安定化基準を満たすための最も簡単かつ経済的な技術の一つである．石灰安定化では，石灰をpH12以上となるように加え，30分間以上混合する．pH12とする石灰の添加量は，消石灰$Ca(OH)_2$として1 500～3 500mg/L程度であろう．

　石灰安定化によって，病原性生物が死滅し，脱水性が向上すると共に悪臭が減少する．生石灰CaOを添加してもよい．また，石灰キルンダストまたはセメントキルンダストのようなアルカリ物質もpH上昇に使える．多くの腐敗槽汚泥運搬業者は，下水処理場にもち込む．下水処理場に十分な容量の汚泥処理設備がある場合，これは許容できる方法である．最も一般的な方法は，下水処理場の流入部に，腐敗槽汚泥を投入することである．これはし渣や砂によるポンプ部品の摩耗を防ぐために，スクリーンを通してやる必要があるからである．

(2) 汚泥

　汚泥の質と量は，排水濃度および排水処理プロセスによって異なる．重要な汚泥特性は，発生量，化学物質，栄養塩類，および重金属の含有量などである．

　多くの小集落における汚泥管理計画でまず検討すべき要素は，貯留槽である．目的にもよるが，汚泥を濃縮し脱水して処分量を減らすため，貯留槽は汚泥の沈殿および上澄水の引き抜きが定期的にできるよう設計する必要がある．好気性消化，嫌気性消化，汚泥ラグーンまたは石灰安定化がこれに続く．

　下水汚泥の好気性消化は，土壌還元前の安定化手段として小集落で一般に利用されている．汚泥発生源の近くに還元地があれば，明らかに液状汚泥の直接還元は最も経済的である．そうでない場合は，砂乾燥床で脱水し汚泥を減量化してから搬出する．

小集落で実施される好気性消化は，大抵は開放槽で行われる．継続的にエアーが供給される好気的条件下で，有機物質は生物的に酸化される．好気性消化は，生分解可能な有機物質を削減し，脱水性を向上し，臭気を減らす．機械的エアレーション装置またはディフューザーで酸素を供給する．

小規模施設では，多くの場合単一消化槽を用いる．定期的にエアレーションを停止して固形物を 6～12 時間沈殿させる．分離液は処理槽に戻す．これによって，消化槽の固形物負荷が最大になり，汚泥が濃縮され，処分量が減少する．一般に，好気性消化の分離液による問題は少なく，返送による処理槽への影響は小さい．

嫌気性消化も好気性消化とほぼ同様に一般的に行なわれている．脱水が必要な場合は，砂床が最も一般的である．

現代の嫌気性消化装置は，汚泥の安定化と嫌気性消化の最も魅力的な特徴であるバイオガス（主にメタン）の生成を最大化するために，一般に 2 段階の消化システムとして設計される．

(3) 脱水方法

脱水では，物理的に水分含有量を削減する（固形物含有量が増加する）．様々な汚泥脱水方法があるが，小規模処理場では以下の方法が主に用いられる．

- 乾燥床
- 機械的脱水
- ヨシろ床
- ラグーン

8.4 おわりに

地中海・中東地域の多くの国々で，地理的・経済的な理由から，現在あるいは近い将来に農村および都市近郊地域の住民に下水道施設を提供することは，不可能に近いことが明らかになってきている．従って，排水管理の分野においては，集中型の下水道システムの建設と管理から，分散型の排水処理施設の建設へと管理に重点を移す必要がある．

地中海の乾燥気候地域では，淡水供給に対する需要が増大しているのだが，分散型処理システムは，その地域で排水を再生または再利用する機会を増やすこと

は明らかである.また,第一段階の処理方法として推奨している嫌気性処理方式は,オンサイトとオフサイトの両方でサニテーションとして利用できる.さらに,低コストの後処理施設として嫌気性処理システムを設置することは,家庭排水を再生し,農業に利用可能なコスト効率の良い方法となる.

8.5 参考文献

Angelakis, A.N., Marecos, D.M., Bontoux, L. and Asano, T. (1999) The status of wastewater reuse practice in the Mediterranean Basin: the need for guidelines. *Wat. Res.* **33**(10), 2201–2217.

Crites, R. and Tchobanoglous, G. (1998) *Small and Decentralized Wastewater Management Systems*, McGraw Hill, New York.

Douglas, B. (1998) The decentralised approach: an innovative solution to community wastewater management. *WQI* January/February, 29–31.

Dunbar, (1908) *Principles of Sewage Treatment*, Charles Griffen, London.

El-Gohary, F., Abdel Wahaab, R., El-Hawary, S., Shehata, S., Badr, S. and Shalaby, S. (1993) Assessment of the performance of oxidation pond system for wastewater reuse. *Wat. Sci. Tech.* **27**(9), 155–163.

El-Gohary, F.A., Abou-El-Ela, A. El-Hawary, S.A., Shehata, H.M., El-Kamah, H.M. and Ibrahim, H. (1998a) Evaluation of wastewater treatment technologies for rural Egypt. *Intern J. Environmental Studies* **54**, 35–55.

El-Gohary, F.A., Nasr, F.A. and Wahaab, R.A. (1998b) Integrated low-cost wastewater treatment for reuse in irrigation. *Advanced Wastewater Treatment Recycling and Reuse, 2nd International Conference. Resources and Environment: Priorities and challenges,* Milan, 14–16 September.

El-Gohary, F.A. and Nasr, F.A. (1999) Cost-effective pre-treatment of wastewater. *Wat. Sci. Tech.* **30**(5) 97–103.

Hammer, D.A. (1989) Constructed wetlands for wastewater treatment: Municipal, industrial and agricultural, Lewis Publishers, Boca Raton. Florida.

Kuttab, A.S. (1993) Wastewater treatment reuse in rural areas. *Wat. Sci. Tech.* **27**(9), 125–130.

Lettinga, G., Velsen, van L., Zeeuw, de W. and Hobma, S.W. (1979) The application of anaerobic digestion to industrial pollution treatment. *Proc. 1st Int. Symp. on Anaerobic Digestion*, Cardiff, 167–186.

Lettinga, G., van Velsen, A.F.M., Hobma, S.W., de Zeeuw, W.J. and Klapwijk, A. (1980) Use of the upflow sludge blanket (USB) reactor concept for biological wastewater treatment. *Biotechnology and Bioengineering* **22**, 699–734.

Mara, D.D. and Silva, S.A. (1986) Removal of intestinal nematode eggs in tropical waste stabilization ponds. *Journal of Tropical Medicine and Hygiene* **89**(2), 71–74.

Marais, G.V.R. (1970) Dynamic behavior of oxidation ponds. *Proc. 2nd International Symposium on Waste Treatment Lagoons*, FWQA, Kansas City.

McGauhey, P.H. (1968) *Engineering Management of Water Quality*, McGraw Hill, New York.

Oragui, J.I. (1987) The removal of excreted bacteria and viruses in deep waste stabilization ponds in northeast Brazil. *Wat. Sci. Tech.* **19**(12), 569–573.

Reed, S.C, Crites, R.W. and Middlebrooks, E.J. (1995) *Natural Systems for Waste Management and Treatment*, 2nd edn, McGraw Hill, New York.

Tchobanoglous, G. (1996) Appropriate technologies for wastewater treatment and reuse (Australian Water & Wastewater Association), *Water Journal* **23**(4).

US Environmental Protection Agency (1988) Design manual-constructed wetlands and aquatic plant systems for municipal wastewater treatment. EPA/625/1-88/022, Center for Environmental Research Information, Cincinnati, Ohio.

US Environmental Protection Agency (1992) Wastewater treatment/disposal for small communities. EPA/625/R-92/005.

Van Haandel, A.C. and Lettinga, G. (1994) Anaerobic Sewage Treatment. A practical guide for regions with a hot climate. John Wiley & Sons, Chichester.

WPCF (1990) Natural systems for wastewater treatment. Manual of practice No. FD 16, Water Pollut. Cont. Fed., Alexandria, Virginia.

Wright, A.M. (1997) Toward a strategic sanitation approach: Improving the sustainability of urban sanitation in developing countries. UNDP-World Bank.

Young, J.C. and McCarty, P.C. (1969) The anaerobic filter for waste treatment. J.WPCF, **41**(3), 166–171.

9章 極めて効率的な発生源管理サニテーションの設計と実践例

R. Otterpohl

© IWA Publishing. Decentralised Sanitation and Reuse：Concepts, Systems and Implementation.
Edited by P. Lens, G. Zeeman and G. Lettinga. ISBN：1 900222 47 7

9.1　ようこそ未来へ──地域の排水管理におけるゼロエミッション

　もし，自然のプロセスが使用不可能な廃棄物を発生させるとしたら，高等な形式の生命はもはや存在できないだろう．過剰な廃棄物を伴う現行の技術から廃棄物ゼロの未来の技術へ，我々は，この現在進行中の変化に貢献することがきる．再生可能な資源は，(直接のエネルギー利用のほか) 太陽によって再生され，肥沃な土壌や地表水として与えられている．エコロジカルな排水管理は，水の効率的な利用・再利用，土壌の長期にわたる肥沃さ，そして，天然水の保護，等々を達成するうえで，重要な役割を果たす．

　「ゼロエミッション (外部環境に排出しない)」技術は，全ての物質を100％再利用することを目指している．このコンセプトは，東京の国連大学で，工業生産のために構築された (Pauli, 2000)．同じ原則は都市の排水管理に適用することができ，「廃水」という考えに終止符を打つことになる．サニテーションシステムは，新旧の技術を発生源管理システムとして活用できるなら，より効率的なものとして設計することができる．サニテーションというものは，質の高い再生水，安全な肥料，そして土壌改良材 (状況さえ適切なら，処理されたバイオ廃棄物を含む) を供給する生産ユニットとみることができる．一滴の排水さえなくなってしまうのだから，これは「資源管理」とよぶことができる．

　今日では，そのような方法が存在し，活用することができる．我々は急速に発展する局面下にある．多くのパイロットシステムが現在，計画され，建設され，そして稼働しつつある．そして，これらのシステムは「末端処理的 (end-of-the-pipe)」システムに比べ，経済的に優れ，環境にとってより優しいシステムである．ようこそ未来へ！

9.2 従来型サニテーションの問題

　従来型サニテーションの発想は「末端処理的」技術である．(長期的ではない)緊急の問題は，回避されるかわりに，適切なシステムを用いて解決されている．これは現在，工業排水処理における標準的な方法論であり，適切な再利用技術を伴う発生源管理の技術体系を生み出した．一方，地域の排水処理の分野では，この議論は始まったばかりである (Henze, 1997)．まず初めに，水と栄養塩類を廃棄する水洗便所 (WC) と下水道システムの設置が批判された．しかし，当時は，それに取って代わるべきシステムに十分な信頼性がなかった (Harremoés, 1997 ; Lange and Otterpohl, 1997)．資源循環を志向したサニテーションの議論は，つまるところ，エネルギーと栄養塩類は化石資源から安価に入手できるということで終わってしまった．

　サニテーションは，ヒトの健康ばかりでなく環境にも責任を負うべきである．新しい方法についてパイロット事業を行うことは必要だとしても，持続可能なシステムが必要だという基本的事実は明白である．より広範に，かつ思慮深く計画を考えてみるなら，他の選択肢の検討を行うこともなく，機械的に水洗便所－下水管－終末処理場 (WC-S-WWTP) というシステムを選んでしまうということを止めることができるはずである．

　水と肥沃な土壌が未来の世代にとっての核心的な課題であるというのに，国連のアジェンダ 21 は持続可能なサニテーションのコンセプトには何の配慮も払っていない (Agenda 21, 1992)．サニテーションを計画するに際しては，従来型のシステムを実施した場合に世界中に広まるであろう結果について，考えを致すべきである．サニテーションの専門家の多くは，近いうちに開発途上国において惨事が生じる可能性があるということで，意見の一致をみている．

　サニテーションをさらに向上させるには，驚くべき多様性を有する技術的選択肢と，それぞれがもつ経済的・社会的意味あいについて事前評価することが必要だろう．ある種の発生源管理の解答の集成が，Henze ら (1997) や Otterpohl ら (1997・1999a) の文献にある．

　排出を回避して水と栄養塩類の再利用を可能にするために，効率的サニテーションは農業と連携することになる．持続可能な農業とは，水に優しく，かつ，土

壌の質を改良，あるいは，少なくとも維持するものでなければならない．工業化された農業は，しばしば肥沃な表土の急速な劣化を引き起こす（Pimentel, 1997）．サニテーションと廃棄物管理から産出された有機肥料は，肥沃な表土を保全し改良するために有効である．

従来型の水洗便所を使って糞便を排水に混合すると，その結果，大量の水需要を発生させ，潜在的に危険な病原体や微量汚染物質（医薬品残留物）を膨大な水域に拡散させると共に，グレイウォーターの経済的再利用や肥料製造という選択肢を失わせることになる．糞便は，もともとはわずかな量しかないので，容易かつ安価に衛生化できる．都市下水として知られる糞便と排水の混合物はどうかというと，これを衛生化するには高価で高度な処理ステップが必要になる．

従来型の下水道システムには深刻な欠点がある．（更新を行うとすると）これは，インフラの中でも非常にコストがかかる部分なのである．合流式システムが越流を起すと，その放流先の水域に未処理排水を排出する．ほとんど越流させないようにするなら，そのための貯留槽が極めて高くつくことになる．下水道システムは，しばしば膨大な水を使う．工業化の進んだ国々でさえ，浸入水は，しばしば下水の総量に匹敵することがある．この水は排水を希釈し，それによって，負荷量が多いにもかかわらず，処理場からの放流水の濃度を低くし，一見，外部環境への排出が少ないように見せかける．多くの場合，下水道システムは生の排水を地下に浸出させ，汚染を招く可能性がある．

最近ではホルモンについての議論がある．避妊用ピルに広く使われているホルモンの残留物が水域で検出され，サニテーションシステムの新たな弱点を露呈し，男性・女性ホルモンへの影響に関する懸念を引き起こしている．これらの物質は，その極性が高く（容易に溶解する），従来型の処理設備での除去率が低いので，簡単に水域に到達する．ほかにも潜在的に極めて重要な問題がある．それは，抗生物質がコントロールされないまま外部環境に排出される結果，対抗性微生物による感染症が生じる可能性である（Daughton and Ternes, 1999）．生物反応槽は，有害なバクテリアの交流にとっては良好な環境なのである．

9.3 排水管理と地域計画

地域計画は，排水システムの経済面に重大な影響を与える．ドイツでは，人口

が多い農村地域や都市周辺地域では，下水道料金のうち，平均すると70％が下水管と処理プラントの（償却）経費である．地域の条件が不利になると，この数字はもっと高いものになる．ここ数年の間，分散型オンサイト処理は，多くの国で，長期的な問題解決手法として受け入れられてきた．しかしながら，オンサイト処理に対して法が求めるところは，より大規模な下水処理場に対するそれに比べると低いものがある．環境中に排出されている汚濁負荷について，オンサイト施設が，それらがカバーする人口割合以上に貢献ができるということは，簡単に計算できることである．同時に，栄養塩類を完全に再利用することが可能な新型オンサイトサニテーションシステムを導入することは，比較的に容易なのである．

家屋から下水処理システムにどこで接続するのか，あるいは，オンサイト設備または分散型プラントをどこに設けるのか，こうしたことを適切に決定することが重要である．良くできた地域計画なら，経費の無駄遣いを回避し，極めて効率的な分散型処理・収集システムを建設することができる．コスト計算には，長期の開発効果，運用・投資の費用バランス，そして，結果として得られる生産物（再生水，肥料，土壌改良材）を含めるようにする．開発途上国あるいは水不足の国（またはそのいずれもの国）であって，水や化学肥料に対する助成がなされていない国では，副産物の価格は極めて重要なものになる．発生源管理のサニテーションは，最先端の大規模高度処理プラントの性能を上回り，しばしばずっと低いコストで収まる．

分散型技術によるプラントの主たる難点の一つは，維持管理水準の低さである．法的責任と管理協定が必要であるが，これはコストと効率に基づいた方法でなされる必要がある．分散型システムの設計では，維持管理と肥料収集を組合せ，しかも，6ヵ月とか12ヵ月の定期的な間隔でなされるようにすべきである．地域の農家は，適切なパートナーになるだろう．

9.4　発生源管理サニテーションの設計と適切な水管理に関する基本的考察

発生源管理サニテーションの計画は，高度な衛生上の基準の充足と資源の完全な再利用を目指す．これは，賢明な発生源管理によってのみ達成できることなのである．プラントの設計は，これらの目標達成の観点からチェックされなければ

9.4 発生源管理サニテーションの設計と適切な水管理に関する基本的考察

ならない．地域の社会・経済的な条件は，極めて真剣に受け止める必要がある．新たなシステムの背景を，それらのユーザーに説明しなければならない．基本的な第一ステップは，**表9.1**に示す家庭排水のそれぞれに異なる特性を認識することである（本表は各数値の代表的な値を示す）．

表 9.1 家庭排水の主要成分の特性

年間負荷量 [kg/(人・年)]	グレイウォーター 25 000 〜 100 000	尿 約 500	糞便 約 50 （場合により生ゴミを加える）
窒素 約 4 〜 5	約 3 %	約 87 %	約 10 %
リン 約 0.75	約 10 %	約 50 %	約 40 %
カリウム 約 1.8	約 34 %	約 54 %	約 12 %
COD 約 30	約 41 %	約 12 %	約 47 %
	処理→再利用／水循環	処理→肥料	バイオガスプラントによる コンポスト化→土壌調整材

表 9.1 から次のことが言える．

- 溶解性の栄養塩類の大部分は尿の中にある．尿を分離し，農業に利用するなら，栄養塩類の再利用と高度に効果的な水の保全に向けての最も大きな一歩を達成したことになる．
- 排水による健康上のリスクは，ほぼ全て糞便に由来する．糞便を分離し，わずかしか，あるいは，まったく希釈しないようにするなら，優れた衛生管理の道が開け，「有機土壌改良材」が最終産物として得られる．
- ヒト由来の廃棄物（糞便と尿）が混合されていない排水は，質の高い再利用水の巨大な資源となる．生物砂ろ過と膜ろ過の技術は，再生水の製造ではコスト的に優れた方法である．
- 発生源管理では，最終的に水域に到達する全ての製造物について評価をしなければならない．家事用の化合物が，現在利用できる技術により，分解性になるばかりでなく無機化されれば，高質な再利用はずっと簡単にできるようになる．飲料水用の配管には，汚染物質（例えば，銅や亜鉛）を使うべきでない．
- 雨水流出は，下水道システムを建設する理由の一つである．分散型システムを建設するなら，雨水流出にも意を払わなければならない．分散型サニテー

ションシステムが設置される場合，経済的理由から雨水用下水道の敷設ができなくなることが多い．比較的汚染されていない雨水の場合，表流水用のローカルな浸透施設やトレンチが適することが多く，再利用も可能である．汚染の防止には，銅や亜鉛製の雨樋，竪樋を避けることも含む．なぜならこれらは，重金属汚染を引き起こすからである．

2000年の3月にハーグで開かれた世界水フォーラムでは，水不足についての議論があった．

デリーの科学環境センターからの出席者によれば，「水不足というものはなく，誤った管理があるだけだ」．彼は，インドで，ローカルな分散型雨水収集が信じられないような成功を収めたという強力な証拠をあげた．1999年のGujarat（グジャラート）における壊滅的な渇水の際，十分な水を保有する村落が多数あったという．これらの村落は，雨水を貯留するいくつかの対策を講じていた．それは，たった数mの高さの小さなダムによって，雨水を帯水層に注入したり，井戸や溜池に導くものである(Manish Tiwari, 2000)．そうした状況下では，従来型のサニテーションを導入していたら，誤った管理になっていた可能性が大きい．ただし混合排水の再利用が，潅漑と施肥を併せた目的で通年実施されている場合は別である．発生源管理サニテーションとグレイウォーター再利用を行えば，新規利水に対する需要を，現在合理的であると考えられている量から10％引き下げる．

9.5 新しい展開1：分離式トイレと自然流下

このコンセプトは，戸建ての住宅や農村地域の集落に向いている．その基礎は非混合型トイレである（しばしば分離式トイレ，あるいは，分別式トイレと呼ばれる）．その目的は，全ての資源の回収可能性を保ちつつ，低コストで維持が簡単なシステムを提供することである．イエローウォーター（尿）は独立の管路で貯留タンクに集め，農業に使用される時がくるまで保存する．貯留期間は少なくとも6ヵ月必要である．

ブラウンウォーター（糞便）は，適量の水（通常4Lないし6L）によってフラッシュされ，単独あるいは，グレイウォーター（質の高い再利用計画がない場合）と共に集められ，2槽（チャンバー）式コンポスト化タンクの一方の槽に放流される．ここで固形物はプレコンポスト化される（コンポスト化タンクには，ろ過

9.5 新しい展開1：分離式トイレと自然流下

床あるいはろ過袋が設置されている）（**図9.1**）．1年間の脱水とコンポスト化の後，放流は2槽目に切り換えられる．したがって最初の槽は，次の1年間放流を受けない．これによって，さらに脱水とコンポスト化が進行し，タンクからの糞便除去をより安全なものにする．

生成物はコンポスト化タンクから取り出され，荒廃土の改良材に使用されたり完全堆肥化されたりする．コンポストは台所や庭園の廃棄物と混合して，完全に熟成させることもできる．熟成コンポストは，土壌調整材として使われ，土壌の肥沃度を保全または向上させる．コンポスト化タンクのろ液は，事前に尿が分離されているため，栄養塩に乏しい（溶解性の栄養塩類は，主として尿の中にある）．したがって，ろ液はグレイウォーターと一緒に処理できる（質の高い水の再利用が計画されている場合は，別である）．

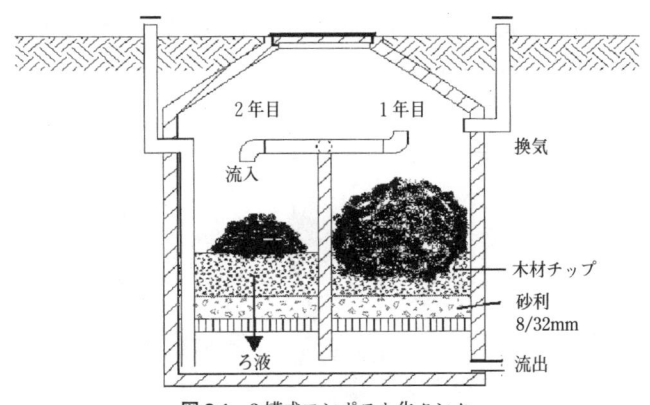

図9.1 2槽式コンポスト化タンク

グレイウォーターは，ブラウンウォーターと共にコンポスト化タンクの中で前処理される場合（家からタンクまでの第3の配管を省略できる）と，高質の再利用のために分離処理される場合とがある．次のステップは，鉛直間欠流式の生物砂ろ床，あるいは，MF（精密ろ過）膜またはUF（限外ろ過）膜と組合せた活性汚泥槽になろう．これら2つの技術は，病原体に対し有効な障壁になると共に，わずかな維持管理の手間で高い放流水質を達成する．浄化された水は受水槽に移され，地下浸透させられたり，再利用のために集められたりする．人工湿地はエネルギーがほとんど要らないが，居住者1人当り1～2m^{2}の面積が必要である．

このコンセプトを**図 9.2**に示す．

このシステムの構成要素の設計パラメータは，最新式の分散型技術から得られた．グレイウォーターそのものは，標準的に，排水量の 2/3 を占めているが，COD 負荷量は 1/2 前後である．コンポスト化槽からのろ液には，病原体負荷が増大している可能性を除けば，大きな影響を与えないだろう．尿の収集と貯留は単純な方法になるだろう．尿の 1 人当りの量といえば，たかだか，1 日に 1.5L である．まだ完成されていないとはいえ，乾式収集が究極の目標である．

フラッシュ水は，少量でなければならない．さもないと，貯留・輸送・利用がより困難になるからである．乾式収集は，管の表面に石灰の付着がみられるような所では，スケーリング問題の回避をもたらすだろう．水に由来するカルシウムが無機物質形成のもとになる．貯留槽は，化学物質に耐性がなければならないし，管やタンクは水密でなければならない――恒常的な漏水がわずかでもあれば，高い希釈が起り，輸送の頻度を上げる必要に迫られる．現在着手されているパイロットプロジェクト群からさらに経験が得られるだろう．

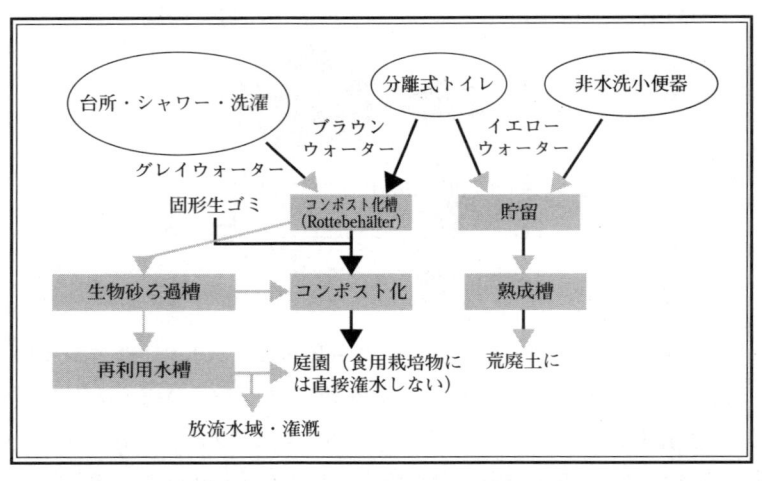

図 9.2 コンポスト化槽（Rottebehälter）を備えた農村用発生源管理サニテーションシステム

境界条件に左右されるのだが，ここに示したコンセプトは，地域計画上の要件を考慮しつつ様々に構築することができる．コスト最小化計画法を用いれば，段階的整備のみならず，地域全体に対する費用・便益上の解が見つかるだろう．し

9.5 新しい展開1：分離式トイレと自然流下

かしながら，全ての場合において，コンセプトの背景にある理念というものは，住民に十分に説明される必要がある．これにより，住民は，連携について動機付けられる．

尿分離式トイレの実践的経験は，主としてスウェーデンにある．3000をこえるこのタイプのトイレが設置され，この技術の妥当性を明確に示した．尿用に使った管が小口径すぎたため，ときどき，スケーリングで詰まるという障害があった．乾式（ドライ）収集に向けた最後のステップは，スウェーデンでも達成されていない．ドイツのある会社が，現在，乾式尿収集トイレの設計に取組んでいる．しかし，乾式尿収集トイレがあったとしても，大きな問題が一つある．男性，特に高齢男性は，小用に際して座ることにためらいを感じる．比較的若い男性は，便座に座ることを容易に受け入れるようであり，このシステムが地域の環境にプラスの効果を与えるということをよりよく理解しているようである．別の解決法は乾式小便器の開発である．こうしたものの開発にあたっては，悪質な洗浄剤の使用や欠陥建築の発生を防ぐという深刻な問題が伴う．セラミックスと撥水性ナノコーティングが，この技術を可能にする．表面加工がこのタイプになることは，分別式トイレにとっても重要な一歩となるだろう．分別式トイレにおける別の問題は，ほとんどの女性と一部の男性により小用後に使用される紙の廃棄である．一つの解決法は，こうしたペーパー用のゴミ箱の設置であり，もう一つは，糞便側へ捨ててもらうことである．フラッシュしないで済めば，水使用は増加しない．この問題に対する，新しい解決法が検討されつつある．

オーストリアとドイツでは，多くのコンポスト化槽が順調に稼働している．鉛直浸透で間欠供給という湿地が，標準的な解答になりつつある．この場合の必要面積は，$3m^2$/人（PE）未満である．グレイウォーターの場合，必要面積はこれ以下になる．反応段階を区切るために分離膜を用いた小型の活性汚泥プラントは，ますます評価をあげつつあり，グレイウォーターについてはより良好な成績をあげるだろう．

ハンブルグ工科大学（TUHH）とLübeck（リューベック）のドイツの会社Otterwasser GmbHは，ケルンのBurscheid（ブルシャイド）付近の歴史的な水車小屋を対象に，オンサイト処理のための上述のシステムを開発した．このシステムは，Lambertsmühle（水車小屋の復元のための民間イニシアチブ）によって，現在建設中である．この水車小屋は，博物館に転用される予定である．

9.6 新しい展開2：真空式トイレとバイオガスプラントへの真空式輸送

　真空式トイレ，真空式下水道，および，バイオガスプラントを結合した，ブラックウォーター用の統合サニテーションコンセプトが，現在ドイツのリューベック市にある，Flintenbreite という新設団地のために導入されつつある．ここは，全体で3.5ha あるのだが，集中型下水道システムには接続されない．団地には，最終的に350人が居住するが，コンセプトを実地して証明するというパイロットプロジェクトとしての意味をもっている．プロジェクトに使用される全ての構成要素は，多年にわたり，様々な分野で利用されており，十分な完成度をもっている．真空式トイレは，船舶，航空機，列車で用いられているし，一部では既に節水型アパートで使われている．従来型の真空式下水道は，数百個所の集落で用いられている．嫌気性処理は，農業，工業排水処理，バイオ廃棄物処理，多数の農場で使われているし，糞便については，東南アジアなどの至る所で何万という実例がある．リューベック市で建設されつつあるシステムは，次のような構成要素からなっている（**図9.3**）．

- ・真空式トイレ（VC）により（生ゴミも併せ）収集され，半集中型のバイオガスプラントで嫌気性処理される．微生物成長期をこえて貯留された嫌気性消化汚泥は，農業用にリサイクルされる．バイオガスは，家庭用熱源に使われると共に，天然ガスと併せて発電に使われる．
- ・グレイウォーターは，（エネルギー効率が大変良い）鉛直型間欠式人工湿地で分散処理される．
- ・スウェイル（浅いトレンチ）システムによって，雨水を滞留・浸透させる．

団地の熱源は，コ・ジェネレータであり，貯留タンク（ガスホルダー）が満杯になると，バイオガス使用へと切り替わる．この熱は，バイオガスプラントの加熱にも使われる．加えて，家の暖房のためのパッシブソーラーシステムと，給湯用のアクティブソーラーシステムも備えられている．図9.3は，全ての詳細を示すためのものではなく，糞便の収集と処理に関連したコンセプトのアイディアを示すものである．

9.6 新しい展開2：真空式トイレとバイオガスプラントへの真空式輸送

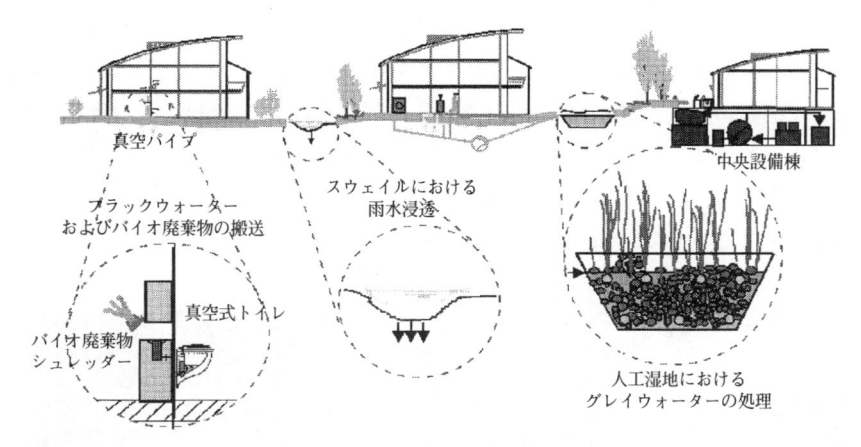

図9.3 真空式バイオガスシステム，グレイウォーター用バイオフィルターおよび雨水浸透システム

消化槽のところには，真空ポンプステーションが設置される．故障に備えて，ポンプには予備機がある．真空システムには，真空式トイレと真空式下水管がある．輸送を円滑に行うために，下水管は50mmの口径となっている．管は霜害に対応できるよう，十分な深さに埋設し，輸送される物質でプラグを発生させるため，15mにつき20cmぐらいの傾斜が必要である．真空式トイレでは，騒音が問題であるが，現在のユニットは水洗式トイレより騒々しいということはなく，慣れることができるものである．

破砕されたバイオ廃棄物に混合された糞便は，55℃で10時間加熱してやれば衛生化できる．$50m^3$の容量を37℃付近に保つため，消化槽でもエネルギーが必要である．もう一つの問題は，バイオガス中の硫黄分の量である．これは，消化槽あるいはガス流への酸素供給量を制御することで最小化できる．バイオガスプラントは，液肥の生産ユニットにもなる．最初から汚染物質の経路を考えておくことは重要である．重金属の主要な発生源の一つは，銅または亜鉛メッキされた管である．

これらの材質は避け，代わりにポリエチレン管を使うべきである．栄養塩類の損失を回避するため，汚泥は脱水しない．比較的少量の水をブラックウォーターに加えるだけなら，その容積はあまり大きくならず，輸送が容易になる．消化槽からの排出物を収集するインターバルは2週間である．バイオガスは，同じ槽の中のバルーン内に蓄えられ，維持管理が柔軟に行えるようになっている．肥料は

バキュームカーで汲み取られ，季節間の貯留を行うタンクを備えた農場に輸送され，ここに8ヵ月とどまる．これらのタンクは標準品で済むことが多いし，そうでなくても低コストでつくることができる．図9.4はFlintenbreiteの建物だが，ここには，真空ポンプステーション，消化槽，コ・ジェネレータ，その他の装置が組込まれている．これらの設備のほか，一つの会議室，一つの事務室，そして，4戸の共同住宅がある．

図9.4 （左）Flintenbreite団地のコミュニティー棟，（右）使用水量1リットルの真空式トイレ

グレイウォーターの分散型処理は，生物膜装置で行うとよい．適切な技術は，膜分離生物反応装置か人工湿地であろう．どちらも，病原体に対する障壁になる．処理水は，庭園での散水に再利用したり，あるいは雨水浸透システムで処理する．グレイウォーターは，栄養塩類が少ないので，取扱いが比較的簡単である．いくつかのプロジェクトがテクニカルスケールで実施されたが，実用的であり，分散型グレイウォーター処理において優れた機能を充分果たすことを示した（NN, 1999）．これらのプラントでトイレの水洗への再利用が可能になる．もっともリューベック・プロジェクトでは，真空式トイレがほとんど水を使わないため，経済的に成り立たない．Flintenbreiteでは，住民1人当り$2m^2$の鉛直供給型人工湿地がつくられた．こうしたものは，建設も維持も比較的安価である．固形物や油脂への対策として，沈砂池としての1次浄化池を置く．最初の放流水を測定したところ，窒素濃度は大変低かった．

Flintenbreiteのインフラは，統合サニテーションも含め，資金調達はドイツ銀

9.6 新しい展開2：真空式トイレとバイオガスプラントへの真空式輸送

行によるものであり，維持管理は民間企業 Infranova によるものである．参加会社，企画者，そして住宅・共同住宅の所有者は一体化され，開発に係る意志決定に投票権をもつ．投資の一部は，従来システムのように，接続料金で賄われる．

水洗型の下水道システムを建設しないこと，水道水の使用が少なくて済むこと，そして，全ての管路と線（真空式下水道，地域コ・ジェネレーション，水供給，電話線）を一体として建設できること，こうしたことで節減された資金がこのコンセプトの経済的実現可能性の本質である．排水やバイオ廃棄物に支払われる料金が，維持管理や，システムの追加的投資や更新経費の利息を賄う．維持管理経費の一部は，パートタイムの維持管理要員に支払われ，これは地域に雇用を創出する．会社は技術的施設の全て——コ・ジェネレータ，アクティブソラーシステム，そして先端的な通信システムを維持管理する．

ドイツの Wuppertal 研究所で，MIPS（単位サービスあるいは単位機能当りの物質・エネルギー集約度：mass intensity per service）を用いて従来型システムとの比較研究がなされた（Reckerzügl and Bringezu,1998）．分散型システムは，物質・エネルギー集約度において，中程度の人口密度の地域における従来型システムの半分であった（**表9.2**）．集中型システムでは，大部分の物質・エネルギー集約度は，下水道システムの建設に由来する．放流水質の予測値は，グレイウォーターの実測値平均に基づいている．放流水質は，栄養塩類除去機能を備えた最新型の高度処理プラントの平均値と比較して示されている．

表9.2 は，新しいシステムの主要な利点のいくつかを示しており，さらに研究を進める根拠となる．350 人の 70 年間のライフタイムにおける海への排出の減量とエネルギー・物質消費の節約量，これらの積算値は次のようになる．水道水：約 250 000 m^3，COD：70 000 kg，リン：1 500 kg，窒素：13 000 kg，カリウム：30 000 kg，エネルギー：5 250 000 kWh，そして，56 000 トンの MIPS 物質消費．

このシステムから産出される肥料は，化石資源から生産される肥料に代替できる．これにより，別途，2 450 000 kWh のエネルギーが節約される計算になる（Boisen,1996）．世界の膨大な人口と，減少を続ける化石資源の問題に読み換える時，これらの数字は重要な意味をもつ．

リューベックにおいてプロジェクトが始まって以来，上述の統合コンセプトに関する関心は，劇的に高まった（Otterpohl and Naumann,1993）．同種のコンセ

表 9.2 新たなシステムの外部環境への排出，エネルギー消費，物質集約度の推計値（従来型システムとの比較として）

従来の高度下水処理（WC-S-WWTP）コンセプト		新たなサニテーション	
排出		排出 [1]	
COD	3.6 [kg/(人・年)]	COD	0.8 [kg/(人・年)]
BOD$_5$	0.4 [kg/(人・年)]	BOD$_5$	0.1 [kg/(人・年)]
全窒素	0.73 [kg/(人・年)]	全窒素	0.2 [kg/(人・年)]
全リン	0.07 [kg/(人・年)]	全リン	0.01 [kg/(人・年)]
全カリウム [2]	(＞1.7 [kg/(人・年)])	全カリウム [2]	(＜0.6 [kg/(人・年)])
エネルギー		エネルギー	
水供給量（ばらつきが大きい）	－25 [kWh/(人・年)]	水供給量（20％節水される）	－20 [kWh/(人・年)]
排水処理（標準的必要量）	－85 [kWh/(人・年)]	真空システム	－25 [kWh/(人・年)]
		グレイウォーター処理	－2 [kWh/(人・年)]
		汚泥の運搬（月2回，50返送）	－20 [kWh/(人・年)]
消費	－110 [kWh/(人・年)]	消費	－67 [kWh/(人・年)]
		バイオガス	110 [kWh/(人・年)]
		肥料代替	60 [kWh/(人・年)]
		利得	170 [kWh/(人・年)]
計	－110 [kWh/(人・年)]	計	103 [kWh/(人・年)]
物質集約度 [3]	3.6 [t/(人・年)]	物質集約度 [3]	1.3 [t/(人・年)]

[1] グレイウォーターの測定（NN, 1999）
[2] 仮定（データなし）
[3] MIPS研究（Reckerzügl and Bringezu, 1998）

プトで構築されようとしているプロジェクトはほかにもある．このシステムは従来型のものに比し，一般的に十分安価である．これは，供用される地域の面積や人口ばかりでなく，浸透可能な雨水量という地域条件にも依存する．適当な規模としては，人口500人から2000人の都市地域であろう．ブラックウォーターとバイオ廃棄物の混合物を収集するだけで，（できれば農場に設置された）大型バイオガスプラントへ向けて運搬することができるなら，比較的小規模なユニットが実現できる．下水道が近くにあるなら，グレイウォーターは，既設の排水処理施設で扱うことができる．これが最も経済的な方法になりうる場合がある．栄養塩類が失われる問題は，人口中のある割合のブラックウォーターが分離処理されれば，改善されることになる．

　発生源管理システムは，極めて効率的な技術となりうる．パイロットプロジェクトでの研究は，開発のペースをいっそう速めるだろうし，我々の混み合った惑星の上の，様々な社会的・地理的条件に対し，新しい技術体系をもたらすだろう．

9.7　新しい展開3：低コストで維持が容易なオンサイトシステム

　ヒト由来の廃棄物を，本当の意味で発生源管理する持続可能なサニテーションについては，多くのアイディアや従来技術がある（Winblad, 1998；Otterpohl *et al.*, 1999a）．あるものは地方に適しているが，過密都市の下町向きのオプションもある．ロー・テクな収集・処理の基本的技術は（生ゴミを含もうと，含むまいと）．
- 乾燥（天日によるもの，2槽方式）；紙のかわりに水でお尻を洗う地域では困難；尿の収集・再利用に向いている
- コンポスト化（しばしば管理が難しい）
- 希釈程度の低いトイレでバイオガスシステムを併設
- 尿を収集するもので糞便用バイオガスシステムを併設

　主たる課題は，快適で，希釈の程度が低くそして，輸送ができるトイレットシステムをデザインすることだ．有望な技術としては，スウェーデンで開発されたNoMixトイレである．トイレ使用の目的は大部分が小用である．これらのシステムは，尿をほんのわずかの水で収集する．これで尿の収集・処理が簡単になる（すなわち，高温の気候のもとでは土の壁で蒸発させる．太陽光を利用したシステムを開発する）．尿は荒廃土の肥料として，直接に用いることができる．あるいは（1/5ないし1/10に水で）希釈した後，植物に与えてもよいが，野菜に直接与えてはいけない．尿は約6カ月間貯蔵されなければならない．NoMixトイレからの糞便は，台所ゴミと一緒に，バイオガスプラントに送ることができる．発生源管理のサニテーションシステムは，肥料の適切な再利用に結びつき，同時に，浄化されたグレイウォーターは，水不足の際，水道水を補うことができる．こうしたシステムは，大変に経済的である．9.5で述べたシステムは，多くの国々で，従来型の水洗トイレを腐敗槽に置換えることにより，ロー・テクなシステムをより高いレベルで使うことを可能にするだろう．

9.8　新しい展開4：既設下水道インフラの機能向上

　尿を収集することで従来の下水道システムを，高度に栄養塩類を再利用し，栄養塩類の排出を少なくするシステムに転換することができる．尿の大部分が排水

処理プラントに入らないようにできれば，栄養塩類の損失は過去の問題となってしまう（Larsen and Udert, 1999）．2つの基本的な方法がある．集中型と分散型の収集である．集中型では，尿を小さなタンクに溜め込み，それを，夜間，下水道システムがほとんど空の時に放流する．遠隔制御システムによりタンクを空けて，尿の集中的な流れをつくりだし，これを処理プラントに導くことができる（Larsen and Gujer,1996）．この方法は，勾配が適していて，適切な滞留時間をもつ下水道システムに限定される．とはいえ，この方法は下水道システムの枝管に応用できる．分散型に貯留し収集することで別の可能性が生まれる．

全てのブラックウォーターが分離して収集・処理されるとしよう．すると，既存の下水道システムは，グレイウォーターのリサイクル施設に生まれ変わり，2次水（再生水）を生産することになる．必要なら，この転換は数十年かけて実施してもよい．そのようなステップの経済的妥当性については，じっくり考えてみなければならない．なぜなら，大変高密度の人口を有する地域以外では，下水道システムの更新は高額の投資を必要とするからである．

9.9 リスク，障害，制約

サニテーションの第一の目的は，健康リスクを最小化することである．新らしいシステムは，従来のサニテーションシステムより優れたものでなければならない．従来型システムは，家の中を衛生的にしたが，通常，受水域にとってはそうでなかった．

サニテーションは，清潔に関するヒトの自然な欲求と，それを取り巻くタブーという点で，極めて敏感な問題である．新規のシステムが失敗するのは，このことを考慮しなかったり，プロジェクト開発に織り込むことをしなかったことの結果であろう（そして多くの事例でそうだった）．新たなサニテーションシステムを取り巻く問題は複雑で複合的である．しかしそれは，人間の基本的に必用な領域を覆い尽くしている．食物と（自然）水のサイクルを切り離し，大地からの物質は大地へと返し，水システムには何も排出しない（ゼロエミッション）．このことは全て，新たなサニテーションシステムの利用者となる見込みのある人々に説明されなければならない．

排水処理インフラの整備は，通常，あまりにも長期間を要しすぎる．この延々

と変化が続くということが，多くの人々にとってはあまりにも圧倒的なため，人々は，未来には違ったサニテーションの解があることを想像することすらできない．我々は，未来の財政的問題を回避するために，家屋，下水道システム，処理施設の寿命について考えなければならない．新たに建設される居住地では，変えることは比較的容易である．家屋の寿命は下水道システムの寿命に比べ，はるかに短い．発生源管理サニテーションのコンポーネントは，家屋の改装に併せて設備でき，従来型システムに真っ先につなぎ込むことができる．

こうすると，最初から節水を達成できる．一群の家屋が転換されれば，分離型処理を実施できる．

9.10 ようこそ未来へ！

新しいテクノロジーの開発に加わることは，本当にやりがいのある仕事である．より優れた未来のサニテーションを見出すためには，専門家としての優れた技量と，心を開いて解決を求める探求の姿勢が必要である．物事を進めるには，公開された議論と経験の交流が欠かせない．可能な選択肢は十分沢山あるので，全ての社会・経済条件に対応することができる．適切なテクノロジーを発見し，それを実行し，運用し，そして，資金調達するためには，創造性が必要である．メディアや，政治家や，公衆に無視されると否とにかかわらず，新たな解決法にはニーズがある．多くの先進工業国においては，既存の下水道インフラが長期の耐用年数をもつため，完全な転換には数十年を要するだろうが，これらの国々には，研究とパイロット設備のための最も優れた資源が存在する．

9.11 参考文献

Agenda 21 (1992) The United Nations Program of Action from Rio. United Nations, New York.
Boisen, T. (1996) Personal communication, TU Denmark, Dept. of Building and Energy.
Daughton, Ch.G. and Ternes, Th.A. (1999) Pharmaceutical and personal care products in the environment: agents of subtle change? *Environmental Health Perspectives* **107**(6), 907.
Harremöes, P. (1997) Integrated water and wastewater management. *Wat. Sci. Tech.* **35**(9), 11–20.
Henze, M. (1997) Waste design for households with respect to water, organics and nutrients. *Wat. Sci. Tech.* **35**(9), 113–120.

Henze, M., Somolyódy, L., Schilling, W. and Tyson, J. (1997) Sustainable sanitation. Selected Papers on the Concept of Sustainability in Sanitation and Wastewater Management. *Wat. Sci. Tech.* **35**(9), 24.

Lange, J. and Otterpohl, R. (1997) Abwasser. Handbuch zu einer zukunftsfähigen Wasserwirtschaft, second edition. Mallbeton Verlag, Pfohren, Germany. (In German.)

Larsen, T. A. and Gujer, W. (1996) Separate management of anthropogenic nutrient solutions (human urine). *Wat. Sci. Tech.* **34**(3–4), 87–94.

Larsen, T. A. and Udert, K.M. (1999) Urinseparierung – ein Konzept zur Schließung der Nährstoffkreisläufe. *Wasser & Boden.* (In German.)

Manish Tiwari, D. (2000) Rainwater harvesting – Standing the test of drought. *Down to Earth* **8**(16), 15 January.

NN (2000) www.flintenbreite.de

Otterpohl, R. and Naumann, J. (1993) Kritische Betrachtung der Wassersituation in Deutschland, in: *Umweltschutz, Wie?,* (ed. K. Gutke), Symposium 'Wieviel Umweltschutz braucht das Trinkwasser?'. Köln, Germany: Kirsten Gutke Verlag, S. 217–233.

Otterpohl, R., Grottker, M. and Lange, J. (1997) Sustainable water and waste management in urban areas. *Wat. Sci. Tech.* **35**(9), 121–133 (Part 1).

Otterpohl, R., Albold, A. and Oldenburg, M. (1999a) Source control in urban sanitation and waste management: Ten options with resource management for different social and geographical conditions. *Wat. Sci. Tech.* **3/4**(2), 153.

Otterpohl, R., Oldenburg, M. and Zimmermann, J. (1999b) Integrierte Konzepte für die Abwasserentsorgung ländlicher Siedlungen. *Wasser & Boden* **51**/11, 10.

Pauli, G. (2000) *The Road to Zero Emissions – More Jobs, More Income and No Pollution*, Greenleaf Publishing, Sheffield, UK.

Pimentel, D. (1997) Soil erosion and agricultural productivity: the global population/food problem. *Gaia* **6**(3), 128.

Reckerzügl, M. and Bringezu, St. (1998) Vergleichende Materialintensitäts-Analyse verschiedener Abwasserbehandlungssysteme, gwf-Wasser/Abwasser, Heft 11/1998.

Winblad, U. (ed.) (1998) *Ecological Sanitation.* Stockholm: SIDA.

10章 低温な条件下における家庭排水の嫌気性処理の可能性

Y. Kalogo and W. Verstraete

© IWA Publishing. Decentralised Sanitation and Reuse：Concepts, Systems and Implementation.
Edited by P. Lens, G. Zeeman and G. Lettinga. ISBN： 1 900222 47 7

10.1 はじめに

　1881年以降，嫌気性消化は，気密性の高い汚水溜めや腐敗槽から完全混合式消化槽，さらに消化槽全体の高速化へと次第に進化している．化石燃料の価格上昇にともない，有機廃棄物処理のコストダウンが必要になったことから，嫌気性排水処理に対する関心が急速に高まりつつある．初期の開発段階における嫌気性処理の主要な欠点は，所要の除去率を達成するのに必要な水理学的滞留時間（HRT）が長いことであった．嫌気性微生物を高濃度に維持できる新しい反応槽の設計がなされたことにより，HRTはかなり短縮された．

　実務的には，嫌気性消化は温度条件が25℃以上の場合のみ実現可能であるとされていた．今日でも低温状態における家庭排水の嫌気性処理は，懐疑的な見方をされることが多い．実際，温帯地方での排水処理温度は，サンプリングの場所と時間にもよるが4～20℃で，通常12℃をこえるのは1年のうちの半分のみである（Derycke and Verstraete, 1986）．つまり，このような低温な気候条件下の排水温度は，メタン発酵の最適温度である35～55℃をかなり下回ることになる．そのため現在，温帯地方の排水処理は主として好気性処理に依存している．

　活性汚泥法あるいは散水ろ床法などの好気性処理の難点は，コストが高いということである．例えば1年間の住民当りのコストは，おおよそ50～100ユーロもかかる．もし嫌気性処理（上向流嫌気性汚泥床（UASB）反応槽の技術）を利用できるとすれば，排水処理コストは半分になる（Lens and Verstraete, 1992）．それだけに，現在の技術に代わるものとして，温帯地方の気候条件における嫌気性排水処理について再考することは重要である．

10.2 比較的低い気温の下での嫌気性処理の基礎

家庭排水を処理する嫌気性反応槽の性能は，環境条件および排水自体の特性に大きく影響される．嫌気性処理は，家庭排水に含まれる栄養塩類（リンおよび窒素）や糞便性バクテリアなどの汚染物質に対する効果が限られている．家庭排水の処理に影響する可能性がある要因をまとめたものが**表10.1**であり，個々については次節以下で述べる．

表 10.1 家庭排水の嫌気性処理に影響する可能性を持つ要因

要因	影響
流量および濃度の変動	放流水質の劣悪化
温度	微生物の増殖低下
	メタン生成活性の低下
	加水分解速度の低下
	ガス溶解度の増加
	高濃度酢酸による阻害
硫酸塩（SO_4^{2-}）	メタン生成プロセスの阻害
	メタン生成活性の低下
浮遊物質（SS）	加水分解速度および物質移動速度の低下
	比メタン生成活性の低下
	グラニュールの分解

10.2.1 流量および濃度の変動

家庭排水は，有機物質濃度および流量が大きく変動する（**図10.1**）．有機物質の濃度は2，3時間の間に2〜10倍も変動する．流量も4倍は変動しうる．これは，人口規模（人口規模が大きくなるほど変動は小さくなる）と下水道の種類に関係がある．合流式下水道では，降雨流出水の影響で変動はより大きくなる．嫌気性微生物は「扱いにくい」微生物である．どちらかというと「保守的」で，環境条件の変化に素早く対応する能力を備えていない．そのため有機物質や流量が大きく変動すると，この種の微生物はその真価を発揮できない傾向がある．通常これは処理水の水質悪化につながる．しかし実際上は緩衝槽を用いることで，流量および有機物質の変動をかなり緩和することが可能である．

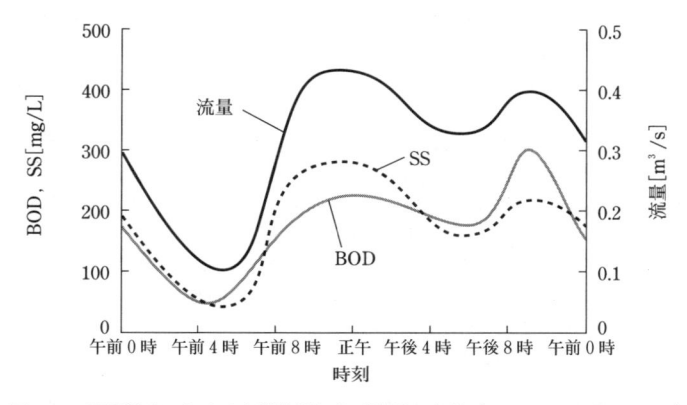

図10.1 家庭排水における有機物質および流量の変動（Metcalf and Eddy, 1984）

10.2.2 嫌気性消化プロセスにおける温度の影響

嫌気性消化は，低温性，中温性，高温性の3つの領域で可能と考えられる．図10.2にこれらの温度領域をおおまかに示しているが，明確な境界温度があるわけではない．低温性微生物の最適温度はおおよそ17℃である（Edeline, 1997）．低温条件の場合，一般に最大比増殖速度が低下する．低温性微生物の倍加時間はおおよそ35日で，これは中温性および高温性微生物のそれに対して3.5倍，9倍に相当する．

そのため，低温での反応槽の効率は極端に低くなる（Edeline, 1997）．2, 3の

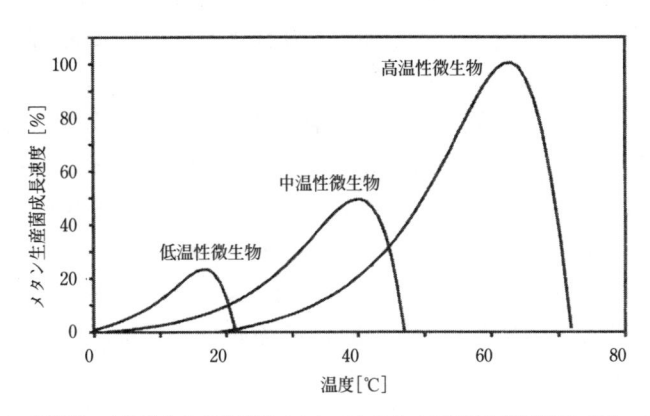

図10.2 低温性，中温性および高温性メタンバクテリアの相対的増殖速度（Wiegel, 1990）

表 10.2 硫酸存在下・非存在下における酢酸，プロピオン酸，酪酸および水素の嫌気性変換の化学反応式とギブスの自由エネルギー変化（Rebac, 1998）

	反 応 式	$\Delta G'$(kJ/反応)(37℃)	(10℃)
1	$CH_3CH_2COO^- + 3H_2O \rightarrow CH_3COO^- + HCO_3^- + H^+ + 3H_2$	71.8	82.4
2	$CH_3CH_2COO^- + 0.75SO_4^{2-} \rightarrow CH_3COO^- + HCO_3^- + 0.75HS^- + 0.25H^+$	-39.4	-35.4
3	$CH_3CH_2COO^- + 1.75SO_4^{2-} \rightarrow 3HCO_3^- + 1.75HS^- + 0.25H^+$	-88.9	-80.7
4	$CH_3CH_2CH_2COO^- + 2H_2O \rightarrow 2CH_3COO^- + H^+ + 2H_2$	44.8	52.7
5	$CH_3CH_2CH_2COO^- + 0.5SO_4^{2-} \rightarrow 2CH_3COO^- + 0.5HS^- + 0.5H^+$	-29.3	-25.9
6	$CH_3CH_2CH_2COO^- + 2.5SO_4^{2-} \rightarrow 4HCO_3^- + 2.5HS^- + 0.5H^+$	-128.3	-116.4
7	$CH_3COO^- + SO_4^{2-} \rightarrow 2HCO_3^- + HS^-$	-49.5	-45.3
8	$CH_3COO^- + H_2O \rightarrow CH_4 + HCO_3^-$	-32.5	-29.2
9	$4H_2 + SO_4^{2-} + H^+ \rightarrow HS^- + 4H_2O$	-148.2	-157.1
10	$4H_2 + HCO_3^- + H^+ \rightarrow CH_4 + 3H_2O$	-131.3	-140.9
11	$4H_2 + 2HCO_3^- + H^+ \rightarrow CH_3COO^- + 4H_2O$	-98.7	-111.8

例外的な反応（水素資化性硫酸還元（9），水素資化性メタン生成（10）および水素と二酸化炭素からの酢酸生成（11））を除き，ほぼ全ての反応は，高温の場合よりも低温の場合の方がエネルギー収率は少ない（**表 10.2**）．しかし，こうした自由エネルギーにおける変化は本質的なものではなく，適切なプロセスが全く起こらなくなってしまうというものではない．

比増殖速度と同様に，メタン生成バクテリアの活性は温度の影響を顕著に受ける．この例が嫌気性消化プロセスにおける2つの重要なメタン生成バクテリアである *Methanothrix* と *Methanosarcina* である．これらの微生物は，主として酢酸からメタンを生成する役割をもつ．両微生物の最適温度は，35～40℃である（Huser *et al*., 1982 ； Vogels *et al*., 1988）．**図 10.3** から，*Methanothrix*（現在は改名されて *Methanosaeta*）*soengenii* のメタン生成活性を予想することができる．最低温度が 10～15℃の場合，メタン生成活性は35℃の場合に比べ1/10～1/20に低下する．これは，中温性微生物を種（たね）汚泥とした嫌気性反応槽の処理能力は，低温状態で立ち上げられると，当初急激に低下することを意味している．実際，COD 除去率は 10～20 kg/(m^3・日) からわずか 0.1～0.2 kg/(m^3・日) に減少する．これらのことから，消化システムを効率的な状態に保つためには，十分な生体触媒を供給するという意味で，低温の反応槽においては，バイオマスの量を増やすとともに滞留時間を長くしてやる必要があると考えられる．

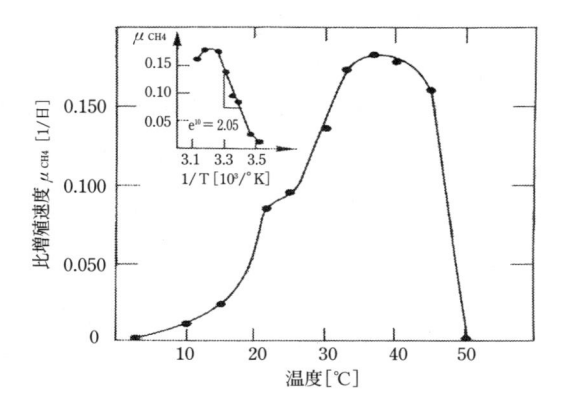

10.2 比較的低い気温の下での嫌気性処理の基礎

図10.3 *Methanothrix soengenii* による酢酸塩からのメタン生成における温度依存性（Huser *et al*., 1982）

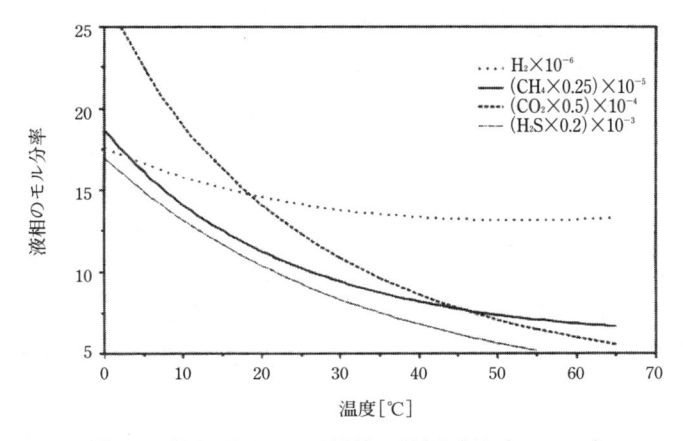

図10.4 純水におけるガス溶解度の温度依存性（Lide, 1992）

　低温状態における嫌気性処理は，高い酢酸濃度に敏感だとされている．酢酸濃度が高いと，酢酸資化性メタン生成バクテリアの活性が抑制されるためである（Nozhevnikova *et al*., 1997）．しかし，家庭排水の酢酸濃度は比較的低いため，この抑制は起りにくい．

　低温状態は，反応槽内で生じる物理化学的特性に直接影響する．図10.4に示す通り，バイオガス中に含まれるガス成分の溶解度は，温度が低下すると上昇する．このため，低温で運転されている反応槽からの流出水中には，かなりの量の

メタン，二酸化炭素，水素および硫化水素が残留している．この結果，反応槽の運転上いくつかの問題が発生する．

例えば，バイオガス生産速度の小さい汚泥床反応槽では，混合強度が減少してしまう．これは，微生物に対する基質の吸着性が低いためであるが，上向流速を大きくすることでこの欠点を補うことが可能である．水に溶ける二酸化炭素の量が増加すると，反応槽のpHも低下するが，通常の排水はそれを補うに十分な緩衝能力をもっている．最後に，反応槽からの流出水はかなりの量の溶解性臭気ガスを放散する可能性がある．この点については適切な後処理が施されなければならない．

10.2.3 嫌気性消化プロセスにおける硫酸の影響

硫酸還元菌（SRB）は，硫酸イオンを電子受容体として利用することにより，排水中のCODの一部を酸化（多くの場合，中間に水素を経由する）することができる（Widdel, 1988）．表10.2の9式に示されるように，水素資化性硫酸還元菌は低温の方が有利である．

また，SRBは酢酸に対しても酢酸資化性メタン生成バクテリアと競合関係にある．（Visser et al., 1992）．しかし，この変換は熱力学的に低温では機能しない．

硫酸イオンの濃度が高い場合，ほとんどの電子は硫酸イオンの還元に使用されるためメタン生成量はわずかである（Harada et al., 1994）．SRBは，広範囲のpH領域（5〜9）で増殖する．この範囲は，メタン生成バクテリアの最適領域（7〜7.5）を含んでいる．これは，硫酸イオン濃度が制限されない限り，メタン発酵槽内での硫酸還元を制御できないことを意味する．幸いにも，家庭排水における硫酸イオンのレベルは，通常では低く，50〜200mg/Lである（Yoda et al., 1987）．

10.2.4 排水の嫌気性処理の特徴

上述した通り，家庭排水の直接的な嫌気性処理が一般的に行われないのは，流量や有機物質濃度，温度，自由エネルギー変化，ガス交換あるいは硫酸濃度といった側面とは直接関係ない．最も重要な問題点は，浮遊物質（SS）濃度が高いことである．通常，集落排水のSS濃度は，0.3〜0.6g/L（2g/Lに達することもある）であり，揮発性浮遊物質に対する溶解性COD比（COD_S/VSS）は1程度

10.2 比較的低い気温の下での嫌気性処理の基礎

表 10.3 溶解性有機物質（S_s）と浮遊性有機物質（S_p）を混合処理している反応槽における汚泥の蓄積（Mergaert and Verstraete, 1987）

流入 S_s [kg/m³]	流入 S_p [kg/m³]	S_s/S_p 比	活性バイオマス [kg/m³]	不活性な浮遊物質 [kg/m³]	全浮遊物質に対する活性バイオマスの割合[%]
10	1	10/1	25	45	55
5	1	5/1	12	40	28
1	1	1/1	2.5	35	6

注）反応槽の水理学的滞留時間＝1日，汚泥滞留時間＝50日，浮遊性有機物の生分解率＝40％，浮遊物質の流出なし

である（Mergaert *et al*., 1992）．低温条件下では，SSの加水分解速度は極めて遅い．このため，SSが反応槽に蓄積される傾向がある．これにより，反応槽の有効容積が減少し，その結果としてCOD除去率が低下する．嫌気性汚泥の活性を十分に保つためには，COD_s/VSS 比が10以上であることが必要である（De Baere and Verstraete, 1982）．シミュレーション結果でも，この値を下回ると反応槽は生体触媒としての活性な微生物ではなく，不活性の浮遊物質（SS）で一杯になってしまうことを示している（Rozzi and Verstraete, 1981）．**表 10.3** は，溶解性および浮遊性有機物質を様々な比率で組合せた条件で運転されている反応槽における汚泥の蓄積例を示したものである．浮遊性有機物質に対する溶解性有機物質の比が低下するにつれて，活性なバイオマスの比率は確実に減少する．

下水管路は，それ自身が多様な物理的，化学的および微生物的プロセスが起こる生物反応槽として捉えることができる．例えば，排水中の速やかに酸となりうるCOD（RACOD）の大部分は，こうしたプロセスの間に消費される

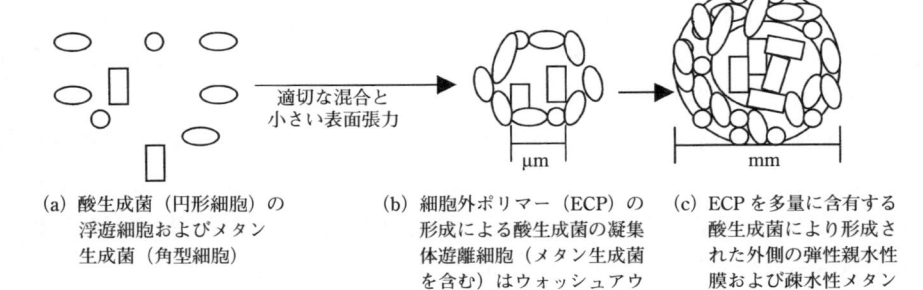

(a) 酸生成菌（円形細胞）の浮遊細胞およびメタン生成菌（角型細胞）

(b) 細胞外ポリマー（ECP）の形成による酸生成菌の凝集体遊離細胞（メタン生成菌を含む）はウォッシュアウトされる

(c) ECPを多量に含有する酸生成菌により形成された外側の弾性親水性膜および疎水性メタン生成菌の核

図 10.5 Thaveesri *et al*. (1995) によるグラニュール汚泥の形成図

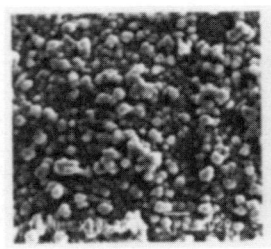

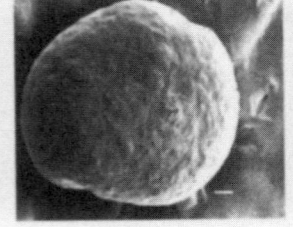

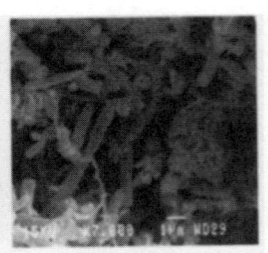

表層：bar＝1μm　　グラニュール全体：bar＝100μm　　内部：bar＝1μm

図10.6 温度28℃，上向流速5m/h，排水で増殖した典型的な嫌気性グラニュールの外観（撮影 © LabMET）

(Verstraete and Vandevivere, 1999)．処理プラントに到達する排水は，例えば全 COD を 210～740mg/L とした時，RACOD はわずか 10～40mg/L にすぎない (Henze et al., 2000)．その結果，本来嫌気性反応槽に存在し，SSの加水分解やグラニュール汚泥の形成に重要な役割を果たす酸生成菌の増殖が抑制されてしまう．

図10.6は，実験室規模のUASBリアクタで増殖したグラニュール，およびその表層の球菌と *Methanosaeta* と考えられる内部の糸状バクテリアを示したものである．

基本的に，グラニュール汚泥は，確実に増殖している処理装置から手に入れることができる．このようなグラニュールで家庭排水を処理する場合，グラニュールは機能するものの増殖はしない．浮遊物質（SS）が多く含まれる未処理の家庭排水に対して，1m/h以下の低い上向流速で運転されている反応槽では，グラニュール化は起らない．最初沈殿によって大きなSSが除去されるような時だけ，グラニュール化する．現実的には凝集汚泥を含む反応槽が好まれるかもしれない．なぜなら，凝集汚泥床によるSSのろ過の方が，グラニュラール汚泥床によるろ過よりも有望であるからである．

低温状態では加水分解が律速段階となるため，汚泥滞留時間（SRT）が長い条件であっても，メタン生成条件を確保するために極めて低い負荷で運転されなければならない．このことは長い水理学的滞留時間（HRT）で反応槽を運転しなければならないことを示している．SRTがわかっている場合，それに対応するHRTは，反応槽における汚泥濃度（X），SSの除去量（R）およびSSの加水分解量（H）がわかれば，下記に示したZeemanおよびLettingaのモデル式から算

出できる.

$$HRT = (C \times SS/X) \times R \times (1-H) \times SRT$$

ここで, C：流入 COD 濃度 [g/L], SRT：単位は日である.

COD 濃度 1g/L, うち浮遊性が 65％の排水を, VSS が 15g/L の汚泥濃度の反応槽で処理するケースを検討する. 15℃でメタン発酵を行う場合の SRT を最低 175 日と仮定すると, 浮遊性有機物質（COD_{SS}）の除去率 75％（加水分解率は 25％）を達成するためには, HRT を 4.2 日に設定した状態で反応槽を運転させなければならない. 反応槽の容量 V は, HRT から次の通り簡単に算出できる.

$$V = HRT \times Q$$

ここで, Q：1 日当りの流入量.

Zeeman and Lettinga (1999) のモデルは, 流入 SS 濃度が増大あるいは減少した場合, 必要な HRT が変化することを示している. Rozzi and Verstraete (1981) のモデルは, SS 濃度が低下（COD_s/VSS 比が増大）した場合でも, 微生物の活性は保持されることを示している. Kalogo and Verstraete (2000) によれば, COD_s/VSS 比が上昇すると, HRT が短縮される可能性があることを示している. こうした情報全体をまとめると, 家庭排水の処理をうまく行うために特に重要な点は, 浮遊性 COD 量に対する溶解性 COD の量を測定し, 必要に応じてその比を 10 程度に調整することである.

SS の加水分解は時間がかかるため, 今の段階では低温での家庭排水の嫌気性処理は, 衛生技術者達には妥当な処理方法として認められていない. このことは, 嫌気性処理プラントの大半が 20℃以上で運転されていることからも明らかである (Kalogo and Verstraete, 1999 ; Segezzo et al., 1998).

10.3 比較的低い気温の下で適用する嫌気性処理技術

10.3.1 反応槽の実績

歴史的にみると, 低温での嫌気性排水処理は UASB 反応槽を用いてオランダで始まった. 続いて嫌気性生物膜（AF）や流動床（FB），および膨張汚泥床（EGSB）など，様々な反応槽を用いた嫌気性処理の実験が行われた. これらの研究結果を示したものが**表 10.4** である. これらの研究では，中温性汚泥（排水の消化汚泥あるいはグラニュール汚泥）が主な種汚泥として使用されている. こ

表10.4 低温下で家庭排水を処理している嫌気性反応槽の性能

反応槽の種類	容積 [L]	T [℃]	流入水の濃度 [mg/L]			B_v [kg-COD/$m^3 \cdot d$)]	HRT [h]	除去率[%]			著者
			COD_t	COD_s	SS			COD_t	COD_s	SS	
UASB	120	7~12	200~1200	100~400	＋	＋	8~12	65	＋	＋	Lettinga et al., 1981
UASB	120	12~16	688	＋	＋	＋	24	55~75	＋	55~80	Lettinga et al., 1983
AF	160	13~15	467	＋	＋	1.8	6	35~55	＋	＋	Derycke and Verstraete., 1986
UASB	110	12~18	465	＋	154	＋	12~18	65	＋	73	Monroy et al., 1988
UASB	20	10~19	900	300	450	1.4~1.7	13~14	35~60	5~26	70~95	De Man et al., 1988
FB	＋	10	760	＋	＋	8.9	1.7~2.3	53~85	＋	＋	Snaz and Fernandez-Polanco, 1990
EGSB	205	9~11	391	291	＋	4.5	2.1	20~48	40	＋	Van der Last and Lettinga, 1992
UASB	3.84	13	344	124	82	＋	8	59	45	79＊	Elmitwalli et al, 1999
UASB	3.84	13	456	112	229	＋	8	65	39	88＊	Elmitwalli et alet al,1999

注）COD_t：全COD，COD_s：溶解性COD，B_v：容積負荷，＋：データなし，h：時間，T：温度，＊：浮遊性COD（COD_{SS}），SS：浮遊物質

れらの実験の結果からは，低温な気候条件下での実機導入は見合わせるべきだという結論もありえよう．処理性能のこうした低さは，全体的な処理条件や放流水条件の観点から評価されなければならない．

10.3.2 最近の開発動向

(1) 反応槽の立上げと運転管理

低温での嫌気性排水処理における最近の主たる進歩の一つは，反応槽の立上げに中温性の種汚泥を用いるようになったことである．この方法は，バイオマスが高濃度（VSS 30kg/m^3）で反応槽に投入されれば，実現可能であることが判った（Rebac et al., 1995）．この濃度は，中温反応槽を立ち上げる際に必要な最低濃度の10倍である（Van Haandel and Lettinga, 1994）．このように高濃度であると，長期間低温状態（10～12℃）に曝露された後でも，温度が中温域に戻れば良好な活性を示す（Rebac et al., 1999）．また低温であることが，グラニュールの微細構造に悪影響を与えることはなく，層構造にとってはむしろ好条件であることも明らかになった（Gouranga et al., 1997）．

こうした観測結果は，温帯地域では，冬から夏にかけての温度変化が反応槽の安定性を損なうおそれがないことを意味する．同時にこれらの結果は，低温で運

転する反応槽に種汚泥を利用できることも示唆している．実際，中温処理のフルスケールプラントとして，UASBリアクターは世界中で利用されている．しかし，グラニュール汚泥は1kg-VSS当り約1.5ユーロの市場価格であることは，しっかり認識しなければならない．グラニュール汚泥の植種コストは，反応槽1m³当り45ユーロに相当する．

(2) プロセス構成と効率

嫌気性消化は好気性処理よりも汚泥生成量の低減，電力コストの削減の点で有利であるため，ここ5年間を通じ低温での嫌気性排水処理が見直されつつある．低温処理ではSSの加水分解速度が急激に低下し，多くの固形物質についてはゼロに近くなることもあるため，低温反応槽におけるSS分解はあまり期待できないというのが一般的な認識である (Rebac *et al*., 1998；Van der Last and Lettinga, 1992；De Man *et al*., 1988)．そのためこれまでの進歩は，2段式反応槽のコンセプトを利用する処理形態に集中していた．このシステムではHRTを長く設定した第1反応槽はSSの滞留および加水分解として機能し，一方HRTを短く設定した第2反応槽はメタン発酵として機能する．このコンセプトは上記に示した単一反応槽に比べ，性能が優れており魅力的である(**表10.5**)．2段式反応槽の主な問題点は，第1反応槽からの余剰汚泥の規則的な抜取りが必要になることである．したがって余剰汚泥を安定化するための第3の反応槽を組み合わせてやる必要がある (**図10.7**)．

表10.5 単一反応槽と比較した2段式反応槽における家庭排水の低温における嫌気性処理の結果

項目	2段式反応槽 Sayed and Fergala, 1995	2段式反応槽 Wang *et al*., 1997	単一反応槽（平均値） 表10.2のデータより
プロセス構成	UASB-UASB	HUSB-UASB	
容量 [m³]	0.042 (0.0046)	200 (120)	
温度 [℃]	18〜20	17	13±3
HRT [h]	8〜4 (2)	3 (2)	10±7
流入水特性			
COD$_t$ [mg/L]	200〜700	650	587±299
COD$_s$ [mg/L]	＋	＋	211±126
SS [mg/L]	90〜385	217	229±159
B_V [kg-COD/(m³·日)]	1.22〜2.75 (1.70〜6.20)	5.3 (4.0)	3.7±3.2
除去効率 [％]			
COD$_t$	74〜82	69	55±17
COD$_s$	73〜100	79	31±16
SS	86〜93	83	77±13

( ) 内は第2反応槽の値，B_V：容積負荷，＋：データなし，HUSB：加水分解上向流汚泥床

10章 低温な条件下における家庭排水の嫌気性処理の可能性

完全混合系2段式嫌気性回分反応槽と沈殿池の組合せシステムは，Arsovら（1999）により環境温度25℃の状態で研究された．このシステムは嫌気性プロセスを促進することが判明したため，さらに低温の条件下でも研究の価値がありそうだ．

低温状態で家庭排水処理に使用されるもう一つの反応槽に，嫌気性ハイブリッド（AH：anaerobic hybrid）反応槽がある．このシステムは，UASB反応槽あるいはEGSB反応槽とAF反応槽を1つの反応槽に統合したものである．底部は汚泥床で，最上段はバイオマスが付着可能なフィルターになっている．Elmitwalliら（1999）により研究されたAH反応槽は13℃，HRT＝8時間でCOD$_{ss}$の92％，COD$_t$の66％を除去することに成功した．しかし，著者らは前沈殿処理した排水について反応槽が良好に稼動したとしている．低温処理の場合は，SS除去のために前沈殿処理が不可欠といえる．低温条件における効率的な家庭排水処理を保証するためには，排水中のSSの大部分が，汚泥床に流入する前に除去されなければならない．

このようにして，Kalogo and Verstraete（1999）により，家庭排水に対する新しい一体型嫌気性家庭排水処理システムが提案された．この処理方法は，それぞれSS含有量の低い排水用のUASB反応槽と，前沈殿用に従来の完全混合反応槽（CSTR）を一体化するものである．このシステムは，SS除去を目的とした薬剤投入による凝集沈殿（CEPS：chemical enhanced primary sedimentation）が含

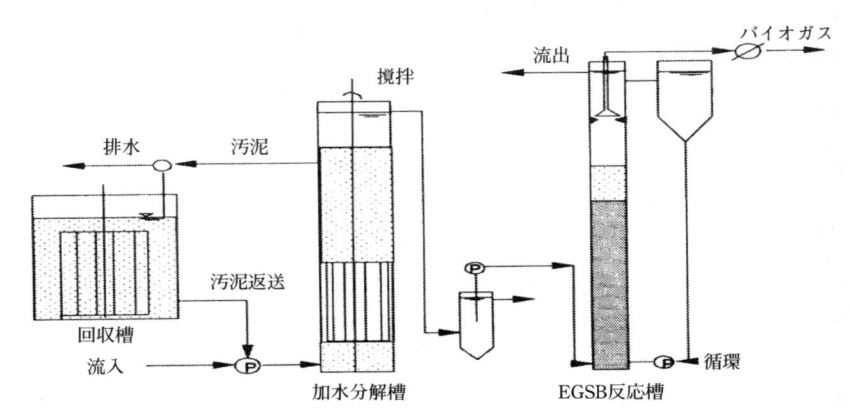

図 10.7　汚泥回収槽を組み合わせた2段式反応槽（HUSB － EGSB）のフロー図（Wang, 1994）

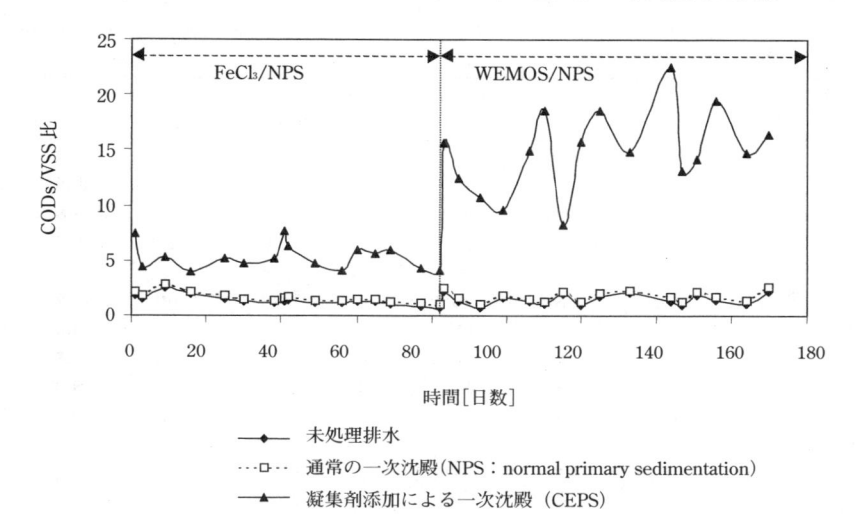

10.3 比較的低い気温の下で適用する嫌気性処理技術   193

図 10.8 連続試験における排水の COD_s / VSS 比に対する前処理の効果：$70mgFeCl_3/L \sim 24mL$-WEMOS(50 %，w/v)/L（Kalogo and Verstraete, 2000）

まれる．この新技術の効率性を研究するためのラボ実験（ジャーテストや連続試験）が実施された．実験結果により，工業産物のFeCl₃，あるいは天然の凝集剤としてMoringa oleifera（ワサビノキ）の種子からの水抽出物（WEMOS）を利用すれば，家庭排水のCOD_s/VSS比を著しく上昇（1.4を21に）できることが示された（**図 10.8**）．

天然の凝集剤を利用する場合，COD_s/VSS比を増大させる重要な意味は，WEMOSの添加によりCOD_sが確実に増加し，それが上澄水のCOD_sおよびCOD_tを増大させることである（**表 10.6**）．FeCl₃の場合はCOD_sの一部を除去してしまうため，こうした現象は生じない（**表 10.7**）．

SSを沈殿させた後の上澄水はUASB反応槽で処理される．化学処理を施された濃縮汚泥は，アルカリ性であるため，ほかにNaHCO₃などのアルカリ物質を添加することなく都市の固形廃棄物（MSW）と共に消化槽に投入することができる．**図 10.9**に全体の概念図を示した．

10.3.3 展　　望

図 10.9 で示された概念は 5-10-50 IE の条件に完全に適合している．また，新し

10章 低温な条件下における家庭排水の嫌気性処理の可能性

表10.6 WEMOSを添加したときの未処理排水および上澄水の物理化学的特性（Kalogo and Verstraete, 2000）

用量[a]	SV₆₀[b]	pH	アルカリ度[c]	CODt [mg/L]	CODs [mg/L]	SS [mg/L]	VSS [mg/L]	**CODs/VSS**
*	＋	7.6	404	269	140	130	101	**1.4**
		(0.3)	(9)	(10)	(7)	(10)	(12)	**(0.6)**
0	1.2	7.6	392	195	133	93	74	**1.8**
	(0.2)	(0.1)	(6)	(12)	(9)	(11)	(12)	**(0.6)**
0.2	1.2	7.6	390	194	144	90	72	**2.0**
	(0.3)	(0.2)	(8)	(10)	(9)	(8)	(9)	**(1.0)**
2	1.4	7.4	390	199	149	49	41	**3.6**
	(0.3)	(0.1)	(9)	(10)	(8)	(5)	(6)	**(1.3)**
8	4.3	7.5	385	209	184	28	23	**8.0**
	(0.7)	(0.3)	(7)	(13)	(7)	(5)	(4)	**(2.0)**
16	9.5	7.6	390	238	213	25	21	**10.2**
	(1.1)	(0.1)	(7)	(11)	(9)	(4)	(5)	**(1.8)**
24	10	7.6	390	342	313	24	19	**16.5**
	(1)	(0.4)	(8)	(10)	(7)	(6)	(5)	**(1.4)**
32	11	7.5	387	427	402	24	19	**21.6**
	(1)	(0.2)	(6)	(12)	(8)	(5)	(6)	**(1.3)**

[a]：[mL/L]，[b]：[mL/L]，[c]：[mg-CaCO₃/L]，（ ）内は標準偏差．＊：未処理排水，＋：測定値なし，SV₆₀：1時間静置したときの沈降汚泥体積

表10.7 FeCl₃を添加したときの未処理排水および上澄水の物理化学的特性（Kalogo and Verstraete, 2000）

用量[a]	SV₆₀[b]	pH	アルカリ度[c]	COD [mg/L]	CODs [mg/L]	SS [mg/L]	VSS [mg/L]	**CODs/VSS**
*	＋	7.6	404	269	140	130	101	**1.4**
		(0.3)	(9)	(10)	(7)	(10)	(12)	**(0.6)**
0	1.2	7.6	392	196	134	94	72	**1.8**
	(0.2)	(0.1)	(6)	(12)	(7)	(11)	(10)	**(0.7)**
10	3	7.6	323	184	132	54	44	**3.0**
	(1)	(0.1)	(7)	(10)	(6)	(9)	(6)	**(1.0)**
30	8	7.3	312	160	125	39	31	**4.0**
	(1)	(0.2)	(7)	(11)	(7)	(4)	(6)	**(1.0)**
50	16	7.1	305	145	120	25	20	**6.0**
	(2)	(0.3)	(6)	(10)	(8)	(5)	(5)	**(1.0)**
70	26	7.1	300	130	110	15	12	**9.2**
	(1.1)	(0.4)	(8)	(9)	(5)	(5)	(4)	**(1.1)**
90	28	7.1	249	120	105	14	11	**9.5**
	(2)	(0.1)	(5)	(10)	(7)	(4)	(4)	**(1.2)**
120	35	6.9	216	118	105	14	11	**9.5**
	(3)	(0.2)	(7)	(11)	(6)	(5)	(5)	**(1.2)**

[a]：[mL/L]，[b]：[mL/L]，[c]：[mg-CaCO₃/L]，（ ）内は標準偏差．＊：未処理排水，＋：測定値なし，SV₆₀：1時間静置したときの沈降汚泥体積

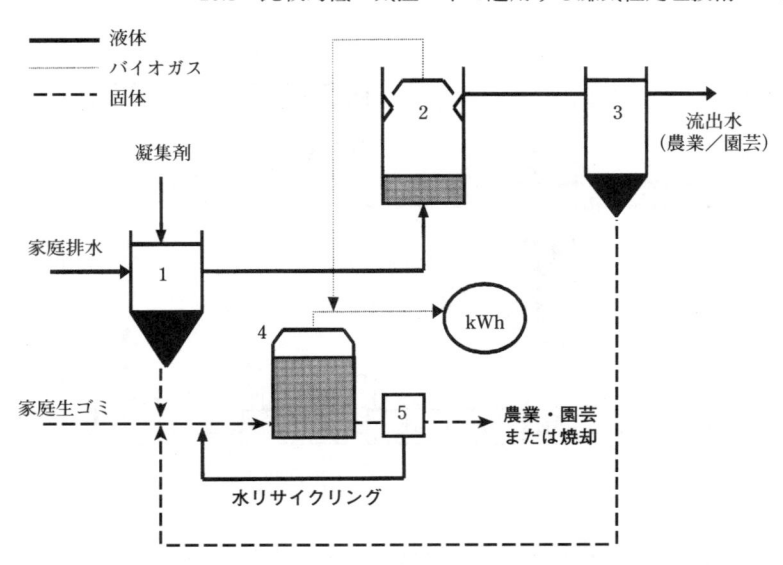

10.3 比較的低い気温の下で適用する嫌気性処理技術

図 10.9 エネルギー回収および水，汚泥（炭素および栄養塩類）の再生のための家庭廃棄物嫌気性処理に対する統合的アプローチ
注）1：最初沈殿池，2：UASB，3：最終沈殿池，4：CSTR，5：固液分離装置

いヨーロッパの規制（炭素，窒素およびリンの除去関連）に対応した最適統合システムを構築するため，後半の概念を窒素除去のSharonやAnammoxのシステムと組合せることも可能である．リンの除去には，CEPSと$FeCl_3$の併用が効果的と考えられる．もし，必要があればオゾン発生装置付きUV消毒装置を設置し，最終処理水の衛生状態を保証することができる（**図 10.10** 参照）．

図10.9のシステムでは，$FeCl_3$を利用した最初沈殿の後，WEMOSを上澄水に直接加えることができる．著者らの実験室レベルでの検討により，WEMOSには凝集性以外にも，炭水化物，アミノ酸および金属イオンのような栄養塩類があることがわかっている．2.5％（w/v）WEMOS水溶液を2mL/L加えることにより，嫌気性微生物の増殖および凝集作用が向上することがわかった．

低温性微生物の増殖速度は極めて遅いため，今後の研究は，反応槽内にバイオ膜（bio-membrane）を導入するなどで微生物を保持する能力を向上させる研究に重点を置くべきである．最近の膜技術の発展により，嫌気性排水処理へのこうした応用が可能になってきている（Visvanathan, 2000）．

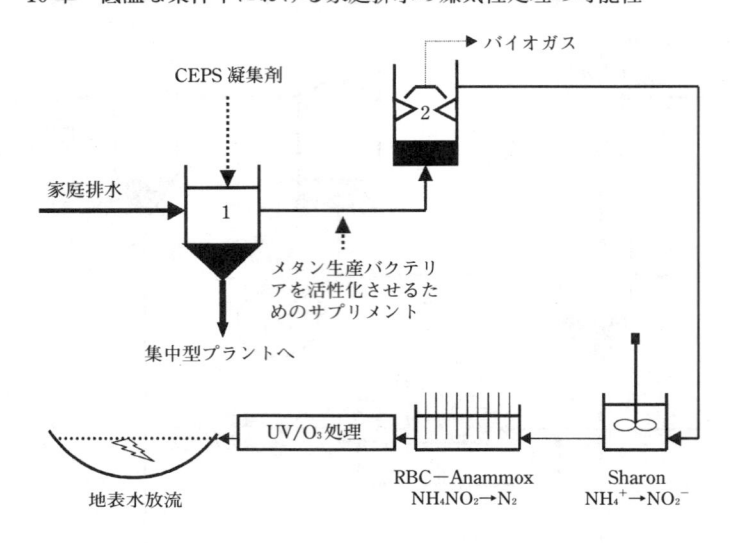

196 10章 低温な条件下における家庭排水の嫌気性処理の可能性

図 10.10 分散型統合システムに関する最適方法の例
注）1：最初沈殿池，2：UASB 反応槽，RBC：回転円盤生物接触装置，Anammox：嫌気性アンモニア酸化，UV/O₃：紫外線オゾン発生装置

10.4 コスト評価

10.4.1 好気性処理と嫌気性処理の比較

表 10.8 55 000IE の家庭排水処理施設における 1 年 1 人当り運転コスト．IE 当りの投資額は，100 ユーロに設定（Rodolph, 1999）

建設	費用
下水道	750 ユーロ/IE
下水処理施設*¹	125 ユーロ/IE
合計 1	875 ユーロ/IE
減価償却*²	67.5 ユーロ/(IE・年)
運転	費用
下水道	7.5 ユーロ/(IE・年)
下水処理施設	25 ユーロ/(IE・年)
合計 2	32.5 ユーロ/(IE・年)
合計*³	100 ユーロ/(IE・年)

注）*¹ 12.5 ユーロの汚泥処分を含む
  *² 35 年償却，利率 10 ％
  *³ 排水収集・処理＝減価償却＋合計 2

家庭排水処理の従来からのアプローチは，集中型下水道ということで非常にコストが高い（**表 10.8**）．この方法では，活性汚泥が利用されるために，汚泥の発生を伴っており，持続可能的ではないという難点もある．ヨーロッパでは，家庭排水の処理施設の建設および運転に年間約 33 ユーロ/IE がかかる（IE ： inhabitant equivalent）．

集中型処理施設については，総

10.4 コスト評価　197

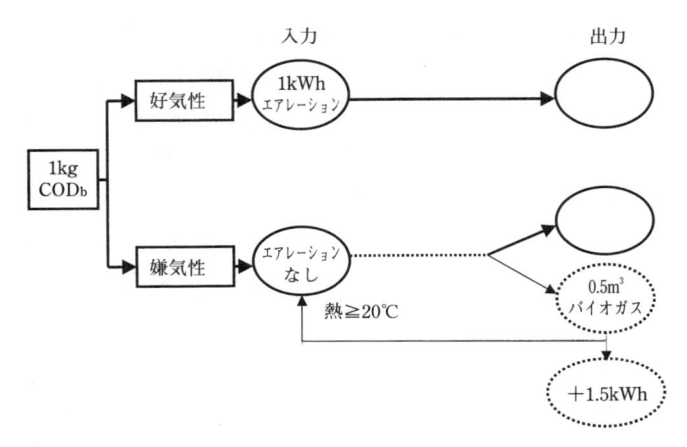

```
                    入力              出力
              ┌─────────┐   ┌──────┐    ╭──╮
          ┌──│  好気性  │──│ 1kWh │──│  │
          │   └─────────┘   │エアレ│    ╰──╯
┌────────┐│                 │ーション│
│  1kg   ││                 └──────┘
│ CODb   │┤
└────────┘│   ┌─────────┐   ┌──────┐    ╭──╮
          └──│  嫌気性 │──│エアレ│──│  │
              └─────────┘   │ーション│   ╰──╯
                            │ なし │      │
                            └──────┘   ╭────╮
                              ↑        │0.5m³│
                              │        │バイオ│
                           熱≧20℃     │ ガス │
                              │        ╰────╯
                              └──────────┤
                                       ╭────╮
                                       │+1.5│
                                       │kWh │
                                       ╰────╯
```

図 10.11　生分解性有機物質に対する好気および嫌気性生物処理の比較

費用は下水管の布設および維持管理を含め年間 100 ユーロ/IE である．

　経済的に考えると分散型システムを実施することにより，従来の集中型システムにかかる総費用の約 2/3 を節減することができる．また，活性汚泥の代りに嫌気性処理を利用すれば，節減額はさらに拡大する．図 10.11 は次のことを示している．好気性処理で生分解性 COD（CODb）を処理するためには 1kWh のエアレーション動力を消費する．対応するコストは 0.1 ユーロになる．また，好気性処理は，乾燥重量（CDW：cell dry weight）にして 0.5kg の汚泥を生成する．ヨーロッパではこの汚泥処理に対して，平均 0.5 ユーロの費用がかかる．そのため排水の好気性処理にかかるコストは，COD_b1kg 当り約 0.6 ユーロである．仮に同じ排水処理を嫌気性生物処理で行うとすると，汚泥の生成量は 1/10 となり 0.5m³ のバイオガスが発生する．バイオガスとして発生するエネルギーのうち，2/3 は反応槽の温度を 20℃以上に保持する目的で使用され，残りの 1/3 は電力に変換される．この電力は 1.5kWh である．

　最近，EU 加盟国のうちの数ヵ国では，京都議定書の協定を実現するため，新エネルギーに対し 0.1 ユーロ/kWh の補助を行っている．嫌気性処理についていえば，生分解性 COD1kg 当り 0.15 ユーロの「グリーン補助」を受ける可能性があることになる．これにより，好気性処理と嫌気性処理のコスト差は 0.75 ユーロ/kg-COD_b となる．[訳注：このあたりの計算は，原書のまま]

10.4.2 CEPS 嫌気性処理と従来型の嫌気性処理の比較

この節では，50 IE 相当の小規模分散型の嫌気性処理施設に対するコスト評価を述べる．Kalogo and Verstraete (2000) による試験検討の結果，70mg/L の $FeCl_3$ を用いた未処理排水の前処理（滞留時間は 1 時間）およびそれに続く UASB 反応槽における処理（滞留時間は 2 時間）により，全 COD の 74 ～ 80 ％が除去できることがわかった．同じ結果を得るためには，従来の UASB 反応槽単一の場合，滞留時間は最低 5 時間，温度は 20 ℃以上で運転しなければならない．

Van Haandel et al. (1996) のモデルは，

$$COD 除去率 [\%] = 1 - 0.68 \times (HRT)^{-0.68}$$

としている．したがって，CEPS を UASB 反応槽に組込むことにより，同じ水質を実現するのに必要な嫌気性反応槽の容量 (V_{AR}) を 6/10 に低減することが可能になる（**表 10.9**）．沈降速度を (v_s) 0.8m/h，滞留時間を 1 時間に設定した最初沈殿池の容積 (V_{PD}) を設計する場合，総容積を 4/10 低減することが可能になる．

従来型の UASB 反応槽のコストは 1m³ 当り 200 ～ 300 ユーロである（Vieira and Sousa, 1986；Schellinkhout and Collazos, 1992）．高額の方，すなわち 300

表 10.9 コスト評価：50 IE を対象とした家庭排水の従来式嫌気性処理および CEPS 利用の嫌気性処理の比較（UASB 反応槽を使用）

		従来の嫌気性処理	CEPS-嫌気性処理*
COD 除去効率	[%]	80	80
流量	[m³/h]	0.375	0.375
V_{PD}	[m³]	—	0.376
V_{AR}	[m³]	1.875	0.735
全容積	[m³]	1.875	1.111
V_{PD} 費用	[ユーロ]	—	43
V_{AR} 費用	[ユーロ]	563	221
種汚泥投入量	[kg-VSS]	18.75	7.35
（投入量は V_{AR} の 1/3）			
種汚泥投入費用	[ユーロ]	28	11
全投資額	[ユーロ]	**591**	**279**
利得	[ユーロ]		+ (312)

注）排水量 Q，沈殿池断面積 A とした場合，$V_s =$ 深さ [m]/HRT [日] $= Q$ [m³/日]$/A$ [m²]
* CEPS 嫌気性処理後の流量は 2.8 ％低下．

ユーロ/m³ で考えると，容積が 4/10 減少することにより，反応槽 1m³ 当り 120 ユーロが節約できる．

汚泥除去装置を最下段に備えたコンクリート製の最初沈殿池のコストは，1m³ 当り 120 ユーロ程度である．反応槽の設置コスト，最初沈殿池のコストおよび種汚泥投入を含めると，50 IE について 312 ユーロが削減できる可能性がある (180 L/(IE·日))（表 10.9）．$FeCl_3$ は 1kg 当り 0.46 ユーロであることから，50IE では 70mg/L での年間コストは 106 ユーロである．この追加コストは 3 年で回収可能である．また，各 IE は凝集剤コストとして年間で 2 ユーロ支払う事となる．これは CEPS 嫌気性処理が，従来の嫌気性処理と比較しても，経済的に代替しうる可能性を示している．

10.5 謝　　辞

この研究は，一部，コートディボワール政府の奨学制度による助成を受けた．G. Zeeman 博士に対し，建設的な示唆をいただいたことに感謝の意を表わしたい．また，最初沈殿池の投資コストについてご教示いただいた Biotim にも深く感謝する．

10.6 参考文献

Arsov, R., Ribarova, I., Nikolov, N., Mihailov, G., Tolova, Y. and Khoudary, E. (1999) Two-phase anaerobic technology for domestic wastewater treatment at ambient temperature. *Wat. Sci. Tech.* **39**(8), 115–122.

De Baere, L. and Verstraete, W. (1982) Can the recent innovations in anaerobic digestion of wastewater be implemented in anaerobic sludge stabilization? In *Recycling International – Recovery of Energy and Material from Residues and Wastes* (ed. K.J. Tomé-Kozmiensky), Freitag, E. – Verlag Für Umwelttechniek Berlin, pp. 390–394.

Derycke, D. and Verstrate, W. (1986) Anaerobic treatment of domestic wastewater in a lab and pilot scale polyurethane carrier reactor. In *Proceedings of EWPCA Conference on Anaerobic Treatment: a Grown-up Technology*, Schiedam, the Netherlands, 437–450.

Edeline, F. (1997) Epuration biologique des eaux: Theorie et technologie des réacteurs (ed. Lavoisier, Tec & Doc), 4th edn. (In French.)

Elmitwalli, T.A., Zandvoort, M.H., Zeeman, G., Bruning, H. and Lettinga, G. (1999) Low temperature treatment of domestic sewage in upflow anaerobic sludge blanket and anaerobic hybrid reactors. *Wat. Sci. Tech.* **39**(5), 177–186.

Gouranga, C.B., Timothy, G.E. and Dague, R.R. (1997) Structure and methanogenic activity of granules from an ASBR treating dilute wastewater at low temperatures. *Wat. Sci. Tech.* **36**(6–7), 149–156.

Van Haandel, A.C. and Lettinga, G. (1994) *Anaerobic Sewage Treatment. A Practical Guide for Regions with a Hot Climate*. John Wiley & Sons, New York.

Henze, M., Harremoës, P., La Cour Jansen, J. and Arvin, E. (2000) Wastewater treatment. Biological and

chemical processes. Springer-Verlag, Germany.
Huser, B.A., Wurhrmann, K. and Zehnder, A.J.B. (1982) Methanothrix soengenii gen. nov. sp. nov., a new acetotrophic non-hydrogen-oxidizing methane bacterium. *Arch. Microbiol.* **132**, 1–9.
Kalogo, Y. and Verstraete, W. (1999) Development of anaerobic sludge bed (ASB) reactor technologies for domestic wastewater treatment: motives and perspectives. *World. J. Microbiol. Biotechnol.* **15**, 523–534.
Kalogo, Y. and Verstraete, W. (2000) Technical feasibility of the treatment of domestic wastewater by a CEPS-UASB system. *Environm. Technol.* **21**, 55–65.
Lens, P.N. and Verstraete W. (1992) Aerobic and anaerobic treatment of municipal wastewater. In *Profiles on Biotechnology* (eds T.G. Villa and J. Abalde), Universidade de Santiago, Spain, pp. 333–356.
Lide, D.R. (1992) *Handbook of Chemistry and Physics*, 73rd edn. CRC Press, Boca Raton, FL.
Lettinga, G., Roersma, R. and Grin, P. (1983) Anaerobic treatment of raw domestic sewage at ambient temperature using a granular bed UASB reactor. *Biotechnol. Bioeng.* **25**, 1701–1723.
Lettinga, G., Roersma, R., Grin, P., De Zeeuw, W., Hulshof Pol, L., Van Velsen, L., Hobman, S. and Zeeman, G. (1981) Anaerobic treatment of sewage and low strength wastewaters. In *Proceedings of the 2nd International Symposium on Anaerobic Digestion* (eds D.E. Hughes, D.A. Stafford, B.I. Wheatley, W. Baader, G. Lettinga, E.J. Nyns, W. Verstraete, and R.L. Wentworth), Elsevier, Amsterdam, pp. 271–291.
De Man, A.W.A., Vanderlast, A.R.M. and Lettinga, G. (1988) The use of EGSB and UASB anaerobic systems for low strength soluble and complex wastewaters at temperatures ranging from 8 to 30°C. In *Proceedings of the 5th International Conference on Anaerobic Digestion* (eds E.R. Hall and P.N. Hobson), Monduzzi S.P.A., Bologna, pp. 197–209.
Mergaert, K. and Verstraete, W. (1987) Microbial parameters and their control in anaerobic digestion. *Microbiol. Sci.* **4**, 348–351.
Mergaert, K., Vanderhaegen, B. and Verstraete, W. (1992) Applicability and trends of anaerobic pretreatment of municipal wastewater. *Wat. Res.* **26**, 1025–1033.
Metcalf and Eddy Inc. (1984) *Wastewater Engineering: Treatment, Disposal, Reuse.* McGraw Hill, New Delhi, India.
Monroy, O., Noyola, A., Ramirez, F. and Guiot, J.P. (1988) Anaerobic digestion of water hyacinth as a highly efficient treatment process for developing countries. In *Proceedings of the 5th International Conference on Anaerobic Digestion* (eds E.R. Hall and P.N. Hobson), Pergamon Press, London, pp. 347–351.
Nozhevnikova, A.N., Holliger, C., Ammann, A. and Zehnder, A.J.B. (1997) Methanogenesis in sediments from deep lakes at different temperatures (2–70°C). *Wat. Sci. Tech.* **36**(6–7), 57–64.
Rebac, S. (1998) Psychrophilic anaerobic treatment of low strength soluble wastewaters. Ph.D. thesis, Wageningen University, the Netherlands.
Rebac, S., Ruskova, J., Gerbens, S., Van Lier, J.B., Stams, A.J.M. and Lettinga, G. (1995) High-rate anaerobic treatment of wastewater under psychrophilic conditions. *J. Ferment. Bioeng.* **5**, 15–22.
Rebac, S., Van Lier, J.B., Lens, P.N., Van Cappellen, J., Vermeulen, M., Stams, A.J.M., Dekkers, F., Swinkels, K.Th.M. and Lettinga, G. (1998) Psychrophilic (6–15°C) high-rate anaerobic treatment of malting waste water in a two module EGSB system. *Biotechnol. Progress* **14**, 856–864.
Rebac, S., Gerbens, S., Lens, P.N., Van Lier, J.B., Stams, A.J.M. and Lettinga, G. (1999) Kinetic of fatty acid degradation by psychrophilically cultivated anaerobic granular sludge. *Biores. Technol.* **69**, 241–248.
Rozzi, A. and Verstraete W. (1981) Calculation of active biomass and sludge production vs. waste composition in anaerobic contact processes. *Trib. Cebedeau* **455**(34), 421–427.
Rudolph, K.U. (1999) Sewerage charges: a European comparison. *Water Quality International*, March/April, 9.
Sanz, I., and Fernandez-Polanco, F. (1990) Low temperature treatment of municipal sewage in anaerobic fluidized bed reactors. *Wat. Res.* **24**, 463–469.
Sayed, S.K.I.A., and Fergala, M.A.A. (1995). Two stage UASB concept for treatment of domestic sewage including sludge stabilization process. *Wat. Sci. Tech.* **32**(11), 55–63.
Schellinkhout A. and Collazos C.J. (1992) Full-scale application of the UASB technology for sewage treatment. *Wat. Sci. Tech.* **25**(7), 159–166.
Segezzo, L., Zeeman, G., Van Lier J.B., Hamelers, H.V.M. and Lettinga, G. (1998) A review: The anaerobic treatment of sewage in UASB and EGSB reactors. *Biores. Technol.* **65**, 175–190.
Thaveesri, J., Daffonchio, D., Liessens, B., Vandermeren, P. and Verstraete W. (1995) Granulation and

sludge bed stability in upflow anaerobic sludge bed reactors in relation to surface thermodynamics. *Appl. Env. Microbiol.* **61**, 3681–3686.
Van der Last, A.R.M. and Lettinga, G. (1992) Anaerobic treatment of domestic sewage under moderate climatic (Dutch) conditions using upflow reactors at increased superficial velocities. *Wat. Sci. Tech.* **25**, 167–178.
Verstraete, W. and Vandevivere, P. (1999) New and broader applications of anaerobic digestion. *Critical Reviews in Environ. Sci. Technol.* **28**, 151–173.
Vieira, S.M.M. and Sousa, M.E. (1986) Development of technology for the use of UASB reactor in domestic sewage treatment. *Wat. Sci. Tech.* **18**(12), 109–121.
Visser, A., Gao, Y. and Lettinga, G. (1992) Anaerobic treatment of synthetic sulfate-containing wastewater under thermophilic conditions. *Wat. Sci. Tech.* **25**(7), 193–202.
Visvanathan, C., Ben Aim, R. and Parameshwaran, K. (2000) Membrane separation biorectors for wastewater treatment. *Critical Reviews in Environ. Sci. Technol.* **30**(1), 1–48.
Vogels, G.D., Keltjens, J. and Van Der Drift, C. (1988) Biochemistry of methane production. In *Biology of Anaerobic Microorganisms* (ed. A.J.B. Zehnder), Willey Editor, New York.
Wang, K. (1994) Integrated anaerobic and aerobic treatment of sewage. Ph.D. thesis. Wageningen University, the Netherlands.
Wang, K., Vander Last, A.R.M. and Lettinga, G. (1997) The hydrolysis upflow sludge bed (HUSB) and the expanded granular sludge blanket (EGSB) reactor process for sewage treatment. In *Proceedings of the 8th International Conference on Anaerobic Digestion*, London, 25–29 May, Pergamon Press, London, **3**, pp. 301–304.
Widdel, F. (1988) Microbiology and ecology of sulfate and sulfur-reducing bacteria. In *Biology of Anaerobic Microorganisms* (ed. A.J.B. Zehnder), Willey Editor, New York, pp. 469–586.
Wiegel, J. (1990) Temperature spans for growth: hypothesis and discussion. *FEMS Microbiol. Rev.* **75**, 155–170.
Yoda, M., Kitagawa, M. and Miyaji, Y. (1987) Long term competition between sulphate reducing bacteria and methane producing bacteria in anaerobic biofilm. *Wat. Res.* **21**, 1547–1556.
Zeeman, G. and Lettinga, G. (1999) The role of anaerobic digestion of domestic sewage in closing the water and nutrient cycle at community level. *Wat. Sci. Tech.* **39**(5), 187–194.

11章 高温な条件下における家庭排水の嫌気性前処理の可能性

G. Lettinga

© IWA Publishing. Decentralised Sanitation and Reuse： Concepts, Systems and Implementation.
Edited by P. Lens, G. Zeeman and G. Lettinga. ISBN： 1 900222 47 7

11.1 はじめに

11.1.1 家庭排水の嫌気性処理（AnWT）

水は一般廃棄物の輸送媒体として利用されるため，非常に大量で（極めて）低濃度な家庭排水となり，その処理は今や世界中の社会の多くが直面する問題となっている．家庭排水は低濃度ではあるが病原性生物を含むので，公衆衛生に対し有害であることに変わりはない．また，その量の多さを考えると環境に対してもやはり有害である．水を輸送手段とするサニテーションシステムは，主として豊かな高度先進工業国において実施されてきたが，それほど豊かでもない途上国においても実施されるようになってきた．このシステムを建設し維持するための巨大な投資を考えれば，将来の世代は，どこであれ導入がなされた国であれば，いや応なく「処理の問題」に取組まざるをえないだろう．

先進工業国においては通常，運転および維持管理共に比較的コストの高い，コンパクトで高度な好気性処理法が使われている．一方途上国では，比較的コストが低いという理由から，従来型のさまざまなシステムが普及している．しかし，資金不足が原因で，これらのシステムさえ設備できない国がたくさんある．こうした場合，収集された排水はほとんど未処理の状態で放流されてしまう．

従来の排水処理方法に比べてみると，嫌気性処理（AnWT）にはよく知られた(Lettinga, 1996； Van Lier and Lettinga, 1999； **10**章参照）大きな利点がある．このことを考えると，AnWT法は（実現可能であれば）従来の方法の前処理として，極めて魅力的な方法になりうるだろう．しかし，この方法は比較的濃度が高い排水，および環境温度が比較的高い条件（20 ℃以上が望ましい）に特に適しているため，AnWT法が，技術的にまた経済的に家庭排水の前処理方法とし

て適切なものであるのか（あるいは適切なものになしうるのか）ということは，極めて重大な問題である．この方法は，排水温度が常に20℃をこえる熱帯地域で明らかに最も実現可能であると思われる．そのため，AnWTの前段処理の分野における最初の研究は，熱帯地域における適用性に主眼が置かれた．

11.1.2 高温な条件下でのAnWT

温度領域が20～40℃の範囲の低濃度工業排水を対象して設置されたAnWTの実機の経験から，AnWTは家庭排水の処理方法として，実現可能かつ魅力ある解決策であることが実証された（Van Haandel and Lettinga, 1994）．最近の実験結果によれば，長い汚泥滞留時間（浮上までの時間）を特徴とする現在のAnWT法は，温帯の（低温な）気候条件においても（Jewell, 1987 ; Lettinga et al., 1987・1999 ; Rebac et al., 1997），また一部溶解性の汚濁物質を含む20℃以上の低濃度家庭排水を処理する場合にも，メリットがあることがわかってきた．

ここでは，大規模な（64m³）UASBの試験施設を，1983～1989年の6年間にわたりコロンビアのCali（カリ）市において運用した際に得られた，包括的かつ詳細な研究の結果を示す（Schellinkhout et al., 1985・1989）．この研究の結果は，熱帯地域における広範な条件に対しこの技術が応用可能であることを示すと同時に，以下のようなことがらについて示唆を与えている．

①運転を立上げるうえでの適切な条件
②必要な前処理（砂やグリットの除去）
③水量負荷（HLR），有機物質負荷（OLR）と排水性状が処理効率に及ぼす影響
④COD換算での除去有機物質の汚泥およびメタンへの転換率，および汚泥の性状
⑤UASB反応槽システムに関する設計，建設，運転および維持管理基準（建設材料を含む）
⑥沈殿，緩速砂ろ過，散水ろ床，嫌気ろ過および小型熟成池などの様々な後段処理法の効率性および実現性

11.2 UASBを用いた排水処理

カリにおいて実施された上記の研究は，オランダ政府（DGIS DPO）の資金援

助を受けており，Wagenningen 農業大学（WAU），Nijmegen の Haskoning コンサルティングエンジニア，Valle 大学（コロンビア）およびカリの市営企業の共同プロジェクトである．この研究は，それ以前に WAU で行われたこの分野での予備的実験プラント調査で有望な結果が得られたことを踏まえて着手された（de Man *et al.*, 1996；Grin *et al.*, 1983・1985；Lettinga *et al.*, 1983）．カリ・プロジェクトの結果に加え，排水処理用の実機規模の UASB 反応槽に関連するいくつかの実験結果（Schellinkhout and Osario, 1992；Draaijer *et al.*, 1992）も，今回の考察対象とする．

図 11.1 は，64m^3 反応槽を示したものである．カリの処理施設の流入水分配システムは，反応槽の最下段で未処理排水を流入させる 16 本（本数を減らすことは可能）の流入管から構成されていた．また，0～10L/s（0～36m^3/h）の流量調整を可能にする流量制御ボックスが設置されていた．

実験期間前半の 3 年半に処理された排水は，（主として）家庭からのものであり，希釈されていて嫌気性であった（**表 11.1**）．期間の残り 2 年間は，家庭排水と工場排水を同時に輸送する幹線下水道管からの混合排水が利用された．この排水の COD 濃度は，実験期間の前半に使用されたものより高く（T-COD でおおよそ 400mg/L，S-COD（ろ紙によるろ液の COD）で 150mg/L 以上），浮遊物質の総量（TSS）は同程度だったが，灰分の含有量は少なかった（30～35%）．また，工場排水の流入により，流入水の pH がしばしば上昇した．

表 11.1 Cañaverelejo 合流式下水道管から採取した排水の主要特性（全実験期間を通じて測定された平均値）

		全季節	雨季	乾季
T-COD	[g/m^3]	267	300	200
S-COD	[g/m^3]	112	130	90
BOD	[g/m^3]	95	95	95
TSS	[g/m^3]	215	189	156
VSS	[g/m^3]	108	106	73
TSS に含まれる灰分		35～50%		
NTK	[g/m^3]	17	18.7	14.3
アンモニア態窒素	[g/m^3]	11	13.6	9.1
全 PO$_4^-$	[g/m^3]	1.3	0.7	0.8
温度	[℃]	25.2	25	14.4

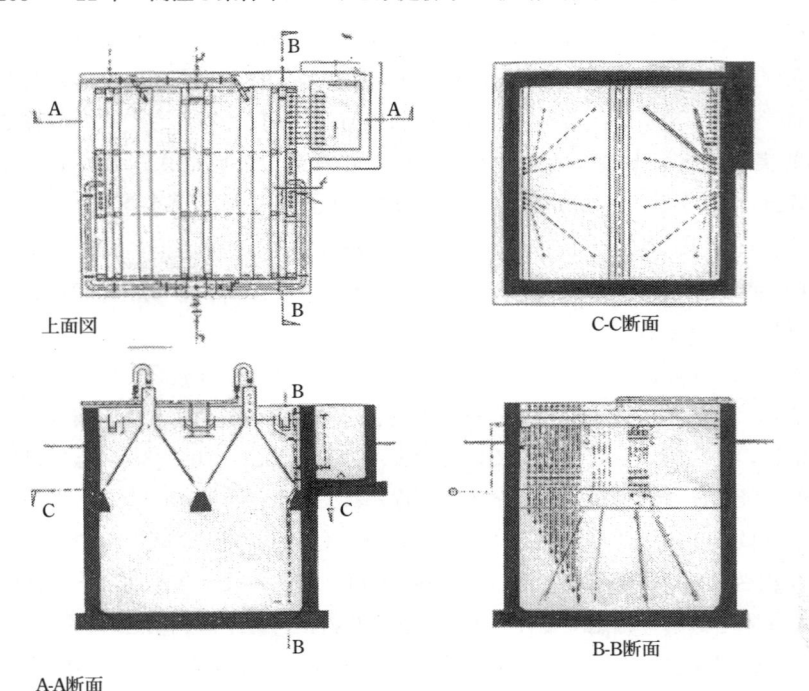

図11.1 カリで実施された容量 64m³ のパイロット UASB 反応槽

11.2.1 未処理の家庭排水を処理する UASB プラントの運転立上げ

適切な運転の立上げを行うためには，十分高い活性と沈降性を備えた安定汚泥が，厚みのある汚泥床/ブランケットの状態で成長し蓄積しなくてはならない．カリにおける実験によって，反応槽の植種は，未処理排水自体の中に存在する活性バイオマスに任せられることが明らかになった（その後，様々な実機施設において確認された（Schellinkhout and Osario, 1992 ; Draaijer et al., 1992））．これを実現するためには，①排水中の浮遊物質は反応槽内に蓄積する必要がある，また②新しいバクテリア物質は保持汚泥内で繁殖することが可能でなければならない．

主として沈降性の浮遊物質の除去によるものであるとはいえ，運転立上げ時から COD 除去率はかなりのものであった．立上げ期間における立上がり速度および処理性能は，主に HRT（水理学的滞留時間）および排水の性状による．このほかにも同実験から，汚泥床が既に反応槽内に存在する場合は，立上がり時間が

短縮されることがわかった．

　初期には，溶解性 COD が一時的に増加する時もある．これは，既に蓄積した固体基質の成分の加水分解が急激に進み，システムにおけるメタン生成活性が不足して，溶解成分の変換が行われないためである．

　反応槽に必要汚泥が蓄積するのに必要な時間は，TSS の流入量，HRT および TSS 除去効率から予測できる．TSS 除去率については，70 〜 80 ％と想定される．カリの実験で使用された 64m^3 の UASB 反応槽に保持された汚泥の TSS 量は，合計 2 000kg であった．反応槽への供給開始の最初の 1 週間は HRT を 12 〜 24 時間と比較的長く設定し，その後の数週間は 6 〜 12 時間に設定することにより，立上げは 6 カ月以内で完了した．

　多くの地域では，最初の運転立上げに用いられる適切な種汚泥が調達不可能な場合が多いので，カリの処理プラントで得られた実験結果は貴重な実践的意義をもつ．カリの処理プラントにおいて開発された手順は，多くの実機施設，例えばインドの Kanpur（カンプール）における 1 100m^3 規模の施設（Draaijer *et al.*, 1992），コロンビアの Bucaramanga（ブカラマンガ）における 3 300m^3 の施設（Schellinkhout and Osario, 1992）およびこれ以外の様々な施設（Vieira and Souza, 1986）の立上げにおいてうまく活用された．

　なお，最低限の要件が満たされない場合は，立上げ時に（前段の有機酸生成と）バランスのとれた消化処理過程に到達することができない．残念なことに，多くの小規模処理施設でこうした状況が発生している．これはオペレーター/請負業者の嫌気性消化処理に関する理解不足による場合が少なくない．このような状況では，処理が非効率になるばかりでなく，近隣の住民に深刻な悪臭被害を及ぼすこともある．円滑な立上げのためには，プロセスへの理解が不可欠なことをぜひとも強調すべきである．

11.2.2 立上げ段階後の運転および性能

　立上げが完了した後は，余剰汚泥を一定期間毎（例えば，4 〜 7 日毎）に排出し，流出水によって汚泥が洗い出されるのを防ぐことが必要である．T-COD 除去率（流入水の T-COD 値と流出水 T-COD 値による）の低下はこれにより防止できる．E^{COD}_{max} すなわちシステムの達成可能最大効率は，生の流入水の値と流出水のサンプル値より求めることができる．

熱帯条件下では，排水の沈降性が著しく高いため（SVI：汚泥容量指数＝10〜20mL/g），E^{COD}_{max} は，処理後沈殿程度の簡単な方法で達成できる．25℃前後で連続運転される場合，E^{COD}_{max} は，HRT が 4 時間以上の時は 80〜83％で，HRT が 2.4 時間の場合は約 73％であった．処理性能は，流入条件が変動しても良好で，78〜81％を保った．実プラントでは，日中 12 時間の HRT は 2.2 時間，夜間の HRT は 6 時間，1 日平均は 3.2 時間であった．日中の流入水 COD（平均 T-COD で 391mg/L，平均 S-COD 値で 122mg/L）は，夜間（平均 T-COD で 183mg/L，平均 S-COD で 78mg/L）に比べ高いが，日中の E^{COD}_{max} は 77〜93％で，平均すると 82％であった．夜間は，流入水が低濃度であるにもかかわらず，E^{COD}_{max} は 41〜83％（平均 60％）と低効率であった．これは，夜間には処理水の溶解性 COD の割合が高いためである．発生ガスのデータの評価により，日中に固形分の形で捕捉された COD 成分が，夜間に生分解を受けて溶解性成分となることがわかった．

汚泥の捕捉については，カリにおける実験結果により，HRT が 6 時間，つまり上向流の液体分の平均流速（V_f）が 0.66m/h の場合は，約 39kg-TSS/m^3 が浮上せずに保持されることが示されている．V_f が 3 倍になると，汚泥床は 1 時間当り 0.3m/h の初期速度で膨張することもわかった．この現象により，水量負荷の高い時間帯が長く続く場合や，汚泥床膨張のための余裕水深が小さい場合には，重い汚泥が洗い出されてしまうことがある．なお，水量負荷のピークを過ぎると，汚泥床はふたたび収縮する．収縮に比べ，膨張する速さはかなり遅いことがわかったが，これは重要なことである．通常，日中の水量負荷は高く夜間は低いため，汚泥床を維持するためには汚泥床が十分に膨張できる水深の余裕が必要である．

膨張のための余裕水深は，最低 1.5m 必要である．この膨張作用は主として水量のピークロードに起因する．有機物質負荷の変動が 1 日当り，1〜2.5kg/m^3 の範囲では，汚泥床の膨張はみられなかった．

UASB への排水供給が長期間行われない場合，汚泥床は比較的短期間でもとの大きさの半分程度に縮小してしまう．カリにおいて実施された実験では，反応槽への供給を 3 週間停止したところ，汚泥床における汚泥 TSS は 2 日後に 120kg/m^3 の濃度となり，1 週間後には汚泥床の高さは 2m 以上あったものが 1.4m 以下に縮小した．その後，V_f を 1 時間当り 0.66m に設定し反応槽の運転を再開した結果，汚泥床は，2 日以内で 0.8m から 1.6m へと膨張し，7 日後には

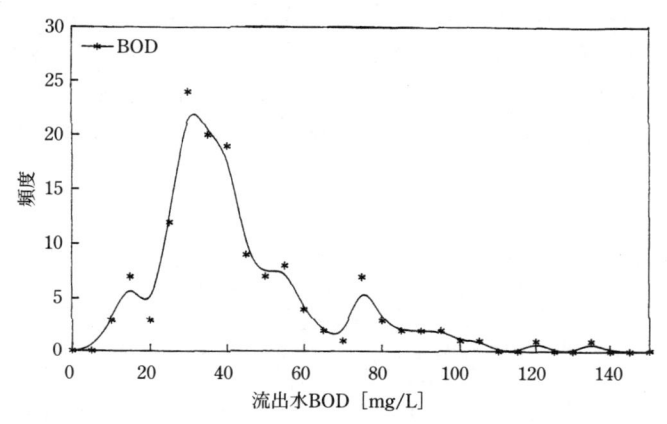

11.2 UASB を用いた排水処理　209

図 11.2 全実験期間を通じ示された流出水に対する全 BOD の週平均値の頻度分布（立上げ時のデータ，有機物および水量のショックロードを含む）

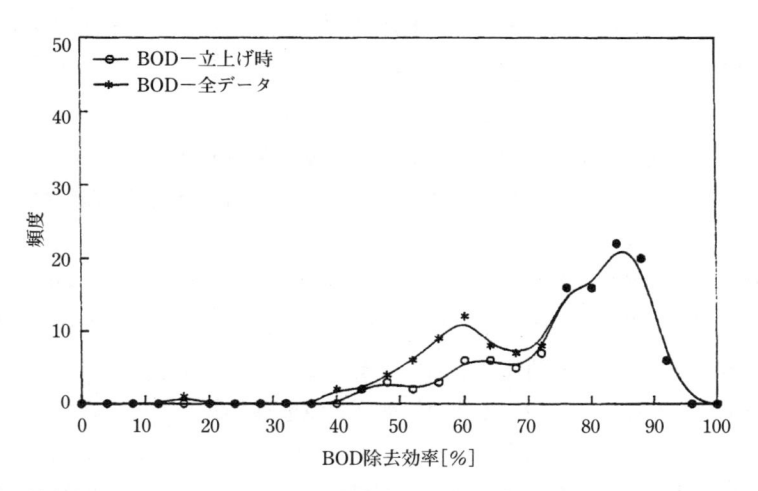

図 11.3 流出水 BOD 濃度および流入水 BOD 濃度に基づく週平均 BOD 除去率の頻度分布
　　　注）（*）：立上げ時の数値を含む，（○）：立上げ時の数値を除く（全実験期間を通して）

2m になった．この値は，排水の供給を停止し始めた時点より低いものであり，このことからも汚泥床の膨張速度が相対的に遅いことがわかる．

5 年半以上の実験期間を通じ，カリの施設で得られた BOD 処理の結果を示したものが，**図 11.2** および **図 11.3** である．

嫌気性消化は無機化作用であるため，沈殿反応が発生しない限り窒素（N）およびリン（P）の除去がほとんどできないことはいうまでもない．通常，液相中の NH_4^+-N 濃度は，生分解性窒素成分の分解により増加する．UASB 処理施設の 64m³ の反応槽から得られた窒素およびリンの除去性能に関する実験結果は，表 11.2 に示されている．

表 11.2 反応槽容量 64m³ の UASB プラントにおける流入水および流出水中のアンモニア態窒素およびリン酸塩濃度

		アンモニア態窒素		全リン酸塩	
		流入水	流出水	流入水	流出水
平均	[mg/L]	10.5	14.9	2.63	1.56
最小	[mg/L]	4.3	5.2	0.1	0.4
最大	[mg/L]	20.8	21.8	5.9	3.3

実設備においても処理性能に関しては，実験設備と極めて類似した測定結果が得られた．カリの処理施設では，BOD 処理効率は常時（立上げ期間を除く）COD 処理効率を 2～4％上回っている．

11.2.3　汚泥およびメタンへの COD 成分の転換率

カリの処理施設において得られたデータにより，COD および TSS の汚泥およびメタンへの転換率をかなり正確に算出することが可能になった．

全実験期間を通じて算出されたメタンへの平均転換率は，除去 COD 1kg 当り 0.19N-m³CH_4 であり，CH_4-COD 換算で 0.5kg に相当する．この結果，おおよそ 50％の除去 COD が余剰汚泥に取込まれることになる．これらの数値は，排水の性状により，熱帯地域における他の処理施設のものと多少異なるかもしれない．

極めて低濃度の排水の場合をみると，生成されたメタンの大部分は溶解し，流出水と共に放流されてしまう．カリの施設では，56～63％のメタンが溶解成分として流出した．何らかの回収措置を講じない限り，メタンガスは外部に流失し温室効果に寄与する結果になり，これは嫌気性生物処理の深刻な短所ということになろう．

カリの処理施設において生成された余剰汚泥は，0.4～0.6kg-TSS/kg-TSS$_{in}$（＝ 0.06～0.1kg-TSS/m³）となった．31.0～37.5kg-TSS/m³（9.4～12.5kg-VSS/m³）の平均汚泥濃度に基づくと，汚泥の滞留時間は，負荷量に応じて，35

〜100日の範囲と推定された．しかし，実際の汚泥滞留時間は，これよりもかなり長い．なぜなら，洗い出される浮遊物質の大部分は，流入水中に存在する中ではより軽量のTSS成分だからである．重い汚泥は汚泥床の底部に蓄積する．

11.2.4 汚泥の性状

余剰汚泥の灰分比率は55〜65％である．これはかなり高い割合であって，汚泥の高い安定性を示すものである．このことは，汚泥消化試験により確認された．運転の立ち上げが完了した後に示されたメタン生成量は，汚泥1kg当り20〜50Lで，立ち上がり期間に比べ格段に低い．別のUASB施設においても，汚泥の安定性については近い数字が得られている．

汚泥の最大メタン生成活性値（MSA_{max}）は，25℃で1日当り約0.15kg-COD/kg-VSSであり，安定性の点から満足できる結果となった．

カリの処理施設で使用された反応槽の汚泥の乾燥特性は極めて良好で，汚泥乾燥床表面負荷20kg-TSS/m^2の条件で，7日以内にTS含有率は10％から35〜40％まで上昇した．他の場所に設置された同様の嫌気性排水処理施設においても，同様の数値が得られた．

11.2.5 反応槽の最大可能負荷量，排水供給口システム

最大メタン生成活性値が1日当り0.15kg-COD/kg-VSS（揮発性浮遊物質量）であり，10kg-汚泥・VSS/m^3という平均汚泥保持量であることから算出すると，25℃における有機物質負荷（OLR）の最大値は1日当り1.5kg-$COD_{biodegradable}$（生分解性COD）/m^3前後となる．これは，64m^3の反応層の場合，1時間当り1.2〜1.6m^3のメタンを生成する負荷量になる．

カリの施設ではOLRが1日当り2.4kg-COD/m^3（溶解性CODベースであり，0.5kg-COD/m^3のvinasse（醸造スロップ）をサプリメントしている）の家庭排水について，HRT6時間で運転された場合，ガスの最大発生量は1時間当り0.8〜1.22m^3であった．このような高負荷では，未処理排水で溶解性CODが比較的低濃度の場合より，反応槽の処理効率は低いものになる．例えば，HRTが4時間以下で溶解性CODの有機物質負荷（OLR）が1.5kg-COD/（m^3・日）という例と比較してみればわかる．1.5kg-COD/（m^3・日）という負荷は，今回のプラントのように汚水と汚泥の接触が良好な場合の最大負荷と推測される．

汚泥と水の接触に関しては，反応槽への排水の供給口の分配システムが極めて重要な要因である．このためカリの処理施設では，総合的な試験が実施された．試験結果から，$4m^2$ に1ヵ所の割合で供給口を設定すると，HRT が 4～6 時間の場合，十分な汚水と汚泥の接触が可能であることが明らかになった．既存のUASB 排水処理システムでは供給口の数はこの条件で使用されており，性能的に全て満足できる状況にある．

11.2.6 スカム層の形成

熱帯気候条件下では，気液界面でのスカム（表面に浮遊する汚泥の塊）層の形成はそれほど大きな問題ではない．スカムは，軽度の撹拌力（例えば，雨水の落下による衝撃力）により急速に沈降する．スカム層の汚泥の安定性は，汚泥床の汚泥の安定性と比較すると，かなり劣ることが明らかになった．それぞれのメタンガス発生量は，約 120mL-CH_4/g-VSS と 40mL-CH_4/g-VSS であった．ガスコレクター部に蓄積するスカム層が，運転上の大きな支障をもたらすことはなかった．

11.3 考察と結論

UASB 施設および現在稼働されている様々な実機規模施設において得られた結果から，排水温度が 20 ℃をこえる熱帯地域における家庭排水の前処理方法として，AnWT が極めて優れていることが明らかとなった（Arceivala, 1998）．

また，この分野において実施された多くの研究結果（de Man et al., 1988；Grin et al., 1983・1985；Zeeman and Lettinga, 1999；Wang, 1994；Metwalli, 2000）によれば，この方法は熱帯地域より低い温度条件下でも可能であると推測されるが，場合によっては，設計方法および建設方法における改善が必要となるであろう．処理プロセスは，適切な設計がなされ，立上げと運転が適正に行われる限り，どんな施設規模にも有効に適用できる．UASB による処理施設の最初の立上げは，HRT がおおよそ 6 時間の場合，植種をしなくても 6～12 週間以内に完了できる．達成可能な除去効率は，HRT が 4～6 時間の場合以下の通りである．

COD（総量/総量）50～75 %（平均 65 %）

COD（総量/ろ過）　70 ～ 90 %（平均 80 %）
BOD（総量/総量）　70 ～ 90 %（平均 80 %）
COD（ろ過/ろ過）　上限 60 %
TSS　　　　　　　60 ～ 85 %（平均 70 %）

　上記の処理性能は，流量および流入水条件が大きく変動した場合にも達成できる．単純な後段沈殿のような簡易式後処理システムを併用することで，BODの低減率を 90 %に近づけることが可能である．

　ここで，AnWT は有機汚濁物質の除去においてのみ有効な無機化プロセスであることを，再度強調しておく必要がある．アンモニア態窒素，PO_4^{3-} および S^{2-} など無機化された成分の除去については，好気性処理といった適切な後処理を利用することが可能であり，むしろそれを利用すべきである．メタン生成量は，0.19 Nm^3/kg-除去 COD（0.33 CH_4-COD/kg-除去 COD），余剰汚泥の生成量は，0.4 ～ 0.6 kg-TSS/kg-TSS_{in}（= 0.06 ～ 0.1 kg-TSS/m^3）まで達する可能性がある．反応槽に滞留する汚泥濃度は，31 ～ 37.5 kg-TSS/m^3，つまり 9.4 ～ 12.5 kg-VSS/m^3 で，汚泥滞留時間は 35 ～ 100 日になる．汚泥は安定しており，良好な乾燥特性を有する．またその MSA は 0.1 kg-COD/（kg-VSS・日）以上である．カリにおける実験結果により，熱帯条件下における単段としての排水処理用 UASB 反応槽に必要な設計基準は確立された．こうしたデータは，インドなどの UASB 施設の建設および運転に適用され成功を収めた．

　残念ながら，コロンビアなど一部の国では請負者の便宜主義や手抜きにより，設計，運転および維持管理に欠陥のある処理施設が存在する．これは，排水用 AnWT についての悪評および誤報の原因となり，従来型のシステムと入れ替えとなるため，嫌気性生物処理システムの実現を望まない衛生関連企業，請負者，あるいは科学者などに利用されている．

11.4　参考文献

Arceivala S.J. (1998) Chapter 7 in *Wastewater Treatment for Pollution Control.* Tata McGraw-Hill, New Delhi, India.
De Man, A.W.A., Grin, P.C., Roersma, R., Grolle, K.C.F. and Lettinga, G. (1986) Anaerobic treatment of sewage at low temperatures. *Proc. Anaerobic Treatment: A Grown-up Technology*, Amsterdam, the Netherlands, 451–466.

De Man, A.W.A., Rijs, G.B.J., van Starkenburg, W. and Lettinga, G. (1988) Anaerobic treatment of sewage using a granular sludge bed UASB reactor. *Proc. 5th Int. Symp. On Anaerobic Digestion*, Bologna, Italy, 753–738.

Draaijer H., Maas J.A.W., Schaapman J.E. and Khan A. (1992) Performance of the 5 MLD UASB reactor for sewage treatment at Kanpur, India. *Wat. Sci. Tech.* **25**(7), 123–133.

Grin P., Roersma R.E. and Lettinga, G. (1983) Anaerobic treatment of raw sewage at lower temperatures. In *Proceedings of the European Symposium on Waste Water Treatment*, Noordwijkerhout, the Netherlands, 23–25 November, 335–347.

Grin P., Roersma R. and Lettinga, G. (1985) Anaerobic treatment of raw domestic sewage in an UASB reactor at temperatures from 9–20°C. Proc. Seminar/workshop: Anaerobic treatment of sewage, Amherst, MA, 109–124.

Jewell, W.J. (1987) Anaerobic sewage treatment. *Environ. Sci. Technol.* **21**(1), 14–21

Lettinga, G. (1996) Sustainable integrated biological wastewater treatment. *Wat. Sci. Tech.* **33**(3), 85–98.

Lettinga, G., Roersma, R. and Grin, P. (1983) Anaerobic treatment of domestic sewage using a granular sludge bed UASB reactor. *Bitechnology and Bioengineering* **25**, 1701–1723.

Lettinga, G., Roersma, R. and Grin, P. (1987) Anaerobic treatment as an appropriate technology for developing countries. *Trib. Cebedeau.* **519**(40), 21–32.

Lettinga, G., Rebac, S., Parshina, S., Nozhevnikova, A. and van Lier, J.B. (1999) High rate anaerobic treatment of wastewater at low temperatures. *Applied Environmental Microbiology*, 1696–1702.

Metwalli, T.A. (2000) Anaerobic treatment of domestic sewage at low temperatures. PhD thesis, Wageningen Agricultural University, Wageningen, the Netherlands.

Rebac, S., van Lier, J.B., Jansen, M.C.J., Dekkers, F, Swinkels, K.Th.M. and Lettinga, G. (1997) High rate anaerobic treatment of malting house wastewater in a pilot-scale EGSB system under psychrophilic conditions. *J. Chem. Tech. Biotechnol.* **68**, 135–146.

Schellinkhout, A. and Osario, C.J. (1992) Full-scale application of the UASB technology for sewage treatment. *Wat. Sci. Tech.* **25**(7), 157–166.

Schellinkhout, A., Lettinga, G., Van Velsen, A.F.M., Louwe Kooijmans, J. and Rodriguez, G. (1985) The application of the UASB reactor for the direct anaerobic treatment of domestic wastewater under tropical conditions. *Proceedings of Anaerobic Treatment of Sewage*, Amherst, MA, 27–28 June, 259–276.

Schellinkhout, A., van Velsen, A.F.M., Wildschut, L., Lettinga, G. and Louwe Kooijmans, J. (1989) Anaerobic treatment of domestic wastewater under tropical conditions. Final reports of the first and second phase of experimental studies conducted in Cali, Colombia. Ministry of Foreign Affairs, DPO/OT, February 1985-January 1989.

Van Haandel, A.C. and Lettinga, G. (1994) *Anaerobic Sewage Treatment*. John Wiley, Chichester, UK.

Van Lier, J.B. and Lettinga, G. (1999) Appropriate technologies for effective management of industrial and domestic wastewaters: the decentralised approach. *Wat. Sci. Tech.* **40**(7), 171–183.

Vieira, S. and Souza, M.E. (1986) Development of technology for the use of the UASB reactor in domestic sewage treatment. *Wat. Sci. Tech.* **18**(12), 109–121.

Wang, K.(1994) Integrated Anaerobic and Aerobic Treatment of Sewage. PhD thesis, in closing the water and nutrient cycle at community level. *Wat. Sci. Tech.* **39**(5), 187–194.

12章
高濃度家庭排水の嫌気性処理システム

G. Zeeman, K. Kujawa-Roeleveld and G. Lettinga

© IWA Publishing. Decentralised Sanitation and Reuse：Concepts, Systems and Implementation.
Edited by P. Lens, G. Zeeman and G. Lettinga. ISBN：1 900222 47 7

12.1 はじめに

　家庭排水処理への嫌気性消化法の適用は，特に熱帯気候の国でしだいに普及しつつあり，大規模な処理施設が設置されたり，あるいは建設されつつある(Hulshoff Pol et al., 1997)．これまでのところ，家庭排水の処理は集中型が主流である．様々な水質および流量の家庭排水は下水道に放流され，大規模な下水管システムによって，多くの場合雨水と共に，遠方まで輸送されている．この現行のサニテーションは，多数の成分を含んで著しく希釈された排水を生み出すことになるが，結局はこれを浄化しなければならないのである．

　有機物質，栄養塩類および病原体などの主な成分の大半は，し尿（糞便と尿）のような極めて小さな容積の中に存在している．サニテーションが未整備の場合や，あるいは新規の団地や大型ビルの建設が計画段階にあるような場合には，濃い排水と薄い排水を分離して収集，輸送，処理するというような，より持続可能性が高い方法を適用することが可能なのだ．

　Zeemanら（2000）の論文は，エネルギーの生成，回収および栄養塩類の再利用を主な目的とする最も持続可能な方法として，様々な廃棄物や排水を分離して処理することが有利であることを示している．この考え方に立てば，分離して収集された家庭排水を調理場・食物ゴミ（以下，生ゴミ）と組合わせて嫌気的に処理することは，水と栄養塩類の循環を達成する上で重要な役割を果たすことになる．

　本章では，比較的濃度が高い家庭排水の嫌気性処理に適用できる多様な技術について述べる．また，処理対象となる排水の成分・濃度，そして適用可能な嫌気性処理の技術は，収集システムによって決るので，本章では，家庭排水と雨水を

別々に収集している集落単位のオンサイト処理に的を絞って考察する．ちなみに，Kalogo および Verstraete（2001）は，雨水を含む家庭排水の全量を処理する効率の高いシステムを提案している．

12.2 嫌気性処理システムと排水濃度の関係

ここでは，様々な収集システムとフラッシュ（水洗）用水量から成る6種類の家庭排水について考える（表12.1）．し尿（糞便と尿）を対象として選定されたフラッシュ用水量は，1＋0.5，4＋2，および9＋6.7（糞便用＋尿用，L）で，それぞれ真空式トイレ，輸送管内にブースターポンプを備えた低圧式トイレ，従来型の水洗式トイレを考えている（Kujawa-Roeleveld et al., 2000）．嫌気性排水処理システムは，一般に，汚泥/バイオマスを保持するものと保持しないものとに分類される．

・汚泥を保持しないシステムは，排水 A，D のような濃度の高い排水に適用される．
・汚泥を保持するシステムは，排水 B，C，E，F のような濃度の低い排水に適用される．

ここでは，上記の排水に対し，次の2種類の処理システムの適用性について考察する．

一つは排水 A，D を対象とするバイオマスを保持しない処理システム，もう一

表12.1 収集システムとフラッシュ用水量を基準にした様々な家庭排水の分類（Kujawa-Roeleveld et al., 2000）

番号	排水の種類	糞便に使用するフラッシング水量 [L/回]	尿に使用するフラッシング水量 [L/回]	排水の名称
A	糞便＋尿＋調理場ゴミ	1	0.5	し尿＋生ゴミ
B	糞便＋尿	4	2	ブラックウォーター1
C	糞便＋尿	9	6.7	ブラックウォーター2
D	ブラックウォーター1＋調理場ゴミ	4	2	ブラックウォーター1＋生ゴミ
E	ブラックウォーター1＋グレイウォーター	4	2	全家庭排水
F	ブラックウォーター2＋グレイウォーター	9	6.7	全家庭排水2

つは排水 B，C，E，F を対象とするバイオマスを保持するシステムである．

12.2.1 バイオマスを保持しない処理方法
(1) 排水 A と D の組成成分

表12.2 は，トイレ排水と生ゴミが混合した排水の組成および水量を，2 種のフラッシュ用水量について示したものである．各数値は，Kujawa-Roeleveld (2001) の論文に示された糞便と生ゴミの組成および発生量，そして Kujawa-Roeleveld ら (2000) の論文に示された尿の組成と発生量に基づいている．生ゴミについては，オランダの病院における平均的な発生量である，1 人 1 日当り 0.4L を採用している（Kujawa-Roeleveld et al., 2000）．

表12.2 異なるフラッシュ用水量におけるし尿（糞便＋尿）と生ゴミの混合排水の理論的組成（Kujawa-Roeleveld et al., 2000）

パラメータ	単位	数値	
排水の種類		A	D
フラッシュ用水量	[L/(人・日)]	3.5	14
タンパク質	[g-COD/L]	4.90	1.63
炭水化物	[g-COD/L]	11.39	3.77
脂質	[g-COD/L]	12.85	4.26
蒸発残留物（TS）	[g/L]	22.57	7.48
COD	[g-COD/L]	29.10	9.65
排水量（V_{ww}）	[L/(人・日)]	5.21	15.71

(2) 処理システム
a. 完全混合反応槽（CSTR：completely stirred tank reactor）システム

CSTR は，水理学的滞留時間（HRT：hydraulic retention time）が 15〜30 日で，中温条件での汚泥消化に利用される最も一般的なシステムである（図12.1）．CSTR の主要な特徴は，汚泥滞留時間（SRT：sludge retention time）が水理学的滞留時間に等しいことである．通常，中温性 CSTR システムが適用可能なためには，システムの加温に十分なバイオガスが発生する程度まで，スラリー（懸濁汚泥）が十分濃縮されている必要がある．そして，スラリー濃度が高くなるほどより大量の余剰エネルギーが生産され，他の目的にも使うことができる．仮に，希釈されたスラリーにも高濃度のスラリーにも同一の SRT で対応できるとするなら，フラッシュ用水量を減らして処理水量を少なくすれば，反応槽容量が小さ

くて済むということになる．さらに，スラリーを高濃度・小容積にできると運搬コストが低く抑えられるので，消化スラリーの農業利用がしやすくなる．このように，フラッシュ用水量を減らすことには，処理コストの低減上，極めて重要な側面がある．

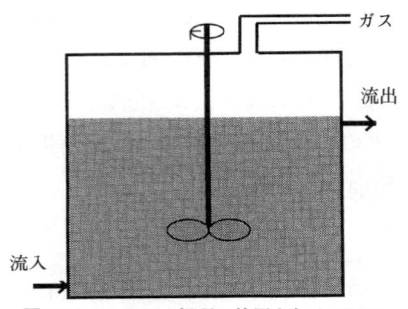

図12.1 スラリー処理に使用されるCSTR

b. AC（accumulation，蓄積）システム

西ヨーロッパのような低温な気候の地域では，冬期の農地への施肥は禁じられている．肥料として消化スラリーを農地で使用する場合は，冬期の3～5ヵ月の間貯蔵しておかなければならない．このような状況では，CSTRに代わる方法として，この地方の環境温度で貯蔵と消化が同時に行えるバッチ式（fed-batch）システムあるいはACシステムが適している（Zeeman, 1991；Zeeman and Lettinga, 1999）．

12.2.2 バイオマスを保持滞留する処理方法

浮遊物質を多く含む排水の嫌気性処理では，一般的には浮遊物質の加水分解が律速条件となる．十分な加水分解とメタン発酵が進行するためには長期のSRTが必要となる．Miron ら（2000）の論文によれば，1次処理汚泥を嫌気性処理によってメタン発酵させるには，25℃の温度条件下で最低10日のSRTを要するのに対し，脂質の加水分解および酸性化には15日のSRTが必要である．また，15℃のような低い温度でメタン発酵条件を達成するためには，最低75日のSRTが必要である（未公表の結果）．比較的低濃度の排水の処理に際し，HRTの長期化やそれによる反応槽の大型化を避けるためには，液体の滞留時間は短いが固形

物はシステム内に滞留させておくような工夫が必要になる.

(1) 排水 B, C, E, F の組成成分

表 12.3 は, 異なる種類のグレイウォーターおよびブラックウォーターの濃度と量を示したものである (Kujawa-Roeleveld et al., 2000). ここに示される数値は, 表 12.4 における排水 B, C, E, F の組成と流量の算出に使用されている.

表 12.3 グレイウォーターとブラックウォーターの濃度と排水量 (Kujawa-Roeleveld et al., 2000)

排水の種類	排水量 [L/(人·日)]	濃度 [g-COD/L]	COD [g]
台所排水	7.3	1.9	13.87
洗濯排水	27.6	＜0＞	24.398
風呂場排水	51.5	0.100	5.150
合計	86.4	0.503	43.418
ブラックウォーター1	4.1 + 11.2 = 15.3	2.6	40.26
ブラックウォーター2	9.1 + 34.9 = 44	0.9	40.268

表 12.4 排水 B, C, E, F の濃度と排水量

排水の種類	単位	値			
		B	C	E	F
COD	[g-COD/L]	2.7	0.9	0.823	0.642
V_{ww} *	[L/(人·日)]	15.3	44	101.7	130.4

* 排水量 [L/(人·日)]

(2) 処理システム

バイオマスを保持する処理システムの中でも最も単純で, これまで世界各国で利用されてきた方法は, 従来型の腐敗槽 (septic tank) システムである. この腐敗槽システムは負荷量の低いものに対してのみ適用可能で, 部分的な処理しか行えないので主として家庭においてオンサイトで使用されている. しかし, 1970年代に滞留時間が短くて済む高速処理システムが開発された. 現在ではこの高速システムが家庭排水の処理方法として次第に普及するようになってきた.

a. 上向流嫌気性汚泥床(UASB : upflow anaerobic sludge blanket)システム

1970年代初めに, 排水の滞留時間は短いがバイオマスの滞留時間が長く, バイオマスが十分に基質と接触するという特徴をもつ高率上向流システムが開発された. 最もよく使われているシステムは, Lettinga ら (1979) により開発された UASB システムである. 本章では, 排水 B, C, E, F の集落オンサイト処理の計

算は，UASB システムに限定している．**図 12.2** は，UASB 反応槽の模式図である．3 相分離構造が反応槽の汚泥滞留性を高めている．UASB 反応槽内の汚泥床は，グラニュール状あるいはフロック状いずれかの汚泥で構成される．フロック状の汚泥は浮遊物質の割合が高い家庭排水の処理過程で発生する．2 ステップシステムが適用される場合にのみ，浮遊物質の大部分が第 1 ステップで除去され（Zeeman *et al.*, 1997 ; Elmitwally *et al.*, 1999），第 2 ステップでメタン発酵性のグラニュール汚泥が発生する．

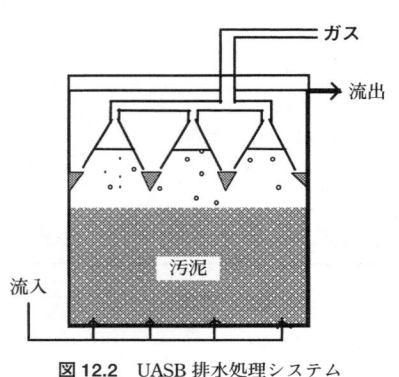

図 12.2 UASB 排水処理システム

b. 従来型腐敗槽システム

従来型の腐敗槽は，反応槽の最上部に流入管が水平に接続されており，通常単槽あるいは 2 槽で構成される．水平に流入した排水は，浮遊物質の一部だけが沈殿により除去される．沈殿汚泥は，反応槽の底部に堆積する．汚泥の滞留時間は，反応槽の大きさと汚泥床の固形物濃度により変動する．反応槽に汚泥が充満した場合は，植種に必要な量を残し排泥する必要がある．従来型腐敗槽システムの大きな欠点は，汚泥と排水が接触しないため排水中の溶解成分の変換が起らない点であり，また，浮遊物質の除去量が沈殿量に限られることも難点になっている．

c. UASB 式腐敗槽システム

UASB 式腐敗槽システムは，従来型腐敗槽システムに取って代わる有望なシステムである（Bogte *et al.*, 1993 ; Lettinga *et al.*, 1993）．このシステムが従来型腐敗槽システムと異なる点は，上向流方式で運転することにより浮遊物質の物理的除去と，溶解成分の生物学的変換の両方の効果が達成できるということである．

また，従来の UASB システムとの最大の違いは，UASB 式腐敗槽システムが，汚泥の堆積と同時に安定化を考慮して設計されており，水に関しては連続式，固形物質に関してはバッチ式あるいは蓄積（AC）式という点である．

　Bogte ら（1993）および Lettinga ら（1993）は，オランダとインドネシアという異なる環境条件下で，ブラックウォーターおよび家庭の全排水のオンサイト処理への UASB 式腐敗槽の利用について研究した．低温条件下では，2 ステップ型 UASB 式腐敗槽システムの適用が有利であると思われた．Zeeman および Lettinga（1999）は，ブラックウォーター単独およびグレイウォーターとブラックウォーターの混合排水の 2 種類を対象に，低温条件および熱帯条件下での期待される除去効率について報告している．

12.3　モデル計算

　モデル計算では，単純化された生物学的モデルを使用し，酸性化と酢酸塩生成は律速されることがないと仮定している．また，加水分解は 1 次反応速度式，メタン発酵は Monod の反応速度式で表現している．加水分解の定数は Zeeman ら（2000）による論文と同一のものを使用したが，それらを**表 12.5** に示す．

　メタンガスの生成に至るタンパク質，炭水化物および脂質の嫌気性消化反応を表わすために使われた生物学的モデルは，**図 12.3** に図式で示されている．なお，高分子系物質の生分解率は全て 70％ と仮定している．

表 12.5　家庭排水の成分に対する温度別加水分解定数（Zeeman *et al.*, 2000）

成分	温度 [℃]		
	15	20	30
	加水分解定数 k_H [1/日]		
脂質	0.010	0.021	0.11
タンパク質	0.037	0.078	0.40
炭水化物	0.044	0.098	0.50

12.3.1　必要とされる SRT（汚泥滞留時間）から HRT（水理学的滞留時間）を求める計算モデル

　UASB システムを適用する場合，最終的な除去効率および有機物質のメタンガ

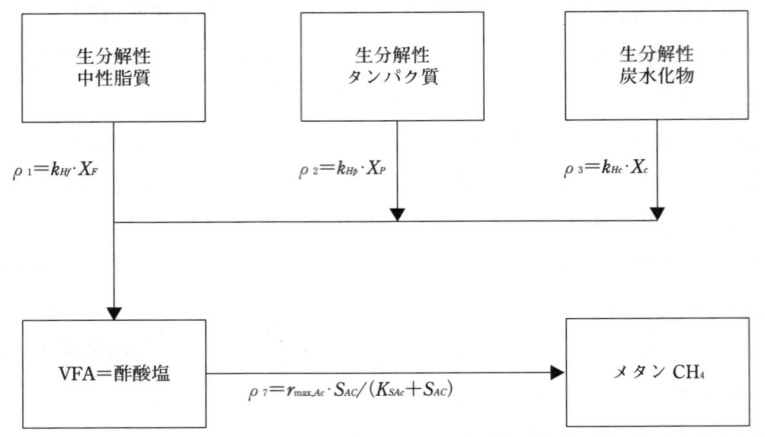

図 12.3 メタンガスの生成に至るタンパク質，炭水化物および脂質の嫌気性消化反応を表す生物学的モデル

注）ρ：変換率 [g/(L·日)]，k：速度係数 [1/日]，X：高分子系物質濃度 [g/L]，F：脂肪，P：タンパク質，C：炭水化物，K_S：親和係数 [g/L]，S_{AC}：酢酸塩濃度 [g/L]

[図中の式] $\rho_1 = k_{Hf} \cdot X_F$，$\rho_2 = k_{Hp} \cdot X_P$，$\rho_3 = k_{Hc} \cdot X_c$，$\rho_7 = r_{max,Ac} \cdot S_{AC}/(K_{SAc} + S_{AC})$

スへの変換は，物理的および生物的プロセスにより決定される．下水のように浮遊物の割合が高い排水では，浮遊物質は沈殿，吸着および取込みなどの物理的プロセスにより分離除去され，分離除去された浮遊物質の加水分解およびメタン発酵は，プロセス温度と SRT に影響される．Zeeman および Lettinga（1999）は，SRT が一定である場合の HRT の計算モデルを提案している．以下にその計算モデルを示す．

 SRT は，反応槽内に保持される汚泥の量および毎日生成される余剰汚泥の量により決定され，余剰汚泥の生成量はバイオマスの生成量と，SS の除去量および変換量により決定される．また，ある温度条件において，SRT はメタン発酵が起こるか否かを決定する．したがって，必要とされる SRT がわかっている場合には，反応槽内の汚泥濃度（X），流入水に対し除去された SS の割合（R）および除去された SS のうち加水分解されるものの割合（H）がわかれば，それに対応する HRT を計算で求めることができる．

 UASB 式反応槽の HRT を算出する式は下記の通りである．

$$\mathrm{SRT} = X/X_{pr} \tag{12.1}$$

ここで，X：反応槽内の汚泥濃度 [g-COD/L]，1g-VSS = 1.4g-COD
    X_{pr}：汚泥生成量 [g-COD/(L·日)]

$$X_{pr} = B_V \times SS \times R \times (1 - H) \tag{12.2}$$

ここで，B_V：有機物質負荷［kg-COD/(m³·日)］

SS：$COD_{ss}/COD_{influent}$

$$HRT = C/B_V \ [日] \tag{12.3}$$

したがって，

$$HRT = (C \times SS/X) \times R \times (1 - H) \times SRT \tag{12.4}$$

ここで，SRT：汚泥滞留時間［日］

R：除去された COD_{ss} の割合

H：除去された COD_{ss} のうち加水分解される割合

除去された COD_{ss} のうち加水分解されない COD_{ss} とバイオマス生成量は区別されない．

12.3.2 排水の加温に使われるエネルギー

排水の無機化による最終生成物質であるメタンは熱量をもっている．CH_4（0℃，760mmHg）1L当りの熱量は，約9.5kcalである．排水を30℃まで加温するのに必要な熱量（Q_H）は，下記の式で算出することができる．

$$Q_H = \Phi_V \times \tau_F \times C_F (30 - t_a)/0.85 \tag{12.5}$$

ここで，Q_H：熱量［kcal/日］，Φ_V：流量［L/日］，τ_F：排水の比重（=約1），C_F：比熱（=約1kcal/(kg·℃-排水温度)），t_a：排水の温度，0.85＝熱消費効率．発酵槽を適温に保つために必要な熱量（Q_D）は，下記の式により算出できる．

$$Q_D = Fk(35 - t_{env})/0.85 \tag{12.6}$$

ここで，F：発酵スペースにおいて熱交換が行われる面積［m²］，k：伝熱係数［kcal/(m²·日·℃)］，t_{env}：環境温度．

12.3.3 モデル計算の結果と考察

(1) 排水温度 30℃の場合の CSTR

前述したモデルに基づき30℃の温度条件でSRTを20日と30日に設定し，それぞれの場合の有機物質反応に関する計算を行い，1人1日当りに必要な反応槽の容量を算出した．結果を表12.6に示す．

表12.6は，20日間のSRTでは，し尿と生ゴミあるいはブラックウォーターと生ゴミの混合排水の消化反応によって，1人1日当り29Lのメタンガスが生成さ

表12.6 SRTを20日と30日に設定した場合のCSTRシステムにおけるし尿と生ゴミの混合排水（排水A）およびブラックウォーターと生ゴミの混合排水（排水D）の中温（30℃）での嫌気性消化効率の計算値

		排水A		排水D	
SRT	[日]	20	30	20	30
CSTR容量	[L/人]	104	156	314	471
VFA生成：脂質系VFA	[g-COD/L]	6.2	6.9	2.1	2.3
炭水化物系VFA	[g-COD/L]	7.2	7.5	2.4	2.5
タンパク質系VFA	[g-COD/L]	3.0	3.2	1.0	1.1
VFA総量	[g-COD/L]	16.5	17.5	5.5	5.8
流出するVFA	[g-COD/L]	0.36	0.19	0.36	0.19
CH_4（メタン）生成量	[L/(人・日)]	29	32	28	31
生分解性COD変換率	[%]	79	85	76	83

れることを示している．

またSRTを30日に延長しても，メタンガス生成の増加量はわずか10％である．生成されたメタンガスの一部は，排水および反応槽内部の加温に必要となる（式12.5および式12.6）．式（12.5）を適用すると，排水D（1日当りのブラックウォーターと生ゴミの混合排水が15.7L）を温度30℃で処理しようとする場合，まず排水を15℃から30℃に加温するのに277kcalが必要であるのに対し，メタンガスとして生成される熱量はわずか29×9.5＝275.5kcalであることがわかる．

反応槽内部を適温に保つのにエネルギーが必要であることを考慮する（式12.6）と，生ゴミがCOD濃度を大きく上昇させ，それによってメタン生成能が高まるとしても，やはりブラックウォーターと生ゴミの混合排水の処理に中温性のCSTRを適用することは適当ではない．また，1人当り314L程度の比較的容量の大きい反応槽が必要になることからも，トイレのフラッシュ用水量は減らさなければならない．

CSTRあるいはACシステムで嫌気性消化を行う場合には，環境温度が低いと必要なSRTが増加するため，さらに大型の反応槽を設置しなくてはならなくなり，ACシステムが適用できるのは最も高濃度の家庭排水（排水A）のみとなる．生ゴミを含まない排水BおよびCをUASBシステムで処理することの可能性については後で述べる．トイレのフラッシュ用水量が少ないサニテーションシステムの場合，し尿と生ゴミの混合排水量は1人1日当りわずか5.2Lとなり，この排水を15℃から30℃に加温するのに必要な熱量は，1人1日当り91.8kcalである．

反応槽内部を適温に保つのに必要なエネルギー量は，反応槽表面積と式(12.6)に示されるような伝熱係数 k に関係する．直径 10m，高さ 10m，容量（V）789m³，伝熱係数 k が 0.046kcal/(m²·h·℃) で平坦な屋根つき鋼板（1.5cm 厚）製の反応槽の場合，環境温度が 15℃ および 20℃ とすると，計算上必要な総熱量（$Q_{D,\text{total}}$）はそれぞれ 179kcal，119kcal/(人·日) となるが，実際には流入水と流出水の間に熱交換があるので，必要総熱量はこれよりもさらに少なくなる．したがって余剰エネルギーの回収が可能になり，家庭用として利用することができるようになる．

　加温に必要なエネルギーを少なくするもう一つの方法は，排水の高濃度化，つまり糞便と尿を分離することによって処理すべき排水量を減少させることである．尿は COD が極めて少なく，濃度も低いため排水を薄める結果となっているが，5.2L のし尿と生ゴミの混合排水から尿を分離すると，1.5L の糞便と生ゴミの濃縮混合排水になる．その結果，反応槽の必要容量は 29% まで低下し，流入水の濃度が 100g-COD/L に上昇するため，余剰エネルギーはかなり増加するはずである．しかし，糞便と尿を分離すると，糞便を流す水がなくなることになり，糞便の収集や輸送が困難になるという問題が生じてくる．糞便と尿の分離式収集については既に述べたが，最も適切な収集，輸送および反応槽技術を選定するためには，様々なシステムについてそれぞれの利点およびコストの評価が必要である．

(2) 排水温度 15℃ および 20℃ の場合の AC システム

　糞便と生ゴミの混合排水（排水 A）の処理に対する計算結果は，**表 12.7 ～ 表 12.10** に示す通りである．蓄積期間を 100 日とする場合，温度 20℃ および 15℃ での反応槽の総容量は，それぞれ 1 人当り 584L，764L である．2 つの温度間における容量差は，必要植種量の差によるものであり，反応槽を屋内，例えば建物

表12.7　排水温度 20℃ の条件下で，AC システムによってし尿と生ゴミの混合排水（排水 A）を処理する場合の植種量および反応槽総容量の計算値

蓄積期間	[日]	100	180	365
有効反応槽容量	[L/人]	520	936	1898
植種量	[%]	11	7	4
反応槽の総容量	[L/人]	584.3	1006.4	1977.1
固形物量	[g/L]	33.4	33.4	33.4
微生物活性	[g-COD/(g-TS·日)]	0.03	0.03	0.03

表12.8 排水温度20℃の条件下で、ACシステムによってし尿と生ゴミの混合排水（排水A）を処理する場合の嫌気性消化効率の計算値

蓄積期間	[日]	100	180	365
VFA生成： 脂質系VFA	[g-COD/L]	7.9	8.4	8.7
炭水化物系VFA	[g-COD/L]	6.99	7.43	7.7
タンパク質系VFA	[g-COD/L]	3.01	3.20	3.31
VFA総量	[g-COD/L]	17.9	19.0	19.7
加水分解される固形物	[g/L]	11.1	11.7	12.2
流出する固形物	[g-COD/L]	11.5	10.8	10.4
CH_4（メタン）生成量	[L/(人·日)]	27	29	30

表12.9 排水温度15℃の条件下で、ACシステムのよってし尿と生ゴミの混合排水（排水A）を処理する場合の植種量および反応槽全容量の計算値

蓄積期間	[日]	100	180	365
流出水量	[L/人]	520	936	1898
植種量	[%]	32	20	11
反応槽の総容量	[L/人]	764	1170	2132
固形物量	[g/L]	33.4	33.4	33.4
微生物活性	[g-COD/(g-TS·日)]	0.008	0.008	0.008
$t=0$の時の最高CH_4	[g-COD/日]	65.4	62.5	62.7

表12.10 排水温度15℃の条件下で、ACシステムによってし尿と生ゴミの混合排水（排水A）を処理する場合の嫌気性消化効率の計算値

蓄積期間	[日]	100	180	365
VFA生成：脂質系VFA	[g-COD/L]	6.67	7.67	8.34
炭水化物系VFA	[g-COD/L]	5.91	6.8	7.39
タンパク質系VFA	[g-COD/L]	2.54	2.93	3.18
VFA総量	[g-COD/L]	15.12	17.4	18.92
加水分解される固形物	[g/L]	9.37	10.78	11.72
流出する固形物	[g-COD/L]	13.20	11.79	10.85
CH_4（メタン）生成量	[L/(人·日)]	23	26	29
生分解性COD変換率	[%]	75	85	93

の地下室などに設置すれば、反応槽の容量をかなり小さくすることが可能であることを示している．ここで算出されたACシステムの反応槽容量は、当然ながら中温性のCSTRシステムの反応槽容量（計算値）を大きく上回っている．しかしながら、CSTRシステムでスラリーを農業に使用するためには、（冬期用に）100日間の貯留のための設備を追加しなければならない．また、ACシステムの

バイオガス発生量は CSTR システムよりも少ないが，AC システムでは加温のためのガスが不要なので問題にはならない．

(3) 排水温度 10 〜 15 ℃ の場合の UASB システム

排水温度 15 ℃ の条件下でメタン発酵と，脂質の加水分解および β 酸化を同時に行うためには，最低 75 日の SRT が必要である．ブラックウォーターを含む家庭排水を低温条件，例えば 15 ℃ で処理する場合には，最低 100 日の SRT が必要であると考えられる．UASB システムの汚泥床が CSTR と同様に機能し，加水分解定数が表 12.5 とほぼ同様であると仮定すると，計算では汚泥床内に滞留するCODss（浮遊性 COD）は，その 30 ％ しか加水分解されないことになる．こうした仮定に基づき，4 種類の排水について適用可能な HRT を算出した結果が表 12.11 である．

表 12.11 排水温度 15 ℃，SRT100 日，反応槽内の汚泥濃度 21g-COD/L および CODss 除去率を 70 ％ とした場合において必要な HRT の計算値

排水の種類		B	C	E	F
SRT	[日]	100	100	100	100
排水濃度	[g-COD/L]	2.7	0.9	0.82	0.64
SS 濃度*	[g-COD/L]	2.7	0.9	0.74	0.58
HRT 計算値	[日]	6.30	2.10	1.73	1.35
V_{UASB}	[L/人]	95	95	176	176
CH$_4$ 生成量	[L/(人・日)]				
生分解性 COD 転換率	[％]	0.4	0.4	0.4	0.4

* グレイウォーター中の CODss の割合は 0.8 と仮定する．
訳者注）CH$_4$ 生成量は原書で欠落しているため，本表でも空欄とした．

(4) 排水温度 25 〜 30 ℃ の場合の UASB システム

排水温度 25 ℃ の条件下でメタン発酵と，脂質の加水分解および β 酸化を行うためには，最低 15 日の SRT が必要である（Miron et al.,2000）．熱帯気候条件，すなわち 25 〜 30 ℃ でブラックウォーターと家庭の全排水の処理を行う場合には，SRT は 30 日とした（表 12.12）．UASB システムの汚泥床が CSTR と同様に機能し，加水分解定数が表 12.5 の 30 ℃ の値とほぼ同様であると仮定すると，汚泥床内に滞留する CODss は，そのおおよそ 60 ％ が加水分解されると考えられる．こうした仮定に基づき，4 種類の排水について適用可能な HRT を算出した結果が表 12.12 である．

12章 高濃度家庭排水の嫌気性処理システム

表12.12 SRT30日，反応槽内の汚泥濃度21g-COD/L，CODss除去率70％とした場合，排水温度25〜30℃の条件下において必要なHRTの計算値

排水の種類		B	C	E	F
SRT	[d]	30	30	30	30
排水濃度	[g-COD/L]	2.7	0.9	0.82	0.64
SS濃度*	[g-COD/L]	2.7	0.9	0.74	0.58
生分解性SS	[％]	70	70	70	70
HRT計算値	[日]	1.08	0.36	0.30	0.23
V_{UASB}容量	[L/人]	16	16	30	30
CH_4生成量	[L/(人・日)]	8.6	8.6		
生分解性COD転換率	[％]	0.85	0.85	0.85	0.85

* グレイウォーター中のCODssの割合は0.8と仮定する．

　表12.11と表12.12を比較すると，15℃と25℃というプロセス温度の違いによって，UASBシステムに適用されるHRTとメタン回収量は大きな差を示している．このことから，熱帯条件下でのUASBシステムによる処理は，ブラックウォーターおよび家庭排水のいずれに対しても極めて有効であるといえる．一方，低温で処理する場合には，HRTを長く設定しなければならないこと，適用負荷量が低いのでメタンガスの回収量も少なくなることから，低温条件下では2ステップシステムの適用が推奨されている．これは，まず第1ステップで浮遊物質を除去し，次のステップで溶解性物質と残留細粒物質からメタンを生成するというシステムである．

　Elmitwalliら（1999）によれば，嫌気性ろ床（AF：anaerobic filter）では13℃という低い温度で，HRTが4時間の場合，CODssが80％除去される．メタンガスの生成に関しては，第1ステップで生成された汚泥は，生ゴミと共にCSTRシステム内で消化される．表12.12をみると，トイレのフラッシュ用水の増加が，1人当りに必要な反応槽容量に大きな影響を及ぼしていることが明らかである．これはまた，トイレのフラッシュ用水量の低減化および，トイレ排水とグレイウォーターの分離が重要であることを強調するものである．排水に含まれる全ての栄養塩類と病原体は，もともと糞便と尿のような少量の排水中に存在していると考えられることからも，糞便と尿の分離収集は極めて重要なことがわかる．糞便と尿が分離されていない排水の全量を嫌気性消化した後こうした成分をそのような大量の排水から除去するためには，より複雑な処理システムが必要となる．フラッシュ（水洗）による希釈は，嫌気性処理システムのみならず後処理

システムにも影響を与える．

　CSTR内における排水D（ブラックウォーター1と生ゴミの混合排水）あるいは排水A（し尿＋生ゴミの混合排水）の消化反応（**表12.6**）と，中温条件でのUASBシステム内における排水B（ブラックウォーター1）の消化反応（表12.12）を比較すると，1人1日当りに必要な反応槽の容量差が大きい．この原因は，CSTRでは生ゴミが混合されていること，およびUASBでは消化固形物が汚泥床内で反応槽容量1L当り21g-CODまで濃縮されていることにあると考えられる．一方，CSTR内の排水AおよびDの消化スラリーは，それぞれ反応槽容量1L当りわずか12.5g-CODと4g-CODにしかならない．

　メタン生成能を低下させずに毎日のし尿の量を減らす1つの方法は，前述の通り尿の分離である．もう1つは，し尿のフラッシュ用水量を減らすことである．これについては真空式トイレが有効であることは既に述べたが，フラッシュ用水の使用についてはこの章で示した通りである．Zeemanら（2000）は，真空式トイレの採用によってフラッシュ用水量が減少すると，1人1日当りの排水量は2.2Lとなり，CSTRの必要容量が1人当りわずか44Lですむと推定している．したがってこれらのトイレットシステムの開発は，水使用量の削減とそれによる反応槽の容量の縮小を可能にするものであるということができる．

12.4 参考文献

Bogte, J.J., Breure, A.M., van Andel J.G. and Lettinga, G. (1993) Anaerobic treatment of domestic wastewater in small-scale UASB reactors. *Wat. Sci. Tech.* **27**(9), 75–82.

Elmitwalli, T.A., Sklyar, V., Zeeman, G. and Lettinga, G. (1999) Low temperature pre-treatment of domestic sewage in anaerobic hybrid and anaerobic filter reactors. *Proc. 4th IAWQ Conference on Biofilm Reactors*, 17–20 October, New York.

Hulshoff Pol, L., Euler, H, Eitner, A. and Grohanz, T.B.W. (1997) State of the art sector review. Anaerobic trends. *WQI* July/August, 31–33.

Kalogo Y. and Verstraete, W. (2001) Potentials of anaerobic treatment of domestic sewage under temperate climate conditions. Chapter 10 of this volume.

Kujawa-Roeleveld, K. (2001) Types, characteristics and quantities of domestic solid waste. Chapter 5 of this volume.

Kujawa-Roeleveld, K., Zeeman, G. and Lettinga, G. (2000) DESAH in grote gebouwen. EET rapport. In Dutch

Lettinga, G., de Man, A., van der Last, A.R M., Wiegant, W., Knippenberg, K., Frijns, J. and van Buuren, J.C.L. (1993) Anaerobic treatment of domestic sewage and wastewater. *Wat. Sci. Tech.* **27**(9), 67–73.

Lettinga, G., van Velsen, L., de Zeeuw, W. and Hobma, S.W. (1979) The application of anaerobic digestion to ind ustrial pollution treatment. *Proc. 1st Int. Symp. On Anaerobic Digestion*, 167–186.

Miron, Y., Zeeman, G., van Lier, J.B. and Lettinga, G. (2000) The role of sludge retention time in the hydrolysis and acidification of lipids, proteins, carbohydrates and proteins during digestion of primary sludge in CSTR systems. *Water Research* **34**(5), 1705–1714.

Zeeman, G. (1991) Mesophilic and psychrophilic digestion of liquid manure. Ph.D. thesis, Department of Environmental Technology, Agricultural University, Wageningen, the Netherlands.

Zeeman, G. and Lettinga, G. (1999) The role of anaerobic digestion of domestic sewage in closing the water and nutrient cycle at community level. *Wat. Sci. Tech.* **39**(5), 187–194.

Zeeman, G., Sanders, W. and Lettinga, G. (2000) Feasibility of the on-site treatment of sewage and swill in large buildings. *Wat. Sci. Tech.* **41**(1), 9–16.

Zeeman, G., Sanders, W.T.M., Wang, K.Y. and Lettinga, G. (1997) Anaerobic treatment of complex wastewater and waste activated sludge. Application of an upflow anaerobic solid removal (UASR) reactor for the removal and pre-hydrolysis of suspended COD. *Wat. Sci. Tech.* **35**(10), 121–128.

13章 集落用のコンパクトなオンサイト処理
——ノルウェーの経験

H. Ødegaard

© IWA Publishing. Decentralised Sanitation and Reuse：Concepts, Systems and Implementation.
Edited by P. Lens, G. Zeeman and G. Lettinga. ISBN：1 900222 47 7

13.1 はじめに

　この章では，小規模コミュニティー向けのコンパクトな排水処理装置，すなわち分散型排水システムについて論じる．IWAの小規模排水処理施設の専門家グループでは，小規模処理施設を2 000人未満の処理人口または200m^3/日未満の処理水量の規模のものとして定義しており，この章では，このIWAの国際的定義に従うこととする．また，分散型システムについての一般的な定義はないが，ミニ処理施設（オンサイト施設）と小規模処理施設の区分についてはノルウェーで用いられている定義によることとする．

　ノルウェーは，人口約400万人，国土面積40万km^{2}で人口密度は低い．450の地方自治体のうち30％は人口が3 000人以下である．ほぼ全ての地方自治体において，人口は小規模な村落/集落に分散している．これらの小集落では小規模処理施設につながる排水収集システムを有しているが，その排水システムは，その小規模性のゆえに，分散型システムのあらゆる特徴を有しているといえる．ノルウェーにおいては，対象処理人員が35～500人の処理施設は「小規模処理施設」と呼ばれ，35人（または7世帯）以下のミニ処理施設と区別されている．通常，ノルウェーの地方自治体が所有するのは小規模処理施設で，別の法的規制体系の中で個々の処理水の放流許可が関係環境当局により与えられている．

　人口のおおよそ25％は，排水収集システムが整備されていない地方に居住しており，このような地域ではオンサイト処理が実施されている．環境当局の規制により，1～7戸までの家屋では，各自が所有するオンサイト処理システムの使用が認められている．これらのオンサイト処理システムは通常，分配装置を備えた腐敗槽と土壌浸透システムから構成される．

非透水性土壌で土壌浸透システムが使用できない場合は，コンパクトなプレハブ式ミニ処理施設が使用されることが多い．この施設は，家庭排水全般（グレイウォーターとブラックウォーター）に対応し，普通は，腐敗槽で前処理した後，生物的あるいは化学的プロセス，もしくは，両プロセスによる処理を行う．処理施設がグレイウォーターだけに使用される場合もある．7戸あるいは35人以下の散在する住居の規定に該当するコンパクトなオンサイト処理施設を，この章ではミニ処理施設と表記する．これらは，通常個人の所有物である．環境当局が，ある型式の施設を認可した場合は，個別に処理水放流許可が無くても使用することができる．

表 13.1 は，1996年におけるノルウェーの分散型排水処理施設を規模別に3分類（35人以下，35〜500人，500〜2000人）し，さらに処理方法別（生物，化学，生物/化学）にその数量を表わしたものである（Ødegaard, 1996）．表13.1をみると，施設の大多数が生物/化学処理であることがわかる．小規模処理施設（処理対象人員35〜2000人）の約75％およびミニ処理施設（処理対象人員35人以下）の70％は化学的沈殿（化学的または生物/化学的）によるリン除去を行っている．この章では，主要な2サイズの施設（ミニ処理施設および小規模処理施設）の技術に的を絞り，そのサイズ別にそれぞれ1種類の施設について，ノルウェーで利用されている処理技術の例として，その詳細を論じることにする．

表 13.1 ノルウェーにおける処理方法別および規模別の分散型排水処理施設数（Ødegaard, 1996）

処理方法	合計		35人以下		35〜500人		500〜2000人	
	No.	[%]	No.	[%]	No.	[%]	No.	[%]
生物的	1 299	30.5	1 175	31.3	86	31.2	38	16.8
化学的	480	11.3	375	10	41	14.8	64	28.3
生物/化学的	2 473	58.2	2 200	58.7	149	54	124	54.9
合計	4 252	100	3 750	100	276	100	226	100

ノルウェーにおける小規模処理施設の排水基準は，通常，年平均の BOD_7 と全リン濃度によっており，処理対象人員1000人以下あるいはそれと同規模の施設では年6回の観測値の，処理対象人員1000〜2000人の処理施設では年12回の観測値の平均によっている．排水基準は地方自治体により異なるが，一般的には**表 13.2**に示したようになっている．

表 13.2 ノルウェーにおける小規模排水処理施設の代表的排水基準

処理方式区分		全リン [g/m³]	BOD₇ [g/m³]
化学的		0.5 ~ 0.6 *²	n/a *¹
生物的		n/a *¹	15 ~ 20 *²
生物/化学的			
	同時沈殿	0.8 *²	15 ~ 20 *²
	同時＋後沈殿および後沈殿	0.4 ~ 0.5 *²	10 ~ 15 *²

*¹ 基準値なし
*² 平均値

13.1.1 排水の特性

通常，分散型排水処理施設は集中型処理施設に比べ，より高濃度の排水を受け，含有成分も変化に富んでいる．また，システムが小さいほど排水の含有成分の変化も大きい．分散型施設に流入する排水は，含有成分の変化（施設間の変化や時間的変化）ばかりでなく，流量の変化も大きい．このような大きな変化に対応できるように，貯留槽や反応プロセスを考慮したシステムをつくる必要がある．

ほとんどの分散型処理施設では，腐敗槽の中で固体を沈殿により分離させる前処理が行われ，沈殿固形物質（汚泥）はそこで長期間（3ヵ月～2年間）蓄積され，ある程度嫌気分解される．

汚泥の加水分解および安定化という点では，必ずしも最適な前処理とまではいえないまでも，これを嫌気性前処理ということもできる．ノルウェーでは，例えばバイオフィルター（生物ろ過）や上向流嫌気性汚泥床（UASB）などを嫌気性前処理装置として特に設計に組込んだというような事例はない．しかし，嫌気性バイオフィルターによる前処理は，日本のオンサイト処理施設では広く活用されている（Yang et al., 2001）．ただし，特に活性汚泥によるシステムでは，前処理装置が使用されない場合もある（後述参照）．

排水処理装置を雑排水とし尿の混合排水ではなく，グレイウォーターの処理に利用する場合もある．グレイウォーターは，トイレからの排水以外の家庭でのあらゆる「洗う」こと，例えば洗面台，台所の流し台，洗濯機などから発生する．グレイウォーターは，体を洗うために使われる石鹸，シャンプー，その他の身体洗浄用品などにより発生する．したがって，その水質は当然ながら場所による特異性が強く，濃度や組成成分も様々である．有機物質濃度は家庭排水とほぼ同じであるが，浮遊物質量および濁度は家庭排水よりも低い．これは，汚濁の大部分

が溶解性であることを意味している (Jefferson *et al*., 2000). しかし, 有機物質の化学的特性はまったく異なる. COD/BOD 比は, 通常の混合排水における一般的な比よりもかなり大きい. これは, 窒素やリンなどの主要栄養塩類のアンバランスとも関連する. COD：NH_3：P 比は, 家庭排水が 100：5：1 であるのに対し, グレイウォーターは 1030：2.7：1 である (Jefferson *et al*., 2000). たとえグレイウォーターが混合排水と同じ方法で処理できたとしても, 特殊な組成であるということについては特別に留意する必要がある. 有機物質は生物的反応過程の制限要素ではないため, 上記の両側面は, 例えば生物処理の効果を低下させることになる.

13.1.2 処理システム

分散型排水システムのコンパクトな処理施設における排水（混合排水およびグレイウォーター）の処理プロセスは, 原理的に大規模な集中型システムのものと同じである. すなわち, 物理的, 化学的, 生物的プロセスとこれらを組合せたプロセスが用いられる. 物理的プロセスの中では, その簡易さから沈殿が最も主流である. 傾斜板沈澱あるいは沈降管沈殿が後処理に用いられることもある. 前沈殿段階では, 通常, 腐敗槽またはイムホフタンクの原理による汚泥貯留が組合されている. 生物的プロセスでは,（腐敗槽は分離槽であると同時に嫌気性反応槽であるという事実を除けば）好気的プロセスが最も主流である. 好気性生物処理プロセスの中では, 活性汚泥と生物膜（回転円盤生物接触装置（RBC：rotating biological contactor）, 散水ろ床, 水中生物ろ床および移動床式生物膜処理槽）が用いられている.

化学的プロセスは, 生物的プロセスに比べると小規模処理プラントでの利用は少ない. しかし, ノルウェーでは頻繁に利用されている. 単独での利用よりも, 主として生物的プロセスと併用されることが多い. これは, ノルウェーの場合, オンサイト処理施設に限らずほぼ全ての処理施設に高度のリン除去が要求されているからである.

13.2 ノルウェーのコンパクトなプレハブ式オンサイト処理装置の技術（ミニ処理施設）

ノルウェーでは長い間，プレハブ式オンサイトミニ処理施設を利用することに否定的な考えが強かった．以前にはこうした施設の利用を禁止する規制が設けら

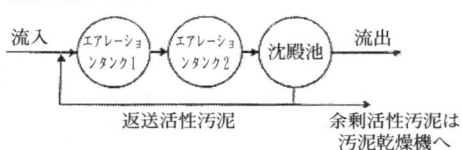

a）BIOVACプラント

流入 → エアレーションタンク1 → エアレーションタンク2 → 沈殿池 → 流出
返送活性汚泥
余剰活性汚泥は汚泥乾燥機へ

b）Wallax W1プラント

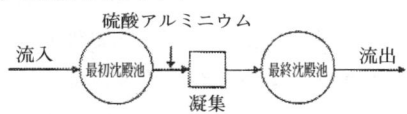

硫酸アルミニウム
流入 → 最初沈殿池 → 凝集 → 最終沈殿池 → 流出

c）Colombioプラント

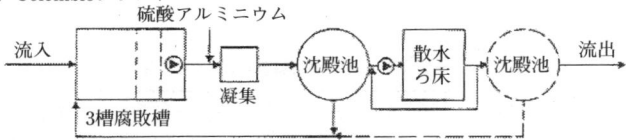

硫酸アルミニウム
流入 → 3槽腐敗槽 → 凝集 → 沈殿池 → 散水ろ床 → 沈殿池 → 流出

d）BIOVAC FDプラント

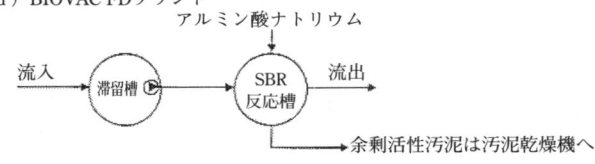

アルミン酸ナトリウム
流入 → 滞留槽 → SBR反応槽 → 流出
余剰活性汚泥は汚泥乾燥機へ

e）BBプラント

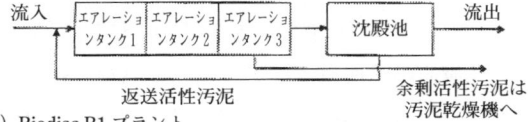

流入 → エアレーションタンク1 → エアレーションタンク2 → エアレーションタンク3 → 沈殿池 → 流出
返送活性汚泥
余剰活性汚泥は汚泥乾燥機へ

f）Biodisc B1プラント

流入 → 最初沈殿池 → RBC1 → RBC2,3,4 → 最終沈殿池 → 流出

図 13.1 ノルウェーにおいて認可されたミニ処理プラントの流れ図

れており，浸透型または砂ろ過装置による施設だけが適法であるとされていた．しかし，ノルウェーの家屋はその多くが岩石の多い基盤上に建てられており，こうした条件下での処理方法の確立が緊要とされた．1985年以降，当局は，使用が事前承認された型式の施設であることを条件に，ミニ処理施設の使用を認めた．現在までに6種の施設（図13.1参照）が認可され，そのうち5種の施設は現在も使われている（表13.2参照）．BIOVAC社は，回分式の活性汚泥施設（BIOVAC FD）に重点を置く方針を決め，連続的処理施設（図13.1 (a)）を市場から撤収した．BIOVAC社の施設は生物，生物/化学処理施設の市場において支配的施設となっている．このプラントについては後に詳述する．

Wallaxは，唯一の純粋な化学処理施設である．ガラス繊維強化プラスチック製の二重円筒から構成され，1次処理（沈殿）槽が外輪，化学的汚泥分離装置が中央円筒槽に設置されている．汚泥はトラックで輸送される．Colombioプラントは前沈澱とバイオフィルターによる処理であり，Klargester B1プラントは2段階式の純粋な生物処理施設である．BBプラントも生物処理施設であるが，活性汚泥法による処理である．表13.3は，承認された方式に従って実施された性能テストの結果を示したものである（Paulsrud and Haraldsen, 1993）．

表13.3 各プラントの性能試験における平均放流水質

施設名	施設数	平均負荷 [L/(人・日)]	BOD$_7$ [mg/L]	COD [mg/L]	全リン [mg/L]	SS [mg/L]
BIOVAC FD	4	124	7	58	0.60	25
Wallax 1(3)	3	131	n/a	284	0.82	39
Colombio	3	169	20	86	0.37	27
Klargester B1	3	143	15	89	4.5	18
BB-plant	3	139	14	103	8.8	26

13.2.1 実用技術

1994年に，ノルウェーのミニ処理施設技術に対する評価が実施された（Heltveit, 1994）．ミニ処理施設の全所有者にアンケート調査を行い，65％の回答率を得た．132の施設において抽出調査が実施された．しかし，1回のサンプリングと，施設の稼動状況と維持管理に関する現状評価のための抜き打ち訪問調査が行われたのみであった．

この結果，全施設の42％が地下に設置され，31％が専用に造られた小さな建

屋の中に置かれ，10％がガレージに，残る13％は覆いもない屋外に設置されていた．施設の61％が受水域（小河川，河川，湖）に放流しており，残る39％はミニ処理施設からの放流水を何らかの土壌ろ過システムに通していることが明らかになった．興味深いことに，処理施設所有者の91％は施設提供業者によるサービスに満足しており，提供業者がサービス契約に従いその義務を果たしていると答えた者は94％にのぼった．

しかし，地方当局によるサービスについては，施設所有者のうち現状に満足している者は，わずか50％であった．騒音あるいは臭気の問題はないとの答えが52％あった一方，25％は臭気の問題，19％は騒音の問題があると答え，両方とも問題があると答えたのは全体の4％であった．施設の53％が，提供業者側の定期点検（5年毎の）よりも頻繁なサービスを必要とし，施設の67％が，1回以上の稼動中故障の経験ありと回答した．こうした故障の最も多い原因は停電で発生する（管路などの）閉塞によるものであった．

132施設に対する訪問調査において明らかになったのは，加温室に設置されたプラントの方が，地下にカバーなしで，あるいは無加温室に設置されたものよりも良好に維持管理されていたことであった．訪問調査を通じて確認された主な問題点は，汚泥除去が十分でないため，汚泥量が過剰になり，その結果放流水中に

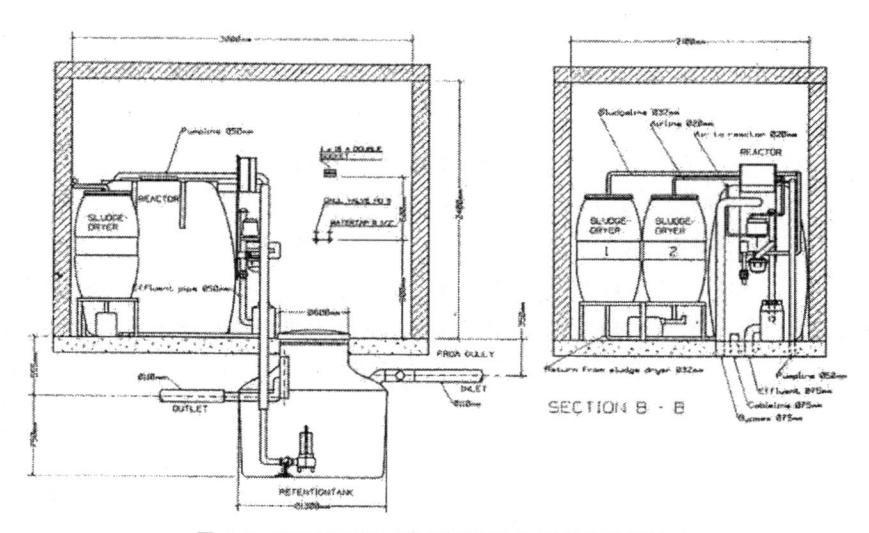

図13.2 BIOVAC FD 戸建て住宅用生物/化学処理プラント

まで汚泥が流出しているプラントが多いということであった．処理水質の成績（1回のみのサンプリングなどによる）は期待したほどよくなかったが，その原因は主としてこの汚泥の流出にあった．

BIOVAC 回分式活性汚泥プラント——オンサイトミニ処理施設の例

ここでは，ノルウェーで普及しているミニ処理施設の一例として，BIOVAC FD プラントについて論じる．このプラントは，以下のような主要構成になっている（図 13.2）．

(1) ポンプつき受水/流量調整槽
  ・汚泥分離機能は有さない（腐敗槽ではない）
  ・生物反応槽とは分けて設置される
(2) 制御システムつき SBR（回分式反応槽）
  ・論理プロセス制御装置（PLC）つき閉鎖型回分式活性汚泥反応槽
  ・警報システム，運転・警報データ記録システム
  ・アプリケーション（生物的，生物/化学的，脱窒処理など）対応制御プログラム
(3) 脱水機能つき汚泥乾燥装置
  ・汚泥齢 20 日で安定化した汚泥を，吸引蒸発により固形物濃度 15〜40 % に脱水
  ・長期間（4〜6ヵ月）貯留により湿潤汚泥が無くなることはない
  ・汚泥はサービス契約により BIOVAC 社によって搬出される
(4) 化学的沈殿装置
  ・SBR 処理装置に直接実装— PLC による容量制御
  ・アルミン酸ナトリウムによる同時沈殿
  ・サービス契約に基づく BIOVAC 社による凝固剤の配達

1996 年における処理対象 5 人用の生物/化学処理装置のコストは 53 300 ノルウェー・クローネで，純粋な生物処理プラントは 48 500 ノルウェー・クローネであった．一方，年間サービスコストは（化学処理を含めて）2 180 ノルウェー・クローネであった（うち 1 780 クローネが生物処理施設）．エネルギー消費量は年間 500 kWh である．

表 13.4 は，戸建て住宅用 BIOVAC FD（5 人槽）施設に適用される設計および運転仕様を示したものである．

表 13.4 戸建て住宅用（5人槽）BIOVAC FD 生物/化学処理施設に適用される設計および運転データ

インプットデータ	設計データ	プロセス値
設計流量：0.65m³/日	反応槽容量：1.0m³	エアレーション係数：78％
最大流量：1.58m³/日	有効容量：0.22m³	汚泥負荷：0.06kg
MLSS 汚泥濃度：5 000mg-SS/L	流入時間(エアレーション)：6min	BOD/（kg-SS・日）
反応時間：180min	沈殿時間：90min	汚泥生成量（全/好気）：0.31kg-SS/日
空気量：6m³/h	引抜き時間：15min	汚泥齢（全/好気）：16/13 日
		酸素消費量：68m³/日

MLSS：活性汚泥浮遊物質

13.3　ノルウェーにおけるコンパクトな小規模処理施設（35～2 000人）の技術

　ノルウェーでは，小規模処理施設（35～2 000人対応）の大半は，地方自治体に属している．ほとんどの郡では「管理支援」組織を置いて，自治体の汚水処理施設の運転をサポートしている．こうした組織は汚水処理関連企業と提携していることが多い．これらの組織の専門家が操作員への支援や援助を行うと共に，環境保護当局からの要請に従い試料を収集し，その結果を評価し，年次報告の形でとりまとめている．

　ノルウェーにおける小規模高度処理施設も，化学的，生物的および生物/化学的の3つのグループに分類される（**図13.3**）．この3つのグループにはそれぞれ多様な処理方式があるが，主な方式により，いくつかのサブグループに分類される．化学処理施設は，最初凝集沈殿プラント（前沈殿槽なし）と最終凝集沈殿プラント（前沈殿槽あり）に大別される．生物処理施設は，活性汚泥プラントと生物膜プラントに類別される．生物膜プラントの中ではRBCが主流であるが，小規模処理プラントでは，移動床式生物膜処理が次第に普及しつつある．生物/化学プラントは，最初凝集沈殿プラント（生物処理の前段階で化学処理を行う），同時凝集沈殿プラント（生物反応槽で化学処理を行う．生物処理は活性汚泥法），複合凝集沈殿プラント（生物反応槽で生物膜法，通常はRBCを行い，その直後に化学処理を行う），後凝集沈殿プラント（通常は活性汚泥法による生物処理後，化学沈殿をする）に分類することができる．

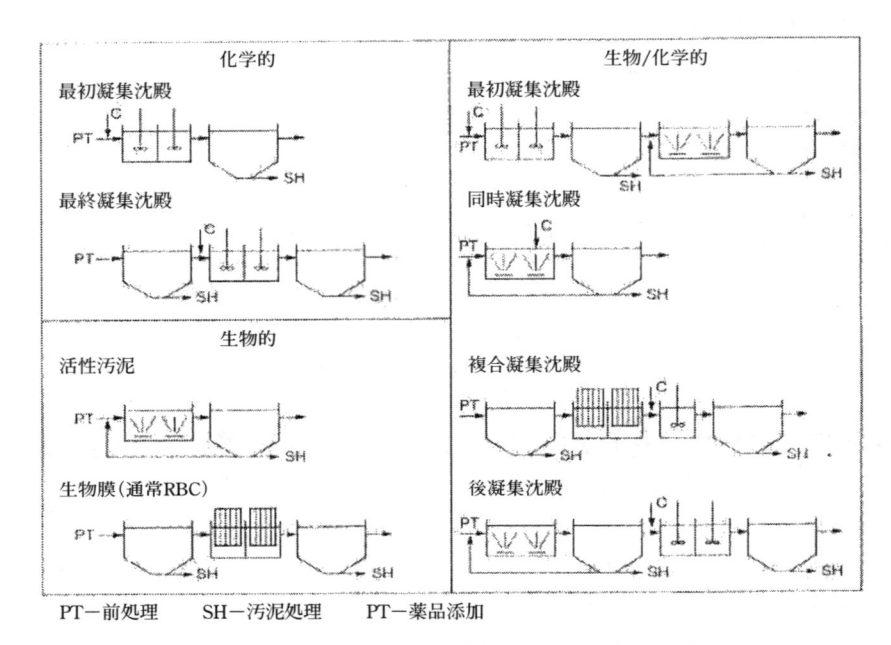

図 13.3 ノルウェーの小規模排水処理での代表的処理方法

これらのプラントで行われる前処理は，通常以下の選択肢の何れかによるものである．

①スクリーン，し渣除去，さらに通常の最初沈殿，
②大型腐敗槽での全体的な前処理/イムホフタンク（汚泥分離槽と汚泥貯留槽を複合したもの），
③汚水シュレッダーによるすりつぶし．

汚泥処理は通常下記の通りである．

①大型腐敗槽の貯留空間内での濃縮のみの処理
②分離濃縮/汚泥貯留（エアレーション無し），
③エアレーション付き汚泥貯留/汚泥安定化槽．

汚泥は，汚泥処理設備を備えた大型処理施設にトラックで輸送される．処理対象人員500〜2000人規模の施設の多くは，輸送コストの節減のため，自身の汚泥脱水装置（ほとんどが遠心分離機）を備えている．

13.3.1 性能評価の調査

9つの管理支援組織から集められた報告書は，356施設の3年間（1994〜1996年）以上にわたる流入と流出データを網羅している（Ødegaard and Skrøvseth, 1997）．これは，当時のノルウェーにおける，この規模分類に入る高度処理施設のおおよそ90％に相当する．

表13.5は，主要な処理方式について比較した結果を表わしている．これをみると，有機物質の除去に関しては，生物/化学処理が化学および生物処理より優れていることがわかる．リン除去に関しては，化学処理の平均は，生物/化学処理の平均よりもむしろ優れている．SSについては，それぞれ同等の性能を示している．化学処理施設と生物処理施設の大きな違いは，リン除去について特に化学処理施設が高い能力を示す点に表われている．

化学処理施設からの放流水の水質は，わずか0.42mg-P/Lと際立っている．しかし生物処理施設についても，リン除去率が50％をこえている点は興味深い．この数値は，より大規模で集中型の生物処理施設における通常の数値を，はるか

表 13.5　処理方式別の処理結果

指標／処理方式	$N_{p,tot}$ *1	$N_{p,C}$ *2	$N_{s,C}$ *3	C_{in} [mg/L]	C_{out} [mg/L]	R_1 *4 [%]	R_2 *5 [%]
COD 化学処理	99	98	2 811	474 ± 222	108 ± 62.0	74.8 ± 10.0	77.2
COD 生物処理	56	48	730	474 ± 203	88.6 ± 40.9	78.9 ± 8.1	81.3
COD 複合	201	194	3 593	474 ± 271	60.0 ± 26.2	84.5 ± 7.3	87.3
合計	356	340	7 134	474 ± 249	78.1 ± 46.8	81.2 ± 9.6	83.5
BOD 化学処理	99	14	316	185 ± 114	48.7 ± 38.9	71.9 ± 16.6	73.7
BOD 生物処理	56	29	377	222 ± 93	34.7 ± 19.1	81.9 ± 11.5	84.4
BOD 複合	201	111	3 112	208 ± 136	18.9 ± 21.7	89.3 ± 7.3	90.9
合計	356	154	3 805	209 ± 127	24.6 ± 25.1	96.2 ± 10.8	88.2
全リン化学処理	99	99	3 557	5.32 ± 2.52	0.42 ± 0.42	90.6 ± 11.0	92.1
全リン生物処理	56	39	523	6.36 ± 2.75	2.93 ± 1.68	52.9 ± 20.5	53.9
全リン複合	201	201	6 085	6.56 ± 3.28	0.52 ± 0.51	91.1 ± 8.7	92.1
合計	356	339	10 165	6.17 ± 3.06	0.77 ± 1.07	86.7 ± 16.4	87.5
SS 化学処理	99	63	1 060	251 ± 167	24.9 ± 18.7	83.4 ± 16.1	90.1
SS 生物処理	56	34	444	186 ± 119	24.1 ± 13.4	83.3 ± 11.7	87.0
SS 複合	201	147	3 007	284 ± 191	25.5 ± 29.0	90.7 ± 8.4	91.0
合計	356	273	4 511	253 ± 174	25.2 ± 24.0	87.4 ± 11.6	90.0

*1　各分類の全施設数　　*2　水質指標の分析がされている施設数
*3　水質分析がされた検体数　　*4　個々の検体毎に計算した処理効率
*5　全検体についての平均処理効率

に上回るものである (Henze and Ødegaard, 1994). これは，同化作用や粒子態リンの割合が高いということのほかに，生物汚泥が返送される大型腐敗槽内の嫌気性セレクターにも原因があると思われる (Ødegaard, 1999).

化学処理施設においてもある程度高い有機物質の除去率が示されていることは，興味深い点である．放流水のCODおよびBOD濃度については，生物処理施設の方が高い除去となっているが，予測されたほど高くはなかった．したがって，化学処理施設と生物処理施設との間にはこれまで考えられていたほど大きな差異は無かった．図13.4は，放流水の濃度の分布を示している．

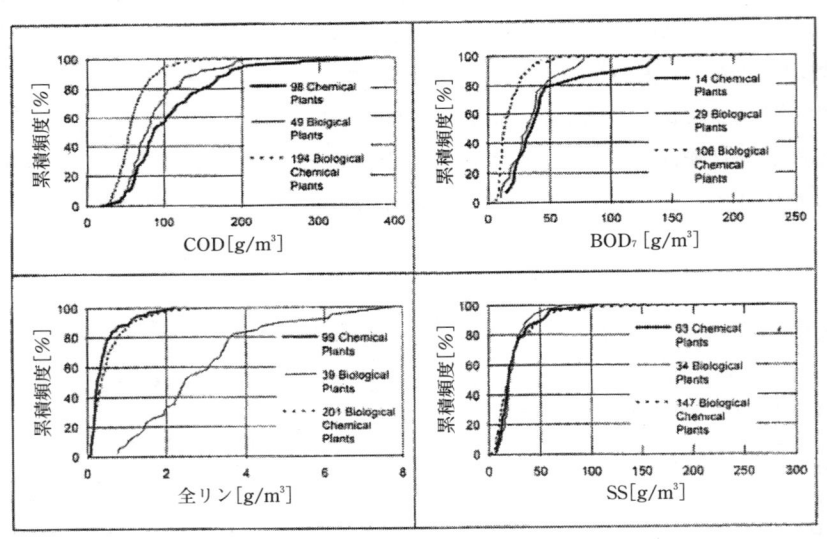

図13.4 小規模処理システムの主要方式別，放流水中のCOD, BOD_7, 全リンおよびSSの頻度分布

この分布図(および表13.5の標準偏差)をみると，リンの処理の安定性において化学および生物/化学処理施設が非常に優れていることが，明確にわかる．これらのプラントの放流水から採水したサンプルのうち，約90％が1mg-P/L以下であった．化学処理施設のサンプルのおおよそ80％は濃度が0.6mg-P/L以下で，これに対し，生物/化学処理施設のサンプル濃度は0.8mg-P/Lであった．生物/化学処理施設からのリン濃度の数値が悪かった主たる原因は，同時沈澱施設（図13.7参照）における処理の安定性の低さによるものと考えられる．生物処理施設においては，放流水中のリン濃度は，明らかに場所的な条件に強く依存している．

生物処理施設と化学処理施設について，それぞれの中央値の放流水COD濃度をみるとほぼ同じ（70～80mg-COD/L）であるが，80％値でみると生物処理施設が100mg-COD/Lに対し化学処理施設が150mg-COD/Lというように，生物処理施設の方が良好になるのは興味深いことである．これも場所的な条件を反映したものである．生物処理施設は，主として粒子態の有機物質に加え溶存態有機物質の除去を目的としている．化学処理施設はリンと粒子の除去が主な目的である．もしも溶存態の有機物質の割合が高い場合には，生物処理施設の方が有効であろう．

プラント規模の影響を分析すると，生物処理施設および生物/化学処理施設では，処理対象人員が500人以下の施設よりも500～2000人の施設の方が優れている．これに対し，化学処理施設では，500人以下のプラントの方が良好であるという結果が得られた．しかし，概してこの施設規模の違いによる差は小さなものであった．施設規模が大きいほど稼動状態が安定するので，より良い結果を示すだろうと予想されていたので，驚くべき結果であった．このことは，施設規模が稼動の安定性に影響するような場合であっても，化学処理施設は，特に処理性能の安定性に優れていることを示している．

以下では，処理タイプ毎に，より詳細な結果の分析を行うことにする．

(1) 化学処理施設

ノルウェーでは，化学処理施設がよく使用されており（Ødegaard, 1992），以前は中・大規模の処理施設が主流であったが，最近は小規模施設についても，その稼動安定性が非常に良いことがわかってきたため，次第に使用頻度が高くなってきている．化学処理施設は通常，前処理（2次凝集沈殿）のための大型腐敗槽をベースとし，化学的方法で凝集沈殿させた汚泥をポンプで最終沈殿槽から腐敗槽に返送し，最初沈澱汚泥と共に貯留させる．また凝集剤付加を未処理排水に直接行い，1つの装置だけでフロック分離と汚泥貯留（最初凝集沈澱）させる場合もある．溶解した凝集剤は小さな処理施設ほど好まれており，最もよく用いられるものとして硫酸アルミニウム，塩化第二鉄およびポリ塩化アルミニウムがある．

図13.5は，化学処理施設の種々の水質項目毎の頻度分布を示したものである．これから，プラントのうち上位50％は，処理方法の違い（最初凝集沈澱と最終凝集沈澱）による放流水の水質差がほとんどないことがわかる．これに対し，下位50％については，最終凝集沈澱施設の方が明らかに効果的であることが示さ

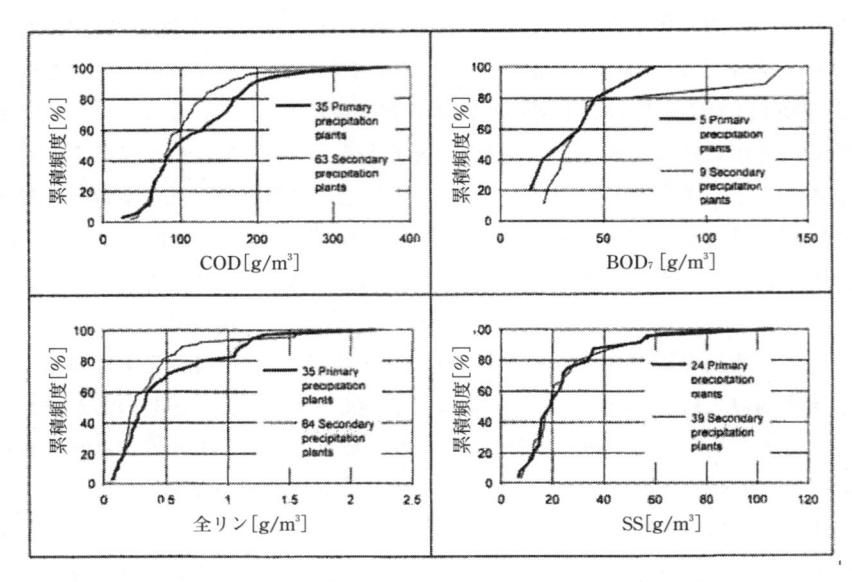

図 13.5 化学処理施設の放流水中の COD，BOD_7，全リンおよび SS の頻度分布

れている．これはおそらく腐敗槽の調節効果で，最終凝集沈殿施設の処理の安定性が改善された結果であろう．浮遊物質（SS）の除去に関しては，両者とも同程度に良好であった．

(2) 生物処理施設

前掲表 13.5 は，ノルウェーには生物処理のみの施設が多数あることを示している．これは，リンの除去が一般的に必要とされるためである．**図 13.6** は，活性汚泥施設が，COD および SS に関して生物膜施設よりも優れていることを表わしている．生物処理プラントの多く（おおむね 50％）では粒子の分離がうまくいっていないことになっているが，これは活性汚泥施設における汚泥の流失と生物膜施設における分離装置からの微細フロックの漏洩が原因である．生物膜施設における放流水中のリン濃度は，汚泥活性施設のものに比べ極めて高い．分布曲線の傾きが緩いのは，生物処理施設の処理安定性の悪さが反映されたものである．活性汚泥施設における全リンの顕著な除去効果は，おそらく汚水中に含まれる粒子態リンの比率が高いことに起因すると思われる．活性汚泥槽は，粒子をフロック化して分離させるための良い凝集装置の役割を果たしている．このような粒子の高い凝集効果は，生物膜処理槽においては期待できない．

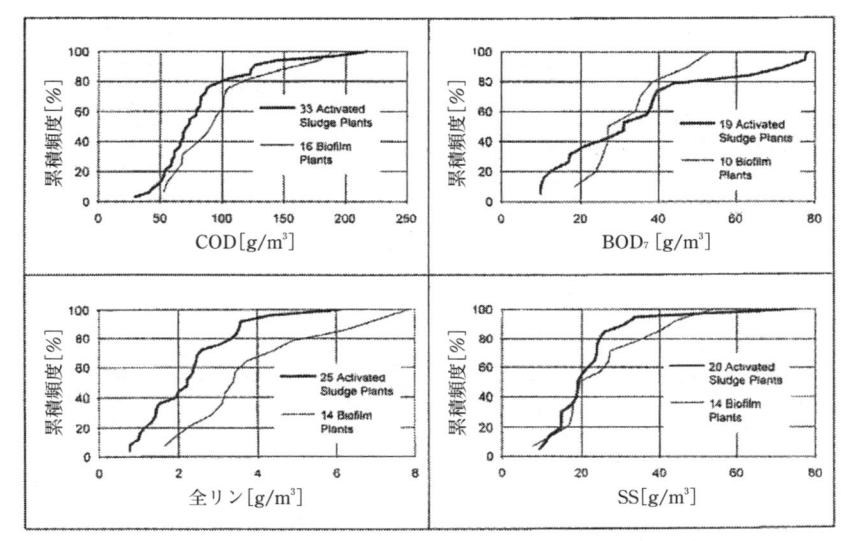

図13.6 生物処理施設の放流水中のCOD, BOD₇, 全リンおよびSSの頻度分布

(3) 生物/化学処理施設

図13.7は，生物/化学処理施設の放流水濃度に関する頻度分布を表わしたものである．これによると，この種の処理施設は全て良好に稼働していることがわかる．その中で最も性能が低いのは，同時凝集沈殿タイプのものである．これは，その一連の処理の最終段階である活性汚泥分離において，汚泥流失によって排水SSが悪化しているものである．

複合型凝集沈殿施設は，有機物質については施設の上位50％でみれば，後凝集沈殿施設とほぼ同等に良好である．しかし下位50％を見た場合，複合型凝集沈殿施設はやや劣り，処理の安定性が若干悪くなっている．リンおよびSSの除去においては，後凝集沈殿施設が，複合型凝集沈殿施設や，同時凝集沈殿施設よりも明らかに良好である．複合型凝集沈殿施設が後凝集沈殿施設よりも劣っているのは，複合型施設における凝集剤投与の調整の悪さに原因があると思われる．

後凝集沈殿処理がほかより優れている理由は，最終の化学処理段階が，それ以前の処理段階から流失した汚泥の「回収装置」の役割を果たすためである．これはStorhaug (1990) によれば，処理の安定性における大幅な改良を示唆するものである．

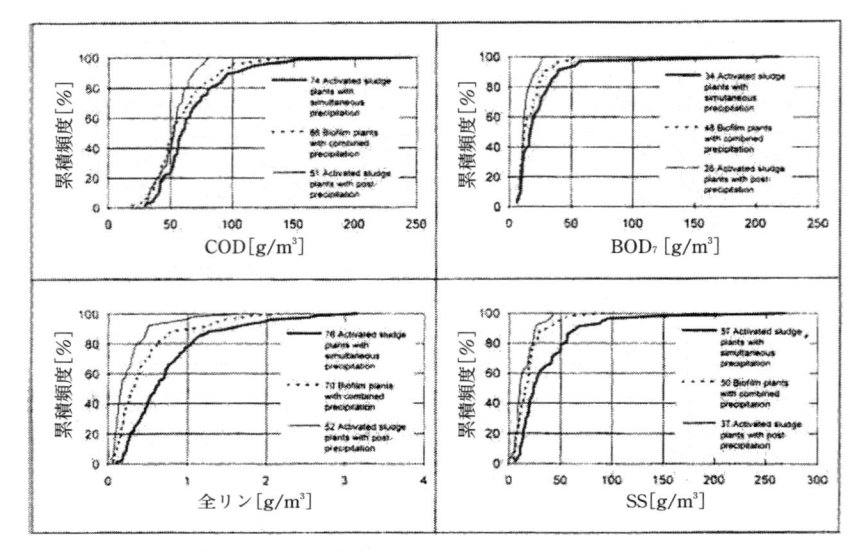

図13.7 生物/化学処理施設の放流水中のCOD，BOD$_7$，全リンおよびSSの頻度分布

また，3つの前凝集沈殿施設もこの調査対象に含まれており，それらが後凝集沈殿施設と同様，優れた結果を示したことにも留意すべきである．

13.3.2 小規模汚水処理施設の事例——KMTプラント

生物膜処理槽は，ノルウェーにおいては小規模生物/化学処理施設の技術として非常に普及している．その理由は，生物膜処理槽の後にいかなる中間的な分離処理も必要とせず，直接化学的凝集沈殿を行うことができるためである．こうしたプラントで最も一般的なのは，生物膜処理槽としてはRBCを，前処理としては最初沈殿と汚泥貯留の複合槽を用いるものである．

新型生物膜処理槽である移動床式生物膜処理槽（MBBR）がノルウェーで開発され，これも小規模施設として次第に普及しつつある（Ødegaard *et al.*, 1994・1999a）．MBBRの背景となった概念は，連続運転が可能で，生物膜処理槽が逆洗浄なしでも目詰りせず，損失水頭が小さく，かつ生物膜が成長しやすいように大きな表面積を有するというようなことである．これらの概念は，反応槽内で水と共に流動する小担体要素を用い，その小担体に生物膜（またはバイオマス）を増殖させることにより実現化した．

13.3 ノルウェーにおけるコンパクトな小規模処理施設（35〜2000人）の技術

この流動は，通常，好気性の反応槽ではエアレーションによって（**図13.8**（a）参照），そして無酸素の場合には機械的攪拌装置によって（図13.8(b)参照）発生させる．しかし，小規模施設では，無酸素反応槽用の攪拌装置は簡素化のために省略され，代わりに1日数回，数秒間のパルス状のエアレーションが行われる．

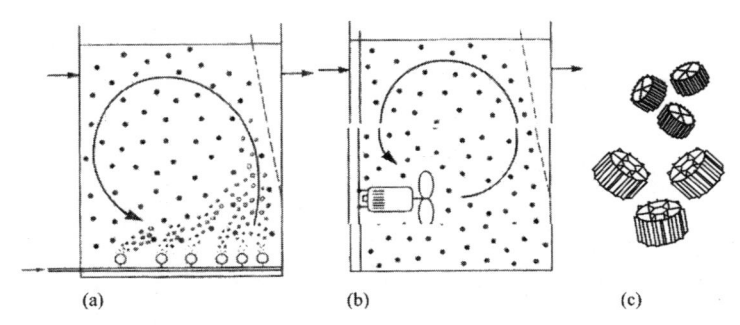

図13.8 移動床式生物膜処理槽の原理 (a) 好気，(b) 無酸素/嫌気，(c) 担体（上がK1，下がK2）

生物膜担体（図13.8（c）参照）は，高密度ポリエチレン（密度 0.95g/cm^3）でできている．標準的担体（K$_1$）は小円筒型で，円筒内側に十字の仕切と外側にはヒレが付いている．円筒は長さ7mm，幅10mm（ヒレ部分除き）である．最近，同じ型でこれより大きい担体（K$_2$）（長さ，径とも約15mm）が発売されたが，これはプラント内で粗い目のシーブ（篩）との併用を行う場合，特に前処理としてスクリーンしかない活性汚泥施設の性能向上を狙ったものである．

移動床式生物膜処理槽の重要な利点の一つは，担体の充填率（空のタンク中で担体が占める容量割合）を，必要とされる生物膜の成長量に応じて選択できることである．標準的充填率は67%で，その結果，担体表面積はK$_1$の場合，465m^2/m^{3}になる．バイオマスは主として担体内側で増殖するので，その有効表面積は，K$_1$で335m^2/m^3，K$_2$では210m^2/m^3（充填率67%時）である．適正な混合を行うためには，充填率は70%以下であることが望ましい．反応槽は，上記に示した有効生物膜表面積負荷〔例えばkg/(m^2·日)〕に基づき設計される（Ødegaard *et al.*, 1999a）．

反応槽の容量が大きいために（例えば活性汚泥が増加している状況），標準的充填率を用いると，表面積が必要以上に大きくなってしまう場合は，設計負荷により規定された必要有効生物膜増殖面積が確保できれば，充填率を低下させても

構わない．

KMT MBBRシステムに基づく，小規模生物/化学処理施設の典型的フローシートを図13.9に示す．生物反応槽の最初の部分でエアレーションが必要か否かは，窒素除去が必要であるかどうか次第である．ノルウェーでは，小規模施設については窒素の排水基準が設けられていないため，通常窒素除去を考慮した設計がされていない．しかし，移動床式生物膜処理は中大規模施設における窒素除去に有効に利用されている（Ødegaard et al., 1994・1999a）．

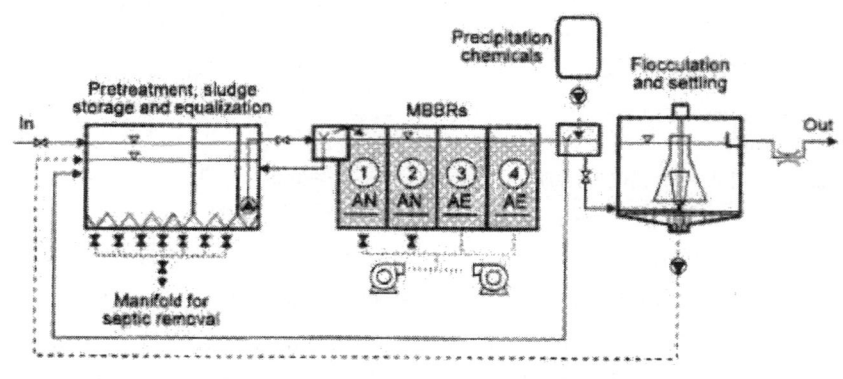

図13.9 KMT MBBRシステムによる生物/化学処理施設の典型的なフローシート

表13.6は，Kaldnes MBBRシステムによる2つの処理施設に関する3年間（1992〜1994年）の平均の結果を示したものである（Rusten et al., 1997）．Steinsholtプラント（プラントA）は一般的な負荷量で運転されているが，Eidsfossプラント（プラントB）では有機物質負荷〔g-COD/$(m^2 \cdot 日)$〕が極めて低くなっている．

窒素除去を意図して設計されてはいないが，Steinsholtプラントでは，好気性反応槽の前に小規模無酸素反応槽を用いており，その結果一定量の脱窒処理（窒素除去率42%）が行われている．これは，ノルウェーにおける小規模生物/化学処理施設の平均よりも良好で，汚泥発生量［g-TS/COD$_{rem}$］はむしろ少なくなっている．このことは，施設が非常にうまく稼働されていることを示すものである．施設の反応槽は，密閉されており，悪臭が漏れることはない．各施設は操作が容易で，管理もほとんど必要としない．

表 13.6　KMT MBBR プラントの 2 施設に関する 3 年間(1992～1994 年)の平均結果(12 サンプル/年)

プラント	流量 [m³/日]		処理人数 [人]		凝集剤投入	
	設計	実績	設計	実績	[g-Al/m³]	[Al/人]
A	40	40	250	250	14.1	2.5
B	160	36	130	1 000	15.2	2.2

プラント	有機物質負荷		汚泥発生量	
	g-COD/(m²·日)	g-BOD₇/(m²·日)	[g-TS/m³]	[g-TS/g-COD$_{rem}$]
A	7.7	4.3	260	0.54
B	2.0	0.7	220	0.56

プラント	COD	BOD₇	SS	全リン	全窒素
	流入/流出/%	流入/流出/%	流入/流出/%	流入/流出/%	流入/流出/%
A	514/33/94.0	289/11/96.2	220/13/94.1	6.4/0.17/97.3	50.2/29.2/41.8
B	373/32/91.4	126/<10/>92.1	—/10/—	8.0/0.38/95.2	49.3/38.1/22.7

13.4　まとめ

　本章では，ノルウェーの分散型汚水処理システムにおいて使用されている小規模処理施設（処理対象人員 35～2 000 人）について説明した．各施設は，化学，生物および生物/化学処理を基本としており，その規模により，人家 7 戸以下（処理対象人員 35 人未満）を対象とするコンパクトなオンサイト処理システム（ミニ処理施設）と，集落（処理対象人員 35～500 人および 500～2 000 人）を対象とする小規模集中型システムとに区分されている．

　ミニ処理施設については，以下のようにまとめられる．
- 処理結果（グラブサンプルによる評価）は，処理水への汚泥の流失が原因となり，予測よりも悪い結果となった．施設の多くが十分な頻度で汚泥除去を行っておらず，その結果，汚泥が放流水中に流失していた．
- 施設所有者の 52 % は，騒音あるいは悪臭に関する問題はないと報告する一方，25 % が悪臭，19 % が騒音，4 % が両方の問題があると報告した．
- 施設所有者のうち 91 % は，施設提供業者によるサービスに満足しており，94 % がサービス契約に基づく施設提供業者の責務は果たされていると報告

した．これに対し，地方当局のサービスに満足している施設所有者は，全体のわずか50%にすぎなかった．
- 施設の53%は，定期点検（5年毎）以外に，提供業者による援助を必要とし，67%の施設で1回以上の稼動中の故障を経験していた．このような故障は，ほとんどが停電による処理装置の閉塞によるものであった．
- これらの施設は，加温室に設置されている方が，地下（カバーなし）に埋設あるいは非加温室に設置されたものより良好に維持されていた．

356の小集落用処理施設（処理対象人員35〜500人および500〜2000人）について，次のように整理される：
- 処理結果および処理の安定性は，生物/化学処理施設が最も良好であった．
- リン除去の性能に関しては，化学処理施設が平均的に生物/化学処理施設よりも良好であるが，後凝集沈殿施設には及ばなかった．
- 有機物質除去の性能に関しては，生物処理プラントは，生物/化学処理施設よりも劣っており，化学処理施設とも大きな差異はなかった．生物処理施設の中では，活性汚泥施設の方が生物膜施設よりも性能が良かった．
- 生物/化学処理施設の中では，後凝集沈殿施設（活性汚泥処理に続き化学処理を行う）が最も性能が優れており，複合型凝集沈殿施設（生物膜処理槽の直後に化学処理を行う）がそれに続いた．同時凝集沈殿施設（活性汚泥施設で化学処理を行う）は，処理結果および処理の安定性において他のプラントよりも劣っていた．

一般的に，グレイウォーターも沈殿後の混合排水と同じプロセスでコンパクトな施設を用いて処理される．ただし，グレイウォーターの特性（溶解性CODの割合が高い，N/COD比が低い等）や，毒性物質の急激な流入に留意する必要がある．これらは，グレイウォーターに流入する物質によるものではあるが，通常の成分（洗剤，漂白剤等）によるものではない．このため，もしも生分解性物質の完全な除去が必要でない場合は，生物処理よりも，物理/化学処理の方が適切な場合もある．

13.5 参考文献

Heltveit, S.I. (1994) *Experiences With Mini Treatment Plants*. Report 94:06. Statens Forurensingstilsyn (State Pollution Control Authority of Norway). (In Norwegian.)

Henze, M. and Ødegaard, H. (1994) An analysis of wastewater treatment strategies for Eastern and Central Europe. *Wat. Sci. Tech.* **30**(5), 25–40.

Jefferson, B., Laine, A., Diaper, C., Parsons, S., Stephenson, T. and Judd, S.J. (2000) Water recycling technologies in the UK. *TUWR1 – Proc. 1st Int. Meeting on Technologies for Urban Water Recycling*, Cranfield University, Cranfield, UK, 19 January.

Ødegaard, H. (1992) Norwegian experiences with chemical treatment of raw wastewater. *Wat. Sci. Tech.* **25**(12), 255–264.

Ødegaard, H. (1999) The influence of wastewater characteristics on choice of wastewater treatment method. *Proc. Nordic Conference on Nitrogen Removal and Biological Phosphate Removal*, Oslo, Norway 2–4.February.

Ødegaard, H. and Skrøvseth, A.F. (1997) An evaluation of performance and process stability of different processes for small wastewater treatment plants. *Wat. Sci. Tech.* **35**(6), 119–127.

Ødegaard, H., Rusten, B. and Westrum, T. (1994) A new moving bed biofilm reactor. *Wat. Sci. Tech.* **29**(10–11), 157–165.

Ødegaard, H., Gisvold, B. and Strickland, J. (1999a) The influence of carrier size and shape in the moving bed biofilm process. *Wat. Sci. Tech.* **41**(4–5), 383–391.

Ødegaard, H., Rusten, B. and Siljudalen, J. (1999b) The development of the moving bed biofilm process: from idea to commercial product. *European Water Management* **2**(3), 36–43.

Paulsrud, B. and Haraldsen, S. (1993) Experiences with the Norwegian approval system for small wastewater treatment plants. *Wat. Sci. Tech.* **28**(10), 25–32.

Rusten, B., Kolkinn, O. and Ødegaard, H. (1997) Moving bed biofilm reactors and chemical precipitation for high efficiency treatment of wastewater from small communities. *Wat. Sci. Tech.* **35**(6), 71–79.

Storhaug, R. (1990) Performance stability of small biological chemical treatment plants. *Wat. Sci. Tech.* **22**(3/4), 275–282.

Yang, X.M., Yahashi, T, Kuniyasu, K. and Ohmori, H. (2001) On-site systems for domestic wastewater treatment (Johkasous) and its application in Japan. Chapter 14 in this book.

14章
浄化槽による生活排水のオンサイト処理

楊　新泌，矢橋　毅，国安克彦，大森英昭

© IWA Publishing. Decentralised Sanitation and Reuse：Concepts, Systems and Implementation.
Edited by P. Lens, G. Zeeman and G. Lettinga. ISBN：1 900222 47 7

14.1　はじめに

　日本における生活排水処理システムは，処理対象汚水の種類，施設の規模および事業の所管官庁により，図14.1に示すように，下水道，浄化槽，(汲取りし尿の処理施設としての) し尿処理施設に大別される．

　浄化槽は，日本で開発された独自の汚水処理システムであり，現在，有力な生活排水対策として全国の自治体において普及が図られている．

　「浄化槽」という用語は，日本語で浄化作用を意味する「Johka」と，タンクを意味する「sou」を組合せたもので，「汚水を浄化するためのタンク」，あるいは「生活排水処理に使用されるオンサイト処理施設」を意味する．また，浄化槽は，処理対象汚水の違いに応じて，水洗便所排水のみを処理する「単独処理浄化槽」と，全ての生活排水を処理する「合併処理浄化槽」に分類される．

　日本では，総人口の66％(1998年度)の人々の生活排水が，下水道あるいは合併処理浄化槽で処理されている．残り34％の人々の場合，し尿については汲取り便槽または単独処理浄化槽を用いて衛生的な処理が行われているが，生活雑排水は未処理の状態で公共用水域に放流されている．公共用水域の水質保全を図るため，生活排水対策として下水道および合併処理浄化槽の普及率をあげることは，政府にとって緊急な課題となっている．

　しかし，下水道の普及には限界がある．表14.1に示すように，下水道普及率と市町村の規模には相関関係が認められる．人口50 000人未満の市町村の下水道普及率はわずか22％と，人口100万人以上の都市の1/4である．また，汚水処理原価(維持管理費と起債の元利償還費を有収水量で除した値)で比較すると，処理人口10 000人以下の小規模な下水道では，処理人口100万人以上の都市の

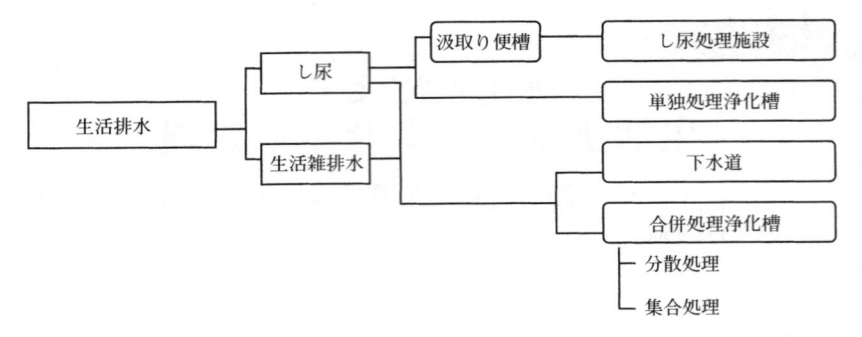

図 14.1 日本における生活排水処理（JECES（(財)日本環境整備教育センター），1998）

表 14.1 下水道の普及状況と汚水処理原価（1998 年度）

都市の規模	100万人以上	50万~100万人	30万~50万人	10万~30万人	5万~10万人	5万人以下	計/平均
総人口 [×10³]	25 030	6 620	17 200	26 110	15 820	35 070	125 860
下水道処理人口 [×10³]	24 560	4 780	11 720	16 700	7 710	7 640	73 110
下水道普及率 [%]	98	72	68	64	49	22	58
市町村数	11	10	44	159	228	2 781	3 233
汚水処理原価 [円/m³]	143	168	168	193	199	278~525	191

場合の 3.6 倍も高い値である．このように，高い処理コストと厳しい経済情勢を背景に，市町村による下水道整備が遅々として進まない状況にある．

通常，浄化槽は下水道が整備されていない農村地域のような人口密度が低い地域に設置されている．1998 年度における浄化槽普及状況は，単独処理浄化槽と合併処理浄化槽を合わせると，設置基数は 841 万基，処理人口で 3 600 万人である．そのうち，約 13.6 % の 114 万基が合併処理浄化槽であり，処理人口は 1 000 万人である．

浄化槽における汚水処理技術の開発動向は，図 14.2 に示すように，「窒素・リンの除去など処理水質の高度化」，「使用者の利便性向上・小容量化」などに分類され，それぞれの処理技術の開発速度が年々速くなる傾向が認められる．

本章では，戸建て住宅用あるいは分散型処理を対象とする処理対象人員 50 人以下の規模の合併処理浄化槽（以後，小型浄化槽という）を中心に，浄化槽の処理方式や処理性能，その維持管理（保守点検，清掃，水質検査）について解説する．

```
┌─────────────────────┐      ┌──────────────┐      ┌──────────────────────┐
│ 特殊な機能を備えた浄化槽 │      │  標準型浄化槽  │      │   小容量型浄化槽      │
│ a) 汚泥, 食物残渣および │◄────│ 処理水質 BOD≦20mg/L │────►│ a) 新しい生物反応槽   │
│   その他有機物の再利用 │      │ V₅=2.8m³, V₁₀=6.2m³ │    │   (60〜70%に小容量化) │
│ b) 膜分離型浄化槽      │      └──────────────┘      │ b) 膜分離技術による単独│
│ c) 自動診断機能付き    │                             │   処理浄化槽の合併化  │
│   浄化槽              │                             │   (30〜40%に小容量化) │
└─────────────────────┘                             └──────────────────────┘
```

標準型浄化槽 処理水質 BOD≦20mg/L、$V_5 = 2.8\text{m}^3$, $V_{10} = 6.2\text{m}^3$

小型浄化槽に必要な要素技術

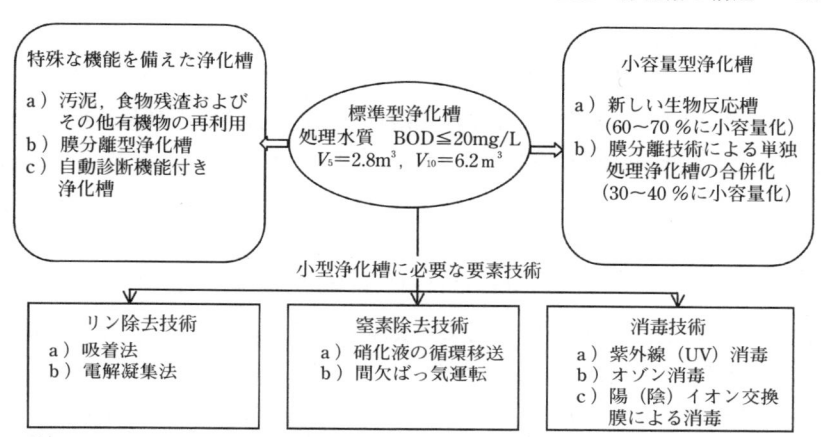

リン除去技術	窒素除去技術	消毒技術
a) 吸着法 b) 電解凝集法	a) 硝化液の循環移送 b) 間欠ばっ気運転	a) 紫外線 (UV) 消毒 b) オゾン消毒 c) 陽 (陰) イオン交換 　膜による消毒

注) V_5, V_{10} は，それぞれ処理対象人員 5 人および 10 人の浄化槽の容量を示す．

図 14.2　小型浄化槽における技術開発の動向

14.2　浄化槽の構造

14.2.1　生活排水の量と質

　生活排水の原単位，特に生活雑排水の量およびその汚濁負荷量は，生活様式や生活水準等により変化する．日本では，生活排水については 1 人 1 日当りの水量が 200〜250L，汚濁負荷量は BOD 40〜50g，窒素 (T-N) 10〜12g，リン (T-P) 1.2〜1.5g といわれている．

　生活排水を浄化槽で処理する場合，汚水量および汚濁負荷量は**表 14.2** に示す値が用いられている．ただし，園芸や洗車などの排水は浄化槽の処理対象外である．

表 14.2　生活排水の汚濁負荷原単位（1 日 1 人当り）

汚濁源		排出量 [L]	BOD [g]	全窒素 [g]	全リン [g]
水洗便所排水	水洗	50	13		
生活雑排水	炊事	30	18		
	洗濯	40			
	風呂	50			
	洗面/手洗い	20	9		
	掃除	10			
合計		200	40	10	1.0

14.2.2 浄化槽の構造
(1) 嫌気ろ床接触ばっ気方式

嫌気ろ床接触ばっ気方式は，小型浄化槽の中で処理方式別の設置基数が最も多い処理方式で，計画処理水質は BOD20mg/L 以下である．

このタイプの処理フローは，図 14.3 に示す通りで，嫌気ろ床槽，接触ばっ気槽，沈殿槽および消毒槽から構成される．また，各単位装置の構造例は，図 14.4 に示す通りで，嫌気ろ床槽にはろ材，接触ばっ気槽には接触材と呼ばれる微生物支持体などの役割を果たすものが充填されている．なお，各単位装置の容量は，表 14.3 に示す式より算出される値以上とする．

嫌気ろ床槽は，流入汚水中の固形物の分離，分離された固形物等の貯留，さらには嫌気性消化作用による汚泥の減量化を目的として設けられている．戸建て住

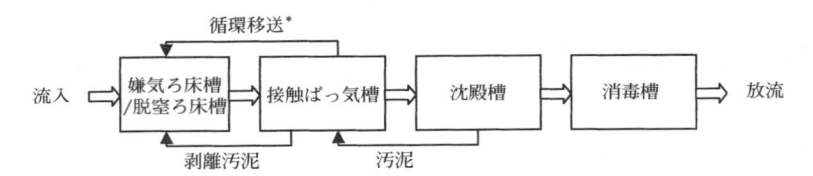

図 14.3 嫌気ろ床接触ばっ気方式（a）および脱窒ろ床接触ばっ気方式（b）のフローシート
注)＊：(b) 方式であり，(a) 方式の一部でもある

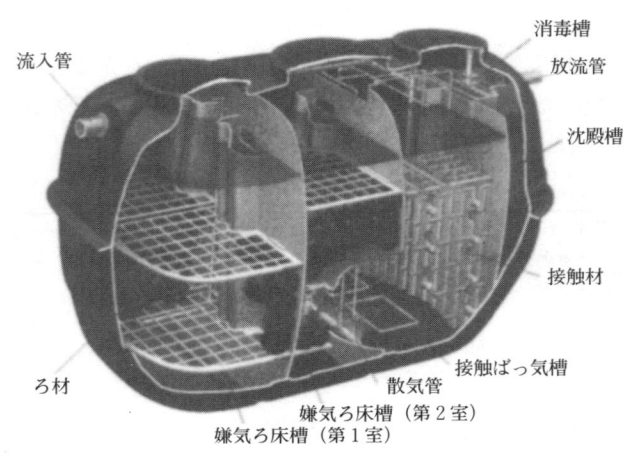

図 14.4 小型処理浄化槽の一例

14.2 浄化槽の構造　259

表14.3　各単位装置の容量（嫌気ろ床接触ばっ気方式）

n	嫌気ろ床槽 [m³]	接触ばっ気槽 [m³]	沈殿槽 [m³]	消毒槽 [m³]
5以下	1.5	1.0	0.3	
6〜10	$1.5+(n-5)\times 0.4$	$1.0+(n-5)\times 0.2$	$0.3+(n-5)\times 0.08$	$0.2\times n\times 1/96$
11〜50	$3.5+(n-10)\times 0.2$	$2.0+(n-10)\times 0.16$	$0.7+(n-10)\times 0.04$	

注）n は処理対象人員

宅規模の浄化槽の嫌気ろ床槽は，固形物の沈殿促進など処理機能の安定化および清掃作業性の効率化を図るため，2室に区分されている．

(2) 脱窒ろ床接触ばっ気方式

脱窒ろ床接触ばっ気方式は，BOD および窒素除去機能を有し，放流水の BOD 濃度および窒素（T-N）濃度が 20mg/L 以下になるように設計されている．

このタイプの処理フローは図 14.3 に示す通りで，各単位装置の容量は処理対象人員に応じて**表 14.4** に示す式より算出される値以上とする．

この処理方式は，脱窒反応の前提となる硝化反応を効果的に行わせるために，嫌気ろ床接触ばっ気方式に比べ，槽容量とばっ気強度が大きく設定されている．また，本処理方式では，硝化反応が進行した接触ばっ気槽内液を脱窒ろ床槽へ循環移送し，水素供給体として流入水中の BOD を用いて脱窒反応を行わせる方法（硝化液循環法）が用いられている．

表14.4　各単位装置の容量（脱窒ろ床接触ばっ気方式）

n	嫌気ろ床槽 [m³]	接触ばっ気槽 [m³]	沈殿槽 [m³]	消毒槽 [m³]
5以下	2.5	1.5	0.3	
6〜10	$2.5+(n-5)\times 0.5$	$1.5+(n-5)\times 0.3$	$0.3\times(n-5)\times 0.08$	$0.2\times n\times 1/96$
11〜50	$5.0+(n-10)\times 0.3$	$3.0+(n-10)\times 0.26$	$0.7+(n-10)\times 0.04$	

注）n は処理対象人員

14.2.3　ろ材と接触材

嫌気ろ床槽あるいは接触ばっ気槽に充填されるろ材あるいは接触材としては，**図 14.5** に示すような形状のものが多用されており，その材質は主にプラスチックである．

嫌気ろ床槽で用いられるろ材は，分離された固形物を槽のどの部分に貯留するかによって選定される．例えば，流入汚水中の浮遊物質を捕捉し，それを主に槽

上部にスカムとして貯留しようとする場合には，汚泥捕捉能力が高い骨格様球状ろ材が用いられる．一方，流入汚水中の固形物の沈殿分離効果を高め，槽底部に堆積汚泥として貯留しようとする場合には，板状/網様円筒ろ材が用いられる．
接触ばっ気槽で用いられる接触材は，微生物保持能力と，逆流洗浄（肥大化した生物膜の強制剥離）のしやすさとのバランスを考慮して選定されている．近年，小型浄化槽で接触ばっ気槽の代りに用いられる生物膜反応槽や担体流動槽では，多孔質セラミックスボールや角型スポンジなど，新しい形状の微生物支持体が用いられている．

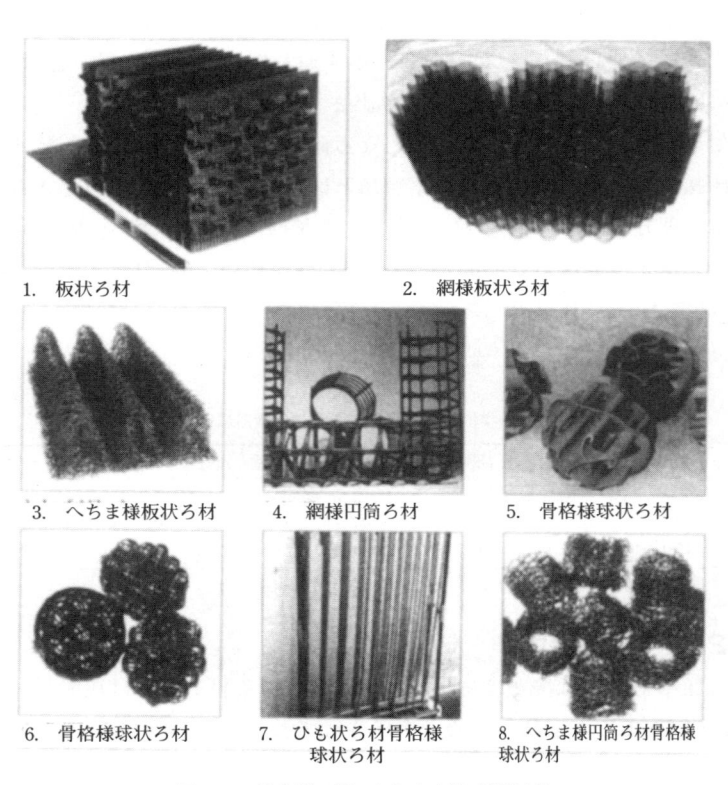

1. 板状ろ材
2. 網様板状ろ材
3. へちま様板状ろ材
4. 網様円筒ろ材
5. 骨格様球状ろ材
6. 骨格様球状ろ材
7. ひも状ろ材骨格様球状ろ材
8. へちま様円筒ろ材骨格様球状ろ材

図 14.5　浄化槽で用いられるろ材（接触材）

14.3 小型浄化槽の処理性能

14.3.1 BOD除去型浄化槽の処理性能

嫌気ろ床接触ばっ気方式の浄化槽処理水BOD濃度の実態調査例を図14.6に示す.

この実態調査では，全体の79％が計画処理水質であるBOD濃度20mg/L以下であり，平均値が14.3mg/L，標準偏差が14.2mg/Lである．また，全体の55％がBOD濃度10mg/L以下と計画処理水質を大幅に下回っていることが明らかになった．

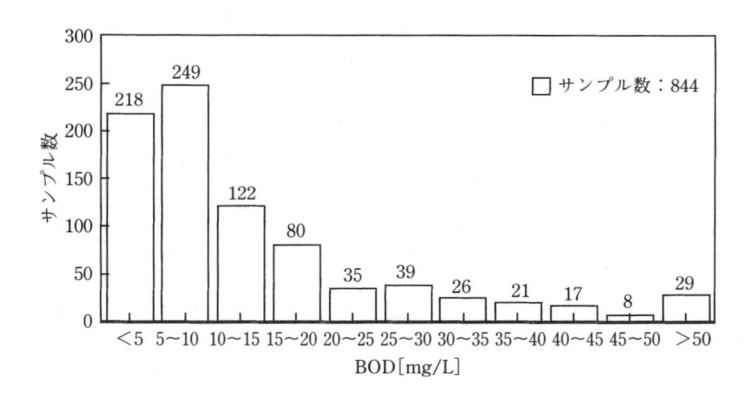

図14.6 浄化槽処理水BOD濃度の分布（嫌気ろ床接触ばっ気方式）（Yang et al., 1996）

このタイプの浄化槽の処理水質は，主に「流入する汚濁負荷量［通常では処理対象人員に対する実使用人員の割合（R_u）で表わされる］」と，「接触ばっ気槽に設けられている汚泥移送装置の運転方法，つまり接触ばっ気槽内水を嫌気ろ床槽へ常時循環移送するか否か」という2つの要因に影響されることが多い．そこで，前述の水質データについて，表14.5に示すように，R_uを用いて処理水BOD濃度の平均値を再計算し，各グループにおける処理水BODの平均値を比較した．その結果，処理水BOD濃度の平均値は，R_uの上昇に伴い高くなると共に，R_uが0.75以下の条件下では，循環移送を実施している方がより低くなる傾向が認められた．

表 14.5 嫌気ろ床接触ばっ気方式浄化槽の放流水 BOD 濃度の平均値 [mg/L]

R_u	0.25	0.25〜0.50	0.50〜0.75	0.75	全体
循環移送あり	7.8 (22)	11.2 (143)	14.4 (136)	19.6 (54)	13.5 (355)
循環移送なし	10.1 (41)	13.5 (188)	16.0 (179)	18.1 (81)	14.9 (489)

( ) 内の数値はサンプル数を示す．

接触ばっ気槽から嫌気ろ床槽への循環移送は，浮遊物質の洗い出しを防止するだけでなく，脱窒の促進においても重要な役割を果たしている．表 14.6 は，処理水の水質に関する循環移送の効果を示した一例である．循環移送をしないものに比べ循環を実施している方が，BOD 以外の水質項目についてもより高度化する傾向が認められる．例えば，処理水 T-N (全窒素) 濃度の平均値に着目すると，循環移送しないものが 30 mg/L であるのに対し，循環を実施している場合が 14 mg/L と高い窒素除去効果が認められた．この処理方式の浄化槽において，循環移送を行うことにより窒素除去効果も期待できるという成果は，さらに安定した窒素除去を目的とした小型浄化槽の開発につながった．

表 14.6 循環移送の処理水質への影響

	循環移送なし				循環移送あり			
	SS	BOD	T-N	T-P	SS	BOD	T-N	T-P
サンプル数	28	36	36	28	22	111	111	22
平均値[mg/L]	11	18	30	4.3	9	16	14	3.2
最小値[mg/L]	0.5	<3	8.6	1.5	1	<3	3.3	1.6
最大値[mg/L]	44	51	74	7.6	36	41	33	5.1

14.3.2 窒素除去型浄化槽の処理性能

(1) 調査対象浄化槽

調査対象として，3 種類の浄化槽(以下に A 型，B 型，C 型と記す)を使用した．各浄化槽は，1 次処理装置は共通して嫌気ろ床槽，2 次処理装置についてはそれぞれ，接触ばっ気槽，生物ろ過槽および担体流動槽で構成されている．

嫌気ろ床槽にはプラスチック製ろ材が槽容量の約 60 ％充填されている．生物ろ過槽には直径 6〜9 mm，比重 1.05〜1.20 の多孔質セラミックスボールまたは比重 1.0 で 1 cm³ の角型プラスチック担体が充填されている．担体流動槽には比重 1.0，一辺の長さが 1 mm の角型ポリウレタン製担体が槽容量の約 50 ％充填されている．

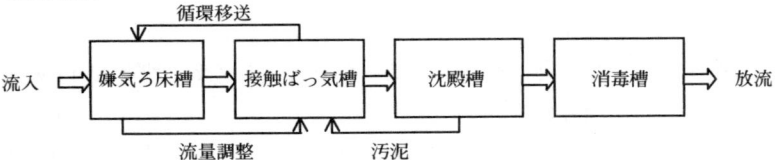

14.3 小型浄化槽の処理性能　263

A型浄化槽

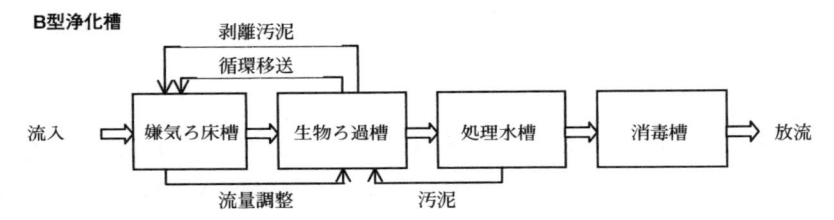

流入 → 嫌気ろ床槽 → 接触ばっ気槽 → 沈殿槽 → 消毒槽 → 放流
（循環移送、流量調整、汚泥）

B型浄化槽

流入 → 嫌気ろ床槽 → 生物ろ過槽 → 処理水槽 → 消毒槽 → 放流
（剥離汚泥、循環移送、流量調整、汚泥）

C型浄化槽

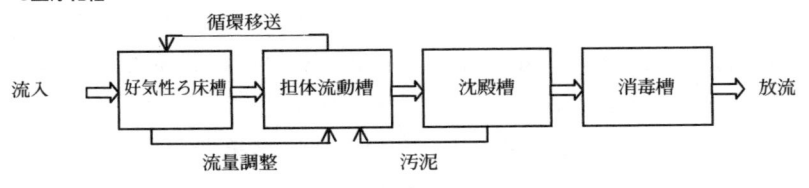

流入 → 好気性ろ床槽 → 担体流動槽 → 沈殿槽 → 消毒槽 → 放流
（循環移送、流量調整、汚泥）

図 14.7　種類別浄化槽のフローシート

表 14.7　浄化槽の主な仕様

		A 型			B 型			C 型		
処理対象人員		5	7	10	5	7	10	5	7	10
計画汚水量 [m³/日]		1.0	1.4	2.0	1.0	2.0	1.4	1.0	1.4	2.0
計画処理水質 [mg/l]		(BOD ≦ 20, T-N ≦ 20)								
槽容量 [m³]	嫌気ろ床槽	1.90	2.32	3.54	1.72	2.24	3.22	1.54	2.19	2.32
	接触ばっ気槽 生物ろ過槽 担体流動槽	1.13	1.41	2.10	0.31	0.44	0.59	1.10	1.57	2.04
	沈殿槽 処理水槽	0.48	0.48	0.71	0.45	0.70	0.91	0.34	0.50	0.75
	消毒槽					(0.03)				
	合計	3.55	4.25	6.37	2.50	3.41	4.76	3.00	4.29	6.05
ブロワ 1	消費電力, W	60	95	125	40	51	71	80	95	118
	定格風量, l/分	73	102	132	50	60	84	80	100	120
ブロワ 2	消費電力, W	30	30	30	51	71	105	26	26	26
	定格風量, l/分	31	31	31	60	84	105	28	28	28

各浄化槽は以下の共通の特性を有する．
①流量調整装置および循環移送装置を有する，
②流入水量の急激な変動に対し，嫌気ろ床槽内の水位を変動させることにより水量の均一化が図られる．

また，生物ろ過槽には自動逆洗装置が備えられており，通常1日1回10分間の自動逆洗を行う．各浄化槽の処理フローおよび各単位装置の容量等を，図14.7および表14.7に示す．

(2) 保守点検

浄化槽の保守点検は3ヵ月に1回の頻度で実施された．保守点検では，配管内のスライムを除去すると共に，嫌気ろ床槽内の汚泥堆積状況を調べ，清掃の時期を判断する．

また，生物反応槽のばっ気量の調整や，流量調整装置および循環移送装置の移送水量の調整を行った．生物ろ過槽の場合は担体に付着した生物膜の状態を調査し，逆流洗浄時間を調整した．

浄化槽は流入負荷が変動するため，流量のバランス調整や循環移送水量，空気量を決定する際には，十分に注意する必要がある．放流水BOD濃度は，運転状況および放流水の透視度から推定することができる．放流水の窒素濃度を検査するためには，簡易測定器によるNH_3-N，NO_2-N，NO_3-Nの測定が必要である．

14.3.3　調査結果と考察

表14.8は浄化槽のBODおよびT-N（全窒素）の分布を示している．A型浄化槽については，放流水質データの64％が計画処理水質に適合した．B型およびC型の浄化槽では80％以上が適合した．放流水BOD濃度が20mg/L以下の割合は，A型は82％，B型は94％，C型は98％であった．一方，放流水のT-N（全窒素）濃度が20mg/L以下の割合は，A型は75％，B型は84％，C型は85％という結果になった．

B型浄化槽は，A型よりも高い適合率を示した．これは，ばっ気槽内の微生物支持材の違いによるものが大きい．B型浄化槽の生物ろ過槽内の担体は非常に小さく比表面積が大きいため，生物処理効率および汚泥捕捉能力が高い．しかし，B型浄化槽は運転方法や保守点検が極めて複雑であるのが難点である．このタイプの浄化槽は，担体に付着した生物膜の量に応じて適切に逆流洗浄を行うことが

表 14.8 放流水 BOD 濃度および T-N（全窒素）濃度の分布

		A 型	B 型	C 型
サンプル数		233	150	46
調査基数		126	95	29
BOD および T-N ≤ 20mg/L	[％]	64	81	83
BOD ≤ 20mg/L T-N > 20mg/L	[％]	18	13	15
BOD > 20mg/L T-N ≤ 20mg/L	[％]	11	3	2
BOD および T-N > 20mg/L	[％]	7	3	—

不可欠である．

　C 型浄化槽は，B 型と同程度の処理性能を示した．C 型は逆流洗浄が不必要であるという利点がある反面，担体流動槽内の担体の大きさや重さに応じてばっ気量を調整する必要がある．そのため，C 型浄化槽の運転および保守点検は A 型に比べやや複雑になる．

14.4　小型浄化槽によるディスポーザー排水の処理

　ディスポーザー排水による浄化槽の処理性能への影響を調査するために，嫌気ろ床接触ばっ気方式の小型浄化槽 4 施設を調査対象に選定した（Yang et al.,1994）．

　これら 4 基の浄化槽について 2 ヵ月に 1 回の頻度で通日調査（24 時間調査）を実施した．ディスポーザーからの排水は，ディスポーザーが運転された直後に採取し，一つのコンポジット試料に調製した．浄化槽各単位装置の流入水および流出水を 1 時間毎に採水し，水質分析用のコンポジット試料を調製した．また各槽内，特に嫌気ろ床槽内のスカムおよび堆積汚泥の厚さを測定した．調査に使用されたディスポーザーの仕様は**表 14.9** に示す通りである．

　各浄化槽の流入汚濁負荷を**表 14.10** に示す．浄化槽にディスポーザー排水を含む生活排水を流入させた．日平均汚水量は，4 施設とも計画汚水量以下あるいはそれと同等であったが，各槽の状況は様々であった．施設 2 の場合は，時間最大汚水量，ピーク係数（時間最大汚水量と 24 時間における時間平均汚水量との比）および BOD 負荷量が，計画値を大きく上回った．これは，この浄化槽がひ

表 14.9 供試ディスポーザーの仕様

重量	4.5kg
寸法	H 360mm × L 275mm
消費電力	3/4 HP
回転数	2700rpm
定格電圧	AC 100V，単相，50/60Hz

表 14.10 流入汚濁負荷特性

	浄化槽				計画汚濁負荷量
	施設1	施設2	施設3	施設4	
日平均汚水量 [m³/日]	0.93	1.21	0.95	1.05	1.2
時間最大汚水量 [m³/h]	0.24	0.42	0.28	0.24	0.30
ピーク係数	6.5	8.8	7.1	5.6	6.0
SS [g/日]	87	221	145	205	240
BOD [g/日]	203	393	306	345	240
T-N [g/日]	22	35	31	26	*
T-P [g/日]	2.1	3.4	2.9	3.2	*

* 規定なし

どく過負荷であったことを意味している．施設3および施設4浄化槽に関してはわずかに過負荷が認められた．施設1は，計画汚濁負荷量を下回っていた．

図 14.8 は，流入水および放流水の BOD 濃度を示したものである．流入水BOD 濃度の最大値は 508mg/L であった．これに対し，嫌気ろ床槽流出水のBOD 濃度は，流入水の約 1/3 に低下し，それによって接触ばっ気槽への汚濁負荷量が大きく低減された．これは，流入水に含まれる固形物の大部分が嫌気ろ床槽において除去され，そこでスカムあるいは汚泥として捕捉されたことを意味する．また，嫌気ろ床槽流出水の BOD 濃度とピーク係数との間には相関関係が認められる．これは，ピーク流量時に槽内水のかく乱が起り，槽内のスカムや堆積汚泥が接触ばっ気槽へ流入するからである．

施設2を除く他の3施設においては，嫌気ろ床槽に30cm以上のスカムが形成されていた．施設2が他の3施設に比べて嫌気ろ床槽に蓄積したスカムに違いがみられたのは，ピーク時の流入水量の差によるものと推察される．

放流水 BOD 濃度の平均値は，施設2を除き，20mg/L 以下あるいはその近辺であった．施設2の放流水 BOD 濃度が高かったのは，流入水量の変動により沈殿槽での処理水の平均滞留時間が短くなったため，浮遊物質を効果的に沈殿させ

14.4 小型浄化槽によるディスポーザー排水の処理

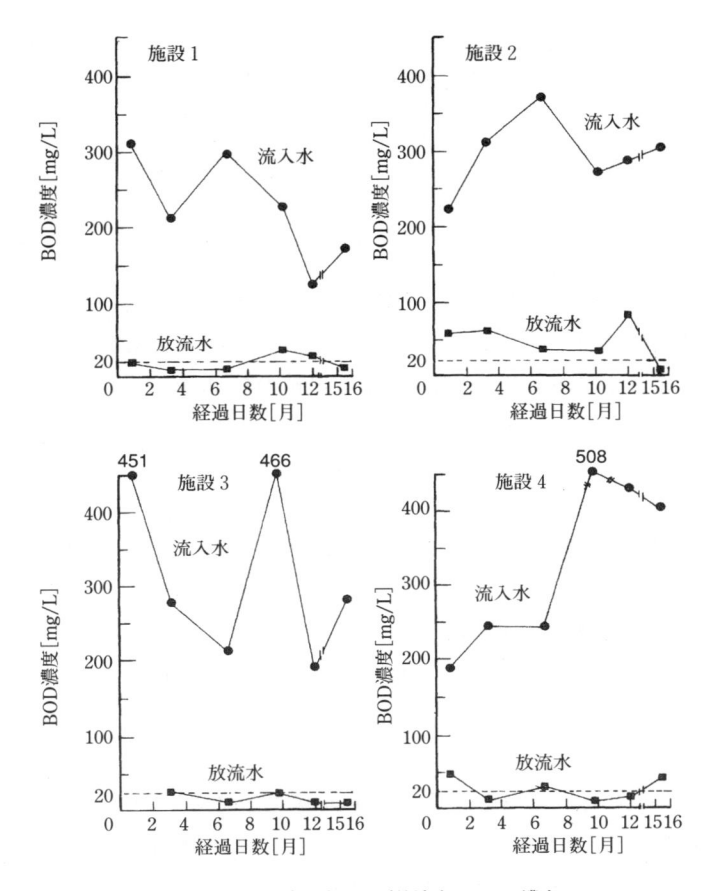

図14.8 流入水および放流水のBOD濃度

られなかったことが原因と考えられる．したがって，浄化槽の処理性能を調査する際には，まず流入汚水量およびピーク係数が過大になっていないか評価することが必要である．ディスポーザーを使うと流入BOD負荷量が上昇するが，嫌気ろ床槽内のろ材により負荷を低減することが可能であり，放流水BOD濃度に及ぼす影響は小さい．

表14.11に，各浄化槽の処理性能を示す．施設1，施設3および施設4の放流水BOD濃度の平均値は，それぞれ20mg/L，14mg/Lおよび25mg/Lであり，計画水質20mg/Lの前後であった．施設2の放流水BOD濃度の平均値は，流入

268   14章 浄化槽による生活排水のオンサイト処理

表14.11 浄化槽の処理性能

水質項目	施設1			施設2			施設3			施設4		
	流入水	放流水	除去率	流入水	放流水	除去率	流入水	放流水	除去率	流入水	放流水	除去率
	[mg/L]	[mg/L]	[%]	[mg/L]	[mg/L]	[%]	[mg/L]	[mg/L]	[%]	[mg/L]	[mg/L]	[%]
SS	94	14	85	183	38	79	154	8	95	207	20	90
BOD	212	20	91	288	52	82	307	14	95	333	25	92
T-N	24	31	—	30	34	—	33	20	—	24	18	—
T-P	2.3	4.5	—	2.8	3.0	—	3.1	3.6	—	3.1	3.4	—

汚水量の増加が原因でほかの施設と比較すると，52mg/Lと比較的高い値を示した．SS濃度の状況はBOD濃度と似ていた．施設2を除く3施設は優れた処理性能を示し，流入汚水量および汚濁負荷量が設計値の範囲内にある限り，小型浄化槽がディスポーザー排水を含む生活排水を処理できることが実証された．

14.5 膜分離技術を導入した小型浄化槽

14.5.1 膜分離型浄化槽の利点

浄化槽の処理性能は，放流水のBOD濃度で通常評価される．しかし，従来の生物的排水処理プロセスと同様，浄化槽においても沈殿槽からの浮遊物質の流出を防ぐのは困難である．

膜分離技術が用いられた浄化槽（以下に膜分離型浄化槽と記する）が開発され，BODおよび窒素を除去することを目的とした排水の高度処理に適用されている．膜分離型浄化槽は，放流水BOD濃度が低いことに加え，以下の利点を有するとされている．

(1) 膜モジュールが生物反応槽内に浸漬され，処理水が直接膜モジュールから吸引されるため，処理性能が活性汚泥の沈降特性に影響されない．

(2) 窒素は間欠ばっ気あるいは硝化された処理水の嫌気性処理槽への循環移送により除去される．

(3) 維持管理が容易になる．膜分離型浄化槽の運転および維持管理は，従来の浄化槽のように生物化学反応を制御するというよりも，膜による安定的な物理的固液分離に主眼を置いている．

(4) 処理水には浮遊物質および微生物がほとんど含まれないため，衛生上の

14.5 膜分離技術を導入した小型浄化槽

リスクは低い．そのため，園芸，洗車，トイレの水洗，消火用水などに利用することができる．

新しく開発された膜分離型浄化槽は，平膜モジュール（PFM：plate and frame membrane）を使用した間欠ばっ気活性汚泥方式であり，これまで研究が行われてきた（Ohmori et al., 1999）．この浄化槽に使用した膜モジュールの材質はポリエチレンで，孔径は0.4μmである．**図14.9**は，膜分離型浄化槽の一例を示している．

膜分離型浄化槽は，沈殿分離槽，膜モジュールを設置した間欠ばっ気槽および消毒槽から構成され，処理水はサイホンの原理を利用して吸引される．実験条件を**表14.12**に，処理フローを**図14.10**に示す．

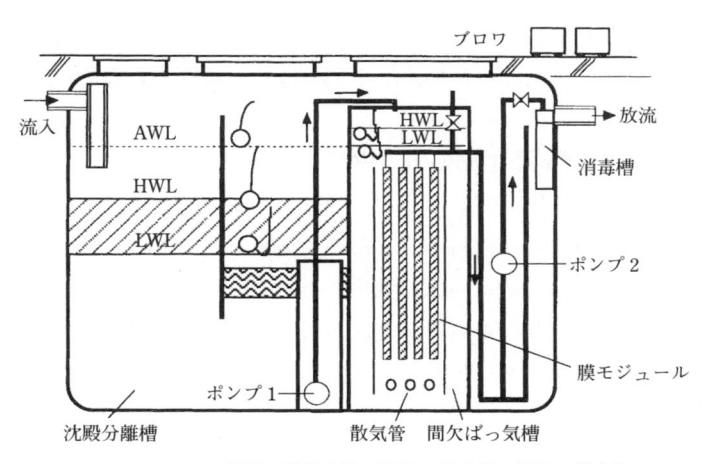

AWL：警報水位，HWL：高水位，LWL：低水位

図14.9 膜分離型浄化槽

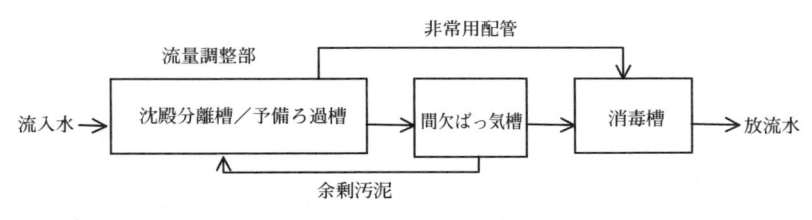

図14.10 膜分離型浄化槽のフローシート

表14.12 実験条件

処理対象人員		5人
実使用人員		5人
計画日平均汚水量		1.25m³/日
計画処理水質		BOD ≦ 5mg/L, T-N ≦ 10mg/L
日最大透過水量		3.2m³/日
有効容量	沈殿分離槽	1.926m³
	間欠ばっ気槽	0.536m³
	消毒槽	0.026m³
膜モジュール	平膜	8枚
	膜面積	6.4m²
	透過流束	0.45m³/（m²·日）

実験期間中，処理水の水質，ばっ気槽混合液のMLSS（活性汚泥浮遊物質）濃度および水頭差を定期的に測定した．保守点検は3ヵ月毎に，次亜塩素酸ナトリウム溶液による膜の洗浄および汚泥濃度の調整は6ヵ月毎に実施された．

14.5.2 膜分離型浄化槽の処理性能

日平均汚水量は850L/日であり，ピーク係数は通常5.0前後で最大値は7.4であった．流入汚水量の増加に対応するため，実験期間中2回，自動制御システムにより間欠ばっ気から連続ばっ気に変更した．ピーク係数が最大値7.4に達した時点においても非常用配管からの汚水流出は認められなかった．MLSS濃度および水頭差の変動は図14.11に示している．

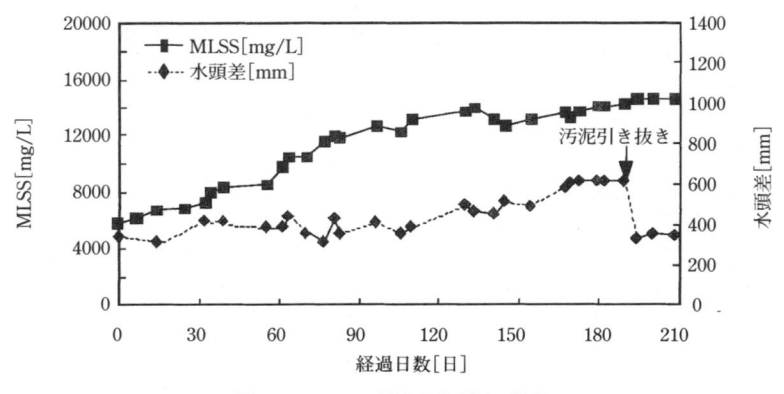

図14.11 MLSS濃度と水頭差の推移

14.5 膜分離技術を導入した小型浄化槽 271

　運転開始3ヵ月後，ばっ気槽内のMLSS濃度を調整するため，沈殿分離槽への活性汚泥の移送を自動運転に変更した．4ヵ月目以降は，MLSS濃度は13 000〜14 000mg/Lの範囲内であり，汚泥転換率は平均0.28kg-SS/kg-BODであった．MLSSが高い濃度に維持され，活性汚泥が内生呼吸期で運転できたことにより，低い汚泥転換率となった．

　実験期間中，膜分離型浄化槽は安定した処理機能を示した．運転開始6ヵ月後，水頭差が運転開始直後に比べ288mm上昇したが，ばっ気槽内の旋回流による膜面洗浄の効果が確認された．

　処理水のBOD濃度およびT-N濃度の変動を，他の水質データと共に図14.12および図14.13に示す．処理水BOD濃度の平均値は2.3mg/L，変動範囲は1.0〜3.9mg/Lであり，計画処理水質の5mg/Lを大きく下回っていた．これらの結果から，膜分離型浄化槽は安定した高い有機物質除去性能を有することが示された．なお，実験期間中のばっ気槽の水温は12.7〜28.9℃の範囲内であった．

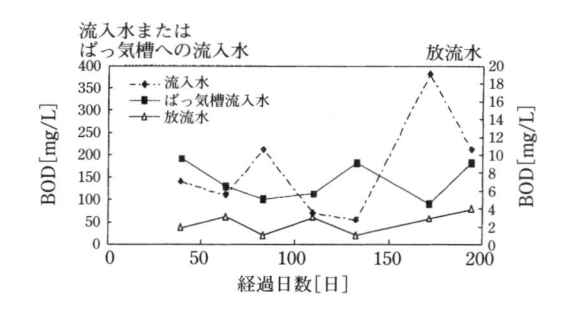

図14.12　BOD濃度の推移

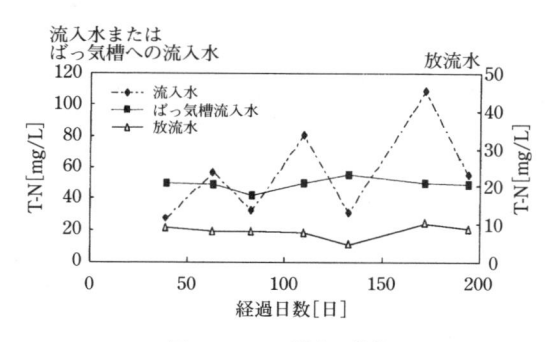

図14.13　T-N濃度の推移

処理水の T-N 濃度の平均値は 7.9mg/L，変動範囲は 4.7〜9.9mg/L を示し，計画処理水質の 10mg/L 以下であった．水温が 12.7 ℃に低下した場合でも，処理水の T-N 濃度は 8.5mg/L に維持されていた．これらの結果により，膜分離浄化槽は水温が 13.0 ℃以上に維持されれば，処理水の窒素を T-N 濃度 10mg/L 以下に除去することができる．

処理水は膜モジュールによって活性汚泥から分離されるため，処理水の SS 濃度は通常 5mg/L 以下であり，透視度 100cm 以上の処理水が得られた．また，処理水の全大腸菌群数は 100 個/mL 以下であった．

運転開始 6 ヵ月後において，沈殿分離槽に堆積した余剰汚泥の量は，乾燥重量で 6.5kg であった．余剰汚泥中の有機物の割合（VSS/SS）は 76 ％であった．バキューム車による余剰汚泥の清掃は 20 分程度で終了し，通常の浄化槽の清掃作業とほぼ同様に行われた．

14.5.3　膜の薬液洗浄による処理性能への影響

膜の薬液洗浄による処理性能への影響を確認するために，**表 14.13** に示すような 2 種類の実験を実施した．最初の実験では，膜の薬液洗浄および洗浄廃液の中和処理が終了した後に，膜処理水をポンプで回収して採水し，残留塩素濃度および pH を測定した．2 番目の実験では，膜の薬液洗浄および廃液の中和処理が終了した後，ばっ気槽内の NO_x-N および NH_4-N の濃度を継続的に測定した．実験の結果をそれぞれ図 **14.14** と図 **14.15** に示す．

膜の洗浄終了時に一時的なろ過水の濁りが確認されたが，膜洗浄後 1 時間を経過した時点で，残留塩素濃度はゼロ近くまで，また pH は 7.5 から 7.2 にまで低

表 14.13　膜の薬液洗浄および洗浄廃液の中和

膜の薬液洗浄
　洗浄液：次亜塩素酸ナトリウム溶液 5 000mg-Cl/L，15L
　手　順：通水速度 1.0L/min で洗浄液を膜モジュールに注入する．ばっ気は通常に行う．
洗浄廃液の中和
　中和液：チオ硫酸ナトリウム 0.5 ％溶液，5L
　手　順：通水速度 1.0L/min で中和液を膜モジュールに注入し中和する．ばっ気は通常に行う．

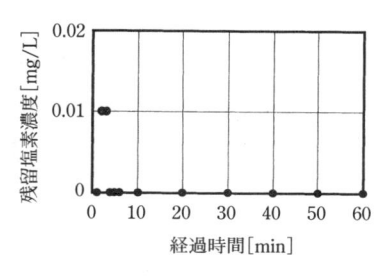

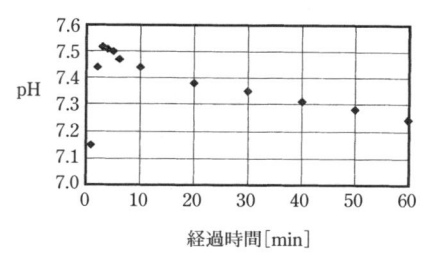

図 14.14　膜洗浄時の残留塩素濃度と pH の変化

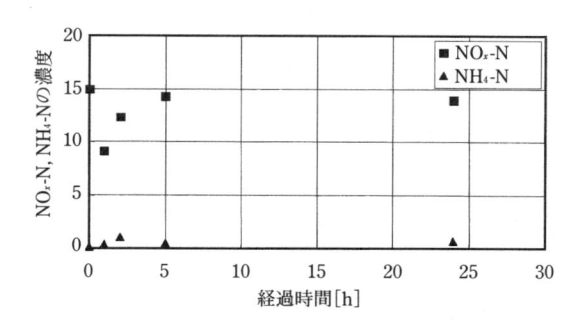

図 14.15　膜洗浄時の NO_x-N と NH_4-N 濃度の変化

下した．これにより，洗浄廃液の中和処理が効果的であることが実証された．

　NO_x-N および NH_4-N の濃度測定の実験では，NO_x-N 濃度は 15mg/L から 9mg/L まで低下したが，5 時間後には最初の値に回復した．NH_4-N 濃度は，24 時間の測定時間を通じて変化はみられず，膜の薬液洗浄が硝化反応にほとんど影響しないことが示された．

14.6　小型浄化槽の維持管理（保守点検と清掃）

14.6.1　浄化槽管理者の義務

　浄化槽法では，浄化槽管理者に対し「浄化槽を正しく使用すると共に，保守点検および清掃を実施し，その記録を保存する」ことが義務付けられている．また，これらの義務（作業等）が適正に実施されているか否かを判断するため，年 1 回，都道府県知事が指定する検査機関が実施する「水質に関する検査」の受検が義務

付けられている．

しかしながら，浄化槽管理者が必ずしも保守点検や清掃に関する専門的な知識を有しているとは限らない．そのため，図14.16に示すように，保守点検については浄化槽保守点検業者に，清掃については浄化槽清掃業者に，それぞれ委託することができる体制となっている．

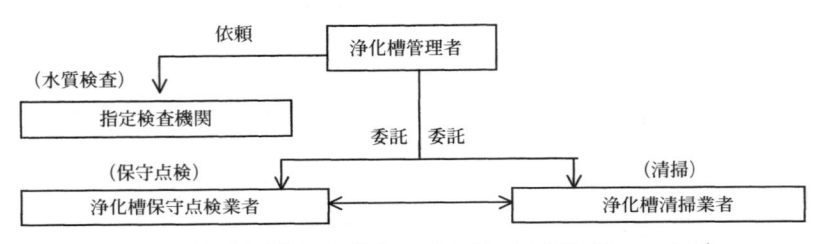

図14.16　浄化槽の保守点検，清掃および水質検査の体制（Ohmori, 1996）

14.6.2　保守点検

保守点検とは，各単位装置の流出水の水質や汚泥の蓄積状況などを点検し，その結果に基づき，汚泥の循環移送や消毒剤の補充，ブロワの保守など必要な調整およびこれに伴う修理作業を行うと共に，清掃作業の必要性について検討を行う作業である．

保守点検の内容および頻度は，浄化槽の処理方式や規模に応じて定められている．例えば，嫌気ろ床接触ばっ気方式の戸建て住宅用浄化槽の場合，保守点検の頻度は4ヵ月に1回以上（年に3回）であり，作業の内容は次のように定められている．

嫌気ろ床槽については，汚水の流入条件や処理機能を把握するため，流出水の透視度，pHおよび汚泥の蓄積量（スカム厚と堆積汚泥厚）などの測定を行う．その結果，蓄積汚泥量が貯留能力の限界に近づいていると判断された場合，浄化槽清掃業者に清掃の依頼を行う．

流量調整装置および循環移送装置を備えた浄化槽の場合は，必要に応じて移送水量を調整し，配管内のスライムを掃除する．

接触ばっ気槽については，逆流洗浄時期の判断および処理機能を把握するため

に，槽内水の水温，透視度，pHおよび溶存酸素濃度等を測定すると共に，接触材に付着した生物膜の量および色相を観察する．生物膜が肥厚化していると判断された場合，逆流洗浄（生物膜の強制剝離）を行い，強制剝離した生物膜は汚泥移送装置を作動させ，嫌気ろ床槽へ移送する．

　沈殿槽については，処理機能の状況を把握するため，流出水の透視度およびpHなどを測定すると共に，槽内の汚泥の蓄積状況を観察する．その結果，スカムや堆積汚泥が認められた場合は，それらを嫌気ろ床槽へ移送する．

　消毒槽については，薬剤筒内の塩素剤の量を確認し，放流水の残留塩素濃度を測定する．必要に応じて塩素剤を薬剤筒に補給する．

　ブロワについては，取扱い説明書に従い各付属機器類を洗浄または補修する．

14.6.3　清　　掃

　清掃とは，浄化槽内に生じた汚泥，スカム等の引き出し，引き出し後に槽内の汚泥の調整などを行う作業であって，その主たる目的は蓄積汚泥の流出を防ぐことである．清掃の内容およびその頻度は，処理方式や規模に応じて定められている．例えば，嫌気ろ床接触ばっ気方式の戸建て住宅用浄化槽の場合，清掃頻度は年に1回以上であり，清掃の内容作業の概要は以下に示す通りである．

　まず，積載能力が2～4トンのバキューム車を用意する．

　嫌気ろ床槽第1室については，スカムや堆積汚泥を全量引き出した後，ろ材押さえ面を水道水で洗浄し，洗浄水を全量引き出す．

　嫌気ろ床槽第2室，接触ばっ気槽，沈殿槽および消毒槽については，各槽の汚泥堆積状況によって，必要な汚泥の引き出し量はそれぞれ異なる．

　水道水等で所定水位まで水張りを行う．引き出された汚泥は，汚泥処理施設（例えば，し尿処理施設など）へ搬入し衛生的に処理・処分する．

　し尿処理施設では，浄化槽汚泥は汲取りし尿と混合し，嫌気性処理工程あるいは好気性処理工程を経て処理される．一部のし尿処理施設では，浄化槽の汚泥は嫌気性消化処理によるバイオガスの生産および発電に利用されている．また，コンポスト工場では，脱水汚泥を利用していることもある．このように浄化槽汚泥および汲取りし尿は，集合処理施設で処理・処分され，有機資源およびエネルギー資源の回収が行われている．

14.6.4 水質検査

浄化槽管理者は，年1回，都道府県知事が指定する指定検査機関が実施する「水質に関する検査」を受検する義務が課せられている．この検査は，①外観検査，②水質検査，③書類検査から構成されている．

①外観検査では，設備の稼動状況，水の流れの状況，臭気の発生状況，消毒の実施状況について，主に目視による観察が行われる．

②水質検査では，放流水のpH，透視度，残留塩素濃度およびBOD，好気性生物反応槽内の溶存酸素濃度などが測定される．また，窒素除去型浄化槽の場合は，放流水の窒素濃度が測定対象となることもある．

③書類検査では，保守点検および清掃の記録票の内容等の確認が行われる．

外観検査，水質検査および書類検査の結果から，浄化槽の処理性能の総合判断が行われ，何らかの問題点が明らかになった場合は，指定検査機関から担当行政部局へその内容の報告が行われる．報告を受けた行政担当部局は，浄化槽管理者や関連業者に運転方法の改善等について指示を与える．

14.6.5 浄化槽の電力消費量

浄化槽には，ブロワやポンプなどの付属機器類が付設されており，これらを稼働させるために，常に電力を供給する必要がある．ブロワは，好気性生物反応槽のばっ気だけでなく，流量調整や循環装置の稼動に必要な空気供給においても重要な役割を果している．浄化槽の運転に要する電力コストは，ブロワの消費電

表14.14 浄化槽の電力消費量

規模／処理性能		ブロワの消費電力 [W]	電力消費量 [kW/年]
嫌気ろ床接触ばっ気方式[*1]	5人槽	58	508
	10人槽	112	981
A型[*2]（図14.7を参照）	5人槽	90	788
	10人槽	155	1 358
B型[*2]（図14.7を参照）	5人槽	91	797
	10人槽	176	1542
C型[*2]（図14.7を参照）	5人槽	106	929
	10人槽	144	1 261
膜分離型浄化槽[*2]	5人槽	158	1 384
	10人槽	320	2 803

[*1] BOD除去型
[*2] BODおよび窒素除去型

力によって決められている．

　小型浄化槽の場合，ブロワの電力消費量は，表 14.14 に示すように，浄化槽の規模および処理性能によって異なる．

14.7　今後の展望

　日本においては，小型浄化槽の処理技術に関する研究開発は年々早くなる傾向が認められる．前述の図 14.2 に示されているように，小型浄化槽技術の研究開発にはいくつかの方向性が認められる．

　他の水処理の分野において開発されたいくつかの要素技術は，小型浄化槽に適用されようになった．例えば，吸着法および電解凝集法は，リン除去を目的とする小型浄化槽に実験レベルで導入されている．

　単独処理浄化槽を合併処理浄化槽に改造するに必要な膜モジュールが開発されており，近い将来に実用化されるであろう．この膜モジュールを利用すると，単独処理浄化槽を簡単に比較的小さい容量の合併処理浄化槽に改造することができる．

　ディスポーザー対応型浄化槽や処理水の再利用が可能な膜分離型浄化槽など，特殊な機能を備えた浄化槽が次々と開発され市販されている．ディスポーザー対応型浄化槽は，使用者に新たな利便性を提供するだけでなく，有機資源の再利用を促進することが期待されている．膜分離型浄化槽からの放流水は，園芸，洗車，水洗トイレおよび消火用水などに利用することができる．上水供給量の確保が難しく排水の再利用が必要な地域では，膜分離型浄化槽は極めて有効である．

　小容量型 BOD 除去型浄化槽は，構造例示型浄化槽の槽容量の 60 〜 70 ％の大きさで，既に実用化されている．これに伴い，これまで浄化槽を設置する場所が確保できなかった地域においても，浄化槽を設置することができるようになった．また，窒素除去型の小型浄化槽も普及し初めている．このような高度な処理機能を有する浄化槽は，主に閉鎖性水域（水道水源地域）や農業用水域に処理水を放流する地域に設置されている．

14.8 参考文献

Japanese Education Centre for Environmental Sanitation (JECES) (1998). Johkasou systems for the treatment of domestic wastewater.

Ohmori, H. (1996) Maintenance and management of johkasou systems. *Proceedings of Japan–China Symposium on Environmental Science*, Tokyo, 2224 November.

Ohmori, H., Yahashi, T., Furukawa, Y., Kawamura, K. and Yamamoto, Y. (2000) Treatment performance of newly developed johkasous with membrane separation. *Wat. Sci. Tech.* **41**(10/11), 197–204.

Yang, X.M., Kuniyasu, K. and Ohmori, H. (1996) An investigation on treatment performance of small-scale gappei-shori johkasous. Proceedings of Japan–China Symposium on Environmental Science, Tokyo, 22–24 November, 215–218.

Yang, X.M., Watanabe, T., Kuniyasu, K. and Ohmori, H. (1994) The influence of discharge from food waste disposers on johkasou performance. *Proceedings of International Conference on Asian Water Technology*, Singapore, 22–24 November.

15章 嫌気的に前処理された排水の後処理

N. Horan

© IWA Publishing. Decentralised Sanitation and Reuse : Concepts, Systems and Implementation.
Edited by P. Lens, G. Zeeman and G. Lettinga. ISBN : 1 900222 47 7

15.1 はじめに

　ある場所で与えられた特定の排水について，最も適切な処理方法を選定する場合，多くの重要な要因に配慮する必要がある．いろいろな処理方法を検討する際，最も重要な要因となるのは，その処理方法による処理水質が排水基準に適合するか否かという点である．つまり，排水処理システムを設置する目的は，公衆衛生の向上を達成すること，ならびに水環境を汚染から保護することである．これらをどの程度にするかは地域のニーズや資源により定められ，具体的には放流水の水質基準の形で決められる．しかし，実際は土地の制約や地質といった重要な要因により，技術的，工学の面で最適な方法が必ずしも実現できるものではない．

　現在の適切に設計された下水処理施設であれば，家庭排水および産業排水に含まれる様々な汚染物質を除去することができる．こうした汚染物質は，通常次のようなものである．

①生物化学的酸素要求量（BOD）あるいは化学的酸素要求量（COD）で通常表現される有機物質
②浮遊物質
③アンモニア
④窒素
⑤リン
⑥重金属
⑦糞便性大腸菌
⑧寄生虫

これらの汚染物質に対する処理場の処理能力は，処理水の排水基準という形で

定められる．この排水基準には必ず①と②が含まれる．また，放流水が食用作物の灌漑用水として再利用される場合には，⑥，⑦および⑧も含まれる．放流水による富栄養化が深刻である地域では，これらのほかに③，④および⑤も含まれる．残念なことに，上記の8要素全てを効率的に除去することが可能な単一のユニットプロセスはない．したがって通常は，要素毎に最適処理が可能な装置を，排水処理系統に組入れる方法がとられている．プロセスエンジニアの職務は，立地条件による工学的制約に適合をはかりつつ，放流水質の要件に適合するための，費用対効果の高い適切な排水処理系統を組立てることである．これを実現するには，困惑するほどたくさんの処理方法の組合せがある（**表 15.1**）．

表 15.1 排水汚染物質の除去に適するユニットプロセス

汚染物質	単位処理
有機物質	嫌気性前処理（上向流嫌気性汚泥床など），通性安定池[*1]，散水ろ床，活性汚泥，土壌処理，化学処理薬品添加，膜分離生物反応槽
浮遊物質	スクリーニングおよび粉砕，腐敗槽，嫌気性安定池[*1]，一次沈殿，多層沈殿，溶解空気式浮上分離法
アンモニア	散水ろ床，活性汚泥，イオン交換，エアストリッピング（揮散）
窒素（全窒素と酸化態窒素）	活性汚泥
リン	薬品添加，活性汚泥
排泄物中の病原体	熟成池[*1]，塩素処理，オゾン処理，膜分離生物反応槽，紫外線

[*1] 排水安定池（WSP）システムの一部（構成要素）

表15.1にあげた各処理方法は，汚染物質の除去に優れた性能を示しているが，それぞれ多くの利点と欠点を有している．相互のバランスを必要とする3つの主たる基準がある．コスト，用地および汚泥生成である．原則として，処理工程が複雑になると，必要な用地面積は少なくなり，放流水質は向上する．しかし，これは高いコストと汚泥生成の増加を伴う．こうしたことから，施設規模を調整してコスト削減を図り，汚泥受入れ・処分場所を最小化することができる集中型サニテーションシステムが次々と導入されるようになった．

逆に，処理システムが単純になると，必要用地面積は大きくなり，良質な放流水質を維持することが難しくなる．しかし，一般的に汚泥発生量はかなり少なくなり，処理水の放流先によっては，放流水質をそれほど高くする必要がない場合もままある（Jhonstone and Horan, 1994）．

こうした単純なシステムは，分散型サニテーションシステムの基礎として理想

的である．本章では，一つの魅力的な処理システム，排水安定池システムの運用および処理効率について考察する（Arthur, 1983）．

表 15.1 から，嫌気性安定池，通性安定池および熟成池から構成される処理系は，窒素由来の汚染物質およびリン（つまり栄養塩類）を除く全ての汚染物質を除去することが可能であることがわかる．ヨーロッパ共同体（EC）においては，処理水の影響を受けやすい水域に放流する場合にのみ栄養塩類除去が必要とされているので，安定池システムは広く適用される可能性をもっている．例えば，フランスでは排水安定池（WSP）が広く利用されており，2 500 をこえるシステムが稼働している（Racault *et al.*, 1995）．

15.2 排水基準

排水処理システムは，環境質（公衆衛生を含む）の向上を目的として設計されるので，排水基準はこの目的を達成するための要件と地域の経済的条件を，バランスよく取入れて設定されなければならない（Johnstone and Horan, 1994）．ECの都市の排水処理に関する指令（EC, 1991）および水遊びに適した水指令（EC, 1994）がこの良い例であり，それぞれ水質環境および水浴水質（**表 15.2**）の保持を目的としつつも，現実的かつ対応のための準備期間が十分にあるものとなっている．

表 15.2 都市の排水処理に関する指令（UWWTD）および水遊びに適した水指令により規定される排水基準

パラメータ	除去率 [%]	強制的規制値	出典
BOD_5 [mg/L]	70～90	25	EC1991
COD [mg/L]	75	125	EC1991
浮遊物質 [mg/L]	35	35	EC1991
大腸菌 [1/100mL]	—	2 000	EC1994

しかし，乾燥地帯および半乾燥地帯の多くでは，人口増加と農業用水需要増大に起因する水不足が原因で，大規模な下水処理水の再利用が不可欠となっている．このような場合，放流水水質基準は，公衆衛生保全に主眼が置かれなければならない．ヒト由来廃棄物を再利用することによる健康リスクは，ここ 20 年以上にわたり研究が続けられているが，多くの疫学的研究が，排水再利用から生じる健

康への影響を例証的に報告している（例えば，Shuval et al.,1986）．

これらの研究をもとに，未処理排水の再利用で様々な種類の病原体に接触することが原因で起る相対的健康リスクが定量化されてきた．この枠組みは，排水再利用に伴う健康リスクを最小化することを目標とするガイドラインの基礎として用いられている．これにより，技術的に実現可能で，かつ現時点で最高レベルの疫学的事実に基づき，健康リスクを許容レベルにまで低減する排水処理の微生物学的水質基準が定められている（**表15.3**）．しかし，一部の基準については，基準が必要以上に厳しく，排水を十分に再利用する可能性を制約しかねないのではないかという議論がいまだにある（Shuval, 1996）．

表15.3　灌漑用再生水に関する微生物学的水質指針（WHO 1989の概要）

再利用の条件	曝露集団	腸内線虫[*1] （1L当りの卵数の算術平均）	糞便性大腸菌 （100mL当りの数量の幾何平均）
非制限灌漑（生食用作物，運動場，公園）	作業者，消費者，公衆	< 1	< 1000 [*2]
制限灌漑（穀物，工芸作物，飼料作物，牧草地，樹木[*3]）	作業者	< 1	ガイドライン無し

[*1] 回虫，鞭虫および鉤虫
[*2] ホテルの芝生など公衆が直接接触する可能性の高い公共の芝生には，より厳重な指針（糞便性大腸菌/100mL < 200）が適切である．
[*3] 果樹の場合，灌漑は収穫の2週間前に中止する．また，果実を地中から収穫してはならない．スプリンクラーによる灌漑は行わない．

排水再利用の基準は，腸内線虫および糞便性大腸菌の除去を基本として定められており，後者に関しては，5あるいは6ログ（log）単位の除去を要求している．排水安定池は，放流水の消毒処理をせずに，上記の高い除去率を保証しうる唯一の処理である．高温な気候の地域では，それぞれが5日間の滞留時間の安定池を5つ直列配置すれば，こうした基準は既に達成可能な状況にある．またこの安定池の放流水は，BODおよび栄養塩類濃度ともに低いので，非制限灌漑にも向いている．

15.3 嫌気性前処理からの排水の水質

　本章に先立つ章では，家庭排水の前処理としての嫌気性技術の適用が考察されていた（Zeeman et al., 2001 ; Kalogo and Verstraete, 2001）．加えて，多く研究者が現地調査を行い，前処理としての嫌気性技術の適用の評価を行ってきている．

　Chernicharo と Machado（1998）は，水理学的滞留時間（HRT）が6時間の上向流嫌気性汚泥床（UASB）反応槽で，87％の BOD 除去率を実証した．この UASB 法は，処理水質を BOD 濃度で 55mg/L にすることに成功し，その後さらに，放流水は嫌気ろ床で処理された．浮遊物質の除去ではこれを上回る結果となり，456mg/L の浮遊物質量を含む流入水から，24mg/L の放流水質を達成した．

　Sousa と Foresti（1996）も同様の成果を示し，わずか4時間の HRT で，BOD 濃度 257mg/L の流入水から 36mg/L の放流水質を達成した．ただし，ここで使用された排水は人工的に合成されたもので，処理性の高いものであった．後処理の SBR（回分式反応槽）においてさらに66％が除去され，最終放流水の BOD 濃度はわずか 6mg/L となった．

　ただし，嫌気性前処理の対象となりうるのは純粋な家庭排水だけではない．Dean と Horan（1995）はモーリシャスで，家庭排水と繊維物質を多く含む産業排水との混合排水の処理を行った．HRT を10時間に設定し UASB 法を用いて，溶解性 COD 濃度が約 750mg/L の流入水から78％除去を達成した．

　Austermann-Haun ら（1998）は，醸造排水の嫌気性前処理の可能性を実証した．BOD 濃度 1 496mg/L の流入水は，HRT を8.3時間に設定した UASB 法による処理で94％が除去され，95mg/L の放流水質が達成された．後処理として，栄養塩類除去活性汚泥プロセス（F/M=0.068/日）および砂ろ過による処理が行われ，最終放流水質は，BOD 濃度で 3.6mg/L，SS が 1.8mg/L となった．

　上記の事実から，もし実際のパイロットプラントのデータが無い場合にも，家庭排水では HRT6 時間以上の UASB 法による BOD の除去を80％とするのが固いところである．別法としては，Van Haandel および Lettinga（1994）による経験式（式 15.1）がある．ただし，この式は水温 20℃以上の場合に適用可能である．

$$E = 1 - 0.68 (HRT)^{-0.68} \qquad (15.1)$$

ここで，HRT の単位は時間［h］．

この式によれば，HRT が 6 時間の場合の COD 除去率は 70 ％になる．これは，ほぼ全ての排水に対して，BOD 濃度および COD 濃度を 100mg/L 未満に処理するためには，後処理が必要になることを意味している．また，病原体および栄養塩類濃度が規制されている場合には，これらの処理を目的とした後処理が不可欠になる．

後処理に適用可能な従来の処理システムは，BOD および栄養塩類除去を確実に行うためには定期的な維持管理と機械的エネルギーを必要とする．しかし，多くの場合，エネルギーや維持管理の労力が必要なことは非実用的であり望ましくなく，従来のプロセスに代わる安価な処理プロセスが必要とされている．こうした一群の処理プロセスは階層状をなしているが，最も単純なものは太陽光をエネルギー源とした一連の水深の浅い池である．このシステムは，通常，排水安定池（WSP：waste stabilisation pond）と呼ばれ，BOD および病原体の除去に有効である．しかし，栄養塩類に関しては効率が低い．

安定池にエアレーターを設置すると，エアレーション式ラグーンへと高度化し，BOD 除去速度も向上するが，病原体除去機能は低下し，栄養塩類除去機能も低いままである．ラグーン内に静止域を設けて汚泥を沈殿させ，かつ，沈殿汚泥を返送循環あるいは引き抜くポンプを設置すると，エアレーション式ラグーンは簡単な活性汚泥システムへと高度化される．これにより，有機物質の除去率は 95 ％まで上昇し，さらに栄養塩類除去も可能になる．

ただし，この場合も病原体除去機能は低いままである．次節では，排水安定池に重点を置き，嫌気性前処理を行った処理水を対象とする後処理についてその方法を解説する．

15.4　排水安定池

排水安定池は，継続的に流入する排水を溜める水深の浅い池である（図 15.1）．通常，複数の池を直列に配置し，排水は順に下流側の池に流れていく．最も一般的な池の配置は，嫌気性安定池と通性安定池を直列に並べ，最後に熟成池が続くというものである．また，別の配置方法も可能である（図 15.2）．

通常の安定池システムの構成には嫌気性安定池による嫌気性前処理が含まれる．この設計基準は，嫌気性前処理を備える分散型サニテーションシステム，例

15.4 排水安定池

通性池　　　　嫌気性池

図 15.1 (a) 嫌気性安定池，通性安定池および3つの熟成池から構成される典型的な5槽式の分散型処理システム，(b) 通性安定池に見られる単純な建設方式（撮影提供：D. D. Mara）

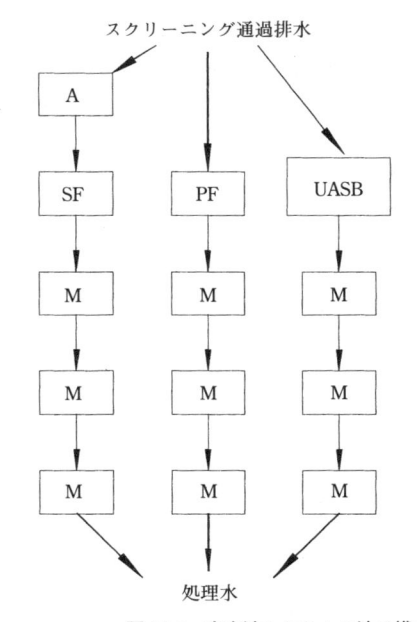

スクリーニング通過排水

A → SF → M → M → M → 処理水
PF → M → M → M → 処理水
UASB → M → M → M → 処理水

A：嫌気性安定池
PF：一次通性安定池
SF：二次通性安定池
M：熟成池

図 15.2 安定池システムの池の構成

えば UASB 反応槽などの基準とほとんど変わらない．システム全体の処理能力は，一連の安定池の数および各池の滞留時間の関数となる（**表 15.4**）．

排水安定池の最も重要な役割は，病原体の除去であるが，有機炭素濃度を低くする能力ももっている．有機物質とアンモニア態窒素の酸化に必要な酸素は，藻類の光合成により供給され，この酸素発生速度が好気的な他栄養バクテリアによ

表 15.4 主要な池における主な機能とその性能および運転状況 (Horan, 1990)

池の種類	水深 [m]	滞留時間 [日]	主な役割	通常の除去率 種類	[%]
嫌気性安定池	2〜5	3〜5	固形物の沈殿,BOD 除去,流入水の安定化,寄生虫の除去	BOD 浮遊物質 FC(糞便性大腸菌) 寄生虫	40〜60 50〜70 1 log 70
通性安定池	1〜2	4〜6	BOD 除去	BOD 浮遊物質 FC(糞便性大腸菌)	50〜70 増加する 1 log
熟成池(3池から構成される典型的システム)	1〜2	12〜18	病原体除去,栄養塩類除去	BOD 浮遊物質 FC(糞便性大腸菌) 寄生虫	50〜70 20〜40 4 log 100

る酸化速度を決めることになる.藻類により酸素生成がない場合は,沈殿,嫌気性代謝および表面エアレーションによる好気性分解により BOD が除去される.

安定池システムは,全面的に自然プロセス,つまり池中の複雑な生物学的生態系に依存している.したがって,このシステムが排水処理システムの中で最も単純な方式であるという事実とは裏腹に,そこで発生する化学的および生物学的反応については,まったくよく理解されていない.その結果,排水安定池の設計モデルは常に経験的なものとなっている.

15.5 通性安定池

15.5.1 原理

通性安定池は,嫌気性前処理を行った排水を受取る最初の池であるが,厳密にいうと,これは2次通性安定池と呼ばれるべきものである(1次通性安定池は,未処理排水を受取る池である).多くの場合,嫌気性前処理と通性安定池があれば,例えば,限定された作物への潅漑および魚類養殖池への利用には十分である (Mara and Pearson, 1997).

通性安定池の主な役割は,BOD 除去である.同じ安定池内に好気性および嫌気性(厳密にいうと無酸素性)環境を備えているということは,嫌気性環境に伴う嫌気性代謝および好気性環境に伴う酸化代謝の両方を行うことができるということである.従来のプロセスとは異なり,有機物質とアンモニア態窒素の酸化に

15.5 通性安定池

必要な酸素は機械的ではなく生物学的方法で供給される．このために水深の浅い（1〜2m）池を用意し，太陽光を最大限捕捉し，光合成自栄養生物（主に藻類）の成長を促す．

藻類は，光合成から得たエネルギーを利用しながら，炭素源として他栄養バクテリアが生成する二酸化炭素を活用する．これにより，酸素ガスが発生する．藻類とバクテリアの関係は共生形態と捉えることが可能である．図15.3に両者の相互作用を示した．

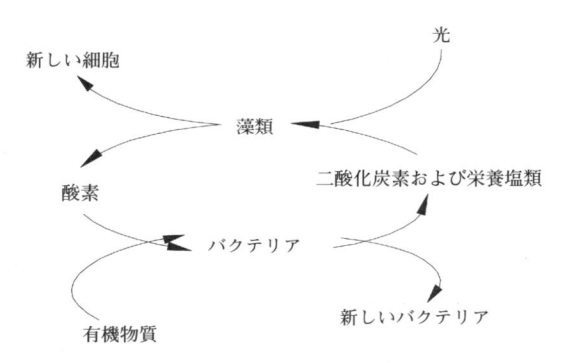

図15.3 通性安定池システムにおけるバクテリアと藻類の共生関係

藻類の成長を最大限促進するためには，流入水の酸素要求量が光合成によって供給される酸素量をこえないように，通性安定池の負荷量を管理しなければならない．藻類は太陽光を必要とするため，酸素発生量およびそれによる安定池の酸素濃度は，日毎に，かつ，安定池の水深に応じて変化する．安定池の水深が深くなるにつれて太陽光が届かなくなり，その結果，利用可能な酸素量が少なくなる．したがって，安定池の下半分は酸素が不足して嫌気性代謝が生じる．

日中は，好気的表層において通性好気性菌によりBODの大部分は除去される．太陽光の強度が弱くなると，光合成作用は藻類が光合成から呼吸に転換するレベルまで低下する．夜間は，残留酸素が消費されるため，安定池は次第に嫌気性を帯びてくる．沈殿物は嫌気的に分解されるため，汚泥引き抜き間隔は長くなる．通常，通性安定池では5〜10年の間隔で汚泥が引き抜かれる（Saqqar and Pescod, 1995）．

15.5.2 設　　計

1次通性安定池について池を完全混合反応槽と近似し，BOD除去反応に一次反応速度式を適用したモデルが開発されている（例えば，Marais and Shaw, 1961）．ただし，実務では，許容BOD面積負荷量（$\lambda_{s(max)}$ [kg/(ha·日)]）をもとにした経験的設計方法を採用する方が普通である．

これは，以下のように定義づけられる：

$$\lambda_{s\,(max)} = 10 L_i Q / A_f \tag{15.2}$$

ここで，A_f：安定池の必要面積（m²），L_i：流入水のBOD（mg/L），Q：設計流量 [m³/日]．

表面積当りの負荷の値は温度と共に増加し，最大負荷量は次式（15.3）により得られる（McGarry and Pescod, 1970）．

$$\lambda_{s\,(max)} = 60.3\,(1.099)^T \tag{15.3}$$

しかし，最大負荷量を設計に用いると過負荷が発生する恐れがあり，このような設計は一般的ではない．より，適切な式はMaraおよびPearson（1997）による水温10度以上の場合に適用可能な次式（15.4）である．また，この温度以下の条件では，負荷量は100 kg/(ha·日)とする．

$$\lambda_{s\,(max)} = 350\,(1.07 - 0.002T)^{T-25} \tag{15.4}$$

ここで，T：最も気温が低い月の摂氏温度．

次に，上記のBOD面積負荷を基に，安定池の面積を式（15.2）を用いて算出する．そして，通性安定池の水理学的滞留時間（t_f）が式（15.5）により計算される．

$$t_f = \frac{A_f D_f}{Q} = \frac{10 L_i D_f}{\lambda_s} \tag{15.5}$$

ここで，D_f：通性安定池の平均水深 [m] で，通常おおよそ1.5 m．

滞留時間の最小値は，温度が20℃以上で4日間，20℃未満で5日間である．この条件は，藻類細胞が洗い出されることなく繁殖することを保証し，かつ安定池内に短絡流が発生することを抑える．

15.5.3 性　　能

排水安定池システムは，嫌気性安定池を含まない場合が多いため，通性安定池が1次安定池となる．Dixoら（1995）は，UASBユニットを前処理とした場合

について調査を実施した．実験では，滞留時間 0.29 日の実スケール UASB（容積 160m³）を前処理ユニットとし，試験規模の通性安定池 1 基および熟成池 3 基による処理系が用いられ，処理水の水質の検討が行われた．各安定池の滞留時間は 5 日間で，合計 20 日間であった．このシステムは，非制限灌漑の排水再利用に関する WHO ガイドラインの水質基準を満たすことができた．**表 15.5** の水質は，放流水が EC の UWWTD（都市の排水処理に関する指令）にも適合することを示唆している（**表 15.2** 参照）．

表 15.5 嫌気性前処理システム（UASB 法）および全体で滞留時間 20 日間の 4 基の安定池による処理性能

パラメータ	流入水	放流水				
		UASB	F1	M1	M2	M3
BOD [mg/L]	771	83	54	47	44	43
浮遊物質 [mg/L]	681	66	63	86	75	72
pH	7.6	7.1	7.6	8.3	8.8	9.1
糞便性大腸菌 [1/100mL]	2.8×10^7	9.2×10^6	6.0×10^5	2.8×10^4	3.7×10^3	6.1×10^2
線虫綱卵 [/L]	16 774	1 740	3.5	検出されず	検出されず	検出されず

15.6 熟成池

15.6.1 原理

熟成池は，3 次ラグーンあるいは場合により好気性池と呼ばれる．この池は通性安定池からの流出水を受け入れるか，もしくは要求される処理水質によっては，前処理工程から直接排水を受け入れることもある．熟成池の主な役割は，ウイルス，バクテリアおよび寄生虫などの病原性微生物を除去することである．この池は，BOD 除去には適さないため，熟成池への流入水は，病原性微生物以外の水質については排水基準を満たしている必要がある．熟成池内では，藻類の繁殖により BOD 値が上昇することがありうる．このため，いくつかの法規定（EC，1991）では，熟成池からの流出水の水質分析ではサンプルをろ過した後に行うことや，150mg/L の浮遊物質濃度が認められている．

熟成池における病原体除去では，十分な滞留時間を設定することにより，基準

を達成することができる．熟成池の数と規模は，放流水に要求される水質基準によって決定され，通常，この規制基準は100mL当りの糞便性大腸菌数で表わされる．病原体の除去機構に関する知識が不足しているので，熟成池の合理的設計が難しい状況にある．回虫，鞭虫類および条虫などの線虫卵は，その大きさ（20～70μm）から，沈殿によって除去されると理解されている．ジアルジアやエントアメーバなどの原生動物シストも，その除去は沈殿による．ただし，これらは一般的に上記の微生物より小さい（ジアルジアの場合は縦14μm，横8μm）ため，より長い滞留時間を必要とする．これらの除去処理はそれぞれの熟成池で行われ，合計滞留時間を11日以上にすると完全除去が期待できる．これらの微生物は安定池の放流水からは除去されるが，必ずしも不活性化されておらず，汚泥層の中で数年間生存しつづける（Mara and Pearson, 1997）．これは，汚泥の引き抜き計画に際して考慮すべき事項である．

ヒトの糞便には100種類以上のウイルスが排出されているが，それらの安定池における挙動はほとんど知られてない．ほぼ全てのウイルスは負に帯電しているため，主たるウイルスの除去機構は，まずウイルスが粒子状物質へ吸着され，これらが沈殿するものと考えられている．限られてはいるが，利用可能なデータによれば，合計滞留時間が30日以上の安定池では，エンテロウイルスは最低4ログ単位，ロタウイルスは3ログ単位の除去が可能とされている．寄生虫に関しても同様で，放流水からの除去は寄生虫の不活性化を意味せず，汚泥層内で長期間生存し続けるかもしれない．

糞便性大腸菌は，病原体除去の指標生物として，世界的に採用されてきた．このため，除去機構に関する研究は，この糞便性大腸菌を用いて行われてきた．熟成池における糞便性大腸菌の不活性化速度は，他の安定池に比べかなり速い，また，温度が高いほど速度が増加する．熟成池における病原体の除去について多くのメカニズムが提案されており，その中で最も重要なものは，栄養塩類の枯渇，高pH，高溶存酸素濃度，太陽光からの紫外線，および原生動物による捕食等である（Curtis et al., 1992；Saqqar and Pescod, 1991；Davies-Colley et al., 1999）．

これらのメカニズムは，相互に緊密なつながりを有している．例えば，太陽光量が増加すると，紫外線が増大し，藻類の光合成作用を刺激するため，pHおよび溶存酸素濃度が上昇する．このように，各除去メカニズムの寄与を区分し，定量化するのは困難であるため，メカニズムを基にした安定池の設計法はまだ完成

していない.

　病原体の除去に加え，熟成池の処理水は，浮遊物質濃度も低い．通性安定池の流出水に含まれる浮遊物質は主に藻類からなっている．これらは運動性の鞭毛虫類で，太陽光を有効に活用するため高密度な帯状体を形成している．この帯状体は放流水中にしばしば現われるが，浮遊物質の含有量が極めて高い．熟成池では，この帯状体に代わって非運動性の藻類が多く繁殖する．非運動性であるため，安定池全体に均等に分散され，高密度な帯状体との接触がないので，放流水における濃度は低下する．

　藻類は pH 値上昇による病原体の除去だけでなく，熟成池では窒素およびリンを除去する役割も果たす．リン除去の主たるメカニズムは，藻類細胞に伴う有機態リンとしての沈殿である．さらに，pH 値が上昇すると，リンは不溶性になり化学的沈殿が発生する．藍藻類などの多くの藻類は，リンを粒子状態で蓄積するため，安定池内の結合有機態リンの大きな割合を占める．

　窒素についても同様の除去メカニズムが起きる．溶解性窒素は，主としてアンモニア態窒素として現われる．次に，硝酸態窒素よりはむしろアンモニア態窒素を好む藻類により取込まれる．藻類が死滅して沈殿すると，有機性結合窒素として沈澱する．その一部は生分解性であるが，60％は分解されないまま沈殿物として残存する．

15.6.2 設　　計

　安定池のいずれの池においても，糞便性大腸菌除去は，前述の1次反応速度式に従う．完全混合が想定される場合は，次式となる．

$$N_e = \frac{N_i}{1+K_b t} \tag{15.6}$$

ここで，N_e：放流水 100mL 当りの糞便性大腸菌数，N_i：流入水 100mL 当りの糞便性大腸菌数，K_b：糞便性大腸菌除去1次速度定数 [1/日]，t：安定池内の滞留時間 [日]．

　安定池の必要数 (n) については，式 (15.7) のように計算される．

$$N_e = \frac{N_i}{(1+K_b t_a)(1+K_b t_f)(1+K_b t_m)^n} \tag{15.7}$$

ここで，t_a, t_f, t_m：それぞれ嫌気性前処理池，通性安定池および熟成池の滞留

時間，n：熟成池の必要池数．

1次速度定数 K_b は，病原体の除去に影響する全ての要因を考慮した集中化パラメータである．この数値は特に温度の影響を受けやすく，その影響は経験的に次式で表わされる．

$$K_{b(T)} = 2.6\ (1.19)^{T-20} \tag{15.8}$$

この式は，温度が1度上昇する毎に K_b 値が19％増加することを示している．病原体の除去に関して，より定量的なデータが利用可能になれば，K_b に関するより決定論的な方程式を立てることができる．

熟成池を設計するために式（15.7）を使うには，池の数（n）とその滞留時間（t_m）が必要である．この式を用いて設計する場合，n を増加させながら反復計算を行って，必要面積が最小となる n と t_m の組合せを見つけるのが一般的である．この方法は，パソコンのシミュレーションプログラムを利用すれば簡単にできる．次のような条件では池数が n の最大値となり，t_m が最小となる．

①許容可能な滞留時間の最小値を3日とする．これ以下では短絡流の危険性が大きくなりすぎる．

② t_m 値は，t_f 値を上回ってはならない．

③最初の熟成池の BOD 面積負荷を，通性安定池の BOD 面積負荷以下とする．このようにすれば，BOD 除去の70％を嫌気性前処理システム（安定池あるいは UASB）と通性安定池で行うと想定できる．

N_i の値は，できれば安定池で処理が予定されている排水の分析結果を使う．設計段階でこの分析値が利用できない場合は，100mL 当りの糞便性大腸菌数を 10^7 と仮定することができる．これは，UASB からの流出水には 100mL 当りの糞便性大腸菌数が，$10^6 \sim 10^7$ 含まれるのでかなり安全側である（van Haandel and Lettinga, 1994）．

N_e の値は，安定池処理水の使用目的により異なる．処理水は，安定池により高品質に処理しうるので，農業あるいは養殖業への再利用が頻繁に行われている．農業への再利用の場合，処理水の病原性微生物の一般的指針値は，**表15.3** で与えられる．放流水を食用作物潅漑を含む非制限潅漑へ再利用する場合には，N_e として 100mL 当り 10^3 の糞便性大腸菌数とする．Van Haandel および Lettinga（1994）によれば，ブラジル北東部で，滞留時間を7.2時間に設定した UASB 処理と，各滞留時間を2日とした3基の熟成池による処理により，この微生物基準

の達成に成功したということである．この時の K_b 値は 4.3/日であった．

15.6.3 性　　能

Maynard ら (1999) は，世界各国の熟成池の処理性能を包括的に評価した．この評価は多くの疑問を提起した．彼らは BOD，浮遊物質および重金属に関しては，利用可能なデータはほとんどないと結論した．さらに，バクテリア除去のメカニズムを示す証拠に矛盾があると結論付けている．彼らは，微生物の除去に関する世界各国の熟成池の処理性能について極めて有用なデータを提供し（**表15.6**），同じような水理学的滞留時間のもとで，糞便性大腸菌の除去率は 73～99.99 % まで，幅広い変動性があることを明確にした．

表 15.6 世界各国の熟成池での微生物除去状況（Maynard *et al.*, 1999 を採用）

国名	滞留時間 [日]	FC 除去率 [%]	寄生虫除去率 [%]
タンザニア	8	90.8	—
ケニア	3	89.5	—
	27.6	—	99.96 ～ 100
モロッコ	—	73 ～ 95	—
	7	99.6	100
	7.5	74.4 ～ 84.3	—
チュニジア	—	99.97	—
南アフリカ	3	99.99	99.9999
イスラエル	—	90	—
インド	—	—	38.5 ～ 100
タイ	20	88	—
ニュージーランド	—	92 ～ 99.9	—
オーストラリア	16	98.8 ～ 99.96	—
	3	—	100
フランス	40 ～ 70	99.95	—
ポルトガル	—	96.5	—
ケイマン諸島	3	66 ～ 79	—
ペルー	5.5	—	100
ブラジル	15	83.5 ～ 95.3	—
	9.8	—	87 ～ 100

15.7　安定池の設計に関するその他の考察

15.7.1　混合および短絡流

　安定池内の混合は，水面で生成される酸素を下層に運搬する重要なメカニズムである．さらに，混合はそれ自体の再エアレーションプロセスにより酸素供給に寄与する．上下層の混合は温度成層の破壊を助長し，安定池全体にバクテリアおよび藻類を分散させる．そして，より安定した放流水質を形成する．風による混合を促進するためには，安定池の最大寸法が卓越風向になるように設計しなければならない．温度成層は，夏季に比較的はっきりと形成されるので，卓越風向が季節により変動する場合は，夏季の卓越風向を選定すべきである．悪臭問題が発生した場合を考慮し，安定池は集落の風下側に設置されるよう用地選定には十分配慮しなければならない．ただし，設計の優れたシステムの場合，悪臭問題は発生しない（Mara and Pearson, 1997）．

　安定池における短絡流は，排水処理に必要な安定池容量が確保できない場合に発生する問題である．この影響は，安定池の形状や流入，流出にかかる構造物の配置を十分配慮することで最小化できる．通性安定池および熟成池の設計では，可能な限り押出し流れに近づけるよう考慮する必要がある．それにより長さ/幅比を大きくする．

　用地の制約により，通常必要とされる長さ/幅比の20：1が達成されないことがしばしばある．安定池内にバッフルを設置することにより，押出し流れが確保できる．これらの池は，卓越風の向きと平行に設置する必要があるが，流入，流出構造物の位置に不具合があると，流入水が地上風の流れによって放流口へ直接運搬されるようになる．現地での研究では，滞留時間を10日に設定した2次通性安定池に流入したバクテリオファージトレーサが，6時間以内に放流水中に現われた例がある（Horan and Naylor, 1988）．

　排水が卓越風と逆方向に流れるように流入管を設置すると，風による短絡流を有効に防ぐことができる．また，流入管を高い位置に設置すると，排水の流入によって生じる乱流のために，流入水の効果的な混合および分散が行われる．この設計は，安定池内で流入水のサンプルを採水しやすいというメリットもある．大型の安定池では，流入水はいくつかの流入口に分配されることがよくある．流出

管は通常，（必ずしも常にではないが）流入口に対して安定池の反対端に設置されるが，蓄積したスカムが隣の安定池に流出するのを防ぐためにスカムガードを取付ける必要がある．

安定池の水位はスカムガードの深さ，およびスカムガード内の流出管の高さにより制御される．通性安定池では，スカムガードは，放流水が過剰に藻類を含まないように，藻類の帯状体の水深（通常は，水面下 60cm 程度）以下に設置する必要がある．流出装置は，汚泥引き抜きおよび通性安定池の底面や法面の補修など，必要不可欠な維持管理の利便性を考慮して，通性安定池の水位変動に追随する装置に取付けることがよくある．

15.8 エアレーション式ラグーン

15.8.1 原　　理

エアレーション式ラグーンは，池の水深が 2〜5m と浅く，排水安定池によく似ているが，排水を連続的に受水し，水面積が安定池より広い．また，BOD 除去に必要な酸素が，藻類の光合成作用だけでなく，機械的エアレーションにより供給される点において異なる．エアレーション式ラグーンの長所を見出すのは難しい．エアレーション式ラグーンは，活性汚泥プロセスに伴う高コストや機械的問題に加え，広大な用地面積を要するという安定池システムに伴う欠点ももっている．

この欠点にもかかわらずこのシステムを採用する理由づけとしては，温帯気候地域にあたっては太陽光の強度の低下に伴い，藻類の光合成作用も低下するため，必要な BOD 除去率を確保するためにはより長い滞留時間が不可欠（そのためにより広大な用地面積が必要）になるということである．機械式エアレーション装置を使用して酸素を補給すれば，必要な用地面積は少なくなると考えられていた．これは，熱帯気候地域における過剰負荷の通性安定池を改良する考え方に似ている．

残念なことに，機械式エアレーション装置が設置された安定池では，ラグーンの生態に大きな変化が起る．すなわち，藻類が完全に消失し，他栄養バクテリアに入れ替わる．そして，バクテリア群は活性汚泥フロックによく似たフロック状態で繁殖する．このように，エアレーション式ラグーンは生態学的には汚泥返送

なしで運転される活性汚泥プロセスに最も似ている．したがって，単に酸素補給をすればよいのではなく，エアレーション装置は排水の全酸素要求量を供給しなくてはならないのである．またフロック形成の結果，微生物は静止状態で凝集および沈殿する．そのためエアレーション装置は，浮遊物質の浮遊状態を維持し，溶存酸素をラグーン全体に分散させる必要もある．このために必要な混合エネルギーも供給しなければならない．

エアレーション式ラグーンへのエネルギー供給は活性汚泥法ほどは高くないため，より大粒径の浮遊物質を沈殿させることができる．ラグーン底部の汚泥温度が 20 ℃ 以上になる気候条件で運転される場合は，この汚泥は消化される．温度が 20 ℃ 未満に低下すると，沈殿物は消化される場合に比べて速く堆積し，汚泥の蓄積が起こる．特定の気候条件下では，夏季における消化速度が冬季の汚泥堆積を低減するのに十分な速さとなる．

15.8.2 設　　計

エアレーション式ラグーンは完全混合型ではないが，エアレーション装置による混合に加え，その広い面積と水深が浅いことから，混合状態は完全混合反応槽に極めて近いものになる．したがって，完全混合モデルおよび 1 次反応速度式を適用するのが慣例である（Crites and Tchobanoglous, 1998）．n 池の同一規模のラグーンについて，必要な水理学的滞留時間 t は次式で与えられる．

$$t = \frac{(n/k)}{[(S_o/S_e)^{1/n} - 1]} \tag{15.9}$$

ここで，k：BOD 除去速度定数 [1/日]，S_0：流入水 BOD 濃度 [mg/L]，S_e：処理水 BOD 濃度 [mg/L]．

k 値の 0.276 [1/日] は，20 ℃ の時の値であり，次式 (15.10) によって温度補正される．

$$k_T = k_{20}(1.035)^{T-20} \tag{15.10}$$

最大 4 池が限度であるが，直列ラグーンの数が増加すると，エアレーション式ラグーンの総必要容積は急速に減少する．

15.8.3　エアレーション装置

エアレーション式ラグーンは，通常，浮遊式か固定式の機械式表層エアレーシ

ョン装置を利用する．水深の大きなラグーンの場合は，十分に混合させるため水中タービンを利用しなければならないこともある．ラグーン底部の洗掘を防ぐため，エアレーション装置の下にコンクリートパッドが置かれることが多い．ただし，ラグーンが完全に内張りされている場合は，コンクリートパッドは必要ではない．エアレーション装置は，流入水の酸素要求量を満たすのに必要な酸素量に基づき選定される．次式は英国で広く使用されている式で，排水の全酸素要求量（TOD）を予測することができる．

$$\text{TOD}[\text{kg}/日] = 0.0864Q[0.75(S_o - S_e)] + \frac{5.25 \times 10^{-4} XV}{Q} \quad (15.11)$$

ここで，Q：流入水量 [L/s]，X：活性汚泥濃度 [mg/L]．

エアレーション装置の適切な規模を得るには，ここで求められた排水の要求酸素量を清水における標準値に換算しなければならない．エアレーション式ラグーンを後処理に用いる場合，TOD値は極めて小さくなる傾向がある．これは，流入水のBOD濃度が低く，エアレーション式ラグーンを運転中のMLSS（活性汚泥浮遊物質）濃度が500mg/L未満と低いことによる．エアレーション条件のみならず，設置したエアレーション装置の動力は，ラグーンの混合に十分なものでなければならない．この数値は，式（15.12）から求められる．エアレーション装置の選択に際しては，式（15.11）および（15.12）から求められた数値よりも大きい数値を使用することが重要である．

$$p[\text{W/m}^3] = 0.004X + 5 \quad (X が 2\,000\text{mg/L未満の場合}) \quad (15.12)$$

ここで，p：エアレーション装置の必要動力，X：ラグーン内の浮遊物質濃度．

嫌気性ラグーン内の浮遊物質濃度は通常，200～300mg/Lの範囲にあるため，動力は約6W/m³必要となる．

15.8.4 放流水の処理

エアレーション式ラグーンからの放流水は，河川に放流される前に，何らかの沈殿処理を施す必要がある．この場合，従来の沈殿池でも可能であるが，最終的に要求される放流水質に応じて1池あるいは複数の熟成池を通すのが一般的である．単一の熟成池でも，固形物は十分に除去できる．非制限灌漑に放流水を利用するような病原体の除去が必要な場合，3池の熟成池が必要となる．

15.9 参考文献

Arthur, J..P. (1983) Notes on the design and operation of waste stabilization ponds in warm climates of developing countries. Technical Paper No 7. The World Bank, Washington DC.

Austermann-Haun, U., Lange, R., Seyfried, C-F. and Rosenwinkel, K-H. (1998) Upgrading an anaerobic/aerobic wastewater treatment plant. *Wat. Sci. Tech.* **37**, 243–250.

Chernicharo, C.A.L. and Machado, R.M. (1998) Feasibility of the UASB/AF system for domestic sewage treatment in developing countries. *Wat. Sci. Tech.* **38**, 325–332.

Crites, R. and Tchobanoglous, G. (1998) *Small and Decentralized Wastewater Management Systems*. McGraw-Hill, Singapore.

Curtis, T.P., Mara, D.D. and Silva, S.A. (1992) Influence of pH, oxygen and humic substances on ability of sunlight to damage faecal coliforms in waste stabilization ponds. *Applied and Environmental Microbiology* **58**, 1335–1343.

Davies-Colley, R.J., Donnison, A.M., Speed, D.J., Ross, C.M. and Nagels, J.W. (1999) Inactivation of faecal indicator microorganisms in waste stabilization ponds: interactions of environmental factors with sunlight. *Water Research* **33**, 1220–1230.

Dean, C. and Horan, N.J. (1995) Applications of UASB technology in Mauritius. Research Monographs in Tropical Public Health Engineering, No. 7. Department of Civil Engineering, University of Leeds, UK.

de Sousa, J.T. and Foresti, E. (1996) Domestic sewage treatment in an upflow anaerobic sludge blanket-sequencing batch reactor system. *Wat. Sci. Tech.* **33**, 73–84.

Dixo, H.G., Gambrill, M., Catunda, P.F.C. and van Haandel, A.C. (1995) Pathogen removal in stabilization ponds treating UASB effluents. *Wat. Sci. Tech.* **31**(12), 275–285.

EC (1991) Council Directive of 21 May 1991 concerning urban waste water treatment (91/271/EEC). *Official Journal of the European Communities* L268/1–14 (24 September).

EC (1994) Council Directive of 29 March 1994 concerning the quality of bathing water (94/C 112/03). *Official Journal of the European Communities* 94/0006 (22 April).

Horan, N.J. (1990) *Biological Wastewater Treatment: Theory and Operation*. John Wiley & Sons, Chichester.

Horan, N.J. and Naylor, P.J. (1988) The potential of bacteriophage to act as tracers of water movement. *Proceedings of 2nd IAWPRC Asian Conference on Water Pollution Control*, 699–705.

Johnstone, D.W.M. and Horan, N.J (1994) Standards, costs and benefits: an international perspective. *Journal of the Institution of Water and Environmental Management* **8**, 450–458.

Kalogo, Y. and Verstraete, W. (2001) Potentials of anaerobic treatment of domestic sewage under temperate climate conditions. Chapter 10 in this volume.

Mara, D.D. and Pearson, H.W. (1997) Waste Stabilization Ponds: Design Manual for Mediterranean Europe. Copenhagen, Denmark: World Health Organization Regional Office for Europe.

Marais, GvR. and Shaw, V.A. (1961) Rational theory for the design of waste stabilization ponds in South Africa. *Transactions of the South African Institute of Civil Engineers* **3**, 205.

Maynard, H.E., Ouki, S.K. and Williams, S.C. (1999) Tertiary lagoons: a review of removal mechanisms and performance. *Water Research* **33**, 1–14.

McGarry, M.G. and Pescod, M.B. (1970) Stabilization pond design criteria for tropical Asia. In *Proceedings of the Second International Symposium on Waste Treatment Lagoons (*ed R.E. Mckinney), pp. 114-132. Laurence, KS: University of Kansas..

Racault, Y., Boutin, C. and Seguin, A. (1995). Waste stabilization ponds in France: a report on fifteen years experience. *Wat. Sci. Tech.* **31**(12), 91–101.

Saqqar, M.M. and Pescod, M.B. (1991) Microbiological performance of multi-stage stabilization ponds for effluent reuse in agriculture. *Wat. Sci. Tech.* **23**(7/9), 1517–1524.

Saqqar, M.M. and Pescod, M.B. (1995) Modelling sludge accumulation in anaerobic wastewater stabilization ponds. *Wat. Sci. Tech.* **31**(12), 185–190.

Shuval H. (1996) Do some current health guidelines needlessly limit wastewater recycling in agriculture? A risk assessment/cost-benefit approach. Paper presented at the World Bank Meeting on Recycling Waste for Agriculture: The Rural–Urban Connection. 23–24 September, Washington DC.

Shuval, H.I., Adin, A., Fattal, B., Rawitz, E. and Yetutiel, P. (1986) Wastewater irrigation in developing countries. Technical Paper No. 51. The World Bank, Washington DC.

Van Haandel, A.C. and Lettinga, G. (1994) Anaerobic Sewage Treatment – A Practical Guide for Regions with a Hot Climate. Wiley, Chichester, UK.

WHO 1989 Health Guidelines for the Use of Wasteater in Agriculture and Aquaculture. Technical Report Series No. 778. Geneva: World Health Organisation.

Zeeman, G., Kujawa-Roeleveld, K. and Lettinga, G. (2001) Anaerobic treatment systems for high-strength domestic waste(water) streams. Chapter 12 in this volume.

16 章
土壌あるいは湿地を用いた自然処理システムによる排水管理

A. N. Angelakis

© IWA Publishing. Decentralised Sanitation and Reuse : Concepts, Systems and Implementation.
Edited by P. Lens, G. Zeeman and G. Lettinga. ISBN : 1 900222 47 7

16.1 はじめに

　自然環境中では，水，土壌，微生物および大気が相互に作用し，物理・化学・生物的メカニズムによって水の処理がなされる．土壌を使った排水処理は，最初の自然処理技術であった (Angelakis and Spyridakis, 1996)．しかし，土壌処理法（潅漑法）は19世紀に開発されたものの，その後1960年代まで忘れ去られていた．米国においては，1970年代になってようやく約400ヵ所で排水の自然処理システム（NTSW）が使用されるようになり，現在は2 000ヵ所以上の処理施設があるとみられている (Reed et al., 1995)．

　自然処理システムは，排水処理に役立つ物理・化学・生物的浄化機構を上手く活かして設計されている．自然処理システムの設計では目標とする浄化効率を達成するために，まず使用する自然浄化要素の組合せを検討する．

　自然処理システムの浄化プロセスとしては，機械的つまりプラント型処理システムと同様に，沈殿，ろ過，ガス移送，吸着，イオン交換，化学沈殿，化学酸化と化学還元および生物的変換，ならびに分解などがあり，さらに自然処理システム特有のものとして光合成，光酸化および植物吸収などがあげられる．分割されたタンクで逐次的処理され，エネルギーを加えることで加速される機械的処理とは異なり，自然処理システムにおいては，複数の過程が「自然の」速度で単一の「生態系反応槽」内で同時に進行する (Metcalf and Eddy, 1991)．

　どの自然処理システムも，多くの農村部の自然になじみかつ経済的である．これらは，集中型排水管理に代わるものとして進化してきた．こうした自然処理システムは，現地条件が適合すれば，従来の機械的浄化技術に比べ低コスト，低エネルギーで建設・運転することが可能である．また，全ての自然処理システムは

処理水の再利用が可能である（Angelakis, 1997）．

　米国およびカナダにおける初期の排水処理施設の大半は，土壌処理システム（潅漑法）であった．米国では，1972年の水質浄化法（Clean Water Act）（PL92-500）に始まる連邦法により「排水ゼロ（zero discharge）」目標が提示され，再利用と回収の原則が奨励された（Crites et al., 2000）．土壌処理による排水処理のみがこれら全ての要件を満たす経済的な手法であったために，この処理法が見直されたのである．

　自然処理システムとしては，
　①土壌処理法あるいは潅漑法（緩速処理型，急速浸透型および表面流下型），
　②湿地処理法（人工湿地および自然湿地）および水生植物処理法，
　③様々の安定池を利用する方法
　④多様なオンサイト処理法
があげられる（Angelakis and Tchobanoglous, 1995 ; Metcalf and Eddy, 1991）．

　本章では，土壌処理法を中心に述べる．ここで取上げる項目は，
　①自然処理システムの必要性，
　②自然処理システムの基本的特性，
　③オンサイト処理法の基本的項目，
　④緩速処理法，
　⑤急速浸透法，
　⑥表面流下法，
　⑦水生植物法，
　⑧人工湿地，
　⑨安定池，
　⑩組合せ方式
である．また，様々な自然処理システムの処理性能について述べる．

16.2　自然処理システムの必要性

　排水処理技術は，ここ数十年の間世界中で大きく進歩してきた．しかし，技術が適正に利用されずに，かえってコストが高くなることもあった．
　従来の処理プロセスはコストの高いものが多く，先進国においてさえ経済的重

圧となった．そのため，独創的で費用効果が高く，環境に配慮した排水管理方法を探す必要があった．そうした方法の一つは，排水処理に人工的に自然機能を組込むことである．このような場合，処理水は水資源あるいは栄養源として農業，造林，あるいは公園，校庭，緑地帯などの修景用水として再利用することができる (Angelakis, 1997)．

現在，先進国においても，全人口をカバーする下水道システムを構築することは，経済的理由により不可能に近いと考えられている．完璧な下水道システムおよび排水処理が今後不可能であり，水供給に対する需要が増大する以上，世界規模の水環境管理に関する長期戦略にとって，自然処理システムを考慮に入れた分散型排水管理は極めて重要となってきた (Angelakis, 1997)．

安定池のような自然処理システムは，常に最適な処理方法の選択肢たりうる技術であり，特に高温な気候の地域に向いている (Arthur, 1983)．英国の気候下においさえ安定池を用いたシステムは可能だと考えられている (Mara, 1997)．

多くの開発途上国では，家庭排水および産業排水など大量の排水が，一切処理が行われることなく河川に流れ込む．そのため，水質汚染およびその他の環境への悪影響は極めて大きい．こうした地域の人々は，「こうなることは予測していたが，今の我々には，そうした悪影響を避けるための近代的処理プラントを建設するだけの財政的余裕がない」といって問題を先送りしている．おそらく何か問題が起らない限り，排水処理プラントが建設されることはないであろう．

近代的処理プラントこそ，全ての問題を解決する万能薬だと思う人もあるだろう．しかし，これは問題の一部を解決するにすぎない．先進国においても，現在非常にコストの高い従来型排水処理施設の問題と向き合っている国がある．例えば，ギリシャの処理施設は 15～30 ドル/人のコストがかかるが，多くの場合，その施設は

①処理施設を運転および維持管理するための原資が不十分である，
②適切な管理要員が確保できない，
③処理施設の建設に欠陥があり，それにより処理の不備が生じる，

などの様々な理由により適切に運転されていない．

20 世紀末において，ギリシャに 250 あった排水処理施設（主に活性汚泥法および長時間エアレーション法）のうち，約 2/3 はこうした問題を抱えており，50 施設は機能を停止している (Tsagarakis et al., 1998)．今では，未処理排水の

放流による水質汚染が絶えない事例が多い．そのため，以前は，特に先進国では必要面積が大きいことで非現実的だと考えられていた自然処理システム，なかでも安定池を検討する動きが強まってきた．このシステムが非現実的なのは，地価が高く用地がほとんどない沿岸部の観光地域だけである．例えば，人工湿地を余裕十分な 1 人当り $5m^2$ と仮定しても，排水を永続的に処理するのに国全体の 0.05 ％に当たる 4 500ha しか必要とされない．自然処理システムは，少なくとも小規模な集落にとって実現可能な処理方法である．この方法は，建設，運転および維持管理が低コストで，エネルギー消費量も少ない上，環境に優しい．

北アフリカの小規模活性汚泥処理プラントを視察した Mara（1997）による別の例をみてみよう．このプラントは処理機能には問題がなかったが，市のエネルギー予算の 50 ％を消費していた．また，処理プラントは排水量全体に対して十分な処理能力を備えていないため，排水の 80 ％は未処理のまま直接河川に放流されていた．この処理プラントが極めて高いコストをかけて処理しているのは，排水量全体のわずか 20 ％にすぎず，河川はひどく汚染されていた．

排水処理のエンジニアは，どうも機械的処理装置にこだわりすぎるきらいがある．多くの事例がある．こうしたことは，中南米の小さな都市でよくみられる．

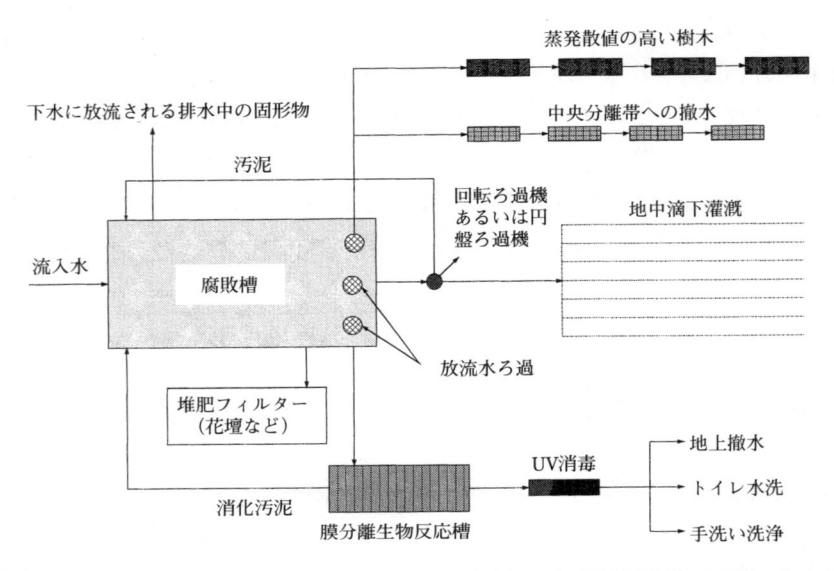

図 16.1 アパート用建物を対象とする多角的水質コンセプト処理および再利用計画 (Tchobanoglous, 1999)

20年前，おおよそ50 000人を処理対象に順調に稼働していたエアレーション式ラグーンのいくつかのエアレーション装置の軸が破損した．そうして安定池状態になってしまったというのに，魚が泳いでいたという例がある．この処理プラントは見渡す限りの低木林地域にあった．なぜ最初から安定池を建設しなかったのか．おそらく，知識が十分でなかったということだろう．

排水処理に関していえば，今日，いかなる放流水質でも実現することは可能である．一部の技術についてはコストが高かったが，その開発は急速に進んできたため，処理コストは従来の集中型施設と同等，あるいは収集・輸送コストを考えればより安価になった．Tchobanoglous (1999) は，処分の場の条件や水の再利用の方法によって処理レベルを決める，「多角的水質コンセプト」を提唱した（**図 16.1**）．このような枠組みでは，自然処理システムは重要な役割を果たす．

16.3 自然処理システムの特徴とその目的

米国における土壌に基礎を置く自然処理システムの利用は，1881年から始まった．ヨーロッパでそうであったように，水質汚染を防止する初期の試みとして下水農業（開始当時に使われた古い用語である）が，比較的普及していた．これらの方法は，20世紀前半には処理場や管理農場に代わっていった．これらのより新しい土壌処理法は，排水の資源価値が高い米国西部を中心に発達した (Metcalf and Eddy, 1991)．

本節では，自然処理システムのタイプごとの物理的特徴，設計目的および処理能力について記述し，それらを比較する．主な設置場所の特性，設計諸元および主要な自然処理システムによる処理水質を**表 16.1** および**表 16.2** に示す (Angelakis, 1994)．自然処理システムには全て，何らかの機械式前処理が置かれる．配水装置の閉塞の原因となる固形物を除去するためには，最小限，スクリーンあるいは1次沈殿池が不可欠である．どのような前処理が必要かという最低の線は，各システムの目的および規制の要件に依存する．排水中の固形物に関する自然処理システムの処理能力には限界がある．処理能力の範囲内で適切に機能するように，設計や維持管理を行うことが必要である．

自然処理システムの主なものは土壌処理である．土壌処理には，緩速処理型 (SR)，表面流下型 (OF) および急速浸透型 (RI) などがある．これ以外にも，腐

16章　土壌あるいは湿地を用いた自然処理システムによる排水管理

敗槽流出水をオンサイトで処理する様々な土壌吸着法が考案されている．一般的に土壌処理においては処理量を調整し，自然の作用により排水中の汚濁物質を浄

表16.1　緩速処理型，急速浸透型および表面流下型による放流水質の比較（Metcalf and Eddy, 1991）

成分	濃度 [mg/L]					
	緩速処理型[*1]		急速浸透型[*2]		表面流下型[*3]	
	平均値	最大値	平均値	最大値	平均値	最大値
BOD	<2	<5	2	<5	10	<15
浮遊物質	<1	<5	2	<5	15	<25
アンモニア態窒素N	<0.5	<2	0.5	<2	1	<3
全窒素N	3	<8	10	<20	5	<8
全リンP	<0.1	<0.3	1	<5	4	<6

[*1] 土壌深さ1.5mの1次処理あるいは2次処理水の浸透水
[*2] 土壌深さ4.5mの1次処理あるいは2次処理水の浸透水
[*3] 約45mの法面に対する継続的な集落排水の流出

表16.2　自然処理システムの設置場所条件および設計概要の比較（Metcalf and Eddy Inc., 1991およびCrites et al.,2000）

特徴	緩速処理型（タイプ1）	緩速処理型（タイプ2）	急速浸透型	表面流下型	湿地浄化型	水生植物法
勾配	20%（耕作地）および40%（未耕作地）	—	—	2～8%	0.2%	0.4～0.5%
土壌透水性	中程度		大	小あるいは無	中程度	適用外
地下水水深 [m]	>1.5		実施時1，乾燥時1.5～3.1	—	—	—
気候	寒冷気候における冬期貯留		—	—	植生による	植生による
給水，撤水方法	撤水あるいは表面流[*1]		通常表面流	撤水あるいは	撤水あるいは表面流	表面流
BOD負荷率 [kg/(ha·日)]	3～11		45～180	5.5～22.5	<70	20～500
年間水理学的負荷 [m/年]	1.7～6.1	0.61～2.04	6.1～91.5	7.3～56.7	5.5～18.3	5.5～18.3
必要面積 [ha/(10³m³/日)][*2]	6.0～21.4	18.2～58.8	0.4～6.0	0.65～4.80	1.9～6.6	1.9～6.6
必要最小限の前処理	1次沈殿[*3]		1次沈殿	スクリーン	1次沈殿	1次沈殿
処理水の行き先	蒸発散および浸透		主に浸透	表面流出および浸透を伴う蒸発散	浸透，表面流出	多少の蒸発散
植生の必要	必要		任意[*4]	必要[*5]	必要	必要

[*1] 畝間灌漑法および漸変境界法を含む
[*2] 必要面積 [ha] は緩衝帯，通路あるいは側溝を含まない．
[*3] 放流水の用途，作物の種類による．
[*4] 雑草が使用されることもある．
[*5] 耐水性雑草が使用される．

化する．表 16.1 は，緩速処理型，急速浸透型および表面流下型処理による処理水の水質を表わしている．各処理システムに関する詳細は，次の項目で述べる．

16.4 オンサイト排水処理方式

　排水のオンサイト処理に使用されている土壌浸透システム施設は，米国だけでも 2 000 万以上存在する．これらのシステムは通常，立地と設計が適切であれば，運転上の労力をほとんど，あるいはまったく必要としない永久的システムである．
　個別家屋用の典型的なオンサイト処理・処分システムは，腐敗槽および重力式の地下土壌吸着システムから構成される．このほかのシステムとしては，産業排水，商業排水あるいは飲食店からの排水を対象とするオイルトラップや集合住宅や団地を対象とするイムホフタンク，および 1 次（腐敗槽）処理水をさらに処理する砂ろ過装置，好気性処理装置などがある．ほとんどの場合，さまざまなサイズの腐敗槽が前処理装置として利用される (Tchobanoglous and Angelakis, 1996)．
　現在では，腐敗槽あるいは他の処理装置からの流出水には仕上げ処理をした後に処分する．最も普及している方法は，地下土壌浸透である．土壌への吸着としてよく知られる吸着システムは，砂利などの多孔質媒体を充填した一連の排水溝 (0.9 ～ 1.5m) で構成される．多孔質媒体は，
　①処分地における排水溝（トレンチ）構造の維持，
　②放流水の部分的処理，
　③浸透性の優れた土壌表面への放流水の分配，
　④ピーク流量時の一時的な貯留能力（トレンチが満杯でない時），
などの機能を有する (Crites and Tchobanoglous, 1998)．
　腐敗槽からの流出水は，間欠的な自然流下や，ポンプまたはサイホンによる周期的排水により排水地に送られる．残念なことに，従来の排水溝は，バクテリアが最大活性を示す領域よりも深いところに設置されていたため，土壌の処理能力を最大限に活用することができていなかった．新しい設計法では，多孔質媒体を使わない非常に浅い排水溝が採用されている（図 16.2）．浅い排水溝の利用によって，BOD，SS，リンおよび窒素の処理が強化される．このような浅い排水溝が，1915 年という早い時期に公衆衛生速報 (Public Health Bulletin) において推奨されていたことは極めて興味深いことである (Lumsden *et al.*, 1915)．

308　16章　土壌あるいは湿地を用いた自然処理システムによる排水管理

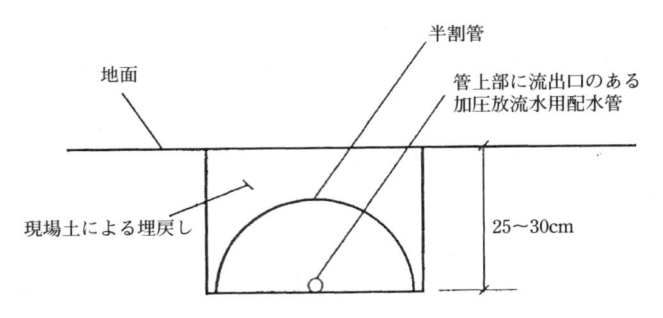

図 16.2　多孔質媒体を充填しない典型的な浅い排水溝

16.5　緩速処理法

16.5.1　一般的な特徴

　現在利用されている自然処理システムで主流を占める緩速処理法（SR）は，植生土壌に排水を流入させ，排水処理と植物の成長を同時にはかるものである．土壌に流入させた排水は蒸発散したり，土壌断面に垂直あるいは水平に浸透する（図 16.3）．表面流出した場合その水は回収され，ふたたび本システムの流入側に送られる．水質浄化は，排水が土壌に浸透することによって達成される．排水は地下水まで浸透するが，時には自然の地表水に遮断されたり，排水管や回収井（recovery well）で回収されたりすることもある．単位面積当りの土壌水処理量（水理学的負荷）および植生の選定と管理は，このシステムの設計目的と現地条

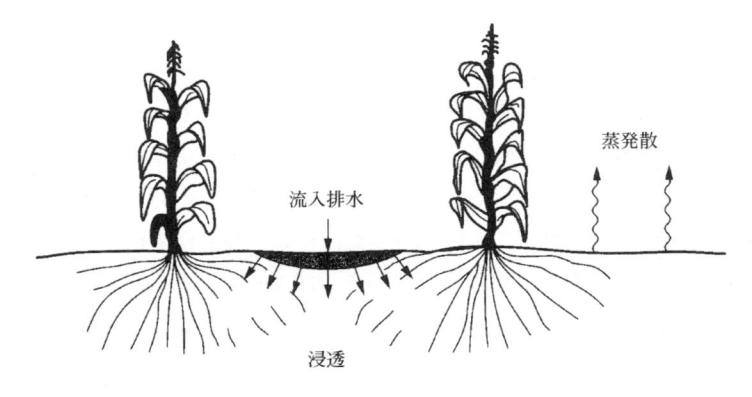

図 16.3　緩速処理法における水の流れ

件により異なる．緩速処理法はその設計目的により，タイプ1とタイプ2に分類される．

目的が主として排水処理にある場合はタイプ1とされ，水理学的負荷は，植生が必要とする条件によってではなく，土壌透水性や水質成分の負荷量によって決定される．タイプ2は，作物生産や景観保全用の灌漑といった処理水再利用が主たる目的であり，排水灌漑あるいは作物灌漑システムといわれている．排水は，種々の撤水方式（図16.3）あるいは漸変境界法，畝間（うねま）灌漑法などの流下方式（**図16.4**）を利用して作物あるいは植物（森林地を含む）に供給される．

土壌の好気的条件を維持するために，通常4〜10日サイクルの間欠給水が実施される．植生と活性の高い土壌エコシステムと低負荷運転により，自然処理法としては高い性能を有している（表16.1）．大規模な緩速処理法の事例を**表16.3**

図16.4 畝間灌漑法を利用した地表水分配（Angelakis and Tchobanoglous, 1995）

表16.3 アメリカおよびカナダにおける都市排水の緩速土壌処理法の適用事例（Reed *et al.*, 1995）

所在地	流量[m³/日]	灌漑面積[ha]	適用方法
Bakersfield，カリフォルニア州	73 600	2 060	畝間灌漑および漸変境界による表層吸水 畝上，畝間，耕地境界への灌漑
Clayton 郡，ジョージア州	75 960	960	固定式スプリンクラー
Lubbock，テキサス州	62 500	2 000	中軸回転式スプリンクラー
Mitchell，サウスダコタ州	9 300	520	中軸回転式スプリンクラー
Muskegon 郡，ミシガン州	110 400	2 160	中軸回転式スプリンクラー
Petaluma，カリフォルニア州	20 000	220	移動式スプリンクラー
Vernon，ブリティシュコロンビア州，カナダ	10 300	591	移動式スプリンクラーおよび横回転式スプリンクラー

に示す.

16.5.2 除去のメカニズム

緩速処理法は,BOD,窒素,リン,重金属,微量元素および微生物除去に極めて有効である.

BOD:高濃度食品加工排水への適用の経験から,BOD容積負荷量500kg/(ha·日) まで達成可能である. 都市排水を処理している多くの緩速処理型施設では,BOD負荷率は11kg/(ha·日) 以下で,これは土壌の処理能力を1桁下回る数値である. **表16.4**に示した通り,緩速処理法のBOD除去率は通常98％以上である (Crites and Tchobanoglous, 1998).

表16.4 アメリカにおける緩速処理法によるBOD除去の事例 (Crites and Tchobanoglous, 1998)

所在地	流量 [m³/日]	BOD負荷量 [kg/(ha·日)]	流入BOD [mg/L]	処理水BOD [mg/L]	除去率 [％]
Dickinson,ノースダコタ州	0.038	3.3	42	<1	>98
Hanover,ニューハンプシャー州	パイロットプラント				
(a) 1次処理水		13.2	101	1.4	98.6
(b) 2次処理水		4.4	36	1.2	96.7
Roswell,ニューメキシコ州	0.015	3.3	43	<1	>98
San Angelo,テキサス州	0.020	12.1	119	1.0	99.1
Yarmouth,マサチューセッツ州	パイロットプラント	11.0	85	<2	>98

全浮遊物質 (TSS):土壌への浸透はTSS除去率が99％あるいはそれ以上でなければならない. 面積負荷量が27.5kg-SS/(ha·日) 未満であれば, 処理水中のSSは通常1mg/Lあるいはそれ以下になる.

窒素除去:窒素を対象とする設計は, 目標除去率に合致し, また処理区域の外縁部において硝酸態窒素量が10mg/L以下 (飲料水基準) となるように窒素収支が設計される. 緩速処理法の窒素除去は, **表16.5**に示される通りである.

作物による窒素の吸収量は一定ではない. これは, 作物の生産量および収穫作物中の窒素含有量によって異なる. 家畜飼料, 農作物および森林作物への窒素の吸収量 (Angelakis, 1994;Angelakis and Tchobanoglous, 1995;US EPA, 1981) は, 本章のシステム設計の節に示す. 緩速処理法による生物的窒素除去は, 硝化/脱窒作用により行われる. 脱窒量は, BOD/窒素比, 土壌温度, pHおよび土壌含水率により異なる.

16.5 緩速処理法

表 16.5 アメリカにおける緩速処理法による農業作物を対象とした窒素除去の事例（Crites and Tchobanoglous, 1998）

所在地	作物	流入水全窒素 [mg/L]	処理水全窒素 [mg/L]	除去率 [%]
Dickinson，ノースダコタ州	スズメノチャヒキ	11.8	3.9	67
Hanover，ニューハンプシャー州	クサヨシ			
(a)　1次処理水		28.0	9.5	66
(b)　2次処理水		26.9	7.3	73
Pleasanton，カリフォルニア州	牧草	27.6	2.5	91
Roswell，ニューメキシコ州	モロコシ	66.2	10.7	84
San Angelo，テキサス州	モロコシ，オート麦，芝生	35.4	6.1	83
Yarmouth，マサチューセッツ州	クサヨシ	30.8	1.8	94

　緩速処理法の特徴である間欠的な給水も，脱窒に必要な硝化作用を促進する．通常，脱窒量は，流入窒素の25％である．BOD/窒素比が大きい（20：1から40：1）場合は，脱窒量は，窒素除去量の80％以上を占めることもある（Crites and Tchobanoglous, 1998）．

　土壌pHが7.8以上で，陽イオン交換容量（CEC）が低い場合（つまり土壌によるアンモニア吸着が小さい場合）は，アンモニアの揮発による除去率が10％にもなることがある．乾燥気候地域や初期有機物質量が少ない土壌では，220kg/(ha·年)の窒素を貯留することが可能である．有機物質の含有量が高い（70％を上回る）土壌に関しては，窒素貯留量はさほど多くない（Crites and Tchobanoglous, 1998）．

　リン：土壌中でのリンの吸着はすばやく進行するのだが，化学的沈殿はゆっくりと進む．酸性土壌では，リンはアルミニウムと鉄との錯体を形成する．アルカリ土壌では，カルシウムとのリン酸錯体を形成する．様々な地域における緩速処理法のリンの除去率を**表16.6**に示す．

　リン除去率は式（16.1）により推定できる（Reed and Crites, 1984）．

$$P_x = Pe^{-kt} \tag{16.1}$$

ここで，P_x：流路に沿った流下距離がxの時の全リン [mg/L]，P：流入水中の全リン [mg/L]，$k = 0.048/d$，t：滞留時間 [日]，$d = x(0.40)/k_xS$，x：流路に沿った距離 [m]，k_x：土壌のx方向透水係数 [m/日]，S：水面勾配 [$S = 1$（垂直流）]

　重金属：いくつかの微量元素は，植物や植物の消費者に対し有害である場合がある．多くの場合，土壌pHが6.5以上にあると，微量元素は不溶性化合物とし

表 16.6 アメリカにおける緩速処理法によるリン除去の事例（Crites and Tchobanoglous, 1998）

所在地	流入水全リン [mg/L]	浸透全リン [mg/L]	除去率 [%]
Camarillo, カリフォルニア州	11.8	0.2	98.3
Dickinson, ノースダコタ州	6.9	0.05	99.3
Hanover, ニューハンプシャー州	7.1	0.03	95.8
Roswell, ニューメキシコ州	7.95	0.39	95.1
Tallahassee, フロリダ州	10.5	0.1	99.0
Helen, ジョージア州	13.1	0.22	98.3
州立大学, ペンシルバニア州	5.6	0.08	98.6
Clayton 郡, ジョージア州	4.9	0.02	99.6
West Dover, バーモント州	4.2	0.4	90.5
Wolfeboro, ニューハンプシャー州	3.3	0.02	99.4

て滞留する．pH が 6.5 未満に低下すると，重金属は可溶性になりやすく，土壌あるいは地下水に比較的深く浸透する傾向がある（Crites and Tchobanoglous, 1998）．

微量有機物質：緩速処理法は微量有機物質の除去にとって有効なシステムであるため，小規模システムの場合は，微量有機物質は取り立てて問題とされない（Reed *et al.*, 1995 ; Crites and Tchobanoglous, 1998）．

微生物：緩速処理法は,排水内のバクテリアおよびウイルス除去に有効である．効率的な除去が可能な上，通常，灌漑前には消毒されるため，微生物の除去は緩速処理法の設計において制限要因とはならない（Crites and Tchobanoglous, 1998）．

16.6 急速浸透法

16.6.1 一般的な特徴

処理水の地下水涵養への利用は，①水質を改善し汚染を防ぐ，②過剰揚水された帯水層の地下水位維持，という2つの利点がある．また，それほど重要ではないが，他の技術よりもコストが低いという利点もある．地下水は注水井あるいは浸透池により，涵養することができる．前者は，とくに飲料水への再利用が目的である場合は，帯水層へ注水する前に処理（ろ過，有機物質の除去および消毒）を行わなければならないため，後者に比べてはるかにコストが高い（Romano and Angelakis, 1998).

　一方，浸透池によって涵養された地下水は，一般的に土層・帯水層処理法（soil-aquifer-treatment：SAT法）と呼ばれ，集約的前処理の必要性が少ないため，経済的には有利である．地下水帯水層は，再生水の処理，貯留および地下への移動などの自然メカニズムを有する．SAT法（あるいは土壌浄化法）を適用すると，排水は帯水層の不飽和層を流下し，ふたたび帯水層を経て回収装置（揚水井，自然流下排水など）に流れるため，水質はかなり改善される（Bouwer, 1993）．

　土壌内のろ過処理によって固形物，BODおよび微生物は完全に除去できる．リン酸塩化合物および窒素もほぼ完全に除去できる．窒素および微生物除去については浄化過程が再生的であるため，無限に続くことができる．これに対し，重金属およびリンなどの他の成分は，土壌や不飽和層に蓄積する．ただし，蓄積速度は遅く，土壌の多孔性，水理学的透水性つまり不飽和層の浸透力が影響を受けるまでには，数十年あるいは数百年を要する．こうした理由から，SAT法は長寿命といえる（Bouwer, 1991）．

　浸透池は間欠的に満たされ，周期的に洗浄される．浸透能は，満水時には1日当り数十mであるが，一定の干（ほし）上げ期間があるため長期的な平均速度は1年当り100〜400m程度である．つまり1haの浸透池の場合，1〜4百万m^3の年間浸透量となる（Bouwer, 2000）．標準的なSAT法および回収システムは図16.5に示される通りである．

　土壌および帯水層の状況は，病原体の生存に決定的な影響を及ぼす．したがって，SAT法に利用する施設の場所を選定する際は，適切な土壌および帯水層となるようにいくつかの要件を考慮しなければならない．涵養システムは，適切な浸透能をもつ土壌と，加圧層や汚染層や溶出性有害化学物質含有層を伴わない通気性の不飽和層が必要である．帯水層には，不圧で良質の地下水が必要である．理想的表土は，その粒度が均一で十分な浸透能をもつために必要な粗さと，ろ過処理に適した細かさをもつ必要がある．急速浸透法に必要な透水係数は，25mm/h以上であり，土壌としては砂質ローム，ローム質から細粒程度の砂・砂利が望ましい．かなり粗い砂・砂利は，排水が土壌部分を急速に通過してしまうため，生物化学的作用が発生する時間的余裕がなく不適切である．土壌は，3m以上の厚さで均一な粒度が望ましい（Reed et al., 1995）．

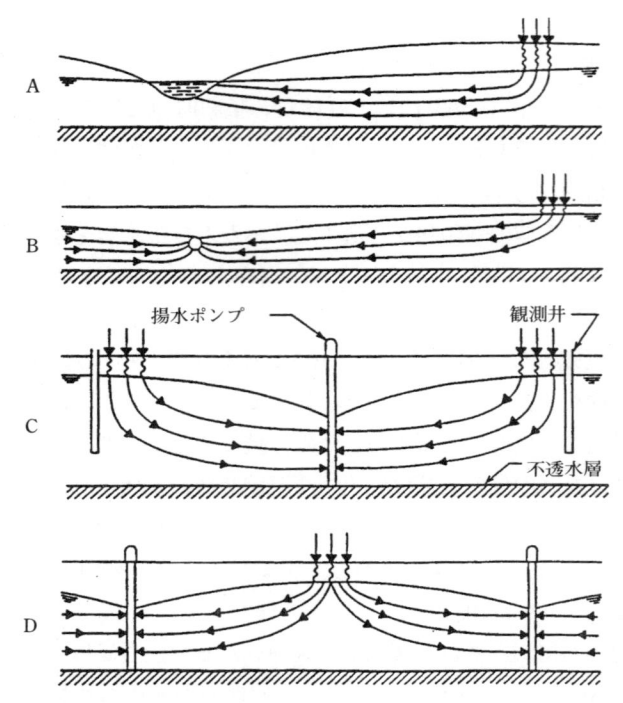

図 16.5 (A) 処理水が河川，湖沼，あるいは低地に排水される土壌・帯水層処理システムの概要図，(B) 地下ドレイン（排水管）による処理水の回収，(C) 2列にならんだ側方浸透域および中間点に直線状に設置された井戸群，(D) 円形に設置された井戸群に囲まれた中心部の浸透域（出典：Bouwer, 1991）

SAT法は，浸透させる処理水を井戸，排水路あるいは浸潤を通じて地表水として回収するように設計・維持管理される．透水性に基づく年間平均水理学的負荷量 L の値は次式により計算される：

$$L = aNI \tag{16.2}$$

ここで，a：実測に基づく係数（通常は 0.002 ～ 0.015 の範囲），N：1年当り運転回数 [日/年]，I：浸透能 [mm/h]．

16.6.2 除去のメカニズム

一般的に，主な除去メカニズムは土壌中における蒸発，化学的および（あるいは）生物学反応，沈殿（重金属やリン）および吸収（吸着および沈降反応）などがあげられる．化学成分および微生物成分の除去は通気性不飽和層の上部 2cm

表 16.7　土層・帯水層処理法 (SAT) の事例

システム／地区	排水処理法	適用方法	適用容積 [mm³/年]
Water Factory 21, Orange 郡, カリフォルニア州	高度処理	23 基の井戸	35
Montebello 貯水池, カルフォルニア州	3 次処理	3 箇所の浸透池	35～40
Phoenix, アリゾナ州 (2 計画)	2 次処理	浸透池	10～15
El Paso, テキサス州	高度処理	10 基の井戸	14
Long Island, ニューヨーク州	流出雨水	浸透池	85
Orlando, フロリダ州	流出雨水流出 50 % 湿地処理水 45 % 未処理排水 5 %	310 基の排水井	35
Dan 地区, イスラエル	2 次処理	2 箇所の浸透池	80

表 16.8　Phoenix (アリゾナ州) 西部ソルトリバー氾濫原の土層・帯水層処理の放流水質 (Bouwer, 1993)

水質項目	2 次処理水 [mg/L]	回収井のサンプル [mg/L]
全蒸発残留物	750	790
浮遊物質	11	1
アンモニア態窒素	16	0.1
硝酸態窒素	0.5	5.3
有機態窒素	1.5	0.1
リン酸態リン	5.5	0.4
フッ化物	1.2	0.7
ホウ素	0.6	0.6
生物化学的酸素要求量	12	0
全有機炭素	12	1.9
亜鉛	0.19	0.03
銅	0.12	0.016
カドミウム	0.008	0.007
鉛	0.082	0.066
100mL 中の糞便性大腸菌	3500	0.3
ウイルス, PFU/100L	2118	0

で生じる．有機物質の生分解，硝化および脱窒は不飽和層および飽和層の両者で生じる．病原体除去は土壌および不飽和層の状況により異なってくる (Romano and Angelakis, 1998)．

　SAT 法の事例を表 16.7 に示す (National Research Council, 1994)．アリゾナプロジェクトによる処理水質を表 16.8 に示す．この SAT システムは弱く塩素処理された活性汚泥処理水を浸透池に流入させ，浸透池の中央に設置された井戸から

表 16.9 Dan 地区(イスラエル)プロジェクトの処理性能：基本的排水パラメータ(1990年の平均値)

水質項目	単位	SAT 処理前	SAT 処理後	除去率
浮遊物質	mg/L	17	0	100
5日間 BOD	mg/L	19.9	< 0.5	> 98
溶解性 BOD	mg/L	3.1	< 0.5	> 84
COD	mg/L	69	12.5	82
溶解性 COD	mg/L	46	12.5	73
全有機炭素	mg/L	20	3.3	84
溶存有機炭素	mg/L	13	3.3	75
紫外部吸光度 (254nm)	$cm^{-1} \times 10^3$	298	64	79
COD_{Mn}	mg/L	14.1	2.3	84
溶解性 COD_{Mn}	mg/L	12.6	2.3	82
洗剤	mg/L	0.5	0.078	84
フェノール	μg/L	8	< 2	> 75
アンモニア態窒素	mg/L	7.56	< 0.05	99
ケルダール態窒素	mg/L	11.5	0.56	95
溶解性ケルダール態窒素	mg/L	10.2	0.56	95
硝酸	mg/L	2.97	7.17	
亜硝酸	mg/L	1.24	0.10	92
全窒素	mg/L	15.7	7.83	50
溶存態窒素	mg/L	14.4	7.83	46
リン酸カルシウム	mg/L	3.4	0.02	99
炭酸塩アルカリ度	mg/L	306	300	—
pH	—	7.7	7.9	—

揚水して処理水を回収している．テルアビブにおける Dan 地区排水処理プロジェクトの涵養前および土層・帯水層処理後の成績は，**表 16.9** に示す通りである (National Research Council, 1994)．

BOD：有機物質は土壌内で，主に好気性微生物により分解される．BOD 負荷量が高い場合は，バクテリアが急速に繁殖し，スライム層を形成する．そして，土壌の空隙を閉塞して浸透能の低下を招くだけでなく，処理能力を再生するために必要な干上げ期間も長くなる．嫌気性バクテリアの代謝産物は，土壌の閉塞を加速することがある．このように，BOD 負荷量が過剰であると，システムの運転に支障をきたす．設計 BOD 負荷量は，45〜180kg/(ha·日) の範囲内でなければならない (Metcalf and Eddy, 1991)．

窒素：SAT 法における窒素除去メカニズムは，主に脱窒作用である．このシステムを最適条件下で稼働した場合の，最大有効脱窒量 ΔN は，式 (16.3) から推定することができる．

$$\varDelta N = \frac{\mathrm{TOC}-5}{2} \tag{16.3}$$

ここで，TOC：全有機炭素．

重金属：微量元素（主として重金属）の除去は，主に吸着である．重金属は土壌表面に保持される．土壌の金属保持能力は，特に pH 値が 6.5 以上である場合に極めて高い．pH 値が低く嫌気条件下にある場合は，一部の金属は可溶性が高まり溶液中に溶出する．重金属の除去率は，通常 85 〜 95 ％の範囲である（Metcalf and Eddy, 1991）．

微量有機物質：微量有機物質は，蒸発散および吸着後，生分解により排水から除去される．通常，SAT 法は微量有機物質の大部分を除去することができる．

微生物：微生物（バクテリア，原生動物および寄生虫）の除去メカニズムには，死滅，ろ過，取込み，捕食，乾燥および吸着などがある．ウイルスは，通常，吸着およびそれに伴う死滅により除去される．SAT 法において微生物を完全に除去するためには，土壌中で比較的長い移動距離が必要である．これは，土壌浸透性および水理学的負荷率によって異なる（Gerba and Goyal, 1985）．

16.7 表面流下法

16.7.1 一般的な特徴

表面流下法（OF）では，前処理を行った排水は，丁寧に均等化した土壌粒子に植栽された法面の上部に給水され，法面の末端に設置された流出水用集水溝に

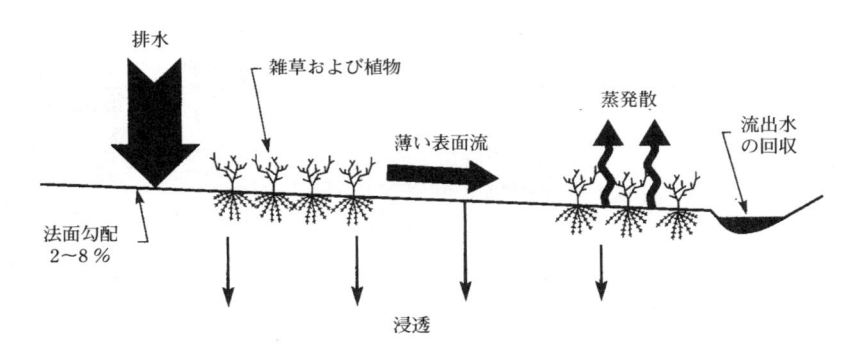

図 16.6 表面流下法の概念図（Crites *et at.*, 2000）

流れる仕組みになっている．**図 16.6** に概要図を示す．表面流下法は通常比較的浸透性の悪い地表面あるいは地表面下の層がある場所で使用されるが，土壌表面というものは長い間には目詰りすることから，幅広い透水係数を有する土壌に適用可能である．したがって，土壌への浸透は重要な排水経路ではなく，流入水の大半は表面流出として回収される．流入水の一部は，蒸発散により失われる．流入水の損失量は，季節および気候条件によって異なる．

この方法では複数の施設を交互に使用し，干上げ期を設ける．その期間は処理目的によって異なる．排水の分配は高圧スプリンクラー，低圧スプレーあるいは流量制御管によって行われる（図 16.6）．

16.7.2 除去メカニズム

表面流下型システムは BOD，TSS，窒素および微量有機成分の除去に有効である．しかし，リン，重金属および微生物に関してはそれほどではない．

BOD：BOD 負荷量は，通常 5.5 〜 22.5kg/(ha・日)の範囲である．表面流下法においては，生物的酸化が BOD 除去の 90 〜 95 ％を担っている．4 つの表面流下型施設の BOD 除去データを流入量および法面長と共に**表 16.10** に示した．

TSS：表面流下法は浮遊物質の除去に有効で，一般的に処理水の TSS 値は 10 〜 15mg/L の範囲となる．藻類の多くは表面に浮遊していることから，ろ過あるいは沈殿では除去できず，表面流下法では通常除去されない．

窒素：表面流下法での窒素除去は，硝化/脱窒作用および作物の窒素吸収による．いくつかの表面流下型システムの窒素除去状況を**表 16.11** に示す．カリフォルニア州 Davis（デービス）では，エアレーション式ラグーンからの放流水に

表 16.10 表面流下法の BOD 除去事例（Crites and Tchobanoglous, 1998）

所在地	排水の種類	水理学的負荷 $[m^2/(m\cdot h)]$	法面長 [m]	BOD [mg/L] 流入水	放流水
Ada，オハイオ州，米国	未処理排水	0.08	37	150	8
	1 次処理水	0.11	37	70	8
	2 次処理水	0.22	37	18	5
Easley，サウスカロライナ州，米国	未処理排水	0.24	55	200	23
	安定池処理	0.26	46	28	15
Hanover，ニューハンプシャー州，米国	1 次処理水	0.14	51	72	9
	2 次処理水	0.08	31	45	5
メルボルン，オーストラリア	1 次処理水	0.27	252	507	12

表16.11　表面流下法の窒素除去事例（Crites and Tchobanoglous, 1998）

項目 排水の種類	Ada，オクラホマ州 未処理排水（スクリーンのみ）	Hanover，ニュー ハンプシャー州 1次処理水	Utica，ミシシッピー州 安定池処理水
水理学的負荷 [m²/(m·h)]	0.08	0.13	0.07
BOD/窒素量比	6.3	2.3	1.1
全窒素量 [kg/(ha·年)]			
流入量	1177	935	649
除去量	1078	869	490～589
作物による吸収	110	209	242
硝化－脱窒	968	660	248～358
除去率（質量基準）[%]	92	94	75～90
全窒素量 [mg/L]			
流入濃度	23.6	36.6	20.5
流出濃度	2.2	5.4	4.3～7.5
除去率（濃度基準）[%]	91	85	63～79

対し，表面流下法を $0.10 m^3/(m·h)$ の水理学的負荷で運転し，アンモニア除去率90％が達成されたとしている．サクラメント郡（カリフォルニア州）では，$0.54 m^3/(m·h)$ の水理学的負荷で2次処理水の硝化に成功している．アンモニア濃度は，14mg/Lから0.5mg/Lに低減された（Crites and Tchobanoglous, 1998）．

　リン：表面流下法のリン除去率は，土壌と排水の接触が少ないため，40～50％にとどまる．必要な場合は，アルミニウムや塩化第二鉄などの凝集剤を添加することにより，リン除去率は上昇する．

　重金属：表面流下法の重金属除去は，リン除去と同じく吸着と化学的沈殿による．重金属の除去率は，おおよそ50～80％である（Crites and Tchobanoglous, 1998）．

　微量有機物質：微量有機物質は，表面流下法では揮発，吸着，光分解および生分解により除去される．

　微生物：表面流下法は，微生物除去にはあまり有効な手段ではない．糞便性大腸菌については，未処理あるいは1次処理水が流入する場合，約90％まで低減される．

16.8 水生植物法

水生植物法では，ホテイアオイおよびウキクサなどの浮漂水生植物が利用される（図16.7）．水深は通常，湿地処理法より深く，0.5〜1.8m程度である．処理能力の増強や，蚊の生物的制御に必要な好気的条件を維持するため，追加的なエアレーションが行われる．

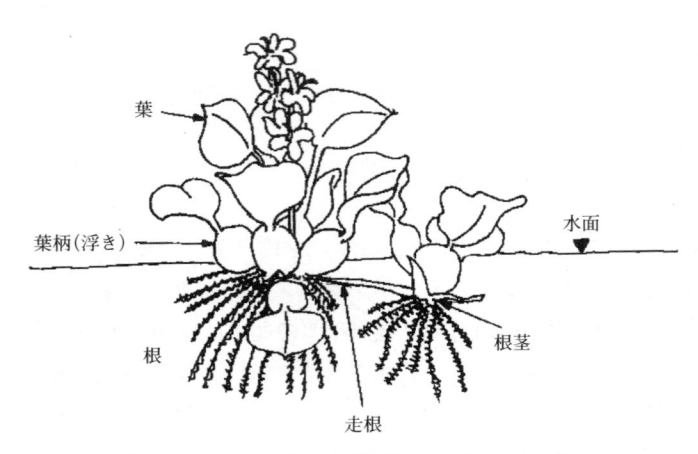

図16.7 ホテイアオイの形態（*Eichhornia crassipes*）

水生植物法は2次処理，高度処理および栄養塩類除去などの多様な処理目的に利用される．水生生物法は，排水処理システムの一要素で水生植物あるいは動物を利用する方法として定義される．水生植物法は主にホテイアオイ（*Eichhornia crassipes*）法およびウキクサ（*Lemna* spp.）法の2種類に分けられる．

ホテイアオイ法は，0.6〜1.2m程度の比較的根の長い水生植物を用いる．根の構造が，バクテリアの付着繁殖に必要な担体の役割を果たしている．これに対し，ウキクサ法は，根の長さが普通10mm以下と短く，そのため水面被覆の機能を果たす．水生植物法と湿地処理法における設計および物理的要件の主な相違は，植物の違いである．

ホテイアオイ法には主として2つの種類がある．好気性非エアレーション処理と好気性エアレーション処理である．後者の場合，空気が補給されるため，運転

時の水深は前者より深い（1.2～1.4m）．ウキクサ法の場合は，1.5～2.5mの水深が可能である．ホテイアオイは20～30℃の範囲で繁殖するが，気温が5～10℃以下に低下しない限り10℃の水温までは耐性がある．

水生植物法の場合，傾斜度が小さくかつ均一な地形であることが望ましい．安定池や水路は，傾斜度が大きくても凹凸地でも構わない．

ホテイアオイ法に必要な前処理，特に好気性エアレーションシステムの前処理は，多くの場合，1次処理と同じものである．一方，ウキクサ法は，主として通性安定池流出水の改善を目的として設計されてきた．適切に設計された水生植物法，特にホテイアオイを用いた方法は，BODおよびTSSの高い除去率が期待できる（Tchobanoglous, 1999）．しかし，栄養塩類，重金属および病原体はそれに比べ除去率が低いことが実証されている．

水生植物法へのBOD負荷の範囲は，ホテイアオイ法で100～500kg/(ha·日)，ウキクサ法で22～28kg/(ha·日)である．水生植物用のプラスチック材バリアーおよび収穫装置を販売するLemna社は，ウキクサ法に流入する排水は，通性安定池，好気性安定池あるいは機械的処理プラントによって，BOD濃度を60mg/L以下まで低下させることができるとしている（Crites and Tchobanoglous, 1998）．Lemna社によれば，放流水BOD20mg/Lを実現するためには，流入水BOD濃度40mg/Lに対し，滞留時間が20日，池の水深を最小の1.5mとして面積の12.8m^2/(m^3·日)が必要である．流入水BOD濃度が30mg/Lに対して放流水10mg/Lを達成するには，滞留時間が28日，流入量に対する安定池面積が18.4m^2/(m^3·日)であることが条件である（Tchobanoglous, 1999）．

水生植物は水面への太陽光を遮断し，藻類の繁殖を抑制する．水生植物は，BOD，窒素，重金属および微量有機物質を低下させることも実証されている．ホテイアオイ法は，カリフォルニア州San Diego（サンディエゴ）のようなパイロットシステム，あるいはテキサス州のAustin（オースティン）やSan Benito（サンベニート），フロリダ州Orlando（オーランド）およびその他の地域の実施設において急速に開発が進められている技術である．

水生植物法の水理学的負荷あるいは必要面積は，湿地システムと同様である（**表16.1** 参照）．

322   16章 土壌あるいは湿地を用いた自然処理システムによる排水管理

16.9 湿地システム

16.9.1 一般的な特徴

　一般的に，湿地は水面と土壌面が近接して，飽和土壌条件および植生を毎年一定期間維持できる土地のことを指す．湿地は，ガマ科（*Typha* spp.），キショウブ（*Iris pseudacorus*），カヤツリグサ科（*Scirpus* spp.，*Carex* spp.），オモダカ科（*Sagittaria* spp.），ヨシ（*Phragmites australis*）およびイグサ科（*Juncus* spp.）などの抽水植物を維持する水深0.6m以下の浸水した区画である（Stowell *et al.*, 1981）．植生，根茎および根は生物膜の形成に必要な場を提供し，排水のろ過および吸着を助け，酸素を水に運搬し，さらに遮光により藻類の繁殖を抑制する．排水処理には，3種類の湿地（自然湿地，保全湿地，人工湿地）が利用される．中でも人工湿地が利用されることが最も多い．自然湿地の利用は，通常，処理の仕上げ段階として2次処理または放流水の高度処理に限定される．

　湿地システムの主な種類は，①自由水面流（FWS）システムと②地下浸透流（SWF）システムである．自由水面流システムと地下浸透流システムの概要を，図16.8および図16.9に示す．自由水面流システムと地下浸透流システムに適した水深は，それぞれ0.1〜0.45m，0.45〜1mである．地下浸透流システムは，自由水面流システムよりせまい用地条件でも可能であり，悪臭や蚊の問題を回避するという利点を有する．ただし地下浸透流システムの難点は，ろ材となる砂利やろ材閉塞の対策のためにコストが高くなることである．イエメンでの現実の条件や数年間にわたる安定池を利用の経験からは，自由水面流システムが最も望ましいと考えられる．

　どちらのシステムにおいても，利用される植生は，上に示したものである．上記の植物以外では，サトイモ科（*Peltandra* spp.）やミズアオイ科（*Pontederia* spp.）が人工湿地に利用されている．利用頻度が高く，世界中に生息する一般的なヨシ（*Phragmites australis*）は，人工湿地による排水処理に利用することが可能である．これらの植物は，通常，次のような特性を有している：植生温度は12〜23℃（発芽温度は10〜30℃）で，成長が速く（側方成長で1年当り1m），年間生産量は乾燥重量で1ha当り40トン，またpH値は2〜8，耐塩性は45g/Lである．鳥類および動物類の餌としての価値は低い．

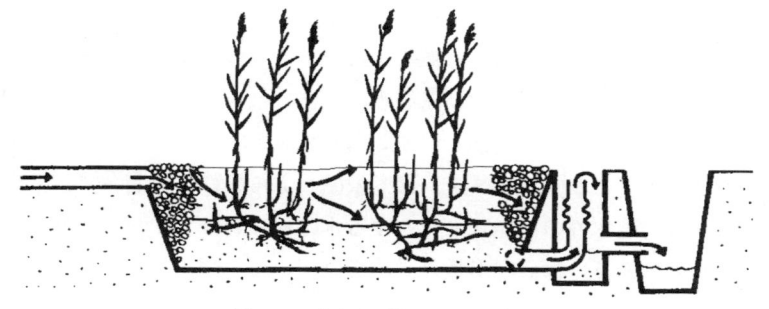

図16.8 自由水面流システムの概念図

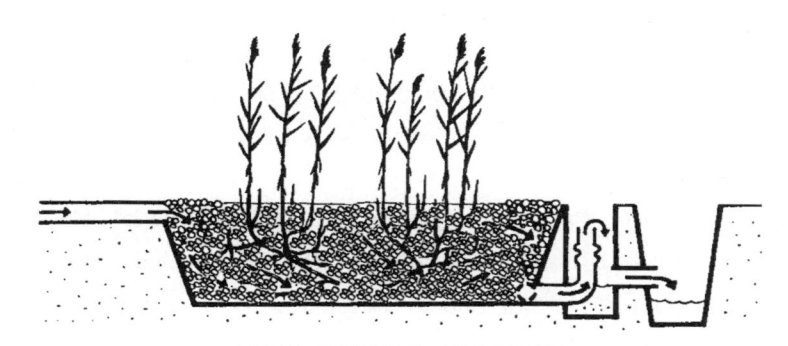

図16.9 地下浸透流システムの概念図

　湿地システムの前処理は通常，沈殿（腐敗槽あるいはイムホフタンク），回転板式ろ過装置，マイクロスクリーンあるいはマイクロストレーナを使ったスクリーニングあるいは安定池から構成される．地下浸透流システムの湿地を対象とする前処理は，通常，1次処理である．BOD負荷量は，一般的に110kg/（ha·日）未満を維持することが条件である．地下浸透流システムの場合，根圏への主たる酸素源は植生である．湿地の設置条件は，排水処理安定池と同じである．勾配は1％または少し上回る程度が（特に地下浸透流システムの場合）最も望ましい．

　汚濁成分の除去および輸送機構は，生物的（付着バクテリア），物理的および化学的メカニズムである．地下浸透流システムの場合，処理は多孔質なろ材層を通過する時になされる．主な除去メカニズムには，生物的変換と物理的ろ過・沈殿，ならびに化学的沈殿・吸着である．BOD，TSS，窒素，重金属，微量有機物質，さらに病原体に対する高い除去率が報告されている（Tchobanoglous, 1999）．除去率は滞留時間，ろ材の特性，負荷量，温度および維持管理方法により異なる．

自由水面流システムは，新たな生息・生育空間の創出や既存の自然湿地の機能向上を目的として設計される場合もある．このような場合は，水鳥などの繁殖地として機能するように植生帯および開放水面などのほか，島などを適切に配置するのが一般的である．地下浸透流システムは，2次処理あるいは高度処理を目的として設計される．これらのシステムは「根圏」あるいは「砕石・ヨシろ床」とも呼ばれ，比較的透水性の低い底面を有する水路あるいはトレンチに抽水植物を支持するための砂あるいは砂利が敷き詰められている（図16.9）．

16.9.2 組成別の除去率と除去機構

自由水面流システムの湿地は，BODおよびTSSに加え，窒素，重金属，微量有機物質さらに病原体の高除去率が期待できる．除去率は一般に，滞留時間および温度により異なる．自由水面流システムの人工湿地による除去メカニズムについて以下に解説する．

BOD：自由水面流システムの人工湿地の場合，溶解性BODと浮遊性BODは異なるメカニズムにより除去される．溶解性BODは，水中あるいは植物やデトリタスの表面において，生物活動あるいは吸着により除去される．浮遊性BODは，遅い流速と植物の存在により，凝集・沈殿し，取込まれる．沈殿およびろ過作用により除去された粒子状有機物質は，腐敗した植物と同じように酸素を消費する．その結果，流入したBODは湿地内部において急速に除去される．湿地において観測されるBOD値は，デトリタスおよび底生生物の酸素要求量によっても影響を受け，これらは処理水の"background（背景）"濃度となる．

TSS：TSSは主に水中での凝集・沈殿およびろ過（機械的ろ過，接触，付着および遮断）により除去される．沈降性固形物質の大半は，流入口から15～30mまでの間で除去される．TSSの高い除去を達成するためには，沈殿およびろ過作用を助長し，藻類の再繁殖を防ぐように，植生を密生させることが必要である．藻類固形物が除去されるのに必要な滞留時間は6～10日間である．

16.9.3 処理プロセスの設計ポイント

自由水面流システムの人工湿地に対する主な設計条件は，滞留時間，表面積当り有機物質負荷量および水深である．水量負荷は，負荷量[L/日]あるいは水理学的負荷量[m^3/(ha·日)]のいずれかを基にするが，両者とも面積および流

量から算定される．これ以外の設計ポイントには，アスペクト比（長さと幅の比），水理学的配慮，温度条件に対する配慮，および植生の刈取りなどがある．標準的な設計条件を**表 16.12**に示した．

表 16.12 人工湿地の標準的設計条件と処理水質（自由水面流システムと地下浸透流システム）

項目／設計パラメータ	単位	自由水面流システム	地下浸透流システム
滞留時間	日	2〜5（BOD） 7〜14（N）	3〜4（BOD） 6〜10（N）
BOD 負荷	kg/(ha·日)	< 70	< 70
水深	m	0.09〜0.60	0.30〜0.75
ろ材設置深さ	m		0.50〜0.8
水理学的負荷	$m^3/(m^2·日)$	0.014〜0.047	0.014〜0.047
比表面面積	ha($10^3 m^3$/日)	2.14〜7.15	2.14〜7.15
アスペクト比		2:1〜4:1	
蚊の制御		必要	不要
刈取り間隔	年	3〜5	不要
放流水質*[1]			
5 日間 BOD	mg/L	< 20	< 20
TSS	mg/L	< 20	< 20
全窒素	mg/L	< 10	< 10
全リン	mg/L	< 5	< 5

*[1] 112kg/(ha·日)あるいは集落からでる標準的沈殿後の排水以下の BOD 負荷量をもとにした推定水質

窒素：人工湿地における窒素除去は，硝化および脱窒作用を通じてなされる．植物による吸収は，窒素除去の約 10％を担う．硝化および脱窒は微生物反応であり，それは温度と滞留時間に依存する．硝化菌は酸素を必要とし，したがって一定の表面積が必要である．高濃度負荷（BOD 負荷量＞ 112kg/(ha·日)）の湿地や植物の繁茂が不完全な人工湿地においては，硝化菌は十分に繁茂しない．自由水面流システムを用いた実験によれば，微生物による硝化を助けるには十分な植生が必要で，そのためには植生の成長のため 1〜2 シーズンを必要とする．脱窒には，硝酸を窒素ガスに変換する適切な有機物質（植物リターあるいは茎）を必要とする．洪水などによって還元的な環境となっている自由水面流システムの人工湿地は，脱窒を促す好条件となっている．硝化された排水が自由水面流システムの湿地に流入すると，2，3 日の滞留時間内で硝酸は脱窒される．

リン：自由水面流システムにおける主なリン除去メカニズムは吸着，化学的沈

殿および植物による吸収である．リン酸の植物吸収は速いが，植物が死滅すると同時にリンを溶出するため，長期的な除去には時間がかかる．リンの除去は，土壌との相互反応と滞留時間に依存する．無放流型や滞留時間が極めて長い施設においては，リンは土壌あるいは根圏に貯留される．滞留時間が5〜10日間の放流型の湿地では，リン除去量が1〜3mg/Lを上回ることはほとんどない．他のいくつかの成分と同じように，リンも湿地内の環境条件，一般的には酸化還元電位（ORP）の変化などにより，1年のうち決った時期に再溶出する．

重金属：重金属の除去は，リン除去と非常によく似ているが，実際の除去メカニズムに関して利用できるデータは少ない．除去メカニズムには，吸着，沈殿，化学的沈殿および植物による吸収などがある．リンの場合と同様，金属も酸化還元電位の変化により，ある決った時期に再溶出する．

微量有機物質：微量有機物質の除去に関する利用可能なデータは少ないが，88〜99％が除去されたという報告がある（Reed, 1995）．除去メカニズムには，揮発，吸着および生分解などがある．

微生物：病原性バクテリアおよびウイルスは人工湿地において，吸着，沈殿，捕食により除去され，太陽光（紫外線）や高い温度への曝露により死滅する．

16.10 安 定 池

最もよく知られる自然処理システムは，排水処理安定池である．安定池は，3000年以上都市排水処理に用いられてきた．現在，世界の各所で多くの安定池を用いた浄化が行われている．米国では，様々な気候条件下で，7000ヵ所以上で安定池を用いた浄化が，都市排水および産業排水処理に利用されている．これらの安定池を用いた浄化は，単独あるいは他の処理工程と合併して利用されている．

どの池においても，安定池が過負荷になる，あるいは未処理の産業排水が一般排水が混入する場合は，多くの開発途上国（エジプト，イエメン，ヨルダンなど）と同じように，公衆衛生および環境に悪影響を及ぼす可能性が高い．

安定池は，運転や維持管理に必要な技術および消費エネルギーが極めてわずかで済む．一連の安定池が適切に運転される間は，沈降性固形物質がほとんどなく，病原体も安全レベルに達し，寄生虫も存在せず，そして栄養塩類は多いという，

16.10 安定池

比較的高水準の放流水質が実現される．安定池は，特に乾燥気候および半乾燥気候地域で有効である．滞留時間を 15 日以上に設定し，適正な設計基準に準拠した組合せ型安定池システムを正しく運転・維持管理すると，未処理排水中に含まれる全大腸菌および寄生虫を 4 〜 6 ログ（log）単位低減できる．また，温暖気候条件下では，糞便性大腸菌数を 100mL 当り 1 000 個程度まで減らすことができる（Al-Layla, 1992・1997）．なお，水生植物法あるいは人工湿地システムと組合せた安定池は，安定池の放流水の高度処理に成功している．このようなシステムは，費用対効果が大きく環境的にも好ましい．排水処理安定池は，水深と池内の生物反応に基づき分類することができる．この分類には，①好気性安定池，②通性安定池，③エアレーション式安定池，④嫌気性安定池，の 4 種類がある．

①好気性安定池は比較的浅く，水深は 0.3 〜 0.6m の範囲である．滞留時間は藻類による光合成や風による水面再エアレーションによって規定される．この安定池は，池全体の溶存酸素を維持するために，再循環により混合されることが多い．好気性安定池は通常，温暖で直射日光に恵まれた気候に限られるため，米国ではあまり利用されていない（Angelakis, 1997）．

②通性安定池は，安定池の中で最もよく利用されるものである．通性安定池は酸化安定池とも呼ばれ，通常，水深が 1.5 〜 2.5m で滞留時間は 25 〜 180 日間である．通性安定池の表層は好気的で，底部付近は嫌気的である．酸素は，水面の再エアレーションおよび藻類による光合成を通じて供給される．通性安定池の主たる問題点は，繁殖した藻類が放流水に混入することにより，放流水中の浮遊物質が基準値をこえることである．

③エアレーション式安定池あるいはエアレーション式ラグーンは，部分的あるいは全体的に混合される．酸素は通常，機械式浮遊エアレーション装置により供給されるが，場合により散気式エアレーション装置が使用されることもある．エアレーション式安定池は通常，2 〜 6m の深さで，滞留時間は 7 〜 20 日間である．エアレーション式安定池は，通性安定池に比べ高濃度の BOD に適応することが可能で，悪臭に対する心配も少ない上，用地面積も小さくできる．

④嫌気性安定池は水深 2.5 〜 5m で，滞留時間は 20 〜 50 日間である．通常，混合型の嫌気性消化装置と比較して生物活性は低い（Angelakis, 1997）．嫌気性安定池は，高濃度産業排水や食品加工業などが立地する有機負荷の大き

い地域からの排水などに利用される．嫌気性安定池は，米国では都市排水に対してはあまり広く利用されていない．

安定池は滞留時間および放流水の流出頻度により，次のようにも分類される．①無放流安定池，②排出制御安定池，③放流制御型安定池，④連続排出型安定池．

無放流安定池は，蒸発量が年間降水量を上回る気候地域においてのみ利用される．排出制御安定池は水流状態が良好な時期を選び，1年に1回ないし2回しか排出されない．放流制御型安定池は，排出制御安定池の一種で，放流水量を放流先の河川流量に応じて制御するシステムである．排出制御安定池と同様に，放流制御型安定池も放流先の流量条件が許容最低値を上回る場合にのみ排出される．連続排出型安定池は，放流水量はほぼ流入水量と同じである．

16.11 自然処理システムの組合せ

いくつかの自然処理システムを結合する組合せ方式は数多くある．極めて高い放流水質が要求される地域あるいは信頼性の高い高度処理の維持が必要である地域では，自然処理システムの併用が望ましい．

例えば，緩速処理法，土層・帯水層処理法あるいは湿地システムは表面流下システムの後に置くことが可能で，表面流下システムによる単独処理よりも処理性能は高くなる．このような合併処理を利用すれば，BOD，SS，窒素およびリンの除去水準を向上させることも可能である．同じように，窒素を許容レベルまで低減するために表面流下システム＋土層・帯水層処理法の組合せも考えられる．この組合せ方式は，スクリーンを通過した未処理排水を表面流下の部分に用いたオクラホマ州 Ada（エイダ）（米国）のパイロットプラント実験で成功裏に実証された．緩速処理法＋土層・帯水層処理法も考えられる．この組合せ方式では，土層・帯水層処理後の水質は極めて良質であるため，最も厳しい食用作物に対する再生水利用基準を満たすことができる．地下帯水層を，食用作物の利用基準に適する処理水の貯留に利用することもできる．

また，組合せ処理システムは，処理水中に含まれる重金属，アンモニア，病原体および毒性の除去を目的とする高度処理あるいは3次処理に適用される．こうしたシステムは，通性安定池＋人工湿地あるいは水生植物法の組合せである．Crites および Tchobanoglous（1998）は，カリフォルニア州 Arcate（アーケータ）

の湿地群が排水処理，生育・生息空間の機能向上および教育的利点を目的として利用されていることを指摘している．ある人工湿地は，1日当り8 700m^{3}の通性安定池からの放流水処理に利用されている．その湿地から排出される放流水は，その後12.5haの機能強化湿地に流入している．水生植物法と湿地システムは，特定の水質目標を達成するために組合せ（通常直列）で利用される．例えば，ウキクサ法やホテイアオイ法による処理システムの場合は，藻類濃度を最小にするために人工湿地の前段階に置くことができる．マサチューセッツ州 Harwich（ハーウィッチ）では，エアレーション式水生植物システムと人工湿地を組合せた処理システムの研究が行われている（Nolte and Associates, 1989）．

謝辞 情報収集について N. Paranichianakis 博士より貴重な助言を頂いたことに深く感謝する．また，本章のタイピングにご協力下さった N. Papadoyannakis 氏に心からの謝意を表わしたい．

16.12 参考文献

Al-Layla, A.A. (1992) Global aspects of water resources scarcity and solutions. In *Proc. of Nat. Seminar on Wastewater Reuse,* A.A. Al-Layla, Eng. Sana'a, Univ. Sana'a, Yemen.

Al-Layla, A.A. (1997) Major aspects of wastewater reuse. Unpublished data.

Angelakis, A.N. (1994) Natural treatment systems of municipal wastewaters. *Technica Chronica* **14**(4), 125–140.

Angelakis, A.N. (1997) *Wastewater Reclamation and Reuse for Urban Areas of Yemen.* Food and Agriculture Organization of UN, Rome, Italy, p. 144.

Angelakis, A.N. and Spyridakis, S.V. (1996) The status of water resources in Minoan times – A preliminary study. In *Diachronic Climatic Impacts on Water Resources with Emphasis on the Mediterranean Region* (eds. A.N. Angelakis and A. Issar), Springer-Verlag, Heidelberg.

Angelakis, A.N. and Tchobanoglous, G. (1995) *Municipal Wastewaters: Natural Treatment Systems, Reclamation and Reuse and Disposal of Effluents.* Crete University Press. (In Greek.)

Arthur, J.P. (1983) Notes on the design and operation of waste stabilization ponds in warm climates of developing countries. Technical Paper No. 7, The World Bank, Washington DC.

Bouwer, H. (1991) Role of Groundwater Recharge in Treatment and Storage of Wastewater for Reuse. *Wat. Sci. Tech.* **24** (9): 295–302.

Bouwer, H. (1993) From sewage farm to zero discharge. *European Water Pollution Control* **3**, 1.

Bouwer, H. (2000) Unpublished data. Agricultural Research Service, US Water Conservation Laboratory, Phoenix, Arizona.

Crites, R. and Tchobanoglous, G. (1998) *Small and Decentralized Wastewater*

Management Systems, WCB and McGraw Hill, New York.
Crites, R.W., Reed, S.C. and Bastian, R.K. (2000) *Land Treatment Systems for Municipal and Industrial Wastes*, McGraw Hill., New York.
Gerba, C.P. and Goyal, S.M. (1985) Pathogen removal from wastewater during groundwater recharge. In: *Artificial Recharge of Groundwater* (ed. T. Asano), Butterworth Publishers, Stoneham, MA, USA. **9**: 283-317.
Lumsden, L.L., Stiles, C.W. and Freeman, A.W. (1915) Safe Disposal of Human Excreta at Unsewered Homes. Public Health Bulletin No. 68, United States Public Health Service, Government Printing Office, Washington, DC.
Mara, D.D. (1997) Ponds' wasted opportunity. *Water Quality International* Sept. 1, IAWQ, London, UK.
Metcalf and Eddy, Inc (1991) *Wastewater Engineering: Treatment, Disposal and Reuse*, 3rd edn, McGraw Hill, New York.
National Research Council (1994) *Groundwater Recharge Using Waters of Impaired Quality*. National Academy of Science, National Academy Press, Washington DC.
Nolte and Associates (1989) *Harwich septage treatment pilot study: evaluation of technology for a solar aquatic treatment system*. Prepared for Ecological Engineering Associates, Marion, MA, USA.
Reed, S.C. and Crites, R.W. (1984) Handbook on Land Treatment Systems for Industrial and Municipal Wastes, Noyes Data, Park Ridge, NJ, USA.
Reed, S.C., Crites, R.W. and Middlebrooks, E.J. (1995) *Natural Systems for Waste Management and Treatment,* 2nd edn, McGraw Hill, New York.
Romano, P. and Angelakis, A.N. (1998) Groundwater recharge with reclaimed wastewater effluents. In *Wastewater Management in Yemen* (eds A.N. Angelakis and S. Thirugnanasambanthar), pp. 143–154, FAO, Rome.
Stowell, R., Ludwig, R., Colt, J. and Tchobanoglous, G. (1981) Concepts in aquatic treatment system design, *Journal of Environmental Engineering Division*, Proceedings ASCE, vol. 107, no EE5.
Tchobanoglous, G. (1999) Wastewater: an undervalued water source for sustainable development. In *Proc. Environmental Technology for the 21st Century*, Heleco 99, Thessaloniki, 3–6 June, **1**, 3–9.
Tchobanoglous, G. and Angelakis, A.N. (1996) Technologies for wastewater treatment appropriate for reuse: potential for applications in Greece. *Wat. Sci. Tech.* **30**(10–11), 17–26.
Tsagarakis, K.P., Mara, D.D., Horan, N.J. and Angelakis, A.N. (1998) Evaluation of reuse and disposal sites of effluent from municipal wastewater treatment plants in Greece. *Proc. of Inter. Conf. on Advanced Treatment, Recycling and Reuse*, Milan, 14–16 September, **II**, 867–870.
US EPA (1981) *Process Design Manual for Land Treatment of Municipal Wastewater*, EPA 625/1-81-013, Cincinnati, Ohio.

17章 グレイウォーターの処理

B. Jefferson, S. Judd and C. Diaper

© IWA Publishing. Decentralised Sanitation and Reuse : Concepts, Systems and Implementation.
Edited by P. Lens, G. Zeeman and G. Lettinga. ISBN : 1 900222 47 7

17.1 はじめに

今後数十年間にわたり，工業国における最も重要な問題の一つは，水資源の管理であろう．重要な鍵は地域固有のものであるが，それらは気候と地域の要因に大きく関わっている．温暖化・乾燥化の傾向が強まると，ある国では，こうした事態がより悪化の様相を呈する．例えば，ロンドンの年間降水量は現在イスタンブールと同程度で，リスボンやテキサス等ロンドンより明確に温暖な地域に比べはるかに少なくなっている．（図 17.1）

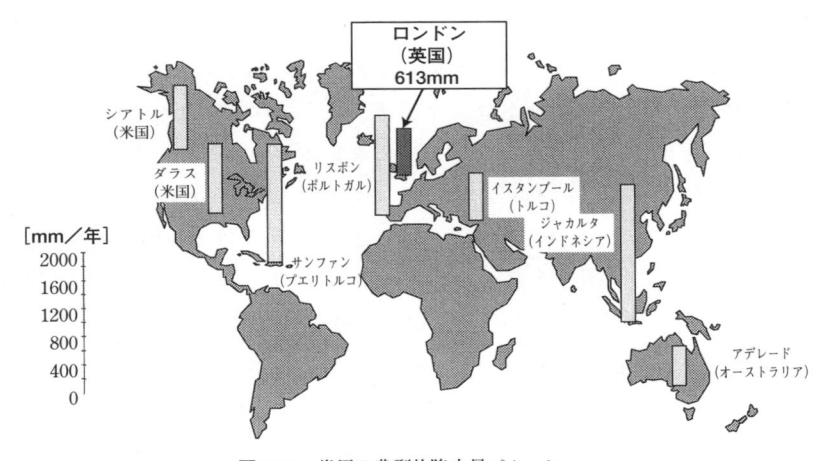

図 17.1 世界の典型的降水量パターン

水の再利用は，利用可能な水資源の持続可能性を高めることに大きく貢献する．水の再利用の中心的考え方は，水をその用途に適した水質で利用するということ

である（Thomas and Judd, 2000）．これは，高品質の水を常に要求しないということで大規模な水資源の利用を可能にする．グレイウォーターの再利用はこうした理念の一つの側面で，トイレの水洗や灌漑に，ビル内で発生する比較的汚染されていない排水を再利用することに関連づけられている．

本章では，現在世界でグレイウォーター処理に利用されている技術と，それらを選択する際に直面するいくつかの問題に対する最新の知識について考える．

17.2 グレイウォーターの特性

グレイウォーターは家庭での洗浄作業から発生する．排出源は洗面所，台所のシンク，および洗濯機等で，トイレ，ビデおよび小便器からのブラックウォーターを明確に除く．さらに細分し，グレイウォーターの排出源を洗面所，シャワー，バスタブからのものに限定し，油脂その他の高濃度汚染物質の排出源は除くことも多い．グレイウォーターは，人が石鹸類を使用した際に発生するもので，その特性は種々の要素のうち特に，地理的な位置，居住者数や居住水準から決まってくる．

17.2.1 水量

家庭から排出されるグレイウォーターの量は，総使用水量のおおよそ30％で，これは水洗式トイレに必要な水量にほぼ等しい．この割合は，建物の用途により大きく異なる．例えば，オフィスビルでのグレイウォーターの量は全体の27％で，トイレのフラッシュの60％に比べてかなり少ない（Griggs *et al.*, 1998）．

グレイウォーターとトイレのフラッシュ用水は見かけ上量的に均衡しているが，グレイウォーター発生とフラッシュ用水需要の時間的な分布の整合性は理想的ではない．家庭では，トイレのフラッシュは1日を通して一定の間隔で起こるのに対し，グレイウォーターはいくつかの短い時間帯に集中しており，しかもトイレのフラッシュと時間帯的にわずかにずれている．このため，午後および深夜に水源不足が起こる．適切な規模の貯留槽を利用すればこの状況は改善できるが，一方で，設備規模および資本コストが大きくなると同時に，設置手順を複雑にする．貯留量に関する詳細な調査によれば，幅広い居住者数に適した貯留量は$1m^3$である（図 **17.2**）（Dixon *et al.*, 1999）．これを超えて貯留容量を大きくすれば節

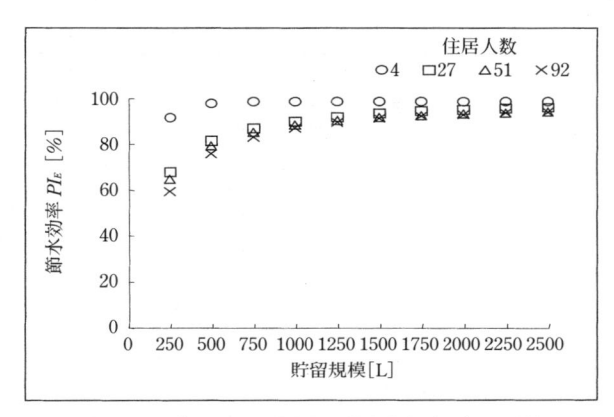

図 17.2 居住人数別の貯留量と節水効率（PI_E）の関係

水量もわずかに増えるが，一方で，貯留されたグレイウォーターの水質悪化および消毒の信頼性に関する問題を大きくする．

一般的に，英国では庭への潅水の必要性は低く，家庭内で使用される使用量のわずか3％である．米国ではこれに比べるとかなり高い割合となり，使用水量の60％を占める．このように潅水を対象とするグレイウォーターの利用は，地域特有の要素である．グレイウォーターの潅水への利用度は，気象条件によっても異なる．降水量が多ければグレイウォーターに対する需要も減少する．ただし，降水量が年間を通じて均等に分布している国はほとんどないので，貯留が可能であれば，降水量が少なかったり皆無の時期にグレイウォーターを利用することは有望な選択肢である．また，ホテルの庭園等地域の景観改善などでは，グレイウォーターの利用は有効である．

17.2.2 組　　成

グレイウォーターは家庭排水と同程度の有機物質濃度となる場合があるが，浮遊物質量が少なく，溶解性の有機物質の割合が高い（**表17.1**）．濃度は家庭排水と同程度であっても，組成は異なる．COD/BOD比は4：1で，それに応じた分だけ窒素およびリンの含有量が少ない．特定の標本集団の中でも，シャワーなのか風呂なのかによっても，また報告様式によってもグレイウォーターの組成は大きく変化する（表17.1）．組成の違いは，使用製品およびその使用量などに関する洗浄習慣を反映している．グレイウォーターの大部分が比較的小規模である

表17.1 グレイウォーターの特徴（細分類として）

	シャワー	風呂	洗面所	HoR1[*1]	HoR2[*2]	戸建て住宅[*3]	アメリカ[*4]	スウェーデン[*5]	オーストラリア[*6]
			(Holden and Ward,1999)						
5日間BOD [ppm]	146 (55)	129 (57)	155 (49)	33	96 (103)	38 (38)	162	196	159 (69)
COD [ppm]	420 (245)	367 (246)	587 (379)	40	168 (91)	163 (107)	366	—	—
濁度 [NTU]	84.8 (70.5)	59.8 (43)	164 (171)	20	57 (138)	38 (47)	—	—	113 (55)
TC [cfu/100mL]	6 800 (9740)	6 350 (9710)	9 420 (10100)	—	5 200 000 (3 600 000)	0～>2419	24 000 000	3 600 000	—
E.coli [cfu/100mL]	1 490 (4940)	82.7 (120)	10 (8750)	—	—	ND	—	—	—
FS [cfu/100mL]	2 050 (4440)	40.1 (48.6)	1 710 (5510)	—	479 (859)	ND	1 400 000	880 000	—
TN [ppm]	8.7 (4.8)	6.6 (3.4)	10.4 (4.8)	—	—	13 (6)	—	6.5	11.6 (10.2)
PO_4^{3-} [ppm]	0.3 (0.1)	0.4 (0.4)	0.4 (0.3)	0.4	2.4 (0.7)	1.13 (1.03)	—	7.8	—
pH	7.52 (0.28)	7.57 (0.29)	7.32 (0.27)	—	7.7 (0.4)	7.6 (0.35)	6.8	—	7.3 (0.6)

注）（ ）内の数字は，平均周りの標準偏差
　　HoR：大学学生寮，TC：全大腸菌群数，FS：糞便性連鎖球菌，TN：全窒素．
　　[*1]：Holden and Ward, 1998　[*2]：Surendran and Wheatley, 1998　[*3]：Sayers, 1998　[*4]：Brandes, 1978
　　[*5]：Olsson et al., 1968　[*6]：Christoval-Boal et al., 1996

ため，個々人が発生させるグレイウォーターの違いが，処理すべきグレイウォーターの組成の変動に明確な影響を与えるということである．グレイウォーターに見られるこの変動の下限値は，個々人に由来するのである．製品と使用量を厳密に一定にした著者自身の入浴実験では，BOD濃度の相対標準偏差（RSD）は17％，全大腸菌群数についてのRSDは100％であった．

貯留はいかなる再利用においても重要な点であるが，貯留がグレイウォーターの水質に与える影響に関するデータはほとんど無い．英国のCranfield大学で実施された研究によれば，静置および撹拌条件下において，実際のグレイウォーターや人工的に合成されたグレイウォーターの有機物質濃度はすべて急激に低減した（図17.3）．貯留条件に関係なく，有機物質の分解は最初の7日間は1次反応で進み，その低減係数は0.011［1/日］（静置状態）から0.622［1/日］（撹拌状態）であった．また，排水のCOD/BOD比も小さくなり，排水中の有機物質がより生分解的になったことを示した．

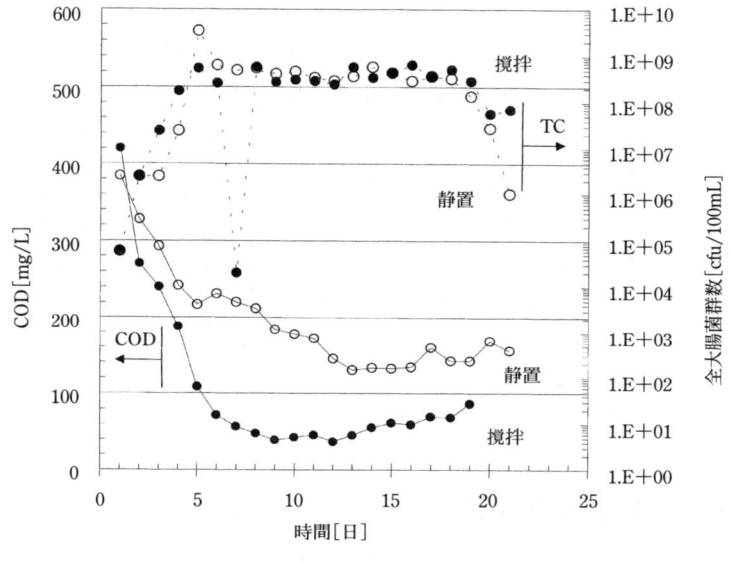

図 17.3 排水に対する貯留の効果

これらの結果は，運転操作から得られたデータともよく一致している (Jefferson *et al.*, 2000a)．大腸菌濃度は，最初の 5 日間で 3 ログ (log) 単位上昇し，その後，数が減少し始めるまでの 15 日間は変化がみられなかった．ただし，指標種微生物数の増加は，病原体とそれに伴うリスクの増大を表わすものではない (Lee, 1999)．ここでわかるようにグレイウォーターの組成に影響する重要な因子は，グレイウォーターの収集ネットワーク内滞留時間である．普通，滞留時間は分単位から数日単位まで変化する．大学の宿泊施設での例では，排水処理システムの滞留時間を短くした直後，有機物質濃度の著しい上昇が観測された (Ward, 2000)．

重要な問題は，実際のグレイウォーターと合成グレイウォーターの比較である．標準的な合成グレイウォーターの組成が文献に示されている．これは石鹸，シャンプー，油脂類，毛髪の混合物と下水処理場放流水を基に作成されている (Holden and Ward, 1999；Laine *et al.*, 1999)．この組成を用いて任意の濃度の合成グレイウォーターを作成することができる．

しかし，合成グレイウォーターは栄養塩類および微量栄養塩類濃度について，実際のグレイウォーターと著しく異なっている (Jefferson *et al.*, 2000b)．栄養の

バランスをとった実排水と人工排水は，未調整のサンプルに比べ酸素消費速度とCOD除去率が大きい．しかし，その変化の度合いや微量栄養類の影響は大きく異なり，これは基本的な有機物質の生分解経路がグレイウォーター毎に異なることを意味している．そして，グレイウォーターの再利用に用いる新しい技術の適応性を評価する時に大きな影響を与える可能性が高い．最も適切な技術評価の方法は，実際のグレイウォーターを用い，かつ，比較的高濃度の溶解性有機物質や浮遊性有機物質を類似させるグレイウォーターと同じ濃度になるように，しかも場合によって緩やかに加えたり瞬時に加えたりすることだろう．

これによって，グレイウォーターの広い濃度範囲について実験を行うことが可能になり，実際の状況でその技術がどのように働くかについての理解も深まるに違いない．

17.3 再生水水質基準

再生水に求められる物理的，化学的および微生物学的水質は利用の目的により異なる．再生水の水質基準がないために，家庭における水の再利用を広める戦略をたてることが難しかった．英国には再生水の水質基準は存在せず，ビルサービス情報研究協会による提案（Mustow et al., 1997）および再生水システムに関するガイダンスノート（WRAS, 1999）を除くと，水質基準らしきものはまったく

表 17.2 再生水水質基準の概要 （Jefferson, 2000b）

	全大腸菌群 [1/100mL]	糞便性大腸菌	BOD [mg/L]	混濁 [NTU]	Cl_2 [mg/L]	pH
水遊び水基準[*1]	10 000 (m)	2 000 (m)				6〜9
	500 (g)	100 (g)				
米国科学財団		< 240	45	90		
米国環境保護庁	無検出		10	2	1	6〜9
オーストラリア	< 1	< 4	20	2		
イギリス	無検出					
日本	< 10	< 10	10	5		6〜9
WHO [*1]	1 000 (m)					
	200 (g)					
ドイツ (g)	100	500	20	1〜2		6〜9

[*1] 水遊び水基準は，家庭における水の再利用に適していると提唱されている．
(g)：ガイドライン，(m)：強制的規制値．

整備されてこなかった．表 17.2 は，再利用が実際に行われている英国以外の国における再生水の水質基準を示している．

実際の許容レベルにはかなり差があるが，細菌学的水質，生分解性，透明度および酸性度を定義づける水質項目にはいくつかの共通点がある．水質基準に対する考え方という面から，水質基準を 2 つのグループに分けることができる．第一のグループは再生水の水質をその適用用途にバランスしたものにしようとするものであり，この場合水質基準は利用者へのリスクが同程度となるので水遊びに適した水質基準とほぼ同じになる．より実践的には，主たる水質基準は大腸菌濃度に関連し，その値は数千群/100mL 程度となる．もう一つのグループは，より保守的にグレイウォーターの処理を都市排水や産業排水に類似したものと考える．この場合には，BOD_5 や濁度ならびにより厳しいレベルの大腸菌濃度が水質基準に含まれる．グレイウォーターの再利用が実践段階にある米国および日本では，さらに保守的な方法が用いられている．

公衆衛生の保護は重要な項目であり，全ての再生水水質基準には疾病感染の可能性に関連するパラメータが含まれる．一般的にはその測定が容易であること，および水関連企業が運用に慣れていることから，指標微生物が用いられる．しかし，具体的にどの生物が指標とされるべきか，また，再生水利用という観点から生物の基準がどのように解釈されるべきかに関する共通見解はない(Asano, 1998)．

指標微生物濃度と実際の病原体の間には相関関係はない．つまり，大腸菌濃度が陽性であることは実際の疾病リスクではなく，疾病感染の可能性を示すにすぎない．このことは一つの問題である．ある時期，米国環境保護庁（US EPA）は，糞便性大腸菌数 200 個/100mL を水遊び水質基準に採用してもよいとした．しかし，このレベルでの胃腸疾患の発症率は，遊泳者 1 000 人中 19 症例と算出されており，米国の一部の規制機関は 200 個/100mL は高すぎると考えている(Asano, 1998)．また，あるウイルス株は指標種に比べ消毒への耐性が強い．このため，一部の地域ではより安全側の対応をとり，指標微生物が検出されないことを水質基準に加えている．処理技術と水質要件を組合せることにより，全大腸菌群数のような代替的測定値の適用可能性を高めることができる．現在その方法が米国環境保護庁（US EPA）による再生水水質基準の基礎になっている(Asano, 1998)．家庭排水の再利用に関する基準で指定されている技術は，2 次処理＋ろ過＋消毒である．

17.4 処理技術

現在多くの技術が開発されており，複雑さや性能の異なるものが世界中に普及している．技術開発は，戸建て用の単純なシステムから大規模再利用のための極めて高度な処理施設まで幅広く行われている．

17.4.1 戸建て用システム

現在英国において，グレイウォーターを対象に利用されている最も一般的なシステムは，戸建て規模を基本にしたもので，報告されただけでも20以上の方法がある（Diaper et al., 2000a）．多くの企業が処理装置を販売しているが，どれも同一の標準的な処理プロセスに基づいている．こうした処理プロセスは2段階に分れている（図17.4参照）．見た目の水質に悪影響を与える可能性のある毛髪や垢等の大きなゴミを排除することを目的とした粗目ろ過処理と消毒処理であり，通常はゆっくりと溶解する固形の塩素剤，あるいは臭素剤が用いられる．オーストラリアでの研究により，ナイロンあるいはジオテキスタイル製の使い捨て型ろ過装置が良いことが示された（Christova-Boal et al., 2000a）．消毒処理の代りに

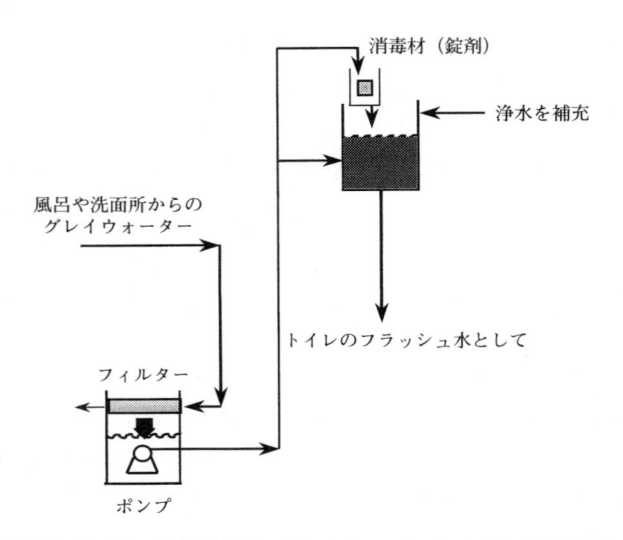

図17.4 戸建て住宅を対象としたグレイウォーター再利用システムの事例

紫外線照射を利用する実験も行われているが，紫外線は水中では254mmしか伝播しないため，紫外線を適用する場合にはろ過処理単独では不十分であるとされている（Kreysig, 1996）．

　これらのシステムは，水遊び水基準と同様に，比較的緩い基準に適合することを考慮して設計されている．このシステムの場合，滞留時間が短くグレイウォーターの性質は発生点から変化しないことを前提としている．そして，放流水の有機負荷量と濁度は，表向き，未処理のグレイウォーターと同じである．有機負荷濃度および濁度が高い場合には，次に述べる2つの原因により消毒処理の効率を制約するので，問題が生じる．

　第一の原因は，グレイウォーターには粒径40μm以上の凝集性粒子が含まれることである．消毒剤が粒子内部まで届かないため化学的消毒力が低下してしまう．もう一つの原因は，排水中の有機物質が消毒剤を消費してしまうことである．実験によれば，有機物質による塩素消費は必要塩素量の99％に達し，これが大腸菌の漏洩の原因になることが示されている．また，塩素消毒ではクロラミンやトリハロメタンのような副生成物が発生し，これらの物質が人体に悪影響を及ぼす可能性がある．

　戸建て家屋用のシステムによる節水の実現性は，装置の信頼性と使用者の管理により大きく異なる．このシステムの重要な装置は，フィルターとポンプである．フィルターが閉塞したり，ポンプが故障するとシステムの節水効率はゼロになる．

　トイレのフラッシュ用水を絶えず確保するためには，水道水によるバックアップ装置を備えておく必要がある．多くのシステムには，消毒剤が無くなりグレイウォーターの処理ができなくなった場合に，水道水が供給されるような制御装置を置いてある．これにより，未消毒のグレイウォーターがシステムに流入することは確実に防止できる．同様にフラッシュ用水に供給されるべきグレイウォーターが不足する場合（これはフィルターの閉塞が原因であることが多い）には，処理システムは水道水使用に切り換わる．したがって，最大限の節水を実現させるためには，システムの定期的な保守点検が必要である．これらのシステムを対象とした数多くの調査では，家屋所有者はシステムの運転に問題が生じ，保守点検が必要であることに気付かない場合が多いことが明らかになった（Diaper *et al.*, 2000b）．このように，システムの状態を所有者に知らせることや，日常の維持管理法の訓練が節水の実現には重要となる．

実験では，約30％の節水が可能であることが示されている（Diaper et al., 2000b；Sayers, 1998）．ただし，経済的な利益はごくわずかであり，それも居住者数により異なる．利用人数が多い場合は経済的便益も増加し，投資の回収期間も短縮される．1人世帯で年間節水率19.3％のシステムを設置する場合，英国で最も高い水道料金の場合でも，償却期間は50年以上に及ぶことになる（Sayers, 1998）．

17.4.2 物理的システム

上記に示した戸建て家屋用システムに比べ，より高品質の処理水を得ることができる粒状層ろ過装置や膜ろ過装置といった，物理的システムの開発が進んでいる．運転方法の異なる2種類のシステムが文献に発表されている．一つは砂ろ過（Costner, 1990）または分離膜（Holden and Ward, 1999）といった物理処理プロセスである．もう一つは，生物処理装置の後ろに膜を設置するもので，仕上げ処理的な役割を果たすものである（Shin et al., 1998）．

緩速および急速の重力式粒状層ろ過装置は，いずれもグレイウォーターを対象に試験が行われている．ローテクな砂ろ過装置は，通常底部に砂利，上部に砂を媒体とするろ層を備えた250Lのドラム缶でつくられる．この装置の質的・量的な処理能力は，使用される媒体の材質と，ある程度であるが気候条件で異なる．例えば，高温な気候下あるいは粗い砂を用いたシステムでは，負荷量を大きくすることができる．

こうしたシステムの保守では，ろ材の再生を目的とした逆流洗浄と上部砂層の除去が行われる．処理を連続して行うために，つまり装置の逆流洗浄と乾燥の間にもろ過ができるように，装置を二重化することがよくある（der Ryn, 1995）．物理的システムのみによる標準的除去率は，粒状層ろ過でBOD63％，濁度28％，膜ろ過でBOD86％，濁度99％と報告されている（Holden and Ward, 1999）．膜は直接的ふるいとして機能し，孔径よりも大きな粒子および分子を全て除去できるので除去率は最も高い．

膜処理水の水質は一般的に良質だが，こうした処理プロセスは運転上・経済上の制約が大きいことは周知の事実である（Stephenson et al., 2000）．膜処理の経済性に関する問題は，汚濁物質による膜面の詰まり（ファウリング）である．これは膜の通水抵抗を増大させ，それにより膜透過に必要なエネルギーが余計にか

かったり透過流量を小さくしたりする．ファウリングは透過流量を抑えたり，膜洗浄操作を行うことで避けることができる（Stephenson *et al.*, 2000）．流量を小さく抑えると大きな膜面積が必要になる．どちらの因子も全体的な処理コストを増加させる．膜洗浄は排水に余分な化学的負荷を与える．ファウリングが起ると運転開始1時間で，透過流量は90％まで低下する（Gander *et al.*, 2000）．

　グレイウォーター処理に使用される膜分離システムでは，処理水質の悪さと膜洗浄の困難さが報告されている．システム滞留時間が，ファウリングの起こりやすさとシステム性能に大きく影響することが確認されている．長い時間貯留すると，グレイウォーターは嫌気的になり，その結果，膜では除去しにくい有機成分が生成される（Holden and Ward, 1999）．膜分離法の実験によれば，物理システムだけではグレイウォーターから全大腸菌は除去できないとされている．これは，タンパク質が膜孔を通って移行し，大腸菌の移動を助けるためと説明されている（Judd and Till, 2000）．

　もう一つの方法は，生物処理後に膜分離を用いるものである．ここでは膜は仕上げ処理として働き，膜の孔径を上に述べたものよりもはるかに小さいものとすることができる．この技術の例として，韓国で行われた回分式汚泥活性法（SBR：sequencing batch reactor）への利用（Smith *et al.*, 1998）や，ロンドンのミレニアムドームで実施されたエアレーション式生物ろ過（BAF：biological aerated filter）への利用（Shin *et al.*, 2000）があげられる．BAF処理後の，グレイウォーター処理を対象とした膜の孔径と除去特性の関係に関する研究が進められている（Smith *et al.*, 2000）．処理水の溶解性BOD濃度は，限外ろ過膜を用いた場合で8.3mg/L，ナノろ過膜では2.4mg/Lとなる．

17.4.3　生物処理のオプション

　生物処理は，有機物質除去を行う場合に必要となる．世界中で多くの異なる生物処理システムが導入されており，ドイツの回転円盤生物接触装置（RBC）（Clarke *et al.*, 1998）から日本の膜分離生物反応槽（MBR：membrane bioreactor）まである（Huitorel, 2000）（図17.5）．ホテルやオフィスビルのように大規模な配水ネットワークを備えるシステムにとって，処理水中の有機物質が配管内で変質したり，微生物の再増殖の問題を起す可能性があるため，これらの技術は重要である．グレイウォーターの再利用が大きな建物に普及している日本

(a) 回転円盤生物接触法

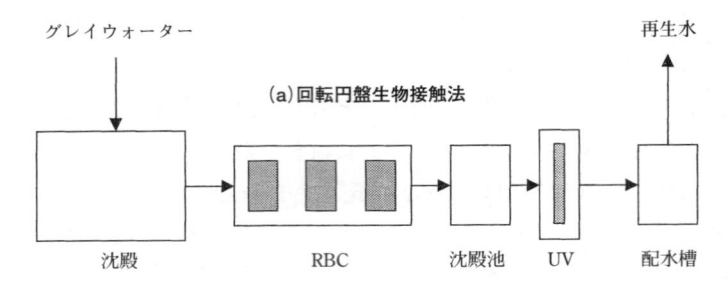

沈殿 → RBC → 沈殿池 → UV → 配水槽 → 再生水

(b) 好気／嫌気固定生物膜処理プロセス

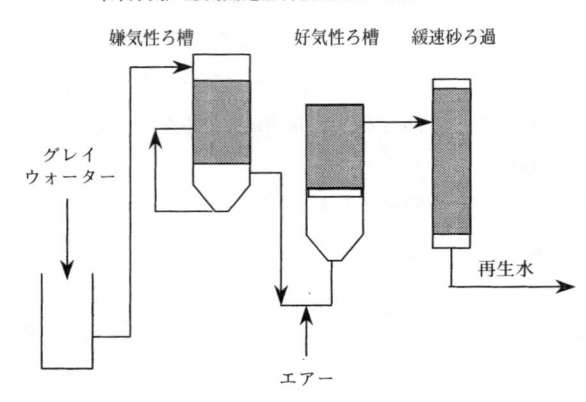

グレイウォーター → 嫌気性ろ槽 → 好気性ろ槽 → 緩速砂ろ過 → 再生水
（エアー）

(c) 膜分離生物反応槽

グレイウォーター → 膜 → 再生水
エアー

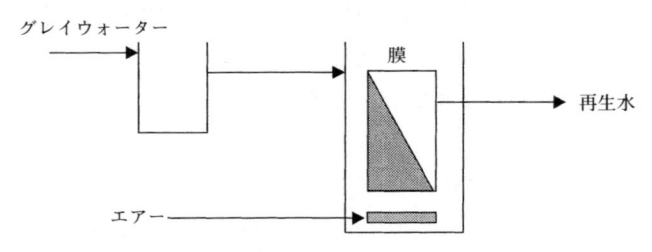

図17.5 生物処理法の流れ図 [(a) Nolde, 1999；(b) Surendran and Wheatley, 1998；(c) Jefferson *et al.*, 2000 a]

では，こうした課題が技術開発に反映されている．事実，日本では1983年の時点で，既に100基のグレイウォーター処理システムが設置され，その内25％はMBR技術を土台とするものである（Huitorel, 2000）．

　生物処理だけで再利用に適した処理水を得ることは難しい．どのような場合に

も，物理的プロセスによって活性のあるバイオマスを捕捉し，処理水に固形物を流出させないようにしなければならない．こうした要件のうちのいくつかを包含する技術は，従来の処理方法にも魅力的な代替案を提供する．これが膜分離生物反応槽（MBR）への関心が高まり，市場に浸透した理由の一つである．MBR は，活性汚泥槽と膜ろ過装置を一つの装置に融合させたものである．膜は生物反応槽の外に設置されたり，槽中に浸漬されたりする．この方法では膜がバクテリアおよびウイルスを含む粒子を槽内に留めるという利点が加わっており，従来型生物処理を強化したものになっている．グレイウォーターを処理した MBR の処理水は固形物の残留が無く，有機物質濃度が低く，かつ大腸菌も検出限界以下となる（Stephenson et al., 2000）．

グレイウォーターの処理に生物処理を用いるための精力的な研究が行われている（Stephenson and Judd, 2000）．実験対象の処理法は MBR，BAF，およびエアレーション式膜分離生物反応槽（MABR：membrane aeration bioreactor）である．MABR は膜を利用して純酸素を生物処理槽に供給し，それにより高効率の酸素移動を可能にする（Stephenson et al., 2000）．この技術は，酸素律速となる高濃度産業排水に適用されている（Brindle, 1998）．ただし，この技術は，排水中の界面活性剤濃度が高いと，膜面への生物膜の確実な形成が阻害されるので，グレイウォーター処理には適さない．

BAF，および特に MBR 法は一般に，有機汚濁物質や物理的汚染物質を効率的に処理することが可能である（**図 17.6**）．処理性能の違いは微生物（大腸菌や糞便性連鎖球菌の濃度）に現われた．この相違は BAF が粒状層ろ過システムであるのに対し，MBR が隔壁システムであるという事実によるのかもしれない．MBR は世界各国の既存の水再利用基準に適合することができたが，BAF は**表17.2**に列挙された微生物濃度のどの基準にも達し得なかった．

膜を生物反応槽に用いるものと，そうでないものの運転を行うことで，膜分離生物反応槽の役割についてさらに研究が重ねられた．生物反応槽を使用せず膜分離装置のみを運転した場合，有機物質と微生物の除去率が低下し，特に明らかに大腸菌の除去は不完全になった．前に述べた通り，これはタンパク質が膜面に吸着され，微生物の移動経路を提供したということによる．MBR の利点は，フロックにタンパク質が吸着され，次いで分解されるので，このような経路が遮断され，バクテリアの流出が避けられることにある．また，ファウリングの問題も少

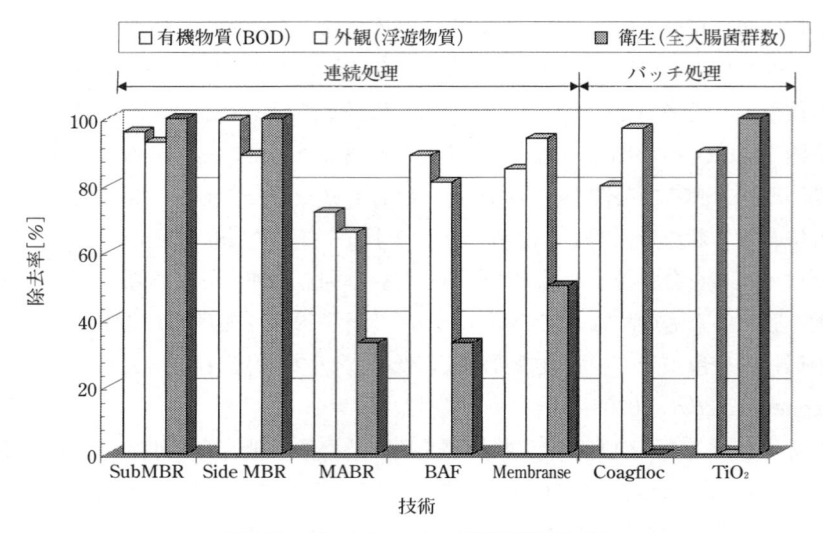

図17.6 グレイウォーター処理技術の除去率

注）SubMBR：浸漬型膜分離生物反応槽，SideMBR：横流型膜分離生物反応槽，MABR：エアレーション式膜分離生物反応槽，BAF：エアレーション式生物ろ過，Coagfloc：凝集フロック形成プロセス，TiO_2：二酸化チタン触媒

なくなる．直接的な膜ろ過では，不可逆的な膜閉塞が起き，洗浄のために高いコストがかかる．

MBR 法の膜配置は，汚濁物質の除去にはほとんど影響を与えないが，水理学的性能には顕著な影響を与える．

浸漬型は操作圧が低いため，透過流量は小さいが安定している．横流型は比較的高い操作圧とクロスフロー速度で運転され，運転初期には高い流量を与える．しかし，流量は急速に減少するため，透過流量を回復するために逆洗や化学薬液による洗浄が必要となる（LeClech et al., 2000）．エネルギー消費量からすると，浸漬型の場合は横流型に比べ100倍近くエネルギーが少なくて済むが，膜面積は横流型の3～4倍多く必要になる．

小規模な生物処理法における問題は，有害物質の流入である．例えば，漂白剤等を含むグレイウォーターの流入である．最近の公的調査によれば，漂白剤や浴室洗浄クリーナ等の殺菌薬剤がグレイウォーターに混入する可能性は高い（Laine et al., 2000）．食物，アルコール，および粉末洗剤も刺激性物質と認定されている．このような可能性を有する物質濃度の閾値は，生物反応阻害が認めら

れる濃度を参考に決定される．最も重要な物質は漂白剤で，1.4mL/L で阻害が認められ，3mL/L では重大な影響が生じる．こうした化学薬品の影響は，生物処理システムが確実にグレイウォーター処理できる施設範囲に制約を与える．対象処理人員が 10～20 人以下の施設規模の場合は，制御できない危険物質の混入に起因する運転障害リスクが高くなる．しかし，実際の規模の範囲は，危険物質混入のリスクと貯留システムの緩衝能力で決まる．

17.4.4　自然処理システム

　グレイウォーター処理のための多くの自然処理システムが存在する．あるものは特注システムであり，あるものは出来合いである．そのいくつかは，グレイウォーターを土壌に浸透させる単純なろ過技術を基本にしている．これは排水が地下水層に達する前に何らかの処理がなされるもので，処理レベルは土壌や浸透地の条件により異なる．もう一つの自然処理システムは，排水中の栄養塩類を植物に利用させるものである．

　処理過程は下水処理に利用される自然システムと同じであるが，グレイウォーターは汚濁物質濃度が低いので保守点検の頻度を低くできる．加えて，最終消毒処理が必要な場合，すなわち，処理水が直接人体に触れる可能性が高い場合にも，汚濁物質濃度が低下するため消毒剤の投与量は少なくなる．消毒剤投与量が少なくなれば，運転コストに加え環境への有害な影響の可能性も低くなる．

　グレイウォーターの最も単純な再利用法は，「メキシコ式排水法（Mexican Drain）」と呼ばれるものである（der Ryn, 1995）．これは，グレイウォーターを回収した後，バケツあるいはホースを使って直接植物に灌漑するもので，特に処理は行わない（図 17.7）．留意すべき点は，散水する場所を必ず 2～3 日毎に変えることと，可能な場合はグレイウォーターと雨水と交互に使用することである．こうした操作が必要なのは，未処理グレイウォーターによる灌漑は，土壌中に塩の蓄積を招く可能性があるためである．未処理グレイウォーターは通常アルカリ性であり，アザレア，ロドデンドロンおよび柑橘類果実等の好酸性植物には使用してはならない．

　グレイウォーターは一見無害であるが，灌漑方法および灌漑対象になる植物の種類は，慎重に選定すべきである．グレイウォーター中の微生物濃度が高い場合もあるので，エアロゾルを発生させるような灌漑方法は採用すべきではない．ま

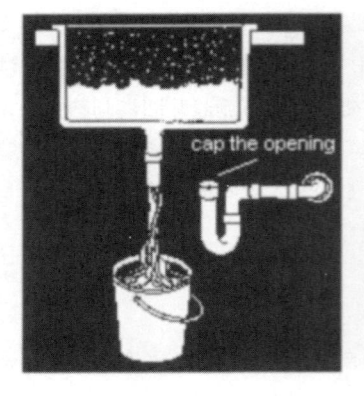

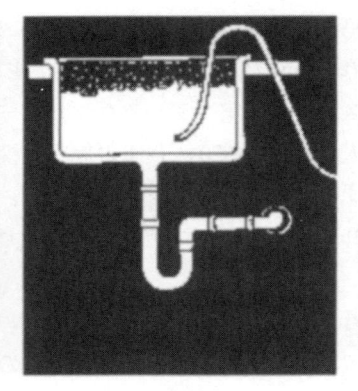

図17.7　メキシコ式排水法（Mann and Williamson, 1996）

た，葉菜類や根菜類等の食用植物の潅漑にグレイウォーターをそのまま利用すべきか否かについても検討の余地がある．

　上に示したバケツによる単純な方法の改善には，腐敗槽の使用が考えられる．この方法では，グレイウォーター中の固形物が沈殿し，成分の一部が生分解される．グレイウォーターの汚濁物質濃度は家庭排水に比べてかなり低いので，腐敗槽の維持管理回数を少なくすることができる．腐敗槽からの流出水は，さらにいくつかの方法で処理できる．腐敗槽からの排出水は通常排水パイプあるいは排水地に導かれる．その選定および設計は，土壌の特性および場所によって異なる．

　設計パラメータは，家庭排水を処理する腐敗槽の設計パラメータとの関連がある．土壌の空隙率が低いか，地下水面が高い地域の場合，地上に浸透堤を建設することができる．浸透堤に導かれた排水は，土壌への浸透と同時に大気へも蒸発する．

　腐敗槽と他の処理法を組合わせて，放流水質を向上できる．例えば，腐敗槽の流出口に嫌気性フィルターを設置すると，固形物の流出が抑えられ，排水地のパイプの閉塞が軽減される．また，腐敗槽放流水を土壌に浸透させることにより，植物の成長に利用することができる．放流水を温室や屋外の常緑植物育成用に供給することで，緑資源育成（造林）を行うこともできる．

　最後にあげるグレイウォーターの自然処理法は，広い意味で水耕栽培と呼ばれるもので，グレイウォーター中の栄養塩類を水耕植物の栽培に活用するものである．湿地に生息する多くの植物は過剰な栄養塩類を吸収，蓄積する能力を備えて

おり，グレイウォーター中の栄養塩類が不足する時にも，成育を続けることができる．これらの処理方法は，安定池システムから人工庭園まで様々な方法が可能である．安定池は景観設計に組込むことができる．こうした施設は，スウェーデンの工業大学で3年間にわたり運転が実施されており，バクテリアと窒素除去の成果を上げている（Günther, 2000）．安定池システムは，魚類の餌となる藻類の繁殖に利用することもできる．藻類はpHをアルカリ側に移すので，アンモニア揮散や硝化作用，さらに殺菌に有利になる（Mars et al., 1999）．人工庭園の場合，適当な植物が不透水の膜で遮水された蒸発散床に植えられる．しばしば全体が温室の中に置かれる．（Del Porto, 1999）．

このシステムは，他に比べて建設費は高いが，植物の種類および発育媒体の構造と特性について，制御を綿密に行うことができる．植物は，修景用あるいは動物の飼料あるいは建設資材として利用されたり，コンポスト化することもできる．こうした施設で利用される植物には，竹，ホテイアオイ，ヨシ，極楽鳥花，グラシリマ（Del Porto, 1999），トリグロキン等がある（Mars et al., 1999）．

グレイウォーターを潅漑や作物生産に利用する場合は，石鹸類，洗浄剤およびその他の家庭用化学製品の使用には十分気を付けなければならない．なぜなら，これらの化学製品の中のある成分は，植物の発育を阻害するからである（Garland et al., 2000）．グレイウォーター中に含まれるこうした有害成分を排出源で制御することにより，植物の発育に対する阻害作用を最小限にすることができる．

自然的かつローテクな処理システムの性能は，規模および処理方法が異なっても，大きな差はない（**表17.3**）

表17.3 自然処理システムの性能

処理方法	容積 [m³/日]	BODあるいは COD除去率 [%]	バクテリア の低減 (ログ単位)	参考文献
3室式沈殿槽－水平流のヨシ床－砂ろ過－安定池	平均10.7	BOD > 97 [*1]	6	Fittschen and Niemczynowicz, 1997
2室式沈殿槽－砂ろ過－水平流のヨシ床[*2]	平均0.4	BOD：95.8, COD：91.4	報告無し	Schönborn et al., 1997
石灰／砂利ろ過装置－3安定池－砂ろ過	～1.2	BOD：100 [*1]	2～3	Günther, 2000

[*1] 7日間BOD
[*2] グレイウォーターと尿を供給

17.5 参考文献

Asano, T. (1998) *Wastewater Reclamation and Reuse*. Technomic, Pennsylvania, US.
Brandes, M. (1978) Characteristics of effluent from gray and black water septic tanks. *JWPCF* 50, 53–63.
Brindle, K. (1998) Membrane aeration bioreactors for the treatment for high oxygen demanding wastewater. Ph.D. thesis, Cranfield University, UK.
Christova-Boal, D., Eden, R.E. and McFarlane, S. (1996) An investigation into greywater reuse for urban residential properties. *Desalination* 106, 391–397.
Clarke, J., Holden, B. and Ward, M. (1998) *Grey Water Recycling in the Hotel Industry*. Anglian Water Report, Anglian Water, Peterborough, UK.
Costner, P. (1990) We all live downstream: a guide to waste treatment that stops water pollution. The National Water Centre, Waterworks Publishing Company, Eureka Springs, Arkansas, US.
Del Porto, D. (1999) Zero-effluent-discharge systems prevent pollution: conserving, separating and using up effluents on site. In: *Proceedings of International Ecological Engineering Conference*. Norway, 6 June 1999.
Diaper, C., Jefferson, B. and Parsons, S.P. (2000a) Water recycling technologies in the UK. *J. CIWEM*.
Diaper, C., Dixon, A., Butler, D., Fewkes, A., Parsons, S. A., Strathern, M., Stephenson, T. and Strutt, J. (2000b) Small scale water recycling systems – risk assessment and modelling. In: *1st World Congress of the International Water Association*, Paris, 3–7 July, p. 9.
Dixon, A., Butler, D and Feweks, A. (1999) Water saving potential of domestic water reuse systems using greywater and rainwater in combination. *Wat. Sci. Tech.* 39(5), 25–32.
Fittschen, I. and Niemczynowicz, J. (1997) Experiences with dry sanitation and grey water treatment in the eco-village Toarp, Sweden. *Wat. Sci. Tech.* 35(9), 161–170.
Gander M., Jefferson B. and Judd S. (2000). MBRs for use in small wastewater treatment plants. *Wat. Sci. Technol* 41(1), 205-211.
Garland, J.L., Levine, L.H., Yorio, N.C., Adams, J.L. and Cook, K.L. (2000) Gray water processing in recirculating hydroponic systems: phytotoxicity, surfactant degradation and bacterial dynamics. *Wat. Res.* 34, 3075–3086.
Griggs, J.C., Shouler, M.C. and Hall, J. (1998) Water conservation and the built environment. In *Proc Conf 21AD: Water*. Linacre College, Oxford, 24–25 April.
Günther, F. (2000) Wastewater treatment by grey water separation: Outline for a biologically based grey water purification plant in Sweden. *Ecological Engineering* 15, 139–146.
Holden, B. and Ward, M. (1999) An overview of domestic and commercial re-use of water. *Proc. IQPC Conf. on Water Recycling and Effluent Reuse*. Copthorne Effingham Park, London, UK.
Huitorel, L. (2000) The treatment and recycling of waste water using an activated sludge bioreactor coupled with an ultrafiltration module. In *TUWR1 – 1st Intl. Mtg. on Technologies for Urban Water Recycling*, Cranfield, UK, 19 January.
Jefferson, B., Laine, A., Parsons, S., Stephenson, T. and Judd, S. (2000a) Technologies for domestic wastewater recycling. *Urban Wat.* 1(4), 285–292.
Jefferson, B., Laine, A., Stephenson, T. and Judd, S. (2000b) The characterisation of grey

water and its impact on the design of urban water technologies. *Wat. Res.* (in preparation).
Judd, S.J. and Till, S.W. (2000) Bacteria breakthrough in crossflow microfiltration of sewage. *Desalination* **127**, 251–260.
Kreysig, D. (1996) Greywater recycling: treatment techniques and cost savings. *World Water and environmental engineering*, **32**, 18-19.
Laine, A.T., Jefferson, B., Judd, S. and Stephenson, T. (1999) Membrane bioreactors and their role in wastewater reuse. *Wat. Sci. Tech.* **41**(1), 197–204.
Laine, A.T., Jefferson, B., Judd, S. and Stephenson, T. (2000) Water recycling from grey to black water: the process engineering approach to water resource problems. *Proc. Research 2000 – Stretching the Boundaries of Chemical Engineering*, Bath, 6–7 January.
LeClech, P., Jefferson, B., Laine, A., Smith, S. and Judd, S. (2000) The influence of membrane configuration on the efficacy of membrane bioreactors for domestic waste water recycling. In *WEFTEC 2000 – Proc. of the 73rd Annual Conf. and Expo. On Water Quality and Wastewater Treatment*, 14–18 October, Anaheim, p. 20.
Lee, J. (1999) Public health laboratory service. Personal communication.
Mann, H.T. and Williamson, D. (1996) *Water Treatment and Sanitation*. Intermediate Technology Publications, Nottingham, UK.
Mars, R., Mathew, K and Ho, G. (1999) The role of the submergent macrophyte *Triglochin hueglii* in domestic grey water treatment. *Ecological Engineering* **12**, 57–66.
Mustow, S., Grey, R., Smerdon, T., Pinney, C. and Waggett, R. (1997) Implications of using recycled grey water and stored rainwater in the UK. Report No. 13034/1, BSRIA, Bracknell, March.
Nolde, E. (1999) Grey water reuse system for toilet flushing in multi-storey buildings – over ten years experience in Berlin. *Urban Wat.*, **1**, 275–284.
Olsson, E., Karlgren, L. and Tullander, V. (1968) Household wastewater. National Swedish Institute for Building Research, Stockholm, Report No. 24.
der Ryn, S.V. (1995) The toilet papers. Recycling waste and conserving water. Ecological Design Press, Sausalito, California.
Sayers, D. (1998). A study of domestic greywater recycling. Interim report, National Water Demand Management Centre, Environment agency, Worthing, UK.
Schönborn, A., Züst, B. and Underwood, E. (1997) Long term performance of the sand-plant-filter Schattweid (Switzerland). *Wat. Sci. Tech.* **35**(5), 307–314.
Shin, H-S., Lee, S-M., Seo, I-S., Kim, G-O., Lim, K-H. and Song J-S. (1998) Pilot scale SBR and MF operation for the removal of organic and nitrogen compounds from grey water. *Wat. Sci. Tech.* **38**(6), 79–88.
Smith, A., Khow, J. and Hills, S. (2000) Water reuse at the UK's Millennium Dome. *Membrane Technology* **118**, 5–8.
Stephenson, T. and Judd, S. (2000) In-building wastewater treatment for water recycling. EPSRC final report, number GR/K84967.
Stephenson, T, Judd, S., Jefferson, B. and Brindle, K. (2000) Membrane bioreactors for wastewater treatment. IWA publishing, London.
Surendran, S. and Wheatley, A.D. (1998) Grey water reclamation for non-potable reuse. *J. CIWEM* **12**, 406–413.
Thomas, D.N. and Judd, S.J. (2000) Entropy in water management. *CIWEM J*,. in press.
Ward, M. (2000) Anglian Water Services. *Personal communication.*
Water Regulations Advisory Service (1999) IGN 9-02-04 Reclaimed Water Systems: Information about installing, modifying or maintaining reclaimed water systems. Water Regulations Advisory Scheme, London.

18章

グレイウォーターを利用した地下水涵養

A. Ledin, E. Eriksson and M. Henze

© IWA Publishing. Decentralised Sanitation and Reuse：Concepts, Systems and Implementation.
Edited by P. Lens, G. Zeeman and G. Lettinga. ISBN：1 900222 47 7

18.1 はじめに

　1960年代以来，環境の不適切な管理と汚染が一般市民の関心を集め，都市における水利用の基本原理である「水を利用し，汚染すること」が，都市および居住地域近傍の受水域の深刻な被害の原因であることが明らかになった．その影響が地表水の酸素欠乏，微生物汚染，さらに伝染病の蔓延，悪臭および魚類の大量死などとして認められたことから，排水処理場は地方自治体の支援のもとで技術的な発展を遂げた．これらの集中型都市サニテーションシステムは，家庭から出る排水の処理にとっては非常に効率的であるが，一方で多くの費用がかかり，資源を消耗させるものである．このことは，排水を回収しその再利用を可能にする統合された分散型サニテーションへの要望が高まってきた理由の一つとなっている．

　排水処理に代替案を求めるもう一つの理由は水不足であり，それは世界中の広範な地域において問題となっている．水道水への需要を減らす一つの方法は，何らかの分散処理（しばしばローテク処理か，無処理）の後，排水を再利用することである．

　排水処理の代替方法の中でも，土壌への浸透が推奨されてきた．浸透処理の目的は多種多様であるが，主に浸透水の以下の2つの「利用法」を含む．

①前処理として利用する．浸透処理後の水は潅漑に用いる．
②地下水涵養に利用する．結果的に水循環サイクルをショートカットする．

　今日，いわゆる「希釈され」，「低負荷の」つまり「グレイな」排水 の再利用/浸透の可能性が注目を集めている．これら3つの用語は全て，ある種の工場に加え，家庭，オフィスビルおよび学校から出る排水を指し示しており，便所からの

排水，または高度に汚染されたプロセス用水は含んでいない．グレイウォーターは風呂，シャワー，洗面所，洗濯機や食器洗い機，洗濯および台所流しからの排水である．本章でグレイウォーターと呼ばれるこのタイプの排水は，居住地からの混合排水全体の約73％を占めると推計されている（Hansen and Kjellerup, 1994）．

一般的にグレイウォーターは，有機物質，ある種の栄養塩類（例えば，窒素）および微生物の濃度が混合排水よりも低い．けれどもリン，重金属および毒性有機物質の濃度はほぼ同じレベルである．これらの汚染物質の主要発生源は，洗濯用洗剤，石鹸，シャンプー，歯磨き粉および溶剤といった化学製品である．石鹸は長鎖脂肪酸のアルカリ塩で出来ており，一方，洗剤は性能改善のためにビルダー（助剤），漂白剤，酵素等の化学薬品に加えて界面活性剤を含んでいる．微生物はトイレ使用後ないしおむつ交換後の手洗い，風呂，乳幼児の入浴によって，また台所の未調理食品からもグレイウォーターに入り込む可能性がある．

グレイウォーターの浸透に関連する主要問題は，土壌や受水域（主に地下水）の汚染リスクである．様々なタイプの汚染物質が比較的高く含有されることにより，合成化学物質と微生物の汚染による明らかなリスクが存在する．本章の目的はこのリスクを評価することにある．その目的を達成するためには，土壌特性の知識や土壌と水の中での汚染物質の挙動を決定する方法に加え，浸透の対象となる水に関して十分な知識をもつ必要がある．

本章では，グレイウォーターの特性に関する最新の知識と，排水浸透施設から得た知識を用いて，土壌における汚染物質の挙動を決定づける主な要素を簡潔に整理する．

18.2 グレイウォーターの特性

グレイウォーターの化学的組成は排出源によって左右される．家庭からなのか洗濯業者からなのかとか，また台所流し，浴室，洗面所ないし洗濯室のどの場所からなのかなどによる．さらに，ライフスタイルや習慣，ならびに使用化学物質にも依存する．輸送システムの中での微生物の増殖は，微生物と化学物質の発生源になる．グレイウォーターの貯留および輸送期間中の微生物の増殖は，糞便性大腸菌を含む微生物の濃度の増大を招く恐れがある．また，新たな有機および無

18.2 グレイウォーターの特性　353

機化合物の発生原因になる恐れもある．それらはグレイウォーター中に存在する，部分的に変化した化学物質からの代謝産物である．リン酸塩，アンモニア/硝酸塩および有機物質といった栄養塩類の存在は，こうしたバクテリアの増殖を促進するはずである．グレイウォーターの貯留および輸送の間には化学反応も加わる可能性があり，その結果，水の化学的組成の変化を引き起こす可能性もある．

　多くの化合物および微生物が，グレイウォーター中に存在できることは明らかである．したがって，排水の正確な実態を把握するために，どのような微生物が実際に存在するかを確認して，土壌と受水域の汚染リスクを評価することが必要である．この説明には，物理的パラメータ，化合物および微生物が含まれなければならない．必要な情報は，理論的に存在しうる化合物と微生物に関する調査と，入手可能なデータを組合わせることにより得ることができる．化学物質の組成は，工業製品の統計や，化学製品の包装に示されている「内容表記」を基準とすることもできる（Eriksson *et al.*, 2001）．

18.2.1　物理的パラメータ

　関連する物理的パラメータは温度，色度，濁度および浮遊物質量である．種々のグレイウォーターで測定されたこれらのパラメータの最大値と最小値を**表18.1**に示す．グレイウォーターの温度はしばしば水道の温度（18～38℃）よりも高いが，それは個人的衛生および洗濯のための給湯によるものである．高温であるということはバクテリアの増殖にとって都合がよく，また，例えば過飽和水においてはカルサイトの沈殿を引き起こす可能性があることなど，好ましいことではないかもしれない．

　濁度と浮遊物質を測定すれば，土壌間隙の目詰りを引き起こし，土壌の浸透性に影響を与える可能性のある細粒やコロイドの組成に関する情報が得られる．高濃度の細粒とコロイドは，一般的に台所流しと洗濯機からのグレイウォーターに認められる（表18.1参照）．固形物の総量は，一般的に混合排水のものよりも少ないが，目詰りに関連する実際的問題のリスクは無視できない．コロイドと界面活性剤（洗剤由来）が組み合わさると，コロイド表面に界面活性剤が吸着され，コロイド相が安定化する原因となる恐れがあるからである．コロイド物質の凝集が妨げられるということは，浸透に先行する前処理での固形物質沈殿作用が弱くなることであり，処理効力の低下を招く．しかも，この安定化によりコロイドが

表18.1 種々のグレイウォーターの特徴

	洗濯	浴室	台所
●物理的性質	[mg/L]	[mg/L]	[mg/L]
色（Pt/Co 単位）	50〜70[A]	60〜100[A]	
浮遊物質	79〜280[ACG]	48〜120[AG]	134〜1 300[FG]
TDS		126〜175[E]	
濁度，NTU	14〜296[ABC]	20〜370[ABE]	
温度 [℃]	28〜32 ℃（83〜90°F）	18〜38[D]	
●化学的性質	[mg/L]	[mg/L]	[mg/L]
pH	9.3〜10[A]	5〜8.1[ABDE]	6.3〜7.4[F]
電気伝導度	190〜1 400[A]	82〜20 000[AD]	
アルカリ度	83〜200（$CaCO_3$ として）[A]	24〜136（$CaCO_3$ として）[AE]	20.0〜340.0[F]
硬度		18〜52（$CaCO_3$）[E]	112〜
BOD_5	48〜380[AC]	76〜200[A]	
BOD_7	150[G]	170[G]	387〜1 000[G]
COD	375[G]	280[G] 以上 8 000COD_{Cr}	26〜1 600[FG]
TOC	100〜280[C]	15〜225[E]	
溶存酸素		0.4〜4.6[D]	2.2〜5.8[F]
硫酸塩		12〜40[B]	
塩化物（Cl として）	9.0〜88[A]	3.1〜18[AB]	
油およびグリス	8.0〜35[A]	37〜78[A]	
●栄養塩類			
アンモニア（NH_3-N）	<0.1〜3.47[ABCG]	<0.1〜25[ABDG]	0.2〜23.0[FG]
硝酸態，亜硝酸態窒素	0.10〜0.31[A]	<0.05〜0.20[A]	
硝酸塩（NO_3-N）	0.4〜0.6[C]	0〜4.9[B]	
PO_4 としてのリン	4.0〜15[C]	4.0〜35[BD]	0.4〜4.7[F]
窒素総量	1.0〜40[A]	4.6〜20[G]	15.4〜42.8[F]
全窒素	6〜21[CG]	0.6〜7.3[BG]	13〜60[G]
全リン	0.062〜57[ACG]	0.11〜2.2[AG]	3.1〜10[G]
●土壌成分	[μg/L]	[μg/L]	[μg/L]
アルミニウム（Al）	<0.1〜21[A]	<1.0[A]〜1.7[G]	0.67〜1.8[G]
バリウム（Ba）	0.019[G]	0.032[G]	0.018〜0.028[G]
ホウ素（B）	<0.1〜<0.5[A]	<0.1[A]	
カルシウム（Ca）	3.9〜14[AG]	3.5〜21[AG]	13〜30[G]
マグネシウム（Mg）	1.1〜3.1[AG]	1.4〜6.6[AG]	3.3〜7.3[G]
カリウム（K）	1.1〜17[AG]	1.5〜6.6[AG]	19〜59[G]
セレニウム（Se）	<0.001[A]	<0.001[A]	
ケイ素（Si）	3.8〜49[A]	3.2〜4.1[A]	
ナトリウム（Na）	44〜480[AG]	7.4〜21[AG]	29〜180[G]
硫黄（S）	9.5〜40[A]	0.14〜3.3[AG]	0.12[G]

● 重金属

砒素（As）	$0.001 \sim < 0.038^{AG}$	$0.001^{A} \sim < 0.038^{G}$	$< 0.038^{G}$
カドミウム（Cd）	$< 0.01 \sim < 0.038^{AG}$	$< 0.01^{AG}$	$< 0.007^{G}$
クロム（Cr）	$< 0.025^{G}$	0.036^{G}	$< 0.025 \sim 0.072^{G}$
コバルト（Co）	$< 0.012^{G}$	$< 0.012^{G}$	$< 0.013^{G}$
銅（Cu）	$< 0.05 \sim 0.27^{AG}$	$0.06 \sim 0.12^{AG}$	$0.068 \sim 0.26^{G}$
鉄（Fe）	$0.29 \sim 1.0^{AG}$	$0.34 \sim 1.4^{AG}$	$0.6 \sim 1.2^{G}$
鉛（Pb）	$< 0.063^{G}$	$< 0.063^{G}$	$< 0.062 \sim 0.14^{G}$
マンガン（Mn）	0.029^{G}	0.061^{G}	$0.031 \sim 0.075^{G}$
水銀（Hg）	0.0029^{G}	$< 0.0003^{G}$	$< 0.0003 \sim 0.00047^{G}$
ニッケル（Ni）	$< 0.025^{G}$	$< 0.025^{G}$	$< 0.025^{G}$
銀（Ag）	0.002^{G}	$< 0.002^{G}$	$< 0.002 \sim 0.013^{G}$
亜鉛（Zn）	$0.09 \sim 0.44^{AG}$	$0.01 \sim 6.3^{AG}$	$0.0007 \sim 1.8^{G}$

● 毒性有機物質

洗剤		検出 [D]	
長鎖脂肪酸		検出 [E]	

● 微生物パラメータ

カンピロバクター spp.	n.d[A]	n.d[A]	
白色カンジダ属		n.d[E]	
コリフェーガ菌 [PFU/mL]	$102 \times 10^{3\,G}$	$388 \times 10^{3\,G}$	$< 3^{G}$
クリプトスポリジウム	n.d[A]	n.d[A]	
エシュリキア属大腸菌*1	$8.3 \times 10^{6\,G}$	$3.2 \times 10^{7\,G}$	$1.3 \times 10^{5} \sim 2.5 \times 10^{8\,G}$
糞便性大腸菌*1	$9 \sim 1.6 \times 10^{4\,ABC}$	$1 \sim 8 \times 10^{6\,ABC}$	
糞便性連鎖球菌*1	$23 \sim 1.3 \times 10^{6\,ABCG}$	$1 \sim 5.4 \times 10^{6\,ACG}$	$5.15 \times 10^{3} \sim 5.5 \times 10^{8\,G}$
ジアルジア属	n.d[A]	n.d[A]	
従属栄養性細菌*1		$1.8 \times 10^{6\,D}$ 以上	
緑膿菌		n.d[E]	
サルモネラ菌 spp.	n.d[A]	n.d[A]	
黄色ブドウ球菌*2		$1 \sim 5 \times 10^{5\,E}$	
耐熱性大腸菌*1	$8.4 \times 10^{6\,G}$	$8.9 \times 10^{6\,DG}$ 以上	$0.2 \times 10^{6} \sim 3.75 \times 10^{8\,G}$
大腸菌群*1	$56 \sim 8.9 \times 10^{5\,ABC}$	$70 \sim 2.8 \times 10^{7\,ABCE}$	
全細菌群数[cfu/100mL]		$300 \sim 6.4 \times 10^{8\,EB}$	

*1 100mL 当り；　*2 1mL 当り

A：Christova-Boal et al., 1996　B：Rose et al., 1991　C：Siegrist et al., 1976　D：Santala et al., 1998　E：Burrows et al., 1991　F：Shin et al., 1998　G：Hargelius et al., 1995
検出：定性分析のみであり，定量はされなかった

土壌基質の目詰りを促進しないという保証もない．

18.2.2　化学的パラメータ

　懸案となる化学的パラメータには，多数の様々なサブグループがある．pH，アルカリ度，硬度および電気伝導度といった，一般的なパラメータの測定値を，

表18.1に示す．同表では，栄養塩類（NおよびP）の濃度に加えて，BOD，CODおよび溶存酸素といった標準排水パラメータもあげてある．グレイウォーター中の重金属に関するデータは文献から入手可能なものもあるが，毒性有機物質（XOC）の組成に関する情報は，現在までのところ得られていない．

混合排水のpH値は一般的に7.5〜8の間にあり，これは，グレイウォーターと混合排水のpHの差はわずかであることを示している．しかし，洗濯から生じるグレイウォーターはアルカリ性（pH範囲は9.3〜10）であり，土壌の生物活動のみならず，化合物の挙動にも影響する可能性があることがわかってきた．

グレイウォーターを浸透させることが土壌のpH値と緩衝能力に与える影響は，浸透水のアルカリ度，硬度およびpH値によって決る．しかし，影響は土壌本来の緩衝能力によっても左右されることが観察されている．例えば，汚染物質の吸収能力などに係わる土壌の性質は，浸透の結果として変化する．さらに，アルカリ度と硬度を測定すると，土壌の目詰りリスクに関する情報も得られる．これらのパラメータは主として水道水の質によって決定され，水利用中に加えられる化学物質の影響には一般的に限界がある．

排水の成分濃度は，水使用に際して排出された汚染物質量と使用された水量の関数である（Henze and Ledin, 2001）．このように，グレイウォーターの質に対する従来の排水パラメータ（BODおよびCOD）の寄与は，混合排水に対するものよりも少ない．家庭排水については，210〜740mg/Lの範囲のCOD値と150〜530mg/Lの範囲のBODが報告されており（Henze *et al.*, 2000；Henze and Ledin, 2001），これはグレイウォーターでの値よりも高い（表18.1）．こうした違いには2つの主な理由があげられる．それは，糞便とトイレットペーパーがグレイウォーター中には存在しないことと，グレイウォーターの発生の際に使用される水が，一般的に，混合排水全量の発生の際に使用される水に比べて比率として多いからである．

グレイウォーターには尿が存在しないため，窒素濃度もグレイウォーター（0.6〜60mg/L）の方が混合排水（20〜80mg/Lの範囲：Henze *et al.*, 2000；Henze and Ledin, 2000）より低い．リンの総濃度にはかなりばらつきがある．それは，グレイウォーターにおけるリンの第一の発生源である洗剤からの寄与は，使用される製品によって異なるからである．窒素とリンがグレイウォーターの方が低いことは，グレイウォーターの浸透による受水域（特に地下水：訳注）の富

18.2 グレイウォーターの特性

栄養化リスクが，混合排水の場合よりも小さいことを示している．しかし，これらの栄養塩類の蓄積が土壌の微生物活動に影響を与え，その結果，微生物が土壌中の浸透水から有機物質を除去する作用に影響することも留意しておいてほしい．

浮遊物質の化学的組成（有機分，無機分，ミネラル）は，目詰りの可能性に著しい影響を与える．生分解や光酸化といった反応によって揮発したり，生物的反応および化学的反応によって分解したりする物質は，適切な条件下において土壌基質から取り除かれるので，目詰りのリスクは低くなる．

プラスチックと金属の配管は，どちらも毒性有機物質（XOC）や重金属といった化合物を水道水やグレイウォーターに溶出する．したがって，重金属やその他の測定された成分（表 18.1）は，次の3つの発生源からの寄与による．

① 水の使用に由来する化学製品
② 輸送に使用される配管のタイプ
③ 水道から送られる水の水質

グレイウォーターの他のタイプと比較して，洗濯排水には多量のナトリウムを含むことが認められる．これは，洗濯用粉末洗剤に使用されている数種類の陰イオン界面活性剤の対イオンとしてナトリウムを使用することや，イオン交換に塩化ナトリウムを使用しているためである．1例を除き，グレイウォーター中の重金属濃度は低いことが報告されている．

Christova-Boal *et al.* (1996) は，他の研究者によって認められた濃度（0.01〜0.44mg/L）と比較して，より高いレベルの亜鉛を洗濯排水（0.09〜0.34mg/L）と浴室排水（0.2〜6.3mg/L）から検出した．浴室排水の数値が比較的高い理由の一つは，塩素系錠剤を使用したせいであると考えられ，トイレの水洗にグレイウォーターを再利用する前にこの錠剤が消毒のために用いられてきたものである．この錠剤は酸性であり，おそらく水道設備から亜鉛を溶出させる原因となったと思われる．ほとんどの重金属類は植物，動物およびヒトにとって有害であるため，重金属を含んだグレイウォーターの浸透は，土壌と受水域双方の汚染に対する潜在的リスクとなる．

グレイウォーター中の毒性有機物質の存在を報告する研究は，文献に2件しか見出されなかった（表 18.1）．Santala ら (1998) は，ガスクロマトグラム-質量分析計を用いたスクリーニング法を使用して，毒性有機物質の大部分が洗剤と一

致することを示した．もう一つの研究も，シャワー排水についてガスクロマトグラム-質量分析計のスクリーニング法を用いた結果を述べており，石鹸から発生した C_{10} から C_{18} の偶数の長鎖脂肪酸が存在したことを示した（Burrows et al., 1991）．グレイウォーター中の毒性有機物質に関するこれらの限られた結果だけでは，潜在的に存在する多くの毒性有機物質の全てを知ることはできないであろう．何千もの異なる化合物が文献の中で言及されており，混合排水については，少なくとも 500 以上の異なる毒性有機物質が確認され，定量されてきた（Eriksson et al., 2001）．

モニタリング計画やリスク評価に含める化合物を選定する一つの方法は，家庭用化学製品の生産に関する統計値を用いることであろう．「大量生産化学物質」，すなわち非常に大量に生産されて消費される化学物質は，高濃度をもたらすものと考えることができ，それが環境中に持ち込まれた場合には，結果として大きな影響をもたらす可能性がある．しかしながら，毒性有機物質はその濃度が大量生産化学物質と比較して低いとはいえ，被害の原因になりうることから無視すべきではない．

潜在的に関連がある毒性有機物質を確認するための他の可能な方法は，最も一般的な家庭用化学製品に関する製品情報を利用することである．Eriksson ら（2001）は，家庭用化学製品の使用により，少なくとも 900 の異なる物質ないし物質群が，グレイウォーター中に存在する可能性を示した．その研究は，シャンプーや歯磨き粉から洗剤までを含む様々なタイプの一般家庭用製品に含まれる成分表示から入手可能な情報に広く基づいている．Eriksson ら（2001）は目的に応じて，毒性有機物質（XOC）を 11 の異なるグループに分類した．そのリストにおける主要な化合物は，洗剤，食器洗浄液および衛生用製品に使用される界面活性剤，すなわち，非イオン，陰イオンおよび両極性界面活性剤である．

その他の主なグループは溶剤と防腐剤であった．溶剤は，家庭用化学物質の芳香剤のように有機化合物の溶解性を高める目的で添加される．防腐剤は，それ自体が消毒薬として使用される場合のほか，製品にバクテリアが繁殖するのを防ぐために大多数の家庭用化学物質に添加される．

土壌と受水域の汚染リスクとなりうるこれらの毒性有機物質を特定するには，潜在的に存在する可能性があるこれらの化合物を取上げるだけでは十分といえない．それらの環境における影響に関する情報も必要である．Eriksson ら（2001）

は，新規化合物の環境リスク評価に通常採用されている方法を付け加えた．実行された評価法は，毒性，生体内蓄積および生分解に関する毒性有機物質の分類に基づいている（van Leeuwen and Hermens, 1995 を参照）．化合物はこの分類に従って8つの異なるグループに分類され，環境上の危険性が評価された．

家庭用化学物質に潜在的に存在すると確認されたおおよそ900の物質の中から，10％が，高度の環境影響を与える最初の3グループに位置づけられる重要汚染物質とされた．その中には，陽イオンおよび両極性界面活性剤である，鎖状アルキルベンゼンスルホン酸（LAS），ノニルフェノールおよびその他のアルキルフェノールエトキシレートといった化合物または化合物群が含まれている．様々な防腐剤および柔軟剤も優先的重要化合物の中に含まれた．柔軟剤は主に，例えば，ジエチルヘキシルフタレート（DEHP）のようなフタル酸のエステル類である．しかし，このタイプの分類は，多数の関連化合物に対する毒性，生体内蓄積および生体内分解に適合する有効な情報に限界があるため，十分なものとなっていないことにも留意してほしい．重要な3グループのリストにあげられた化合物の数は最終的なものではなく，もし更に多くの情報が利用可能になれば，劇的に増加する可能性がある．

18.2.3 微　生　物

グレイウォーター中に病原性微生物が存在する場合に健康リスクが最大になるのは，グレイウォーターの土壌への浸透・散水中に排水に直接触れることによる感染である．また，園芸ないし農業に利用される土壌の汚染や飲用水の供給に利用される受水域の汚染の可能性もある．グレイウォーター中に存在する微生物については，一般的に非常にわずかしか知られていない（表18.1）．ウイルス，バクテリア，原生動物および腸内寄生虫の4種類の病原体が存在する可能性がある．しかしながら，微生物パラメータを評価する場合，グレイウォーター中の糞便由来の微生物群が，主要な健康リスクの原因になる可能性がある．

これまでの研究により，浴室由来のグレイウォーターは，最大で 3.2×10^7/100mL の大腸菌，$1 \sim 8 \times 10^6$/100mL の糞便性大腸菌，および $7 \sim 2.8 \times 10^7$/100mL の全大腸菌群を含むことが示されている．これらの濃度は，洗濯排水で測定されたものよりも若干高い（表18.1）．Burrows ら（1991）は，いくつかの米国軍事施設でのシャワーからのグレイウォーターを分析した．この研究にお

いて，白色カンジダ属，緑膿菌および黄色ブドウ球菌が取上げられたが，それはこれらの微生物がヒトの口部，鼻部および咽頭に普通に見受けられるからである．白色カンジダ属ないし緑膿菌のどちらも認められなかった．別の研究において，カンピロバクター，クリプトスポリジウム属およびサルモネラ菌が検査されたが，何も検出されなかった（Christova-Boal et al., 1996）．

　台所の排水は，生肉のような未調理食材からの汚染によって，数種類の微生物を含んでいる可能性がある．台所からのグレイウォーター中の糞便性大腸菌ないし大腸菌群の分析は，文献中に見出すことができなかったが，大腸菌は $0.1 \times 10^6 \sim 2.5 \times 10^8/100mL$ までの範囲で検出されている．また，耐熱性大腸菌は 0.2×10^6 から $3.8 \times 10^8/100mL$ までの範囲となっている（Hargelius *et al.*, 1995）．

18.3　土壌と水中における汚濁物質の挙動

18.3.1　主なプロセス

　グレイウォーターの浸透に起因する土壌と受水域のリスクを評価するためには，滞留時間と隣接区画への輸送因子（空気，水および堆積物）を含んだ，土壌と水の中での化合物と微生物の挙動に関する知識が必要である．これは汚濁物質が受ける反応・輸送メカニズムの理解にほかならない．土壌と水中における汚濁物質の挙動を決める主なプロセスは吸着，揮発および分解である（Connell, 1997）．

　「吸着」という言葉は，汚濁物質が土壌マトリックスや水中に浮遊する固形物質に結合することを表わす一般的な用語である．汚濁物質の吸着作用を定める物理化学的要因は無数にあり，その詳細な説明は本章の範囲をこえている（詳細は Stumm and Morgan, 1996 を参照）．

　固相と水相の間の汚濁物質の平衡が線形の等温吸着平衡式で表わせると仮定すると，汚濁物質の固相と水相の間の分配関係は次にようになる．

$$C_s = K_d\, C_w \tag{18.1}$$

ここで，C_w，C_s：それぞれ水相と固相中の汚濁物質濃度，K_d：分配係数，K_d の値は一般的に実験によって決定される．

　吸着作用は，主として固相の汚濁物質と有機物質との疎水的な相互作用によって決定されるので，疎水性毒性有機物質については，固相の有機物質の割合（f_{oc}）と毒性有機物質の有機物質-水分配係数（K_{oc}）から推定することができる．こ

れは以下のようになる：

$$K_d = f_{oc} K_{oc} \tag{18.2}$$

K_{oc} の値は文献に示されている．または，K_{oc} とオクタノール-水分配係数 (K_{ow}) の関係に関する実験式からも推定することができる．K_{ow} の値も多くの化合物について文献に示されている（例えば，Fisk, 1995）．

pHやイオン強度といった化学的条件は，重金属と親水性毒性有機物質の吸着を決定する．固相の有機物質組成とこのような汚濁物質の吸着作用との関係は認識されてきたが，疎水性毒性有機物質についてほどは明らかにされていない．固相の鉱物学的組成や錯体配位子，競合陽イオンが重金属の吸着に影響することは解ってきた（Ledin, 1993）．

K_d 値は，土壌と水の両方における汚濁物質の相対的な移動性を推定するのに用いられる．土壌におけるこのような移動は，一般に「浸出」と呼ばれる．固相への汚濁物質の吸着はその移動性を必ずしも低下させない．土壌と水の両者に存在する，コロイドのような極微小な粒子の場合には，水の流れにのって固相（コロイド粒子）が移動することになる．これらのコロイド粒子は土壌マトリックスに付着したり，水の中で沈殿すると，その動きは無くなり，その結果，吸着された汚濁物質のシンクの役割を果たす．図 18.1 (a) および (b) は，「吸着」という用語に通常含まれるいくつかのプロセスと化学的パラメータを表わしている．

「揮発」する可能性のある毒性有機物質は，固体または液体の状態から蒸発し，蒸気の形で土壌内をかなりの距離を移動することができる．この揮発により，土壌中や水中の揮発性毒性有機物質濃度が低下し，汚濁物質は大気中に揮散することになる．空気，土壌，水のそれぞれの間の平衡関係は Henry（ヘンリー）の法則によって表わされる．

$$K_H = C_w / p_i \tag{18.3}$$

ここで，K_H：ヘンリーの定数，p_i：空気中の化合物 i の分圧，C_w：水中の化合物濃度．K_H の値は文献に示されており，汚染された土壌や水からの特定化合物の除去能力を評価するために使うことができる．

「分解」という用語は，ある化合物を他の化合物に変化させることであり，最適条件のもとではその化合物を完全に無機化させることである．分解は無生物的（化学的および光化学的に）あるいは生物的のいずれによって生じる可能性もあり，後者が生じる場合は微生物の関与による．土壌中や水中で重要と考えられる

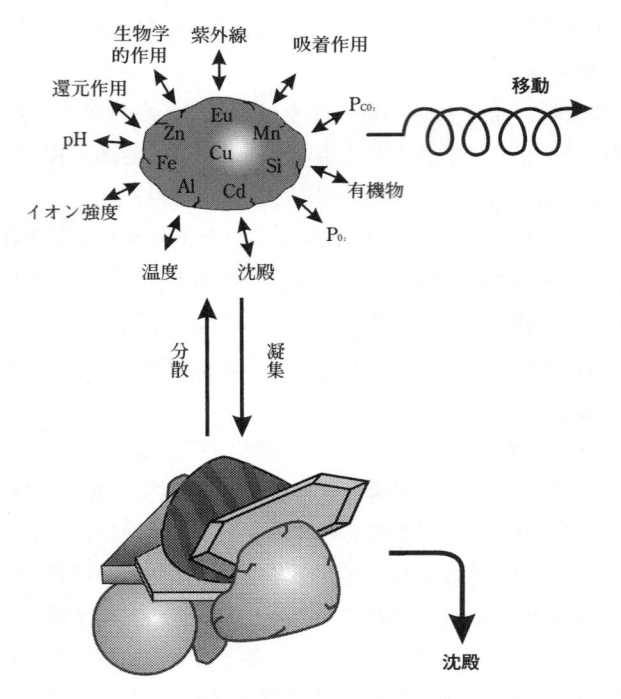

図 18.1 （a）水中の移動相と静止相の間の汚染物質の分布に影響するいくつかの作用（Ledin, 1993）

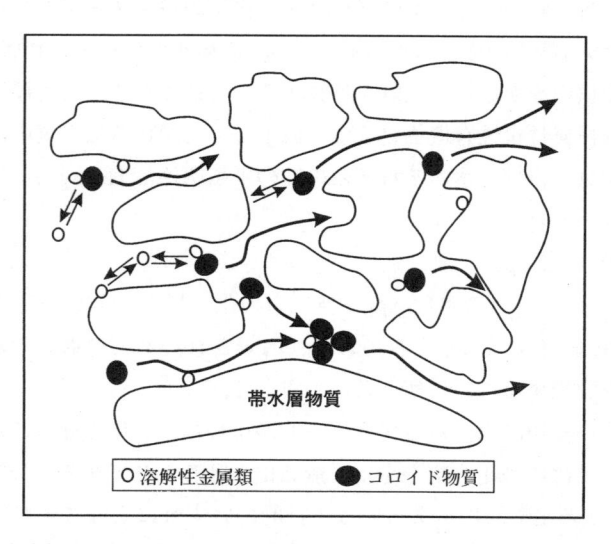

図 18.1 （b）土壌中の移動相と静止相の間の汚染物質の分布に影響するいくつかの作用（Buffle and Leppard, 1995 を修正）

無生物反応には，加水分解，光分解および還元/酸化反応がある．微生物による分解は，生分解ともよばれるが，それは土壌中の毒性有機物質にとってしばしば最も重要な分解メカニズムである．

　土壌および水中の汚濁物質の分解速度はいくつかの要因によって決定されるが，そのうち，汚濁物質の性質（化学構造，濃度等）が最も重要である．さらに，微生物の濃度および汚濁物質分解能力に加えて，温度，土壌水分，pH，酸化還元条件および栄養塩類の多少といった環境的要因も重要である．酸化還元条件は，微生物反応の種類を決める．例えば，酸化条件では，電子受容体として酸素を使う好気性分解が起り，還元条件では，電子受容体として硝酸や硫酸塩を使う嫌気性分解が生じる．誘導期として知られる微生物の順応（遅延）期間は，微生物分解過程においては普遍的に認められる．しかし，土壌浸透プラントのような特定の場所では，微生物が繰返し同じ有機汚濁物質にさらされることから，順応は微生物分解が強化される現象となる．様々な環境（土壌，地下水，地表水；好気および嫌気条件）における毒性有機物質の生分解性を評価するための標準手法は，現在開発中である（EU, 1995）．この方法が開発されると，例えば土壌浸透中の汚濁物質の相対的分解性を評価することが可能となる．

　微生物自体は，物理的，化学的および生物的作用を含む無数の相互作用反応を通じて除去される．この中で物理的除去（ろ過）が，ほとんどの場合において卓越する．

　土壌と水における物質の輸送を説明する多数のシミュレーションモデルが存在する．そのモデルは単純な1次元モデルから，非平衡の吸着現象を含むより複雑な3次元流動モデルにまでに分類される．しかし，全てのモデルにおいて主要な構成要素は水の流体力学/流動条件，移動機構および物質の変換プロセスであり，これらのプロセスを組込んだ方程式の数および複雑さは，モデルの種類によって左右される．我々が知る限り，グレイウォーターの土壌浸透について，重金属と毒性有機物質に関する土壌と受水域の汚染リスクの評価に，シミュレーションモデルを満足にあてはめた例はまだない．

18.3.2　土壌浸透プラントでの経験

　土壌浸透は，混合排水を浄化するための最も古い技術の一つである．いくつかの研究は，これが単純かつ効率的な技術であることを示してきた．土壌粒子に付

着した微生物は排水を栄養塩類として利用する．これが処理の基礎である（Droste, 1997を参照）．通常，浮遊固形物質，BOD，COD，栄養塩類および微生物除去能力に注目して研究が実施されてされてきたため，重金属や毒性有機物質の除去に焦点を当てたものは少ない．

土壌の種類（例えば，砂質，ローム質または粘土質）は，汚濁物質の挙動に非常に影響を与える．しかし以下では，最も一般的な土壌の種類と考えられる無機質土壌に焦点を当てて記述する．

CarréおよびDufils（1991）は，混合排水処理用の浸透池の効率を評価した．その研究は，浸透池の底から6mの深さにある不圧地下水へと汚濁物質の一部を水が輸送することを示した．詳細が不明な陰イオン洗剤とホウ素の濃度の上昇が地下水に観察された．一方，大腸菌および糞便性連鎖球菌の除去は十分であった．

FittschenおよびNiemczynowicz（1997）は3室沈殿槽＋植物根圏浄化＋砂ろ層＋安定池という構成の処理システムについて，グレイウォーターとイエローウォーター（尿）の混合排水の処理について検討した．この研究はグレイウォーター処理法としての土壌浸透に焦点を当てた数少ない研究の一つである．グレイウォーターに存在する汚濁物質のうち，いくつかの重金属（銅，鉛および亜鉛）の処理効率が検討された．その結果，各処理工程により銅と亜鉛の濃度が減少し，砂ろ層の後では，検出限界（銅0.02mg/Lおよび亜鉛0.005mg/L）以下の濃度となることが示された．鉛の濃度は沈殿槽を通過後で検出限界（0.05mg/L）以下となっていた．この研究では，砂ろ層によって耐熱性大腸菌の濃度を十分低下させることができることも明らかにした．

18.3.3 他の土壌浸透システムでの経験

排水の土壌浸透処理，グレイウォーターの土壌浸透処理における汚濁物質の挙動に関する従来の知識は，不足していると言わざるをえない．河川から地下水への浸透，路面流出水の浸透および埋立地を通過した雨水の浸出水といった，類似のシステムの経験から追加的な知見が得られるだろう．

Dingら（1999）はSanta Ana川において，いくつかの水質成分の輸送について，河川水に涵養された帯水層を調査した．この河川水には3次処理水が高い割合で含まれており，著者らは次の4種類の指標化合物をモニタリング計画に組込んだ：エチレンジアミンテトラアセティックアシッド（EDTA），ニトリロアセ

テックアシッド（NTA），ナフタレンジカルボンキシレート（NDC）異性体およびアルキルフェノールポリエトキシカルボンキシレート（APECS）．NTAとAPECSは，河川水の浸透中や地下水の流動中に著しい濃度の低下が認められた．NTAおよびAPECSの濃度低下は，浸透中の化学物質の生分解で説明される．生分解性の低い化合物であるEDTAとNDCはほとんど濃度低下が確認されず，1.8kmおよび2.7km下流の井戸において検出された．

非イオン系界面活性剤ノニルフェノールポリエトキシレート（NPEO）に由来した種々の難分解産物が，スイスの2ヵ所の河川水の浸透施設で調査された（Ahel et al., 1996）．その調査結果によると，ノニルフェノール（NP），ノニルフェノール-1-エトキシレート（NP1EO）およびノニルフェノール-2-エトキシレート（NP2EO）は地下水への浸透中の土壌で除去された．しかし，NPEOの分解で生じた分解産物（ノニルフェノキシ-1-酢酸（NP1EC）とノニルフェノキシ-2-酢酸（NP2EC））の濃度低下は限られたものであった．このことから，冬期の低温はNPの除去効率を著しく低下させるが，NP1EOとNP2EOの除去は温度によってほとんど影響されないことを示唆している．

路面流出水の土壌浸透は，グレイウォーターの土壌浸透に類似なものである．検討された汚濁物質は主に重金属と多環芳香族（PAH）であり，研究の結果，地下水汚染の可能性が少ないことが示された（Mikkelsen et al., 1996）．土壌断面の深さ方向に重金属とPAH濃度が低下していることから，土壌への吸着により濃度が低下したと考えられる．

埋立地から土壌や地下水への高度に汚染された浸出は，グレイウォーターの土壌浸透と対比することができる．両者の主な違いは，埋立地では廃棄物が土壌の上に積まれている点と，汚濁水の浸透が雨水の浸入による点である．

埋立地浸出水の汚濁物質の挙動に関する最新の知識が，Christensenら（2001）によって整理されている．この中で，重金属は受水域の汚染に対する重大なリスクにならないとしている．その理由として，浸出水の重金属濃度がしばしば低いことや，吸着や降雨に起因する減衰が強力に起こっていることがあげられている．重金属の減衰は，研究対象とした帯水層が浸出水の影響を受けて嫌気状態にあったことによるもので，こうしたことはグレイウォーターの土壌浸透では起りえないと考えられる．

たとえ嫌気状態であっても，浸出水中のいくつかの毒性有機物質は地下水中で

分解されることが認められてきた．ただし，これらの研究における結論は，対象とする化合物が検出されないという実験結果に基づいているが，これは必ずしも化合物が完全に分解されているという意味ではない．NPEO と NPEC の例にみるように，化合物が分解産物に変換されるだけだということもありうる．これらの分解産物は一般的に元の化合物よりも親水性が高く，したがって土壌の中ではより移動しやすくなっているものと考えられる．

18.4 参考文献

Ahel, M., Schaffer, C. and Giger, W. (1996) Behaviour of alkylphenol polyethoxylate surfactants in the aquatic environment – III. Occurrence and elimination of their persistent metabolites during infiltration of river water to groundwater. *Wat. Res.* **31**(1) 37–46.

Buffle, J. and Leppard, G. (1995) Characterization of aquatic colloids and macromolecules. 1. Structure and behaviour of colloidal material. *Environ. Sci. Tech.* **29**(9), 2169–2184.

Burrows, W.D., Schmidt, M.O., Carnevale, R.M. and Schaub, S.A. (1991) Non-potable reuse: Development of health criteria and technologies for shower water recycle. *Wat. Sci. Tech.* **24** (9), 81–88.

Carré, J. and Dufils, J (1991) Wastewater treatment by infiltration basins: usefulness and limits – Sewage plant in Creances (France). *Wat. Sci. Tech.* **24** (9), 287–293.

Christensen, T.H., Kjeldsen, P., Bjerg, P.L., Jensen D.L., Christensen, J.B., Baun, A., Albrechtsen, H.-J. and Gorm, H. (2001) Biogeochemistry of landfill leachate plumes. *Applied Geochemistry* (in press).

Christova-Boal, D., Eden, R.E. and McFarlane, S. (1996) An investigation into greywater reuse for urban residential properties. *Desalination* **106**, 391–397.

Connell, D.W. (1997) *Basic Concepts of Environmental Chemistry*. CRC Press, Boca Raton, FL.

Ding, W.H., Wu, J., Semadeni, M. and Reinhard, M. (1999) Occurrence and behaviour of wastewater indicators in the Santa Ana River and the underlying aquifers. *Chemosphere*, **39**(11), 1781–1794.

Droste, R.L. (1997) *Theory and Practice of Water and Wastewater Treatment*. John Wiley & Sons, New York.

Eriksson, E., Auffarth, K., Henze, M. and Ledin, A. (2001) Characteristics of grey wastewater (submitted for publication).

EU (1995) Technical Guidance Documents in Support of the Commission Regulation (EC) No. 1488/94 on Risk Assessment for Existing Substances in Accordance with Council Regulation (ECC) No. 793/93, Brussels.

Fisk, P.R. (1995) Estimation of physicochemical properties: theoretical and experimental approached. In *Environmental Behaviour of Agrochemicals* (ed. T.R. Roberts and P.C. Kearney), Vol 9 of *Progress in Pesticide Biochemistry and Toxicology*, John Wiley & Sons, Chichesters.

Fittschen, I. and Niemczynowicz, J. (1997) Experiences with dry sanitation and greywater treatment in the eco-village Toarp, Sweden. *Wat. Sci. Tech.* **35**(9), 161–

170.
Hansen, A.M. and Kjellerup, M. (1994) Vandbesparende foranstaltninger. Teknisk Forlag. (In Danish.)
Hargelius, K., Holmstrand, O. and Karlsson, L. (1995) Hushållsspillvatten. Framtagande av nya schablonvärden för BDT-vatten. In: Vad innehåller avlopp från hushåll? Näring och metaller i urin och fekalier samt i disk-, tvätt-, bad- & duschvatten, Naturvårdsverket, Stockholm. (In Swedish.)
Henze, M. and Ledin, A. (2001) Types, characteristics and quantities of combined domestic wastewaters. Chapter 4 in this book.
Henze, M., Harremoës, P., la Cour Jensen, J. and Arvin, E. (2000) Wastewater Treatment, Biological and Chemical, 3rd edition, Springer-Verlag, Berlin.
Ledin, A (1993) Colloidal Carrier Substances. Properties and impact on trace metals distribution in natural waters. (Diss). Linköping Studies in Art and Science, Linköping University, Sweden.
Mikkelsen, P., Häflinger, M., Ochs, M., Tjell, J.C., Jacobsen, P. and Boller, M. (1996) Experimental assessment of soil and groundwater contamination from two old infiltration systems for road run-off in Switzerland. *Sci. Tot. Environ.* **189/190**, 341–347.
Rose, J.B., Sun, G., Gerba, C.P. and Sinclair, N.A. (1991) Microbial quality and persistence of enteric pathogens in greywater from various household sources. *Wat.Res.* **25**(1), 37–42.
Santala, E., Uotila, J., Zaitsev, G., Alasiurua, R., Tikka, R. and Tengvall, J. (1998) Microbiological greywater treatment and recycling in an apartment building. In conference proceedings: Advanced Wastewater Treatment, Recycling and Reuse, 14–16 September, Milan, 319–324.
Shin, H.-S., Lee, S.-M., Seo, I.-S. Kim, G.-O., Lim, K.-H. and Song, J.-S. (1998) Pilot-scale SBR and MF operation for the removal of organic and nitrogen compounds from greywater. *Wat.Sci.Tech.* **38**(6), 79–88.
Siegrist, R., Witt, M. and Boyle, W.C. (1976) Characteristics of rural household wastewater. *Journal of the Environmental Engineering Division* **102**(EE3), 533–548.
Stumm, W. and Morgan J.J. (1996) *Aquatic Chemistry*, 3rd edition. John Wiley & Sons, New York.
van Leeuwen, C.J. and Hermens J.L.M (ed.) (1995) *Risk Assessment of Chemicals: An Introduction*. Kluwer Academic Publishers, Dordrecht.

19章
住宅その他の建築物における水再利用の可能性

P. M. J. Terpstra

© IWA Publishing. Decentralised Sanitation and Reuse：Concepts, Systems and Implementation.
Edited by P. Lens, G. Zeeman and G. Lettinga. ISBN：1 900222 47 7

19.1 はじめに

　現在の水道水供給システムに対する代替案に関するこの研究の根底の動機は，持続可能な社会を模索することにある．我々は，未来の世代へ持続可能な環境を引き継ぐことができる社会の構築に努めている．Brundtland（ブルントラント）報告において持続可能性は，「現在の世代の基本的なニーズを満たし，よりよい生活を目指す機会を増やしつつも，未来の世代のニーズを損なわないこと」と定義されている (Brundtland, 1987)．

　天然の資源と環境は未来の世代にも利用可能なものにすべきである．持続可能性の実践上の一般原則は，資源の枯渇，生態系の汚染，土地や生物多様性などの自然システムの破壊，こういったことを阻止することである．

　自然によって置き換えられる水以上にきれいな水をエコシステムから取出し，その水をはるかに汚染してエコシステムに戻しているという意味では，現在の水の利用法は持続可能なものではない．この問題は，家庭での水利用に原因の一端がある (Hedberg, 1995)．

　本章では家庭内の水供給システムに関する様々なオプションについて述べるが，これによって，未来社会の都市における家庭や産業の水利用が，より効率的かつ持続可能なものになると考えている．これらの水利用システムは持続可能な社会を目指して提案されているが，そのような社会では汚染問題がおおむね解決されており，雨水は清潔で飲用水になるほどの水質になっているだろう (Meijer and van Leeuwen, 1996)．

　水利用システムにより，家庭の使用水量や排水量が大幅に減少し，家庭排水の効率的な浄化や浄化過程での生成物の再利用が容易にならなければならない．持

続可能な住環境と調和するために，このシステムは次のような要件を満たす必要がある（Worp and Don, 1996）．

- 再利用と循環利用に焦点を合わせて水質を保持すること．
- 土壌，地表水および地下水に汚染物質を蓄積させないこと．
- 水の枯渇によってエコシステムに害を及ぼさないこと．
- 給水は水量・水質共に，利用者の最低限の要求を満たすようにすること．
- 他の環境要因に顕著な影響を与えないこと（エネルギー消費，二酸化炭素発生および原料の使用等）．
- 上記の条件は，現在の水供給システムの代替案の枠組みである．

19.2 家庭における水利用

家庭では，洗濯，調理，暖房，入浴，シャワー，清掃など多くの用途に水が利用される．水利用は主に，身体の衛生，トイレの水洗，調理および洗浄の4つのカテゴリーに分けられる．オランダにおける家庭の水使用量は1992年まで年々増加し続け，その後安定している．1996年における家庭の1人当りの水道水使用水量は1日につき134L（NIPO, 1996）で，そのうちの約5％が洗車と散水に

表19.1　1992年における家庭での水利用（NIPO, 1992）

利用用途	単位使用水量 [L/回]	使用頻度 [回/日]	市場普及率[*1] [％]	使用水量 [L/(人・日)]
身体の衛生				
シャワー	63.5	0.63	99	39.5
浴槽	120	0.17	39	8.0
手洗洗面	4	0.97	95	3.7
トイレの水洗	7.2	5.94	100	42.7
調理				2.6
洗浄				
洗濯（手洗い）	40	0.06	100	2.5
洗濯（機械）	100	0.25	94	23.2
食器洗浄（手洗い）	11.2	0.78	100	8.8
食器洗浄（機械）	25	0.22	13	0.7
その他				3.3
合計				135

[*1]　その器具ないし装置を所有する家庭の割合

使用されている (Witteveen and Bos, 1994). オランダの家庭における1992年の用途別水利用状況を**表 19.1**に示す.

水利用は水道から家庭に供給される水を直接利用することによってのみ生じるわけではない. 水の使用は直接に水を利用しない商品や器具の使用, またエネルギー消費にさえも関連している. 水はほとんどの家庭用品, 食料品, 設備機器の製造, さらには発電にも利用されている. 本来, これらの間接的な水利用は家庭用水消費の本質的な部分であるが, 本章では対象外とする.

19.2.1　家庭における水の供給源

現在, 家庭における最も重要な給水源は, 幹線水道管を通じて供給される飲料用水道水である. 将来的には, 再利用水も水道管とは別の給水系統を通して供給されるが, 供給は小規模で飲用に適さない水質のものと考えられる. 水道水に加え, 雨水も家庭での用途に利用できる. 平均年間降水量700mm, 集水面積（屋根面積）60m^2, 雨水回収率75％（推定値）と仮定すれば, 年間でおおよそ31.5m^3を集水できる.

これは平均2.4人の世帯に対し, 1人1日当り36Lに相当する. 将来の持続可能な社会においては, 雨水の水質は飲料水基準を満たしていると考えられる (Meijer and van Leeuwen, 1996). さらに付け加えると, 雨水のほかに, 衣類乾燥機を使用している家庭（現在の市場普及率は約50％）では, 1週間当り5Lの水が生じる（1週間当り標準コース3回の使用頻度, 容量3.3kg, 衣類の含水量50％に基づく).

19.2.2　使用水量の削減法

家庭での水利用の目的は多様である. これら水利用設備の効率を向上させることにより, 使用水量を削減することができる. ここ数十年間に使用水量削減法がいくつか提案され, なかには実用化されたものもある (Zott, 1984 ; Stamminger, 1993). 例えば, 水を再使用する洗濯機や食器洗い機, すすぎ洗い節水型の食器洗い機や洗濯機, 節水型シャワーヘッド, 節水トイレなどである. その他の使用水量削減法は, 中水道や雨水利用などである (Kilian *et al.*, 1996).

19.3 水質と水利用

我々の社会におけるエネルギー消費は持続可能なものではないが，本来エネルギーは消費されて消失することはない．エネルギーの総量は，閉じた系の中では変わらないためである（熱力学第一法則）．エネルギーが使用される時，エクセルギー（exergy）は減少する．エクセルギーは，広義には「利用可能なエネルギー」，言い換えれば「エネルギーの質」として解釈できる．この意味において，電気エネルギーと化石燃料は高品質のエネルギー源であり，高いエクセルギーをもつ．

周囲の環境よりわずかだけ温度が高い熱エネルギーは，ほとんどエクセルギーがない低品質のエネルギー源である．質の高いエネルギーは質の低いエネルギーにたやすく変換するが，逆のプロセスは起らない（熱力学第二法則）．

熱力学的な証明は残念ながらなされていないのだが，これらの法則は水とその利用の際にも適用される．エネルギーと同様に，水の量も使用によって変化することはないので，水の品質で区別することができる．水の品質は汚染物質の量と性質によって決定されるため，純水は最高品質の水と解釈できる．純度が低下するにつれて，品質と潜在的利用可能性も低下する．もし水利用の用途毎に，水質の汚染度合を最小限に抑えられるなら，水は最大限に活用されているということができる．これは本章における，基本的な考え方である．

次に，水利用における水質低下の抑制方法を述べていくが，まず，**表19.2**に水質の等級を4つ定義する．清浄水（等級Ⅰ），やや汚れた水（等級Ⅱ），汚れた水（等級Ⅲ）およびかなり汚れた水（等級Ⅳ）である．

家庭での多様な水利用を再検討してみると，全ての設備機器に水道水（等級Ⅰ）

表 19.2　水質の等級

水質の等級	タイプ	汚染物質
等級Ⅰ	清浄	汚染物質なし
等級Ⅱ	やや汚れた	低濃度の溶解性化学物質，少数の微生物
等級Ⅲ	汚れた	等級Ⅱと同様＋低濃度の微細浮遊固形物質
等級Ⅳ	かなり汚れた	高濃度の溶解性化学物質および粗大浮遊固形物質

注）本章では詳細な水質の定義を念頭に置いていない．技術システムの目的や水利用の目的によっては詳細な記載が必要である．

を利用する必要はない．例えば，家庭ではトイレの水洗に大量の水を使用しており，全使用水量の 30 % にものぼる．現在は，等級Ⅰの水がトイレの水洗に利用され，等級Ⅳの水質に汚染され，排水されている．水質の等級Ⅲの水をトイレの水洗に利用すれば，等級Ⅰから等級Ⅳへの水質低下が，等級Ⅲから等級Ⅳへの低下で済むことになる．家庭の全使用水量の平均 30 % が洗濯と食器洗浄に利用される．特に多いのは洗濯機で，全使用水量の約 20 % を占める（NIPO, 1992）．

洗濯機では，水は繊維製品と汚れとを分離する役割を果たしている．その過程は 4～5 の段階を経るが，各段階において水が給水され，水と汚れの混合物が排水される．排水は洗濯の段階が進むにつれて，汚染物質が少なくなる．つまり，最初の（洗い段階）排水時には等級Ⅲの水質のものが，最終の（すすぎ）段階の排水時には等級Ⅱになる．もし等級Ⅱの水が「洗い」に，等級Ⅰの水がその後のすすぎ洗いに利用されたとしても，排水される水質にほとんど影響しないはずである．つまり，洗濯の効率を低下させずに，衛生面は確保される（Terpstra, 2000）．この対策をとれば，等級Ⅰの供給水が全て等級Ⅳで排水されている現況

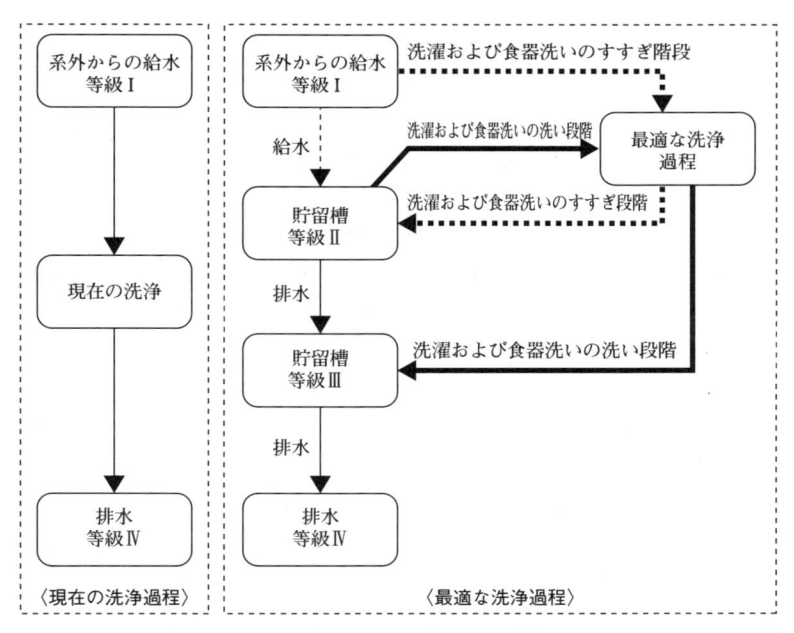

図 19.1　異なる水質の水を使用した洗浄過程

よりも，水質の汚染が少なくなると考えられる．両方の状況を図 19.1 に示す．

この例は，ある特定の過程について，使用される水の質を考慮に入れれば，水質のロスを最少化できることを教えている．水を必要とする種々の過程を統合し，給水と排水の質を最適にバランスさせることによって，等級 I の水道水の使用を減らすためのモデルを定式化することができる．このモデルを構築するためには，家庭内の様々な過程における水の量と質に関する深い知識が不可欠である．

19.3.1　家庭の水利用用途に応じた水質と水量

水再利用システムのモデルを開発するために，それぞれの水の使用用途に応じた水質と水量を検討しなければならない．表 19.3 は，家庭排水の水質指標として，化学的酸素要求量（COD），ケルダール態窒素（N_{kj}）およびリン酸塩（P_{tot}）の含有量を示している．

表 19.3　排水の汚濁負荷 [g/(人・日)] と水質等級（STORA, 1985）

設備	COD	ケルダール態窒素	全リン	水質等級 [給水/排水]
トイレ	51.1	10	1.4	III / IV
シャワー/浴槽	1.2	±0	±0	I / II
洗面台	7.2	0.06	±0	I / II
台所	20.5	0.3	±0	I / IV
洗濯機	20.7	0.64	±0	I－II / II－III
合計	100.7	11	1.8	

表 19.4　家庭内での水利用と水質

用途／設備機器	使用水量 [L/(人・日)]	給水 [L]	水質の等級	排水 [L]	水質の等級
身体の衛生					
シャワー	40.0	63.5	I	63.5	II
浴槽	20.4	120	I	120	II
手洗洗面	3.9	4	I	4	III
トイレの水洗	42.8	7.2	III	7.2	IV
調理	2.6	2.6	I	?	IV
洗浄					
洗濯（手洗い）	2.4	10/30	I / II	20/20	II / III
洗濯（機械）	25.0	20/80	I / II	50/50	II / III
食器洗い（手洗い）	8.7	11.2	I	11.2	IV
食器洗い（機械）	5.5	10/15	I / II	10/15	II / III
その他	3.3	3.3	I	?	

表 19.3 および衛生上の必要性から，給水と排水の等級が決められてきたが，これは一時的なもので将来的には検討が必要である．**表 19.4** に等級別の給水水量と排水量を示す．

19.4 持続可能な水供給システムのモデル

19.4.1 現在の水供給システムに基づくモデル

現在の水供給システムと図 **19.2** に示す各等級の水の流れに基づいて，統合モデルを開発した．このモデルでは，水利用システムは，家屋内という局所的利用に完全に限定される．すなわち，家屋の軒下回りが，このシステムの境界ということになる．現在の水供給システムを改良することの効果は，この統合モデルの中では，境界を通して給水され排水される水の質と量の変化として表現される．統合モデルは下記の前提に基づく．

・系外からの給水は飲料水基準を満たす．
・等級Ⅱと等級Ⅲの貯留槽の容量に制約はない．

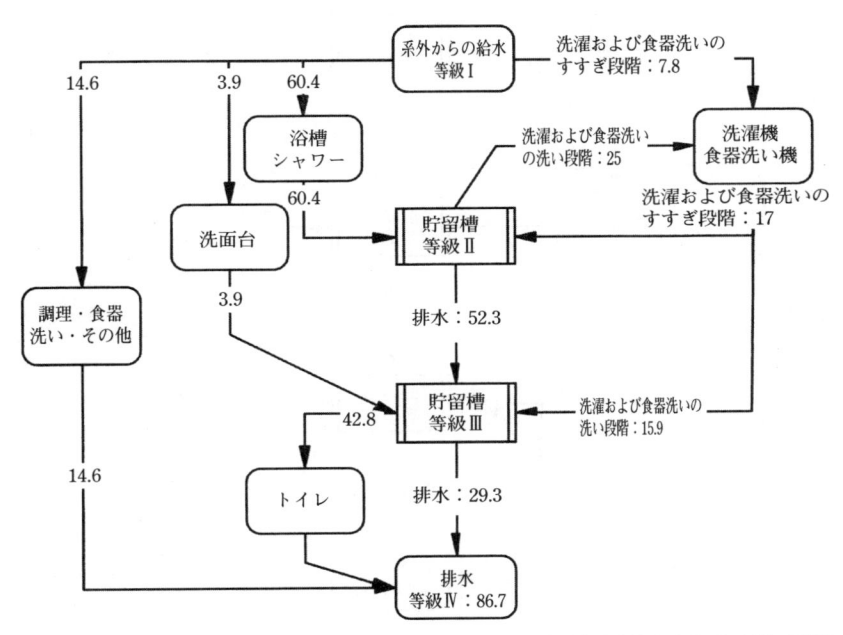

図 19.2 現在の水供給システムに基づく水利用システム（数値は使用水量を表す [L/(人・日)]）

19章 住宅その他の建築物における水再利用の可能性

・各家事の排水部分には所与の設備機器がある．
・単位使用水量と使用頻度は1992年度のNIPOデータに基づく（**表19.1**）．

これらの過程が独立並行に稼働したとすると，総使用水量は1人1日当り154.6Lになる．図19.2は統合モデルでの水の流れを示している．このモデルでは，総使用水量は，1人1日当り86.7Lであり，44％の減になる．

貯留槽の平均流入量が平均流出量よりも大きい場合，「未使用」水はより低い等級の貯留槽に排水する．このように等級が異なる貯留槽間で排水量のコントロールを行うことで，未使用水対策を行うことができる．

家庭に浴槽がない場合，水再利用システムは極端に変化する．表19.4と図19.2から，現在の水供給システムでは水道水の使用量は1人1日当り20.4L減の

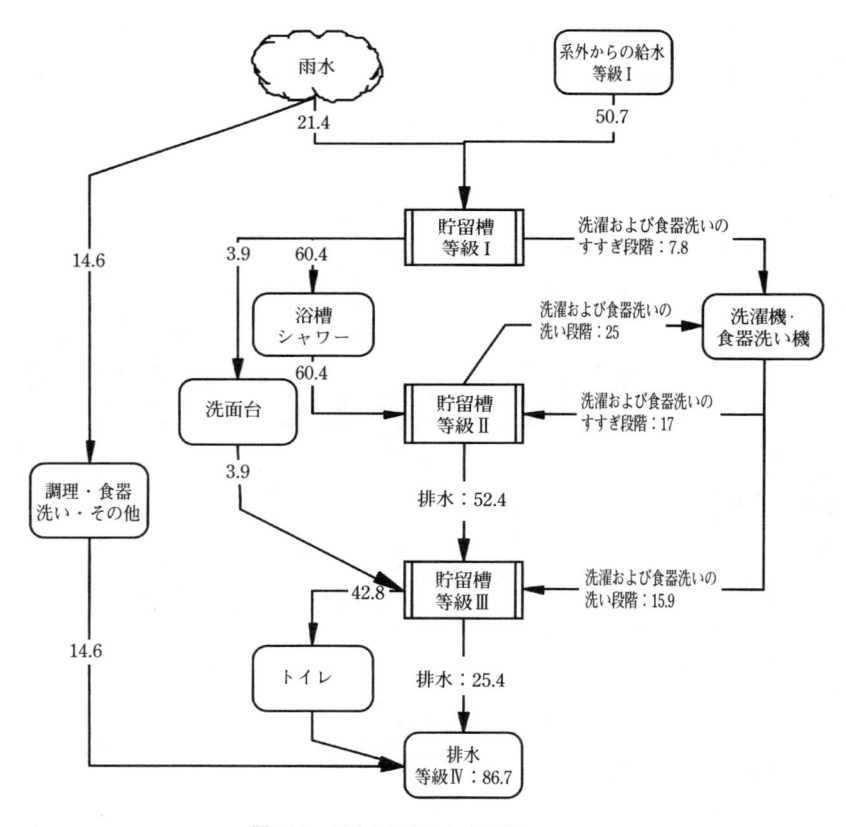

図19.3 雨水を活用した水利用システム

134.2Lとなり，統合モデルでは，1人1日当り66.3L（51％減）まで削減される．家庭に浴槽がないと，使用水量が大幅に減少し，供給水本来の水質に見合った水利用が，より効果的になされるといえる．

19.4.2 雨水を活用したモデル

Meijerとvan Leeuwen（1996）によると，本研究の基本である持続可能な社会であったなら，雨水は清浄で飲用に適しているかもしれない．雨水が家事に活用できるならば，新たな状況が出現するだろう．雨水を活用する水利用システムの前提条件は，次の点を除けば先のモデルと同じである．

・飲用に適した1人1日当り36Lの雨水が利用可能である．
・供給される水道水はもはや飲用に適している必要はない．

図19.3は雨水を活用した水利用システムでの水質および水量である．ここでは水道水使用量は1人1日当り50.7L（67％減）まで削減される．浴槽のない家庭では，さらに30.3L（77％減）まで削減される．

19.5　動的シミュレーションによる節水効果の評価

これまで，各設備機器の1日当りの使用水量に基づいて，水利用システムにおける節水の可能性を論じてきた．その際，貯留槽の容量は水の再利用に支障がないように設定されるとしてきた．

実生活では，家庭の使用水量は1日を通じてかなり変動する．トイレの水洗，洗面台およびシャワー等の用途に頻繁に水が利用される一方，散水や洗車のように稀にしか発生しないが，多量の水を必要とする利用もある．また，豪雨時には，雨水が短時間で大量に集中する．家庭における設備機器の使用は時間的に均等ではなく突発的だったり，同時に発生したりする（確率論的過程）．

通常の家屋の条件では，あらゆる状況に対応する容量の貯留槽を設置することはできないと考えられる．コストとスペースの制約のために貯留槽容量を小さくすると，当初期待していた節水効果が達成されないこともある．多くの場合，節水効果を大きく期待しがちであるため，シミュレーションによって，より現実的な節水効果を予測してやることが必要である．シミュレーションであれば，貯留槽容量が制約を受けることに加え，水使用と雨水供給の変動も考慮に入れること

ができる．

　こうして，節水効果を予測するための一連の動的シミュレーションが行なわれた．このシミュレーションによって，節水効果と貯留槽容量の関係がよりよく理解される．この解析は，下記の条件を基準にした．

- 家屋内の様々な設備機器の使用頻度は，各プロセス毎に正規分布で表わされる．確率関数は家庭の生活パターンに関する実態調査に基づいている (Groot-Marcus et al., 2000)．
- 全てのケースで，雨水は再利用過程に組込まれる．雨水の回収は1年間の実降雨に基づき，回収率は75％，家族構成員2人の場合の集水面積$25m^2$，4人の場合の集水面積$55m^2$とした．回収された雨水は，等級Ⅱの水として扱われる．ただし調理，仕上げ洗浄，入浴，シャワーには使用されず，等級Ⅱの貯留槽に注水される．
- 洗濯および食器洗浄は等級Ⅱの水を使用し，等級Ⅲとして排水される
- シミュレーションの期間は1年である
- 計算時間間隔は30分
- 利用用途に応じた水質レベルを満たす水のみが再利用される
- 境界は一戸の家に設定する．

　さらに，シミュレーションを実施する前に各家庭の下記の数値・諸元が必要である．

表 19.5　シミュレーションに用いたシナリオ (de Pauw and Terpstra, 2000)

シナリオ	再利用システムに組み込まれた設備／利用用途	世帯人員	貯留槽容量
1	市場における平均的技術[2]の設備[1]	2人	制限なし
2	節水効率の最も高い現代的設備機器[3]	2人	制限なし
3	市場における平均的な技術[2]の設備	2人	「未使用」水のみ排水
4	多量な水利用用途のみの設備[4]	2人	制限なし
5	多量な水利用用途のみの設備	2人	「未使用」水のみ排水
6	市場における平均的技術[2]の設備	4人	制限なし
7	市場における平均的技術[2]の設備	4人	「未使用」水のみ排水
8	多量な水利用用途のみの設備	4人	制限なし
9	多量な水利用用途のみの設備	4人	「未使用」水のみ排水

[1] ここでの設備は，その排水が次の複数の設備に利用され，他の設備からの注水では所定の水質を必要とする．用途には入浴，シャワー，床掃除，調理，トイレの水洗，食器洗い，洗濯，手洗洗面，掃除，庭への撒水．
[2] 現在オランダの家庭で一般的に普及している設備．
[3] 節水効率が最も高い最新設備．
[4] 多量な水使用用途のみの設備：入浴，シャワー，トイレの水洗，洗濯．

・世帯人員
・水再利用過程に組込まれた各設備機器.
・各設備機器で使用され，排水される水の総量.
・各貯留槽の容量.

世帯人数，貯留槽の容量，節水型設備機器の適用効果等をパラメータとするいくつかのケースを設定した．それに基づきコンピューターシミュレーションを行った．シミュレーションのシナリオを**表 19.5** に示す．

19.5.1 節　　水

表 19.6 は 9 つのシナリオについて実施したシミュレーションに基づくの節水効果の評価を示している．全てのケースで節水率は 40 %前後である．また，節水効果をそれほど低下させずに貯留槽容量を縮小できることがわかる．

シナリオ 2 は最も新しい節水型の設備を使用する場合であるが，従来型の設備を用いるとした他のシナリオと比べて相対的に節水率は低い．シナリオ 2 では水使用量が 1 回当り 4L という節水型トイレ（従来型は 1 回当り 9L）を利用しているが，トイレ水洗に適した水質の再利用水を使うため，全体の水使用量はほとんど削減されない．

シナリオ 1 と 4，3 と 5，6 と 8，および 7 と 9 は，水再利用システムの設備の内容が異なる．各ペアの 2 番目のシナリオは水使用量の多い設備が組み込まれている．貯留槽容量が大きい 1 と 4，および 6 と 8 では節水効果が大きくなってい

表 19.6　シミュレーションの結果（de Pauw and Terpstra, 2000）

シナリオ	使用水量*1 [L/(人・日)]	再利用を伴う使用水量 [L/(人・日)]	節水率 [%]	貯留槽容量(貯留槽Ⅱ/貯留槽Ⅲ) [L]
1	154	71	54	9 000/12 000（制限なし*2）
2	110	68	38	9 000/12 000（制限なし）
3	153	83	46	2 000/300
4	155	80	48	9 000/12 000（制限なし）
5	155	85	45	2 000/300
6	155	72	54	15 000/1 500（制限なし）
7	155	86	44	2 000/300
8	154	79	49	15 000/1 500（制限なし）
9	157	89	43	2 000/300

*1　3 回のシミュレーション結果の平均値．約 ± 2L/(人・日) の差が認められた．
*2　「制限なし」とは，これ以上の貯留槽容量の増加は，再利用量の増加につながらないことを意味する．

る．貯留槽容量に制限がある場合には効果が小さい．これらのケースには，頻度は低いが使用量の多い用途があるためである．例としては洗車，庭への散水があげられる．

シミュレーションで節水率が最も高い場合でも，静的モデルで計算された節水率の値よりは小さい．これは衛生上，入浴，シャワーおよび食器洗浄には雨水を利用しないようにしたためである．

19.6 実現の可能性

19.6.1 実用化に向けて

様々なシステムの実用性は，さらに検討を必要とする．節水による実際の便益は比較的費用を要するシステムの建設費や維持管理費に左右される．水利用システムの経済的は，そのシステムの設計と総費用に左右される．

様々なシステムは，種々の比較的複雑な家庭用設備機器を必要とする．システムの開発は，実際の生活の中でその効率性や信頼性を試されながら進めていく必要がある．

現行の水道水供給システムとは違って，水再利用システムを利用する住人は，システムの使用方法や維持管理の知識を持たなければならない．水再利用システムで再利用される水はそれほど清浄ではないのに，従来の水道水供給システムよりも管理に手間がかかる．節水型の家庭用設備機器（洗濯機と食器洗い機）の使用経験からは，年数回の保守点検が必要なようである．システムの一部と貯留槽の清掃も管理の対象となるため，定期的な維持管理は，ユーザーが行えるように設計しておくことが望ましい．

今後は特に，機能の効率性，使い易さ，および技術の向上等をはじめとした総合的な実現可能性に関する検討が必要である．小型のし尿浄化装置を連結する可能性についても，実験レベルと実用レベル双方での研究が必要である．

19.6.2 小規模サニテーションシステムのスケールアップ

理論上は，カスケードシステムは街区レベルや地区レベルへの拡張に適している．その場合，貯留槽やバルブなどのシステムは，多くの家庭で利用され，さらには屋外に設置されたりする．

スケールアップすると，システムの効率，雨水の利用率および緩衝システムの効率は向上するだろう．システムが小規模な場合の設備機器の使用条件は大きく変動するが，広域化すると平準化が起こるためである．専門業者が清掃と保守点検を行うようになり，運転上の安全性も向上すると考えられる．

一方，第三者の家庭の排水が自分の家庭に流入することに対するクレームが出ることが考えられる．また，個々の家庭のシステムで行われる維持管理点検にくらべ，水準が低下するというリスクもある．さらに，水の衛生と水が流れる各種の配管の間の清浄性にも注意が必要である．

19.6.3 家庭廃棄物の分離と再利用

家庭廃棄物の処分により，多種多様な物質が水の中に捨て去られている．最も量が多いのは，洗浄剤，台所からの有機廃棄物およびし尿である．漂白剤や化粧品のような物質は，時々・少量排出される．表19.3 はトイレからの家庭廃棄物が極めて多いことを示している．したがって，トイレの廃棄物を他の廃棄物から分離することで浄化の手間は減るのか，廃棄物の再利用は容易になるのかということについて研究する必要がある．

水再利用システムは，排水量がかなり少なく，粗大浮遊固形物の濃度が通常のシステムよりも高い小規模分散型サニテーションシステムになじみやすい．今後これの小型化が進めば，住居内への設置が極めて容易になる．一方，都市排水・配水・水利用施設と接続することも可能である．この場合，カスケードシステムは全面的ないし部分的に使用されなくなる．

貯留槽には，様々に利用された排水が集まるため，その水から熱エネルギーを回収することが可能である．特に，入浴，シャワーなどの身体衛生の保持に利用される等級Ⅱ，および部分的に洗濯から排水される等級Ⅲの貯留槽からの熱を有効利用できる．したがって水再利用システムは，熱を必要とする設備機器に熱エネルギーを供給する統合的家庭用エネルギー管理システムと適合性がある．

19.7 参考文献

Brundtland, G.H. (1987) *Our Common Future*, Oxford, Oxford University Press.
Groot-Marcus, J. P., Mey, S., Terpstra, P. M. J. (2000) Duurzame Waterhuishouding,

Watergebruik in huishoudens. Wageningen, Wageningen University.
Hedberg, T. (1995) Urban water systems in a sustainable society; interface with everyday life., Report, Chalmers university of technology, Göteborg.
Kilian, R. M., R. M. M. Loos van der, et al. (1996) Water for the present and future. Utilisation of storm water and reuse of cleared waste water in households by application of small scale technologies, thesis, Wageningen Agricultural University, Wageningen.
Meijer, H. A. and J. J. W. Leeuwen van (1996) Sustainable urban water systems., Report, DTO, Delft.
NIPO (1992) Household water consumption, Report, NIPO, Amsterdam.
NIPO (1996) - Het waterverbruik thuis. VEWIN. Rijswijk.
Pauw, de I., Terpstra, P. M. J. (2000) Duurzame Waterhuishouding, Taak C1: Modelontwikkeling. Amsterdam, KIEM and Wageningen University.
Stamminger, R. (1993) 'Die neue Generation von Öko-waschmachinen.' Hauswirtschaft und Wissenschaft 6: 250 ev.
STORA (1985) Oxygen demand of household wastewater; assessment with production and use data, Report, Stichting Toegepast Onderzoek Reiniging Afvalwater, STORA, Rijswijk.
Terpstra, M. J. (2000) 'Assessment of cleaning efficiency of domestic washing machines with artificially soiled test cloth. Bonn, Shaker Verlag
Witteveen and Bos (1994) Duurzame stedelijke waterkringloop; verkennende studie DTO-water, Directoraat-Generaal Rijkswaterstaat RIZA.
Worp van de, J. J. and J. A. Don (1996) Definition of sustainability criteria for the urban water system., TNO Milieu, Energie en Procesinnovatie, Apeldoorn.
Zott, H. (1984) 'Washing processes of tomorrow.' Manufacturing Chemist: 42, -, Berlin.

20章

DESARにおける栄養塩類回収の展望

T. A. Larsen and M. A. Boller

© IWA Publishing. Decentralised Sanitation and Reuse：Concepts, Systems and Implementation.
Edited by P. Lens, G. Zeeman and G. Lettinga. ISBN：1 900222 47 7

20.1 はじめに

　家庭排水には多くの価値ある栄養塩類が含まれているのだが，それらの中で窒素（N）とリン（P）は受水域に有害な影響を与えるという著しい特徴を持つ．先進国における従来の廃棄物管理にあっては，これらの栄養塩類は排水，汚泥または大気中のいずれかに排出されている．受水域に排出された場合，こうした栄養塩類は水環境中の栄養塩類循環を活発化させ，リンと窒素による湖沼や水域の栄養塩類過多や富栄養化といった悪影響をもたらす．これはまた，アンモニアや亜硝酸のような窒素化合物による河川水の環境毒性問題の原因ともなる．

　栄養塩類を受水域に排出すべきではないという認識から，1990年代になると排水管理者は生物/化学的リン除去と，生物的窒素除去という新しい処理方法を導入した栄養塩類除去強化型の処理場を設計した．この方法では，アンモニア（NH_4^+）は硝酸塩（NO_3^-）に変換させてからN_2ガスに変換する．リンは汚泥に保持される．これらにより，受水域に流入する窒素とリンを最小限に抑えることができる．しかしながらこのような下水処理場での栄養塩類除去は，既存の処理施設の拡充・強化のための膨大な設備投資を引き起こした．これが現在に至っても続いている．

　ここで問われているのは，水環境を保護するために，技術的手段によって排水から栄養塩類を分離しようとすることである．栄養塩類除去において，他の選択肢が検討されたことはほとんどない．化学的または生物的リン除去によって汚泥中にリンを濃縮したうえで農業利用する方法以外は，リサイクルのために追加的な操作を行って窒素・リンを濃縮処理することは経済的でないと判断されている．

家庭排水中の栄養塩類を処理し循環利用することについてきちんと議論していくと，栄養塩類がそれ以外の排水成分との好ましくない混合物になっている事実に突き当たる．分解しやすい有機物質，洗剤をはじめとする大量の化学物質，微量有機汚染物質および重金属が含まれているために，栄養塩類の再処理に係わる技術的可能性と経済的実現可能性が損なわれている恐れがある．これらの「不純物」は，過去10年間にわたり，ほとんどの先進諸国で下水汚泥の農業利用が継続的に縮小してきた主な理由ともなっている．さらに，排水中のリンおよび窒素の化学的特性が異なっているため，一つの方法によって，両者を同時に処理することは難しい．

LarsenおよびGujer（2000）によって提案された新たな考え方である「廃棄物計画」から見ると，栄養塩類の窒素とリンは，

① 再処理されリサイクルされる価値のある廃棄産物であり，

② 新しい管理方法を適用すれば，持続的に相当な利益をもたらす可能性のある，社会の重要な廃棄物流である，

という新しい見方をすることができよう．栄養塩類に係る廃棄物処理に関する研究は，栄養塩類の発生起源を研究することから始まり，次いで，既存の栄養塩類の流れ（量と経路）と，栄養塩類の農業への利用を促進するための方策の検討とへと続く．

20.2 廃棄栄養塩類の起源と種類

窒素とリンは共に家庭排水の中に「豊富」に含まれている．「豊富である」ということは，排水中のリンと窒素の両者は共に，処理場におけるバクテリアの増殖を制限する因子になっていないことを意味している．すなわち，処理過程で有機物質は除去されるが栄養塩類は残り，受水域に排出される．

好気性バクテリアの増殖に必要な有機態炭素：窒素：リンの重量比（C：N：P）は通常100：23：6であるのに対し，家庭の未処理排水では，粉末洗剤にリンの使用を禁止している国（例えば，スイスやカナダ）で100：36：7，そうでない国々では100：36：12の比率となっている．

家庭排水の年間1人当りの栄養塩類の負荷を，その起源と併せて**表20.1**にあげる．

表 20.1 家庭排水における1人当りの年間栄養塩類負荷 [g] (Siegrist and Boller, 1999)

生排水	窒素 (N_{tot}/人)	リン（洗剤への リン禁止なし） (P_{tot}/人)	リン（洗剤への リン使用禁止） (P_{tot}/人)
尿	4 450	450	450
糞便	550	200	200
家庭廃棄物	75	100	100
洗濯洗剤	—	750	50
その他の洗剤	—	170	110
表面流出	700	50	50

表20.1からわかるように，かなりの量の栄養塩類が尿から生じている．糞便と比較した場合，尿は窒素，リン，カリウム，イオウおよびホウ素を含む栄養塩類豊富な溶液といえる．カルシウム，マグネシウムおよび鉄は主として糞便に含まれる（図20.1）．窒素，リン，カリは従来からの肥料の主要成分である．イオウはヒト由来の排出が減少してきたために，ヨーロッパでは肥料として徐々に使用されるようになってきている（Larsen and Gujer, 1997）．

処理場における排水ないし栄養塩類の処理過程を考える場合，栄養塩類の化学種は重要である．尿に注目してみると，未処理排水の中では，窒素の主要部分は尿素（NH_2-CO-NH_2）の形で，リンはオルトリン酸（o-PO_4^{3-}）の形で存在する．重要な栄養塩類の主要部分は高濃度の尿溶液中に含まれているため，栄養塩類処理の技術的解決は，特定の栄養塩類種の一筋の廃棄物の流れに焦点を当てることで得られる．したがって，ある栄養塩を最適な形で回収するためには，他の全ての栄養塩の流れを回避すべき，つまり分離して処理すべきである．無リン洗剤の

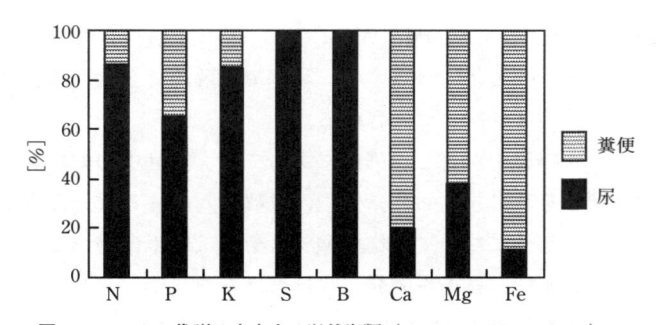

図 20.1 ヒトの代謝に由来する栄養塩類（Larsen and Gujer, 1996）

使用は分散型栄養塩類回収システムにとっては前提条件である．また，雨水からの流出水に含まれる窒素およびリンは，将来的に雨水浸透施設に回されると考えられており，したがって栄養塩類回収の対象とはされない．

家庭排水の中で，尿素とポリリン酸はそれぞれアンモニア（NH_4^+）と o-PO_4^{3-} にただちに加水分解される（Hurwitz *et al.*, 1965）．加水分解は下水管で始まり，そののち処理場の放流水中でほぼ完了する．もしも処理中に硝化反応が起ると，大部分の NH_4^+ は硝酸塩（NO_3^-）に変換される．最新の処理場においては，生物的脱窒によって NO_3^- はさらに窒素ガス分子に変換される．こうして，窒素は空気中に揮散され水循環から離れる．有機物質に含まれる窒素とリンは処理場の放流水中に常に少量は残存している．栄養塩類回収システムの目的は受水域を保護することではなく，できるだけ多くの栄養塩類をリサイクルすることにあるので，脱窒はDESAR栄養塩類回収コンセプトに適していないと考えられる．

20.3　廃棄物の流れ

工業国における既存の都市排水収集・処理システムの大半は，典型的な集中型方式で実施されており，DESARシステムへの転換は段階的にしか実現できない．もし集中型システムに接続された一定の人々から，例えば使用するトイレのタイプを変更したり，生ゴミを分離したりするような分散型への転換が要望されるなら，これはDESARコンセプトの部分的な適用である．

完全なDESARシステムは，家庭を基礎とした水と栄養塩類の収集，処理，回収および再利用を可能にする．この概念は，都市と農村地域において，主に家庭レベルで廃棄物問題に取組むという構想の，International Water Supply and Sanitation Collaborative Council（WSSCC）によって描写された家庭中心型サニテーション（1999）の考えに合致する．家庭では解決できない環境衛生問題だけが，近隣および共同体レベルに任される．

開発途上国の人口集中が著しい都市にあっては，家庭中心のコンセプトは，膨大な廃棄物問題とそれに起因した衛生上の危機に対処する唯一の方法であると思われる．人口の大部分についての集中型システムは簡単に言って実行不可能であり，革新的な家庭規模の技術を開発しなければならない．そして，それはおそらく，先進国におけるDESARコンセプトに（逆）移転することが可能なのである．

20.3 廃棄物の流れ　387

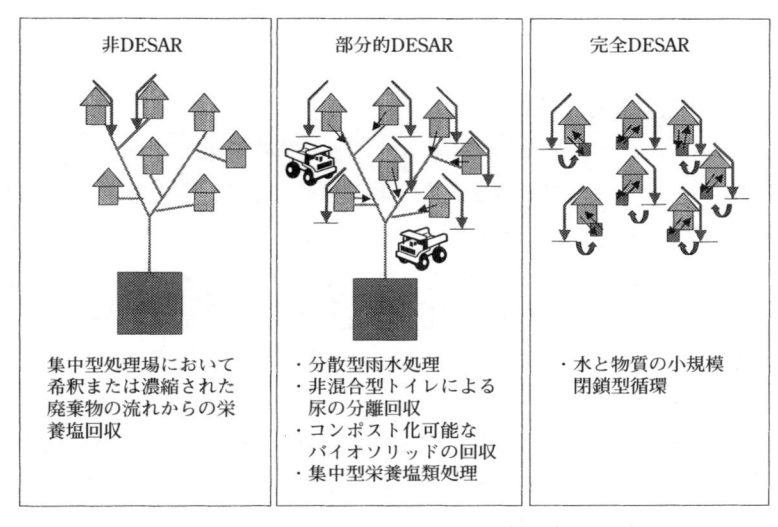

図 20.2 集中型，部分的分散型および完全分散型栄養塩類回収の概念

水および廃棄物回収システムについて，分散化の様々な段階を分類して次節に示す．その概念は図 20.2 に描かれており，家庭からの栄養塩類の流れを扱う 3 つの異なる方法を示している．

20.3.1 非 DESAR

トイレ，浴室，洗濯，炊事等からの排水と屋根やその他の場所からの雨水といった，全ての排水を一括して集める．排水は合流式下水道に集められ，集中型下水処理場に集められる．栄養塩類は処理場において，希釈または濃縮された廃棄物流から回収される．

20.3.2 部分的 DESAR（例示）

(1) 家庭排水を集め，集中型下水処理場へ分流式下水管によって輸送．あらゆる雨水の表面流出は別途収集され，現地の土壌に浸透させる．この考え方は現在のスイスでは法的に要請されている．

(2) し尿分離式トイレによる尿の回収と貯留を家庭単位で行う．尿は夜間に既存の下水管網に排出され，下水処理場で回収される．その他の家庭排水は従来の方法で回収・処理される．雨水流出水は別途オンサイトで

土壌に浸透させる．

20.3.3 完全 DESAR

完全 DESAR コンセプトは，システムへの水と物質の流入と流出が最小となる小規模でクローズした循環である．このような考え方は，栄養塩類の地域農業への使用が容易で，1人当りの降雨量が豊富で，長距離パイプの敷設に非常に費用がかかるような農村地域で意味を持つ．しかし，DESAR システムにおける水管理とサニテーションの主要問題は都市部で発生する．農業地帯からの食材を経由した栄養塩類の移入が不可欠なため，都市域においては小規模でクローズした栄養塩類循環は不可能である．

廃棄物計画の概念（Henze, 1997；Larsen and Gujer, 2000）に立脚するならば，我々は DESAR の目標を，オンサイトで可能な諸技術を取り囲むような方向に拡張することができる．そのためにはシステムからの水と物質の流出のひな形を再構築し，最適処理と拡張されたリサイクルが可能になるようにする必要がある．「尿分離」を例とすると，これには，分散型技術と大規模リサイクルの別種の可能性があり，そうした拡張された DESAR コンセプトがなしうることを描き出している（尿分離については **20.7** を参照）．

分散型技術に基づいた排水処理，水と栄養塩類の回収とリサイクルは，依然として開発とその実証が求められている．Hiessl および Toussaint（1999）は，家庭から排出される様々な排水を個別パイプにより全て分離するような，遠大な分散型システムのシナリオを描いた．加えて，具体的な過程は示していないにせよ，廃棄物の分散型処理についても提案している．実規模のパイロットプラント実験や実証事業によって，このように複雑な複数のパイプを用いる方法が家庭の廃棄物・水管理にとって，衛生上安全で持続可能なものであるかどうかが確認されなければならない．

20.4 栄養塩類回収のオプション

栄養塩類の回収に関して可能な技術的解決を議論する前に，どこで，またどんな形式で栄養塩類がリサイクル・使用されるか，考えてみる必要がある．窒素およびリンは固形物や濃縮溶液として，農業および水産養殖にリサイクルすること

ができる．ほとんどの場合，栄養塩類は使用される場所に輸送されなければならない．一戸の家屋における典型的なDESARシステムによる「地点」リサイクルには，栄養塩類を使用できるような農業活動が近くに必要である．農業活動に関しては，リンと窒素の持続可能なリサイクルのために，1人当り少なくとも200～500m^{2}の耕地面積が必要とされるだろう (Otterpohl et al., 1999)．ウキクサの生産や魚の水産養殖では，例えば，1人当り6～7m^{2}しか必要としないが，0.5～1.0mの深さの安定池の建設が必要である (Iqbal, 1999)．

窒素とリンの処理と再利用については次のような可能性がある．

- 集中型下水処理場からの液状または固体のリン含有汚泥の土壌散布による農業利用：土壌散布は栄養塩類リサイクルの安価で簡単な方法であるが，土地利用に制限を加えるいくつかの欠点がある．汚泥には不適切な物質も含まれること，輸送費が高くつくこと，大きな備蓄施設が必要なこと，窒素の循環率が低いこと，殺菌のような付加的な施設建設が必要なこと等である．
- リン酸塩・肥料工場における栄養塩類処理：栄養塩類は輸送しやすく，かつリン酸塩・肥料工場でさらに処理することが可能なような形に変換しなければならない．これは，市場を経由して栄養塩類循環を実現する高度に効率的な唯一の方法だろう．残念なことに，そうした工場は分散型の大きな流れに対処する準備がまだできていない．分散型システムに対応するには，栄養塩類リサイクルの経済的な魅力に加えて，構造的，組織的および物流的変更が必要とされる．
- 濃度の高い栄養塩類を含む排水（消化槽上澄水，汚泥脱離液，し尿分離式トイレからの尿）から農業用再利用製品を生産するための集中型もしくは分散型処理

濃度の高い栄養塩類を含む排水からの栄養塩類回収は，結果としてハイテク再処理技術が必要になる．完全DESARシステムのみならず部分的DESARシステムについても，こうした技術は研究され，その適合性が試験される必要がある．小規模な家庭サイズに関する技術は，多くの処理でまだ実現されていない．それにもかかわらず，これは排水処理を水質保全の観点から廃棄物管理戦略に移行させる一つの方法であると思われる．

20.5 栄養塩類回収の技術

　大部分の栄養塩類回収技術は現在研究開発段階にあり，実規模のシステムで実行されているものはほとんどない．ほとんどのシステムでは，従来型の排水処理方式における排水中栄養塩類除去とさらに高度な処理に焦点が当てられている．その結果，多くは比較的大規模な栄養塩類の流れに向いており，DESARシステムには適さない．可能性のある回収技術は2つの観点から分類することができる．すなわち，

　①廃棄物流の型，
　②DESARへの適合性，

である．1つめの観点からは，従来型の排水からの栄養塩類の分離と，新しい収集システム（例えば，し尿分離式トイレ）からの栄養塩類濃度の高い排水に分類される．2つめの観点からは，従来型の大規模な栄養塩類の流れについてのみ実行可能なシステムと，DESARシステムに特に適したシステムに分類できる．DESARシステムは農村地域の方がより適用しやすいという点には議論はない――しかし都市域におけるDESARの可能性はどのようなものであろうか．

　廃棄物の流れから栄養塩類を回収する可能を持った技術とは，

- 流動床反応槽によるリン酸カルシウム（$CaOHPO_4$）沈殿（リン回収の場合のみ）．
- NH_4^+とPO_4^{3-}を高濃度で含む溶液からのスツルバイト（リン酸マグネシウムアンモニウム，$Mg\text{-}NH_4PO_4 \cdot 6H_2O$）沈殿．
- 両方もしくは一方の栄養塩類を対象としたイオン交換技術．この場合，スツルバイトや他のアンモニウム塩沈殿技術と併用．
- 精密ろ過や限外ろ過による前処理を行った後のナノろ過や逆浸透膜処理．最終的には沈殿ないし乾燥．
- 植物や藻類のような植物バイオマスへの栄養塩類の形態の変換．これらを収穫しコンポストのような利用可能な形にまで加工．
- ウキクサへの栄養塩類の移行，最終的に魚や家禽類の飼料として使用．

20.5.1 リン酸カルシウム沈殿

　リンの沈殿処理は，集中型下水処理場において40年以上にわたって実施されてきた．一般的に使用される沈殿剤は鉄(Ⅱ)-塩，鉄(Ⅲ)-塩，あるいはアルミニウム(Ⅲ)-塩である．運転上の，また経済的な理由から，石灰を用いたヒドロキシアパタイト（$CaOHPO_4$ ないし HAP）沈殿はほとんど適用されない．ほとんどの場合，化学的リン沈殿は前沈殿ないし同時沈殿として実施され，最終的にリンの含有量が3〜4％（乾燥重量）の無機質の多い生物汚泥となる．汚泥中の栄養塩類の経費をかけない再利用法は，土壌散布である．スイスでは広い地域が土壌散布に使われていたが，微量汚染物質の問題と衛生的基準を守るために，1970年代〜1990年代の間に汚泥の耕地への利用は80％から40％まで縮小した．

　排水から回収した栄養塩類の再利用への受け入れを増やす一つの方法は，貯蔵や取扱いが容易で安定な十分に乾燥した汚泥を生産することである．リン酸カルシウム沈殿物を不安定な生物汚泥と混合させないために，後沈殿や汚泥処理系返流水のみの沈殿を行うべきである．HAP沈殿は，主にオランダにおいて開発され，実規模で適用されている．HAP沈殿はpH9以上で起こり，CO_2 のストリッピング（揮散）ならびに石灰か塩基の添加が必要である．砂，カルサイトおよび核アパタイトといった様々な結晶の核となる物質が，主に流動床反応槽（例えばDHV Cristalactor®；Woods et al., 1999）における固体形成を促進するために使用される．このような処理においては，数mmの直径をもち，リン含有率が6〜11％のHAPペレットが生産される．

　HAP沈殿技術の欠点は，窒素成分の回収が考慮されないことにある．このことは生物的窒素除去とリン沈殿の組合せは集中型下水処理場でのみ経済的に可能であることを意味する．DESARのための沈殿技術としては，リンと窒素の回収を純粋に物理化学処理として含むシステムを目指す必要がある．

20.5.2 スツルバイト沈殿

　溶解性の窒素とリン成分の同時固定化はスツルバイト沈殿（リン酸アンモニウムマグネシウム＝MAPもしくは$Mg\text{-}NH_4PO_4・6H_2O$）で達成できる．このためには浮遊物質の少ない PO_4^{3-} と NH_4^+ の高濃度溶液が必要である．嫌気性消化の脱離液や加水分解後の尿，もしくは膜処理やイオン交換処理からの濃縮液がこの処理に適している．多量のアンモニア態窒素の回収を目的とする消化槽上澄水

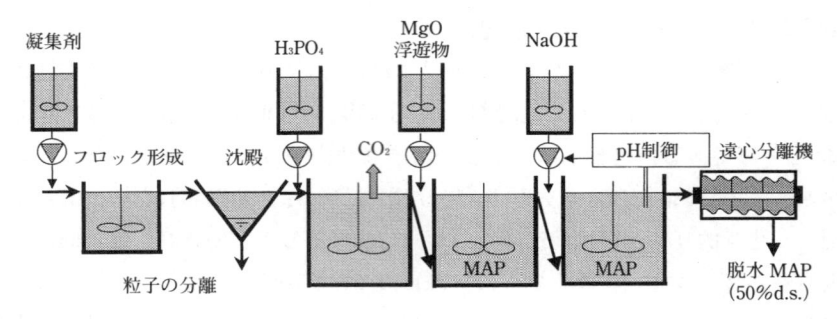

図 20.3 消化槽上澄水を処理するスツルバイト沈殿プラントのフローチャート．NH_4 は 90 % まで MAP に変換される（Siegrist *et al.*, 1992）

からの最適 MAP 生成では，次のような複雑な工程が必要となる．すなわち，リン酸，酸化マグネシウムおよびカ性ソーダの添加，そして沈殿物の分離・乾燥である（Siegrist *et al.*, 1992）．図 20.3 は，消化槽上澄水の処理を試験したスツルバイト沈殿プラントのフローチャートである（Siegrist *et al.*, 1992）．

Battistoni ら（1998）は，化学薬品添加なしで消化槽上澄水から HAP と MAP を沈殿させるための比較的簡潔な方法を発表した．消化槽上澄水中の Mg と Ca の含有量は，CO_2 除去のためのエアストリッピング（揮散）と流動床反応槽における沈殿物の生成を組合せることで，リン除去を行うには十分であることが示された．しかし，この処理法は NH_4^+ の除去については十分ではなく，その結果，大部分の窒素が処理水中に残存した．

DESAR システムにおいて，スツルバイト生成法の利用は，尿もしくはイオン交換や膜処理によって得られる高濃度排水にのみ使用可能である．消化槽上澄水，生物的栄養塩類除去プラントの汚泥や汚泥加水物の処理といったものへの適用では，すべて集中型施設を必要とする．MAP 生成法は複雑な工程であることから判断して，尿や栄養塩類高濃度排水の処理も，分散型収集・貯留施設から更に収集して集中型で処理することが必要となる（部分的 DESAR）．

20.5.3 イオン交換

イオン交換は，水の軟水化のために，家庭で広く使用されている処理技術である．運転という観点から，イオン交換は DESAR システムに適した栄養塩類回収の有効な方法と考えることができる．イオン交換は PO_4^{3-}，NH_4^+ および

NO_3^- イオンに対して有効であることがわかっている．現在，このようなイオンに対して特に高い親和性を示す各種のイオン交換剤が存在する．PO_4^{3-} と NH_4^+ イオンは未処理排水や嫌気的に前処理された排水に存在し，その最終生成物はスツルバイト（リン酸アンモニウムマグネシウム）やその他のアンモニウム塩になる可能性があるため，PO_4^{3-} と NH_4^+ イオンはイオン交換にふさわしいリンと窒素の形態であると考えられる．

1970年代に，Liberti ら（1986）は，陽イオンと陰イオン両交換剤の併用は2次処理水から栄養塩類を回収する有効な方法であることを明らかにした．Na^+ 態の天然ゼオライト（クリノプチロライト）を NH_4^+ 交換剤として使用し，一方で，Cl^- 態の強塩基陰イオン樹脂を PO_4^{3-} 交換に使用した．また，NaCl（例えば，海水）によるイオン交換樹脂の単純再生が可能となった．イオン交換樹脂再生時に発生する栄養塩類を含む溶出液に石灰を添加して pH を11に設定し，真空で揮散するアンモニアガスを回収するという複雑な処理を行う．アンモニアガスは陰イオン交換樹脂からの溶出液と混合され，MAP を形成するために必要な $MgCl_2$ 溶液がさらに加えられる．そして，過剰なアンモニアは酸性の硫酸に吸収され，硫酸アンモニウムとして回収される．沈降した塩は肥料に再処理することができる．

栄養塩類回収システムのフローチャートを，図 20.4 に示す．溶出液中の窒素

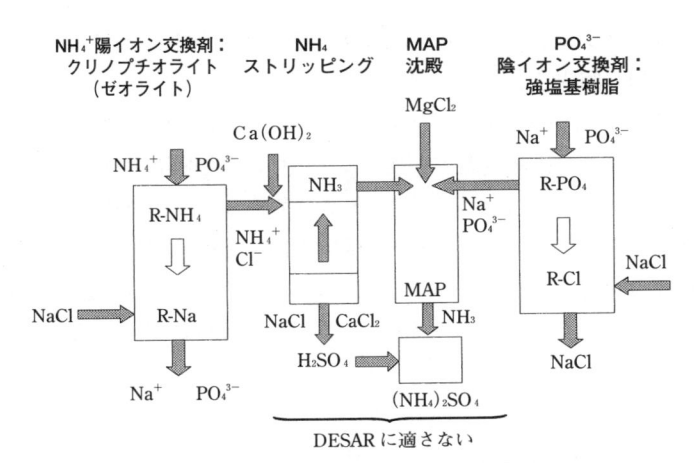

図 20.4 イオン交換による排水中栄養塩類の回収と，それに続く NH_3 ストリッピング（揮散）と MAP 沈殿による溶出液の処理（Liberti *et al.*, 1986）

とリンの含有量は，尿と比較して20～30分の1と少ないことに注目してもらいたい．したがって，尿を分離回収するのに比較すると，イオン交換は相対的に栄養塩類濃縮処理に費用がかかるので非効率となる．

現在，Cu^{2+}付加の高分子配位子交換剤を用いた新しいPO_4^{3-}用のイオン交換が研究されており，リン固定化の効率性と経済性を向上させるいくつかの方法が示されている（Zhao and Sengupta, 1998）．

20.5.4 膜処理

現在まで，2次処理水の効率的な固液分離（精密および限外ろ過）や再生（ナノろ過および逆浸透）を目的として，あらゆる形式の膜が試験されてきた．しかしながらほとんどの場合，栄養塩類の回収には焦点が当てられてこなかった．今日，精密および限外ろ過膜を，生物処理プロセスにおける汚泥分離法として試験・利用することが多くなりつつある．

膜処理は技術的にみて，DESARシステムに非常に適しているといえる．膜は非常に小さな流れをつくるモジュラー要素として構成できるし，完全に自動化することができる．しかし，膜に関する最近の研究でも，膜処理がDESARシステムにおいて高濃度の栄養塩類を含む排水に対して適用可能か否かの検討はまったくなされていない．ヒトの尿の処理（Dalhammer, 1997）と糞尿廃棄物に関するわずかな研究が見られる程度であり，したがって，さらなる開発のための結論は何も引き出すことができない．技術的に実現性のある解を得るためには，膜ろ過による栄養塩類の回収を，さらに研究開発する必要がある．

原理的には多様な膜の適用が可能であり，精密膜や限外ろ過膜による浮遊物質を含む栄養塩類溶液の固液分離・前処理から，ナノろ過膜による大型分子の分離，さらには逆浸透膜によるイオンの分離までが考えられる．また，ガス膜はNH_3の分離や濃縮に利用できる．経済性の問題に加え，膜の閉塞と膜処理で発生する濃縮液の処理の問題が残されている．尿のような高濃度の栄養塩類溶液の処理を詳細に研究することにより，近い将来，新しい見通しが得られるかもしれない（**20.7.4**を参照）．

20.5.5 植物への固定

ヨシろ床などの湿地は，DESARシステムに適した典型的な排水処理技術であ

る．湿地の技術は，農村地域の独立家屋や小規模集落で既に広く利用されている．必要面積が大きいことから，この方法は農村地域や小排水量の場合にのみ適用可能である．

ヨシろ床では，標準的な排水基準を満たすために必要な用地は，通常 5～10m^2/人として設計されている．このシステムの窒素とリンの物質収支を調べた結果から，植物によって吸収される栄養塩類の量は比較的低いことが示されている．Hosoi ら (1998) により日本で測定されたヨシの最適収穫による最大栄養塩類吸収率をみると，従来のヨシろ床では，約 9％の窒素と 7％のリンしか除去されないようである．栄養塩類の大部分は，土壌におけるリンの吸着，窒素の脱窒，または放流水中への排出となるようである．

したがってヨシろ床での植生刈り取りは，栄養塩類の除去にとって非効率的であり，結果として，栄養塩類の回収にとって魅力的なものではない．

20.5.6　水産養殖（Aquaculture）における食物連鎖の栄養塩類リサイクル

水生植物の生産と魚の養殖への家庭廃棄物の利用は，将来的に世界各地で確実に増加する再利用方式である．この方式の水産養殖は DESAR システムによく適合しており，作業も単純であるが，労働集約的で農村地域にのみ適用可能である．さらに，気候条件に強く依存しており，気温の高い地域にのみ適用可能である．家庭排水を使用した様々な水産養殖システムが，既に中国，インド，バングラデシュおよび米国で実践されている (Iqbal, 1999)．

水産養殖の方法はタンパク質を豊富に含む（タンパク質含有量：乾燥重量で30～40％）ウキクサ（duckweed）の生産であり，ウキクサは収穫して魚類の生産や，乾燥させて家畜の飼料に使用することができる．図 20.5 はよく用いられるウキクサの生産と魚の養殖とを組合せた方法である．ウキクサのラグーンは，排水の浄化と価値の高いバイオマスの生産を目的として 2 次および 3 次処理水に適用される．熱帯および亜熱帯の国々では，ウキクサの生産性は 2.7～8.2g 乾燥重量/(m^2·日) に達する．1m^2 当りのウキクサの年間タンパク質生産量は大豆の 10 倍に達する．

適正に計画された安定池システムと魚の入念な前処理により，衛生上のリスクは低くなり，生産物の品質は高まることが示されてきた．特に 2 池システムにし

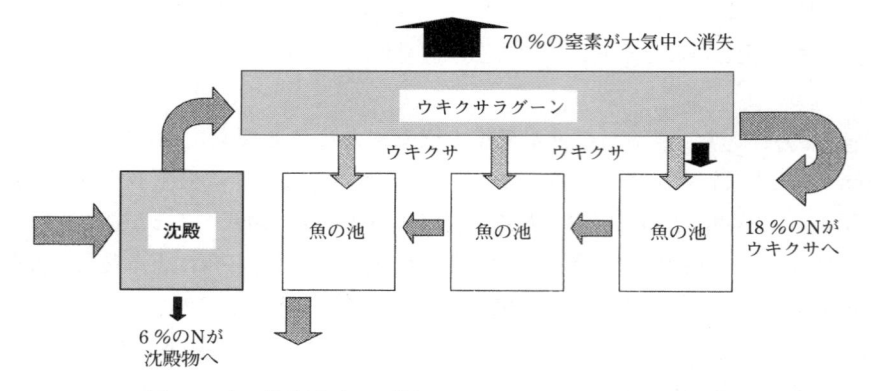

図 20.5 魚の養殖と組合せた排水によるウキクサ生産と大まかな N 収支

て，魚の生産と分離してウキクサだけを排水の中で栽培するようにすると，生産される魚はそのまま市場や食用に十分供用できる（Iqbal, 1999）．

ウキクサの池は，通常，複数の排水取入れ口と循環設備をもつ蛇行した押し出し流れシステムとして設計される．浮遊しているウキクサは，機械または人手によって定期的に収穫される．ウキクサは生のままか，または乾燥させて家畜の餌にされる．ウキクサの栽培と組み合わせるものは魚の養殖が最も多く，1 つの池または 2 つの池によって行われる．ただし，ウキクサ栽培と魚の養殖の組合せには，高度な知識と技量が要求されることは指摘しておく．

ウキクサと藻の池システムにおける窒素収支は，van der Steen ら（1998）によって調査された．12〜25 ℃ の範囲では，窒素の主要部分（70 %）は NH_3 の大気中への揮発として失われ，約 6 % の窒素が沈殿物に固定，18 % がウキクサに取込まれた．ウキクサのバイオマス生産は 4〜16g-乾燥重量/(m^2・日）に達し，ウキクサの窒素含有量は 0.06g-N/g-乾燥重量に達した．排水の浄化をみると，栄養塩類除去は満足できるものであるが，窒素の問題に関しては単に水中から大気中に移行しただけであると思われる．栄養塩類の回収の観点から見た場合，ストリッピング（揮散）による窒素の消失が激しく，栄養塩類の限られた部分だけが実際に食物連鎖にリサイクルされている．

20.6 DESARへの適合性

家庭排水から栄養塩類を回収をするための技術的可能性を検討すると，DESARシステムは農村地域での適用性が高いと期待される．こうした地域では，処理速度が遅いため処理装置に広い用地を必要とすることや，栄養塩類再利用のための用地を必要とするということは制約条件にならない．しかしながら，農村地域では湿地や土壌処理がもっぱら用いられてきた．これらの技術は栄養塩類の回収を考慮したものではない．この点をより効率的にするには，尿を分離・貯留し，その後農業用に土壌散布する方法が考えられる（Hanäus et al., 1997）．

真の課題は，DESARを都市部に導入することである．現時点では，完全DESARシステムが都市環境において実現できるかどうかは疑わしい．複数のパイプの敷設には誤接続のリスクがあるし，高度に自動化された機能の小規模処理施設も，システム変更についての住民の理解はまだ存在せず，回収した栄養塩類をその地域で再利用する機会もない．こうしたことは，完全DESARシステムが，将来の栄養塩類回収のシステムとして低い可能性しか持たない山のような理由のほんの2, 3にすぎない．

しかし，尿のような栄養塩類濃度の高い排水を分離し，これらを回収・処理する部分的DESARシステムは，現状の集中型都市水システムによって廃棄されている栄養塩類を価値ある肥料へと転換させる，実行可能な方法であると思われる．

様々な技術的オプションの中でも，尿の分離と処理は最も有望で有意義な選択肢の一つである．したがって，次節では尿の分離に焦点を当てた，EAWAG（Swiss Federal Institute for Environmental Science and Technology）のプロジェクトについて述べることにする．プロジェクトで実施された研究は，従来の集中型都市水管理から栄養塩類の回収を目指す部分的DESARへの転換に関する複雑な問題を明らかにしてくれるに違いない．

20.7 尿分離技術（AN技術）：一つの例

尿・糞便の分離と再利用により，我々は栄養塩類のサイクルを閉じることができる．ヒト由来の栄養塩類の分離と再利用のために，既に多くの技術が存在して

いる．すなわち，コンポスト式，真空式および尿分離式トイレである．様々な理由により，尿分離技術は最も実行可能な方法であるように思われるが，それは尿分離が既存のインフラの内部で達成可能であること，分離した尿の処理が容易であること，そして，その技術が一般的に受け入れられる可能性があるからである．それに比べると，真空技術は新規の半分散型インフラを必要とし，また糞便のコンポスト化はそれが尿と混合されていない場合にだけ実行可能である．

尿はヒトの代謝によって排泄される栄養塩類のほとんどを含んでいる（図20.1参照）．もし尿が排水とは別に保存されれば，下水処理場での栄養塩類除去の必要性はなくなり，受水域への栄養塩類排出は劇的に削減されるだろう．尿に含まれる大量の栄養塩類は，農業における栄養塩類需要のかなりの部分をまかなうことができるはずである．したがって，尿の肥料としての利用は，栄養塩類のループを閉じるための重要なステップになるはずである．尿の栄養塩類が豊富であるという事実を強調するために，我々はヒト由来栄養塩類（AN：anthropogenic nutrients）という用語を使用するが，これはもともと Larsen および Gujer（1996）によって ANS（ヒト由来栄養塩類溶液：AN Solution）という形で導入されたものである．

尿分離技術（本節では AN 技術と引用される）を用いるなら，受水域への付加的利益も実現するはずである．受水域水質に関する最近の研究は，微量汚染物質，特にホルモンと医薬品が，その慢性毒性のために魚族に深刻な問題を与えている可能性があることを明らかにしている．研究者によっては，ヒトの代謝で排泄された医薬品のほとんどが尿に含まれると考えている．AN 技術は受水域にとっては有益ではあるが，受水域から農業サイドへと尿の流れの方向を変えることが安全な選択肢であり，問題を単にすり替えただけではないことを明らかにする意味でも，研究を行う必要がある．家畜の糞尿と同一成分のものについてなら心配する人はいないかもしれないが，ヒト由来の汚染物質の受け入れに対しての一般的な不安は存在する．

AN 技術は単純な概念だが，その実現は，多分野の専門家や多くの人たちの経験と共同作業を必要とする困難な仕事である．そこには技術的な困難さがあるだけではなく，環境やヒトの健康に対する客観的なリスクが問われている．そして，あらゆる新技術にとって重要な問題はユーザーの選好である．特に衛生技術のような基本的な技術については重要である．

20.7 尿分離技術（AN 技術）：一つの例 399

　AN 技術を導入する際には，より綿密な調査を必要とするいくつかの側面がある．これらの側面を，主に Larsen ら（2000）に基づいて以下で詳細に議論する．各項の番号は，NOVAQUATIS プロジェクト（EAWAG）の 7 つのワークパッケージ（NOVA 1 から NOVA 7）で扱っている 7 つの側面を指す．

20.7.1　ユーザーの姿勢

　AN 技術の概念はユーザーに始まりユーザーに終る（図 20.6，NOVA 1）．どのような形でユーザーはトイレの変更を受け入れるであろうか？　ユーザーは AN を肥料として使用する有機農業からの食料を受け入れるであろうか？　ユーザーの姿勢は 3 つに分類される．すなわち，①トイレ技術の変更に対する姿勢，②肥料の質に対する姿勢，および③環境と財政への影響に対する姿勢，である．

　ユーザーの姿勢は他の方法でも調査可能である．アンケートやインタビューに

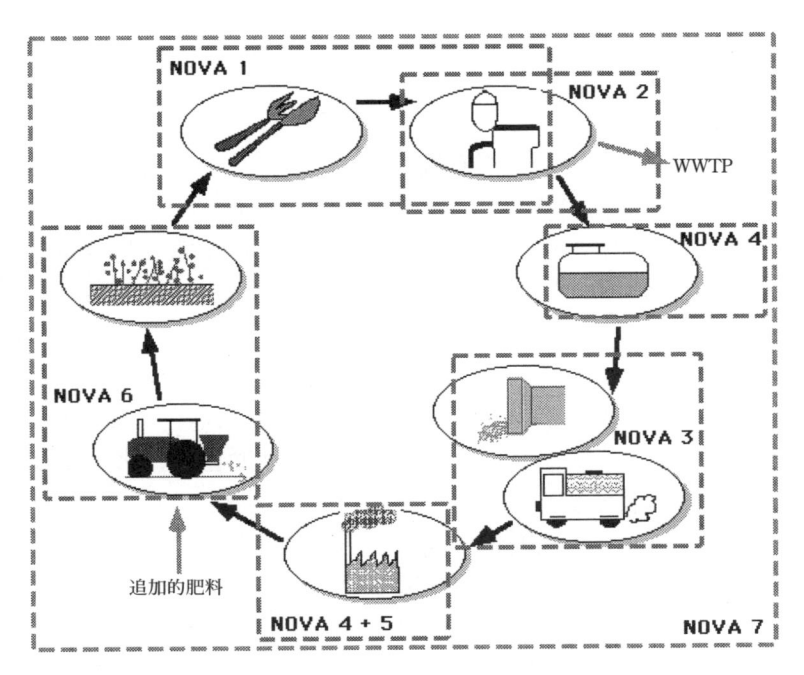

図 20.6　尿が発生源で分離され，農業に肥料として使用された場合に発生する可能性のあるヒト由来の栄養塩類の循環（WWTP：排水処理プラント）
　　注）NOVA 1〜7 は NOVAQUATIS プロジェクトのワークパッケージを指している．これは EAWAG のプロジェクトであり，尿分離における様々な側面に関連している．

加えて，複合的な環境問題が関連する場合には，フォーカスグループが興味深い方法である（Dürrenberger et al., 1997）．フォーカスグループの場合，情報は体系的な方法で提示され，議論される．通常，フォーカスグループのモデレーターは関連する問題に個人的には関与していない．フォーカスグループの結果を数値で表わす唯一の方法は，そのグループが実行に移る前と後のアンケートによる．というのも，アンケートは個人的に記入されるものでありながらも，そのグループのコンセンサスを表すものだからである．より突っ込んだ方法としては，例えば，参加者の反応を詳細に分析するために，ビデオテープを使用する方法がある．

理論的な研究では，ユーザーの受容性に関する全ての側面をカバーすることはできない．AN 技術を成功裏に導入するためには，日々の習慣をいくつか変える必要があるかもしれない．例えば，トイレットペーパーを快適に押し流すには少なくとも 2L の水が必要だが，そうすることは尿分離式トイレが達成した優れた節水技術を質的に損なう可能性がある．トイレットペーパーを別の方法（例えば，衛生廃棄物と一緒にするなど）で処分することが可能かどうかは，予備的に実証試験する必要があるだろう．

20.7.2　新しいトイレ技術の開発

現在のサニテーション技術は，ユーザーの利害からみると最適である．すなわち，1 回水を流すだけで，ヒトの排泄物に関する全ての問題が解決する．清潔で衛生的である．西半球の文化的習慣に完全に適応している水洗トイレは，文明の大変好ましい偉業の一つである．

現存する非混合型トイレは，従来型の水洗トイレを綿密に模倣している．人体構造に基づいて，尿を非混合型トイレの前部に分離して回収することが可能であり，通常の水洗トイレと非常によく似ている．トイレの習慣において必要な変更は，男性が必ず腰掛けなければならないことである．

しかしながら，現行の非混合型技術には欠点がある．最も重要な問題は，尿が水と混合された場合に沈殿物が生成することである．パイプの目詰りの問題に対処するための技術開発が必要であろう（NOVA ワークパッケージ 2）．

20.7.3　ヒト由来栄養塩類（AN）の輸送

AN の輸送方法は処理方法と密接に関連する．AN 輸送ではこれまでに 3 つの

方法が提案されてきた．

①家庭内あるいは半分散的に貯留後，トラックで輸送（スウェーデンのパイロット事業で適用；Hanäus et al., 1997）．

②家庭内に貯留し，夜間に下水道を通して輸送（Larsen and Gujer, 1996による例示）．

③家庭内で乾燥媒体に変換後，固形廃棄物と同時輸送．

ANの輸送方法はもちろん他にもある．最も簡単にわかるのは新しく管路を敷設することである．この方法が経済的であるかどうかは極めて疑わしい——今日では従来式の管路システムでさえ経済的に維持可能かどうか疑わしいとされている．

夜間に下水道を通して行うANの輸送は，EAWAGではより詳細に評価されている（NOVAワークパッケージ3）．トレーサ物質を用いた予備研究では，少なくとも下水本管においては分散係数がかなり小さかった（Huisman et al., 2000）．分散係数が小さいという測定結果は，下水道シミュレーションプログラムMOUSEのような，既存のソフトウェアを用いた数値シミュレーションに対して問題を投げかける．というのも，数値的に計算される分散係数は，実験で観察される水理学的分散よりも常に大きく出るからである．貯留タンク容量の最適化も重要である．降雨中の尿の流出を避けるため，タンクは数日間分の尿を家庭内に貯留できるぐらいの大きさに設計する必要がある．

20.7.4　ヒト由来栄養塩類（AN）の処理

ANの処理には，常にいくつもの目的が持たされる．すなわち，ANの使用中に起る大気へのアンモニアの揮散を防止しなければならない．また，我々は，環境毒性や人体毒性の可能性がある有機物質についてこれを除去するか，あるいは毒性を低下させなければならない．さらに，製品は農家にとって魅力的で，満足がいくものでなければならない．輸送および貯蔵方法は，環境への影響や経済的な価格と同様に，製品の評価で重要な役割を演じる．農家を対象とする最近の調査では，彼らの要求は高度に多様化しており，アンモニア態窒素から有機的に固定化された窒素にまで及んでいる（Haller, 2000）．

AN処理としては，次の研究が大変に興味深い（NOVAワークパッケージ4）．

①生物処理（pHを安定させて毒性を低下させる）．部分的な硝化作用により

生物的な安定化をはかる基礎研究が行われているが，まだ発表されていない．これは短時間で実用化される可能性をもつローテクオプションである．

②パイプ閉塞の原因となる沈殿物生成は，非混合型トイレの大きな問題である（Hanäus et al., 1997）．一方，コントロールされた沈殿は，リンの回収や膜処理のための前処理となる可能性がある．このような側面は，沈殿を，AN技術を開発するための最も興味深い研究対象の一つにしている．

③膜処理に尿素の加水分解を回避させる目的を持たせるならば，肥料における有機物質の量を低減させ，乾燥によって簡単に固体に変換しうる高度に濃縮された製品を製造する能力を備えた，非常に興味深いオプションになる．膜面の詰まり（ファウリング）とエネルギー消費に関する問題も予想されるが，膜技術はインフラや扱いやすさといった観点からは理想的なものだといえよう．

20.7.5　AN肥料の危険性の評価

製造された肥料の品質については，ANに含まれる微量有機汚染物質の危険性が中心課題である．こうした微量汚染物質には，植物に取込まれてから食物連鎖に入り込んで陸上の生態系に悪影響を与えたり，浸出して地下水や耕地を取巻く地表水に到達する危険性がある．現時点では，ANないしその農業用肥料への利用のいずれについても，品質要件は全く定められていないが，それらにはヒトの尿に含まれているものとよく似た微量汚染物質が含まれている．加工済み製品と同様に，原産物（尿）についても危険性を評価する方法を開発することは，農業への実用という面で非常に興味深い（ワークパッケージNOVA 5）．

20.7.6　農業における栄養塩類の需要と農家の姿勢に関する評価

AN肥料の直接的な消費者は農家であり，したがって農業団体は技術開発に重要な役割を果たす．農業については肥料への要求性能とその受け入れ可能性が第一に重要である．農家がAN肥料に興味をもつについては多くの理由がある．従来式の農業なら，重金属に汚染されたリン肥料は汚染されていない製品に置き換えれば事足りていた．有機農業では，栄養塩類循環という概念が追求されなければならないので，現在スイスを含むほとんどの国々で容認されているリン鉱石から製造されたリン肥料を排除するという方向になる（FiBL, 1999）．さらに，カ

リウムが欠乏するのは時間の問題であろうし，少なくともある国々では農地土壌のカリウムの含有量が低下している．窒素は原則としてある種の作物によって生物的に吸収されることが可能であるにもかかわらず，驚くべきことに，有機農業における最大の問題であると思われる．

ヒトの尿を利用することの主な問題は，前に述べた潜在的な危険性にある．AN 技術をさらに進歩させるために，我々は AN 肥料の品質要件に関する基礎知識を確立しなければならない．その知識は，農家や流通団体という利害関係者の受容性に加え，農学，自然科学を基礎とするものである．有機農法への適用を成功させるには「バイオサイクル」ラベルのような認証制度が必要であり，こうした制度があってこそヒトの尿の有機農業への再利用が安全で適切なものになる．ワークパッケージ NOVA 5 および NOVA 6 は，こうした認証に必要な基本的指標を提示することとしている．

20.7.7　AN 技術についての総合評価

AN 技術を議論する場合には，その技術が現状よりも非常に有利なものであることをまず明らかにする必要がある．この問題を議論している人々の評価においては，環境的・社会経済的側面が重要だということになる．こうした理由から，環境および社会経済的な観点で，尿分離技術の長所と短所についてできるだけの情報を収集し，組織化し，そして統合する必要性が生じている．このような情報は 3 つの主題のもとに組織化することが可能であろう．

①栄養塩類の経済，
② AN 技術，トイレおよびインフラ，
③受水域への影響．

様々な側面についての評価は，意思決定理論，経済費用・便益分析，およびライフサイクルアセスメントの領域からの技術を援用すべきである（ワークパッケージ NOVA 7）．

20.8　AN 技術はどのように DESAR コンセプトに対応するか？

全ての家庭単位のサニテーション技術は，最終的に除去しなければならない産物を生み出す．最小限でも，ヒト由来廃棄物の無機不揮発性成分がある．明らか

に，全ての無機栄養塩類をその場で利用することは不可能である．大部分の人々は都市に集中して住んでいる一方，主な食料生産の場は田園地帯である．

どのような輸送＋集中処理施設が，DESARコンセプトに適合するのであろうか．位置エネルギーだけを用いるある種の輸送ネットワークは，条件を満たしているであろうか．また，肥料製品の集中的精製は可能であろうか．

我々が都市水システムの全体を見渡す時，下水道がこのシステムの中心にあることがすぐにわかる．多くの利点があるにもかかわらず，下水道にも深刻な欠点が存在する．下水管では資源と汚染物が混合され，輸送機能を維持するために大量の水を必要とし，また，建設費用よりも，現在あるネットワークを維持する方により多くのコストがかかる．これらのことは，整備がいき届いた，富裕な西側諸国においてさえ問題発生の原因となる．おおまかに見積もれば，下水管は都市の排水コストの60％前後を占めている（BUWAL, 1994）．

DESARシステムを意味あるものにするためには，上に述べた欠点を克服できるものにしなくてはならない．尿を分離することで混合を避けることができるが，依然として集中型輸送システムへの依存は存続する．DESARシステムの観点からみれば，尿分離はその最初のステップにすぎないことは明らかである．しかし，この最初のステップにさえいくつかの利点がある．つまり，尿分離はただちに節水につながり，処理施設と受水域とに迅速に利益をもたらす．

この変化は，個々の家屋の衛生設備の変更が進むと共に徐々に起る．各家庭はそれぞれ独立に意思決定することができ，先駆的な家庭が他よりも先んじることになる．また，尿の分離はDESARに重大な係わりをもつ様々な研究を誘発する．それらの中には，家庭，衛生装置の生産者そして農業関係者といった新しい関係者との協働や小規模技術の開発，"バイオサイクル"概念の展開などが含まれる．DESARシステムに向けた家庭単位での廃棄物管理法の開発の詳細は，LarsenおよびGujer（2000）を参照してほしい．

20.9 ま と め

家庭からの栄養塩類含有廃棄物の流れを明らかにし，従来の集中型収集・処理システムから価値ある栄養塩類の回収と再利用に向けた様々な方法を提案することができる．

可能な解決法のうち，現地での廃棄物処理と栄養塩類リサイクルを含む，完全分散型システムは，工業国の都市部においては実際的でなく非現実的である．農村域においては栄養塩類の単純な回収やリサイクルが可能であるかもしれないのに対し，都市で生産される大規模な栄養塩類負荷は，同一地域でリサイクルするのは不可能である．したがって，部分的 DESAR システムに，より分散型の栄養塩類回収と集中型処理・分配を組合せて適用しなければならない．

　高度に栄養塩類を回収する場合には，バクテリアや植物バイオマス（活性汚泥，生物膜処理，湿地，ヨシ原，安定池からの生物汚泥）に栄養塩類を固定する自然システムは性能的に十分ではないように思われる．自然システムを用いた方法では廃棄される栄養塩類のごく一部しか回収できないからである．沈殿，イオン交換，膜ろ過といった物理化学的ハイテク処理は，効率的な回収システムをもたらし，リサイクルのための高濃度栄養塩類を含むものの生産を可能にするかもしれない．しかし，その技術は現在のところ技術的実現性と経済性が保証される段階にまで至っていない．さらなる開発を進めるためには，近い将来この分野の研究での集中的な努力が必要とされる．

　家庭廃棄物中の栄養塩類の流れを分析すると，ほとんどの栄養塩類がヒトの尿に含まれていることがはっきりと示される．人の身体は既にその栄養塩類を，高いコストと複雑な処理技術でしか達成できないような段階まで濃縮させているのである．回収という視点からみれば，尿を希釈するようなあらゆるシステムは非効率である．トイレのフラッシュやその他の家庭における水使用は，これに後続しリサイクルのために栄養塩類の濃度を高める回収システムを無駄なものにしてしまう．

　なぜ，発生源において既に高濃度に濃縮された状態の栄養塩類を回収しないのか．もし尿を分離回収するなら，栄養塩類回収のプロセスはいかなる前処理も必要とせず，高い濃縮レベルから開始することができる．その考え方は，特別なトイレ（非混合型トイレ）によって尿を分離し，それを家庭単位で分散して貯留することである．尿の回収は既存の下水道システムを通して小流量で行われ，肥料製品を製造する尿処理プラントへと運ばれる．

　NOVAQUATIS プロジェクトは尿の分離と処理の様々な面を調査し，新しい栄養塩類の流れに沿ってどのような問題が発生するのかを見出すために実施された．尿分離の概念は相対的には単純に見える．ところが，それの実用化には共同

作業や多くの専門分野の人たちの協働が必要だという複雑な問題が存在する．多くの技術的問題が未解決のまま残されており，環境とヒトの健康へのリスクも調査されなければならない．そしてとりわけ新しい技術に対するユーザーの選好性は，注意深く研究されるべきである．提案されたシステムの成功は，新しい家庭用技術を受容するか，または拒否するかというユーザーの姿勢と深く結びついている．したがって，集中型から部分的ないし完全DESARへの変更のような，都市水管理におけるシステムの変更は，関与する全ての人たちを含めた統合的方法で実施することが重要である．

20.10 参考文献

Battistoni, P., Pavan, P., Cecchi, F. and Mata-Alvaraez, J. (1998) Phosphate removal in real anaerobic supernatants: modeling and performance of a fluidized bed reactor. *Wat. Sci. Tech.* **38**(1), 275–283.

BUWAL (1994) Daten zum Gewässerschutz in der Schweiz. *Umwelt-Materialien* 22.

Dalhammer, G. (1997) Behandling och koncentrering av humanurin, Bilaga 4, Lägesrapport, September 1997, Källsorterad humanurin I kretslopp, Kungl Tekniska Högskolan, Sweden. (In Swedish).

Dürrenberger, G., Behringer, J., Dahinden, U., Gerger, A., Kasemir, B., Querol, C., Schüle, R., Tabara, D., Toth, F., van Asselt, M., Vassilarou, D. and Willi, N. (1997) Focus Groups in Integrated Assessment: A Manual for Participatory Research. Darmastadt: Center for Interdisciplinary Studies in technology, Darmstadt University of Technology, Germany.

FiBL (1999) Zugelassene Hilfsstoffe für den biologischen Landbau. Forschungsinstitut für biologischen Landbau (FiBL), Ackerstrasse, Postfach, CH-5070 Frick, Switzerland. (In German).

Haller, M. (2000) Düngeverhalten von Bio- ind IP-Landwirten. Umfrage zur Akzeptanz des Projektes NOVAQUATIS. Semester work at the Swiss Federal Institute of Technology, UNS, D-UMNW ETHZ. (In German).

Hanäus, J., Hellström, D. and Johansson E. (1997) A study of a urine separation system in an ecological village in northern Sweden. *Wat. Sci. Tech.* **35**(9), 153–160.

Henze, M. (1997) Waste design for households with respect to water, organics and nutrients. *Wat. Sci. Tech.* **35**(9), 113–120

Hiessl, H. and Toussaint D. (1999) Szenarios für Stadtentwässerungs-Systeme. *GAIA* **8**(3), 176–185.

Hosoi, Y., Kido, Y., Miki, M. and Sumida, M. (1998) Field examination on reed growth, harvest and regeneration for nutrient removal. *Wat. Sci. Tech.* **38**(1), 351–359.

Huisman, J.L., Burckhardt, S., Larsen, T.A., Krebs, P. and Gujer, W. (2000) Propagation of waves and dissolved compounds in sewers. *Journal of Environmental Engineering* **126**(1), 12–20.

Hurwitz, E., Beaudoin, R. and Walters, W. (1965) Phosphates – their fate in a sewage treatment plant–waterway system. *Water and Sewage Works* **112**, 84.

Iqbal, S. (1999) Duckweed Aquaculture. SANDEC Report No. 6/99.

Larsen, T.A. and Gujer, W. (1996) Separate management of anthropogenic nutrient solutions (human urine). *Wat. Sci. Tech.* **34**(3–4), 87–94.

Larsen, T.A. and Gujer, W. (1997) The concept of sustainable urban water management. *Wat. Sci. Tech.* **35**(9), 3–10.

Larsen, T.A. and Gujer, W. (2000) Waste design and source control lead to flexibility in wastewater management. Accepted for the first IWA conference, Paris 2000, submitted to *Wat. Sci. Tech.*

Larsen, T.A., Peters, I., Alder, A., Eggen, R.I., Maurer, M. and Muncke, J. (2001) Urine source separation: a step towards sustainable wastewater management. Submitted to *Environmental Science and Technology.*

21章

潅漑と施肥の可能性

G. Oron, L. Ben-David, L. Gillerman, R. Wallach,
Y. Manor, T. Halmuth and L. Kats

© IWA Publishing. Decentralised Sanitation and Reuse：Concepts, Systems and Implementation.
Edited by P. Lens, G. Zeeman and G. Lettinga. ISBN：1 900222 47 7

21.1 はじめに

　水に対する需要が増大し環境への関心が高まるに伴い，今日みられるように，家庭排水の処理と再利用の向上のための集中的な努力が行われるようになってきた（Shelef, 1991；Sarikaya and Eroglu, 1993；Angelakis et al., 1999）．そのような努力には，排水中に存在する病原体（バクテリア，ウイルス，寄生虫）を調査することや，それらの病原体がヒトや動物の摂取に係る土壌や植物に与える影響などを調べるための研究も含まれる（Rose and Gerba, 1990；Powelson et al., 1990；Tanaka et al., 1998；Young et al., 1992）．

　排水中に含まれる栄養塩類（主にアンモニア，リン，カリウム）濃度や付加的成分は，長期的，短期的な農業の生産性に悪影響を及ぼす可能性がある．特に注意が必要な付加的成分にはナトリウム，カルシウム，マンガンなどがあり，排水のナトリウム吸着率（SAR）および土壌に対するその影響に関する評価が必要である．排水中に含まれる可能性がある重金属（セレンやボロンなど）は，土壌構造を破壊して，ついには生産性を低下させる原因となる．長期的な影響は，主に土壌，植物，および地下水への溶解性固形物質の蓄積によるものである（Banin et al., 2000）．

　したがって，水資源利用の有効性を高めるための研究は，関連する複数の領域で同時に行う必要がある．その中には，家庭，産業，農業からの廃棄物について，より改善された処理を行うことで，健康や環境に与えるリスクの少ない処理水が得られるようにすることも含まれる．高度な処理法は，生物的，化学的，機械的な処理を組合せた方法を基本とすべきであり，膜技術や副産物の少ない殺菌処理などもこれに含まれる．排水の処理と再利用を改善するためには，まず第一に，農

業における滴下灌漑（DI：drip irrigation）といった方法も試してみる必要がある．

水不足の問題を解決し需要と供給の差を縮めるには，いくつかの方法が可能である．

①高度な利用技術と水料金政策を合わせて，水をもっと効率的に使用する．つまり，滴下灌漑（開放型もしくは散水型灌漑法とは対極の方法）と家庭水道の累進料金制度を導入する．

②外部から水を移入する．シエラ山脈の水は，国の移送手段やパイプおよびプラスチック製容器などの手段でカリフォルニア州南部に移送されている．同様に，テルアビブの排水は Dan Region 処理場で処理された後，土壌・帯水層処理（SAT）を経て，イスラエル南部で再利用されている（Banin et al., 2000 ; Ho et al., 1991 ; Nasser et al., 1993）．

③特殊な水源，すなわち現在利用していない塩水や降雨流出水を利用する（Pasternak and DeMalach, 1987）．

④排水と降雨流出水を貯水池に貯留する．

⑤膜技術のような高度な処理法を実施する．

21.1.1　特殊な水資源の特性

特殊な水源の利用を考える際には，以下のようないくつかの問題に留意しなければならない．

①主に，長期的展望に立って利用しうる量，現在と将来の予想される水質，場所などの特性を踏まえた水源としての潜在能力．

②季節的な需要変動，要求される水質レベル，消費地の位置関係，などから見た需要特性．

③流域管理：賦存水量，土壌浸食，栄養塩類および汚染物質の流入．

④土壌，帯水層，さらには環境に対して害を及ぼす可能性のある処理水や塩水を利用する際の環境面からの管理．

⑤環境と健康の安全基準に適合させるための追加処理．

⑥需要ピーク期に対応するために必要な水の貯留．

21.1.2　処理水の再利用

処理された家庭排水は比較的安定した水源であり，農業，工業，レクリエーシ

ョン,園芸,工業プラントの冷却,地下水の涵養などに利用することができる (Cromer et al., 1984; Oron et al., 1986; Burau et al., 1987; Asano and Mills, 1990). 実際的には,水需要を減らしつつ需要水量を満足させるための,高度な灌漑技術や水の確保技術の導入と関係している. また,乾燥地域で発生する旱魃は水管理の問題を拡大するので,水システムの脆弱性を克服するための長期的な対策と,旱魃の影響を緩和するための短期的な対策とが必要になる. 乾燥・半乾燥地域の水資源管理は,水文的,環境的,経済的,社会的,管理的な多くの要素を統合する必要がある,複雑かつ多面的な仕事である. 環境保護に必要なレベルを確保しながら,利用者の水質要求を満たすには全体論的な取組みが適切である.

処理水の農業灌漑利用には,いくつかの点で魅力がある (Gamble, 1986; Chang et al., 1990). すなわち,

①水不足の問題が解決される,

②貯水してもしなくても (状況によっては,貯水はある種の特殊処理と考えることができる) 環境へのリスクを最小限にしつつ年間を通じて大量の水を利用できる (Shelef, 1991; Oron et al., 1992; Juanico and Shelef, 1994),

③肥料効果を増大させる排水の栄養塩類は,経済的にも利益となる (Oron et al., 1986; Nielsen et al., 1989). 処理により発生する汚泥を活用することも付加的な経済的利益になる.

排水と汚泥を処理して農業に活用することは,汚染の可能性を減らすことになり (植物の吸収による),環境汚染リスクを制御するための建設的な取組みとなる. 排水や汚泥の処理と農業目的への再利用の統合的取組みは,地域の条件に従って柔軟に調整できる (Sarikaya and Eroglu, 1993). 農業灌漑に排水を再利用することは世界的に行われてはいるものの,環境と健康に対する悪影響の問題ではまだ意見の対立がある (Smith, 1982; Nellor et al., 1985; Ward et al., 1989; Rose and Gerba, 1990; Farid et al., 1993).

そうした対立する意見やそれに類した考え方は,排水処理のレベルや水質管理の方法をめぐって生じることが多い. 排水の再利用について,全地球的な観点から考察されることはほとんどない. 環境と健康に対するリスクを抑えるためには,十分な排水処理,適切な再利用,補給・排水システムの水量と水質のリアルタイム管理が必要である. 処理排水を再利用する対象としては,以下のような可能性がある.

①農業，公園，墓地，緑地帯などの潅漑，
②冷却用，ボイラー給水用，コンクリート混合用などの工業用途，
③特殊な条件においては，処理水は飲料水の代替供給源になりうる，
④防火，舗道の清掃，空気調節，トイレ水洗など，都市における飲料水以外の用途，
⑤レクリエーション，自然保護，および環境保護区における用途（湖や池，自然保護区，雪製造など），
⑥地下水の涵養．

排水は，その水質に応じ，規制や管理に従って，広範囲な用途に用いることができる．

21.1.3 再利用基準——バリアアプローチ

排水を主に農業潅漑に再利用する場合，大抵は再利用基準の適用を受ける．排水を再利用する国や州の多くは，主に健康と環境の問題に関する再利用基準を制定している．再利用基準の主な規制要素は，BOD，SS，大腸菌群数，および溶存酸素濃度などである．しかし，技術的・財政的に監視上の制約があることから，いくつかの生物学的指標は再利用基準に含まれていない．また，基準に含まれていない要素には，溶解性蒸発残留物（TDS），ボロン，ナトリウム，重金属などがある．

排水再利用に関するバリアとは基本的には一連の安全要因で，排水処理レベル，開放式貯留の場合の追加処理，殺菌処理，作物の種類，適用技術（例えば，滴下潅漑と開放潅漑など），収穫の時期などを含んでいる．これらのバリアの設定にはそれぞれ経費を伴い，統合システムの生産性に影響を与える．

排水を潅漑に利用する場合は，このバリアアプローチに基づかなければならない．すなわち，最小のリスクで比較的高い生産性を保証する一連の処理を行わなければならないのである．

21.1.4 地中滴下潅漑（SDI）——安全な排水再利用技術

排水再利用中に健康と環境のリスクを最小限に抑えることができる方法の一つとして，地中滴下潅漑（SDI：subsurface DI）または地表滴下潅漑（ODI：onsurface DI）システムがある．SDI 法を用いた場合の土壌は，補助的な生物ろ

過層として作用し，汚染を抑える追加バリアとして機能する（Guessab, 1993；Oron et al., 1999）．SDI 法では，主に地表層の乾燥状態を維持できることから，以下のような利点がある．
　①蒸発の減少，
　②流出量の減少と保水性の向上，
　③発芽率を低くすることでの雑草の生育制御，
　④雑草制御に必要な除草剤の節減とそれによる汚染の危険性の軽減，
　⑤農業用機械の移動と操作条件の改善，
　⑥排水の地下水への流入を制限して環境汚染を最小限に抑制，
　⑦栄養塩類摂取の向上（Chase, 1985），
　⑧環境と健康に対するリスクの最小化（再生水と接触することがないため）．
　SDI 法の主な短所は，季節作物の発芽用に，別途特別な移動灌漑システムを必要とすることと，土中のネズミなどによって地中のポリエチレンパイプに穴をあけられ破損しやすいことである．

21.2　SDI の野外実験

　SDI システムによる排水再利用の可能性を確認するための野外実験が，現在進められている．SDI 法によって収穫高が向上するのは，栄養塩類の有効な利用と効率的な水摂取ならびに雑草との競合の減少，上部土壌と果実の汚染の低減によるものである．

21.2.1　実 験 地

　Chafets-Chaim キブツの商業農地で，現地実験が実施されている．10 月から 3 月までの年平均降水量は約 600mm．平均最低気温は 1 月で約 8 ℃，8 月で 17 ℃．平均最高気温は 1 月で 20 ℃，8 月で 31 ℃に達する．クラス A パン（大型蒸発計）による最大蒸発量は約 8mm/日．実験農地の土壌は，約 36 ％が粘土，17 ％がシルト，47 ％が砂である．

　(1) 作　　物

　商業農地での栽培は，綿，トウモロコシ，小麦，様々な野菜（キャベツ，パプリカなど）を含む従来型の輪作である．パプリカは，一部の畑では 1996 年以降

ほとんど毎年栽培されている．キャベツ（Fictor種）は，1998年5月1日に1ha当り15 000株植付けられた．前回小麦が栽培された畑の湿潤な土壌に植付けられた．植付は幅1.92mの苗床に3列，0.5m間隔で行われた．キャベツは9月初旬に収穫された．パプリカは1996年，1997年，と1999年に栽培され，トウモロコシは1996年，キャベツは1998年の栽培であった．小麦は，パプリカを栽培する前の冬季の作物であった．トウモロコシは通常，0.96mの列間隔，10～15cmの植付間隔で栽培される．一本の滴下管（drip lateral）で隣接する2列のトウモロコシに供給される．トウモロコシは大抵，4～6月に植え付けられ，約100日で成長する．発芽用に用いた排水の水量は約800m^3/ha（散水式灌漑）で，全期合計量（滴下式灌漑を含む）は約5 500m^3/haであった．

(2) 灌漑および排水の水質

野菜畑は通常，発芽用（および上部湿潤層の保持と土壌固化の防止用）に散水式灌漑によって数回，600m^3/ha～800m^3/ha程度灌漑される．全ての作物が一週当り3～6回滴下灌漑される．キャベツに対する滴下灌漑の合計散水量（SDIと従来型地表滴下式灌漑）は，約5 500m^3/haであった．利用排水は，隣接する排水貯水地から取水される．利用排水の栄養塩類含有量（主にアンモニアとリン）は，人工肥料の最低限の使用量に相当する（**表21.1**）．

全ての実験において，2.3L/hに調整された噴出器（エミッター）が使用され

表21.1 Chafets-Chaimキブツにおいて1998年中にキャベツ灌漑に利用された排水［mg/L］の特性（Oron *et al.*, 1999）

項目*	濃度の範囲（7例）
pH［－］	7.59～9.15
EC［dS/m］	1.8～1.9
TSS	29～54
BOD$_t$	6.6～23
BOD$_f$	6.6～16
NH$_4$	16.6～49.5
PO$_4$	11.9～78.7
Na	195～224
K	35.0～39.0
Ca	34.7～51.0
Mg	24.0～32.0
SAR［－］	6.01～7.24

＊ TSS：全浮遊物質，BOD：生物化学的酸素要求量，SAR：ナトリウム吸着率

る．噴出器は滴下管上に1m間隔で設置する．地中滴下システムは，深さ40cmにする．システム全体は，一連のろ過器，自動（コンピューター制御）バルブ，および噴出器の目詰り防止用の間欠的塩素注入（2回の潅漑毎に5〜15mg/L）装置によって制御される．

(3) 土壌と植物サンプル

栄養塩類と病原体の含有量を分析するための土壌サンプルが，成長期間に数回採取された．土壌サンプルは，噴出器の近くと離れた2つの位置（25cmと50cm）で採取された．これらのサンプルは，地表面，深さ30cm，60cm，90cmの部位および必用に応じ150cmの部位で採取された．この土壌サンプルは，従来の栄養塩類および病原体について分析された（APHA, 1995）．収穫に際しても，植物と果実について病原体分析がなされた．

21.3 結　　果

21.3.1 潅　　漑

クラスAパンの大型蒸発計から得られたデータに基づき，キャベツ畑に対して週3回の潅漑が行われた（図21.1）．利用排水には塩素処理で生じた浮遊物質が比較的多く含まれていたが（29〜54mg/L，表21.1参照），噴出器の目詰りは起らなかった．

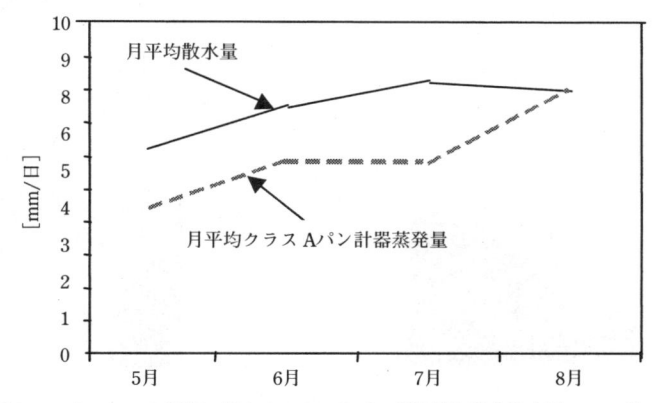

図21.1　キャベツの潅漑に関するクラスAパン蒸発量と排水散水量，1998年

21.3.2 土壌の水分と塩分

土壌水分の分布図は，従来型滴下灌漑（ODI法，以下単にDI法）では地表面近くの水分含有量が比較的高いことを示している（図21.2）．地中滴下灌漑

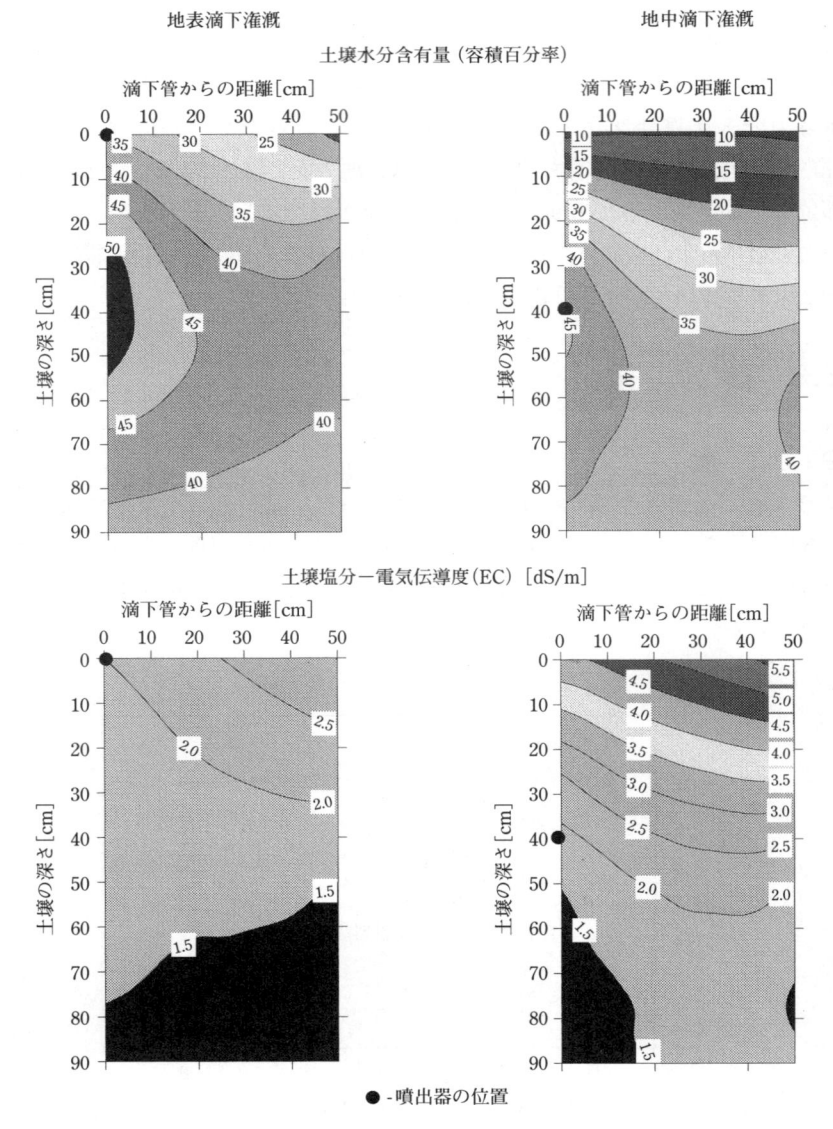

図21.2 粘土質土壌のキャベツ畑における水分と塩分(EC)の分布(Chafeta-Chaimキブツ,1998年7月16日)

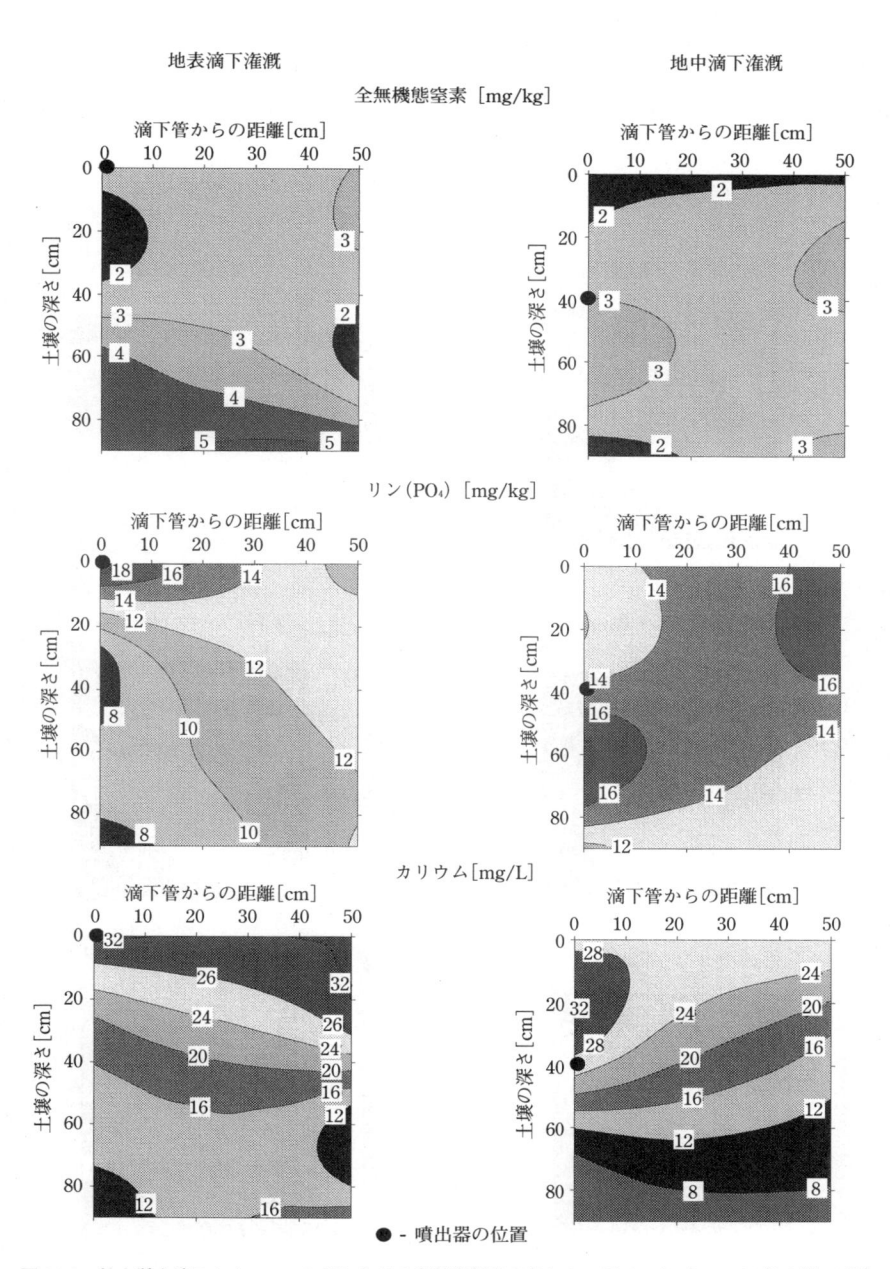

図 21.3 粘土質土壌のトウモロコシ畑における栄養塩類分布(Chafeta-Chaim キブツ, 1996 年 6 月 16 日)

(SDI 法) での水分含有量は，噴出器周辺で最大であった（Coelho and Oron，1996）．DI システムと SDI システムの両方で，噴出器の近くで土壌塩分の最小値が検出された．塩分の最大値は，SDI 法では地表面近くで観察された．したが

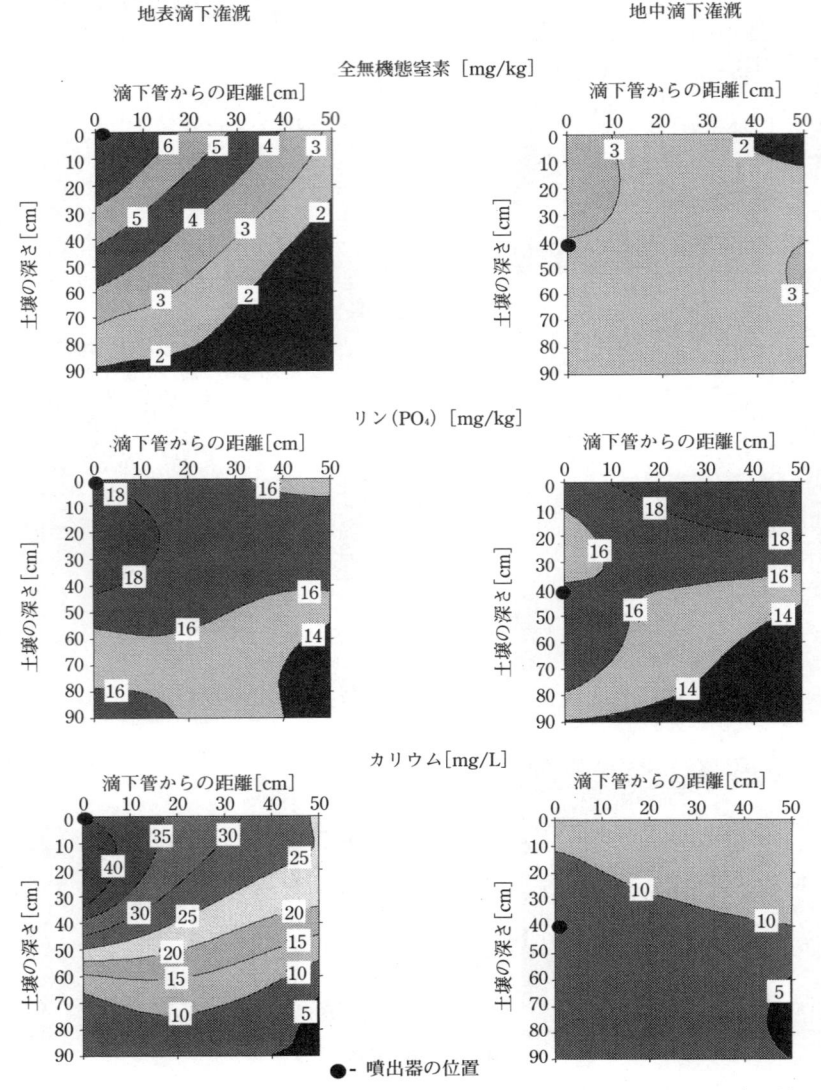

図 21.4 粘土質土壌のパプリカ畑における栄養塩類分布（Chafeta-Chaim キブツ，1996 年 7 月 22 日）

って，噴出器の近くでは水分含有量が多く塩分が少ないため，深根系の植物（例えば，綿やアルファルファ）については SDI 法が有利である．けれども，浅根系の植物（例えばキャベツなど）について，殊に塩分耐性の低い植物の場合は，地表面の塩分増加は SDI 法適用の制限要素となろう．

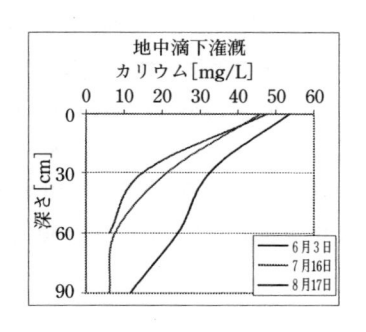

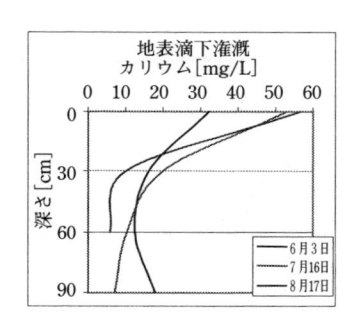

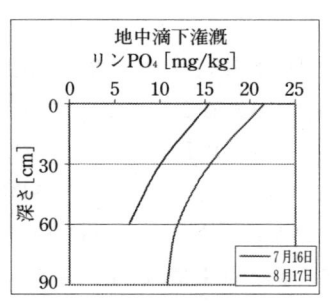

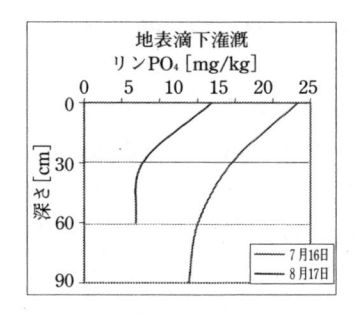

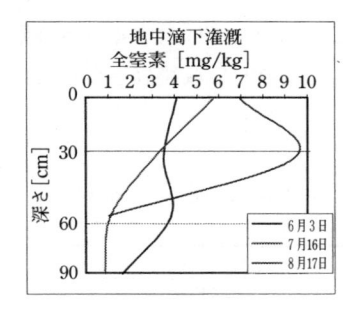

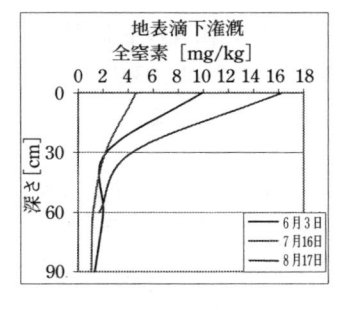

図 21.5 粘土質土壌のキャベツ畑における排水を利用した地表滴下灌漑と地中滴下灌漑の栄養塩類分布比較（Chafets-Chaim キブツ，1998 年）

21.3.3 土壌中の栄養塩類

DI法とSDI法に関する土壌中の主要栄養塩類分布を，図21.3と図21.4に示す．窒素の分布は，2つの散水システムに関してわずかな差が検出されただけだった．同じく，カリウムに関しても，2つの滴下システムでほとんど差がなかった．土壌中栄養塩類の分布については，他の調査結果とも一致している (Mendham *et al.*, 1997)．リンの分布は，2つの散水システムで違いがある．SDI法では，地中噴出器付近でリン（全無機リン）の減少がみられ，地表面の近くでも含有量が比較的少ない．DI法では，地表面の近くで高いリン含有量が検出された（図21.3および図21.4）．土壌中栄養塩類分布に関するこの所見は，深さ毎の変化を説明することでも裏付けられる（図21.5）．SDI法では，1998年のキャベツ畑の実験中に一度，窒素にも大きな変化が検出されたが，主な変化はリンに関するものであった．

21.3.4 収穫高

1996年のトウモロコシの実験で，収穫高の増加がみられた（表21.2）．この結果は，SDI法によって生産性が増大する可能性があることを示している．1998年8月31日に2m×2m四方の2区画のキャベツを収穫して，キャベツの収穫高が測定された．DI法での平均収穫高は55 000kg/haであったが，SDI法ではわずか45 000kg/haに過ぎなかった．SDI法においてキャベツの収穫高が少なかったのは，おそらくキャベツは浅根系であるため，従来型のDIシステムに比べ，水を効率的に吸収することができなかったからであろう．収穫高の多寡は重要ではあるが，今回の実験の主な目的は，土壌と植物の汚染に対する灌漑技術の効果を調べることであった．利用計画を改善して，より高い収穫高を得るための研究がさらに進められている．

表21.2 Chafets-Chaimキブツでの1996年の実験におけるトウモロコシ収穫高 [mg/ha]

灌漑方式	緑肥	穂軸
地表滴下	5.4 ± 0.3	7.9 ± 1.6
地中滴下	11.4 ± 1.4	16.2 ± 1.2

1999年の実験におけるパプリカ（乾燥フルーツはスパイス用に加工される）の収穫高は，SDI法に関して約8 200kg/ha，DI法に関して5 600kg/haであった．これは，1.0m×1.0mの3区画について，手で収穫したものの集計結果である．

21.3.5 土壌と植物の汚染

従来型と改良型の分析法を用いて，排水，土壌，植物の微生物量が分析された（APHA, 1995；Doane and Anderson, 1987）．土壌と植物の汚染状態は，利用排水の質，土壌条件（含水量，有機物質，塩分），利用技術によって大きく異なる．利用排水の微生物量は，土壌や植物と比べて比較的低かったが，それはおそらく開放型貯水池での滞留時間が長かったためである（**表 21.3**）．微生物の生存に影響する主な要素は，土壌特性と水分である（**図 21.6**）．この所見は糞便性大腸菌にあてはまり，2種類の大腸菌ファージについて検査された（Oron *et al.*, 1999）．大腸菌ファージは，土壌中のウイルス量の指標として用いられる．

その結果，DI法による果実に比べて，SDI法による果実は汚染されていなか

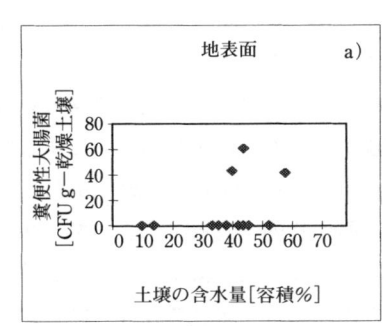

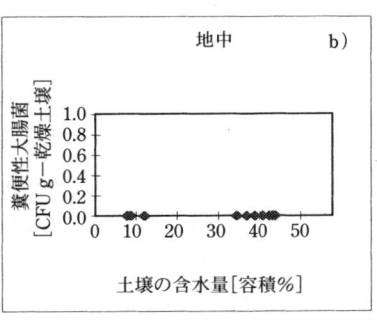

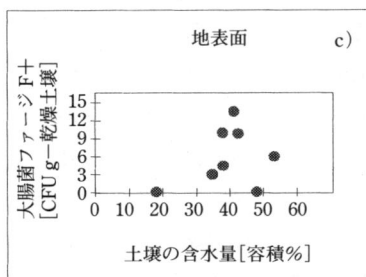

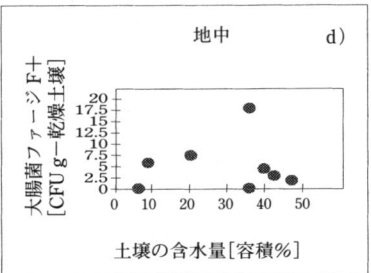

図 21.6 1998年7月16日，キャベツの灌漑に排水を利用した後の粘土質土壌中の糞便性大腸菌［(a)，(b)］および大腸菌ファージF＋［(c)，(d)］の分布

った．この所見によって，散水式潅漑による排水利用は，健康と環境へのリスクを伴うという点がいっそう明確になった．

表21.3 キャベツの潅漑に利用された排水中の病原体量［カウント/100mL］

日付	糞便性大腸菌群	大腸菌ファージF$^+$	大腸菌ファージCN-13
6月3日	2.6×10^4	6.0×10^2	6.2×10^3
6月11日	4.6×10^4	2.5×10^2	9.5×10^2
7月3日	4.4×10^4	4.2×10^3	7.4×10^3
7月16日	3.5×10^4	6.2×10^3	2.4×10^3

21.4 考　察

　現地実験は，様々な作物を栽培する商業農地で実施された．農地は，地域の安定池システムからの2次処理水と，開放型貯水池の一時的貯留水により潅漑された．全ての実験で，農地はDI法とSDI法で潅漑された．噴出器は，深さ約40cmの場所に設置された．評価基準としては，収穫高，土壌成分，土壌と植物中の糞便大腸菌や大腸菌ファージなどの汚染指標などが設定された．

　SDI法では，土壌媒体が，複雑で多様な生分解プロセスに最適な環境をつくり上げていると推測された．独特の土壌環境が，様々な微生物に対して生分解過程を及ぼし，土壌粒子への吸着を促す（Taylor, 1978 ; Gerba et al., 1981）．いくつかの複雑な相互作用的，物理的，化学的，微生物的プロセスによって，多孔質媒体（土壌）中の微生物の流出と輸送は抑制される（Hickman et al., 1989）．微生物の吸着，不活性化，土粒子表面への結合の効率は，多孔質媒体の特性によって異なる．これらの性質によって，微生物ろ過効率と除去能力が定まる．

　いずれの実験においても，予期しない植物反応はみられなかった．けれども，キャベツのような浅根系の植物では，SDI法の方がDI法より発育が悪いように見受けられる．それは，地中滴下管（約40cm）の深さに原因があり，土壌に十分な水が行き渡らないためと考えられる．

　排水の水質や作物が異なる様々な農地において，屋外実験は現在も進められている．SDI法で収穫高が向上するという結果が得られているが，それはおそらく，給水点近傍の栄養塩類の有効利用や塩分濃度低下といったようないくつかの作物

栽培学的な利点によるものであろう．また，使用排水が地表での農作業活動と接触することが少ないため，健康と環境に対するリスクが低減する．また，植物の葉や果実などの地表部が利用排水に直接接触しないことも，リスク軽減に寄与する．噴出器のヘッド（放出端）対策として排水のろ過を十分に行ったので，噴出器の目詰りの問題は起らなかった．

謝　辞

本研究に対して BARD 研究財団（プロジェクト IS-2552-95）および EC-Copernicus 研究財団（プロジェクトナンバー IC15-CT98-0105）から受けた財政的な援助に深く感謝する．また，滴下・潅漑システム製造会社の NETAFIM の支援に対してもここに感謝の意を表する．

21.5 参考文献

Angelakis, A.N., Marecos do Monte, M.H.F., Bontoux, L. and Asano, T. (1999) The status of wastewater reuse practice in the Mediterranean Basin: need for guidelines. *Water Research* **33**(10), 2201–2217.

APHA (1995) Standard methods for the examination of water and wastewater, 19th edn. American Public Health Association, Washington D C.

Asano, T. and Mills, R.A. (1990) Planning and analysis for water reuse projects. *Journal American Water Works Association* January, 38–47.

Banin, A., Greenwald, D., Negev, I. and Yablekovic, J. (2000) The phenomenon of seasonal decrease in the soil infiltration rate in the recharge basin in the Shorek site (Israel): Investigating the factors and reasons and development of treatment methods. Final report submitted to MEKOROT, the Hebrew University, the Faculty of Agriculture, Rechovot. (In Hebrew.)

Burau, R.G., Sheik, B., Cort, R.P., Cooper, R.C. and Ririe, D. (1987) Reclaimed water for irrigation of vegetables eaten raw. *California Agriculture* July/August, 4–7.

Chang, L.J., Yang, P.Y. and Whalen, S.A. (1990) Management of sugar cane mill wastewater in Hawaii. *Wat. Sci. Tech.* **22**(9), 131–140.

Chase, R.G. (1985) Phosphorus application through a sub-surface trickle system. *ASCE Proceedings of the III International Drip/Trickle Irrigation Congress*, Fresno, California, 18–21 November, Vol. II. I, 393–400.

Coelho, F. E., and Or, D. (1996) A parameter model for two-dimensional water uptake intensity by corn roots under drip irrigation. *Soil Science Society of America Journal* **60**(4), 1039–1049

Cromer, R.N., Tompkins, D., Barr, N.J. and Hopmans, P. (1984) Irrigation of Monterey Pine with wastewater: effect on soil chemistry and groundwater composition. *Journal Environmental Quality* **13**(4), 539–542.

Doane, F.W. and Anderson, N. (1987) *Microscopy in Diagnostic Virology,* Cambridge University Press, Cambridge.

Farid, M.S., Atta, S., Rashid, M., Munnick, J.O. and Platenburg, R. (1993) Impact of the reuse of domestic wastewater for irrigation on groundwater quality. *Wat. Sci. Tech.*

27(9), 147–157.
Gamble, J. (1986) A trickle irrigation system for recycling residential wastewater on fruit trees. *HortScience* **21**(1), 28–32.
Gerba, C.P., Goyal, S.M., Cech, I. and Bogdan, G.F. (1981) Quantitative assessment of the adsorptive behavior of viruses to soils. *Environmental Science & Technology* **15**(8), 940–944.
Guessab, M., Bize, J., Schwartzbrod, J., Maul, A., Morlot, M., Nivault, N. and Schwartzbrod, L. (1993) Wastewater treatment by infiltration-percolation on sand: results in Ben-Sergao, Morocco. *Wat. Sci. Tech.* **27**(9), 91–95.
Hickman, G.T., Novak, J.T., Morris, M.S. and Rebhun, M. (1989) Effects of site variations on subsurface biodegradation potential. *Journal Water Pollution Control Federation* **61**(9), 1564–1575.
Ho, G., Gibbs, R.A., and Mathew, K. (1991) Bacteria and virus removal from secondary effluent in sand and red mud columns. *Wat. Sci. Tech.* **23**(1–3), 261–270.
Juanico, M. and Shelef, G. (1994) Design, operation and performance of stabilization reservoirs for wastewater irrigation in Israel. *Water Research* **28**(1), 175–186.
Mendham, D.S., Smethurst, P.J., Moody, P.W. and Aitken, R.L. (1997) Modeling nutrient uptake: a possible indicator of phosphorus deficiency. *Australian Journal Soil Research* **35**, 313–325.
Nasser, A.M., Adin, A. and Fattal, B. (1993) Adsorption of polio virus 1 and F^+ bacteriophages onto sand. *Wat. Sci. Tech.* **27**(7–8), 331–338.
Neilsen, G.H., Stevensen, D.S., Pitzpatrick, J.J. and Brownlee, C. (1989) Yield and plant nutrient content of vegetables trickle-irrigated with municipal wastewater. *HortScience* **24**(2), 249–252.
Nellor, M.H., Baird, R.B. and Smyth, J.R. (1985) Health effects of indirect potable water reuse. *Journal AWWA* January 88–96.
Oron, G., DeMalach, Y. and Bearman, J.E. (1986) Trickle irrigation of wheat applying renovated wastewater. *American Water Resources Association (AWRA) Water Resources Bulletin* **22**(3), 439–446.
Oron, G., DeMalach, Y., Hoffman, Z. and Manor, Y. (1992) Effect of effluent quality and application method on agricultural productivity and environmental control. *Wat. Sci. Tech.* **26**(7–8), 1593–1601.
Oron, G., Gerba, C.P., Armon, R., Manor, Y., Mandelbaum, R., Enriquez, C.E., Alum, A. and Gillerman, L.(1999) Optimization of secondary wastewater reuse to minimize environmental risks. Final report, submitted to BARD (Volcani center, Bet-Dagan, Israel).
Pasternak, D. and DeMalach, Y. (1987) Saline water irrigation in the Negev Desert. Paper Presented at the Regional Conference on Agriculture and Food Production in the Middle East. Athens, Greece, January 21–26.
Powelson, D.K., Simpson, J.R. and Gerba, C.P. (1990) Virus transport and survival in saturated and unsaturated flow through soil columns. *Journal of Environmental Quality* **19**(3), 396–401
Rose, J.B., and Gerba, C.P. (1990) Assessing potential health risks from viruses and parasites in reclaimed water in Arizona and Florida, USA. Paper presented at the fifteenth biennial conference of the IAWPRC, Kyoto, Japan, 29 July–3 August, 2091–2098.
Sarikaya, H.Z. and Eroglu, V. (1993) Wastewater reuse potential in Turkey: legal and technical aspects. *Wat. Sci. Tech.* **27**(9), 131–137.
Shelef, G. (1991) Wastewater reclamation and water resources management. *Wat. Sci. Tech.* **24**(9), 251–265.

Smith, M.A. (1982) Retention of bacteria, viruses and heavy metals on crops irrigated with reclaimed water. Australian Water Resources Council, Canberra, p. 308.

Tanaka, H., Asano, T., Schroeder, E.D. and Tchobanoglous, G. (1998) Estimating the safety of wastewater reclamation and reuse using enteric virus monitoring data. *Water Environment Research* **70**(1), 39–51.

Taylor, D.H. (1978) Interaction of bacteriophage R17 and reovirus type III with the clay mineral allophane. *Water Research* **14**(2), 339–346.

Ward, R.L., Knowlton, D.R., Stober, J., Jakubowski, W., Mills, T., Graham, P. and Camann, D.E. (1989) Effect of wastewater spray irrigation on rotavirus infectionrates in an exposed population. *Water Research* **23**(12), 1503–1509.

Young, R.N., Mohammed, A.M.O. and Warkentin, B.P. (1992) Principles of contaminant transport in soils. *Developments in Geotechnical Engineering* **73**, 327.

22 章
DESARと家庭廃棄物価格安定策による アフリカ都市農業の可能性

F. Streiffeler

© IWA Publishing. Decentralised Sanitation and Reuse：Concepts, Systems and Implementation.
Edited by P. Lens, G. Zeeman and G. Lettinga. ISBN：1 900222 47 7

22.1　はじめに

　サハラ以南のアフリカ諸国は，長年にわたって都市化の程度が世界で最も低い地域であったが，現在では都市人口の成長率が最も高い地域になっている．国連開発計画〔UNDP, 1996（77ff）〕の統計によると，1995～2000年までの平均都市成長率は，アジアで3.2％，ラテンアメリカで2.3％，ヨーロッパで0.5％，北アメリカで1.2％であるが，アフリカでは平均4.3％になっている．この成長の大半は人口移動による．

　このような都市の成長はアフリカでも均一に起っているわけではない．都市化率が最も高いのはアフリカ南部（48％），最も低いのはアフリカ東部（21％）であり，この両地域の間に，北アフリカの45％，西アフリカの36％，中央アフリカの21％がある．2025年までに，8億の人々が都市で生活することになると予測されている〔Deutsche Gesellschaft für die Vereinten Nationen, 1996（p.25）〕．また，人口は比較的大規模な都市に集中する傾向がみられる．1950年では都市人口の80％が50万人未満の都市に住んでいたが，その割合は1994年までに60％に低下し，2015年までには54％へとさらに低下すると推定されている．その一方で，1994年時点で全アフリカ人口の8.1％が500万人をこえる都市に住んでいたが，この割合は2015年までには19％に達すると予測される．

22.2　アフリカの都市環境問題

　都市人口の増加に伴い，都市の環境問題も増大している．しかし，この問題は工業国のそれと同じものではない．サハラ以南のアフリカでは工業汚染はそれほ

ど重大ではなく，自動車による大気汚染は内陸部の大都市では重大であるが，人口の大半が住んでいる市街地ではそれほどではない．環境問題の主なものは，家庭（生活）廃棄物である．サハラ以南のアフリカでは，人口増に比例して家庭廃棄物が増えており，1人1日当り 0.6～0.8kg（UNDP, 1996）の家庭廃棄物が発生している．しかし，この家庭廃棄物の大部分には対策がとられておらず，都市の中心に居住する比較的裕福な階層だけが市当局のゴミ収集サービスを受けている．

廃棄物収集率が低い理由はいろいろあるが，とりわけ市当局に市全体の廃棄物に対処する財政的余裕がなく，そのため，収集サービスが豊かな地区や郊外住宅地などの特定地区に集中してしまうからである．不法占拠集落には廃棄物対策に対する財政的手段がないことが多い．これらの地区では道路も舗装されておらず，狭くてゴミ収集車が通りぬけられないこともしばしばある．

その結果，サハラ以南のアフリカの多くの都市，特にその貧困地区は大変に汚い．人々は廃棄物を家庭から様々な方法で排出しており，空き地，河川，海に投げ捨てたり，地中に埋めたりしている．

図 22.1 ギニア Conakry の貧困地区における不法投棄（写真提供：著者）

市の収集サービスがある地区でも，サービスが不規則なことが多く，ゴミ箱に入りきらないゴミがその周囲に放置されている．

けれども，役所のゴミ収集サービスだけでなく，非公式な経済活動としての小

図 22.2　ギニア Conakry の空にされないゴミ箱

規模なゴミ収集業者が数多く存在する．現在はなくなったコンゴ民主共和国のキンシャサでは，一定数の家庭が現金を支払って「手押し車」作業員の収集サービスを受け，公式・非公式のゴミ捨て場に廃棄物が運搬されていた．ある時点から，キンシャサのゴミ収集は，「国家衛生事業」（PNA）に移行されたが，そのシステムでも廃棄物のわずか 7 ％程度しか収集されなかった．その事業への財政的援助はわずか 5 ％にすぎず，事業拡張に対しても 9 ％しか補助されなかったからである〔Lubuimi, 1995（p.133）〕．このことは，ゴミ収集の仕事は手押し車作業員が優勢だったということを意味しており，1992 年にはそれにより家庭廃棄物の 8 ％が除去されていた．

個人のゴミ収集業だけでなく，団体が廃棄物を収集することもある．これらの団体は，多くは非政府組織（NGO）で，近年ますます一般的になってきている．彼らは，自分たちの地区を清潔にしようとして廃棄物を収集する住民等であり，その多くは女性である．これにより，感染性疾病の急速な拡大の主原因となる地区の衛生状態の悪化を防いでいる．

22.3　アフリカの都市農業

　田舎から街に出てきた移住者が，都市に住んでも農業活動をやめないというこ

とは，驚くべき事実である．多くの者が，生計を維持するために農業活動を続けている．農村からの移住者は，街の「輝く明かり」に魅せられたり，都市に仕事のあてがあるということで移住するのではない．現実には，移住者が町に来て様々な活動をいろいろ組合せて行うのは，生存の保証を高めることを望んでいるからなのである．基本的に，この背景にある論理は，いろいろな作物をいろいろな場所やいろいろな時期に生産することで，農業に伴う自然のリスクと闘っている自給農家の論理とそれほど違わない．ただ都市では，同じリスク分散戦略でもその方法は農業以外にもあり，第2次，第3次産業部門の活動を含めることが可能となる．

しかし，都市農業は移住者だけでなく都市に長年住んでいる人々によっても行われている．彼らも正式な雇用形態で働けることは少なく，しかもその仕事は非常に競争が激しく，その収入だけで家族を養うことはできない．そこで，都市農業を行うことで，一部は自給用，一部は作物販売用とすることで，生計を補わなければならない．正式な雇用形態の仕事に就いている人でさえ，その多くは給料だけでは生活を維持するに十分ではないので，都市農業を行っている．また，都市郊外に住んでいる人々も，主な活動として都市近郊農業を行っているため，自分たちは農民であるとさえ考えている．

ある都市域における住民の土地継承は，定住の経緯と土地に関する権利についての伝統的制度と近代的制度とで決まっている．だが，土地に関する正規の権利

図22.3　ケニアのナイロビにおける都市農業

をもたない土地使用も広く行われている．

　アフリカのいくつかの都市における都市農業の割合に関する調査を，UNDP〔1996（p.55）〕から引用して以下に示す．選定された都市における農家の状況は，以下の通りである．

- ブルキナファソ：ワガドゥーグーの36％の世帯が園芸栽培または家畜の飼育に従事している．
- カメルーン：ヤウンデでは，都市住民の35％が農家である．
- ガボン：リーブルビルの80％の世帯が園芸に従事している．
- ケニア：都市世帯の67％（そのうち80％は低収入世帯）が都市・都市近郊で農業を行っている．（そのうち29％は自分たちが住んでいる都市部で農業を行っている．ナイロビ住民の20％は都市部で食物を栽培している．）
- モザンビーク：マプトで調査された都市家庭の37％は食物を生産し，29％は家畜を飼育している．
- タンザニア：タンザニアの6都市の68％の世帯が，農業に従事し，39％が家畜を飼育している．
- ウガンダ：カンパラの中心から半径5km以内に存在する全世帯の33％が，1989年の調べでは何らかの農業活動に従事している．
- ザンビア：ルサカの低所得層250世帯に関する調査では，都市近郊の45％が自宅の裏庭または菜園で園芸作物を栽培したり，家畜を飼育している．

22.4　都市内および都市周辺農業の問題点

　位置関係による都市農業の類型について説明する前に，急成長しているアフリカの都市の特殊な構造について述べておかなければならない．

　人口と住宅が最も密集し，歴史の最も古い地区を一つの中心にもつ都市もあるが，大多数の都市は中心的な役割を果たす複数の地区（サブセンター）を持つ．そのような場合，これらの中心地区から離れるにつれて人口と住宅は少なくなり，空き地，緑地帯，低密度住宅地帯がこれらのサブセンター間にできる．このような複数の中心地区をもつ都市構造においては，都市農業の空間的分布は，「土地利用の高度化の程度は仮想中心地からの距離に反比例する」というvon Thünenモデルはあてはまらない．また，大都市近郊（例えばナイロビ西部のKulinda）

では，貧しい移住民たちの自然発生的な「衛星居住区」が形成される傾向がある．首都においてさえ新居住区の間に低密度な空間がある．

都市農業は場所を基準として3種類に区別することができる．すなわち，①都市内農業，②家庭菜園，③近郊都市農業である．

都市内農業は，異なる地区間やその周辺の空間をカバーし，また，都市の中の道路や河川や鉄道沿いなどの無人の土地（法的な視点ではない），さらには季節的に洪水で浸水する土地や，建物や公園には適さない傾斜地などにも及んでいる．これらの空間は明確な地区として位置付けられるが，もう一つ，公有（公共建築物の周辺など）や私有の空地の不法占用によるものもある．

一般に，これらの空間で都市農業を行う人々は最貧層である．彼らが土地に権利をもたないという点は，栽培される作物の種類にも関係する．土地を安定的に確保できない場合，多年生どころか一年生作物も栽培できず，葉菜のような成長の速い短期栽培作物しかつくれない．しかし，土地に関する権利がまったく欠如しているという法的な状況の指摘は，一部だけの真実にすぎない．この地区の住人が，ある区画の土地を良好な状態に維持するために一定の継続性と公然性をもって作物の栽培に労働を投下する場合は，利用権として，土地についての権利の正当性が確立することが多い．借地することも可能である．

アフリカの多くの国における家庭菜園の重要性については，どれほど評価してもし過ぎることはない．菜園を趣味とするだけのことが多い富裕国とは違い，開発途上国では，都市の家庭菜園は，十分な食糧を確保するための生存上不可欠な活動である．基本的に生産は消費のために行われる．野菜と果物は，栄養補助食品として栽培される．家庭菜園には以下のような利点がある．

・通常，土地は，所有権に関する問題が少ないほど安全である．土地を家庭菜園に利用することは，少なくとも家屋や小屋を建てるのと同程度に安全な土地確保法である．つまり，アフリカにおける多くの伝統的な法制度では，樹木を植える権利は土地に関する権利と密接な関係がある．このため，多くの土地が野菜だけでなく，樹木や潅木の植樹に使われている．
・家庭菜園での作業は，家から畑までの距離が短いため，時間の節約になる．大抵の場合，家庭菜園は女性の仕事で，台所廃棄物をコンポストとして使っている．
・家庭菜園は，沿道の畑等と異なり潅漑することができる．

・都市内農業，特に沿道の畑で大きな問題の一つである盗難の問題が少ない．

当然ながら，家庭菜園の数と規模はその立地条件で異なる．ルサカでは，住宅密集地区でも住民の半数が平均 30m^2 の菜園をもっていた（Jaeger, 1985）．

都市近郊農業は，極めて多様である．第一に，村落が都市周辺域に呑み込まれることで形成された村落農業の亜類型がある．都市近郊地域で用地に対する需要がない場合，伝統に基づく土地管理者が，都市住民に土地を 1〜2 年リースすることもある．

植民地時代から，都市への食糧供給と就業機会の確保を目的に，都市近郊地域において組織的に農業計画が実施されてきた．これらの計画は，全体的に共同作業として実施され，植民地時代とそれ以後の土地法制を通じて国有とされる土地が使用された．その一例が，コンゴ民主共和国キンシャサ近郊の Ndjili 峡谷における大規模農業計画である．一方，都市近郊にあって技術的に高度で外部からの支援を受けるような農業計画には，私有形態のものもある．

これらの民間農場の従業員は，その農地の一部を耕作することが認められている．しかし，近代的な所有形態が伝統的な所有形態に取って代わるなど，都市近郊では明快で伝統的な土地に関する権利概念が消滅してしまったため，同じ土地が都市内に住む貧困層とりわけ最近の移住民たちにも使用されている．彼らは，まだ土地に関する非公式な権利すら持たない．彼らには土地の保障がない．そのうえ自宅から畑までの距離も離れており，最も恵まれない状態に置かれている層である．

22.5 都市農業の問題点

都市農業は多くの問題に遭遇しているが，なかでも土地入手の問題が最も重要である．この章では，作物の栄養素と疾病という 2 つの問題に焦点を当てる．

1 番目の栄養素問題は，都市・都市近郊地域では農用地に制約があるため，数年毎に定期的な休閑期をもつ移動耕作が普通である農村地域と比べ，耕作が比較的連続的に行われることで生じる．また，都市農業では，作物生産と家畜飼育が統合的に行われるようなことはない．そして，化学肥料を使用することもほとんどなく，使用するとしても専業的な耕作者たちだけである．都市農業で作物の栄養素問題が生じない唯一の形態は，家庭廃棄物や排水が作物の肥料や灌漑に使用

される家庭菜園だけである．

2番目の問題は，作物の疾病の頻発で，これも都市生産者にとって重大な問題となる．筆者が，Kisangani（現在はコンゴ民主共和国）の都市部で行った調査では，426人の耕作者に都市農業で経験した主な問題について質問したところ，作物の疾病という回答が最も多かった（30.5％）（Streiffeler, 1994）．都市圏で作物の疾病の発生率が高いのは，以下のような様々な理由から説明できる．

・しばしば大気の質が悪い，
・遠隔地より都市域の方が移入害虫の問題が大きい，
・都市近郊農業では殺虫剤がよく使用されるが，使用法が正しくないため，別な種類の作物に疾病が伝染することがある，
・混合栽培のような伝統的な作物保護技術が農村地域ほど普及していない，
・作物の輪作（農村地域では一般的）が行われない．

22.6　統合的解決

都市生活において都市農業は重要であるということと，都市部の多くで大量の廃棄物が発生していることを考えあわせれば，アフリカの都市貧困地区における作物の栄養素問題を解決するために，それを衛生問題と統合して，コンポストとして使える廃棄物を都市農業に再利用するというのは魅力的な考えである．2つの問題を統合的に解決するこの方法は，排水についてもあてはまるだろう．多くの都市，とりわけ貧困地区では水不足が深刻化しており，この方法は非常に重要である．実際のところ，このような廃棄物の再利用と作物の施肥の統合は，家庭菜園という小規模な形では常に行われてきた，台所から出る生ゴミを，思い思いにコンポスト化させる場所に運んでいたのである．

外部支援開発協力プロジェクトにおいて，組織的な形でこのような統合を推進する試みが，1980年代に日本の東京にある国連大学の「食物エネルギー統合プログラム（Food Energy Nexus Programme）」で開始された（Sachs and Silk, 1990）．それ以後，この解決法は，1990年代に展開された「持続可能な都市」の展望にも現れ，1996年のHabitat会議およびその先駆活動（Abidjan, 1995など）にでも推奨された．この展望は，世界銀行の「ブラウンアジェンダ」にも盛り込まれた（Leitmann, 1994）．

22.7 分散的解決それとも集中的解決？

ヨーロッパの大都市では，かつて集中型コンポスト化施設という１つの方法しか存在しなかった（都市の園芸家が個人的に庭の一角などで行うものはあった）．この集中型コンポスト化施設は，高度な技術を必要とし高価である．この技術の有効性を調べるためアフリカの大都市に技術移転がなされたが，その試みは全体として失敗であった．この技術は，国の予算配分が少ない都市にとってあまりに高価であるとともに，この輸入技術の交換部品が地元では入手できないことがしばしば問題となった．開発途上国では，単純な技術を用いる分散型コンポスト化技術の方が適切かつ有益である．

22.8 統合的解決の問題点

この解決法は長期的には成功を収めたが，以下に述べるような問題点もある．

22.8.1 コンポスト材料の安全性

コンポスト材料の組成とコンポスト化の過程に関する問題である．１つ目の問題は，家庭廃棄物には有毒・感染性物質が分離されずに含まれることがあると共に，それを利用する際の危険性を廃棄物産出者が告知されていないという点から生じる．このことは，例えばナイジェリアのKano市周辺地域でみられるような，廃棄物を使用する農民についてもあてはまる．また，安全なコンポストを製造する方法を知らない無資格の収集業者が有機廃棄物を収集することが多く，この点も問題である．

22.8.2 行政的な問題

廃棄物の収集に関する自治体の財源は十分ではなく，一般にごく一部の都市住民の廃棄物を収集できる程度にすぎない．都市農業を地方当局が奨励することはほとんどない．以前は，特に土地所有権のない地区での都市農業（都市農業ではこの形態が極めて普通）は地方当局に禁止や抑止されることが多かったのだが，今日では容認されるようになってきた．だからといって，このような土地での農

業に，例えば高成長種子であるとか農業指導といった必要なサービスが与えられているわけではない．

22.8.3 ゴミ収集トラックの不足

サハラ以南のアフリカでは首都でさえ，ゴミ収集車の台数がまったく足りておらず，さらにその収集車の大部分が壊れている．タンザニアのダルエスサラームでは，動かせるトラック台数が不足しているために，都市廃棄物のわずか22％しか収集されていない．

22.8.4 経済的問題

アフリカの様々な国において，コンポスト化された有機廃棄物を商品化しても，コンポストの販売で得られる収入では，有機物質の収集とコンポスト化のコストを十分賄うことができない状態である．農家にとって，無機肥料に比べてコンポストは嵩が張るので，輸送コストが無機肥料より高くつく．化学肥料の製造には，補助金が支給されることもある．

そこで，廃棄物を収集してもらう家庭は，自らも負担金を払わなければならない．けれども，極貧家庭にとってはこれが難しいことから，収集廃棄物に占める家庭ゴミの割合は50％か，それ以下にすぎないことになる．

もう1つの問題は，農民はコンポストを通年で購入しないという点である．例えば，乾季または収穫後にはコンポストに対する需要がない．理論上コンポストは，貯蔵することやピートに変換することもできるが，新鮮なコンポストの方が人気がある．

22.8.5 文化的な問題

作物の栄養素としてコンポストを使うかどうかは，文化的価値観や伝統によっている．セネガルのFulbeやWolofなどの部族言語圏では，畑の肥沃化に糞尿が使用されてきたという伝統があるので，コンポストを肥料として導入することは歓迎される．一方で，コンポストと糞尿を混同してしまうことがある．

コンポスト化された廃棄物を作物の栄養素として使用することへの，文化的障害も一方で存在する．カメルーンのヤウンデでは，都市廃棄物，特にヒトの排泄物を含む廃棄物を使用することに反対する農家がみられた．有機廃棄物を農業

目的に使用する際には，このような文化的な傾向を考慮しなければならない．

22.9　西アフリカでの事例研究

　本節では，「西アフリカの都市周辺農業における植物衛生を目的とした都市家庭廃棄物コンポスト利用に関する研究プロジェクト」から得られた情報を紹介する．EU により補助されたものである．このプロジェクトは，ドイツのベルリンの Humboldt（フンボルト）大学農業園芸学部の植物病理学者，英国の Ayr（エア）のスコットランド農業大学の植物病理学者，およびセネガル，トーゴ，ギニア各国の国立農業研究所の協力で実現された．

　この研究プロジェクトの目的は，特定のコンポストによって植物疾病に対する作物の抵抗力を高めることであった．西アフリカの集中型の廃棄物コンポスト化プロジェクトは，外部からの資金援助が停止されると，経済的な理由からほとんど頓挫していた（例えば，ダカールでは 1965 年に，Cotonou では 1999 年に）．コンポストの生産コストは糞尿より高い．集中型コンポスト化施設で生産されるコンポストの品質もよくない．セネガルでは，7km 以上離れた農地にコンポストを輸送するのはコストがかかり過ぎる．分散型コンポスト化施設がその解決策になると思われた．

　セネガルでは，現在はもう存在しない第三世界 ENDA（環境開発行動）の RUP（参加型都市開発）局の，以前の活動を継続している．この ENDA プロジェクトは 1994 年に始まり，2 つの都市圏を浄化することが主な目的であった．プロジェクトは，セネガルのダカールから 27km 離れた Rufisque の市街地で実施された．最初に，市の職員，地元当局，NGO，地元住民，都市近郊栽培者からなるプロジェクトチームが組織された．通常ゴミ収集に対する住民税は収めていなかったのだが，廃棄物撤去活動に参加した各家庭は，500FCFA（約 0.90 US ドル）を支払うことになった．

　ギニアのコナクリでは，小規模業者が廃棄物の収集を実現した．各家庭は廃棄物料金を直接それらの業者に支払う．業者は，家毎に廃棄物収集を行いその廃棄物をコンテナに蓄える．それを政府が運営する廃棄物運搬サービスが集めてまわった．

　セネガルでは，プロジェクトの当初は，廃棄物の分離は家庭レベルではなくコ

図 22.4 コンポスト化できるものとできないものの選別

図 22.5 コンポスト化施設の熟成コンポスト

ンポスト化施設で行われた．プロジェクトに参加した3つの収集業者は，ロバが引く収集車で家庭廃棄物を収集した．コンポスト化施設では，6つの分別業者が使用できる有機物質を他の廃棄物と分離した．

　アフリカの都市における廃棄物の組成は，気象条件，裏庭の舗装状況や土壌のタイプ，食習慣や経済活動などにより様々である．トーゴのロメでは，廃棄物の

49％は砂であるが，舗装されていない砂質土壌の庭の掃き掃除によるものと理解できる．その反対に，コナクリでは，バイオマス生産量が多く岩質土壌であるため，廃棄物に含まれるバイオマスの割合は 50 ～ 66％である．裕福な家庭では，包装関係の廃棄物が多く，庭が舗装されていることが多いため掃き寄せゴミは少ない．金属とプラスチックは，それらが使える限り，家庭や収集者のレベルで再利用されたり，市場で販売されることがある．

　原料の品質は当然，コンポストの品質に影響する．そのため，プロジェクトでは家庭で廃棄物を有機物質と無機物質に分けるよう奨励することにした．この取組みは，分別のためのゴミ箱も配布して強力に推進された．家庭レベルでの廃棄物分離は，さらにコンポスト化施設でもチェックされる．

22.9.1　コンポスト化施設におけるプロセス

　様々な成分に分離したのち，使用できる有機物質はコンクリート床の上に置かれ，液状物質は，その床上の小水路を通じて収集池に集められる．堆積物には水をかける．その後，収集池の液状物質を一定間隔でその上に散水する．

　それから，発酵プロセスが始まる．**図 22.6** に温度変化が示されている．このプロセスで有機堆積物の温度は 70℃まで上昇するが，この温度は病原体を殺すには十分な温度である．温度が 70℃をこえると，変換物質の漏出を避けるために堆積物をかき混ぜる．

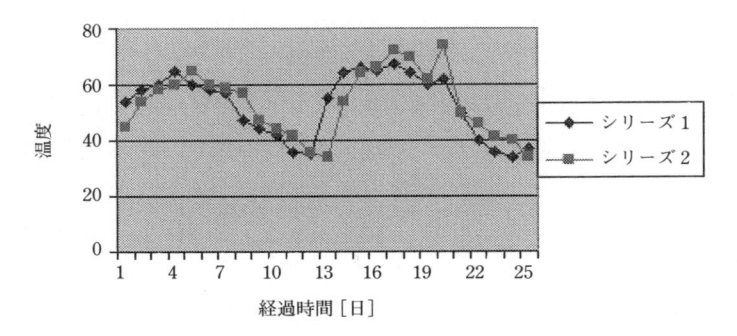

シリーズ 1：コンポスト堆の表面
シリーズ 2：コンポスト堆の内部

図 22.6　コンポスト化プロセスにおける温度変化

14日後に、堆積コンポストを切り返す。全15日間、生態毒性試験を行う。例えば、通常、70℃では生きられないとされている煙草モザイクウイルスが有機物質中に生きていないかどうか、というような試験をする。2〜3ヵ月後にコンポストができ、都市近郊の野菜栽培者や養樹場に販売される。

研究プロジェクトでは、最初に疾病に最も罹りやすい作物が特定された。これらの作物は、セネガルのトマト、トーゴのキャッサバ、ギニアのジャガイモとサツマイモであった。それから、様々な分量のコンポスト抽出物を利用した実験室と現場での試験を行い、このコンポストを利用することで作物の罹病率が減少するかどうかを調べた。このプロジェクトはなお継続中であり最終結果はまだ出ていないが、最初の結果は有望である。

ここでの研究の狙いは、コンポストの価格安定化策を見つけることである。コンポストを作物の疾病対策に利用できれば、殺虫剤を用いるのと同じ効果が得られることになる。殺虫剤は、糞尿、化学肥料、園芸土より高価であるから、コンポストの販売収入を増やすことになる。

22.10　排水の利用

乾燥地域および、河川から離れているため季節的に乾燥する地域では、都市排水を都市農業に再利用できる可能性がある。そのような方法で利用できる大量の都市排水が存在している一方で、飲用水は一般に極めて高価で農業には使用できない。排水に対してこのような関心があるため、都市の耕作者は畑に灌漑する水を盗む目的で、しばしば不法に排水路に穴を開けることがある。

しかし、作物の灌漑に未処理排水を使用することは非常に危険であり、そのような使い方をする前に排水は絶対に処理する必要がある。多くのアフリカ諸国やその他の開発途上国では、非常に高度な排水処理システムは良好に機能しないため、現在では分散型システムに向かう傾向がある。このシステムは地元で対応できる技術で機能し、修理も国外に依存する必要はなく、高度なシステムより低価格である。廃棄物や排水を処理するために、嫌気性処理技術のほかにも、ラグーン、排水処理用湿地、樹園を用いる散水システム、芙蓉 (*Pistia stratiotes*) や砂利を用いた草地など多くの技法が存在する (Niang, 1999)。ダカールの近郊地域のCambarénéでの実験で、これらの技法を比較して、どのシステムで最も質の

良い排水処理が可能かどうかが試験された．この実験では，砂利を用いた散水システム，従来型のラグーン，砂利を用いた芙蓉の草地が処理水量の点では最も性能が良いという結果が得られた（それぞれ 95％，82％，70％）．ただ，質については，どの技法も世界保健機関（WHO）の要件に合致しなかった．また，試験したうちいずれかの方法が処理項目（糞便大腸菌，連鎖球菌，寄生虫の除去など）の何かにおいて優れているということもなかった．

22.11　結　　論

　アフリカの都市環境を健全化するための都市農業の実践は，人気があるとはいえ，奇跡的な解決法になっているとはいえない．都市有機廃棄物の収集と都市・都市近郊農業への利用を統合した解決策の開発は，まだまったくの幼年時代にあるにすぎない．現在のところ，都市廃棄物のほんのわずかな割合が収集されているにすぎず，それは主に経済的に豊かな地区においてである．貧困地区は大変に汚なく，上下水道，電力施設のような他の基盤設備も整っていない．
　現在，国際機関において，公共部門はこれらの業務から撤退して，大規模民間組織から小規模廃棄物収集業者までの民間企業に任せたらどうかといった議論も一部で起っている．しかし，そのような全面的な民営化が，全面的な公営サービスシステムより優れた方法であるとは限らないように思われる．何らかの公的な解決がなければ，この民間システムも都市域全体にわたって効果的に機能することはできない．例えば，公的機関による財政的支援，連携・啓発活動といったようなことも必要である．すなわち公共と民間の協力が必要である．
　このような協力関係には外部の機関も含むべきで，それらの機関の環境技術製品の使用や，その地域に合った環境技術を開発し適用させるための財政的支援といったような物質的な側面と共に，彼らの経験や科学的知見を伝達するといった非物質的な側面における貢献が必要である．このような協力の下で，より良い都市環境を構築するうえで研究者も重要な役割を果たすことになる．
　しかし，解決策が技術的にどれほど優れていても，一般住民の参加なしに計画が進められるならば失敗に終わる可能性がある．ナイジェリアの有名な都市開発専門家である Mabogunje（1999）が述べているように，ナイジェリアの都市住宅区域では，収奪的で利己的な風潮が蔓延し，正義感が欠如し，力のある者によ

って公共機関が個人的な目的に悪用されている．このような傾向を変革して集落の連帯感を再構築するために，英国型の地区委員会をナイジェリアの都市に移入することを提案している．そのような委員会は次のような機能をもつ．

・住民全体の生活の質を向上させるための，地元地区内の自助活動の組織化と活性化（例えば，無責任に投棄された廃棄物の除去清掃など），

・特別な便宜を必要とする地区の救済，

・地域のニーズや要望の中央政府や地元当局および地元企業への伝達．

こうした制度は，発達した都市農業の利益を平等に分配するうえで極めて効果的であると思われる．また，そのような制度は，都市農業の基本的な問題の一つである，協力と連携の欠如を克服するうえでも有益であろう．

22.12 参考文献

Deutsche Gesellschaft für die Vereinten Nationen (1996) *Weltbevölkerungsbericht,* UNO-Verlag, Bonn. (In German.)

Jaeger, D. (1985) Subsistence food production among town dwellers – the example of Lusaka, Zambia. Research paper, Royal Tropical Institute, Amsterdam.

Leitmann, J. (1994) The World Bank and the Brown Agenda. *Third World Planning Review* **16**(2), 117–127.

Lubuimi M.L. (1995) Exemple de la stratégie de lutte contre la pauvreté et le développement efficace: le rôle du secteur informel dans la gestion des déchtes à Kinshasa. In Marysse, St. (ed.) *Le secteur informel au Zaire. Partie I: Concept, ampleur et méthode,* Universitaire Faculteiten Sint Ignatius, Antwerp. (In French.)

Mabogunje, A.L. (1990) The organization of urban communities in Nigeria. *International Social Science Journal* **125**, 355–366.

Niang, S. (1999) Utilisation des eaux usées brutes dans l'agriculture urbaine au Sénégal: bilan et perspectives. In Smith, O.B. (ed.) *Agriculture urbaine en Afrique de l'Ouest*, International Development Research Center, Ottawa. (In French.)

Sachs, I. and Silk, D. (1990) *Food and Energy. Strategies for Sustainable Development,* United Nations University Press, Tokyo, S. 34–84.

Streiffeler, F. (1994) L'agriculture urbaine en Afrique: la situation actuelle dans ses aspects principaux. In *International Foundation for Science: Systèmes Agraires et Agriculture Durable en Afrique sub-Saharienne.* Fondation Internationale pour la Science, Stockholm, pp. 437–454.

United Nations Development Programme (UNDP) (1996) *Food, Jobs and Sustainable Cities. Urban Agriculture*, UNDP, New York.

Liberti, L., Limoni, N., Lopez, A., Passino, R., Kang, S.J. and Horvatin, P.J. (1986) The RIM-NUT process at West Bari for removal of nutrients from wastewater: first demonstration. *Resources and Conservation* **12**, 125–136.

Otterpohl, R., Albold, A. and Oldenburg, M. (1999) Source control in urban sanitation and waste management: ten systems with reuse of resources. *Wat. Sci. Tech.* **39**(5), 153–160.

Siegerist, H.R. and Boller, M. (1999) Auswirkungen des Phosphatverbots in den Waschmitteln auf die Abwasserreinigung in der Schweiz. *Korrespondenz Abwasser* **46**(1), 57–65. (In German.)

Siegrist, H., Gajcy, D., Sulzer, S., Roeleveld, P., Oschwald, R., Frischknecht, H., Pfund, D., Mörgeli, B. and Hungerbühler, E. (1992) Nitrogen elimination from digester supernatant with magnesium-ammoinum-phosphate precipitation. In *Chemical Water and Wastewater Treatment II*, Gothenburg Symposium, 28–30 September, Nice, Springer-Verlag, Berlin.

Van der Steen, P., Brenner, A. and Oron, G. (1998) An integrated duckweed and algae pond system for removal and renovation. *Wat. Sci. Tech.* **38**(1), 335–343.

Woods, N.C., Sock, S.M. and Daigger, G.T. (1999) Phosphorus recovery technology modeling and feasibility evaluation for municipal wastewater treatment plants. *Env. Tech.* **20**, 663–679.

WSSCC (1999) Household-centred environmental sanitation. Report of the Hilterfingen Workshop.

Zhao, D. and Sengupta, A.K. (1998) Ultimate removal of phosphate from wastewater using a new class of polymeric ion exchangers. *Wat. Res.* **32**(5), 1613–1625.

23 章

排水再利用のガイドラインと規制

M. Salgot and A. N. Angelakis

© IWA Publishing. Decentralised Sanitation and Reuse：Concepts, Systems and Implementation.
Edited by P. Lens, G. Zeeman and G. Lettinga. ISBN：1 900222 47 7

23.1 はじめに

　排水処理技術の有効性と信頼性が向上したことにより，水質保全と汚染防止が達成されるようになってきたばかりでなく，補助的な水源として役立つ再生水を生産する能力も高まってきた．開発途上国，とりわけ乾燥地域の途上国では，新規の水供給源を確保し既存水源を汚染から保護するために，信頼できる低コストの技術が処理と再利用双方について求められている（Angelakis *et al.*, 1999）．排水の再生，循環，再利用を実施することで，水と流域の保全計画が推進され限られた水資源の保護が促進される．水の再生・再利用を計画・実施するにあたっては，排水再利用の目的に応じた排水処理の程度，再生水の水質，水の分配と利用方法が定められる（Asano, 1998）．

　水の再生・再利用のシステムが確立され，再生水の価値が十分認識されている国や州はほんの少数にすぎない．これらの国や州では，ある条件のもとでは水を再利用することを義務付ける法律や規制（州条例）が存在する．米国の一部の州（テキサス州など）では，現在は水道水や真水を使用している用途に再生水が利用できるかどうか，その可能性を調査しなければならないという規制がある（Crook and Surampalli, 1996）．米国では，1992 年 3 月時点で，再生水の再利用に関する規制を可決している州が 18 州，ガイドラインや設計規準をもっている州が 18 州，規制やガイドラインをまったくもっていない州が 14 州となっている（US EPA, 1992）．排水の再生・再利用に関する規制やガイドラインをもたない州では，ケースバイケースで計画が認められている．

　そのほか，様々な国（イスラエル，南アフリカ，チュニジアなど）で，規制やガイドラインが定められている．そして，その他の国（キプロス，スペイン，イ

タリア，ギリシャなど）では，灌漑に再生水を使用するための規制が定められようとしている．ここでいう規制とは，議会で可決され行政機関が執行できる実際的な規則である．一方，ガイドラインには強制力はないが，再利用計画の策定に用いられている（Angelakis and Asano, 2000；Angelakis and Bontoux, 2000）．

排水の再生・再利用を定める一般基準，基準，規則，ガイドライン，優良事例その他の措置が，種々の環境条件について用意され，採択する前に公表される．パブリックコメントが行われ，次いでその意見に基づく修正が行われる．この手続きは時には最終的に公示・施行される基準の性格を大きく左右する．

排水の再利用に関する要件または基準が定められると，必要な水質を保証するような排水の再生処理が必要となる．法的であれ計画的であれ，どのような場合においても，再生と再利用は一体的に進められる．

本章の目的は，排水の再生・再利用に関するガイドラインおよび規制を制定する際の基本的な考え方を示すことにある．また，様々な国の既存の基準，ガイドライン，規制とその展開についても概観する．

23.2 排水の再生利用

排水の再生・再利用に関する計画と実施にあっては，各用途毎に，必要な排水処理やその信頼度が決められている（表23.1）．

近代社会では，農業用灌漑には水が不可欠なので，排水の再利用で灌漑が圧倒的なのは当然だろう．その結果，排水再利用に関する規制は，特に農業用灌漑について整備が進んでいる．この場合，再生・再利用の基準は，主に衛生と環境保護に焦点が当てられ，通常，次の内容が定められる（Crook, 1998）．

①排水処理，②再生水の水質，③処理の信頼性，④配水システム，⑤再生水が再利用される区域の管理．

また，①～⑤の内容に加え土壌に排水を適用する場合は，⑥土壌による追加的な排水処理（水の再生処理の有無によらず），⑦再生利用時の水のロス，⑧農地，ゴルフコース，公共の場などの散水対象，というものに応じて実際の基準は変わりうる．灌漑以外の用途については，再利用される機会が少ないことから，ガイドラインや規制はあまり定められていない．水産養殖や冷却その他の工業用途に関するいくつかの例がある（Asano, 1998）．レクリエーションへの利用や飲用水

表 23.1 都市排水の再利用の用途と潜在的な問題/制約（出典：Tchobanoglous and Angelakis, 1996）

排水再利用の用途	問題/制約
農業用灌漑 作物灌漑 商用種苗場 修景灌漑 公園 校庭 高速道路中央分離帯 ゴルフコース 墓地 緑地帯 居住地	(1) 適切な管理の欠如による地表水と地下水の汚染， (2) 作物の市場性と市民の受容性， (3) 土壌と作物に対する水質，特に塩分の影響， (4) 病原体（バクテリア，ウイルス，寄生虫）に関連する公衆衛生問題， (5) 緩衝地帯を含む管理用地の使用， (6) 利用者の高負担問題．
産業用リサイクルおよび再利用 冷却水 ボイラー供給水 工程用水 大規模土木建設	(1) コンクリートのスケーリング（剥落），腐食，生物成長，管閉塞に関する水質の影響， (2) 公衆衛生問題，特に冷却水のエアロゾル化による病原体の伝染．
地下水涵養 地下水補充 塩水侵入制御 地盤沈下対策	(1) 再生水の有機化合物およびその毒性影響， (2) 再生水中の全溶解性固形物質，硝酸塩，病原体．
レクリエーション/環境用 生息 (habtat) 湿地 湖および池 沼地涵養 河川流量の補給 漁業 人工雪	(1) バクテリアとウイルスによる健康問題， (2) 受水域の窒素 (N)，リン (P) による富栄養化， (3) 水生生物に対する毒性．
種々の用途 消火用水 空調 トイレ水洗	(1) エアロゾルによる病原体伝染の公衆衛生問題， (2) コンクリートのスケーリング（剥落），腐食，生物成長，管閉塞に関する水質の影響， (3) 誤接続．
水産養殖 飲用再利用 水道水への混合 直結水道水供給	(1) 再生水の水質成分，特に貯水槽の微量有機化合物とその毒性影響， (2) 清潔感（美観）と市民の受容性， (3) 病原体，特にウイルスの伝染に関連する健康問題．

以外の都市での様々な利用に関する規制もみられる．

非常にまれな例ではあるが，ナミビアの Windhoek では，水道水としての再利用に関する規制が定められている（Odendaal *et al.*, 1998）．カリフォルニア州で

は，地下水の人工涵養を目的とした排水の再利用規制が提起されている（Asano, 1998）．今後は，再利用の分野が拡大して，いろいろな再利用の可能性に対応する新たな規制が制定されることになるだろう．

23.3 再利用の条件

　再生水を何らかの用途に利用する際の許容性は，物理的，化学的，微生物的な水質，それから特に，こうした水質とも関連する衛生上のリスクによって異なる．いずれにしても，再利用のための適切なインフラが存在しなければならない．このインフラとしては，必要性や基準に対応した水処理・排水再生施設，配水管網，貯留施設などがある．

　時に忘れられがちであるが，処理の信頼性と再利用施設全体についての評価が必要である．再生水が使用前に劣化したり，不適切に使用されることがないようにするには，配水システムの設計と性能が特に重要である．開放式貯留では，微生物，藻類，浮遊物質などによって水質が劣化する可能性があり，再生水の悪臭や着色の原因となる．しかし，その点に注意して適切な管理さえ行えば，開放式貯留システムは水質を改善することもできる．

　衛生と環境のリスクを低くするには，排水を再利用する区域の管理が極めて重要である．許容できるレベルまでリスクを低くすることが，排水再利用に関するガイドラインや規制の最終目標であることを忘れてはならない．

　排水の再生・再利用を検討する際には，全ての予定利用者は国の法的・経済的制約を認識していなければならない．規制は，最終製品（再生水）に関する水質基準か必要な排水再生処理装置のいずれかを定める（義務的または参考的に）．いずれの場合でも，規制は優良事例といったようなものによって補完されることがある．

　農業目的以外の排水再利用では，それぞれの国の水や資源についての法制度に関連した様々な問題が生じうる．例えば，地下水を再生水で涵養する場合，トラブルが発生することを避けるためには，水の所有権が明確になっていなければならない．米国では，こうしたトラブルから様々な訴訟が起ることがある（National Research Council, 1994）．スペインの例では，帯水層を涵養する場合は，地下水は州に帰属することになっている．

内陸部および乾燥気候帯では，都市の処理または未処理排水が川を流れる唯一の水であることもある．下流域の利用者はその流水に頼っており，それに対する水利権がある．そのような場合，上流域の排水を他の目的に再利用することは不可能である．

23.4 再生水の水質基準に影響する要因

　法的な権限には様々な段階があり，それらの違いを認識しておく必要がある．例えば，規制（regulation）には法としての位置づけがあり（カリフォルニア州），理論的には法に属さない勧告（recommendation）よりも強制力が強い（WHO, 1989；US EPA, 1992；アンダルシアおよびカタロニアに関する報告（1994）—Salgot and Pascual, 1996 参照）．いずれにしても，それぞれの国で，あるいは行政レベルが下位になるほど，法的な特殊性について調査が必要である．

　通常，再生水の水質は，慣例的に他の要素とは無関係に一般基準（standard）を用いて定められる．一般基準値は以下のようないくつかの観点に基づいている．

①経済的・社会的状況，
②様々な法人や関係行政機関の法的能力，
③ヒトの健康および衛生の程度（風土病，寄生虫病），
④技術的な能力，
⑤既存の規則および基準，
⑥作物の種類，
⑦水質分析能力，
⑧再利用リスクの影響を受ける可能性がある集団，
⑨技術的・科学的見解，
⑩その他様々な理由．

　これら10の項目は，3種類の要因に分けることができる．すなわち，科学技術的要因（分析，処理方法，処理能力，知識など），法制的・経済的要因（基準：criteria，社会経済的，法的権限など），健康関連要因（衛生状態，疾病，リスク集団など）である．

　これらの一般基準や質的規制については，一般基準値や規制すべき水質項目を巡って，科学者，保健・法令部局担当官，技術者などの間で議論がなされてきて

いる．再生水がリスクなしに，または許容できるリスクレベルで再利用されるために満たすべき水質に関して，同じ国の研究チームや監督機関の間でさえも様々な議論が起っている．特に灌漑目的の再利用を扱う場合は，適用される一般基準の根拠に従って，研究者を上記の3種類の要因の範疇に分ける必要がある．他の再利用の可能性（地下水涵養，産業用など）の場合はそれほど一般的ではないので，主に灌漑用に設定されたパターンに倣っている．

WHO関係の研究者達は，1989年に発行された「農業と水産養殖への排水使用に関する健康ガイドライン」を一般基準決定の拠り所にしている．カリフォルニアの研究チームは，米国の一般基準に関する文献をまとめているが，1978年（カリフォルニア州）と1992年（米国環境保護局）の出版物が最も重要である．その他の国（フランス，イスラエル，旧ソ連）では，それぞれ自国の一般基準を制定している．

(1) 社会経済的要因

一般基準とは別に，排水再利用計画を実施する際に考慮しなければならない要因がいくつかある．その一つが，社会経済的な状況であり，主に経済状況に関して考慮する必要がある．再生水以外の水が手頃な価格または無料で入手できる場合は，特別な環境保護の必要性や他の特殊な理由がない限り，排水を再利用する必要はない．

ところで，排水再利用の主な予算上の制約となるのは，水質基準を満たすために必要な高度処理ならびに貯水・配水に伴うコストである．このような意味で，排水の優先使用を法律事項とすることもできる．例えば，Balearic（バレアレス）諸島（スペイン）では，ゴルフコースの灌漑用には再生水を使用しなければならない，ということが法定されている．もう一つの経済的な制約または懸案は，再生水の水質基準を保証するために必要な水質分析コストである．例えば，病原体の存在を判定するための微生物学的試験は高価であるので，再利用水のモニタリングが不十分なものになってしまう．

そして，水質基準の選択と制定過程において最も重要なことは，市民，科学者，技術者が排水の再生・再利用を本当に受入れるという合意が存在することである．例えば，農家などの利用者は再利用コストの一部を支払うことになり，また，排水の再利用により栽培できる作物の種類が制限されることがある．

(2) 行政的要因

再利用のプロセスには行政的な手続きが伴う．そこには，水利権の許認可，処分の認可，および必用な管理規定の制定などがある．プロジェクトを決定するためには，事業形態を定義したり，事業・管理計画を提出すべき当局を定めたりする必要もある．

(3) 健康と衛生の要因

排水再利用を行う区域の衛生状態は，排水に含まれる生物学的水質を左右することから極めて重要な問題であり，寄生虫，ウイルスまたはバクテリアによる疾病が発生するかどうかは，再生水を含めた排水の質によるところが大きい (Touyab, 1997)．

この点の配慮は，病院等から排出される排水にもなされるべきである．病院のような施設から排出される排水に前処理などの十分な処理を確立することが重要であり，それによって発生源において病原性微生物を減少させ，衛生状態を悪化させないようにしなければならない．さもなければ，そのような排水を再利用すべきではない．

再生水に直接的に曝露されるのか間接的に曝露されるのかの違いにより，リスクを受ける集団をはっきりと区別する必要がある．WHOのガイドライン（1989）では，そのようなリスクに対する考えが初めて反映され，作業員と市民の違いが指摘されている．この考えはさらに発展させる必要がある．特に感染の起りやすさは年齢層によって異なる（Moukrim, 1999）．健康リスクの点で，排水と直接接触する場合（作業員など）のリスクと，間接的に接触する場合（作業員の家族や農産物の消費者など）とで区別する必要がある．

特に再生水を使用する集団に対する健康教育を行うことは，リスクそのものを軽減することに役立つ．Catalanの提案には，この種の訓練が盛り込まれている (Generalitat de Catalunya, 1994)．

(4) 科学技術的要因

実際に運転されている排水処理プロセスの結果を，ケースバイケースで確認することが重要である．従来型処理（2次処理）と高度処理（消毒を含む）の両方について行わなければならない．これについてはいろいろな視点，とりわけ科学技術的な能力の観点から調査する必要がある．

ラグーンが排水処理に適した方法であり，追加処理を施さなくても再利用する

うえで微生物学的水質を十分良好にできることは，いくつかの一般基準や勧告に示されている．その他にも，物理/化学処理に消毒を追加した方法が提唱され，特に消毒はラグーンシステムと同等以上の効果が得られると考えられているが，それ以外のシステムについてはまだ研究途上の段階である．

(5) その他の配慮事項

再生水の水質基準に加えるべき項目を検討することが重要である．現在の規制（表23.2参照）を調べてみると，現在まで考慮されている管理指標は，生物学的な指標であるであることがわかる．現在，注意が払われているのは糞便性大腸菌（カリフォルニアなど米国の州では全大腸菌群）および線虫の卵だけであり，ウイルスは含まれていない．大腸菌の分析は安価で実行しやすいが，線虫の卵については本当に汚染された排水で実施する場合以外は難しい上にコストがかかる(Asano, 1998)．これまでウイルスの試験が考慮されていないのは，モニタリングと管理は相当に難しく高コストだからである．ウイルスの指標としてのバクテリアファージの利用は将来的に有望である．

生物学的な指標に関連して，排水再利用によって生じる健康リスクに影響する他の非生物学的指標が存在するかどうかについても検討する必要がある．この観点での調査がいくつか実施されており（例えばWHO, 1989），その点についてCrook (1998) が見解を示している．Crookは，都市排水システムに排出される産業排水が化学物質を混入させ，その物質が排水の生物処理プロセスおよび処理水の最終的水質に悪影響を及ぼすことになると述べている．

そのため，化学物質とその毒性に関連する指標の導入を考える必要がある．物

表23.2 灌漑の排水再利用に関する規制と勧告

国／州	主な特徴	備 考
米国／カリフォルニア州	灌漑作物の種類に応じて 2.2～23TC/100mL	用途に応じた処理方法の記述．高度処理（3次処理）の必要性．
フランス	灌漑の方式および作物に応じて 200 または 1 000FC/100mL．線虫の卵の限度指定．	WHOの勧告に従う．改定中．
イスラエル	12TC/100mL～250FC/100mL．BOD_5，SS，DO および残留塩素に対する規制．接触時間も含む．	灌漑される作物に従って水質の記述．何度かの改定が行われたが，最終版はまだ公表されていない．
WHO	灌漑の方式および作物に応じて 200 または 1000FC/100mL．線虫卵の限度あり．	曝露集団の指定．基準的処理としてのラグーン．

FC：糞便性大腸菌，SS：浮遊物質，DO：溶存酸素，TC：全大腸菌群数

23.4 再生水の水質基準に影響する要因

理的汚染（水温上昇や放射性物質の存在など）が問題になることもあるが，これはそれほど頻繁に起るわけではない．化学物質に対する懸念はさらに高く，また，例えば Catalan の提案（Generalitat de Catalunya, 1994）では，重金属含有量に対するいくつかの上限を定めている．

再生水の用途規制の概念は，いくつかの規制で採用されている．この点は，排水再利用システム全体を管理する場合に考慮されなければならない．許可された用途（野菜，飼料，果樹，作物などの灌漑）をチェックし，良好な再利用（夜間灌漑，強風下の散水灌漑禁止など）が行われるように管理されるべきである．また，排水再生処理や再生水利用施設に係わる人々の教育を推進することが重要である．

ガイドラインと規制は，技術と健康の両方の視点を踏まえて，従来より水関連の行政機関が定めている．あらゆる行政機関がその法的権限に基づき，規則の効力範囲，評価・品質基準，規則違反の類型などを規定している．

しかし，規則の制定と適用については，その制定時当初の背景にも留意しなければならない．カリフォルニア州の規制方法は，多くの国で採択され適用されている．これらは，衛生習慣，経済，実務知識などがその地域に固有のものであるということに留意せずになされてきたが，他の地域に適用する場合には，慎重な検討が不可欠である．

米国では，再利用の実施当初から，法的権限は州（カリフォルニア，アリゾナ，フロリダなど）にあるが，他の国（フランス，イタリアなど）では法律や勧告を定めるのは中央政府の役割である．欧州連合（EU）のような超国家的な地域でも，強制的な法律の可能性はある．EU ではまだ実現されていないが，ヨーロッパ全体での排水再利用指令の制定に向けた提案がされる動きがある（Bontoux, 1998）．

また国によっては，多様な国内状況のために排水再利用を適切に管理できる法律がないことから，地域行政機関が独自のガイドラインや規制を制定する場合もある（例えば，イタリアの多様な地域やスペインの Balearic（バレアス）諸島，Andalusia（アンダルシア），Catalonia（カタロニア）などで実施されている）．

23.5 歴史的展開

排水再利用の規則に関する展開を十分に理解するには，これらの基準がどのようにつくられてきたかを顧みる必要がある．1918年に，再利用に関する法律制定の動きが始まった．この展開に関する概要が**表 23.3** に示されている．

表 23.3 制限を受けない灌漑の水質に関する歴史的データ

1918	カリフォルニア州公衆衛生局が，灌漑を目的とする下水の使用を管理する規制を制定：2.2TC/100mL
1952	イスラエルで最初の法制化
1973	WHO 100FC/100mL，サンプルの 80 %
1978	カリフォルニア州排水再生基準：2.2TC/100mL
1978	イスラエル：サンプルの 80 %に 12FC/100mL，サンプルの 50 %に 2.2FC/100mL
1983	世界銀行報告（Shuval et al.,1986）
1983	フロリダ州：100mL 中に E. coli が検出されない
1984	アリゾナ州：ウイルス（1 ウイルス/40L）とジアルジア（1 シスト/40L）の基準
1985	Feachem et al.,1983 報告
1985	Engelberg 報告（IRCWD）
1989	排水再利用に関する WHO 勧告：1 000FC/100mL，＜1 線虫卵/L
1990	テキサス州：75FC/100mL
1991	WHO に基づいたフランスの衛生勧告
1992	排水再利用に関する米国環境保護局のガイドライン：100mL 中に糞便性大腸菌が検出されない（7 日平均．サンプル中に 14FC/100mL 以下）

長年にわたり，カリフォルニア州の規制だけが，排水の再生・再利用に関する法的に有効な規定であった．1970 年代〜1980 年代にかけて，その他の州，国，国際機関でこの部門に関する活発な動きがあった．1992 年に米国環境保護局の勧告が出されて以後は，目立った動きは無い．先に述べたように，ヨーロッパでは，EU での排水の再生・再利用に関する法制化へ向けた動きがある．

既に説明したように，長い間カリフォルニア州の規制が唯一の規制であり，多くの技術者や科学者によって，それが最善なものと考えられてきた．しかしながら，この規制は非常に制約的内容であると共に，現在の状況とは非常に異なるある時代の法的，社会・経済的状況のもとで適用されたものである．そのため，様々な国際機関によって，新しい規制の実施または規制の修正の可能性が議論さ

れるようになった．WHO（1989）と世界銀行（Bartone, 1991）は，この問題に関するいくつかの研究を支援した．その後，米国環境保護局もいくつかの研究を行い，既存の州法を比較して，1992 年に勧告を行った（US EPA/US AID, 1992）．

現在，カリフォルニア州とイスラエルが規制を改定中である．また，専門機関がWHOのガイドラインの初回の改定作業を行っている．そして，様々な国やEUにおいて，ガイドラインや規制の制定のための研究が進められている．

その他，南ヨーロッパの地域や国において，規制に関する取組みが実施されており，ガイドラインや規制を検討する小規模な再利用研究グループもいくつかつくられている（Asano, 1998）．

23.6 現行の規制

23.6.1 基本的な考え方

灌漑を目的とする再生水の水質基準は，主に生物学的水質，灌漑される作物，およびリスクのある集団などに関する内容である．これらの主な特徴は表 23.2 に示されている．繰返しになるが，当面は，生物学的指標のみが唯一の考慮されている指標である．

WHO（1989）は，灌漑目的の排水再利用に関するガイドラインを作成する 2 つの方法について議論している．すなわち，技術的手法に基づく数値一般基準の設定と疫学的方法である．複数の研究者が述べているように（Shuval et al., 1986），疫学的方法は，規制を設定するうえで必ずしも有用とはいえない．一方，「技術的手法に基づく」方法は実際の状況を反映したものではないため，議論の余地がかなりある．それでも，現在の状況においては唯一実現可能な方法であろう．1980 年代に，Hass（1983）による研究を機に，それに続いて，他の研究者（Regli et al., 1991；Asano et al., 1992；Hass, 1996；Hass et al., 1996a・b；Gerba et al., 1996）の研究が実施された．排水再利用の領域における健康リスクを計算するという，リスク評価の方法が用いられた．より現実に即した数値基準を確立するために，今後この方法が検討されるべきである．けれども，現時点では，もっと古典的な方法に頼らざるを得ない．

23.6.2 世界の勧告，ガイドラインおよび規制

世界の様々な地域での制限を受けない灌漑に使用される水質基準が，**表 23.4**にまとめられている．現在の状況は，以下の通りである．

表 23.4 制限を受けない灌漑に再生水を再利用するための水質基準（Angelakis, 1997）

機関または州	形式	公衆衛生の観点から必要とされる水質
US EPA（1992）	ガイドライン	糞便性大腸菌がいかなる試料においても 14MPN/100mL をこえてはならない（実質的に不検出を意味する）．2次処理の後にろ過（凝集剤またはポリマー添加剤）と消毒を行なう．
アリゾナ	規制	糞便性大腸菌が 2.2/100mL（平均）および 25/100mL（各サンプル）をこえてはならない．
カリフォルニア CA/T-22（1978）	規制	全大腸菌群数が 2.2/100mL をこえてはならない（月当り1サンプル以上で全大腸菌群数が 23/100mL をこえてはならない）．2次処理のろ過と消毒が必要．
コロラド	ガイドライン	全大腸菌群数が 2.2/100mL（平均）をこえてはならない．処理水の使用には酸化，凝集，沈殿，ろ過および消毒を行なわなければならない．
フロリダ	規制	糞便性大腸菌が 30 日間以上にわたるサンプルの 75％値で 25/100mL をこえてはならない．ろ過と高レベルの消毒を伴う2次処理を必要とする．また，処理水は 20mg-COD/L（年平均）と 5mg-TSS/L（各サンプル）を必要とする．
ジョージア	ガイドライン	糞便性大腸菌のレベルが 30/100mL をこえてはならない．生物処理（30mg-BOD/L および 30mg-TSS/L）を必要とする．
アイダホ	規制	全大腸菌群数が 2.2/100mL（平均）をこえてはならない．処理水の使用には酸化，凝集，沈殿，ろ過および消毒を行なわなければならない．
イリノイ	規制	最低限必要な処理は砂ろ過および消毒を伴う2池式ラグーンシステムまたは消毒を伴う機械的2次処理．
インディアナ	規制	糞便性大腸菌が 1 000/100mL（平均）および 2 000/100mL（各サンプル）をこえてはならない．この基準をこえると消毒を必要とする．
ミシガン	規制	処理要件はミシガン水源委員会発行の NPDES（汚染物質排水削減システム）の許可によって規定．
ノースカロライナ	規制	糞便性大腸菌が 1/100mL をこえてはならない．3次処理（月平均 5mg-TSS/L および日最大 10mg-TSS/L）を必要とする．

23.6 現行の規制

機関または州	形式	公衆衛生の観点から必要とされる水質
ネブラスカ	ガイドライン	利用前の生物処理と消毒を必要とする．
ニューメキシコ	ガイドライン	糞便性大腸菌が1 000/100mLをこえてはならない．消毒を伴う十分な処理を必要とする．
オレゴン	規制	全大腸菌群数が2.2/100mL（平均）および23/100mL（各サンプル）をこえてはならない．凝集，ろ過，消毒を伴う生物処理を必要とする．
テキサス	規制	糞便性大腸菌が75/100mLをこえてはならない．安定池システムまたはそれ以外のシステムでそれぞれ30mg-BOD/Lおよび10mg-BOD/Lとなる最低限の処理を必要とする．
ユタ	規制	全大腸菌群と糞便性大腸菌がそれぞれ2 000および200/100mL（30日平均）をこえてはならない．最低限必要な処理は，BODおよびTSS（30日平均）で25mg/Lの2次処理．
ワシントン	ガイドライン	全大腸菌群数が2.2/100mL（平均）および24/100mL（各サンプル）をこえてはならない．最低限の処理はろ過を伴う2次処理．
ウエストバージニア	規制	必要な最低限の処理は，消毒およびBODとTSSの濃度30mg/Lとなる2次処理．
ワイオミング	規制	糞便性大腸菌が200/100mLをこえてはならない．処理水のBOD濃度が10mg/L（日中）をこえてはならない．
カナダ（Alberta）	規制	全大腸菌群数が幾何平均値で1 000/100mL，糞便性大腸菌がサンプルの20％以上で幾何平均値として200/100mLをこえてはならない．灌漑される野菜について，全大腸菌群数が全灌漑日で幾何平均値として2 400/100mLをこえてはならない．
キプロス（1997）	基準	糞便性大腸菌が1ヶ月サンプルの80％値および許容最大値としてそれぞれ50/100mLおよび100/100mLをこえてはならない．また，腸内線虫が1卵/Lをこえてはならない．消毒を伴う3次処理を必要とする．
フランス（1991）	ガイドライン	追加規則を伴うが，基本的にWHOと同様．
イスラエル（1978）	規制	全大腸菌群数がサンプルの50％および80％においてそれぞれ2.2および12MPN/100mLをこえてはならない．消毒を伴う2次処理もしくは同等の処理（長時間貯留処理など）．
日本	基準	全大腸菌群数およびBODがそれぞれ50個/mLおよび20mg/Lをこえてはならない．

機関または州	形式	公衆衛生の観点から必要とされる水質
ヨルダン	規制	公共エリアにおける再利用について糞便性大腸菌<200/100mL および線虫<1卵/L. 推奨：制限を受けない灌漑に対して糞便性大腸菌1 000MPN/100mL, 公園と地下水人工涵養でBOD$_5$, 50mg/L. 灌漑できるのは，果樹，森林，飼料用作物のみ．再生水中に残量塩素の存在が必要．
クウェート	基準	全大腸菌菌数が100個/100mLをこえてはらない．処理水BODおよびTSSが10mg/Lをこえない高度処理を必要とする．
ニューサウスウェールズ州（オーストラリア）	ガイドライン	耐熱性大腸菌が10/100mL（平均）をこえてはならない．最低限の処理として処理水濁度2NTU以下となるろ過の2次処理を必要とする．
サウジアラビア	規制	全大腸菌群数が2.2個/100mLをこえてはならない．処理水中のBODおよびTSS濃度が10mg/Lをこえてはならない．
南アフリカ	ガイドライン	糞便性大腸菌最大数が0.0個/100mLでなければならない．また，最低限処理として基準の1次，2次，3次処理を必要とする．
チュニジア（1975）	規制まは法律	腸内線虫が1卵/L以下でなければならない．最低限処理として安定池またはそれと同等の処理を必要とする．
ビクトリア州（オーストラリア）	ガイドライン	制限を受けない灌漑に対して（公共エリア以外）：pH＝6.5〜8.0, BOD$_5$＜10mg/L, TC＜1org./10L, 残留Cl＞1mg/L（30分接触または同等の殺菌後）．灌漑などに高質再生水が必要な場合は，高度処理プロセスを用いる．
WHO（1989）	ガイドライン	非制限灌漑用水からの健康リスクの抑制のため，糞便性大腸菌200/100mL未満および腸内線虫1卵/L以下．1次および2次処理に続いて，なるべくろ過または仕上げ処理および消毒を行なうことが望ましい．

MPN；most probable number：最確数

(1) ヨーロッパ

ヨーロッパでは，排水の再生・再利用に関するガイドラインまたは規制は，ごく少数の国のみで定められている．北部諸国の大半は水を再利用する必要がなく，放流される処理水は河川水で十分に希釈されるため，排水再利用に関する特別な法律を持っていない．

ヨーロッパ全体に適用できる排水再利用に関する規定は,「処理水は適宜再利用するものとする」というヨーロッパ排水指令第12条(91/271/ECC)だけである.この文言を現実のものにするためには,「適宜」という言葉に対する共通の定義を必要とする.Bontoux (1997) は,衛生面および営利面から考察し,ヨーロッパの水政策における排水再利用に関する共通の法制の重要性を指摘している.

イタリアでは1977年に,国家水質法CITAI (Commitato Interministeriale per la Tutela delle Acque dal Inquinamento, 1977) の枠組内で排水再利用のガイドラインが採択された.このガイドラインはカリフォルニア州の規制をまねたものだが,イタリアの状況には不適切であることがわかり,それに従う者はいなかった.けれども,地方自治体では規制が必要となり,例えば,1989年にSicily (シチリア) で規制が定められた.これらの規制は国の規制とは相当異なる基準をもち,むしろWHOのガイドラインに極めて近いものであった.

イタリアの他の地域で公布された別の勧告は,WHOとカリフォルニア州のガイドラインとを組合せたものになっている (Bontoux, 1997).

フランスでは,フランス公衆衛生最高評議会 (CSHPF, 1991) の勧告という形で国家の実施規約を定めた.これらの勧告はWHOのガイドラインを基礎にしているが,厳しい適用規定でさらに補足されている.CSHPF (1991) は,公衆衛生を最善の状態に保つためにこれらの制限を厳しく監視することを要求している (**表 23.5**).

ギリシャでは,水質基準を確立するための予備的な研究が進められている (Angelakis *et al.*, 2000).

表 23.5 フランスにおける排水再利用に関する勧告 (CSHPE, 1991)

処理	基準	灌漑の形態	作物の種類
なし	なし	局地的	産業用穀物,飼料,果樹,森林および緑地
安定池に8~10日間滞留	≦1線虫卵/L	散水灌漑(エアロゾル散布に限定)	果樹,穀物,飼料,苗木,立ち入り制限緑地
安定池に20~30日間滞留	≦1線虫卵/L, ≦10^3FC/100mL	低圧散水灌漑,畝間	果樹,牧草,野菜,豆類
三次処理と消毒,安定池20~30日間滞留	≦1線虫卵/L, ≦200FC/100mL	低圧散水灌漑	公共緑地

ポルトガルの法制では，1990年より法74/90（32条）に基づき，様々な作物に適正に処理された排水を再利用することが認められている (*Anonymous*, 1990)．しかし，生物学的水質基準と灌漑システムに関する基準がさらに必要とされている．灌漑用の排水再利用に関する重要なプロジェクトも実施されているが，ガイドラインはまだ導入されていない．

キプロスでは，灌漑を目的とする再生水利用に関する暫定基準が制定されつつある．キプロス特有の条件に適応させるために，WHOの基準より厳しい基準が導入された．さらに，再生水利用による灌漑のための実施規約がある．

スペインでは，次のような規制だけが既存の法律に定められている (Salgot and Pascual, 1996)．

①全ての水の予定使用者は，それが再生水の場合であっても，水の使用について行政の許可を必要とする．

②再生水に関しては，許可に先立って，衛生当局による「義務」報告書が出される．この報告書で示された事項は，使用許可を得るにあたって厳格に実施されなければならない．

③政府は再生・再利用規制を制定しなければならない（まだ実施されていないが準備中である）．

政府の規制がないために，地方自治体の衛生当局が必要に迫られて独自のガイドラインを定めざるを得ない地域がある．これまでに，そのようなガイドラインが3種類発表されている (Salgot and Pascual, 1996)．Canary（カナリー）諸島は，水に関する独自の法および規制をもっている．そこでは，スペインの他の地域と同じように，水資源は国に帰属していない．再生水は，水売買市場において0.4米ドル/m^{3}という手頃な価格で販売されている．

(2) 南地中海

南地中海諸国の水需要は，北地中海諸国より切迫している．経済開発，観光客の増加，および人口増加によって水に対する需要がますます増大している．しかも，これらの国では，乾燥気候であることから水資源が限られている．そのため，排水を含め利用できる全ての水資源を活用する必要がある．

モロッコでは，排水再利用に関する特別な規制がまだ制定されていない．プロジェクトでは通常，WHOの勧告が参照されている．

チュニジアにおける農業への排水再利用は，1975年の水法および1989年の政

令により規定されている．この水法によって再生水の利用に関する法的枠組みが定められている．この法令は，農業に未処理排水を使用すること，および生食用野菜の潅漑に再生水を利用することを禁止している．この法令は，潅漑用再生水は疾病が伝染することのない水質を保たなければならない，と規定している．1989年の政令は，特に農業に対する排水の再利用について定めている．

(3) 中 近 東

イスラエルでは，都市下水道によって収集された排水の約72％が，潅漑または地下水涵養に使用されている．イスラエルは1952年に，カリフォルニアの基準をもとにした規制を公布した．地元，地域，国の各当局は，このような再生水の使用を承認しなければならないとされている．また，潅漑に使用される処理水は，保健省が定めた水質基準に適合しなければならない（Oron, 1998）．

ヨルダンでは，排水処理と再利用に関する基準が，1982年に軍法によって導入された．1989年に，さらにリベラルな軍法の改定版が採択された．

レバノンでは，1930年の法律によって排水処理と再利用が規定されている．

(4) 南アフリカ

南アフリカでは，水資源の豊富な他の国よりさらに複雑な水質管理戦略を採用している．国の水収支の中でも，排水再利用は極めて重要である（水法, 1956）．この法律が排水再利用政策の最も重要なルールになっている．

(5) 南アメリカ

南アメリカ諸国には特別な法律は存在しないが，WHOの基準が採用されることもある．世界銀行のいくつかの調査が役立っている（Bartone, 1991）．

(6) 北アメリカ

米国には，排水再利用に関する連邦一般基準は存在しない．一方，多くの州が排水再利用に関する独自の勧告や規制を制定している（**表 23.4**）．大抵は，再生水との接触の程度に基づいて規制が定められている．

既に述べたように，カリフォルニア州は一般基準制定におけるパイオニア的な州である．1918年に，同州は大腸菌最大含有量を2.2-TC/100mLと定めた．この規制は，水道水の規制と同程度の厳しさである（Asano *et al.*, 1992）．水質汚濁防止法（1977）よって，排水再生・再利用に土壌を用いる排水処理と除去システムが推し進められた．米国環境保護局の研究（1992）には，全州のガイドラインとその主な特徴が記述されている．

23.7 参考文献

Angelakis, A.N. and Asano, T. (2000) Wastewater reclamation and reuse in Eureau countries. Necessity for establishing EU guidelines. Eureau, Brussels, p. 54.

Angelakis, A.N. (1997) Development of wastewater reclamation and reuse practices for urban areas of Yemen. Food and Agriculture Organization of UN, Rome, Italy, p. 144.

Angelakis, A.N. and Bontoux, L. (2000) Wastewater reclamation and reuse in Eureau countries. *Water Policy Journal* (accepted).

Angelakis, A.N., Marecos do Monte, M.H., Bontoux, L. and Asano, T. (1999) The status of wastewater reuse practice in the Mediterranean basin. *Wat. Res.* **33**(10), 2201-2217.

Angelakis, A.N., Tsagarakis, K.P., Kotselidou, O.N. and Vardakou, E. (2000) The necessity for the establishment of Greek regulations on wastewater reclamation and reuse. Report for the Ministry of Public Works and Environment and Hellenic Union of Municipal Enterprises for Water Supply and Sewage. Larissa, Greece, p. 110. (In Greek.)

Anonymous (1990) Portuguese legislation on irrigation water quality. Decree-Law 74/90. Journal of the Republic, I series no 55, 1990.03.07. Lisbon, Portugal.

Asano, T. (1998) (ed.) Wastewater reclamation and reuse. Water quality management library, Vol. 10. Technomic Publishing, Lancaster, PA, USA.

Asano, T., Leong, L.Y.C., Rigby, M.G. and Sakaji, R.H. (1992) Evaluation of the California wastewater reclamation criteria using enteric virus monitoring data. *Wat. Sci. Tech.* **26**(7-8), 1513-1524.

Bartone, C.R. (1991) International perspective on water resources management and wastewater reuse-appropriate technologies. *Wat. Sci. Tech.* **23**, Kyoto, 2039-2047.

Bontoux, L. (1997) Aguas residuales urbanas. Salud Pública y medio ambiente. *The IPTS report*, 19, 6-13. (In Spanish.)

Bontoux, L. (1998) The regulatory status of wastewater reuse in the European Union. In *Wastewater Reclamation and Reuse* (ed. T. Asano), Technomic Publishing Company Inc., Lancaster, PA, USA, pp. 1463-1475.

CITAI (1977) Smaltimento deli liquami sul suolo e nel sottosuolo. Altegato 5, Delibera 4.2.1977. GURI, no. 48.S.O. 21 Febbraio. Roma, Italy. (In Italian.)

Crook, J. (1998) Water reclamation and reuse criteria. In *Wastewater Reclamation and Reuse* (ed. T. Asano), Technomic Publishing Company Inc., Lancaster, PA, USA, pp. 627-705.

Crook, J. and Surampalli, R.Y. (1996) Water reclamation and reuse criteria in the USA. *Wat. Sci. Tech.* **33**(10-11), 475-486.

CSHPF (1991) Recommandations Sanitaires Concernant l'Utilisation, après Épuration, des Eaux Résiduaires Urbaines pour l'Irrigation des Cultures et des Espaces Verts. Circulaire DGS/SD1.D./91/N° 51, Paris, Conseil Supérieur d'Hygiène Publique de France (In French.)

Feachem, R.G., Bradley, D.J., Garelick, H. and Mara, D.D. (1983) Sanitation and disease–health aspects of excreta and wastewater management. World Bank Studies in Water Supply and Sanitation 3. Published for the World Bank by John Wiley & Sons, Chichester, UK.

Generalitat de Catalunya. Departament de Sanitat i Seguretat Social. Direcció General de Salut Pública (1994) Prevenció del risc sanitari derivat de la reutilització d'aigües residuals com a aigües de reg/Guia per al disseny i el control sanitari dels sistemes de reutilització d'aigües residuals. Barcelona, Spain. (In Catalan.)

Gerba, C.P., Rose, J.B., Haas, C.N. and Crabtree, K.D. (1996) Waterborne rotavirus, a risk assessment. *Wat. Res.* **30**(12), 2929–2940.

Haas, C.N. (1983) Estimation of risk due to low doses of microorganisms: a comparison of alternative methods. *American Journal of Epidemiology* **118**(4), 573–582.

Haas, C.N., Crockett, C.S., Rose, J.B., Gerba, C.P. and Fazil, A.M. (1996) Assessing the risk posed by oocysts in drinking water. *Journal AWWA* **88**(9), 131–136.

Haas, C.N. (1996) How to average microbial densities to characterize risk. *Wat. Res.* **30**(4), 1036–1038.

IRCWD (International Reference Center for Waste Disposal) (1985) Health aspects of wastewater and excreta use in agriculture and aquaculture: The Engelberg report. IRCWD News, No. 23, Dubendorf, Switzerland.

Moukrim, A. (1999) Wastewater reuse in Morocco: the Agadir case. In *Water Resources* (coord.. M. Salgot), edited by Fundación AGBAR, Barcelona. (In Catalan.)

National Research Council (1994) Groundwater recharge using waters of impaired quality. National Academy Press, Washington, DC.

Odendaal, P.E., van der Westhuizen, J.L.J. and Grobler, G.J. (1998) Wastewater reuse in South Africa. In *Wastewater Reclamation and Reuse* (ed. T. Asano), Technomic Publishing Company Inc., Lancaster, PA, USA, pp. 757–779.

Oron, G. (1998) Water resources management and wastewater reuse for agriculture in Israel. In *Wastewater Reclamation and Reuse* (ed. T. Asano), Technomic Publishing Company Inc., Lancaster, PA, USA, pp. 757–779.

Regli, S., Rose, J.B., Haas, C.N. and Gerba C.P. (1991) Modeling the risk from *Giardia* and viruses in drinking water. *Journal AWWA* **83**(11), 76–84.

Salgot, M. and Pascual, M.A. (1996) Existing guidelines and regulations in Spain on wastewater reclamation and reuse. *Wat. Sci. Tech.* **34**(11), 261–267.

Shuval, H., Adin, A., Fattal, B., Rawitz, E. and Tekutiel, P. (1986) Wastewater irrigation in developing countries: health effects and technical solutions. World Bank Technical paper 51, The World Bank, Washington, DC, USA.

State of California (1978) Wastewater Reclamation Criteria, An Excerpt from the California Code of Regulations, Title 22, Division 4, Environmental Health, Dept. of Health Services, Sacramento, California.

Tchobanoglous, G. and Angelakis, A.N. (1996) Technologies for wastewater treatment appropriate for reuse: Potential for applications in Greece. *Wat. Sci. Tech.* **33**(10–11), 17–27.

Touyab, O. (1997) Thèse Doct. Faculté des Sciences, Université Ibn Zohr, Agadir, Morocco.

US EPA (1992) Guidelines for Water Reuse: Manual. US EPA and US Agency for Internal Development. EPA/625/R-92/004, Cincinnati, Ohio, USA.

US EPA/US AID (1992) Manual: guidelines for water reuse. EPA/625/R-92/004, Washington, DC, USA.

WHO (1989) Health guidelines for the use of wastewater in agriculture and aquaculture. Report of a WHO Scientific Group, Geneva, Switzerland.

第4部

DESARの環境的・公衆衛生的側面

24 章

DESAR の衛生的側面：水循環

M. Salgot

© IWA Publishing. Decentralised Sanitation and Reuse：Concepts, Systems and Implementation.
Edited by P. Lens, G. Zeeman and G. Lettinga. ISBN：1 900222 47 7

24.1 はじめに

　排水処理システムに関する主要な書物や講習では，ことさらに大規模プラントを扱っている．しかし実はいずれの先進国でも，大規模処理プラントの大半は建設済みである．まだ建設されていないのは多数の小規模システムの方であり，その計画すらないこともある．このような現状では，それに対応した特別な訓練教材やコースを取り揃えておく必要がある．

　ヨーロッパでは，指令 91/271 によって，2005 年末までに 2 000 人口当量（PE）以上の全ての町に，処理プラントを建設する必要があると定められた．つまり，小規模システムを建設するという膨大な仕事（その結果としての活発な市場）がまだ残っているのである．それと同時に，新たな都市開発に向けては，古いシステムを置き換えて新しいプラントを建設するための適切な技術も開発しなければならない．

　しかしそのためには，新しい処理プラントの計画と建設に今後どのように取組んでいくかを検討しておかなければならない．Wilderer および Schreff（2000）が述べているように，この点に関しては 2 つの流れがある．1 つは，従来型の排水管理方式（都市規模の排水収集システムと集中処理場による排水処理）であり，これは先進国の人口密度の高い地域で何十年も前から実施され成功してきている．もう 1 つは，従来の集中型システムに代わるものとして，排出源の近くで排水処理を行う方式である．用途に応じた多様な水質を得るためには，2 次処理を集中型で行い，その後の再生を分散型で行うことについても検討すべきである．

　小規模・分散型排水管理システムの目的は，次の通りである（Tchobanoglous and Angelakis, 1999）．

- 公衆衛生の保護
- 劣悪化または汚染からの環境の保護
- 水および固形物を排出源の近くでそのまま再利用することによる処理コストの削減

2000年2月にミラノで開催された「水供給ーサニテーション共同委員会(WSSCC)/環境サニテーション作業部会」での報告に際し, King (2000) は, 環境サニテーションに関する新しい対策においては, 次のことを確保することが不可欠であると述べた.

- 人々の生活が健康で生産的になること.
- 自然環境が保護・機能強化されること.

さらに, 環境サニテーションとはヒトの廃棄物を安全に処分することだけを意味しているわけではない, とも述べた. 環境サニテーションについて合意された定義は次の通りである.

「疾病の循環を阻止する措置を講じつつ清浄な生活環境を保ち, ヒトが疾病に曝露される機会が低減するような課題解決をはかること. これには, ヒトおよび動物の排泄物, ゴミ, 排水, 雨水の処分・衛生的管理, 疾病媒介動物(ベクター)の制御, および人的・家庭的衛生のための洗浄設備の提供などが含まれる. 環境サニテーションには, 衛生的環境をつくるために行動することと設備を提供することが, 共に含まれる」

通常, こうした事柄の全ては, 社会における水利用が直線的な一方向の流れの場合に達成される. しかしながら, 水需要は増加し水資源は不足する. このため, 大抵の場合, 水は何回も反復利用される (Salgot and Vergés, 1999). すなわち, 特に乾燥・半乾燥地域では, 水は流域沿いに何回も利用 (再利用) される. 「間接的な再利用」の例は世界中で見かけられる. 一部では, 意図的な再利用が行われている. この場合, 処理水は外部環境にいったん放流されることなく, 直接再利用されるのである (図 24.1).

再利用を実施する場合には, 通常, 水質基準によって構築される法的安全対策が必要とされる. その他, 再利用の枠組みについて, リスク分析やコントロールポイントの設定が必要なこともある.

排水の処理と再利用に, 衛生上の問題が存在するのは明白である. 一般には, サニテーション・再生における設備上・運用上の安全性を証明する必要がある.

24.1　はじめに　　469

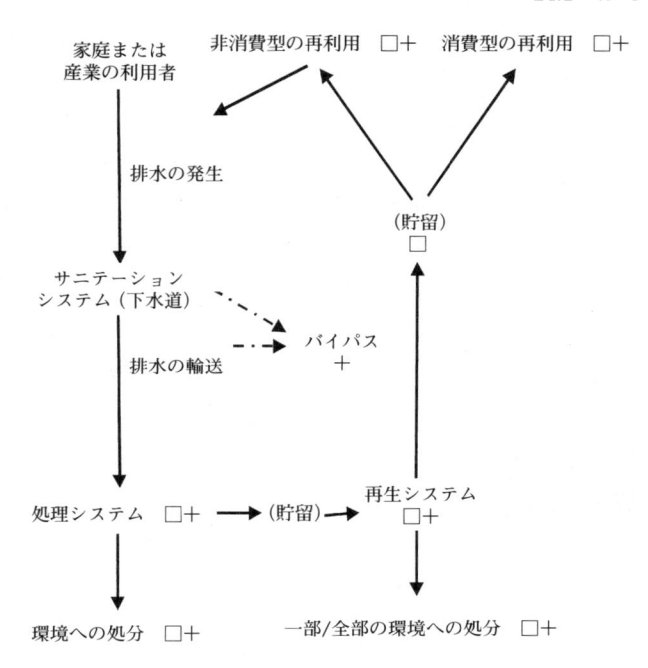

図 24.1　サニテーションの処理と再利用における直線的流れ・循環的流れ（リスクポイント（＋）と管理ポイント（□）も示す）

サニテーション（集中型・分散型ともに）と再利用とでは衛生問題は異なるものだが，共通点もある．

24.1.1　サニテーションと再利用に共通する衛生上の課題

　水に関連した感染と疾病の伝播・拡大については，排水の発生と処分が最も一般的な道筋である（より具体的には水系感染症というべきだろうが，排水についてだけ扱っているので冒頭の用語を用いる）．したがって，処理排水と未処理排水がどのようにして環境に，特に自然の水域に到達するかという点に多くの検討課題がある．病原体のインパクトの程度に影響する因子についても，大いに注意を払う．

　まず初めに，感染という言葉は疾病や病気という用語と同じ概念ではないとい

う点に注意しておく．発症しなくても感染している可能性があるが，ある病原体に起因する疾病に罹患している場合は,前提として感染していなければならない．

排水に関連した疾病として2つの形態が考えられる．すなわち，病原体に関係する疾病（短期間で発現）と化学物質に関係する疾病（通常長期間かけて発現）である．サニテーションや衛生の問題を扱う際には，病原体に関連した疾病だけを考えるのが普通であるが，長期にわたる問題であるとはいえ化学物質に関連した疾病（長期的毒性）も重要である（図24.2）．

病原体に由来する疾病は（ヒトからヒトへ）伝染するが，化学物質に由来する疾病は伝染しない．後者は従来，水に関連した疾病とはみなされてこなかった．

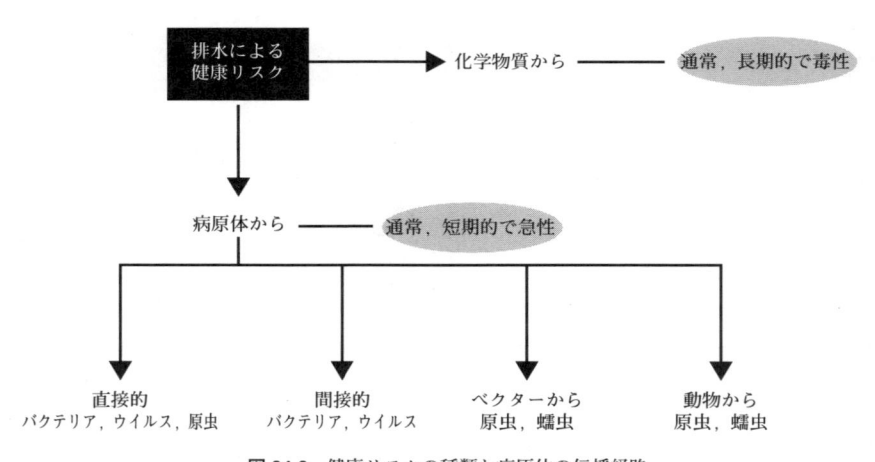

図24.2　健康リスクの種類と病原体の伝播経路

（1）サニテーションシステム

世界のサニテーションについて考えるうえで重要な問題が2つある．すなわち排水システムと排水処理プラントの管理である．排水システムは，排水管理の最初の段階である．最終的な排水水質を良好に保ち，再利用可能な処理水を得るためには，排出源での排水管理が必要である．この場合，小規模な排水処理システムでは，希釈効果が現われないので，（工場や病院などの排水では）不適切な処理に陥りやすいということだけは強調しておく．

通常，排水処理プラントの管理は自治体の責任である．小規模プラントでは，有資格要員がいないことが問題になるかもしれない．そのような場合は，プラン

ト管理を専門会社に委託するのが通常である．

(2) 小規模排水処理プラント

　管理段階で費用を軽減できるうえに理論的にも単純なので，広汎に自然的技術を用いた小規模排水処理プラントを建設する潮流が増してきている．この潮流は，NGO や自治体が進めている「持続可能性」と，ある意味で関係がある．

　希釈効果がないことは別としても，小規模な分散型システムには大きく 2 つの短所があると考えられる．

- オンサイトの小規模処理設備に専門的な注意を払うことはかなり難しい，
- 多数の小規模プラントを建設・運用することは，単一の大規模施設の建設・運用に比べコストがかかるとみられる．

　しかし最近では，小規模排水処理施設の管理法や技術が向上してきた．こうした難点がまだ残っているのかどうかは，それほど明確ではない．

24.1.2　再生と再利用の特徴

　Crook（2000）は，再生水利用をしようとする際の問題を何点かあげている．

- 規制当局は，再利用基準が十分な安全性を保証しているために，再生水利用が不当な健康リスクをもたらすことはないと確信している．また通常，根拠となるデータがなければその基準を緩和しようとはしない．
- 施設担当要員は（あるいはその他の人々も）しばしば，そうした基準は過度に厳しく，公衆衛生の過剰保護になっていると考える．
- 再生水に関する既存の信頼できるデータは，市民のうちのある部分から見ると，再利用が安全であることを確信させるに足るほどのものではない．
- 調査その他の方法で，さらに信頼できるデータを収集し，規制当局が科学的に適正な再利用基準を制定できるようにする必要がある．

　これらのことは，再生・再利用施設の規制が厳格であることを意味している．はっきりしているのは，健康リスクの原因と考えられる病原体や化学物質について，サニテーションの道筋で生じている事実を知らなければならない，ということである．

24.2 リスクの概念

リスクとは，特定の条件下における傷害，疾病，死亡の確率と定義される（Rowe and Abdel-Magid, 1995）．リスクを数量化すると 0（有害なことは起らない）と 1（有害なことが必ず起る）の間の値を取る．

排水を処分または再利用すると何らかのリスクが発生することは明らかである．そこで，リスクを可能な限りゼロに近付けることが望ましい．このリスクは，病原体と化学物質の両方から生じる（表 24.1）．

個人が受けるリスクの程度が様々であることは明らかである．それは，曝露の程度，個人差，周辺環境に関係している（表 24.2）．ここに取上げる例では，リスクを直接的なもの（排水との直接的な接触）と間接的なものとに分類することもできる．

通常，リスクは評価・分析することができる．そのような評価・分析を行うための方法はいくつもあるが，大抵は以下の4つの段階からなっている．

①有害性の特定
②用量・反応の評価/分析
③曝露経路とシナリオ分析
④リスク判定－発生予測

これらの4つの方法については，Rowe および Abdel-Magid（1995），Chang ら（1998），Sakaji および Funamizu（1998）が優れた解説をしている．

表 24.1 排水中に病原体および化学物質がある場合のリスクの原因

	病原体	化学物質
リスクの由来	単一または繰返しの「消費」または接触	繰返しの「消費」
原因	バクテリア，ウイルス，蠕虫，原虫	重金属，硝酸塩および亜硝酸塩，有機汚染物
経路	飲水，エアロゾル，野菜・甲殻類の摂取，直接的・間接的接触，媒介	飲水，ある種の食物の摂取
影響	通常は即時的影響	通常は中長期的影響

表 24.2 排水処理・再生施設に関連する DESAR システムにおけるリスクグループの例

直接的リスク	再生水の利用者，近隣住民，作業員，施設の来訪者または付近の通行者
間接的リスク	作業員の家族，地下水利用者，一般市民

24.2.1 病原体による健康リスク

病原体とそれがヒトに及ぼす影響については，**表24.3**に要約したように，排水または再生水関連の疾病（または感染）を5つの主要カテゴリーに分類できる．

サニテーションの最終目標は，病原体のリスクをゼロまたはゼロに近いレベルにして，疾病の発生を阻止することである．

集中型サニテーションと分散型サニテーションに同じ殺菌能力があると考えると，衛生上の観点から，この2つのシステムの理論的な相違点が設定できる．排水処理を単一の場所に置いた場合（集中型），処理排水の処分も通常集中され，排水（および病原体）は単一地点で排出される．

表24.3 水および再生水に関連した疾病のカテゴリー（Rowe and Abdel-Magid, 1995から修正）

カテゴリー	定義／観察／例
水系感染症	上水道システムから広がる感染
	水はもっぱら病原体の受動的運搬手段としてのみ作用
	チフス熱，コレラ，ジアルジア症，赤痢，A型肝炎
洗浄系疾病	個人的衛生用の水不足が原因
	身体表面に影響
	結膜炎，トラコーマ，ライ，たむし，回虫病，いちご腫，ジアルジア症，クリプトスポリジウム症
水系疾病	水生無脊椎動物宿主から伝播する感染
	感染生物の生命サイクルの基本部分はこの水生動物内で発現
	住血吸虫症，メジナチュウ症，フィラリア症
水関連昆虫ベクター	地表水域またはその近くで生きる昆虫により感染
	トリパノソーマ病，黄熱病，デング熱，オンコセルカ症，マラリア
衛生施設の不備による感染	適切な衛生設備がないために地域内で拡大
	十二指腸虫，回虫，回虫症

同量の排水を分散型で処理する場合，処理排水はより広汎な地域に分散され，同一数の病原体が多数の地点に配分されるということを考えなければならない．これは，ある種の希釈効果とみなせる．農業灌漑への再利用でも同じ効果がみられる．そのため，理論的には，分散型システムを利用すれば，環境中の病原体は減少するはずである．とはいえ，実際上はこれほど明確ではない．その他にも，付け加えて考慮すべき要因がいくつもあるのである．

(1) 処理の観点から

①排水を特定の場所に処分する場合，法令は付加的な排水処理を求める（例え

ば栄養塩類除去)．

② 排水をさらに高度処理すると，殺菌が主たる目的ではなくても，病原体もさらに削減されることを考える必要がある．理論的には，リスクが軽減される．

③ 排水を再利用する場合も，付加的な処理が通常行われる．この場合は通常，消毒処理が必要となる．リスクが最小またはゼロになるレベルまで殺菌することが重要である．

④ 排水処理プラントの信頼性を，より詳しく調査し裏付ける必要がある．

(2) 病原体の観点から

① 全ての病原体が，環境条件や殺菌剤に同一の感受性があるというわけではない．

② いくつかの病原体は，環境条件に耐性をもつ形態をとる．

③ 再利用の条件として利用できる病原体指標に関する知識が乏しい．

④ どの病原体が感染や疾病をもたらすかは明らかでない．

こうした状況から考えられる事柄がいくつかある．

① その国の特性（気候，富，社会など）に応じた経済上の配慮，

② 再利用は，病原体の直接的（潅漑野菜の消費など）・間接的（作業員家族への間接的接触など）拡散を助長する可能性がある，

③ 再利用によって排水の排出総量は減少するので，放流水域の水質はある程度改善される．そこが水供給源として利用されている場合は，よりよい原水水質が得られる．

明らかに，以上述べた事柄のバランスを考える必要がある．既に述べたように，生物学的リスクは，その地域共同体に存在する病原体に係わりをもち，地域の衛生対策および環境条件によって異なる．ある特定の住民における感染または疾病というものは，以下の条件にかかっている．

- ・感染性病原体の濃度
- ・身体に侵入する病原体量
- ・病原体に暴露される時間
- ・曝露した微生物細胞の特性
- ・宿主の特性

排水の2次処理は通常，病原体を除去することが目的ではない．環境中に到達しても，表24.3にあるように，全ての病原体が同じ作用をするわけではない．

表 24.4 排水に存在する最も一般的な疾病性病原体（Rowe and Abdel-Magid, 1995 ； Metcalf and Eddy, 1991 ； Yates and Gerba, 1998）

	病原体	疾病
バクテリア	ネズミチフス菌 *Salmonella typhimurium*	サルモネラ症
	チフス菌 *Salmonella typhosa*	腸チフス
	パラチフス菌 *Salmonella paratyphi*	パラチフス
	赤痢菌 *Shigella* spp.	赤痢
	コレラ菌 *Vibrio cholera*	コレラ
	結核菌 *Mycobacterium tuberculosis*	結核
	カンピロバクター・ジェジュニ *Campilobacter jejuni*	カンピロバクター腸炎
	病原性大腸菌 Pathogenic *Escherichia coli*	下痢
	エルシニア・エンテロコリティカ *Yersinia enterocolitica*	下痢
	レジオネラ・ニューモフィラ *Legionella pneumophila*	レジオネラ症
	レプトスピラ菌 *Leptospira icterohaemorrhagiae*	レプトスピラ症
ウイルス	ポリオウイルス Poliovirus	急性灰白髄炎
	A 型肝炎ウイルス Hepatitis A virus	A 型肝炎
	E 型肝炎ウイルス Hepatitis E virus	E 型肝炎
	ロタウイルス Rotavirus	下痢／胃腸炎
	アデノウイルス Adenovirus	呼吸器系疾患
	ノルウォーク因子群 Norwalk agent	胃腸炎
	レオウイルス Reovirus	胃腸炎
	アストロウイルス Astrovirus	下痢、嘔吐
	カリシウイルス Calicivirus	下痢、嘔吐
	コロナウイルス Coronavirus	下痢、嘔吐
	コクサッキー A 群ウイルス Coxsackie A	髄膜炎、熱、呼吸器系症、ヘルパンギーナ
	コクサッキー B 群ウイルス Coxsackie B	心筋炎、発疹、髄膜炎、熱、呼吸器系症
	エコウイルス Echovirus	髄膜炎、脳炎、呼吸器系症、発疹、下痢、熱
原虫	赤痢アメーバ *Entamoeba histolytica*	アメーバ症（アメーバ赤痢）
	ランブル鞭毛虫 *Giardia lamblia*	下痢
	クリプトスポリジウム・パルブム *Cryptosporidium parvum*	下痢
	大腸バランチジウム *Balantidium coli*	下痢、赤痢
	サイクロスポラ胞子虫 *Cyclospora cayetanensis*	消化管疾患
	トキソプラズマ原虫 *Toxoplasma gondii*	トキソプラズマ症
	フィルム微胞子虫 *Phyllum microspora*	ミクロスポリジウム症（消化管および神経系疾患）

	病原体	疾病
蠕虫	住血吸虫 *Schistosoma haematobium*（T）	住血吸虫病
	住血吸虫 *Schistosoma mansoni*（T）	
	住血吸虫 *Schistosoma haematobium*（T）	
	回虫 *Ascaris lumbricoides*（N）	回虫病
	鉤虫 *Ancylostoma duodenale*（N）	貧血症，腸疾患
	アメリカ鉤虫 *Necator americanus*（N）	貧血症，腸疾患
	肝吸虫 *Clonorchis* spp.（T）	肝吸虫症
	条虫 *Taenia* spp.（C）	条虫症
	蟯虫 *Enterobius vermicularis*（N）	蟯虫症
	膜様条虫 *Hymenolepis nana*（C）	膜様条虫症
	鞭虫 *Trichuris trichura*（N）	鞭虫症
	糞線虫 *Strongyloides stercoralis*（N）	下痢，腹痛
	トキソカラ属 *Toxocara canis*（N）	発熱，腹痛
	トキソカラ属 *Toxocara cati*（N）	発熱，腹痛

N：線虫，T：吸虫，C：条虫

ヒト以外の宿主に依存する場合には，リスクの程度や伝播方法が変ってくる．そのため，あるいはほかの理由もあり，また特に，排水中に存在する可能性がある膨大な病原体（**表 24.4**）を考えると，排水または再生水に影響されている環境の中で，ある一つの病原体の存在を確認するということは難しい．

分析作業を単純化するために指標生物が使われてきた．しかし最も一般的な指標ですら，存在する全病原体の把握には使えない（Martín *et al.*, 1999）．20 世紀初頭から今日まで利用されてきた糞便性および全大腸菌群数は，糞便性汚染指標としては異議のないコンセンサスを得ている．しかし，欠点もいくつかある．主なものとしては，環境中のウイルスやその他の生物との関係が希薄なことである（Campos, 1998）．

近年，水中微生物の濃度と排水処理施設の効率を示す能力が高い何らかの生物を，大腸菌群数判定の代替または補助として利用する必要があることが指摘されてきている．そのような新たな生物は，従来からの指標要件にも対応できなければならない．

その点では，バクテリオファージがウイルスだけでなくバクテリアにとっても優れた指標になると思われる．*E.coli* ファージおよび *Bacteroides fragilis* ファージは，*E.coli* または大腸菌群数の代替または補助指標となると考えられる（Campos, 1998）．

寄生虫学的に見た排水水質も重要な問題である．WHO 勧告の線虫卵の測定，特に濃度的側面や卵の生死判定の評価にはいくつか問題がある．それに加えて，原虫（鞭毛虫やクリプトストリジウム）のシスト／オーシストの存在を調べる必要がある．

24.2.2 有害化学物質による健康リスク

排水中に存在する化学物質も疾病の原因となりうる．化学物質は，単独物質で見つかることも，複合的に見つかることもある．通常，工業排水が化学物質の主な排出源である．DESAR システムがそのような物質を受け入れるには，排出源でコントロールし適切なレベルまで希釈するか，他の方法を用いて許容できるレベルまで化学物質を削減する必要がある．化学物質によって発生するリスクとは，ヒトの食物連鎖に当該物質が入り込み，ヒトの健康に有害な影響を及ぼすことである（**表 24.5**）．

表 24.5 排水／再生水に存在して毒性を示す可能性がある化学物質

物質群	化学物質	影響
無機物	重金属	金属および生物濃縮の可能性に応じて，癌，神経系に対する影響
	ホウ素	植物に対する毒性
	残留塩素	水生生物に対する毒性
	硝酸塩	メトヘモグロビン血症，癌
有機物	有機ハロゲン	癌
	殺虫剤	癌，催奇性，神経系に対する影響
	多核芳香属炭化水素	癌

ヒトの健康に対して有害性または有意なリスクがある化学物質は，通常，排水中にごく低い濃度で存在する（Rowe and Abdel-Magid, 1995）．したがって，化学物質を長期間にわたって摂取することが主な問題である．環境条件によっては，間接的に摂取することがある．例えば，酸性土壌の条件下では，植物への重金属の生体利用効率が高まる．そこに処理排水が再生利用されると，有毒金属が植物に蓄積する可能性がある．作物に有毒金属が利用，摂取，蓄積され，その結果，動物やヒトに影響が及ぶということは非常に重大な関心事である．

消毒用の塩素添加は，主に2つの有害な影響を及ぼす．1つは，ハロゲン化合

物の生成が増加すること，2つは，それに伴って水生生物に有毒な影響を及ぼすことである．ということは，環境中に処分する前に脱塩素処理を行う必要があるということである．排水を消毒するために塩素およびその誘導体を使うことについては，現在様々な議論がある．いくつかの国では，それらに代わる別の方法も用いられている．

飲料水に硝酸塩が存在することも心配なことである．特にこの陰イオンが地下水に達すると重大な懸念が生じる．欧州環境局（1998）は，ヨーロッパの全ての国について，この問題を定量化しようとしたことがある．この場合，癌や子供の健康問題が強く懸念された．

排水に存在するホウ素は，主に洗剤や食品加工産業から排出される．ホウ素は主に植物に有毒な影響を与える可能性がある．

排水にみられる有機化学物質の多くは，排水中で安定的かつ難分解性であり，発ガン性や変異原性をもつ可能性がある．Olivieri および Eisenberg（1998）は，飲用を目的とした再生水中の有機化合物に関する包括的な研究を行い，高度排水処理を行えば癌のリスクはほとんどないと発表した．しかし，排水再生の他の目的からすれば，処理の程度が高すぎることになる．Chang ら（1998）の研究は，従来型の排水処理システムは，有毒化合物を除去できるようには設計されていないことを示唆している（我々は既に，病原体に関して同様の所見を得た）．その他の興味深い見解として，彼らは，複雑に絡み合う因果関係において，化学物質は単に一つの要因にすぎないとも述べている．また，化学物質は環境媒体中に低濃度で存在しており，化学物質に曝露してからその徴候が現われるまでに長い潜伏期間があるとも述べている．そのため，最低基準の曝露レベルを設定することや，複数経路からの曝露を区別することは困難であると結論している．

このことは，排水の土壌灌漑によりヒトの健康が有毒化学物質の影響を受けるという問題にあてはまる．有毒化学物質は排水中に遍在している．けれども，灌漑に再利用される排水中の有毒性がありそうな化学物質ただ一つについてさえ，害があることを証明する明白な疫学的証拠は存在しない．排水の有効利用を過剰に制限することなく，しかも排水に存在する様々な有毒化学物質による害からヒトを保護する基準を制定することが課題である（Chang et al., 1998）．

24.3 考　　察

　さらに研究を必要とする問題もあるが，様々な国で数年にわたり排水の再生・再利用が実施されてきたので，排水処理，再生，再利用に関する衛生上の問題がかなり明確になってきた．衛生学的観点からは，主として以下の問題が考えられる．
・特にウイルス，蠕虫，原虫に関する有効な微生物学的指標がない，
・微生物学的水質のより迅速な測定が必要，
・特に原虫に対する現在の分析法は高コスト，
・ウイルスの新規出現指標に関して正確に理解をするためのデータが不足．

　微生物学的リスクレベルおよび処理の信頼性を知るために法的に必要とされる分析試験は数多い．これは分散型の処理と再利用を行う場合，経済的かつ実務的な困難を生じる．安全性を化学的観点から判断するための分析作業は，微生物学的観点からの分析よりさらにコストがかかる．

　排水再生処理の自然システム（ラグーン，SAT（土層・帯水層処理），または土壌－植物システム）が有害化学物質除去に有効であることが確認されつつある．現在，これについて有望な研究が行われている（Salgot et al., 1999；Downs et al., 2000）．

　排出源でのコントロールを高度化する必要がある．とりわけ栄養塩類，ホウ素，有害化学物質のコントロールが重要である．排水処理に関するいくつかの手法は

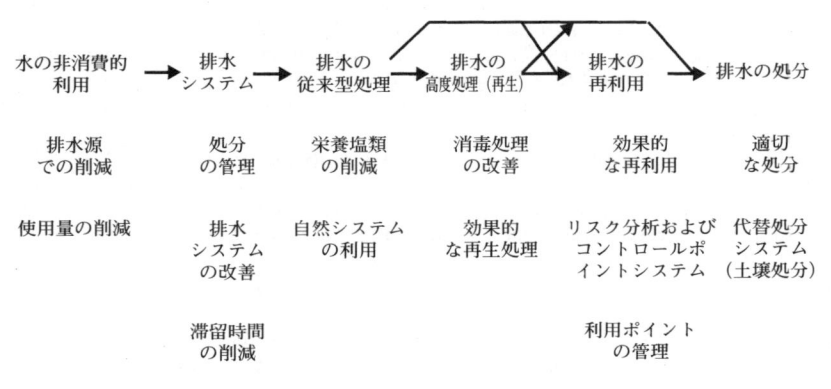

図 24.3　排水管理におけるリスク削減を目的とした衛生学的作業

改善が必要である（例えば消毒）．

コントロールと再利用に関する適切な手法を確立しなければならない．そのような手法を図 24.3 にまとめておく．

24.4 おわりに

小規模で分散型の排水処理，再生，再利用システムを計画，建設，運用，管理する場合には，衛生学的手法を考慮に入れなければならない．そのような手法が功を奏するかどうかは，サニテーションの課題と密接に関係している．

健康に対する有害性やリスクをよりよく知るには，衛生学，微生物学，寄生虫学上の DESAR の特性をより正確に知ることが特に重要である．

DESAR の衛生学的側面を研究し解決するには，学際的視点が不可欠である．

24.5 参考文献

Campos, C. (1998) Indicadores de contaminación fecal en la reutilización de agua residual regenerada en suelos. PhD thesis, University of Barcelona. (In Spanish.)

Chang, A.C., Page, A.L., Asano, T. and Hespanhol, I. (1998) Evaluating methods of establishing human health-related chemical guidelines for cropland application of municipal wastewater. Chapter 13 in *Wastewater Reclamation and Reuse* (ed. T. Asano), Technomic, Lancaster, PA.

Crook, J. (2000) Research needed to demonstrate safety of reclaimed water. *Water Environment & Technology* **12**(1), 8.

Downs, T.J., Cifuentes, E., Ruth, E. and Suffet, I. (2000) Effectiveness of natural treatment in a wastewater irrigation district of the Mexico city region: a synoptic field survey. *Water Environment & Research* **72**(1), 4–21.

European Commission (1991) Council Directive concerning urban wastewater treatment, 91/271/EEC, May, OJ N° L135/40, May.

European Environment Agency (1998) *Europe's Environment: The Second Assessment*. Elsevier, Oxford.

King, N. (2000) New strategies for environmental sanitation. *Water21*, April, 11–12.

Martín, J., Matia, L.l., Ventura, F. and Campos, C. (1999) La qualitat dels recursos no convencionals. Chapter 7 in *Recursos d'aigua* (coord. M. Salgot), Fundació AGBAR/Universitat de Barcelona/Generalitat de Catalunya, Barcelona, Spain. (In Catalan.)

Metcalf and Eddy (1991). *Wastewater Engineering: Treatment, Disposal, Reuse*, 3rd edn, McGraw Hill, Singapore.

Olivieri, A.W. and Eisenberg, D.M. (1998) City of San Diego health effects study on potable water reuse. Chapter 12 in *Wastewater Reclamation and Reuse* (ed. T. Asano), Technomic, Lancaster, PA.

Rowe, D.R. and Abdel-Magid, I.M. (1995) *Handbook of Wastewater Reclamation and Reuse*. CRC-Lewis, Boca Raton, Florida.
Sakaji, R.H. and Funamizu, N. (1998) Microbial risk assessment and its role in the development of wastewater reclamation police. Chapter 10 in *Wastewater Reclamation and Reuse* (ed. T. Asano), Technomic, Lancaster, PA.
Salgot, M. and Vergés, C. (1999) Recursos hídrics no convencionals. Chapter 3 in *Recursos d'aigua* (coord. M. Salgot), Fundació AGBAR/Universitat de Barcelona /Generalitat de Catalunya, Barcelona, Spain. (In Catalan.)
Salgot, M., Anderbouhr, T., Pascual, L. and Folch, M. (1999) DRAC reclamation project, Palamós (Girona province, Spain) Unpublished.
Tchobanoglous, G. and Angelakis, A.N. (1999) Small and decentralized wastewater management systems. An overview. In *Management of Wastewater and Solid Wastes, with Emphasis on the Wastewater Collection, Treatment and Disposal, and the Management of Produced Biosolids* (eds A.N. Angelakis and E. Diamadopoulos), Hellenic Union of Municipal Enterprises for Water Supply and Sewerage, Larissa (Greece), July, pp. 33–48.
Wilderer, P.A. and Schreff, D. (2000) Decentralized and centralized wastewater management: a challenge for technology developers. *Wat. Sci. Tech.* **41**(1), 1–8.
Yates, M.V. and Gerba, C.P. (1998) Microbial considerations in wastewater reclamation and reuse. Chapter 10 in *Wastewater Reclamation and Reuse* (ed T. Asano), Technomic, Lancaster, PA.

25章

排水の固形部分の衛生学的側面

A. E. Stubsgaard

© IWA Publishing. Decentralised Sanitation and Reuse：Concepts, Systems and Implementation.
Edited by P. Lens, G. Zeeman and G. Lettinga. ISBN：1 900222 47 7

25.1　はじめに

　排水を処理する際，液体部分から固形部分を分離すると好都合なことがある．液状廃棄物と固形廃棄物は処理方法が異なり，再利用の可能性も異なっているからである．

　固形部分には，容易に分解する有機物質が比較的多量に含まれている．それらが分解すると発熱が起る．その熱によって物質の温度は上昇し，固形廃棄物中に存在していた初期生物群の反応速度を増加させる．つまり一定程度まで分解速度が増加する．それによって温度がさらに上昇するというように，このサイクルは継続する．

　分解が容易な有機物質を含んでいる排水中の固形部分は，自発的な衛生的無害化機能をもっていることになる．必須栄養塩類，水分，pH，酸素の存在/不存在といった要素は，廃棄物の処理と衛生的無害化の進行速度について決定的な役割を果たす．

　本章では，固形部分の分離を行う分散型サニテーション・資源再利用（DESAR）手法の衛生学的な側面について検討する．再利用を伴わない方法については，比較のために必要な場合にだけ扱うことにする．

25.2　排水中の固形部分の種類

　表25.1に，固形廃棄物と液状廃棄物の分離法，およびそれらに対応する処理法の概略をまとめる．

　それぞれの処理法について，それらが衛生的無害化の程度に影響する例をいく

表 25.1 DESAR における排水の固形部分の分離法とその処理法

	分離方式	処理方式
排出源での分離	ドライサニテーション：使用水が皆無あるいはごく少量	コンポスト化，乾燥またはアルカリ処理
	有機生ゴミにはゴミ箱	コンポスト化
	ブラックウォーターと（大抵破砕されている）生ゴミはポンプでコンテナに	嫌気性または好気性処理
排出後の分離	真空式トイレから「コーヒーフィルター」へ	ブラックウォーターをろ過，引き続き乾燥・コンポスト化
	Röttebehalters	全排水をろ過，引き続き乾燥・コンポスト化
	腐敗槽	沈殿，引き続き乾燥床へ，または下水処理場・埋立地への輸送

つかあげ，衛生学的な観点から説明していこう．

25.3 各種処理法での病原性微生物低減速度

　病原性微生物の低減に影響する主要因子は，時間と温度である．図 25.1 に示すように，時間と温度には相関がある．温度が高いほど，除去に必要な時間は短くなる．病原体がより長時間残存するのは，温度が比較的低い場合である．

　DESAR の手法を実施するなら，排水中の病原体生物種とその濃度は，その水が排出される場所や時間によって相当違ってくるだろう．病原体の分析にはかなりの経費がかかる．そのうえ病原体が見つかる可能性も低い．そこで，指標生物を代わりに使用することが多い．水に関しては，大腸菌の種々のグループが最も一般に使われている（Council Directive, 1975；WHO, 1998）．しかし固形廃棄物については，特段の指標が定められていない．

　図 25.2 の矢印は，指標生物である糞便性連鎖球菌（FS）について，一般にみられる低減範囲を比較したものである．DESAR 手法の全てについてデータがあるわけではない．

　図 25.2 に示されているように，排水処理では，初期濃度と処理程度で決まるが，糞便性連鎖球菌の濃度は 0.15 ～ 4 ログ（log）単位ほど低減する．好気性および嫌気性中温性で安定化された汚泥では，FS はそれぞれ 1 および 1.5 ログ単位低減する（Strauch, 1988；Danish EPA, 1997）．プロセスが十分に規定され管理さ

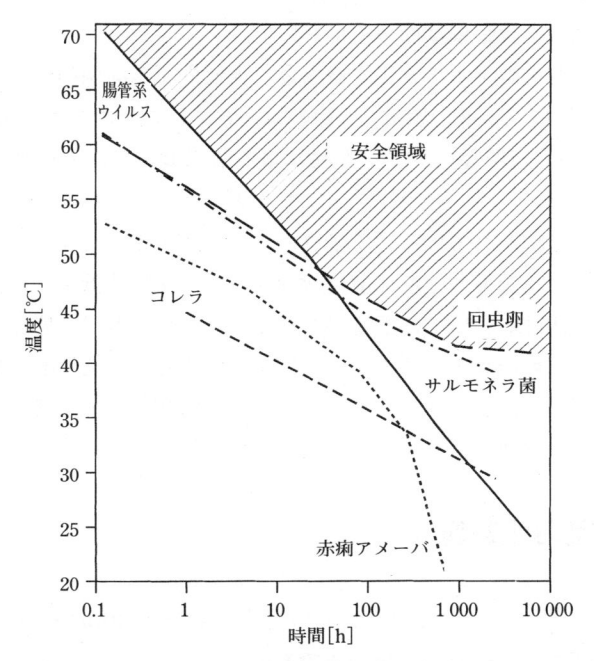

図 25.1 普通に見られる病原体の除去への温度と時間の影響（Feachem *et al.*, 1980）
注）それぞれの線は，各病原体が感染能力を失うのに必要な時間と温度の組合せである．斜線領域の時間と温度の組合せでは，全病原体が死滅すると考えられる．

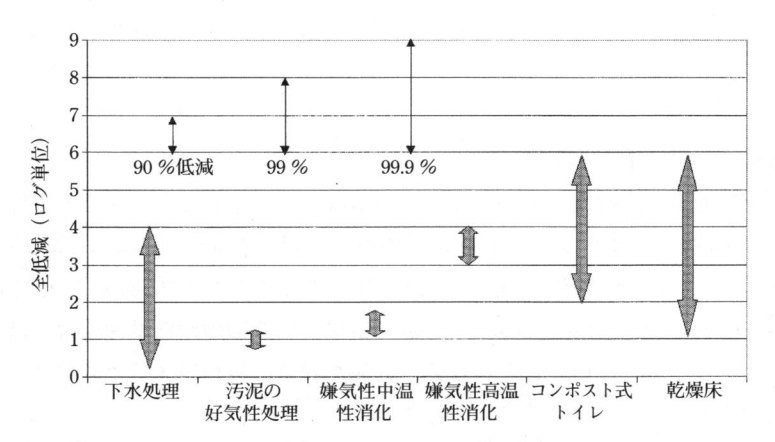

図 25.2 各種処理法での糞便性連鎖球菌（FS）の一般的低減範囲（Danish EPA, 1997；Ilsoe, 1993；Stubsgaard, 1996・2000）

れているので，低減の変動幅は極めて小さい．

　有機性ゴミと汚泥をコンポスト化する場合，糞便性連鎖球菌の低減はログ単位で非常に大きく変動する．その値は，当初の物質およびコンポスト化過程の管理，すなわち温度，pH，適切なバルキング材による酸素通気度などの要素によって決る．

　現在ヨーロッパで使われている通年型コンポスト式トイレでは，十分なコンポスト化時間を取れば，糞便性連鎖球菌は普通3～4ログ単位低減する．

　一般的には，有機固形物中での低減が3～4ログ単位あれば，感染リスクが許容範囲にある再利用可能な生成物を得るのに十分であると考えられている．糞便性連鎖球菌の初期濃度が高い場合，十分な衛生的無害化を達成するには，それ以上低減させることが必要だろう．

25.4　分散型汚泥処理

　ほぼ全ての排水処理システムでは，腐敗槽あるいは Röttebehalter によって，浮遊物質を事前に沈殿させることが必要である．

　多くの微生物や寄生虫は，汚泥粒子に付着したりそれ自体で沈殿する (Danish EPA, 1997)．したがって，汚泥中の病原体の危険性は排水中のそれより高い．再利用に先だって十分な低減が確実に起るよう，十分に注意を払わなければならない．

25.4.1　腐　敗　槽

　腐敗槽は地中に設置されているため，通常は低温である．また，強力な低減が起る槽内条件といえば，これはヒトの腸内条件と同じ中温域である．したがって，低温の腐敗槽では病原体は比較的長時間生存できる環境にあることになる (Danish EPA, 1997 ; Stubsgaard, 1996)．結果，腐敗槽内の低減速度は，ほとんど無視できる程度だということになる．汚泥を安全に再利用するためには，何らかの追加処理が必要だということになる．

25.4.2　Röttebehalter および「コーヒーフィルター」

　Röttebehalter と「コーヒーフィルター」は，両方とも袋状の目の粗いフィル

ター（孔サイズ約1.5mm）で，ブラックウォーターまたは全排水をろ過する．これらのシステムは腐敗槽を代替できる．Röttebehalterの場合，注水前にバルキング材を加え，空隙量を増やし通気性をよくする．それでも，衛生上の安全性を確保するためには，これらのシステムに残った固形部分に対しては何らかの好気性または嫌気性処理を行う必要がある．

25.4.3　乾　燥　床

乾燥床では，汚泥中の空隙が少ないので，衛生的無害化の程度は緩速コンポスト化並みである．つまり低減速度は比較的低い（Bruce and Fisher, 1990）．ヨシ，ヤナギ等を乾燥床に植栽すると，乾燥化が促進され空隙が増えるので低減速度は大きくなる．日照量の多い地域の乾燥床では，低減速度が高い例がみられる（Esrey et al., 1998）．

DESARは排水発生源の近傍，すなわち人が住むあたりに設置されることが多い．そのため，乾燥床をDESAR手法の一部に使う場合には，悪臭リスクを考慮する．つまり乾燥床の位置の選定は慎重に行わなければならない．Röttebehalterや「コーヒーフィルター」のようなシステムの汚泥は，ろ過システム中で比較的高効率なガス交換が行われるため，腐敗槽底部の汚泥に比較すると悪臭問題のリスクは小さい．

25.4.4　固形分画に近い物質の嫌気性または好気性処理

乾燥床に代えて，液状コンポスト化またはバルキング材混合コンポスト化でも，汚泥を嫌気的消化または好気的コンポスト化することができる．後掲図25.3に示すような低減が得られる．

25.5　ドライサニテーション

ドライサニテーションでは，排出源での水利用がごく少量あるいは皆無である．そのため固形部分が水と混ざり合うことはないので，わざわざ分離を行う必要がない．

途上国では，糞便に直接・間接に曝露されることに起因する感染性疾病が，経済活動に深刻な影響を与えている．全世界で毎年何百万という労働力が，病気や

死亡によって失われている．人口が稠密であるのに適正なサニテーションのない都市域が，急速に拡大しているため，この問題はさらに悪化しつつある．

1999 年の第 9 回ストックホルム水シンポジウムの総括結論の一つは，次のようなものである．

「数十億人が安全なサニテーションを欠いているという今日の開発途上国において，この巨大なサニテーションギャップを終結させるためには，水を運搬手段とするサニテーションは，ドライサニテーションに道を譲らなければならない．ドライサニテーションは，検証済みで妥当と認められている代替手段である．水の使用が皆無あるいはごく少量である尿分離式トイレを用いるドライサニテーションは，使用水量を最小限に抑え，尿と固形糞便の両者から肥料を生成することができるという非常に洗練された方法である．ヒトの糞便は，病原体と重金属を低減しさえすれば，安全で再利用可能な資源とみなせる．一方で，（水文学的条件に十分注意を払っていない）粗雑な計画の便所は，地下水汚染を引き起こし，都市をヒトの居住や活動の場所として危険で不安定なものにする可能性がある」(SIWI, 1999)．

先進国でも，使用水量と排水量を減らし栄養塩類の再利用を容易にすることから，ドライサニテーションへの関心が高まっている．しかも，適切な再利用を行うということは，地下水や地表水の汚染リスクをおおむね解消するということである．こうしたことは，ある地域では価値あるものと見なされる．

今日のドライサニテーションでは，ブラックウォーターの固形部分は排出源で分離される．固形部分（糞便）はトイレ下の容器に落され，コンポスト化あるいは乾燥させられる．

25.5.1 乾燥処理

亜熱帯および熱帯の多くの国々では，糞便は伝統的に大気乾燥で処理されてきた．ヨーロッパの市場に出回っている分離式トイレにも，糞便を乾燥処理するものがある．天日・大気乾燥向きの乾燥地帯以外では，糞便の乾燥にはかなりのエネルギー消費を伴う．乾燥した糞便の病原体は皆無か僅少である (Esrey *et al.*, 1998；Stenstroem, 1999)．しかし，ほこりの多い物体を扱うので，病原性エアロゾルを生じるリスクがある．風はエアロゾル濃度を減少させるので，最小限，乾燥物だけは屋外で処理する必要がある．

25.5.2 焼却処理

乾燥糞便を焼却する国々がある (Svensson, 1993). 焼却処理すれば当然ヒトの健康被害の可能性はなくなる. この方法は, エネルギーを回収し, 灰を耕地に撒くので, 再利用の一形式である.

25.5.3 アルカリ処理

糞便を灰や石灰と混合して埋立てる国々もある. その場合 pH がかなり上昇する (Esrey *et al.*, 1998). 一定の混合や貯蔵の条件下では, 高い pH によって, 病原体は 4～6 ヵ月以内に消滅する (Stenstroem, 1999). その後の乾燥物は, 衛生リスクのない肥料または燃料として取扱い・再利用することができる.

25.5.4 コンポスト化

コンポスト式トイレの目的は, 糞便から衛生上安全な有機肥料を製造することである. 図 25.1 に示したように, コンポスト中の初期微生物群の低減は, 時間と温度によって決る.

図 25.3 は Snurredassen コンポスト化システムでの糞便性連鎖球菌の低減例である. Snurredassen コンポスト化システムには, 4 つのコンポスト区画がある. 頭初の一区画が満杯になると, この区画は残る 3 区画が満杯になるまでの間放置

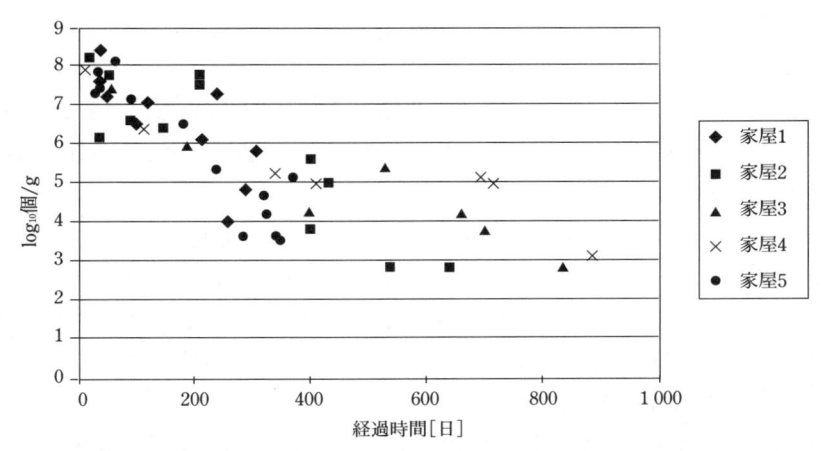

図 25.3 4 区画 Snurredassen システム内のコンポスト化糞便中の糞便性連鎖球菌の低減 (5 戸の家屋について) (Stubsgaad, 1996)

され，コンポスト化が進行させられる．残りの3区画も満杯になると頭初の区画は空にされる．図 25.3 では，同一家屋に属するコンポスト区画は全て同じ記号で示した．

図 25.3 にあるように，糞便性連鎖球菌は時間の経過と共に低減していく．その低減速度は，時間と温度によって大きく異なる（95％信頼度，灰分ベース）．

もし各区画の結果を別々に示せるなら，頭初に満杯にされた区画は，それ以降の区画より低減速度が低いことがわかるだろう．経験を積むことで，使用習慣が変わるからである．例えば，洗浄手順での使用水量を最小にするには，バルキング材を適正量にすることが重要だということがわかってくる．

各家屋での頭初の区画の結果に目をつむれば，コンポスト化糞便中の指標生物の低減は約4〜5オーダーになる．つまり，感染リスクが許容レベル以下の再利用可能生成物を得るに必要な，3〜4オーダーより大きく低減しているということである．

コンポストは屋外の容器で再コンポスト化された．全分析事例で，糞便性連鎖球菌は当初再増殖したが，それに続きかなり高い低減速度を示した．病原体を含むバクテリアの再増殖例については文献を参照されたい (Burge *et al*., 1978 ; Löfgren *et al*., 1978 ; Pereira *et al*., 1987 ; Strauch, 1987 ; Ilsøe, 1993 ; Engen *et al*., 1994)．糞便性連鎖球菌のこの挙動は，病原体の再増殖を示唆する．ある条件下では再増殖が起りうる．例えば，あるコンポスト容器から別の容器に入れ替える際に，栄養塩類とバクテリアが再混合されて高い酸素消費が起り，新たな無酸素領域が生じるという可能性がある．

再増殖が起ることから，コンポスト化物質は安定化していないことがわかる．コンポストに分解性有機物質が含まれている限り，再増殖に適した条件になるというリスクがある．

貴重な屋内スペースを糞便のコンポスト化に使わず，屋外でコンポスト化を行うシステムもある．デンマークでは6ヵ月にわたり，これらのうちのあるものについて，コンポスト化物質の分析を行った．同時に汲取り式トイレについても分析がされ，通常のトイレとコンポスト化方式との衛生上の効果の比較を行った．その結果が**図 25.4** である．

図 25.4 でわかるように，汲取り式トイレ2ヵ所では糞便性連鎖球菌は実験期間中約2オーダー低減したのに対し，4つのコンポスト式トイレでは約4オーダ

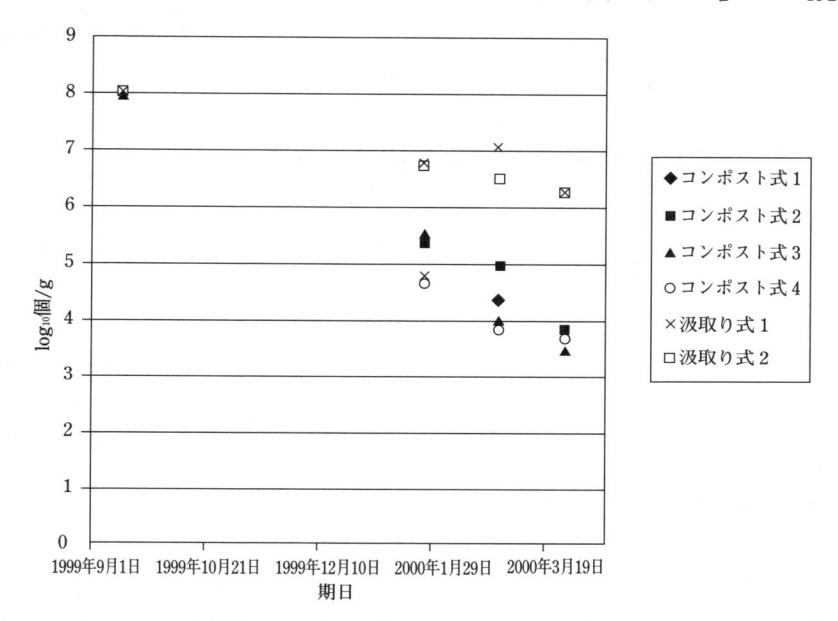

図 25.4 デンマークの冬期間のコンポスト式トイレと汲取り式トイレの糞便性連鎖球菌の低減（Stubsgaard, 2000）

一低減した．これらの結果は，他で実施されたいくつかの調査例とも一致している（Ilsøe, 1993）．このように，コンポスト式トイレでは，汲取り式トイレより糞便性微生物が良好に低減する．微小電極で酸素測定をすると，汲取り式トイレでは酸素は検出されなかった．一方，4つのコンポストとも酸素分布は深度方向に徐々に低下していった．後者の結果は，コンポストの中で，比較的急速な安定化過程が生じていることを示唆する．さらに，ライシメータ試験も行ったが，汲取り式の方では浸透量が増加していて，地下水汚染リスクの可能性をうかがわせた．

ここまでは，コンポスト貯留槽における糞便性連鎖球菌の低減についてのみ論じてきた．しかし，衛生学的に考えるなら，「屋内」ドライサニテーションに係わるリスクもある．例えば，不適切な条件に置かれると，繁殖したハエがコンポスト貯留槽から居住者の歯ブラシや台所の食物まで飛んでくることもある．こうなると，ヒトの健康に直接的な危害が及ぶことになる．現存の屋内用ドライサニテーションシステムには，まだまだ技術開発やユーザー教育が必要なものもあるということである．コンポスト化処理というものは複雑なものである．許容でき

る程度に低リスクで，しかも臭いのないコンポストを得るためには，良好な使用習慣や専門的な保守管理が必要である．

25.6 潜在的病原性微生物媒介物（ベクター）

ここまでに述べた DESAR 手法のリスク評価は有益であるといえる．しかしながら，地方や国単位での習慣，宗教的障壁，衛生学的認識，公衆衛生というものも，DESAR 手法のリスク分析結果に決定的な役割を果たす．そのため，一般的に通用する精緻なリスク評価法を構築するのは，不可能であるように思われる．

とはいえ，現存する排水処理・汚泥処分システムにおける潜在的ベクターについては，とりあえずの比較をするための定義をすることができる．ここでは，生ゴミ，集中型下水処理場から排出された汚泥，および下水処理水に関するいくつかの例をあげる．

25.6.1 生ゴミ

生ゴミの有機物質は，家庭から排出される固形廃棄物のかなりの部分を占めている．

生ゴミは，ゴミ箱またはコンポスト容器に集積される．ナッピー，食物屑，残飯，土，野菜，果物の皮などが他のゴミと混ざると，微生物の増殖に適した条件になる．**表 25.2** は，有機生ゴミ中の各種の微生物数および寄生虫卵数を，有機物質が豊富な他の物質と比較したものである．

表 25.2 から，食物を準備したり食べたりする場所に近い生ゴミは，含まれる指標生物値が比較的高いことがわかる．したがって生ゴミは，現行のゴミ管理および将来の DESAR システムにおいては，潜在的ベクターである．

表 25.2 廃棄物に含まれる初期生物数．（[個数/g-湿潤質量もしくは個数/mL]，n.d.：不検出）
(Feachem *et al.*, 1980 ; Strauch, 1986 ; de Bertoldi *et al.*, 1985 ; Ilsøe, 1993 ; Ernoe, 1995 ; Stubsgaad, 1996, 2000)

	大腸菌	糞便性連鎖球菌	サルモネラ菌	ウイルス	寄生虫卵
排水	$10^3 \sim 10^6$	$10^4 \sim 10^6$	$10^{-3} \sim 10^2$	$10^1 \sim 10^3$	$10^{-3} \sim 10^{-1}$
汚泥	$10^3 \sim 10^9$	$10^4 \sim 10^9$	$10^1 \sim 10^3$	$< 10^4$	$10 \sim 10^2$
便所	$10^7 \sim 10^9$	$10^7 \sim 10^9$	n.d.$\sim 10^4$	n.d.$\sim 10^3$	n.d.$\sim 10^3$
有機生ゴミ	$10^7 \sim 10^9$	$10^6 \sim 10^8$	1/3pos.	n.d.	n.d.

25.6.2 汚　　泥

　動物やヒトが，汚泥に媒介されてバクテリア，ウイルス，寄生虫汚染を受けたいくつかの事例がある（Danish EPA, 1997）．そうした事例は，散布の間隔・量・方法に関する汚泥の処理や規制方法の改善という形で結実した．現在の欧州連合（EU）では，処分される汚泥量がいかに多いかということまであわせて考えれば，下水処理場からの汚泥に起因するヒトへの感染リスクは非常に低い．現在の改善された汚泥の取扱い方法をみると，時間をかけ努力を傾注しさえすれば，ヒトの健康への危害がいかに低減できるのかがわかる．その一方で，再利用の方は進展しない．

25.6.3　下水処理水

　図 25.2 に示したように，集中型の下水処理場では，排水中の糞便性連鎖球菌の低減には限界がある．しかも地表水や海水においては，微生物は浮遊した状態でかなりの期間生存する（Nickelsen *et al.*, 1995）．これは，下水処理場の放流口近傍で水浴をした場合，皮膚，目，手，特に口に水が接触すると，ヒトの健康が危険に曝されるということだ．そのため，これに関連する EU 指令は，過去から現在まで一貫した問題となっている．

　いまだに，潜伏期間の問題や他の汚染源の可能性といった問題がある．こうした場合，疾病の原因は確定できず，リスク評価が不可能である．原因がわかっていても，それが報告されないこともある（Nickelson *et al.*, 1995）．

　一般に，排水中の病原体の最も有力な発生源はヒトの糞便である．固形部分を分離しその場で処理すると，処理水の病原体レベルは低下し，その放流先近傍で水浴者が汚染されるリスクは低減する．ドライサニテーションの方法は，排水放流水中の病原体のリスクについて，特に予防上大きな意味を持つ．

25.6.4　ベクターとしてのヒト

　糞便内微生物による感染経路は比較的よく知られている．糞便から顔までの経路は F-ダイアグラムで図解される（**図 25.5**）．矢印は感染可能な経路であり，それに交差する棒線は実行可能な予防メカニズムである．排水または排水を含んだ水は「流体」と記されている．

　図 25.5 の感染経路と予防策は一見明白なようである．しかし予防策は重視さ

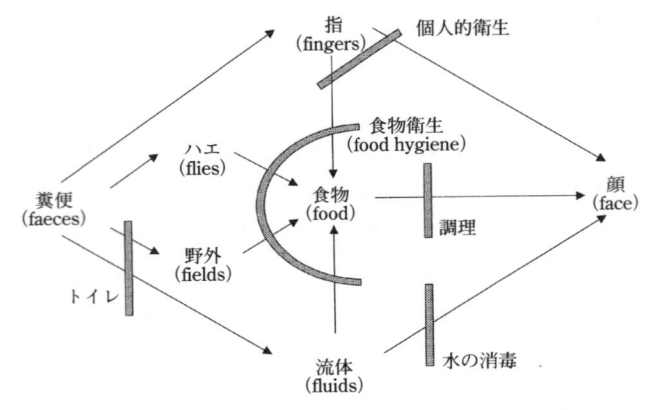

図 25.5 糞便内病原体の感染経路と物理的・習慣的予防策の F-ダイアグラム（Esrey *et al.*, 1998）

れていない．例えば，1990年には1億5200万人以上が鉤虫による重篤な感染症に罹っている（Murray and Lopez, 1996）．衛生的基準が比較的高い社会でも，日常生活上の衛生的習慣は，感染を予防できるほど十分ではない．したがって，排水中の固形部分を分散型で取扱うとするなら，物理的予防策が極めて重要になる．

25.7 発病に要する病原体レベル

病原体に関し，個人の免疫システムには閾（しきい）値が存在する．この閾値をこえると，疾病症状が現われる．この閾値は，年齢，生活状況，健康状態その他の要素によって様々である．

表 25.3 は，病原体に曝露されても疾病を発症しない個人的閾値の種々の例である．また同表には，全ての関係者に係る下限値も示されている．

表 25.3 健康なヒトの発病に要する病原性バクテリア数（n.d.：不検出）（Kowal, 1982）

バクテリア	疾病発症率 [%]			
	1〜25	26〜50	51〜75	76〜100
大腸菌	10^6	10^8	$10^8 \sim 10^{10}$	10^{10}
腸チフス菌	10^5	$10^5 \sim 10^8$	n.d.	$10^8 \sim 10^9$
S. meleagridis	10^6	10^7	$10^7 \sim 10^8$	n.d.
S. derby	n.d.	10^7	n.d.	n.d.
S. pullorum	n.d.	10^9	n.d.	$10^9 \sim 10^{10}$
糞便連鎖球菌	10^9	10^{10}	n.d.	n.d.

排水，汚泥，コンポスト化糞便物質中に存在する可能性のある生物数と比較すると，1～25％のヒトが発病する閾値においてさえ，発病にはかなり多くの病原体が必要である．したがって，あるバクテリアについて閾値を超えるには，排水中の固形部分を最少 1cm³ 程度摂取することが必要ということになる．

ただし，表25.3にはウイルスと寄生虫は含まれていない．これらの生物は別の閾値を有する可能性がある．理論的には，ヒトを感染させるには1個の感染性ウイルスまたは寄生虫胞子・卵で十分である．

25.8　DESARのリスク管理

DESARの衛生リスクは，集中型排水処理に伴うリスクとは異なる．現地で処理される排水と固形部分は，他の排出源の排水と混合しない．このため，DESARシステムには希釈効果がない．したがって，病原体について所定の低減が終っていない段階での運転操作期間中は，高レベルの病原性生物に暴露されるリスクが高い．

リスクを高めるもう1つの要因は，潜在的に病原体を含む排水中の固形部分に相当多数の人々が接触することにある．その理由は以下の通りである．
・DESAR手法は通常，集中型下水処理場に比べ，ユーザーに物理的に近い場所に設置される，
・DESARは，居住者当りの排水処理システム数が多く，簡単にアクセスされてしまう，
・ある種のDESARシステムは，所有者が管理する．

そのため，計画，運転，管理を通じた衛生上の予防策を確立することが重要である．物理的予防策には，以下の特性が必要である．
・堅牢な構造，
・エアロゾルや動物ベクターを防ぐことができる閉鎖的構造，
・長期間の貯留，つまり十分な容量，
・固形廃棄物とヒトが接触することのない（再）混合システム，
・容器から手で掻き出さない，
・子供や動物が容器に落ちることがない．

DESAR手法の実施を考えるに際して認識しておくべき重要ポイントは，以下

の通りである．

① 25.6.4 で説明したように，日常生活には，自らを取り巻く環境からくる感染リスクが相当程度存在する．例えば1世帯に1つといったような，非常に小規模な DESAR システムを管理する場合，まだユーザーが感染していないような病原体に感染するリスクは比較的小さい．したがって，家族が自分たちのシステムを管理するのは適切なことである．

② ユーザーが意志決定段階に関与することが必要である．分散型手法で適正な管理を行うには，ユーザーの関与が必要である．しかしそれが快く受け入れられていないとすれば，適切な習慣が確立されないことになる．結果，衛生リスクは大きくなる．

③ 訓練や相談窓口がしばしば必要である．管理段階を専門家が支援するような場合も，ある種の DESAR システムでは，使用段階において特定の維持操作が必要になる．

既に述べたように，図 25.5 に示された衛生学的予防策は常に存在するわけではない．そうした場合，疾病が蔓延することがあるかもしれない．したがって，衛生学的予防策だけに頼ってはならない．ここまでに概説したように，予防を確実にするためには，全ての DESAR 手法について，いくつかの物理的予防策を施しておく必要がある．

25.9 参考文献

Bruce, A.M. and Fisher, W.I. (1990) A Review of Treatment Process Options to Meet the EC Sludge Directive. *J.IWEM*.4.

Burge, W.D., Cramer, W.N. and Epstein, E. (1978) ASAE, Soil and Water Division. Paper no. 76–2559, pp. 510–514.

Conlan, K. and Van Maele, B. (2000) Trial protocol for the revised bathing water directive. Bathing season 2000. During a workshop in Brussels on 10/4/2000. Developed on behalf of the European Commission DG Environment – Water protection unit.

Council Directive 76/160/EEC of 8 December 1975 concerning the quality of bathing water

Danish EPA (1997) Hygiejniske aspekter ved behandling og genanvendelse af organiske affald. *Environmental project no. 351. (In Danish.)*

De Bertoldi, M., Frassinetti, S., Bianchin, L. and Pera, A. (1985) Sludge hygienization with different compost systems. In *Inactivation of Microorganisms in Sewage Sludge by stabilization Processes* (eds Strauch *et al.*). Proc. of a CEC seminar, Hohenheim, October, Elsevier, 64–76

De Bertoldi, M., Cicilini, M. and Manzano, M. (1991) Sewage sludge and agricultural waste hygienization through aerobic stabilization and composting. In *Treatment and use of Sewage Sludge and Liquid Agricultural Wastes*. Proc of a CEC Symposium, Athens, 1–4 October, Elsevier, 212–226.

Engen, Ø, Hansen, J.F., Linjordet, R. and Ånestad, G. (1994) Hygiejniske Aspekter ved Hjemmekompostering av Hage- og latrinavfall. *Jordforsk*, Norway. (In Norwegian.)

Esrey, S.A., Gough, J., Rapaport, D., Sawyer, R., Simpson-Hébert, M, Vargas, J. and Winblad, U. (1998) *Ecological Sanitation*, Department for Natural Resources and the Environment, SIDA, Stockholm.

Feachem, D.J., Bradley, H., Garelick, H. and Mara, D.D. (1980) Appropriate Technology for Water Supply and Sanitation. *Health aspects of Excreta and Sullage Management: A State-of the Art Review*. The World Bank, Washington DC.

Ilsøe, B. (1993) Smitstofreduktion ved affaldsbehandling. Work report from the Danish Environmental Protection Agency, No. 43. (In Danish.)

Murray, C.J.L. and Lopez, A.D. (1996) *Global Health Statistics. Global Burden of Disease and Injury Series*, vol. 2. Harvard University Press, Cambridge, MA.

Nickelsen, C., Ernø, H., Møller-Larsen, A., Kerzel A. and Kerzel, H.M. (1995) Bathing Water – Microbiological Control – Literature Study. Environmental Project No. 314, Danish Environmental Protection Agency.

Pereira, N., Stentiford and Mara, D.D. (1987) in *Compost: Production, Quality and Use* (eds d.B.e.al), Elsevier Applied Science, pp. 276–295.

Stockholm International Water Institute (SIWI) (1999) Urban Stability Through Integrated Water-related Management. The 9th Stockholm Water Symposium, 9–12 August, SIWI, Sweden, p. 14.

Stenstroem, T.A. (1999) Sustainable sanitation. In *Urban Stability Through Integrated Water-related Management*, Proc of Stockholm Water Symposium, 9–12 August, Stockholm International Water Institute, Sweden, 353–356.

Strauch, D. (1987) in *Compost: Production, Quality and Use (eds* d.B.e.al.), Elsevier Applied Science.

Strauch, D. (1989) Improvement of the quality of sewage sludge: Microbiological aspects. In *Sewage Sludge Treatment and Use: New developments, Technological Aspects and Environmental Effects*, Proc of a conference held in Amsterdam, 19–23 September, Elsevier, 160–179.

Stubsgaard, A.E. (1996) Hygiejniske og miljømæssige aspekter af komposttoiletter. *Special report*. Microbial Ecology. Biological Institute. University of Aarhus. (in Danish).

Stubsgaard, A.E. (2000) Composting and burying faecal matter. The environmental impact. DHI, Institute for Water and Environment. (In Danish.)

Svensson, P. (1993) Nordiska erfarenheter av källsorterande avloppssystem. Institutionen för samhällsbyggnadsteknik.

World Health Organisation (WHO) (1998) Guidelines for Safe Recreational Water Environments: Coastal and Freshwaters. Draft for consultation. Geneva, October, EOS/DRAFT/98.14.

26章 集中型処理と分散型処理の環境影響比較

L. Reijinders

© IWA Publishing. Decentralised Sanitation and Reuse：Concepts, Systems and Implementation.
Edited by P. Lens, G. Zeeman and G. Lettinga. ISBN： 1 900222 47 7

26.1 はじめに

　工業国の都市部では，集中型都市サニテーション（CUS：centralised urban sanitation）システムが優位である．このシステムが採用されたのは衛生上の観点からであった．排水の排出とヒトの排泄物管理を分散型で行うことは，コレラのような感染性疾病を引き起こす原因になると考えられた．水洗便所により下水道システムに排出することで，このような問題が解決されるのではないかと考えられた（de Jong et al., 1998）．下水道システムが開発されると，水洗便所からの排水だけでなく，過剰な雨水や工場排水など他からの排水も取込んだ．

　排水処理は，これらの下水道から地表水へと排出される有機物質の影響を低減するための，末端的処理（end of the pipe）として始まった．これは，物理的前処理と好気性生物処理が主なものである．場合によっては，消毒やリンの除去といった後処理が追加されることもある．

　工業国では，CUSによってヒトの排泄物に存在する感染性疾病の病原体に関する問題が解決されると共に，地表水の汚染を低減したといわれている．実際，水系伝染病の大発生や泡立つ水のような問題の大半は過去のものとなっている．こうして，工業国では，排水の排出口をCUSに接続することで，排水の問題は基本的に解決されると考えられている．けれども，この考えは，必ずしも実際の出来事の現実的な評価に基づいているわけではない．集中型都市サニテーションシステムをよくみると，いろいろな弱点があることがすぐにわかる．その一つは，このシステムは投資コストが高く，多くの途上国のように実際に投下できる資本が少ない状況では，初めから導入の対象になりにくいことである．

　その他にも，CUSには環境上の弱点がある．下水道システムの保守管理の不

備や工場排水,豪雨などにより処理効率が低下することがよくある.また,集中型都市サニテーションシステムでは,リン酸塩のような栄養塩類の多くが放流水中へと失われることになる(Meganck and Faup, 1989 ; Niemczynovic, 1993 ; Björklund et al., 2000).しかも,大量の比較的清浄な排水も,他の汚濁排水と混合されることで汚染される.CUSではエネルギー消費量も多い(Infomil, 1997).また,好気性生物処理は,重金属,分解しにくい合成物質,揮発性石油化学物質など,多くの微量汚染物質の処理には適していない.そのため排水処理施設から大量の毒性物質(Tonkes and Balthus, 1997)や揮発性有機物質が処理されないで排出されることになる(Clapp et al., 1994).そして,この毒性物質は,地表水や堆積物の質を悪化させることになる(Schoot-Uiterkamp, 1994 ; de Wit, 1994).分解しにくい毒性物質の多くは,汚泥の一部となる(Wong and Henry, 1988 ; Ure and Davidson, 1995).都市の場合,これらはひどく汚染されているため,肥料として使用することはできない(Björklund et al., 2000).

上に指摘した環境上の弱点のいくつかは,集中型都市サニテーションシステムでは様々な異質な排水が混じるということに原因がある.完全に混合する場合も部分的にしか混合しない場合もある(de Jong et al., 1998).工場排水や舗道・側溝の雨水が混ざることで,重金属や有機炭素化合物の負荷が大きくなる(de Wit, 1994 ; Schoot-Uiterkamp, 1994).そして,それが汚泥,地表水,堆積物に悪影響を及ぼすことになる.重金属は環境中に長く滞留するため,CUSが環境に与える影響は時間経過と共に累積的に増加することになる(Huijbregts et al., 2000).有機溶剤や殺菌剤(消毒剤)の排水が混ざると,排水処理プロセスの効率が大幅に低下することがある.また,様々な排水が混ざるとCUSの処理能力が制約されるという意味でも問題である.降雨時には,流入下水量がCUSの能力を上回ることがあり,未処理排水が越流堰をこえて放流される.

分散型(DESAR : decentralised sanitation and reuse)では,異質な排水の混合による問題を緩和することができる.しかしながら,集中型処理場のような物理的・財政的な規模の経済性があるとはいえない(Lundin et al., 2000).そのため,除去率が相対的に低いこと,規模にかかわらず1人当りの処理作業にかかるハードウェアの必要経費が大きいことが指摘される.また,CUSシステムとDESARシステムでは処理プロセスに違いがあり,環境に及ぼす影響にも違いがある.

このことから，CUSシステムとDESARシステムの環境影響（リスクを含む）に関する比較の問題が生じる．例えば，コンポスト式トイレや小規模嫌気性汚泥床反応槽（ASBR）は，同じ処理を行うCUSと比べて環境的に良いのか悪いのかといった問題である．

また，このような意味で注目されるもう一つの問題がある．排水処理に使用される基本原理が，非常に古いものだということである．現在使用されているDESARで最もよくみられる形態である腐敗槽は，19世紀から使用されているものである．水洗便所と下水道のシステムも，同じ時期から使用されている．現在のCUSで最も多い好気性排水処理と嫌気性汚泥処理の基礎は，1900年頃にさかのぼる（Higgins *et al.*, 1985）．

1900年以来，重大な変化があり，環境に関する知識が増大してきた．重金属や多数の毒性有機物質が，下水汚泥や堆積物に含まれる問題のある汚染物質として認識されるようになった．アンモニアや亜酸化窒素のような窒素化合物（Seitzinger and Kroese, 1998）は，土壌酸性化や温室効果のような環境問題と関係している．水域の富栄養化は，1900年頃に比べてより深刻な問題になっていると考えられる．エネルギーの使用量もますます重要な問題とみなされている．

新しい嫌気性反応槽（Seghezzo *et al.*, 1998），イオン交換（Mels and Nieuwenhuijzen, 2000），および膜ろ過（STOWA, 1998）などの新しい排水処理法が登場している．膜ろ過とイオン交換については，CUSで使用される好気性排水処理ほど規模の経済性は重要ではない（STOWA, 1998）．しかも，比較的安価なリアルタイムモニタリングや自動制御装置が利用できるようになったため，プロセス管理に大きな変化がみられる．このことは，比較的小さな処理施設の設置にとって好ましいことである．

現在の見識や技術を使いながら振り返ってみると，もし今ゼロから始めるとしたら同じ水処理方法を選んだのかどうか，という疑問が湧いてくるのかもしれない．

26.2　検討すべき環境影響

DESARとCUSが環境に及ぼす影響を比較するのはなかなか難しい問題である．この問題に扱うためには，方法論の問題をまず検討する必要がある．

まず第一に，様々な排水処理を評価するうえで環境影響をどのように定義するかということである．物質や病原体の排出と天然資源の使用に伴う影響を，検討する必要があると思われる．空間（土地）利用による影響や，自然や生物に対する影響を考慮しなければならない．また，負の影響については，現時点と持続可能性の点から捉える必要がある（Reijnders, 2000）．後者の例をあげると，化石燃料資源の賦存量には限りがあることから，化石燃料の使用は持続可能でないことを認識しなければならない．

表 26.1 に，リスクを含めた環境影響を評価する必要のある要素をリストアップしている．その影響には，良いものも悪いものもある．それらについて，システムの脆弱性も含め，排水処理方式を実際上の性能の観点から評価しなければならない．

表 26.1 排水処理による環境影響を評価する上で検討すべき要素

- ほとんど再生不可能で乏しい非生物資源の枯渇．
- 再生可能な非生物資源の枯渇．
- 生物資源の減少．
- 地下水への影響．
- 気候変動（温室効果）に対する影響．
- ヒトに対する毒性．
- ヒトの感染リスク．
- 動植物に対する疾病リスク．
- 生態毒性．
- 揮発性有機物質および酸化窒素による光化学スモッグへの影響．
- 酸性化（水域および陸域）．
- 富栄養化．
- 悪臭．
- 熱の排出．
- 有害生物（ハエなど）．
- 騒音．
- 生態系や景観への影響．
- 空間利用による影響．

残念ながら表 26.1 にリストアップした要素に関する信頼できるデータがないため，排水処理による環境影響の評価は極めて不完全なデータに基づかざるを得ないことが多い（Emmerson *et al.*, 1995；STOWA, 1996；Zhang and Wilson, 2000）．一方，表 26.1 にあげられた様々な要素の重み付けが大きく異なる場合は，

不完全なデータでもそれほど問題は生じないこともある．判断するのには，限られた要素で十分な場合もある．それらの重要な要素に関するデータが信頼できれば十分であり，重要でない要素に関するデータがなくてもそれほど問題ではない．

環境に関する利点については，2つのレベルで答えることができる．主要な潜在的な便益に関する戦略的レベルと，既存施設の実際的な利益に関する戦術的レベルである．この問題について，これから順次説明していくことにする．

26.3 排水処理の戦略的視点

一般的に廃棄物について環境的な観点からいうなら，廃棄物の発生を防ぐ方が廃棄物を処理するより望ましい (Niemczynowicz, 1993；Reijnders, 1996)．また，処理する前に化学的に異質な廃棄物を混ぜることは，通常，環境的にはよくない．CUSにおいてもこの混合の問題があり，CUSで異質な廃水を混合することを例外扱いする理由はないと思われる (Niemczynowicz, 1993；Lundin *et al.*, 2000)．

したがって，戦略的視点からいうと，排水の発生を抑えると共に，家庭排水，雨水，および分解性有機物質が多くない工場排水の処理を別々行うのが賢明であると思われる．しかしながら，分別処理にも限界があることに注意しなければならない．分別によりハードウェアや輸送が増えることによる環境影響がある．その意味で，最適な分別処理というものがある．

このような最適処理を正確に判断するには，経済活動，処理システム，再利用の可能性，それらの環境的意味に関する詳細な知識が必要である．この問題は，本章の対象外にある．けれども，処理の分別化を適切にすることは，排水処理の環境的適合性の点で重要な戦略的要素であるといえる．

環境的に重要な要素を選択することは，更に戦略的に考慮すべきことである．これについては，主観的な選択によるほかはない．

戦略的評価に関する私の主観的な選択は，水域への排出制限，再利用のための栄養塩類の回収性，排水処理インフラのライフサイクルにおけるエネルギーと資材の効率化である．このライフサイクルは，資源採掘のような1次生産過程から始まり，最終処分過程までを含む (ISO, 1997)．水域への排出の戦略的重要性は，排水処理の目的と直結している．ライフサイクルにおけるエネルギー，資材の効率的な利用，および栄養塩類の回収利用は，資源保護と汚染防止にとって極めて

重要である（Brownlow, 1996 ； Reijnders, 2000）．

　先の検討に基づき，第一段階で好ましい戦略を選択することが可能であると思われる．雨水は汚染されないようにしっかりと管理する必要がある．したがって，亜鉛（または亜鉛めっき）雨樋に集水しないことが望ましく，洗車によって道路に流された洗剤溶液のようなものと混ざらないようにしなければならない．同様に，産業プロセスおよび燃焼プロセスに関する厳しい要件を設けることで，重金属（Ure and Davidson, 1995），または多環芳香族炭化水素および塩化ダイオキシンなどの有機炭素を大量に含む塵埃が，雨水と混ざらないようにする必要がある．雨水は，地表水を涵養させたり，あるいは土壌に浸透させることが望ましい．雨水が汚染される場合は，その汚染物質に適した処理を行う必要がある．

　排泄物を処理するという CUS 本来の機能を考えると，水洗トイレは見直されるべきである．いくつかの代替可能な方法がある．

　第1は，コンポスト式トイレであり，これは個別家庭のレベルで機能させることができる．ハードウェアに関して必要なもの（要件）が少なく，コンポスト収集に伴う環境コストは限られ，栄養塩類の回収利用性は比較的高い．

　第2は，排泄物の1次嫌気性消化と組合せる真空式トイレである．これは，台所廃棄物の変換と組合せることができる．この処理システムによって，コンポストとバイオガスが生成される．これは，病院，大きな事務所，住宅地域など比較的人の多い場所に適している．ハードウェアの要件はコンポスト式トイレより多いが，バイオガスが生成されるというエネルギー面での（小さな）利点がある．

　第3は，後で肥料として使用できる尿の分離収集である（Tillman *et al.*, 1998 ； Lundin *et al.*, 2000 ； Björklund *et al.*, 2000）．

　し尿とグレイウォーターが混合した家庭排水は，栄養塩類の回収利用性を最適化しながら，エアレーションと膜ろ過に組合せられた有機物質の嫌気性分解によって処理すべきである（Vigneswaran and Ben Aim, 1989 ； STOWA, 1998）．この方法が優れているのは主に，エネルギー効率と再利用のための栄養塩類の回収性が良いからである．後者については，天然資源が限られていることと淡水域における富栄養化に係る重要性の観点から，リン酸塩の回収利用を優先する必要がある（Brownlow, 1996）．嫌気性処理によってリン酸塩を効率よく回収利用できる（Meganck and Fraup, 1989）．

　窒素化合物の回収を，例えばイオン交換によって行うことも環境的に有益であ

る（Mels and van Nieuwenhuijzen, 2000）．非常に小規模な施設は別にして，膜ろ過に必要なエネルギーの一部は，嫌気性変換によって生成されるメタンから得ることができる．結局は排水となる家庭用品は，こうした処理に対応できるように配合設計すべきである（Reijnders, 2000）．感染性疾病を引起す病原体を消滅させるための適切な措置を講じる一方で，汚泥は肥料や土壌改良材として使用すべきである．

産業は汚染防止に努めると共に，排水に残存する汚染物質に応じて，独自に汚水処理を行う必要がある．水分の多い産業廃棄物が基本的に有機物質である場合は，他の有機性排水と組合せて処理することは有利である．

もう一つの戦略的問題は，分別収集の排水処理方式を，集中型とするか分散型とするかである．ここに，2つの重要な視点がある．一つは，集中型処理に必要な物理的インフラ（配管など）は比較的重い環境負荷となり，再利用には分散型処理が適しているということである（Fujita, 1989；Lundin *et al.*, 2000）．もう一つは，集中型処理には物理的な規模の経済性があり，従来からプロセス管理に優れていることである．排水処理の観点からみると，自動化されたモニタリングや制御システムの進歩によって集中型処理の優位性が低下した一方，膜ろ過およびイオン交換には規模の経済性に限界がある．

人口密度が比較的低く，再利用が重要である場合は，分散型処理が向いている．集中型処理は人口密度が高い地域に適している（Tillman *et al.*, 1998）．だが，人口密度の高い地域において集中型処理が適している程度は，以前より低くなっている．処理とプロセス管理の両方に関して新しい技術が利用できるからである．

26.4 現在の排水処理方式の比較

ここでは，現在の排水処理方式の環境影響とリスクについて検討する．このテーマを扱う上で，様々な方法論的問題が生じる．環境への影響（リスクを含む）の定義については既に議論した（**26.2** 参照）．しかしながら，どの処理システムを比較すべきかという問題もある．集中型サニテーションシステムは多様な排水を取込み，DESARシステムは特定の排水を処理する．つまり，それぞれの機能が異なるということであり，この2つのシステムを直接的に比較するのは，公平ではないと考えられる．

集中型システムと比較するのは，ずらりと並んだ DESAR 群や，それと同様の処理を行う機能的に特化した集中型システム群でなければならないという議論がある．この議論が正しいとしても，残念ながら現在のところ，工場排水，家庭排水および雨水が混合した汚水を処理する DESAR 処理施設に関して，十分整理されたデータはない．しかしながら，家庭排水の処理に関して CUS と DESAR を比較する場合は，事情が異なる．この場合は，公平な比較が可能である (STOWA, 1996；Tillman et al., 1998；Lundin et al., 2000；Björklund et al., 2000)．

次に，集中型システムと DESAR システムの直接的な効果を考慮するのか，ライフサイクル効果を考慮するのかを決める必要がある．ここでは，これらのシステムのハードウェアを含めた，それぞれのライフサイクル的な視点を取ることにする．こうすることで，直接的な効果に焦点を当てた場合には隠れてしまう重要な環境への影響を見失わずに済む．そのような「隠れた影響」は，環境への影響の特定要素に関する間接的な効果を上回ることがある (Emmerson et al., 1995)．ライフサイクル効果を調べる最も良い方法は，ライフサイクル評価 (LCA：life cycle assessment) である．LCA を実施する標準的な方法は，表 26.1 に記されたほとんどの要素を含んでいる．**表 26.2** には LCA の手順が示されている．

表 26.2 ライフサイクル評価 (LCA) の手順 (European Environment Agency, 1997；ISO, 1997)

- 目標と適用範囲の定義：LCA の対象とする機能的まとまりの選択 (ある特定の排水処理事案：例えば，アイルランドの都市で 200 世帯が排出するリン酸塩の 80 %を削減する)．システムの適用範囲および境界の定義．
- ライフサイクル目録作成：ライフサイクルの全プロセスを含めたプロセス系統図の作成．資源利用および環境への排出を含めたプロセスの環境負荷に関する実態データの収集．
- 影響評価：環境負荷の分類 (表 26.1 参照)，調査目録に基づくライフサイクルに伴う負荷の計算．
- 有効性と不確実性の評価および分析，定めた目標に対する結果の解釈．

LCA の全手順のうち最初の 2 つだけを実施して環境負荷に基づくデータを分類するとライフサイクル目録 (LCI：life cycle inventory) が作成される．この目録には環境負荷の計算が含まれていないが，環境への排出や鉱石の使用といった環境上適切な課題解決を示している．

LCA を実施する際に，方法論的な問題が生じる．LCA の結果は環境影響の実際的な評価とはならないことが多い．これには，富栄養化，酸性化，生態毒性，

ヒトへの毒性，感染リスクなどの影響に関するものがある．LCAでは時間と場所の特定性が考慮できないことが，こうした欠陥の主な原因である．また，LCAでは感染リスクはまったく対象とされていない．それに代わる方法は，最初の概算にLCAを用い，その後に実際の影響に基づくデータで結果を修正することである．

　もう一つの方法論的な問題は，LCAの対象となるシステムの境界に関することである．私見だが，CUSとDESARを適切に比較しようする場合は，そうした境界を余り狭くすべきではないと思われる．例えば，肥料の製造も，配管などの物理的インフラも含める必要がある．

　排水処理の評価において，LCAおよびその関連手法は，これまであまり使われていない．ZhangとWilson（2000）は，東南アジアにおける大規模排水処理プラントのライフサイクルエネルギー消費量を調査した．Emmersonら（1995）は，小規模な好気性排水処理プラントのLCIを作成した．Nichols（1997）とDennisonら（1998）は，汚泥処理の多様な方法に関するLCI型の調査目録を作成した．Sonessonら（1997）は，排水処理に伴う有機廃棄物を含めて，有機廃棄物の多様な処理方法に関するLCAを実施した．Tillmanら（1998）は，CUSとDESARにおけるポンプ機能を対比しながら，様々な都市排水システムに関するLCIを作成した．Lundinら（2000）は，スウェーデンのLuleaおよびHornにおける住宅開発のための排水システムによる環境負荷に関する規模と技術の影響を研究した．Björklundら（2000）は，**表26.1**に記された影響に関するLCAを用いて，ストックホルムにおける生分解性廃棄物の管理を調査した．STOWA（1996）は，LCAの方法を用いて多数の排水処理法を分析し，表26.1に示された環境への影響を調べた．

　Tillmanら（1998），Lundinら（2000）およびBjörklundら（2000）の研究がDESARの評価を行っているものであり，これらの研究の概要を以下に示す．

---

1. DESARとCUSの評価に関するライフサイクル評価（LCA）とライフサイクル目録（LCI）の概要

　Tillmanら（1998），都市下水システムのライフサイクル評価，*International Journal of Life Cycle Assessment* 第3号，pp145-157.：スウェーデンのHamburgsund村とGothenburg郊外地域における排水処理について，LCIの方法を用いて評価

した．既存の CUS を，嫌気性消化とその脱離液を砂ろ過床で処理する方法や，肥料として用いることを前提とした尿の分離収集による処理方法と比較した．Hamburgsund では，CUS 代替法は，既存の CUS より環境影響が少ないことが明らかになった．Gothenburg では，影響が少ないものもあれば多いものもあった．環境への影響を判断するうえで，エネルギー技術に関する仮定が非常に重要であった．

　Björklund ら（2000），ストックホルムにおける生分解可能な廃棄物管理計画，*Journal of Industrial Ecology*, 第 3 号, pp43-58.：LCA の方法を用いて嫌気性消化，分離収集，尿の利用の評価を含めた，ストックホルムのいくつかの排水管理法を評価した．栄養塩類の回収再利用を増やすことによって，環境への影響を低減できるが，尿を分離して肥料として散布するとアンモニアの排出により酸性化が進むと結論付けられた．栄養塩類の再利用率が高いと，輸送は環境への影響全体にそれほど重要ではないことがわかった．けれども，発電のような補助的システムが環境への影響に非常に重要であることがわかった．

　Lundin ら（2000），排水システムのライフサイクル評価；環境負荷算出に及ぼすシステムの境界と規模の影響, *Environmental Science and Technology*, 第 34 号, pp180-186.：スウェーデンの Lulea（2 700 人）と Hoor（200 人）の住宅開発における排水処理について，LCI の方法を用いた研究が行われた．CUS が，尿分離式処理または液体コンポスト化によるし尿の処理を行う小規模システムおよび大規模システムと比較された．分離式システムは，排出量が少なく栄養塩類の回収利用性が高い点で CUS より優れていた．けれども，この結論は液体コンポスト化における発電方法に大きく依存していた．他の西欧工業国から入手した発電データを用いると，液体コンポスト化は好ましいものではなかった．

　これまでに検討されてきた LCA と LCI には，重大な欠陥がみられる．排水処理の環境への影響は非常に多様であるが，全般的にデータの不確実な要素が見逃されている．そのような要素としては，排水処理施設から排出される毒性物質の存在（Tonkes and Balthus, 1997；Clapp et al., 1994），排水処理における重金属とヒ素の汚泥への捕捉（Gommers and Rienks, 1999），多環芳香族類と塩素化化合物の捕捉と分解（Gommers and Rienks, 1999），雨天時越流や下水管漏水による未処理排水の排出ならびに悪臭を放つ化合物の排出（Peek, 1991）などがある．

26.4 現在の排水処理方式の比較

　LCAにおける地域的・時間的特定性の欠如の問題，有害物質やヒトに対する感染リスクもしくは動植物に対する害虫/疾病リスクを扱った研究は存在しない．Emmersonら（1995），Nichols（1997），Dennisonら（1998），Zhang and Wilson（2000）は，表26.1に示されたうちの限られた数の環境要素を取扱っている．

　STOWA（1996），Sonessonら（1997），Tillmanら（1998），Björklundら（2000），Lundinら（2000）は，この表に記載された環境要素の多くを含めて検討している．しかしながら，これらの研究でも，環境要素の扱いにおいて重大な欠陥がある．例えば，STOWA（1996）は水域への重金属の排出について水中での毒性に基づいて評価しているが，汚泥成分としての影響は重量（廃棄物の量への寄与）だけに基づいて評価しており，そのため，土壌に汚泥を散布する場合の毒性があいまいになっている．STOWA（1996）の研究では，排水処理で残留したり下水道システムから漏出する有害物質の土壌および堆積物に対する影響も無視されている．さらに，この研究では社会全体のエネルギー消費に占めるエネルギー消費割合は小さいと述べているが，その一方で，エネルギー生産に使用される化石資源は枯渇しており再生もできないため，エネルギー消費は重大な問題であるとする議論もある（Reijnders, 2000）．

　Sonessonら（1997），Tillmanら（1998），Lundinら（2000）の研究は全て，生態系とヒトに対する毒性の問題を含め，排水中の重金属または有害有機物質に伴う問題を無視している．これが大きな欠陥であるのは，それらの化合物はLCAタイプの毒性評価では，重要な意味をもつからである（Huijbregts et al., 2000）．Björklundら（2000）は重金属の影響を考慮しているが，LCAとは分けて扱っている．また，有毒有機物質の毒性や資源の枯渇について言及していない．この点は，Sonessonら（1997）やLundinら（2000）も同様である．

　最後に，肥料としての尿について検討するうえで，Tillmanら（1998），Björklundら（2000），Lundinら（2000）は，尿散布の代替として注入することを考慮していないが，注入法は散布法に比べてアンモニアの排出を大幅に低減する，という点に注意しておく必要がある．このように，LCAとLCIの実用化には，多くの課題が残されていると思われる．しかしながら，Tillmanら（1998），Lundinら（2000），Björklundら（2000）によって興味深い研究が行われている．それらの研究では，ライフサイクル研究の結果はエネルギー生産のような補助的

システムに大きく依存していることが示されている.

これまでに発表された LCA と LCI の研究は，26.3 節に示された戦略的アプローチと一致するようであるが，今後の研究ではエネルギー生産に関する補助的システムを検討することが重要である．しかしながら，LCA の方法を用いて既存の CUS と DESAR を適切に比較するために，なすべき仕事がまだ数多くあることは明らかである．

26.5 参考文献

Björklund, A., Bjuggren, C., Dalemo, M. and Sonesson, U. (2000) Planning biodegradable waste management in Stockholm. *Journal of Industrial Ecology* **3**, 43–58.
Brownlow, A.H. (1996) *Geochemistry*. Prentice-Hall, NJ
Clapham, Jr., W.B. (1981) *Human Ecosystems*. Macmillan, New York.
Clapp, L.W., Talarczyk, M.R., Park, J.K. and Boyle, W.C. (1994) Performance comparison between activated sludge and fixed film processes for priority pollutant removals. *Water Environment Research* **66**, 153–160.
De Jong, S.P., Geldof, G.D. and Dirkzwager, A.H. (1998) Sustainable solutions for urban water management. *European Water Management* **1**(5), 47–54.
Dennison, F.J., Azepagic, A., Clift, R. and Colbourne, J.S. (1998) Assessing management options for wastewater treatment works in the context of life cycle assessment. *Wat. Sci.Tech.* **38**(11), 13–20.
De Wit, J.A.W.(1994) *Watersysteemverkenningen: Emissiebeleid zonder grenzen*. RIZA, Lelystad. (In Dutch.)
Emmerson, R.H.C., Morse K.K., Lester, J.N. and Edge, D.R. (1995) The life cycle analysis of small-scale sewage treatment processes. *J .CIWEM* **9** (June), 317–325.
European Environment Agency (1997*) Life Cycle Assessment. A guide to approaches, experiences and information sources*. Environment Issues Series No 6. Copenhagen.
Fujita, K.(1989) Application of deep bed filtration in wastewater treatment. In *Water, Wastewater, and Sludge Filtration* (eds S. Vigneswaran and R. Ben Aim), CRC Press, Boca Raton, FL.
Gommers, P. and Rienks, J. (1999) *'Gezuiverde' cijfers over zuiveren*. RIZA, Lelystad. (In Dutch.)
Higgins, L.J., Best, D.J. and Jones, J. (1985) *Biotechnology*. Blackwell Scientific Publications, Oxford.
Huijbregts, M., Thissen, U., Guinée, J.B, Jager, T. and van de Meent, D., Ragas, A.M.J., Wegener Seeswijk, A. and Reijnders,L. (2000) Priority assessment of toxic substances in life cycle assessment. *Chemosphere* **41**, 119–151.
Infomil (1997) *Energie, Rioolwaterzuiveringsinrichtingen*. Infomil, Den Haag. (In Dutch.)
ISO (1997) *Environmental Management. Life Cycle Assessment. Principles and Framework*. ISO, Geneva.
Lundin, M., Bengtsson, M. and Molander, S. (2000) Life cycle assessment of wastewater systems: influence of system boundaries and scale on calculated environmental

loads. *Environ. Sci. Technol.* **34**, 180–186.
Meganck, M.I.C. and Faup, G.M. (1989) *Enhanced Biological Phosphorous Removal from Waste Water*, CRC Press, Boca Raton, FL.
Mels, A., and van Nieuwenhuijzen, A. (2000) *Physical-chemical pretreatment of wastewater.* www.ct.tudelft.nl/wmg/sanitary/stowares.htm
Nichols, P. (1997) Applying life cycle methodology to the treatment and disposal of sewage sludge. *Proc. Life Cycle Assessment.* SCI Environment and Water Group, London.
Niemczynowicz, J. (1993) New aspects of sewerage and water technology. *Ambio* **22**, 449–455.
Peek, C.J. (1991) *Rioolwaterzuiveringsinrichtingen*. RIVM, Bilthoven. (In Dutch.)
Reijnders, L. (1996) *Environmentally Improved Production Processes and Products*. Kluwer, Dordrecht, the Netherlands.
Reijnders, L. (2000) A normative strategy for sustainable resource choice and recycling. *Resources, Conservation and Recycling* **28**, 121–133.
Schoot-Uiterkamp, J. (1994) *Watersysteem verkenningen: Vele kleintjes*. RIZA, Lelystad. (In Dutch.)
Seghezzo, L., Zeeman, G., van Lier, J.B., Hamelers, H.V.M. and Lettinga, G. (1998) A review. The anaerobic treatment of sewage in UASB and EGSB reactors. *Bioresource Technology* **65**, 175–190.
Seitzinger, S.P., and Kroese, K. (1998) Global distribution of nitrous oxide production and nitrogen inputs in freshwater and coastal marine ecosystems. *Global Biogeochemical Cycles* **12**, 93–111.
Sonesson, U., Dalemo, M., Mingarini, K. and Jönsson, H. (1997) ORWARE – A simulation model for organic waste handling systems. Part 2: Case study and simulation results. *Resources Conservation Recycling* **21**, 39–54.
STOWA (1996) *Het zuiveren van stedelijk afvalwater in het licht van duurzame milieuhygiënische ontwikkeling*. Hageman, Zoetermeer
STOWA (1998) *Mogelijkheden voor toepassing van membraanfiltratie op rwzi's*. Hageman, Zoetermeer. (In Dutch.)
Tillman, A.M., Svingby, S. and Lundström, H. (1998) Life cycle assessment of municipal wastewater systems. *Int. J. LCA* **3**, 145–157.
Tonkes, M. and Balthus, C.A.M. (1997) *Praktijkonderzoek aan complexe effluenten met de totaal effluent milieubezwaarlijkheid methodiek*. RIZA, Lelystad. (In Dutch.)
Ure, A.M. and Davidson, C.M. (eds) (1995) *Chemical Speciation in the Environment*. Blackie Academic & Professional, London.
Vigneswaran, S. and Ben Aim, R. (eds) (1989) *Waste, Wastewater, and Sludge Filtration*. CRC Press, Boca Raton, FL.
Wong, L.T.K. and Henry, J.G. (1988) Bacterial leaching of heavy metals from anaerobically digested sludge. In *Biotreatment Systems* (ed. D.L. Wise), CRC Press, Boca Raton, FL.
Zhang, Z. and Wilson, F. (2000) Life cycle assessment of a sewage treatment plant in south-east Asia. *J. CIWEM* **14**, 51–56.

第5部

DESAR の社会経済的側面

27章 DESAR技術適用における一般市民の支持の役割

H. Mattila

© IWA Publishing. Decentralised Sanitation and Reuse：Concepts, Systems and Implementation.
Edited by P. Lens, G. Zeeman and G. Lettinga. ISBN：1 900222 47 7

27.1 はじめに

　どんなに十分な処理を施しても，排水（下水）はとにかく汚いものだとされてしまう．その一方，グレイウォーターは，たとえ糞便性バクテリアのような不純物を相当程度含んでいても，「きれい」で「安全」で，様々な目的に再利用できるとみなされることが多い．この点は，分散型サニテーションと再利用（DESAR：decentralised sanitation and reuse）の成否を左右する要因である．様々な分野の専門家や一般市民が有するDESARについての意見を考慮しなければならない．技術的に効率がよく経済的に適切な方法であっても，他の非技術的，非経済的な判断基準によって受容されないことがあるかもしれない（Spulber and Sabbaghi, 1998）．

　米国のいくつかの都市では，いわゆる間接利用であれば，飲料用としてさえ，排水の再利用が専門家と一般市民双方から受入れられている．間接利用とは，都市排水の処理水をさらに高度処理した再生水を使って，意図的に飲料用水源を増やしてやることをいう．いずれの場合にも，再利用を行うには，プロジェクト固有の健康リスク評価とその緩和対策を徹底的に実施した後でなければならないのではあるが（Crook *et al.*, 1999）．

　DESARの方法が成功するかどうかは，地域の条件次第といえる．そもそも排水を再利用する必要性があるのかどうかというのは，例えばその地域の気候条件によって決る．2000年3月にハーグで開催された第2回世界水フォーラムが提起したビジョン21では，「各国は水部門でのサービスの最低基準を確立し，この基準をもとに，2025年までに全ての人々に水とサニテーションを提供するとしたビジョンがどの程度達成されたかを評価しなければならない」としている．目

標と基準は,地域,都市,国がそれぞれの状況に合わせて選定する(WSSCC, 2000).

27.2 排水のオンサイト処理の必要性

この章ではフィンランドを例に取上げる.フィンランドでは,DESARがこの数年間で非常に重要なものになってきているからである.Pyhäjärvi湖地域における計画の実施状況を詳しく説明する.排水処理に関する条件と必要性は,国によって様々である点に注意しておく必要がある.フィンランドの人口密度は17.3人/km^{2}なので,他の国ではDESARとみなされるような小規模排水処理プラントについての長い経験がある.本章では,DESARの方法として,家庭専用の排水処理設備,時には家屋数戸用の小規模処理設備を取上げる.国によっては(米国や日本など),数百戸用の処理プラントもDESARシステムとみなされる.

27.2.1 フィンランドにおける排水処理の進展

フィンランドでは,過去数十年にわたり,水路に種々の汚染物質をかなり大量に排出してきた.1950年頃から工業化が始まり,パルプ・製紙工業のため一部の河川や湖沼がひどく汚染されるようになった.それと軌を一にして,都市の成長により配水網が拡大し,同じ水域への排水負荷をさらに加えた.農林業では化学肥料が用いられ,これが浸出・流出することも水域への負荷を増やした.むろん現在では,これらの汚染原因は,かなりの程度規制されるようになってきている.

歴代の政府は,農村地域での飲料水供給施設建設を支援してきた.これは現在も続いている.これに対し排水処理の方はおしなべて無視されてきた.昨今では,農村地域から都市への人口移動を緩和するため,ディベロッパーが農村地域の活性化に取組んでいる.具体的には,果実をワインやジャムに加工したり,野菜を缶詰にするなど,製品製造が地元で行えるよう農家を支援している.しかしながらこうした活動には,水路への流入排水を増加させるというマイナス面もある.

1960年代後半から1980年代初頭にかけて,工業・都市そしてついには農村でさえ排水処理は急速な進展を見せた(図27.1).その結果今日では,水質汚濁防止上の主たる懸念は「汚染源の拡散」になってきた.大都市や工場の下流域の水質は改善されつつある.しかしそれ以外の水域は,許容範囲をこえた栄養塩類,

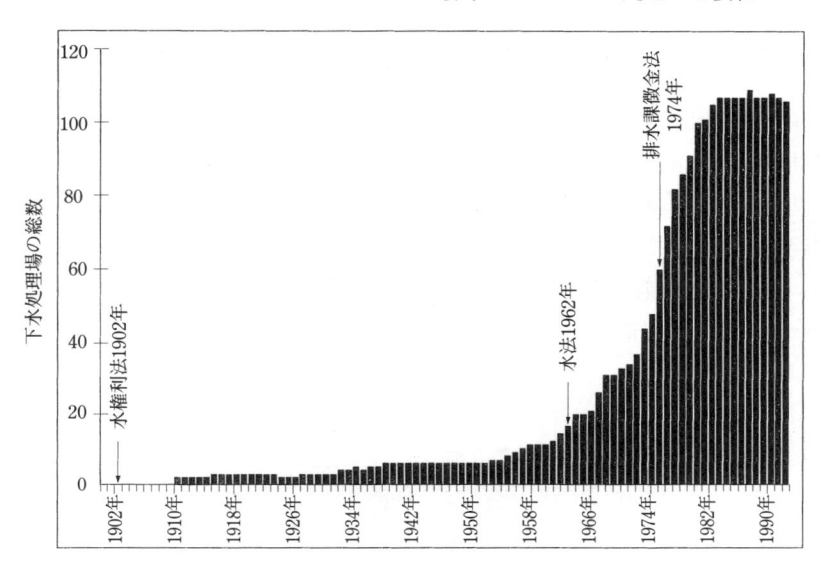

図 27.1 フィンランドの都市部の下水処理場の数（1900 ～ 1993 年）（Katko and Lehtonen, 1999）

固形物質，バクテリアなどの汚染の危険にさらされている．

上述のように主要汚染源に対処してきたため，下水管網から外れた地点に排出される各戸の家庭排水が，これまでのところ無視されてきた．フィンランドの水法といえども，こうした点では時代遅れになっている．2000 年 2 月までは，腐敗槽の排水処理に対応していただけであった．しかしながら，腐敗槽で適切な処理が行われたとしても，排水中の固形物質をせいぜい 70 ％除去できるだけだということは既に明らかである（Mäkinen, 1983 ; Santala, 1990）．溶出した汚濁物は環境中に自由に流れ込み，しばしば排水溝や河川に直接流入してくる．

1998 年，フィンランドにおける水質汚濁防止に関する 2005 年国家目標が設定された．広く散らばった集落を目標として BOD 負荷を 60 ％，リン負荷を 30 ％削減するというものである（Ministry of the Environment, 1999）．2005 年目標を現実に達成可能にするため，2000 年 3 月 1 日に関連法の改正がなされた．新しい環境保護法では，農村地域の排水は環境に悪影響を与えないように処理しなければならない．新法では，処理技術や処理方法を指定していない．地元の状況に応じて，地方自治体に必要な規制を行う権限を与えている．一方で，自治体は区域内の水路の水質の管理について責任を負うことになる．

フィンランドの農村地域には人口の少ない自治体もあり，そこではこのような対策を実行することは困難である（**図 27.2**）．オンサイト排水処理は必ず家庭に余分な費用負担を強いることになるので，地域選出の政治家にとって厳しい規制を設けるのはやさしい仕事ではない．したがって，地域の規制権限は「地域環境センター」に委任するのが適当な方法かもしれない．この機関は，地域の環境，土壌の質，地下水の賦存量その他の地域状況に関して，十分な知識を有している．こうした専門的知識によって，DESAR実施上の障害になるような地域の社会的問題を回避できる可能性がある．

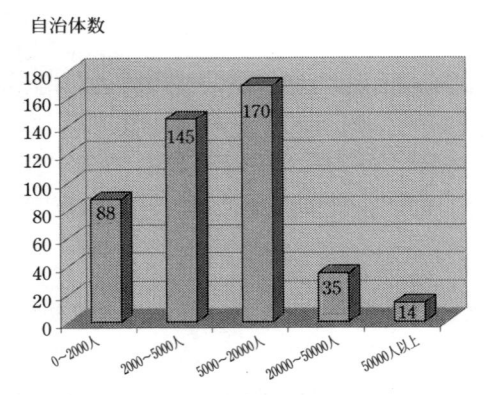

図 27.2 1999年のフィンランドにおける自治体人口の分布（Association of Finnish Local and Regional Aurthorities, 2000）

フィンランドにおける分散型排水処理の必要性については，これまでのところ主として水質汚濁防止の観点から議論がなされてきた．この国では，数千に及ぶ比較的浅い湖が富栄養化の危機に曝されている，というのがその主な理由である．また，フィンランドにおいては，技術的・経済的な理由からも，DESARが実際に必要である．人口密度は約 17.3 人/km^2 にすぎない．多くの場所で集中型システムは複雑すぎ，また経費的に高価すぎる．

フィンランドやその他の世界においてDESARの必要性とその利点が議論されるのは，DESARの効果に人々が興味をもつからである．人間というものは通常，合理的なものである．プラスの効用があると説明されれば，そのように行動しようとするものである．

27.2.2 Pyhäjärvi湖集水域における排水オンサイト処理の必要性

　Pyhäjärvi湖の水質汚濁防止プロジェクトを例として，フィンランドの典型的な農村地域におけるDESAR実施例を説明する．フィンランドに数千の湖があることは既に述べた．これらの湖の価値は以前は当然のものだと思われていた．しかし今や人々は，流入負荷を抑える努力なしには，こうした湖の水質が維持できないことを認識している．

　Pyhäjärvi湖は，南西フィンランドで最も重要な湖である（図27.3）．レクリエーションの場として大きな価値をもつと共に，集落や工場の水源にもなっている．約20人の専業漁家の年間漁獲高は百万ユーロを上回る．

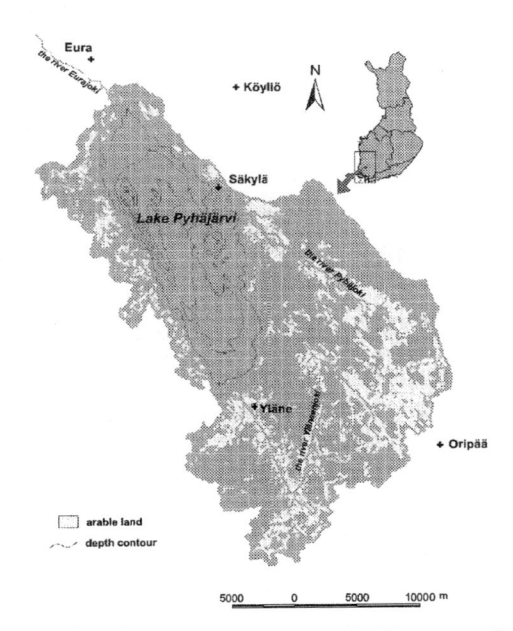

図27.3 Pyhäjärvi湖とその集水域（南西フィンランド地域環境センター，© フィンランド測地センター 7/MYY/01）．褐色の地域は耕作地である．農村その他の集落は主に河谷に存在する．湖の周囲80kmにわたり1 000を超える避暑用コテージがある．

　過去20年間に湖の富栄養化が急速に進行した．高度に集約的な農業，集水域内にあって下水管網に接続されていない多数の家屋，湖上の避暑用コテージが原因である．Pyhäjärvi湖の流入負荷は，広く散在した排出源に由来するものが全てで，耕地，森林，沼地，水路，牛小屋，養鶏場，豚小屋，腐敗槽，サウナなど

である．

　集水域内の水質汚濁防止プロジェクトは過去数年間実施されてきた．南西フィンランド地域環境センター（SFREC：Southwest Finland Regional Environment Centre）は1992年，湖に流入する主要河川の集水域で，水質汚濁防止事業を開始した．湖の再生を促進し，それに必要な資金を確保するため，湖周辺に存在する5つの自治体と工場・組織のうちのあるものが，1995年にPyhäjärvi湖水質汚濁防止基金（LPPF：Lake Pyhäjärvi Protection Fund）を設立した．Pyhäjärvi湖再生プロジェクト（LPRP：Lake Pyhäjärvi Restoration Project）の現段階での主要目的は，1990年代には20 000 kg/年を超えるまでになったリンの流入負荷を削減することである．リンの流入量は40％削減でき，同一期間内に内部負荷の増加がなければ，湖の富栄養化の進行を停止させることができると予測されている（Malve *et al.*, 1994）．

　フィンランドにおける農業による水質汚濁防止は，EUとの協定に基づいている．1995年からの農作業は，フィンランド政府とEU間で調印されたフィンランド農業環境計画（FAEP）を基本に実施されている．FAEP加入農家には，一定の農業生産方式を採用し，環境保護を推進することが義務づけられている．例えば，化学肥料の使用制限，排水溝・河川に沿った緩衝帯の設置，環境保護活動の詳細な記録の作成，農薬使用の指導といったことである．

　農業からの流出水の処理方法については，Pyhäjärvi湖再生プロジェクトの技術開発部門が一層の開発を進めつつある（1996年7月～2000年10月）．SFRECとLPPFが運営し，EU生命環境基金も資金(50％)を提供している．このプロジェクトの主要目標は農業由来の流出水の処理であるが，家庭排水に関連する活動も行っている．プロジェクトの全農村地域を対象とした排水処理ガイドラインの作成や，当該テーマに係わる教育などの活動も含まれている．

　もう一つの事業であるHajasampoプロジェクトは，農村地域の家庭排水に関連する問題に全力を注いだ．このプロジェクトは1998年の初めに始まった．農林省，環境省，技術庁，自治体，LPPF，各家庭そして排水処理設備製造会社が出資をした．フィンランド環境研究所もこのプロジェクトに資金を提供しているが，同時にプロジェクト管理も行っている．また，個々の処理設備に対して購入資金を負担するという形で，各家庭も参加したことは特筆に値する．

　Pyhäjärvi湖には広く散らばった排出源から負荷が流入するため，湖の再生に

は教育・情報活動が重要な役割を果たす（**図27.4**）．このプロジェクトでは，地域住民の見学会を実施し，湖を救うためにどのような対策が取れるのかを見てもらう．プロジェクトスタッフは，水質汚濁防止と環境問題に関する記事を地元の新聞に定期的に寄稿している．公開講義の開催，ビデオテープの作成，地域のフェアへの参加などを行ってきている．

図27.4 報道関係者と廃水処理設備の視察

Pyhäjärvi湖は，フィンランドで最も活発な調査がなされた湖の一つである（Malve *et al.*, 1994；Ventelä, 1999；Ekholm, 1998；Helminen, 1994）．LPRPは，集水域または湖に関する多くの研究・調査活動を支援してきた．支援の目的は，水質汚濁防止対策の効果を判定し，河川や湖の状態を監視すると共に，富栄養化過程の背後にある原因をより深く理解することである．

LPRPは1995年に湖の集水域における排水調査を実施した．自治体が実際の調査を担当し，フィンランド環境研究所がその成果を出版した（Pyy, 1996）．この調査には2つの主要目的があった．1つは，湖に流入する排水負荷の規模を推定すること．もう1つは，自治体の関心事なのだが，排水という観点から最も問

題のある家屋のグループを抽出することである．また，改良されたシステムへの家屋所有者の関心も調査され，このシステムに関する情報が広報された．調査によると，湖の集水域には2 500の一般家屋と避暑用コテージがあった．そのうち約2 000の家屋を訪問し，家屋所有者への聞取り調査を行った．

避暑用コテージが別に扱われる理由は，コテージと通年居住の家屋とでは使われている技術に違いがあるからである．通常，避暑用コテージには水洗式トイレはなく，従来型の汲取り式トイレまたは近代的なコンポスト式トイレが使用されている．一方，通年居住型の家屋の90％は水洗式トイレである．

Pyhäjärvi湖のリン負荷の約15％は排水からのものである（Pyy, 1996）．残りは農地林地からの流出や自然浸出，そして大気からの沈降である．Pyhäjärvi湖には多数の避暑用コテージがあるので，この15％という数字はフィンランド全体の平均よりはやや大きいと考えられる．いずれにしても，この数値は注目すべき高さである．この地域でDESARが必要であることは明らかで，これを実施することは全員の決意となっている．

27.3 Pyhäjärvi湖地域におけるDESARの開発

27.3.1 実証試験用設備としてのオンサイト排水処理の導入

SFRECは，1992年にPyhäjärvi地域に5種類の土壌ろ過槽を設置した．そのうち3つは従来型の砂ろ過槽であるが，リン吸着層をもつよう改良されている．この3つのろ過槽のうち2つはリン吸着材としてフォスフィルト材を充填したが，もう1つは石膏を使った．残り2つは，試験用ろ過槽として地上に設置された．その1つにはろ材として泥炭が使用された．この泥炭ろ過槽は2ヵ月以内に目詰りした．もう1つのろ過槽は，砂・石灰の充填チャンバーからなるものだった．このろ材は1994年に交換された．

1994年，SFRECは域内でさらに8つの土壌ろ過槽を設置した．そのうちの1つは2ヵ月後に目詰りを起し始めたので，後に設置しなおされた．ここまでに述べた全てのろ過槽は，50L/(人・日)を設計流量とした戸建て家屋用のものである．必要用地は15～20m^2である（Santala, 1990）．水質分析から以下のような結論が得られた（採水は全ての季節について行われており，述べられている結果はその平均に関するものである）．

- 腐敗槽が除去できる有機物質および栄養塩類負荷は 15 〜 20 ％にすぎない，
- 排水からの固形物除去をより徹底的に行っておくほど，土壌ろ過槽の機能は向上する．腐敗槽で固形物の 70 ％以上を除去した場合に，最も良好な結果が得られる，
- BOD 削減率は非常に良好（88 〜 97 ％），
- リンの除去能力は徐々に低下するが，5 年間運転した後でも除去率は 70 ％であった，
- 硝酸塩の除去能力はそれほど高くない．わずかに除去率で 25 〜 35 ％であった，
- 排水水質は大幅に改善された．大腸菌は 99 ％を超える効率で除去された（Elomaa, 1998）．

調査目的でつくられた土壌ろ過槽は適切に機能した．適切な土壌ろ過槽の基本は入念な設計と設置である．腐敗槽が十分な大きさをもち（少なくとも 600L/ 人，最小 2.5m^3），設計に忠実に設置される限り，土壌ろ過槽は再設置の必要もなく何年間も機能する．

流入排水の水質変化は，その変化が何であれ，土壌ろ過槽の機能を妨害する．保守管理不良その他の原因で腐敗槽がうまく機能しない場合，明らかに障害が出る．また，排水を生物的に処理する場合には，家事には無害な洗剤を使用する必要がある．さもないと，洗浄が行われるたびに処理設備の効率が落ちる．この事実は，Pyhäjärvi 湖地域で調査した土壌ろ過槽の 1 つで明らかだった．調査当初，その性能はサンプル毎にかなりの差を見せた．しかし，家庭で生分解性洗剤を使用するようになって，土壌ろ過槽の除去効率が向上してきた．

これらの実験用土壌ろ過槽は，SFREC が設置したもので，家屋所有者は庭への設置に同意しただけである．もっとも農家がトラクターや労働を提供して，設置に貢献したというような例はいくつかあった．土壌ろ過槽を設備した家屋の所有者は全て，処理設備の効果に関する報告を受取った．ろ過槽への見学者も時々あり，排水処理の機能に関する意見交換がなされた．

このプロジェクトを成功させるためには，地域住民に，まず，適正に機能する排水処理設備を見せることが肝要であった．腐敗槽より更に進んだ処理技術を使えば排水処理は改善できるという証拠がなければ，このプロジェクトに投資するよう家屋所有者を説得するのはかなり難しかったはずだ．DESAR の考え方が受

入れられるのは，それが安全であり，しかも技術的に信頼できることが証明された場合だけであることも明白である．

27.3.2　DESAR を実施する家庭に対する技術的・財政的支援

上記の排水調査を実施した後，LPPF の管理グループは，Pyhäjärvi 湖地域の排水処理効率を改善する方針を決定した．

既に述べたように，「水質法」はこの点では時代遅れになっていた．そのため LPPF では，1996 年 6 月，環境省に対してこの法律の改正を提言した．その提言では，Pyhäjärvi 湖の集水域のような地域では，腐敗槽より更に効果的な排水処理法が必要だとしている．しかし，短期間で法改正のような変更ができないことも明らかである．そこで，排水管理の改善を住民が自発的に行えるような計画が準備された．

土壌ろ過槽やその他の排水システムに投資するうえでの最初の障害は，知識の欠如である．自分たちの排水負荷は，他の排出源に比べると微々たるものだと考える人々は多い．排水調査の結果をみれば，自分たちの廃棄物を丁寧に処理すれば，自分たちの湖を改善できるということがわかる．排水中の汚濁物が最大の影響を与えるのは，排出地点近傍であることに注意すべきだ．栄養塩類はただちに藻類に消費される．有機物質は水路の底に沈殿し，酸素要求（BOD）を生じる．時間の経過と日光の殺菌により多くの糞便性バクテリアは死滅するが，汚水排出地点に近いところではこうした働きは不十分である．そのため，排水地点近傍では健康リスクを引き起こす．

2 つ目の障害は，家庭用の適切な処理法を選ぶという問題である．フィンランドでは下水管網への未接続家屋が多数（約 200 000）あることに対処するための法改正がなされたが，これはこの分野に急激な動きをもたらした．企業が新規市場を求めるようになり，新しいタイプの処理設備が毎年考案されている．そこでこのプロジェクトでは 1996〜1997 年に，家屋所有者のために設計と費用見積ができる技術者を雇用した．その結果，家屋所有者達は必要に応じて無料でオーダーメイドの設計を手に入れ，自分たちの排水管理を改善することができるようになった．**図 27.5** は概略設計の一例である．

3 つ目の障害は，いうまでもなく融資の問題である．各市はこの目的の予算を計上した．その範囲は，Yläne 市の 6 000 ユーロから Säkylä 市の 18 000 ユーロに

27.3 Pyhäjärvi 湖地域における DESAR の開発　525

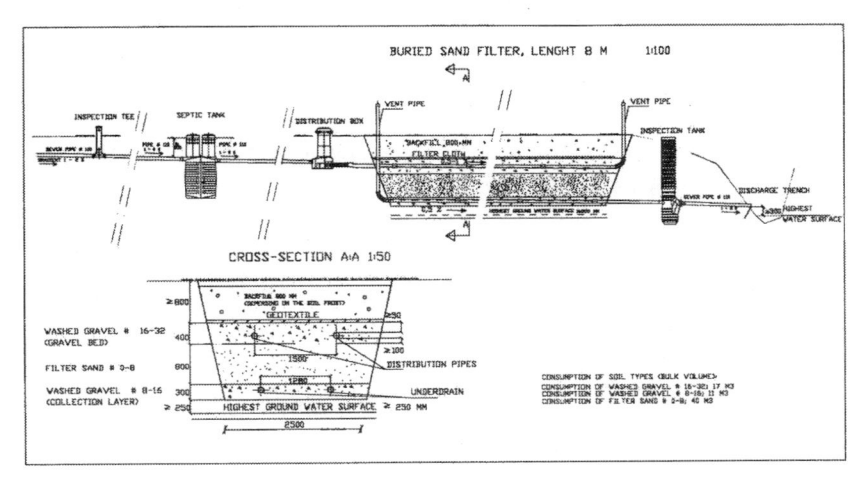

図 27.5　戸建て家屋用の排水処理設計の例（Szralahti, 2000）

図 27.6　戸建て家屋用の新型排水処理装置［グリーンパック（左），1 400 Filt 腐敗槽（右上），Sakofilter（右下）］

及ぶ．家屋所有者は，排水処理の改良に投資しようとする場合は，市当局に資金補助を申請することができる．補助率は一般家屋に対して 50 %，避暑用コテージに対して 30 %であり，現在も継続されている．

こうして 1996 〜 1997 年において，Pyhäjärvi 湖地域では，約 30 の異なる型の排水処理設備が設置された．そのいくつかは従来型の土壌ろ過槽や浸透地であるが，その他は新しい型である（**図 27.6**）．新型設備の性能については，結論を出すのに十分な追跡調査データが得られる 2001 年 6 月に報告される予定である．この報告には，先に述べた SFREC が設置した「旧」方式の土壌ろ過槽に関する追跡調査結果も含まれる．

自治体の技術職員は，このプロセスにはそれほど乗り気ではない．彼らは集中型の下水管システムと処理場に取組むだけで手一杯だと考えている．他方，環境保護活動担当の職員は，熱心に参加している．

27.3.3 特別プロジェクトによる DESAR の実施

1998 年以降，排水処理水質改善事業はより効率化された．Hajasampo プロジェクトが複数団体の連携の下に開始された（**27.2.2** に既述）．

Hajasampo プロジェクトの開始にあたって，家屋所有者は以前と同じ支援を受けた．一つだけ違っていたのは，このプロジェクトには処理設備の製造業者も参加したことである．彼らは，このプロジェクトで実施された調査結果に関心をもった．自社の処理設備の性能に関して，信頼・信用できる公平な結果を知りたいと考えたのである．そこから得られたプラスの結果は販売活動に，マイナスの結果は製品開発に生かすことができる．

Hajasampo プロジェクトの最初の 1 年間で，Pyhäjärvi 湖周辺の自治体に 46 の処理設備が設置され，それに続く 2 年目には 30 の設備が追加された．そのうちのいくつかは土壌処理設備または浸透設備であるが，新しい型の処理設備もある（図 27.6）．

現在のところ，水質分析のサンプル数が少ないため，これら新型設備の性能について述べる段階にはない．総じて，入念に設置され正しく使用されるならば，どの設備もある程度の排水処理能力がある．

当然のことながら，新しい設備には設置上のいくつかの問題があった．問題の大半は，設置上の指示事項の不明確さ，経験不足の建設業者による作業ミス，建

設現場における想定外の条件などに起因するものであった．だが，ろ材への排水の均等注入がうまくいかないというような，新しい設備を運転して初めてわかった技術的課題もある．Hajasampoプロジェクトは製品開発プロジェクトでもある．製造業者には，うまくいかなかった設備の全てを改良し，全ての問題を解決する時間が与えられる．

これまでの経験から一つの明確な教訓を得た．つまり，小規模排水処理については，標準的な方法というものは存在せず，各個別事例毎にオーダーメイドの設計が必要だということである．それぞれの現場に，固有の地形，土質，施工，井戸等々があり，それらを考慮して設計しなければならない．

Hajasampoプロジェクトが計画され工程が組まれた時，信頼のおける運転成績データを得ると共に，設備を運用・保守する組織体を試行するためには，約100の処理設備が必要であるという合意がなされていた．既に述べた46＋30に加えてHajasampoプロジェクト以前に建設された設備を加えて約100設備になった．したがって1999年9月以降については，家屋所有者への設計の無償提供は打ち切られた．

2ヵ月にわたる議論と交渉の後，研究プロジェクトの技術者がこれまで提供していたサービスを，何らかの形で確保していくということで意見が一致した．既存の設計コンサルタント会社は，このような小規模排水処理設備の設計には関心がなかった．言いかえれば，人々は，コンサルタント会社が満足する金額を払ってまで設計してもらおうとは思っていなかった．その結果，1999年12月，11名の家屋所有者が会合を開き，南西フィンランド水供給共同組合を設立することになった．

任意共同組合は水管理指導員を雇用した．指導員は，既設の排水処理設備の運用・保守や新規設備の設計・設置について，組合員にサービスする．この水指導員は，井戸や湧水から浄水を得るといったような問題についても手助けすることになっている．共同組合の経験がまだ浅いため，この組織が成功したかどうかわかるほどのデータは得られていない．ただ一ついえることは，設計がもはや無料ではないのに，この問題に対する人々の関心は低下していないということである．協同組合を開始してからの1ヵ月間で，水管理指導員には新規顧客からの注文が17件あった．

フィンランドのPyhäjärvi湖地域で明らかになったことは，適切な処理法の選択，設計，建設・設置作業に対する支援さえあれば，住民には自分の敷地内の標

準的排水処理設備を改良する意志があるということである．そのほか，自治体の資金的補助があれば，必要な投資を行うことに対する住民の関心が高まるという点も確認された．

以上述べたことは，水洗トイレをめぐる経験である．Hajasampoプロジェクトでは，約100のコンポスト化トイレに関する追跡調査も実施された．その大半は避暑用コテージに関するものだが，プロジェクト地域内にある軍の野営地内の数ヵ所と，2戸の通年居住家屋についても調査している．いずれの場合も，尿は固形廃棄物から分離され，グレイウォーターは土壌に浸透させている．

環境への意識が高い人々は，ドライトイレに関心をもっているようである (Skjelhaugen and Saether, 1999)．けれども，環境保全技術に基づくシステムの管理法をよく知らないと，失望を味わうことになるだろう．この点は，自治体Merimaskuで実施された別のプロジェクトで明らかになった．都市から越して来た人々は，湖畔の新居の美しい景色に感激するあまり，その先のことをあまり考えずにドライトイレを受入れた．数ヵ月後には，トイレ管理に伴う臭気やその他の問題を経験することになり，下水道を要望するようになった．問題の大部分は，トイレを注意深く使うことで避けられたはずである．ある例では，ドライトイレに水を流して屋内を水浸しにした．別の例では，コンポスト化の担体となる材料を十分使用しなかったため，屋内に臭気や大量のハエが発生するというようなこともあった (Olenius, 1999)．

27.4　運用と保守管理

農村地域の排水に関する問題は，処理設備を設置するだけでは解決できない．その設備を適切に運用しなければならない．これまで約100の処理設備がプロジェクト地域で設置されたが，その目的の一つは，設備の運用と保守の適切な方法に関する試験を行うためであった．

排水処理設備の保守管理にあっては，家屋所有者自身の努力だけをあてにすることはできない．腐敗槽でさえ定期的な保守管理が行われないことがある．その理由は必ずしも作業経費の問題ではなく，むしろ無知であることによる可能性が高い．腐敗槽の保守管理を忘れると，比較的短期間のうちに設備を駄目にしてしまう．排水処理は分散化することができても，システムの管理はある程度集中化

図 27.7 小規模廃水処理装置が十分に機能しない場合,その保守管理作業はかなり重労働で汚れる作業となり,家屋所有者の手に負えないことがある.この図では,保守管理作業員がグリーンパックろ材を取替えている.

せざるを得ない(図 27.7).

処理設備の運用・保守問題の解決にはいくつかの選択肢がある.保守管理を,自治体,製造業者,他の民間企業または水管理協同組合に行わせることなどである.最後の2つについては Pyhäjärvi 湖地域において試行されることになっている.

小規模排水処理設備の運用・保守をどのような方法で行うにしても,家屋所有者は何らかの追加費用を負担しなければならない.このコストを適正なものにするための上限を設けるにあたっては,下水道に接続している人々が同一の自治体に支払っている料金は基準の一つになる.サービス料金は,米国 Georgetown (Dix and Nelson, 1998) のように月額で徴収することもできるし,南西フィンランドの共同組合のように顧客との個別契約に基づくこともできる.その場合は,水管理指導員が実施作業毎に,顧客に個別請求する.

このように世界の様々な地域における事例を検討すると,運用・保守作業については,この分野の熟練した専門家によって実施される場合にだけ,DESAR システムが適切に機能することがわかる(Ohmori, 1996).必ずしも一般の人々の多くが,排水処理設備が長年にわたって動くように管理し続けることに関心があ

るというわけではない.

27.5 参考文献

Association of Finnish Local and Regional Authorities (2000) Population in the Finnish Municipalities in 31.12.1999 (cited 10 September 2000), available from http://www.kuntaliitto.fi

Crook, J., MacDonald, J.A. and Trussell, R.R. (1999) Potable use of reclaimed water. *Journal AWWA 91*(8), pp. 40–49.

Dix, S.P. and Nelson, V.I. (1998) The Onsite Revolution: New Technology, Better Solutions. *WATER/Engineering & Management*, October, 20–26.

Ekholm, P. (1998) Algal-available phosphorus originating from agriculture and municipalities. PhD thesis, University of Helsinki.

Elomaa, H. (1998) Efficiency of sand filters in the catchment of Lake Pyhäjärvi. *Finnish Journal of Water Economy, Water Technology, Hydraulic and Agricultural Engineering and Environmental Protection* 3, 5–7. (In Finnish.)

Helminen, H. (1994) Year-class fluctuations of vendace (Coregonus albula) and their consequences in a freshwater ecosystem. Reports from the Department of Biology, University of Turku, No. 37.

Katko, T. and Lehtonen, J. (1999) The evolution of wastewater treatment in Finland. *Vatten 55(3)*, 181–188.

Mäkinen, K. (1983) Structure and operation of septic tanks – A literature review and experiments. Publication no. 227, National Board of Waters, Helsinki. (In Finnish.)

Malve, O., Ekholm, P., Kirkkala, T., Huttula, T. and Krogerus, K. (1994) Nutrient load and trophic level of lake Pyhäjärvi (Säkylä). A study based on the water quality data for 1980–92 using flow and water quality models. Publications of the National Board of Waters and the Environment – Series A181, Helsinki. (In Finnish, abstract in English.)

Ministry of the Environment (1999) Water Protection Targets for the Year 2005, Publications of Ministry of the Environment – The Finnish Environment, no. 340, Edita, Helsinki.

Ohmori, H. (1996) Maintenance and management of johkasou systems. P*roceedings of Japan–China symposium on environmental science*, 211–214.

Olenius, J. (1999) Village of the archipelago. Final report, 12 October, unpublished. Original in Finnish.

Pyy, V. (1996) Wastewater treatment inventory in the rural areas of the catchment of Lake Pyhäjärvi. Publications of Finnish Environment Institute – Duplication series no. 15, Helsinki. (In Finnish.)

Santala, E. (ed.) (1990) Wastewater treatment in soil – small applications. Publications of National Board of Waters and the Environment – Series B1, Helsinki. (In Finnish.)

Saralahti, K. (2000) Simplified plan of wastewater treatment plant for a single household – An example drawing. Unpublished.

Skjelhaugen, O.J. and Saether, T. (1999) A case study of a single house installation for source sorting the wastewater. *A conference paper at the 4th International Conference on Managing Wastewater Resources*, 7–11 June, Ås, Norway.

Spulber, N. and Sabbaghi, A. (1998) *Economics of Water Resources: From Regulation to Privatization*, Kluwer Academic Publishers, Boston.

Ventelä, A-M. (1999) Lake Restoration and Trophic Interactions: Is the classical Food Chain Theory Sufficient? Publications of University of Turku, Annales Universitatis Turkuensis Series AII, no. 121. Biologica-Geographica-Geologica, Turku.

WSSCC (2000), Water Supply and Sanitation Collaborative Council, Vision 21: A Shared Vision for Hygiene, Sanitation and Water Supply. The Second World Water Forum, March 2000, The Hague.

28 章
サニテーションへの住民の啓発と動員

M. Wegelin-Schuringa

© IWA Publishing. Decentralised Sanitation and Reuse：Concepts, Systems and Implementation.
Edited by P. Lens, G. Zeeman and G. Lettinga. ISBN：1 900222 47 7

28.1 はじめに

　サニテーションに関するプログラムが成功するかどうかは，住民への情報提供，教育，対話を通してどれだけ多くの住民を啓発でき動員できるかにかかっている．過去数十年にわたる経験から，政策決定者や予定受益者への適切な助言，情報提供，教育，働きかけが十分でなければ，たとえ技術面でどれほど優れた計画を立てても結局は失敗に帰し，期待した成果は得られないことが証明されている．
　サニテーションに関する問題の一つは，とりわけ農村地域でその必要性が強く感じられていないことである．多くの疾病が不十分な衛生状態やサニテーションに起因することを理解している人は少なく，疾病がどのように伝播するかよく理解されていない場合も多い．
　健康への配慮は，地域社会でサニテーション施設を建設する動機にはめったになりにくいけれども，衛生にかかわる正しい行動習慣やサニテーションを奨励するのは健康問題の改善のためである．しかしながら地域住民にとっては，プライバシー，利便性，社会的立場といった他の様々な要素の方がもっと重要である．サニテーションを改善するように人々を促そうとするなら，こうした要素をよく理解し，それをもとに課題解決や対話のための戦略を立てることが重要である（Wegelin-Schuringa, 1991）．
　サニテーションへの住民の関心を高めていく上でもう一つの大きな課題となるのは，大半の文化圏でトイレの使用や衛生習慣と同様に，ヒトの廃棄物処理は極めて個人的な問題だという点である．しかしその一方で，サニテーションの不備は，個人的レベルを超えて影響する公的な問題なのである．住民を動かすためのアメ（と鞭）を見つけることが，成功への鍵である．

サニテーションに関する対話と社会的動員において，農村地域と都市低所得層地域には顕著な違いがある．農村地域では住民の生活が同質で，住民同士の社会的な絆も比較的強く，伝統的な参加型の対話手法によって住民に働きかけることが比較的容易である．また，環境条件としても，一般的に個々の家庭レベルで管理できるオンサイトのサニテーション手法に適している．建築資材にしてもセメント以外は家庭の周囲から入手でき，一定の期間（収穫や種蒔きの後など）人々は建設に費やす時間を取ることができる．

都市の低所得層地域では，これとは反対の場合が多い．この地域では人口密度が高く，個別のトイレや下水道を備える余地を見つけるのは難しい．社会的な絆も極めて弱く，人々が自分達で組織だって地域活動をすることは非常に難しい．しかも，借家の人口割合が高く，サニテーションを改善するのは家屋所有者の仕事だと考えられているため，それに係わろうという意欲は低い．その反面，トイレの不足は利便性，プライバシー，および安全性の面で深刻な問題であり，サニテーションを改善する動機は十分あり，それは特に女性において強い．そして最後に，都市部の住民は，収入を得ることや仕事を見つけるに精一杯で，このことがサニテーションの条件を改善する意欲の欠如に大きく影響している．

この章の最初の節では，対話と行動の変化に関する論理構造について説明する．それに続いて，サニテーションの改善に向けて様々な社会階層の人々を動員していく上で必要となる，意識の向上や対話に関する戦略を構築するための体系的な方法を説明する．この方法は，以下のような多数の要素から構成される．

①環境衛生における主要なリスク要因と問題の評価，
②現状での知識，姿勢，習慣の評価，
③正しい動機付けの発見，
④住民の区分（階層化），
⑤モニタリングと検証可能な目標の設定，
⑥資金調達，コスト回収，および支払い意志，

本章28.2では，対話と社会的動員の手段について検討する．

28.1.1 住民の啓発，対話，社会的動員を理解する

住民意識の啓発は，提唱行動，社会的動員，プログラム対話といった意志疎通を達成するための広範な一連のプロセスの1要素にすぎない（McKee, 1992）．

28.1 はじめに

住民の意識を啓発し，社会的な出発点として政策決定者を関与させることは，その一連のプロセスの最初の要素であり，これを提唱行動という．

提唱行動：様々な個人的なつながりや情報メディアを通してやりとりされるための議論に，情報をとりまとめることである．これらの議論により，政治的・社会的リーダーシップ側の受容性を確保し，社会に，ある特定の開発計画への心構えを準備させる．提唱行動の目標は，その問題を政治的・国家的な優先事項とすることである．提唱行動は，最初に国際機関の中心人物や特使によって行われるような例もあるが，しだいに国や地域の指導的立場にある人々，そして印刷物・電子媒体に引き継がれるようになる．提唱行動は，社会的動員に直接つながるものである．

社会的動員：特定の開発計画に向けて人々の意識と要求を高め，資源とサービスの提供を助け，持続的で自立的な地域社会の参加を促すために，部門をこえて実現可能で現実的な全ての社会的同調者を組織化していくプロセスである．McKeeの見解では，社会的動員とは，提唱行動に伴う諸活動と更に計画・調査研究されたプログラム対話の諸活動とを結合する接着剤となるものである．

プログラム対話：従来型および非従来型の様々なマスメディアや人間関係を通して，特有の戦略，メッセージ，訓練プログラムにより，特定の集団を識別，区分，対象化するプロセスである．対話は，双方向の意見交換に基づく手段であり，これによって情報の送り手と受け手が対等な立場で交流し，相互に考えを交換し，共通の発見を導き出す．計画者，専門家，および実施者は，人々の関心，ニーズ，そして可能性を住民から注意深く聞くことを学ばなければならない．政策決定者は，意見交換から利点を引き出し，政策決定に反映させるために人的な接触をもつ必要がある．

行動の変革に向けた対話と社会的動員は，人間の行動，反応，相互作用の複雑なプロセスである．それは，他者の視点から状況を捉えること，他者が求めているものを理解することを含んでいる．そして，それは変革に対する障害を理解することであり，適切かつ実際的な方法を提示することであり，彼らの選択がどのような影響をもたらすことになるかを説明することである．対話によって，政策立案者，民間部門，地域社会が計画に責任をもつようになると共に，重大な間違いを防ぐことができる．

変革の性質を理解し，そうすることが有益であると考えた時，人々はその変革を受入れ，十分に説明された意識的な優先事項として，それを選択する．彼らの置かれている状況が考慮されず，彼らのニーズが満たされない限り，変革のための如何なる努力も成功することはないだろう．人々は説明され，納得させられる必要がある．そうでなければ，人々にとってそのような努力は他人事である．

提唱行動，社会的動員，プログラム対話は，必ずしもその順番に行われる必要はない．一般的には，提唱行動で始まり，社会的動員およびプログラム対話へと続くが，提唱行動はプロジェクトの初期段階だけでなくプロジェクトの様々な段階で必要になる．その計画に最適なパートナーが誰であるか，そして彼らが貢献できることは何か，ということについて徹底的に分析することは社会的動員に有用である．サニテーション改善プログラムを成功させるうえで重要な動機付けと利益のために，宣伝と社会的マーケティングを強調しておく．

マーケティングにおいて，製品（Product），価格（Price），場所（Place），宣伝（Promotion）を表わす「4つのP」がしばしば引用される．マーケティングにおける「製品」とは，必ずしも物品を意味しているわけではない．それは，簡易トイレを使う，廃棄物を河川に投棄すること止めるといった行動上の変化も意味している．どのような動機付けが最善であるかは，個々の領域によって大きく異なる．異なる利害関係者に対しては異なる動機付けが必要である．サニテーションの設備を利用して良い衛生習慣を維持したいという動機付けが利用者にとって必要である．また，供給者にとっても良いサービスを提供したいという動機付けが必要である．

28.1.2 姿勢と行動の変化を理解する

どのようなメッセージが人々の知識や姿勢に影響し，それがどのようにして行動の変化を起させるのだろうか？ 対話と行動の変化に関する研究から，これは複合的な問題であって，具体的なテーマに関しメッセージがより明瞭であればあるほど受け手はそれによりなじむことができ，知識がより深まるということが明らかになっている．社会科学における研究の結果，あるテーマに関する知識が増加すれば，人々の姿勢は変わるのだが，行動や習慣が改善するステップの大きさは，社会的・心理的な複合要素に依存していることがわかった．Hubleyは，健康コミュニケーションにおける行動を理解するためにBASNEFモデル

(Beliefs：思考，Attitudes：姿勢，Subjective Norms：主観的行動規範，Enabling Factors：実現化要因，表 28.1 参照）を導入した（Hubley, 1993）.

　ある行動の結果についての個人の思考やそれぞれの結果に与える価値が，個人の姿勢や判断につながる．主観的行動規範と結びついた態度が行動意思を形成する．主観的行動規範とは，自分に影響を及ぼすことができる他人がどのような行動を自分に望んでいるのかという思考である．収入，住居，水供給，農業，サニテーションといった実現化要因が揃っていれば，意思が行動の変化へとつながっていく．表 28.1 は，BASNEF モデルで必要とされる行動と対話に影響を与える項目と，必要な行動を表わしている．

表 28.1　BASNEF モデル（Hubley, 1993）

	影響を与える項目	必要な行動
思考, 姿勢（個人的）	文化, 価値観, 伝統, マスメディア, 教育, 経験	思考と価値観を変更するための対話プログラム
主観的行動規範（地域社会）	家族, 地域社会, 社会的ネットワーク, 文化, 社会変化, 権力構造, 仲間の圧力	家族や地域で影響力のある人との対話
実現化要因（分野を超えた）	収入／貧困, サニテーションサービス, 女性の地位, 不平等, 雇用, 農業	収入, サニテーションの設備, 女性の地位, 住宅, 技能訓練の改善計画

　出発点は個人の行動である．けれども，習慣に影響を与えるものを理解することで，個人を超えて，家族，地域社会，国家レベルでの計画を包含し，教育，社会，経済，政治的変化に関係し，課題解決へと至ることができる．

28.2　戦略，方法，取組み

　持続可能なサニテーションの開発支援に向けて様々な社会的階層の行動を促すために，住民意識の啓発，対話および社会的動員のための対策を計画・実行する体系的取組みが必要である．このプロセスにおける様々な要素について以下検討する．

28.2.1 環境衛生における主要なリスク要因と問題の評価

　環境サニテーションの課題を解決するための戦略を立案するには，環境サニテーションに関する現在の状況を概観しておく必要がある．評価は，サニテーションに使用されている様々な技術について，それらの技術を選択した理由，技術的な実績（建設，コスト，使用状態，問題点，修理，維持管理），ならびに利用されている技術的ノウハウ，予算調達メカニズムに焦点が当てられる．同時に，衛生習慣と技術にかかわるリスク要因と問題点に関する調査目録を作成しなければならない．例えばザンビアでは，徘徊する豚が藪の中に残されたヒトの糞便を食べ，汚れた鼻のまま戻ってきて家の中の調理用具，皿，そして遊んでいる子供達を汚染していた．サニテーションやトイレの使用に関する健康リスクにとっては衛生にかかわる行動習慣が主要な決定要因であり，手洗い用の水，ハエの駆除，敷地内に出入りする家畜（敷地内に糞便を運ぶニワトリ，ブタ，ヤギなど）も対象としなければならない．

　評価自体が世論を啓発するうえでの強力な手段であり，それによって行政当局や地域住民を現に置かれている環境衛生状況に注目させることができる．状況に応じて，評価は地域の行政職員が地域住民の助けを借りて実施するか，自主参加方式によって地域住民自身が実施する（**28.3.2** 参照）．地域の状況や問題を評価する一つの方法は，地域を歩いてみることである．歩いている間に，その地域の環境状態をみることができる．例えば，散乱している糞便，直接的・間接的に糞便で汚染されている水域，共同排便地の存在，水利用地点周辺の衛生状況，固形廃棄物処分のメカニズムなど，汚染リスクの可能性を把握することができる．

　この評価によって収集された情報は，施設や習慣だけでなく人々の姿勢も，地域内で様々であることを示す可能性がある．この情報に基づいて，環境サニテーションの技術的な課題解決にともなうリスク，問題点，選択肢を大まかに分類し，対話と社会的動員ならびに技術的選択，実施についてのフォローアップ計画を立てることができる．

　例えば，既存のシステムが衛生的に問題であり，改善方法が明らかであれば，住民の一部はサニテーションの改善に関心をもつかもしれない．そのような状況では，住民と一緒にサニテーションシステムをより清潔なものに改善または新設することは比較的容易であろう．その一方，健康リスクが高くコレラが流行しているのに，住民の大多数がサニテーションに関心をもたないということがあるか

もしれない．そのような状況では，建設に関する課題解決より先に，人々がサニテーションの改善に向けて動機付けられるように衛生教育を行い，社会的動員を実現する必要がある．

28.2.2 現状での知識，姿勢，習慣の評価

　サニテーションは，技術的というより社会的な現象という側面が大きい．そのため，実際の計画を始める前に，サニテーションに影響を及ぼす文化的，社会的，環境的要因に関する背景情報を入手することが不可欠である．このことは，特に新しい技術を導入する際にいえることだが，対話と社会的動員の戦略を立案し，次いで衛生教育の戦略を策定するために必要である．

　衛生にかかわる行動習慣は，排泄に伴う考えやタブーおよび地域の文化的，社会的，環境的条件に起源をもつ伝統的な習慣に起因する．次の表に，排便習慣における文化的な違いの程度を一連のものとして例証的に示す．この違いによって，人々が最終的に受入れることになる技術が決定されることになる．例えば，糞便を扱うことが受容されている文化圏（ベトナムや中国など）では，糞便を扱うことがけがれたことであるとみなされている文化圏（パキスタンやジンバブエなど）より，コンポスト技術がかなり容易に受入れられる．同様に，宗教も衛生習慣に大きな影響を与える．例えば，イスラム社会では，メッカの方向にトイレを設けることができず，共同施設は女性が排泄のために家や敷地を出る必要があるという理由で，受容される可能性はさらに低い．

　サニテーションの実践は，文化的・環境的条件だけでなく知識，資材，資金の点でサニテーション技術に手が届くかどうかによって異なる．また，サニテーションにかかわる行動習慣の健康的側面に関してはっきりと認識していることが重要である．それによって，サニテーションに関する課題の解決策の持続性が決るからである．新しいトイレが計画的に建設されても，それと同時にトイレ使用法のようなサニテーションにかかわる行動習慣も示さなければ，これまで行ってきた行動の変更を伴う改善計画が支持される可能性は低いだろう．けれども，その逆も真である．従来からの健康メッセージが広く知られ大半が理解されていたとしても，これらのメッセージだけでは，他の制約のために人々が望む方向への変更がなされないこともある．例えば，地下水位が高かったり土壌が不安定な地域には向いていない技術といったような場合である．

表 28.2 排泄習慣の文化的相違 (Wegelin-Schuringa, 1991)

衛生面	文化的相違の程度	
好まれる場所		
1. 位置	野外	遮蔽された場所
	水の近くまたは水中	水と接触していない所
2. 使用の（目的の）可視性	家屋内	家から離れた所
	社会的に決まっている	個人で選択する
3. トイレの方向	考慮する	考慮しない
	決まっている	決まっていない
好まれる姿勢	しゃがむ姿勢	座る姿勢
	慣習的な決まり	個人の好み
好まれる排泄時間	夜明けまたは日没	必要に応じて
1日の排泄回数	1回以下	5回以上
肛門洗浄材料	水のみ使用	紙，葉，棒，トウモロコシの穂軸，石など
排泄後の洗浄	洗浄しない	（日常的）水浴
排泄およびトイレ使用に関する社会的ルール	男女の厳しい分離	特に分離のルールはない
	共同トイレが許容されている	共同トイレは許されない
	家族内でのトイレ使用に関する忌避	家族全員が同じトイレを使用
糞便に対する姿勢	扱うことができない	コンポストまたは家畜飼料として有益な資源と考えられている
	子供の糞便は無害と考えられている	子供の糞便は有害と考えられている

28.2.3 正しい動機付けの発見

健康への配慮だけではサニテーションに対して関心を寄せる理由になりにくいので，人々をその方向に動機付けるための別の理由を見つける必要がある．利用者レベルでは，利便性，安全性，プライバシー，社会的立場または経済的動機などであろう．特に雨季には藪の中に入って行くより家の近くまたは家の中のトイレの方が「便利」である．都市のスラムでは「安全」面が特に重要である．女性にとっては，夜間に屋外トイレにいくことは，暴漢を招いているようなものである．同様に，夜間は危険な生物が多く，ヘビや野生動物がいてもよく見えない．

ザンビアにおけるトイレ使用の姿勢と習慣

サニテーション戦略を立案する作業の一環として，ザンビアにおけるサニテーションと対話の状況分析を行った際に，トイレの使用に関する様々な姿勢や習慣を知ることができた．

①トイレを使用または所有しない最も一般的な理由：
・トイレを設ける余地がない．
・血縁のない姻戚者とはトイレを共有したくない．
・男女でトイレを共有したくない．
・他人とトイレを共有したくないが，隣人の出入りを拒否することもできない．
・悪臭．
・高齢者や幼い子供の安全性に対する不安．
・糞便は豚の餌である．
・暗いトイレにはヘビがでる．
・トイレを使用しているところをみられたくない．
②トイレを所有することに関心をもっている理由：
・隣人からの遮蔽が不十分である．
・共同トイレが家から遠すぎる．
・人口や住居の密度が高すぎて，屋外排泄ではプライバシーを守れない．
・特にコレラの発生など健康上の理由．
・近代的．
・便利．
・補助金があればトイレを持てる．
・（改良された）トイレでは水浴できる（Wegelin-Schuringa and Ikumi, 1997）．

　性別，年齢，社会的地位によって様々ではあるが，排泄に関して最も必要とされているのは「プライバシー」の確保であろう．一般に，プライバシーを必要としているのは男性より女性に多いが，特に彼女たちが最も好むのは水浴設備が備わっているトイレである．トイレへの関心に影響を与えるもう一つの重要な要因は，特に男性の場合では「社会的地位」や「威信」に関係している．通常，既にトイレを所有している人々は上流階層に属しており，比較的「モダン」であることが多く，教養もあり外の世界を知っているが，集落の他の人々の目にはそれら全てが魅力的に映っている．人口密度の高い地域では，性別に関係なくまたスポーツ好きな若者にとっても，サニテーションを改善することのプラスの面として，しばしば「清潔な環境」ということがあげられる．そして最後に，排泄物の再利用は，自分で使用する場合も農家に売る場合も「経済的」な動機付けとなる．

しかしながら，社会的な地位や威信といった要素の場合は，これがトイレを使用する動機になるとは限らない．トイレが収納室として使用されたり，来客や家族の特定者のためだけに用意されている例も数多くある．このことは，トイレを効果的かつ持続的に使用するための衛生教育こそが，サニテーションの改善上極めて重要であることを意味している（Wegelin-Schuringa and Ikumi, 1997）．

地域住民同様，衛生状態の改善が何らかの利益をもたらすと見ない限り，各レベルの行政スタッフや民間部門関係者などが関心をもつことは期待できない．異なるレベルの関係者ではサニテーション改善の動機付けが異なるのは明らかである．そのため，対象集団に応じた正しい動機付けを見つけてやる必要がある．国家レベルでは，国際フォーラムで優良事例として紹介され，国際的メディアや文献に引用されたり，健康と環境の国際統計において優れたレベルとして取上げられることであるかもしれない．市や地区レベルでは，その年の「サニテーション・モデルタウン」の選考対象とし，選抜された市/地域の技師に対する訓練の機会や，コスト回収のための資金を提供することなどであるかもしれない．

28.2.4　住民の区分（階層化）

効果的な伝達と動員を実現するためには，住民を区分しそれぞれに応じた対話の必要性を区分することが不可欠である．様々な階層間の違いを理解しなければ，変革を求める効果的なメッセージを送ることはできない．住民の区分にあたっては既に述べた動機付けのほかに，主要なリスク要因，問題点，現状での知識，姿勢，習慣についての評価の結果に基礎を置く．サニテーション改善の対象層は，地域社会レベルから国家レベルまでの範囲がある．住民を区分するについては，場所と時間と対話手段に関して，対象層に訴えるうえで最も効率的かつ効果的な方法を見つけるための調査研究を行う．例えば，対象集団がテレビを常日頃みていない場合は，テレビで世論を啓発する活動を行っても効果はない．

地域社会のレベル：特定できる対象集団として，男性，女性，若者，子供，富裕者，貧困者，少数民族などがある．これはジェンダーによる区分として知られている．ジェンダーは，社会経済的な分析を行うための明確なパラメータである．全ての集団が社会におけるそれぞれの役割と責任をもっており，サービスとそれから得られる利益にそれぞれ異なった価値を認めている（Dayal *et al.*, 2000）．したがって，彼らのサービスに対する要求や利用法，そして経済

的行動は異なり，それ故に社会的動員のためのメッセージも違ったものでなければならない．これらの階層のほかにも，地域レベルの組織，伝統的な指導層/地域の長老，教会，学校，医療施設なども地域レベルにおける対象集団となる．

地区または自治体レベル：提唱活動と意識啓発の対象集団は，地区/自治体の計画者，サニテーションに関係する様々な機関の職員（公共事業，上下水道，保健など），民間部門（公式および非公式），政治的代表（議員，地域の首長），専門機関，非政府組織（NGO）などである．彼らは，現在の環境状態，地域レベルの保健統計，サニテーションの発展状況，水および環境衛生の総合的な性質について知らされなければならない．メッセージの主な目的は，計画，建設，運用，保守ならびに財源，人材に関して，対象集団（ターゲット・グループ）に地域レベルでの主体的活動や支援活動をとらせるための動機付けにある．その他にも，サニテーション関連の疾病と闘うための衛生的な行動の重要性を示すこと，地域住民の参加がなければ計画が失敗するという例を示すこと，地域レベルでのトイレの使用や持続可能性といった要素に経済的価値を見出す（例えば罹病した場合の費用）必要性を訴えることなどがある．

国や地方レベル：政策決定を行ったり展開に影響を与えたりする人々．サニテーションが重要視されていない理由の一つは，このレベルでのプライオリティが低いためである．これは重要な対象集団である．この対象集団には政治家（閣僚，国会議員，地方議員），専門機関，教育機関，資金提供者，NGO，教会，メディアなどがある．彼らを動かすためには，例えば，「サニテーションが不備なために赤痢，コレラ，その他水系やサニテーション関連の疾病に罹ると，国としてどれだけの損失になるか」といったことを説明するように，彼ら個々人に固有の聴衆に向けて発信するためのデータや情報を用意することが重要である．

28.2.5 モニタリングと検証可能な目標の設定

対話戦略と社会的動員活動を方向付けるためには，個々の課題解決についての達成目標に関する合意が必要である．これらの目標は，主要な関係者と共に設定するが，各対象集団毎に異なったものになるだろう．対話戦略においては，伝達されるメッセージと使用される伝達手段のそれぞれの効果について目標が立てら

れる．こうして，個々の対象（区分）集団に対して，測定と検証が可能な指標と期間を定めた目標が設定される．これと同じことが，社会的動員活動にもあてはまる．プログラムの出発点で計画された社会的動員活動が期待した効果をあげたかどうかを評価するために，政府職員とプログラムスタッフでその指標を設定する必要がある．従来から，これらの活動は，計画に沿って地域レベルで実施された活動の回数によって評価される．これは活動の影響を評価するものではないが，この段階では最も重要である．地域住民が次第にサニテーション改善への参加に関心をもち始めたかどうかが判断できる．このように，指標は社会的動員活動の有効性を把握できるように設定しなければならない（Shordt, 2000）．また，モニ

表 28.3 地域社会が管理するサニテーションプログラムとサービスの指標（Dayal *et al*., 2000）

変数項目	指標および補助指標
1. 効果的な持続	プログラムの機能
	・排泄物の安全な処分，排水，固形廃棄物処分に関する適用レベル
	・適用レベルの維持
	・設備の質と維持のレベル
	効果的な資金調達
	・家庭設備と地域サービスに関する自主財源の程度
	・コストの範囲
	・支払いの程度と時期
	効果的な管理
	・地域システムに関する修理のレベルと時期
	・M/W/R/P に対するサービスの予算と会計
2. 効果的な使用	安全で環境的に健全な使用
	・使用の程度と性質（R/P）
	・家庭における処分習慣の変化（M/W/C/R/P）
	・廃棄物によるリスクのない環境
3. 要求への対応	利用者の要求
	・実施中における利用者の寄与
	要求に対するプロジェクトの対応
	・計画立案と設計における利用者の声と選択
	・利用者の要求満足度
	・利用者が認めるコスト／利益比（M/W, R/P）
4. 損失と利益の分担	設置・運用中のジェンダーと貧困への注目
	・支払いの性質
	・地域と家庭のコスト分担
	・M/W および R/P の間の家事労働分担
	・M/W, R/P の役割と意思決定の分担

M：男性，W：女性，C：子供，R：富者，P：貧者

タリングデータを実際に収集するのは，動員活動を行う人々——地区/自治体職員の可能性が高い——ではなく，持続可能な方法でサニテーションの改善を行うことに関心のある人々や団体でなければならない．表 28.3 に，サニテーションの課題解決の効果，つまり，建設や教育活動が終わった後の持続性をモニターするための指標を示す．

28.2.6 資金調達，コスト回収，および支払い意志

一方で持続可能なサニテーションを実施するための資金調達とコスト回収を図り，他方で公平を保証することは，全てのサニテーションプログラムが取組むべき重要な課題である．これは，国際的資金援助機関による大規模プログラムだけでなく，地域社会主体のサニテーション計画でも同様である．

オンサイトサニテーションプログラムに要するコストは，3つのカテゴリーに分類できる．それは，①プロジェクト管理運用コスト，②資材・労務コスト，③運転・維持管理コストである．最初のカテゴリーには，地域住民の社会的動員，展開，伝達，情報提供，訓練ならびに技術的な管理や補給業務の援助といった技術提供コストが含まれる．これらのコストは通常，政府や外部の援助機関が支払う．

資材・労務コストは，その大部分を地域社会が支払う．その一部は現金で一部は現物で支払われるが，その額は適切な資金調達と信用枠の用意，さらにサニテーションの解決策として提案された施策の合計コストに応じて決められる．動員段階で，地域社会は，合計コストの様々な要素とその一部が，補助で賄われているということを知る必要がある．一般的には，大半の政府援助プログラムでは，十分な補助金は支給されないので，富裕層よりもトイレのコストを負担する余裕のない貧困層に補助の重点を移す必要があるかもしれない．信用供与が問題になることが多い．

最後の要素は，運転・維持管理コストであり，これは利用者が完全に負担しなければなない．どのような技術を選択するかによって，運転・維持管理コストの大半が決ってくるため，それについては初期段階で，地域社会としっかり話し合っておかなければならない．

人々が望むようなサニテーションシステムを選択できる場合は，サニテーション施設の改善に資金を投ずる意志は意外に強いものがある．このことは，ブラジ

ルの Prosanear, パキスタンの Baldia 試験プロジェクトや Orangi 試験プロジェクト, ガーナの Kumasi サニテーションプロジェクトといったよく知られた数々の事例研究で証明されている (Wright, 1997). 資金を投ずる意志をもたせることに成功するかどうかは, 対話をどれだけ効果的に展開できるかどうかにかかっている.

(1) 地域住民が情報に基づき選択する.
  ・プロジェクトに参加するかどうか.
  ・高価なシステムはそれだけコストがかかるという点を踏まえた上で, 支払い能力に応じた技術サービスのレベルの選択.
  ・いつ, どのような方法でサービスが提供されるか.
  ・資金の管理と会計はどのようになされるか.
  ・運転と維持管理サービスはどのように行われるか.
(2) 地域社会に十分な情報を提供すると共に, 地域内および地域と外部関係者間で共通行動の決定が調整しやすい手順を採用する.
(3) 政府が調整役を果たし, 明確な政策や戦略を設定し, 広範囲な利害関係者の協議を促進し, 能力の向上と学習の促進を行う.
(4) 民間部門や NGO を含め, 地域社会への製品, サービス, 技術援助の提供者が, 広範に参加することによって環境が形成される (Sara et al., 1998).

28.3 対話と社会的動員の方法および手段

28.3.1 マスメディア

情報を受ける対象者の嗜好や特性を考慮したうえで, それに最も適したメディアや他の伝達手法を選択する. すなわち, テレビで報道することに効果があるのは, テレビが常日頃視聴されている場所だけということである. 多くの途上国ではラジオの方が普及率が高いため, ラジオの方がより効果的な媒体である. 野外映画会などでメインの映画の「前座」として意識啓発の映画を上映することも良いだろう. 1980 年代初期に実施されたネパールの Bhaktapur 開発プロジェクトでは, この方法を用いて大成功した (Lohani and Guhr, 1985). また, 劇場を利用することも, 例えば子供などの対象層に受入れられやすく, 対話と社会的動員

のためには非常に効果的な手段となりうる．

　印刷媒体を利用した場合の効果は，識字率だけでなく地元新聞の発行部数にもよる．ただこれが決定的な問題というわけでははない．例えばケニアでは，新聞は，新聞が売られている街角で広く読まれているが，そこでは販売されていない新聞を読むことも認められている．同様に，地域内の教養ある人々の間で新聞が回し読みされることもある．マスメディアを利用することで，人々に情報を提供することはできるが，行動の変化をもたらす効果は少ないという点に注意しておく必要がある．その点では，参加型の方が効果的であるといえる．

28.3.2　参加型の方法

　参加型の方法では，人々が自分達の状況を自力で分析し，その状況に適した解決策を見つけることになる．水・サニテーションプログラムにおいてそのような方法が数多く使用されており，プログラムの当初から利用者/地域社会/顧客/受益者を参加させる．彼らが所有者意識をもつことによって，持続可能性が高まることになる．このような参加型の方法は，プロジェクトの全ての段階で様々な目的に使うことができる．ここの文脈では，社会的動員のために世論を啓発する手段，および対話戦略を展開する手段として使うとしているものだが，この方法は，実施と建設，運転と維持管理，モニタリングと評価においても使用できる．

　参加型の方法については Srinivasan（1990），WHO（1996），Dayal *et al.*（1999），Shordt（2000）などによる数多くの手引書があり，その一部を以下で簡単に紹介する．サニテーション環境のリスク要因および問題点を分析するために最も適切な方法は，地域マッピングとトランセクト歩行調査である．サニテーションに関する知識，姿勢，習慣を評価するには，フォーカスグループ討論法，3段階分類カード法，サニテーション序列法によって行うのが最も効果的である．

　地域マッピング：男女の各グループが道路，家屋，保健医療施設，全ての水源，全ての便所（公共および家屋内）を含む地域の施設のマップを描く．マップには，プロジェクトに必要な他の情報，例えば水源などの情報も含まれることになる．マッピングを通して，水やサニテーションへのアクセス，集落パターン，地域を構成している様々な集団の縄張りに関する情報を得ることができる．また，ラジオやテレビの存在状況および地域内の様々な階層の棲み分けに関する情報を得ることもできる．

トランセクト歩行調査：これは，キーとなる情報提供者と共に観察，質問，聴取をしながら問題点と解決策を探る目的で，調査区域内を系統的に歩くものである．地域を歩くことで，勢力割り，環境衛生，リスクのある習慣・問題点，使用されているサニテーション技術，建設技術の質，そして技術的選択にとって重要な環境条件が理解できる．

フォーカスグループ討論法：これは，様々な階層毎または複合階層からなる小グループとの特定のテーマに関する討論である．この討論の目的は，当面している問題の理解を更に深めることである．

3段階分類カード法：あるテーマ（サニテーション）に関する良い，悪い，普通の状況を絵，単語または文章で書いたカードが，あるグループに与えられ，それを3段階（良い，悪い，普通）に分類する．分類中の討論によって，衛生にかかわる習慣に関する知識，姿勢，習慣について洞察することができる．

サニテーション序列法：様々なサニテーション技術がカードに描かれている．グループは技術のレベル（屋外排便からVIPトイレ：ventilated improved pit latrine，小口径下水管システムまで）に従ってそのカードを並べ，現在，自分たちはその序列のどこにいて，今後どこにいきたいかを示す（図28.1）．これは，サニテーション技術の改善について議論する共に，人々がどの技術を

図28.1 ザンビアにおけるサニテーション序列法（サニテーションのはしご）に使用される絵（CMMU, 1996）

嗜好するか評価するうえで優れた手法である．

28.3.3 地域イベント

近隣住民のレベルで行動できるということを啓発するために，地域イベントを計画することがある．そのようなイベントの例として，近隣住民が清掃活動に参加する「サニテーションデイ」のようなものがある．この活動は，宗教的祭事，開校式，選挙その他地域の意識啓発に資するイベントと一緒に行ってもよい．

28.3.4 環境プロフィール

28.3.2 で述べた地域マッピングは，地域社会または近隣レベルでの環境プロフィールを作成する一つの方法である．だが，そのような概観を作成するにはほかにも様々な手段があり，自治体や近隣社会，村落といった様々なレベルで行うことができる．環境プロフィールは，特定地域の環境衛生だけでなく，市規模の排水管理または市規模の汚染源にも焦点を当てて作成することができる．農村地域では，水資源管理状況の概観を得るために，環境プロフィールを作成してもよい．環境プロフィールは，地区または自治体のレベルでサニテーション・環境問題について意識を啓発するための有益な手段である．

図 28.2　ケニア，ナイロビ市キベラにおける地域の清掃活動（写真：著者）

28.4 参考文献

Community Management and Monitoring Unit (1996) Introducing WASHE at district level. Programme Co-ordination Unit, Water and Sanitation Development Group, Government of Zambia.

Dayal, R., Van Wijk, C. and Mukherjee, N. (2000) Methodology for Participatory Assessments. Linking Sustainability with Demand, Gender and Poverty. The World Bank Water and Sanitation Program, Washington, DC.

Hubley, J. (1993) Communicating health : an action guide to health education and health promotion, Macmillan, London.

Lohani, K. and Guhr, I. (1985) Alternative sanitation in Bhaktapur, Nepal: an exercise in community participation, Deutsche Gesellschaft für Technische Zusammenarbeit, Eschborn, Germany.

McKee, N. (1992) Social mobilization and social marketing in developing communities: lessons for communicators, Southbound, Penang, Malaysia.

Sara, J., Garn, M. and Katz, T. (1998) Some key messages about the Demand Responsive Approach. The World Bank, Washington, DC.

Shordt, K. (2000) Action monitoring for effectiveness: improving water, hygiene &environmental sanitation programmes. Technical paper, no. 35E, IRC International Water and Sanitation Centre, Delft, The Netherlands.

Srinivasan, L. (1990) Tools for Community Participation. PROWESS/UNDP Technical Series Involving Women in Water and Sanitation, US.

Wegelin-Schuringa, M. (1991) On-site sanitation: building on local practice. Occasional Paper, no. 16, IRC International Water and Sanitation Centre, The Hague, The Netherlands.

Wegelin-Schuringa, M. and Ikumi, P. (1997) Sanitation and communication analysis for peri-urban and rural areas in Zambia (final report). IRC International Water and Sanitation Centre, The Hague, The Netherlands.

WHO (1996) The PHAST Initiative: Participatory Hygiene and Sanitation Transformation. A new approach to working with communities. WHO, Geneva.

Wright, A.M. (1997) Toward a Strategic Sanitation Approach: Improving the sustainability of urban sanitation in developing countries. The World Bank, UNDP-World Bank Water and Sanitation Program, Washington, DC.

29 章
DESAR における嫌気性消化適用の展望と障害

H. Euler, L. H. Pol and S. Schroth

© IWA Publishing. Decentralised Sanitation and Reuse : Concepts, Systems and Implementation.
Edited by P. Lens, G. Zeeman and G. Lettinga. ISBN : 1 900222 47 7

29.1 はじめに

　天然資源の保護は，持続可能な開発に向ううえでの主要課題である．排水と廃棄物の再利用は，人間の生活と生産プロセスを保障するうえで重要な役割を果たす．

　多くの開発途上国において，排水や有機廃棄物の無秩序な処分に起因した環境汚染が進行しており，住民への飲料水供給を危険に曝し，環境を危機に陥れている．このことは，水圏生態系の生産的な利用を妨げ，その結果として経済開発を阻害している．不十分な衛生状態のために，生活の質にリスクをもたらし，住民の疾病を増加させ，そのために社会的なコストを払い続けることになる．

　排水と固形廃棄物の削減・再利用の可能性については多くの議論がなされているが，どうしても廃棄を避けられない残りの部分の行方についても，取組みがなされなければならない．廃棄物を処理するための，様々な方法や技術が存在する．しかし，途上国においてこれを実施するためには，最適化や改良措置がなお必要である．大小様々な規模の安価かつ改良されたシステムが求められている．温暖な気候が卓越する条件では，嫌気性プロセスが特に有益である．

　嫌気性プロセスは，有機物質残渣の処理に適用される最も古い技術の一つである．生分解可能な物質を含むほとんどの排水，汚泥または固形廃棄物について，嫌気性処理を施すことができる．環境的に種々の利益があるため，嫌気性プロセスは持続可能な開発や水質保全やエネルギープロジェクトに向けた部門別計画，環境計画，地域計画に適しているほか，温室効果ガスの削減を目的としたサニテーション対策や様々な活動にも適合する．

　しかしながら，嫌気性処理技術は，活性汚泥法，酸化池，焼却，コンポスト化，

埋立などと比べると多くの地域で長年にわたり軽視されてきた．環境や気候上の懸念が高まり，化石燃料の有限性と改良された資源節約技術を実施する必要性に対する認識が増すに伴って，多くの国で様々な基質に関する嫌気性処理が重要になってきた．しかし，特に中小規模での処理に適用するためには，信頼性が高く，持続可能で，簡単でコスト効率が高い集落や産業部門向けの嫌気性プロセスの，さらに強力な技術開発を進める必要がある．栄養塩類の除去と回収，水の再利用，コンポストの生産およびバイオガス利用の増大と改善のための，適切な処理システムを実現し普及することが必要である．嫌気性処理と他の処理・処分法を組合せることは，再利用とリサイクル活動を推進し資金を節減するうえで，多くの意志決定者にとって魅力的なものである．

　嫌気性処理システムまたは嫌気性/好気性組合せ処理システムは，家庭排水処理部門における中心的課題としてしばしば議論されているが，エネルギーや気候上の技術的問題といったものは，投資判断においては従属的な役割を果たしているにすぎない．特に途上国において，ある特定の技術が成熟段階に達しているとした場合，焦点は技術の単純性であり，さらには処理コストの方が関心を惹くことが多いだろう．そして用地をあまり必要とせず，汚泥の発生量が少ないことが，もう一つの重要な要素である．世界銀行の試算によると，汚泥の処理と処分は既設の排水処理プラントで必要なコストの50％，日常管理で発生する問題の90％を占めている．

　以下の情報は，TBW株式会社（GmbH）フランクフルトの嫌気性処理技術分野における，長年の建設・コンサルタント業務の経験に基づくものである．データは多数のプロジェクトから集められた．重要な情報源の一つは，ヨーロッパ諸国，アフリカ，アジア，ラテンアメリカで嫌気性処理技術を推進するために，GTZ（Deutsche Gesellschft für Technische Zusammenarbeit：ドイツ技術協力公社）を代表として実施された4年間にわたる広域プロジェクトである（GTZ/TBW：広域プロジェクト「地域および産業における排水・廃棄物の嫌気性処理技術の推進」）．このプロジェクトでは，集落および産業からの排水・廃棄物に関する嫌気性処理技術の現状を，経済的・環境的効果および実施条件などを含めて評価と議論の対象とした．嫌気性処理プラントおよびプロジェクトの資金提供，調査研究，技術分野の活動を行う関係機関に関するデータバンクが設立された．その他にも，温室効果ガスの削減活動と嫌気性処理技術を統合した様々な気候関

連プロジェクトがある（GTZ, Eschbornによる「気候変動に関する枠組協議実行のための方策，ベトナムQuang-Ninh省を対象とした研究」；ボン/ベルリンBMU（環境省）による「温室効果ガス排出の制御，ボリビアの製糖工場の排水用安定池システムからのメタン排出測定」；ボン/ベルリンBMUによる「気候保護対策共同プロジェクトの準備」）．

29.2 嫌気性処理のプロセス

29.2.1 嫌気性処理の特徴

通常の嫌気性排水処理では，処理の第一段階として排水と汚泥，つまり未処理排水を嫌気状態（酸素がない状態）で処理する．適切な温度と必要な知識があれば，この処理は処理手順やメカニズムが簡単であり，かつ発生汚泥も少なくエネルギーも多くを必要としないため，低コストで実施できると考えられる．この処理では汚泥が十分安定化されるが，一般の排水基準を満たすためには，排水処理の程度を上げる必要があり，通常は，排水の好気性（酸素のある状態）後処理を必要とする．

排水処理において，嫌気性処理と好気性処理は互いに補完される関係にある．実際，ほとんどの場合に嫌気性処理と好気性処理は組合せられている．**図29.1**は，好気性および嫌気性の集落排水処理の仕組みを単純化して表わしたものである．

開発途上国では，汚泥（嫌気性）と排水（好気性）の後処理が施されることは

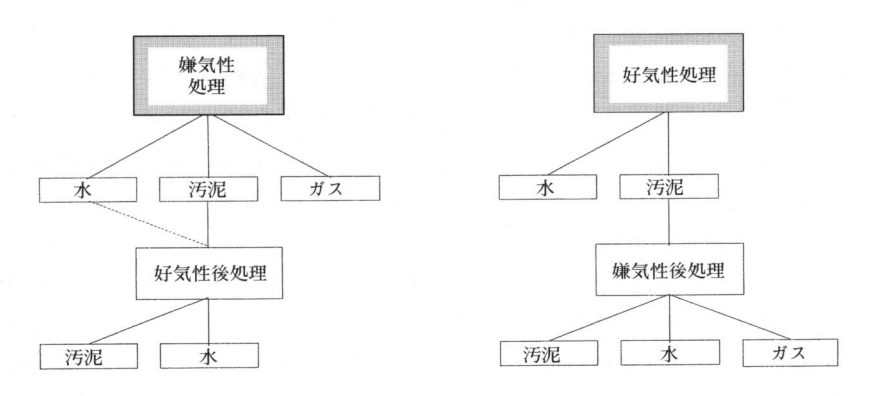

図29.1 排水処理における嫌気性プロセスと好気性プロセスの基本的相違

めったにないため，この概略図はまだ一般的なものとはいえない．嫌気性処理は，低コストの分散型処理方式として後処理なしに実施されることが多い．この方法は処理能力は大きいが処理の程度は良いとはいえない．同様に途上国では，汚泥消化を行わない好気性処理が主に実施されている．

固形廃棄物では，嫌気性処理の後に好気性コンポスト化処理が実施されるのが普通である．これらの処理は並行して行われることもある．

29.2.2 反応技術
(1) 集落排水の嫌気性処理

嫌気性排水処理の開発は，比較的歴史が浅い．最初のパイロット試験処理が実施されてから，まだ10～15年程度しか経っていない．現在，技術の急激な進歩がみられる．途上国における急速な開発によって，建設費，維持管理費，必要用地，汚泥量，排出量などがかなり低減している．オフサイト分散型処理システムは大都市でも，従来型の方法に代わる魅力的なシステムになりつつある．

家庭排水の処理は，現在のところ15℃以上で処理するように制限されている(GTZ/TBW分野別プロジェクト「嫌気性処理技術の推進」の結果による)．この処理はもっと低い温度でも可能であるが，まだ十分な評価が行われていない．そのため，この処理方法は熱帯気候と亜熱帯気候の国でみられるだけである．

家庭排水の分散型処理の場合は，知識レベルが低く専門的訓練が不足しているため，低レベルで可能な保守管理が望まれる．ガスの収集と利用については，近年に実施されている多くのシステムにおいてもなお不十分である．

(2) 産業排水の嫌気性処理

産業排水部門では，嫌気性処理は既に多くの用途で，高速なプロセスから低速な反応槽まで，多種類の装置で十分受入れられる技術になっている．

農業で広範な利用がみられるが，醸造所，食品工業，製紙工場，蒸留酒製造所，化学工業のような他の産業分野での利用も増えている．産業排水処理施設は，技術レベルの高いオンサイトシステムであることが多く，その技術は分散型サニテーション施設に取入れるには，多くの場合ふさわしくない．したがって，中小規模の産業用の，安価で信頼できる単純なシステムを開発し普及させる必要がある．

図29.2に，高速嫌気性処理システムの例が示されている．これは，機械装置と建設コストを最小限に抑えたモジュール型システムで，それぞれの産業と場所

注）上向流嫌気性汚泥床（UASB）とガス収集を備えたモジュール型嫌気性反応槽に改造された安定池（この処理システムは，産業排水と家庭排水の両方に適している．モジュール型であるので分散型にも適用できる．）

図 29.2 ジャマイカにおけるサトウキビ排水の嫌気性処理（設計および建設：TBW GmbH フランクフルト）

のニーズに容易に適合させることができる．

（3）有機固形廃棄物の嫌気性処理

固形廃棄物の嫌気性処理技術は，まだ比較的新しい技術であるが，ドイツ（図29.4 参照），デンマーク，その他若干のヨーロッパ諸国で使用される機会が増えている．我々の知る限りでは，開発途上国で固形廃棄物の嫌気性消化が実施されている例はない．

現在，固形廃棄物の嫌気性処理は，主に以下の領域で実施されている．
- 混合および分離収集された集落ゴミの機械・生物処理の一部として，
- 分離収集された集落や産業のバイオ廃棄物の処理のため，
- 集落または産業固形廃棄物に対する農業または集落混合発酵プラントにおいて，
- 農業や特定のエネルギー作物（草，トウモロコシなど）から生じた作物残渣のため．

バイオ廃棄物の嫌気性処理は，農地に近い場所に建設されない限り，大抵は嫌気性処理の後に好気性後処理（コンポスト化）を組合せる．集落の固形廃棄物の

大半は高い濃度の有機物質（50～85%）を含んでいることなどから，この技術は特に途上国で実施する処理に適している．**図 29.3** は，有機廃棄物の水分含有量と嫌気性または好気性処理に対する適合性の関係を示している．

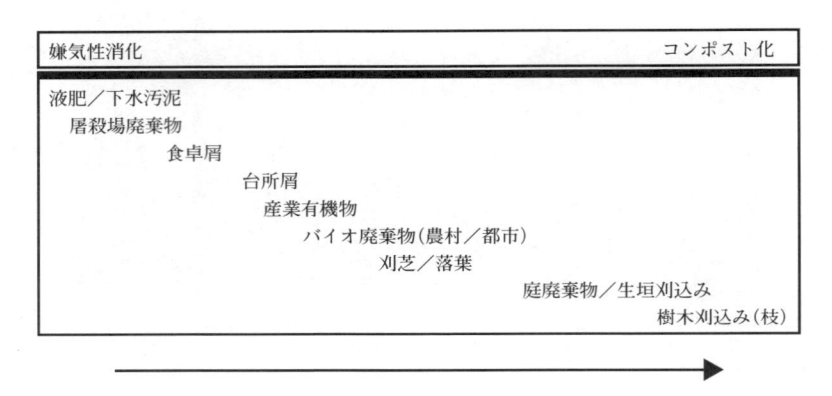

```
嫌気性消化                                              コンポスト化
┌─────────────────────────────────────────────────────────────┐
│ 液肥／下水汚泥                                                │
│    屠殺場廃棄物                                               │
│        食卓屑                                                 │
│            台所屑                                             │
│              産業有機物                                       │
│                 バイオ廃棄物(農村／都市)                      │
│                    刈芝／落葉                                 │
│                         庭廃棄物／生垣刈込み                  │
│                                 樹木刈込み(枝)                │
└─────────────────────────────────────────────────────────────┘
        ───────────────────────────────────────►
                          水分少
```

図 29.3 嫌気性消化またはコンポスト化に対する有機廃棄物の適合性

図 29.4 固形有機廃棄物の嫌気性-好気性組合せ処理，ドイツ Teugn（設計と建設：TBW GmbH フランクフルト）

有機固形廃棄物の嫌気性消化には，いろいろな可能性がある．バイオガスの生成と農業，園芸，混農林業に用いうるコンポストの生産を組合せるなどの可能性である．しかし，途上国への適性を検討するための嫌気性廃棄物処理と混合発酵の最初のパイロットプラント試験が，やっと始まったばかりである．

本技術の適用可能なもう一つの分野として，農業から排出される有機廃棄物の処理があげられる．

29.2.3 嫌気性技術の適合性

多様な基質に対して適合性があるため，嫌気性技術は，途上国でも先進工業国でも，様々な場所から発生する液状および固形廃棄物の処理に利用される機会が増えている．

先進工業国で実証された実施分野は，比較的規模が大きな下水処理場での汚泥処理，および産業排水や農業における糞尿・こやしの処理である．また，主に地中海諸国と途上国では集落排水の集中型および分散型処理場に，そして主に中央ヨーロッパの工業国では固形廃棄物処理に嫌気性技術が使われている．

最も多様な分野で実施されているのは産業である（図 29.5）．近年，ヨーロッパの特にドイツとデンマークにおいて，様々な濃度と起源をもつ基質の混合処理システム（混合発酵）が普及してきた．そこでは，例えば集落のバイオ廃棄物，

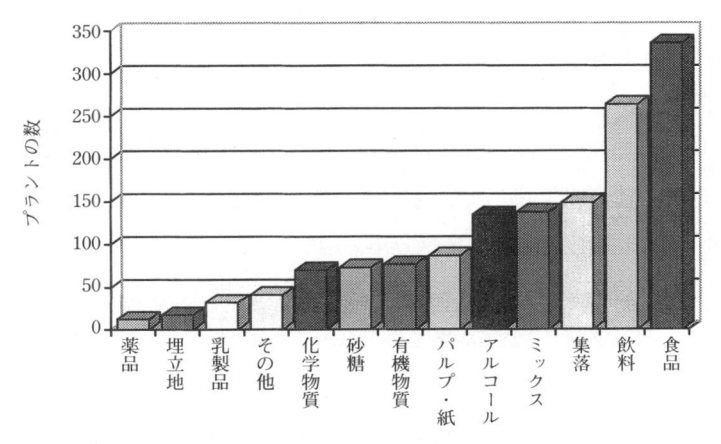

図 29.5 世界における 1998 年までの様々な基質に対する嫌気性プラントの実施（農業は含まれていない．ミックス：混合発酵プラント）

産業汚泥・排水の混合発酵用の基本的な基質として，主に糞尿と下水汚泥が使用されている．

29.2.4 嫌気性技術の実施状況

図 29.6 ～図 29.8 は，嫌気性技術が最も頻繁に利用されてきた国を示している．産業排水処理用の嫌気性反応槽を最も多く有しているのは日本である（図 29.6）．日本では嫌気性技術への関心が急速に広がり，多くの企業がこの分野に積極的に取組んでいる．市場潜在力をよく示す指標としては「嫌気性反応槽密度」があるが，これは百万人当りのプラント数として定義される．高い密度をもつ 10 ヵ国が図 29.9 に示されている．オランダが 5.85 で最も高い．オランダでは嫌気性処理の市場はほぼ飽和に達しており，他の国の反応槽密度は，産業排水の嫌気性処理に関する市場潜在力の大まかな指標になる．

もちろん，この数値はその国の工業化の程度に大きく依存している．ラテンアメリカにおいて嫌気性技術を利用している主要国であるメキシコとブラジルでは，百万人当りの嫌気性プラント数がそれぞれ 0.46 と 0.40 であるが，一方，アジアの主要国であるインドではわずか 0.06 にすぎない．これらの数値は明らかに，嫌気性技術に関してまだ開拓されていない巨大な市場潜在力の存在を示唆している．また，家庭排水の嫌気性処理は，（比較的低温な）温帯地域で用いる方法には（まだ）なっていないので，ここでの検討には含まれていない．COD 除去能力でインドが最大であるのは，蒸留所高濃度廃水の処理プラントが多数存在するためである（図 29.10）．

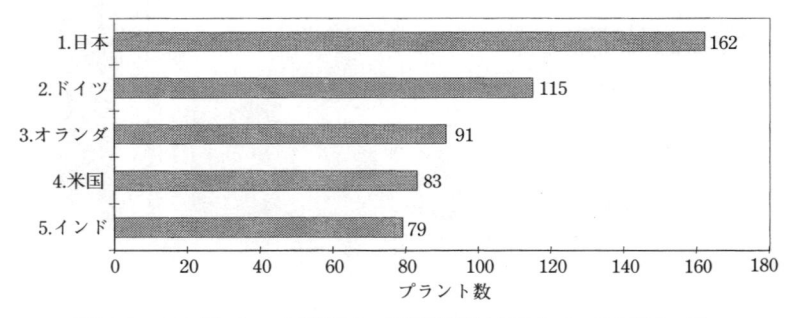

図 29.6 1998 年において産業排水の嫌気性処理を実施している主要 5 ヵ国

29.2 嫌気性処理のプロセス

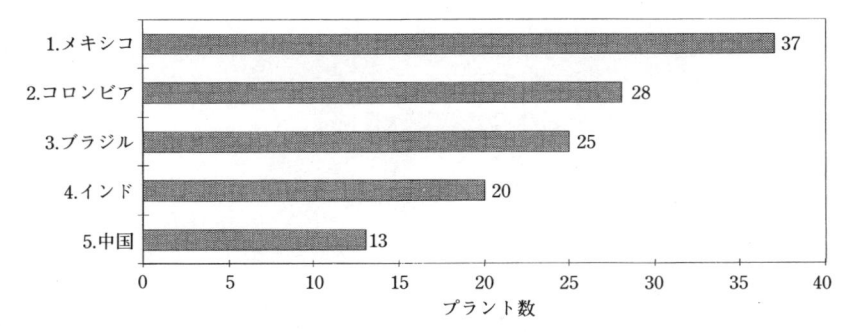

図 29.7 1998 年において家庭排水の嫌気性処理を実施している主要 5 ヵ国

1. メキシコ 37
2. コロンビア 28
3. ブラジル 25
4. インド 20
5. 中国 13

(プラント数)

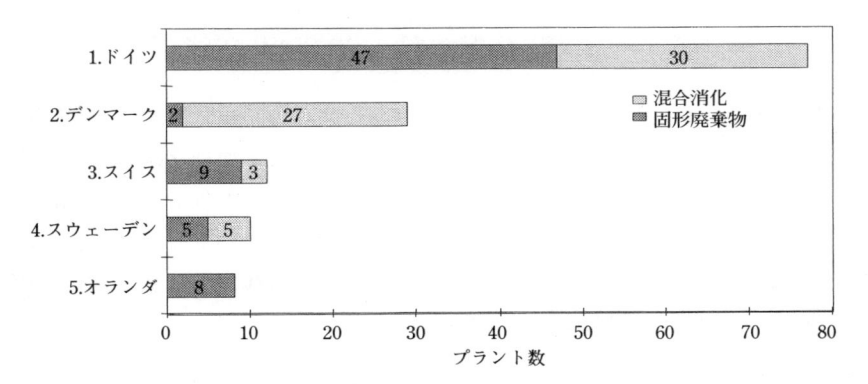

図 29.8 1998 年において有機固形廃棄物の嫌気性処理を実施している主要 5 ヵ国

1. ドイツ 47 / 30
2. デンマーク 2 / 27
3. スイス 9 / 3
4. スウェーデン 5 / 5
5. オランダ 8

凡例: 混合消化、固形廃棄物

(プラント数)

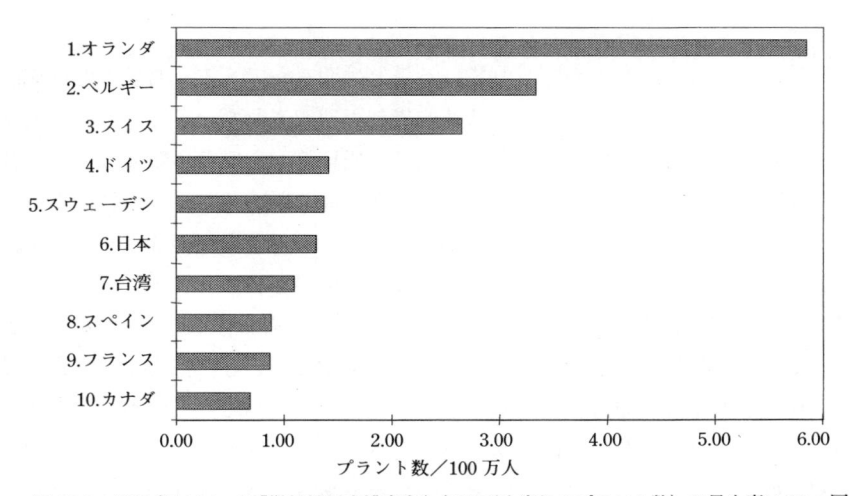

図 29.9 1998 年において「嫌気性反応槽密度」(100 万人当りのプラント数) の最も高い 10 ヵ国

1. オランダ
2. ベルギー
3. スイス
4. ドイツ
5. スウェーデン
6. 日本
7. 台湾
8. スペイン
9. フランス
10. カナダ

(プラント数／100 万人)

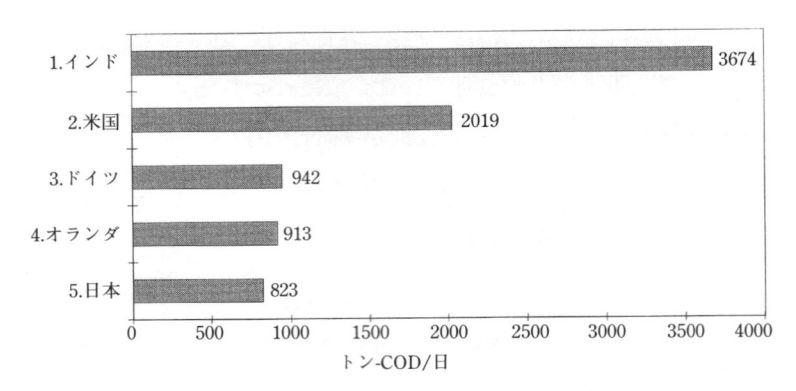

図 29.10 の棒グラフ:
- 1. インド: 3674
- 2. 米国: 2019
- 3. ドイツ: 942
- 4. オランダ: 913
- 5. 日本: 823

(横軸: トン-COD/日)

図 29.10 1998年におけるCOD除去能力［トン-COD/日］の高い5ヵ国

開発途上国では，東南アジアよりラテンアメリカの方が嫌気性消化による排水処理が広く利用されているが，その程度は地域によってかなり違いがある．開発が最も進んでいるのはブラジル，メキシコ，コロンビアである．また，東南アジアでもインド，タイ，中国といった国ではかなり普及している．けれども，タイの嫌気性処理は主に農産業排水に限られている．世界全体でみると，排水の嫌気性処理が行われている割合は1％未満である．

29.3 経済的側面

開発途上国では，財政力が限られていることは明らかである．必要な処理施設に支弁する資金がないため，現存する法的規制も適用されないことが多い．地域産業も大抵は時代遅れで資金力が弱く，高価な処理施設を備える余裕はない．補助金によって水やエネルギーの価格が低い水準に保たれており，環境技術を実践するための十分な動機付けがない．規則を順守しなかった場合の罰則も，完璧に適用したとしてもさほど厳しくないためあまり効果がない．

産業排水処理分野の動向は，嫌気性技術を供給する国際企業によって左右されているが，嫌気性技術を専門に行う地元企業も増加している．都市化が進むにつれて，場所をとらない処理技術に対する要求が高まっている．この点で，嫌気性技術は，好気性技術より経済的であるといえる．また，嫌気性システムの運用コストが，好気性システムより低いことは明らかである．嫌気性反応槽はエネルギ

ー消費量が極めて少なく，再生エネルギー源としてバイオガスを利用することができる．

民間が嫌気性処理に投資する動機付けは大抵，天然資源の消費コストが比較的高いこと，廃棄物処分/排出料金やその他の税が高いこと，またはそれに代わる処理法のコストが高いことから来ている．嫌気性プラントには，エネルギーやコンポストの販売といった処分経費の還付利益，生産物の自己使用，その結果としてのコストの節約といった利点がある．およそ処理システムの全体コストというものは，枠組み条件，投資の動機付け，そして廃棄物・排水処理に関連した特定の要因の結果なのである．

投資資金のほかに，プラントの管理費をプロジェクトの立案段階で明確にしなければならない．嫌気性処理を，エネルギーやコンポストの販売から得られる利益だけによって経済的に維持できることは稀である．それらの利益はプラントの管理費を賄うことはできるだろうが，投資コスト全部をカバーすることはできない．とはいえ，これらの利益は非常に重要なものである．特に，開発途上国では，主に管理資源の割当て（特にエネルギーコストや補充部品）が不十分なために，処理プロセスとは関係なく，多くの処理プラントが失敗して閉鎖せざるを得なくなっているからである．

国際的資金援助機関（IDB や世界銀行）や2国間協力を通じて投資コストを賄う方法もあるが，その場合に管理コストの差は決定的な問題となる．国際的・国内的な開発銀行だけでなく，特にオランダ，ドイツ（KfW），日本（JICA）の融資機関がこの点に気付き始めている．

29.3.1 排　　水

嫌気性および組合せ処理法の相対的かつ絶対的（経済的）利点は，用地，エネルギー，水供給，保健サービスコスト，廃棄・排水料金，および汚泥処理コストによって決る．

安定池システムと比較すると，嫌気性処理法に経済的利点があるのは，利用できる用地が少なく，地価が $10～12$US ドル/m^2（この値は排水に要求される水質によって異なる）を上回る場合，または気候や健康関連要因（蚊など）が問題となる場合に限られる．

活性汚泥システムと比較すると，嫌気性あるいは組合せ処理法は，設備投資お

よび管理コストの面で優れている．活性汚泥処理法，安定池システムおよび上向流嫌気性汚泥床（UASB）反応槽（後処理有りおよび無し）の総合的なコスト比較を以下の想定で行った．

- 全ての処理法の設計容量：50 000 人（人口当量）
- 最終的処理水質：20mg-BOD_5/L（Z_1）または 50mg-BOD_5/L（Z_2）
- 想定地価：25 US ドル/m^2
- 定常電力コスト：0.1 US ドル/kW·h
- 利用期間：20 年
- 利率：8 %

活性汚泥法の合計コストは，最終処理水質を 50mg-BOD_5/L とするための後処理池を伴う UASB の 2 倍を上回る．最終処理水質を 20mg-BOD_5/L とする場合は，合計コストが約 2 倍となる．エネルギー利用や公共電力網への給電による収益が安定的になれば，この比率は UASB 反応槽がさらに有利になるように変化する（**表 29.1** および **表 29.2**）．これらの表は控えめな見積りであり，最近の実際の経験を考慮すれば，UASB 反応槽にもっと有利な値になるだろう．

活性汚泥法において技術的装置のコストが高くなるのは（UASB システムの約 10 倍），主にエアレーション装置と 1 次・2 次沈殿池の装置ならびに汚泥消化槽と濃縮機のコスト（技術的装置合計の 80 % 以上）によるものである．UASB で

表 29.1 エネルギー生産を考慮しない場合の 3 種類の排水処理法の総合的コスト比較（1 000 US ドル単位）（想定については本文参照）*

基本項目	安定池システム		UASB ＋ 通性安定池		UASB		汚泥消化を伴う活性汚泥法	
	Z1	Z2	Z1	Z2	Z1	Z2	Z1	Z2
投資コスト								
建設コスト	369	276	950	766	1.026	951		
技術的装置コスト	25	21	48	45	585	506		
用地コスト	2.125	1.300	625	175	525	500		
合計	2.519	1.597	1.623	986	2.136	1.957		
投資コスト [US ドル/人]	50	32	32	20	43	39		
年資本コスト	211.8	135.6	154.1	98.8	233.8	212.4		
年管理コスト	74.8	67.6	82.3	74.1	220	203.8		
年間合計コスト	286.6	203.1	236.3	172.8	453.8	416.2		
コスト [US ドル/m^3]	0.098	0.070	0.081	0.059	0.155	0.143		

* データベース：DHV コンサルタント（1993）；GTZ/TBW 広域プロジェクト「嫌気性処理技術の推進」で実施された 12 の事例研究によるコスト評価，独自の計算（1998）

29.3 経済的側面

表 29.2 エネルギー生産を電力供給による利益として考慮した場合の，3 種類の排水処理法の総合的コスト比較（1 000 US ドル単位）（想定は本文参照）*

基本項目	安定池システム		UASB＋通性安定池		UASB		汚泥消化を伴う活性汚泥法	
	Z1	Z2	Z1	Z2	Z1	Z2	Z1	Z2
年間資本コスト	211.8	135.6	154.1	98.8			233.8	212.4
年間運用コスト	74.8	67.6	82.3	74.1			220.0	203.8
発電の収支	0	0	－11	－11			－27	－23
年間合計コスト	286.6	203.1	224.9	161.5			426.8	393.2
コスト[US ドル/m³]	0.098	0.070	0.077	0.055			0.146	0.135

* データベース：DHV コンサルタント（1993）；GTZ/TBW 広域プロジェクト「嫌気性処理技術の推進」で実施された 12 の事例研究によるコスト評価，独自の計算（1998）

は，これらのプラント要素を必要とせず，主にスクリーン，ポンプその他の電気設備が積算対象となる．

　安定池システムと上向流嫌気性汚泥床（UASB）システムを比較すると，地価が決定的な要素であることがわかった．**図 29.11** に，上記の処理方式について前提条件となる必要用地面積を示す．最終処理水質を考慮しなければ，地価が

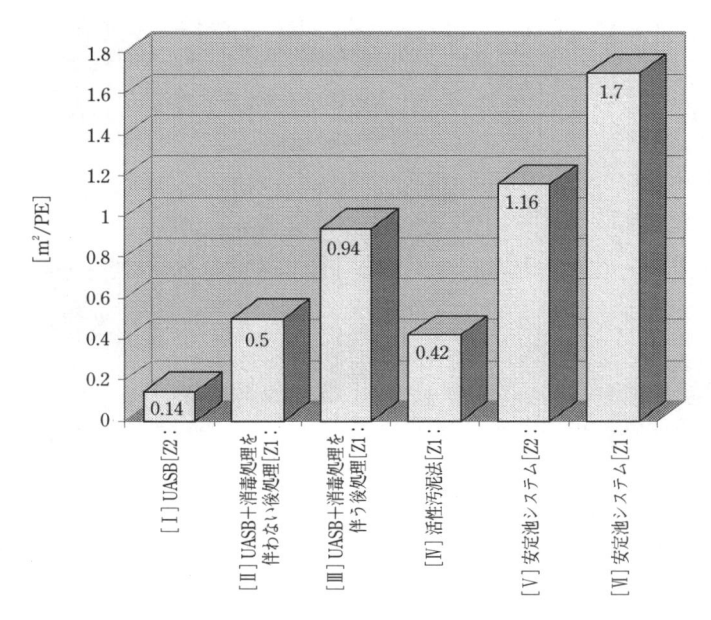

図 29.11 様々な家庭排水処理法の必要用地面積（m^2/PE）

[Ⅰ] UASB [Z2]：0.14
[Ⅱ] UASB＋消毒処理を伴わない後処理 [Z1]：0.5
[Ⅲ] UASB＋消毒処理を伴う後処理 [Z1]：0.94
[Ⅳ] 活性汚泥法 [Z1]：0.42
[Ⅴ] 安定池システム [Z2]：1.16
[Ⅵ] 安定池システム [Z1]：1.7

10 US ドル/m² を下回れば安定池システムが最も経済的であろう．UASB についてはエネルギー回収が考慮されれば，地価で表示される経済的閾値は低下する．排水水質 20mg-BOD_5/L と 50mg-BOD_5/L では，地価の閾値はそれぞれ 10 〜 12 US ドル/m² および 14 US ドル/m² である．

産業排水と液肥では，処理される基質の有機物質濃度とエネルギー価格が，しばしば経済的採算性に決定的な役割を果たす．時にはエネルギーとコンポストの収益だけで，投資コストと管理コストを補填することができ，利益を出す運転さえも可能である．

途上国における集落排水処理場の大多数は（**図 29.12** および**図 29.13** 参照），政府や自治体の業務の一環として，公的資金を用いて建設されている．自治体予算，国内的または国際的資金援助機関，多国間機関から資金が提供されることもある．その資金援助機関の知識レベルが，技術を選択するうえでしばしば決定的な要因となる．これまでそうした機関の援助公募は，代替法としての嫌気性処理法を必ずしも十分に考慮したものではなかった．

注）写真上端：左に第1ラグーンの一部，背後に第2ラグーン

図 29.12 リマ（ペルー）における集落排水処理用の分散型 UNITRAR UASB 反応槽．後処理は3つの並列安定池を伴う2池のラグーン（直列）．写真上端：左に第1ラグーンの一部，背後に3つの魚池および第2ラグーン．（設計および建設：Universidad Nacional de Ingenieria, Lima；GTZ/TBW 広域プロジェクト「嫌気性処理技術の推進」の TBW によるモニタリング）

図 29.13 タイ Chiang Dao における農業排水（豚舎）の嫌気性処理プラント（設計および建設：タイ-ドイツ・バイオガス計画，Chiang Mai 大学-GTZ）

29.3.2　固形廃棄物

　嫌気性固形廃棄物処理の投資コストは，同じ環境・排出基準が適用されるならばコンポスト化プラントのコストより高くなることはない．管理コストは，短期的には主にエネルギーコストによって決る．嫌気性固形廃棄物処理は，排出物質を考慮に入れなければ埋立地よりコストがかかるが，中長期的な環境コストを考慮すると，管理型埋立てによるゴミ処理と比較してコスト効率がよくなる可能性もある．いずれにしても，嫌気性固形廃棄物処理プラントは，焼却プラントよりは低コストである．

　ヨーロッパで開発された第一世代の嫌気性固形廃棄物処理プラントを途上国に技術移転する場合，現在の処分料金，コンポストやエネルギーの販売だけでその資金を賄うことはできない．それを途上国で実現するには，数多くの技術的・組織的な適応措置が必要である．農業の発酵技術と組合せることでコスト削減が期待できる．

29.4　望ましい枠組み条件

　排水・廃棄物処理を行うための嫌気性または嫌気性・好気性組合せ処理法は，

ある特定の条件下において特に効果的である．排水・廃棄物問題を，全システムの環境的・経済的観点から解決するという，明確な政策意志が成功のための最も重要な前提条件である．技術的知識や訓練のほか効果的な法令，適切な財政的見通し，処理法の自由な選択などは欠かすことのできない条件である．

最小限の工学的知識，強力な社会的・技術的環境がなければ，嫌気性処理法を成功させることは至難である．現在，特に南北間の情報交換や知識移転はほとんどなく，多くの国内・国際機関および援助機関は，嫌気性技術の適用の増加に対しての将来性，影響，法的必要性について十分理解しておらず，知らされてもいないように思われる．したがって，実施戦略を成功させるためには，模範的なプラントを稼動させ，積極的な組織，そして設計・運転に関して十分訓練された技術要員を確保することが極めて重要である．

29.4.1 法制的側面

これまでの経験では，保健と天然資源保護に関連した排水・廃棄物の問題は，法的な枠組みが適切である場合のみ解決されてきた．

ほとんどの国には，環境汚染物質に対して，明確に定義された排出基準を伴った詳細な法的枠組みが既に存在している．だが，往々にして地方と国の定めた法令の間に対立がある．そのような場合，一般的には，国の法令が優先される．けれども，しばしば財政的手段は限られていることから，規制の執行と管理が上手くいかないということが大きな問題となっている．場合によっては，不正行為が法令の意図を妨げることがある．法令を効果的に執行するうえで障害となるもう一つの問題は，管理当局においてモニタリング装置と有能な要員が不足していることである．法令が最も効果的に励行されるのは，工場が新規に建設される場合である．新規工場では，いくつかの法令を順守しなければ，新しいプラントを運用開始できないことが多いからでからである．

嫌気性処理法は，特定の事例や技術を志向する意志決定者よりも，システム志向の意志決定者によって考慮対象とされる．しかしながら，廃棄物の分離収集，埋立て処理，下水道システム（分流式または合流式），あるいはエネルギー（電力網への給電）についての規則と規制が，技術を選択するうえでの決定的な要素となっている．

嫌気性廃棄物・排水処理を迅速に普及させるためには，それが様々な利益を産

み出すということも含め，国と地方の総合的な廃棄物・排水処理，エネルギー保全，気候変動最小化戦略に沿うことが望ましい．そのためには，（副）産物の最大限の（再）利用と可能な限りのコスト削減を目標として，集中型処理と分散型処理（地域オンサイト）の選択を許す適当な競争手続きと規制が必要である．

29.4.2 組織的側面

運営の民営化もしくはプラントの管理で公共部門と民間部門が積極的に協力することによって，公共処理施設の持続可能な運営を容易にできることが多い．排水・廃棄物の収集，処分を行う地方自治体の能力，全ての運営コスト（資本コストを含む）を賄う適切な料金制度，ならびにこれらのサービスに住民がきちんと支払いをするということが，プラント運営の持続可能性と継続性に影響を与える．

反応槽の立ち上げ時を除いて，嫌気性システムの運転は，好気性システムほど注意する必要がない．しかし，嫌気性プラントは好気性プラントと同様，反応槽を機能不全にさせないためには，嫌気性排水処理の原理を十分に身につけた，技能の高いオペレータを必要とする．

嫌気性固形廃棄物処理には，信頼できる廃棄物収集組織が必要であり，有機廃棄物を分離することができればさらに良い．多くの途上国の現在の状況は廃棄物の収集・処理はまだ十分整っていない．嫌気性消化による機械・生物処理が今後の解決策の一つであると思われる．しかしながら，廃棄物収集組織と住民の意識と取組み姿勢に劇的な変化がなければ，それも不可能である．いわゆる「非公式」部門による既存の収集およびリサイクル活動は，包括的な収集・輸送システムの代りになることはできない．一方，多くの国で固形廃棄物を排出場所（家庭においても）で分離することを義務化する計画が立てられている．

29.4.3 社会学的側面

16ヵ国で実施された調査から，環境問題に対する住民の関心が大いに高まっていることが判明した．一方で，現状ではいまだに固形および液状廃棄物の無秩序な処分が看過されている．

(1) 環境と健康

a. 排水

水質要件（排水および受水域の水質）のほかに，気候と土壌に対する嫌気性技

術の効果を考慮する必要がある.

嫌気性技術の利点の一つは, 生成されたバイオガスが利用された場合はもとより, 利用されずに燃焼された場合 (燃焼過程では二酸化炭素が発生) でも, 地球規模気候変動問題に対して良い効果をもたらすことができることにある. 例えば排水が沼沢化した所からメタンが発生拡散することを防止できることに加えて, 化石燃料を代替してその消費を削減させるなら温室効果ガスの排出を防ぐこともできる.

表 29.3 集落排水処理における UASB＋通性安定池, 安定池システム, および活性汚泥法の排出状況. 資料: GTZ/TBW 広域プロジェクト「嫌気性処理技術の推進」最終報告.

	UASB＋通性安定池			安定池システム	活性汚泥	
	＋ガス利用	＋ガス燃焼	ガス利用なし	汚泥消化なし		＋汚泥消化,ガス利用
CO_2 排出 [kg/(人・年)]	－3	＋8	＋61	＋8	＋27	＋1

野放しの汚水が滞留した沼地, 湖, 水路から土壌の表面や土壌中に汚染物質が蓄積されるのを防ぐことができる. 消化汚泥を利用することで, 栄養塩類を循環させることができ, 土壌組成を改善することができる.

集落排水をうまく処理することができれば, 保健・衛生上の効果があることは明らかである. 下水道システム自体が, 危険な排水を住民から遠ざける効果をすでに持っている. 嫌気性処理も好気性処理も排水の病原体濃度を減少させる. けれども, 嫌気性処理を一段階用いただけのシステムでは, 組合せ処理より排水を消毒する程度は低い. 一段階嫌気性処理のみでは, バクテリア (糞便性大腸菌) の約 90％, 寄生虫卵と腸管系ウイルスの 99％を除去できるにすぎない (Alaerts *et al.*, 1990). 目的に応じ, とりわけ排水や汚泥を処理したものを農業に利用する場合は, 病原体 (ウイルスや腸内バクテリア) を徹底的に消滅させることが重要である. 衛生上の観点から, 滞留時間を十分に取ることができる場合は, 嫌気性処理と好気性処理を組合せることによって最大の除去効率を達成できる. プラントに嫌気性処理と後処理安定池を配置することによって, 病原体を WHO の要求基準より少し低い 99.9％まで除去することができる.

b. 固形廃棄物

固形廃棄物の嫌気性消化に際し, 大量の余剰エネルギーがバイオガスの形で産

出されるため，相当な量の化石燃料を代替することができ，温室効果ガスの排出を回避することができる．また，無秩序な埋立て処理によるメタンガスの排出を防ぐと共に，そこから土壌，地下水や地表水への有害物質の漏出を低減する．

必要用地面積が少ないため，人口密度の高い都市域や巨大都市でさえも実施でき，輸送の必要性も減り，エネルギーと気候変動の面で良い影響を与える．こうして，都市における農業・植樹計画を活性化するための出発点となりうる．

嫌気性廃棄物処理施設は密閉構造であるため，開放型のゴミの野積みや単純な焼却設備に起因する健康リスクや排出の問題は減少する．多くの途上国では小規模なリサイクルを「非公式部門」のゴミ処理業者が積極的に行っているが，彼らを計画やプロジェクトに組入れることにより彼らの作業の衛生条件を改善することができる．

表 29.4 様々な固形廃棄物処理の排出状況（計算値の一例）．資料：GTZ/TBW 広域プロジェクト「嫌気性処理技術の推進」最終報告．

	嫌気性処理と嫌気性後処理	コンポスト化	管理型埋立
CO_2 当量	-0.4 *1	0.09	$+1.4$ *3
強熱減量 (VS)	-0.16 *2		

*1 熱利用を伴う
*2 熱利用を伴わない
*3 埋立脱ガスにも関わらず生じるメタン放出のために高い値

29.5 嫌気性 DESAR の例

以下の節では，DESAR コンセプトに基づく嫌気性処理の成功事例についていくつか紹介する．

29.5.1 モデルプロジェクト「生活と仕事」

モデルプロジェクト「生活と仕事」（Freiburg，ドイツ）の画期的な衛生コンセプトは，持続可能な生活に向けた包括的な都市プロジェクトに取入れられた．この事例は比較的ハイテクな嫌気性 DESAR コンセプトの例である．（設計と実施：TBW GmbH フランクフルト，研究：Fraunhofer Institut für Systemtechnik und Innovationsforschung (Fh-ISI, Karlsruhe)，委託者：環境建設推進協会

(Ökobaue. e. V., Freiburg)，共同出資：ドイツ連邦環境財団 (DBU, Osnabrück))．

建物は，パッシブハウス基準（断熱，制御された換気など）に従って建設されている．太陽熱エネルギーのプラントが設置され，全熱需要量の 32 ％を産出する．

ブラックウォーターは，ほんの少量の水を用いる真空式トイレ（図 **29.14**）で除去される．ブラックウォーターとグレイウォーターを分離収集することで，ブラックウォーターと破砕処理した家庭バイオ廃棄物の嫌気性処理を，バイオガスプラントで行うことができる．嫌気性処理は完全混合反応槽で行い，消化された基質はそこからガス貯留機能をもった後段消化槽に送られる．最終製品は貯留槽に保存される液肥で，衛生基準を満たすため一定時間滞留されそこから農業に直接利用される．

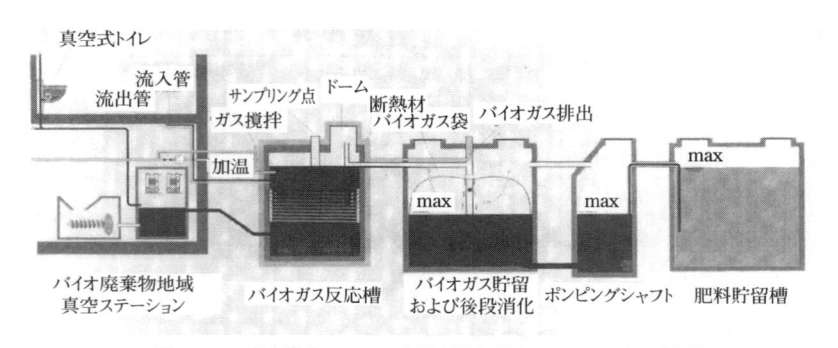

図 **29.14** 真空排水システムを組み込んだサニテーションの概要

産出されたバイオガスは，台所での調理，消化槽の撹拌そして発電に利用される．グレイウォーターは，ろ過床プラントにより飲用以外（トイレ水洗や庭園潅漑用）に再利用できるよう処理される．

持続的で安定した運転を行うため，プラントは保守管理が少なくて済むように設計された．しかしながら，従来型の生物処理より住民の参画がかなり必要である．この規模の分散化では，廃棄物を分離するための追加施設を設置することができないので，廃棄物分離は集落のバイオ廃棄物の収集・処理の場合よりもさらに高いレベルで，プラントに接続した各家庭で行う必要がある．Freiburg プロジェクトでは，参加する家庭は環境保護に熱心な人達として知られているので，

住民の協力は大変良いと予想されている．今後，様々な社会環境において，参画行動や限界がわかってくるだろう．

29.5.2　バイオガストイレ

バイオガストイレは非常に単純なものであるが，トイレ排水の処理に極めて効果的であり，特に農村地域の衛生状態を大幅に改善できる可能性がある．構造が単純であり，下水道システムがなくても実施できるため，一般的に DESAR コンセプトに含めるのにふさわしいものである．

バイオガストイレと次節に述べる集落バイオガスプラントは，閉鎖型タンクで沈殿により固形物が保持されるという腐敗槽システムを，より高度な形にしたものである．液体の滞留時間は 1 日程度である．汚泥は腐敗槽で嫌気性処理され，その結果，汚泥量は減少する．

腐敗槽（図 29.15）は，沈殿性固形物質を多く含む排水，主としては家庭からの排水（たいていはブラックウォーター，すなわちトイレ排水）を対象とする．家庭や企業，学校・病院などの公共施設では，個別の小規模なオンサイト腐敗槽を用いている（約 50 世帯まで）．

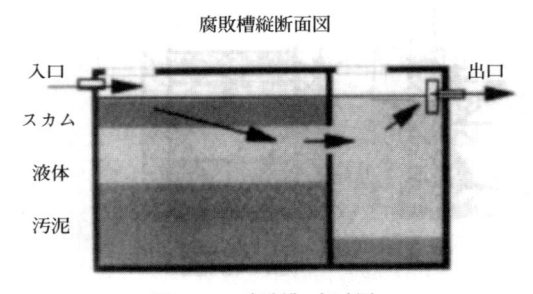

図 29.15　腐敗槽の概略図

バイオガストイレ（図 29.16）と集落バイオガスプラント（図 29.17 参照）は，バイオガスを収集し，かつ排水を長時間処理することで，水，栄養塩類，エネルギーを利用することができるため，将来的にも有望なシステムである．追加コストも，家庭や地域にもたらされる利益によって容易に賄うことができる．

バイオガストイレ（図 29.16）では，トイレ排水をバイオガスプラントに収集

(a)　　　　　　　　(b)

図 29.16　(a) 建設中のバイオガストイレ：家庭廃水，有機家庭ゴミ，家庭廃棄物のドーム式バイオガスプラント（エチオピア），(b) 完成直前の同プラント

して，有機物質を嫌気性バクテリアで分解する．通常，家庭，農業，庭の廃棄物を加えてガス生成量を増やし，この再生可能なエネルギーを家庭での調理に使用する．また，肥料の産出量も増加する．

　家畜を飼育している場合は畜舎をプラントに直接接続することができる．農地から糞尿を収集して消化槽に入れることもできる．これらのプラントを DESAR コンセプトとみなし，単に肥料とエネルギーの生産の目的だけでなく建設するならば，トイレ排水用の他の処理法が省略できるため，コスト便益の関係が相当改善されることになる．

29.5.3　集落バイオガスプラント

　バイオガストイレと同じシステムを公共のプラントに応用することができる．水洗トイレや非水洗トイレから大型のバイオガスプラントに流入させる．これらの集落バイオガスプラントを建設する際には，必要な数より多くのトイレが設置される．これらは地域外の人々にも使用され，多量のバイオマスが追加される．ここでは，台所，農地，工場などから排出されたバイオマスも利用される．家畜を飼育している場合は，糞尿も追加される．

　必要な緩衝槽（**図 29.17**）を水路の形に建設することによって，何らかの輸送手段に頼らなくても，必要とする農園，庭，畑などに排水を運ぶことができる．病原体除去の程度は，滞留時間，すなわちプラントの規模に関係し，また，沈殿

図 29.17 水路型緩衝槽の建設，Fitche（エチオピア）における学校のトイレ排水用 80m³ バイオガスプラントの一部（生成したバイオガスは食堂で利用される）

物の中の病原体の優占種によっても異なる．危険を伴うようなことはめったにないが，それでも処理水を利用するのが危険である場合は，処理水を地中にろ過浸透させることもできる．

29.6 参考文献

Alaerts, G.J. *et al.* (1990) Feasibility of Anaerobic Sewage Treatment in Sanitation Strategies in Developing Countries. IHE-Report Series 20. International Institute for Hydraulic and Environmental Engineering (IHE), Delft, The Netherlands.

Baumann, W. and Karpe, H.J. (1980) Wastewater Treatment and Excreta Disposal in Developing Countries. GATE-Appropriate Technology Report. German Appropriate Technology Exchange (GATE), Eschborn, Germany

Euler, H., Müller, C. and Schroth, S. (1999) Anaerobe Vergärung im internationalen Vergleich. Contribution to 9th annual meeting of German Biogas Association, Weckelweiler, Germany.

GTZ/TBW Supraregional Sectoral Project (1998) Promotion of Anaerobic Technology for the Treatment of Municipal and Industrial Wastewater and Waste. Naturgerechte Technologien, Bau und Wirtschaftsberatung (TBW), Deutsche Gesellschaft für Technische Zusammenarbeit (GTZ), Eschborn, Germany.

Kellner, C., von Klopotek, F., Krieg, A. and Euler, H. (1997) Different systems and approaches to treat municipal solid waste – a state-of-the-art assessment.

Contribution to 'The Future of Biogas in Europe', Herning, Denmark, 7–10 September.

Model Project 'Living and working', Freiburg, Germany. Technology: and Fraunhofer Institut für Systemtechnik und Innovationsforschung (Fh-ISI, Karlsruhe); Client: Association for the promotion of ecological construction (Ökobau e.V., Freiburg); Promotion: German Federal Environmental Foundation (DBU, Osnabrück).

Naturgerechte Technologien, Bau und Wirtschaftsberatung (TBW) GmbH, Frankfurt (1996) Appropriate Technologies. Anaerobic technologies – a key technology for the future.

Naturgerechte Technologien, Bau und Wirtschaftsberatung (TBW) GmbH, Frankfurt (2000) Experiences with the-biocomp-process in the framework of the integrated municipal 'Rotenburg-Waste-Management Model', Germany. Contribution to International Symposium on Biogas Technology Development, Beijing, China, October 24–27.

Sasse. L. (1998) Decentralised Wastewater Treatment in Developing Countries. Bremen Overseas Research and Development Association (BORDA), Bremen, Germany.

Schulz, H. (1996) Biogas-Praxis. Grundlagen, Planung, Anlagenbau, Beispiele. Staufen, Germany. (In German.)

30章 排水の分散型処理のミクロ・マクロな経済学的側面

M. von Hauff and P. N. L. Lens

© IWA Publishing. Decentralised Sanitation and Reuse：Concepts, Systems and Implementation.
Edited by P. Lens, G. Zeeman and G. Lettinga. ISBN：1 900222 47 7

30.1 はじめに

30.1.1 経済活動と環境汚染

　世界経済の規模が600億ユーロに成長するためには，1900年までの人類の全歴史を要した（EEA, 1998）．現在，世界経済は2年毎にこの規模で成長しており，1998年には39兆ユーロに達した．このような成長速度と規模は，経済活動そのものを支えている環境維持システムの完結性に脅威を与えている（図30.1）．

　人工的な恵みとは違って，自然の恵みはその大部分が無料である．しかし，例

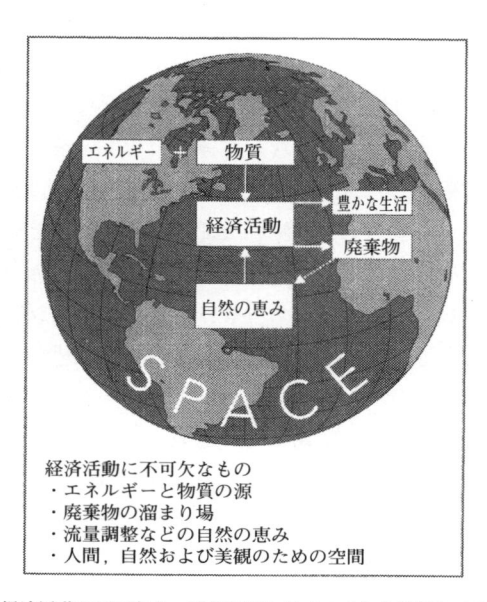

図30.1　全ての経済活動に不可欠な，環境に関わる4つの生命維持システム（EEA, 1999）

えばエネルギーや資源（金属，無機物質，森林など）を濫用した場合，その価値は減少し，場合によっては消滅することさえある．エネルギーや資源の濫用については，利用効率を高めたり，バイオ廃棄物からつくったプラスチックのような代替製品を使用することによってコントロールすることができる．しかし，その他の自然の恵みには容易にコントロールできないものがある．気候の調節機能やオゾン層の紫外線防護機能などである．オゾン層や気候調節システムを人工的な物で置換えることは不可能であり，いったん負荷の限界をこえると正常な機能が失われてしまうことになる．これらの自然の恵みは誰かの所有物でもなく，価格があるわけでもないので，市場メカニズムで保護することはできない．

先進工業国では，湖沼や河川を汚染し続けると地域や経済圏に害が及ぶという事実に多くの人々が気付きつつある．悪臭や自然環境に対する影響を別にしても，環境汚染は体裁が悪いものだと理解されはじめている．ある場所が汚染されると，そこは事業を展開する場としての質を落とす．企業は汚染された場所を避け，「よりグリーンな（環境に優しい）」立地を選択する．

30.1.2　経済活動の一部としてのサニテーション部門

先進国では，排水処理は公共インフラの重要な要素になっている．歴史的に見ると，公衆衛生の改善が，サニテーションインフラへの投資の最重要な目的であった．ヒトが糞便に直接接触することは，ずっと長い間，チフス，コレラ，赤痢のような流行病発生の主要な原因となってきた（Wilderer et al., 1998）．

これらの疾病は，罹患した人々に大きな苦難と悲惨をもたらした（Appasamy and Lundqvist, 1993）．別の言い方をすれば，経済活動体としての個人の存続に困難をもたらした．それは，ミクロ経済レベルで悪影響を及ぼし，順調だった生活に大きな損失をもたらすことになる．しかしながら，経済活動全体（マクロ経済レベル）の指標としての社会的生産には，このような悲惨な状態の統計は十分に記録されていない．

家庭廃棄物が放置されたり，適切に管理されないことによる人的・社会経済的コストは非常に高いものにつく（Munasinghe, 1992）．ペルーでは，最近のコレラの流行で，それ以前の 10 年間に国全体で要した水とサニテーションのための支出額の 3 倍に相当する損失が生じたと評価されている（Munasinghe, 1992；Giles and Brown, 1997）．インドでは，1994 年の疫病によって，観光収入で約 2

億USドル相当の損失を被った．公衆衛生を経済学的な観点から考えると，集中型または分散型サニテーションインフラが整備されていないことや排水処理が不適切であることは，衛生上高いコストをもたらし，生産性に負の影響を及ぼすことになる．それは経済開発全体の障害となり，福利の損失をもたらす（マクロ経済レベル）．

このような不幸な事態を避けるため，排水処理は公的な責務とされた．また，サニテーションもさることながら，良質な水の供給ももう一方の不可欠な課題である（Serageldin, 1995）．すなわち，水供給とサニテーションを切り離して考えることはできないということである．しかし，多くの工業国で飲料水は民間企業によって供給され，公共の排水処理サービスと関連づけられていない．多くの途上国では，水供給とサニテーションインフラは両方とも，まだ十分な整備すらされていない．それらの整備に向けた巨大な経済市場が存在している．

30.2 適切なサニテーションを整備するための費用

30.2.1 排　　水

効果的なサニテーションを整備するには，初期に高いコストがかかる．サニテーションシステムを建設するには，2穴式水洗トイレの場合の75〜150USドルから，従来型の下水道システムにした場合の600〜1 200USドルまでが必要である（1990年価格）(Hardoy and Satterthwaite, 1990)．Grau (1994) によると，1人当り国民総生産（GNP）が500USドル未満の国は，処理施設を建設する財源がなくそれを維持することもできない（Niemczynowicz, 1996）．また，サニテーションシステムで消費される水資源はコストが非常に高い．途上国では，下水道システムがある都市で使用されている水洗トイレは，家庭用水の20〜40％を消費する（NRC, 1981）．

途上国の大半の政府は，水とサニテーションのための財源がないことを認めている．さらに，従来からの2国間，多国間の資金援助は必要投資額の10％未満にすぎない．そのため，民間投資が不可欠である．ラテンアメリカでは，水とサニテーションに年間約120億USドルの投資が必要であると推定されている（**表30.1**）．アジアでは，それよりはるかに大きく，年間約1 000億USドルが必要と推定されている（Rivera, 1993）．

表 30.1 ラテンアメリカにおける年間所要投資額（10億ドル単位，1993年価格）．(Rivera, 1996)

国	水供給	下水処理	修復	合計
アルゼンチン	0.4	0.5	0.4	1.3
ブラジル	1.2	2.6	0.9	4.7
チリ	0.1	0.2	—	0.3
コロンビア	0.2	0.3	0.1	0.6
メキシコ	0.5	1.2	0.3	2.0
ペルー	0.3	0.2	0.2	0.7
ベネズエラ	0.2	0.2	0.1	0.5
その他	1.3	0.4	0.2	1.9
合計	4.2	5.6	2.2	12

環境汚染を工学的解決手法で防止するのは，必ずしも適当ではないことがある．これらの方法は，大量のエネルギー消費，操作員の高い専門的能力，継続的な維持管理経費を必要とすることが多い（Edwards, 1985；Boller, 1997）．工学的解決手法を実施すると，隣接する生態系に対して一見してそれとはわからない外部被害をもたらすことがある（Ahmad, 1990）．それによって一部の地域では利益になっても，社会や環境全体にとっては不利益になることも多い（Yan and Ma, 1991；Munasinghe, 1992）．都市の衛生的な水供給・下水道システムは，今や環境保全の有効性と持続可能性の点で問題があり，それに代わる新しい方法を見つけなければならない（Niemczynowicz, 1993；本書 1 章および 7 章）．

30.2.2 固形廃棄物

ヒトの廃棄物を農業に再利用することの経済的便益は，バイオ廃棄物から製造された再生有機肥料で農場の無機化学肥料を補うことを通して実現できる（Furedy and Ghosh, 1984）．このような有機廃棄物再利用の便益は，再利用がない場合のコストを対照として，経済と環境の両面において比較しなければならない（Fahm, 1980；Ghosh, 1984）．有機廃棄物を農業にリサイクルしてゼロ排出にするコストも，それほど高価ではないだろう．都市の有機廃棄物を全面的に農業に利用するシステムでも，百万人の都市でわずか 500 ～ 600 万 US ドルのコストを要するだけである（UN, 1997）．

30.3 技術的対策の経済的評価

30.3.1 技術的対策の経済効率

技術的対策の経済効率は，限界費用分析と水価評価の両方で判断できる．

(1) 限界費用分析

限界費用分析によって，システムの追加または変更による限界収益を明らかにする．限界収益とは，年間収入（水使用者から得られる総収入）と年間コスト（運用・維持管理コストおよび水源からの飲用水購入コスト）の差のことである．運用・維持管理コストは，人件費，管理費，運転経費（エネルギー消費および化学薬品のコスト），維持管理費（機器の修理・交換）などである．

飲用水と再生水は，有益な製品として購入契約者に販売される．投資額は，一定期間，すなわち回収期間 C において受益者から回収される．過去に発生した費用である埋没原価（sunk cost）が将来的活動の決定に影響しないと仮定できる場合，回収期間 C は以下のように計算される（Asano, 1998）．

$$C = 設備投資増分 / 限界収益増分$$

設備投資増分とは，追加された機器・設備に対する追加投資のことである．限界収益増分とは，推定される新たな利益と現在の利益の差である．

(2) 水価評価

給水システムのコストは通常，使用者が料金の形で支払う．したがって，水価に関する使用者の立場を考慮することが重要である．コストが低いほど，使用者にとって給水事業の実施が受入れやすくなる．その一方で，給水システムを全体として見なければならない．使用者がプロジェクトに直接参加しない場合でも，給水コストの変動に影響を受けることがある．したがって，水価は，様々なシナリオの経済的実現可能性を評価するのに役立つ．

水プロジェクトの資本費は，給水連合体（組合）からの融資または政府，水関連機関からの補助で賄われる．返済する必要のない補助は，正味資本費から控除することができる．借入金は一定の年利で一定の期間（通常20年）で返済する必要がある．限界費用分析と違い，過去の投資に対する継続債務の支払いは水価に含まれる．例えば，消費者は将来の行動のいかんによらず，飲用水の配水網に対する残存債務を支払うことになる．

残存資本費に対する支払い計算をするために，既存の機器やパイプラインの建設時期の違いを考慮して，様々な賦課率が設定される．例えば，基本的に借入金に対する賦課率は100％であるが，既設の給水システムにはわずか15％の賦課率とすることもある．

$$水価＝\{(\sum_{j=1}^{m}資本費借入金j×賦課率j)×資本回収係数＋年間 O\&M 費用\}/年間水量$$

$$資本回収係数＝i(1+i)^n/\{(1+i)^n-1\}$$

ここで，i：利率（例えば8％），n：支払い年数（例えば20年），j：(同時期に建設した) 機器または給水施設．

30.3.2 財政的手段の効果

排水処理システムの整備には投資が必要であるが，それは環境保護に対する投資項目に割当てることができる (Fehr, 1992)．経済全体の視点からみて，福祉と健康の増大という便益が環境投資費用を上回れば，環境保護に投資することに意味がある．したがって，経済成長と雇用に対するプラスの影響は，背景的論拠とまでは言えないにしても，環境保護に投資することによるプラスの副産物と見なすことができる．

貧困層が基本的サービスを受けるのを助けるために，投資および消費に補助がなされる．だが，この部門に対する様々な補助の結果を検討すると，多くの場合，その目的を十分果たしていないことが明らかになる．補助金がその目的を果たしていない一つの理由は，配分方法が透明性を欠くためである．補助は，大部分が設備能力拡張のための投資を対象として無差別になされるが，その主な受益者は，既に一定のサービスを受けている中流以上の家庭である (Yepes, 1996)．

開発途上国でよくみられる内部補助 (cross-subsidies) は，貧困層の水消費を促進することを目的としている．この制度のもとでは，大半の一般利用者は平均料金を下回る料金を支払い，産業的・商業的利用者には平均料金より高い料金が課される (**表 30.2**)．内部補助は逆効果をもたらすのだが，監督機関や公益事業体がそれを重要視していないため正しく評価・認識されないことが多い．生産価格より低いコストで水を受取る消費者がいると，経済的非効率が生じる．また，実質価格であれば追加消費分を支払える消費者がいても，消費を抑制したり市場価格以上に支払わざるをえず，この場合にも経済的非効率が生じる．

表 30.2 内部補助の事例 (Riviera, 1996)

市または公益事業体	補助対象[%]	補助割合[%]	最高／最低料金比	補助移転割合（総料金中）[%]
Guayaquil／エクアドル	91	75	88	47
San Jose／コスタリカ	91	70	91	22
Chennai／インド	92	72	16	53
Minsk／ベラルーシ	92	63	71	59

また，内部補助は，公益事業体の財務状況に期待に反した影響を及ぼすことがある．料金帯の最低料金側では，変動性のコストを賄うことができないことが多く，公益事業体は財政的損失を被ることになる．低料金の場合は，請求や収金のコストさえ賄うことができず，公益事業体は消費者に請求する関心も給水ロスを削減する動機付けも失う．高料金側の補助する立場の消費者にとっては，コストが料金より低ければ，代替供給源を開発する動機付けになる．このような場合，これらの利用者は公共システムから脱退するので，補助層側が縮小し残った補助層には追加的料金が課せられる．こうした悪循環に陥ると，公益事業体は最も大切な消費者を失うことになる．料金の階差が大きく設定されると，使用者は低料金側で扱われることを求めるため，これも制度の改悪を促すことになる．

消費補助は，高所得層の方が水の消費量が多いため，しばしば低所得層より高所得層にとって有利になる．例えば，ラテンアメリカのある都市では，低所得層より 15 倍高い料金を支払っている高所得層の消費者は，年間平均 380US ドルの補助金を受取っているが，低所得層の消費者は 120US ドルしか受取っていなかった (Yepes, 1992)．

30.4　排水処理代替方式の経済的評価

30.4.1　経済的な枠組み条件

排水処理システムを選択する際に，その決定には枠組みとなる様々な条件が影響する (von Hauff, 1998)．例えば，工業国と途上国では，排水処理システムとして集中型と分散型のいずれかを選択する際，その決定に影響する枠組み条件がまったく異なる．これらの国々を 2 つのグループとして比較すると共に，それぞれの国内でも人口密度などに起因する地域差を考慮しなければならない．すなわち，ミクロやマクロの経済性を一般論として扱えないということである．

工業国と途上国の違いは，以下の要因によるものである．

- 工業国には広範囲に公共下水処理システムが存在し，大多数の地域がそれに接続されている．技術的な資格のある要員を有する管理当局がこのシステムに責任をもつと共に，効率的な料金システムが存在する．このような状況では，排水の分散型処理システムを地域社会に導入するのはどのような条件のもとでなら経済的に意味を持つのかということが問題となる．
- 途上国では，下水処理システムがあるのは都市だけということが多い．さらにこのシステムは都市全体に普及しておらず，都市圏全体を対象に計画されているわけでもない．また，環境的にも衛生的にも，既存の下水処理システムは，多くの場合満足できる状態にない．その理由の一つは，管理当局が処理に必要な財源を有しておらず，環境条件を満足する処理システムを備える能力を欠いていることである．このことから，どのような処理システムが経済的・環境的により効率的であるのかということが問題となる．このことは，特に排水処理システムがまだ存在しない農村地域にあてはまる．

資源の乏しい水に対する需要，つまり使用量の大部分は価格によって決定される．特に途上国の貧困層にとって，生活に必要な水はこうした住民層の収入に見合った価格で供給されなければならない．この点については多くの人が同意している．さもなければ，少なくとも都市貧困層には，分散型排水処理システムでさえ経済的に受入れられないだろう．したがって，富裕層と貧困層の格差が大きい国では，水道料金に差をつける必要がある．

けれども，実態はこれとは違っていることが多い．多くの都市で，「二重制度」が形成され，ある部分の都市住民には補助金付きの下水収集・処理施設と水供給システムが提供されている一方，別の区域では都市のシステムに組込まれることもなく，自力で様々なオンサイト収集法または個別の処理法を工夫している(Johnstone, 1997)．持続可能な開発を行うためには，環境と経済の持続可能性だけでなく公平な社会を実現することが必要であり，このような「二重制度」は持続可能とはいえない．この文脈上のもう一つの問題は，多くの途上国で水供給について需要者に対し高率の補助がなされていることである．水資源が乏しいことを考えると，この点は水消費に望ましくない結果をもたらすことになる．

また，様々な排水処理システムが，水関連以外の汚染物質を排出している点にも注意しておかなければならない．例えば，水処理プラントを設置・運用するた

めには，直接的・間接的にエネルギーが使用される．そのようなエネルギーの変換利用によって汚染物質が排出されると共に，再生不可能なエネルギー源が使用される場合，これは資源の枯渇につながる．大気汚染が拡大し，これら外部への負の影響は内部化されることがないため，社会的コストを要することになる．途上国の大都市圏でみられるように，大気汚染が急速に拡大している場合は，包括的な環境影響評価の形で特別な注意を払う必要がある．

また，様々な排水処理システムの経済的・環境的有効性は，単に技術的に高度であればよいということではない．プラントが適正に建設され，その運用・維持管理が適切に行われることも重要である．故障が発生した場合に熟練要員がただちに修復できるようになっていなければならない．例えば，技術的には次善の方法でも，（遠隔農村地域にふさわしい技術を使用することで）環境的・経済的な効率を非常に高くすることができる理由がここにある．それらは，運用・維持管理の面で高い要求がないので，通常は機能していることになる．

最後に，工業国と途上国の特に農村地域において排水の分散型処理システムが要望され建設されるためには，どのような動機付けが必要かということである．不思議なことに，車や携帯電話のような奢侈品には大きな市場が存在する．こうした製品ついては，交通渋滞や死亡事故のような好ましくない副作用があっても，消費者はそれを簡単に受入れる．それなのに，排水や固形廃棄物を産出するといった負の影響に対処する技術については，競争市場がまったく形成されることがない．これにはそれなりの理由がある．

30.4.2 分散型サニテーションシステムのミクロ経済

ミクロ経済的な観点からいうと，排水処理システムには供給者と需要者が存在する．政治家や政府の政策による法的・財政的な後押しがあれば，民間企業はさらに分散型処理システムの開発と製造を進めるだろう．その良い例として，窒素やリンに対するより厳しい排出基準に適合させるために，多くの集中型下水処理場で栄養塩類の除去のために投下された改善コストがあげられる．つまり，再生可能なエネルギー供給施設の市場と同様に，分散型システムの市場形成でも政治的な決定要因が大きい．この点から，需要者を次のように分けることができる．

・地方自治体のような公共部門の需要者．これまでのところ主に集中型下水処理システムの市場にいる．

・私的な家屋所有者．個別の家屋または他者との共同形態（ネットワーク）で，排水の分散型処理システムの市場にいる．

ただし，家屋所有者と地方自治体の共同運営といった組合せも考えられる．分散型システムに対しても，オペレーションモデル（BOT方式，BOOT方式）が実現可能と考えられる．

いずれの場合にも，膨大な情報が必要であるため，情報収集コストが発生することになる．各種システムの建設コストと運用コスト，達成される技術レベル，環境保全の効果および許認可要件のような法的枠組み条件に関する情報が必要である．けれども，排水処理プラントの市場に関しては，需要者が入手できる情報は不完全なものである．そのような状況では，不確かな状態で意志決定がなされることになるが，こうした不確実さも情報収集コストを支払うことによって減らすことができる．

30.5 分散型処理の財政的評価

30.5.1 農村地域の分散型排水処理

本節では，農村地域にあって集中型下水処理プラントの建設が経済的限界に達する可能性があるドイツGeiselhöring地区の問題について検討する．人口密度が高い地域に比較して，各戸を繋ぐ下水管路が長くなるため，その接続コストが非常に高くなることが問題であった．このような状況を踏まえ，MarrとSteinle（1998）は同地区の調査を行い，集中型下水処理プラントの代替手法（生物的後処理のある小型排水処理プラント）について研究した．

彼らの所見の最も重要な点は以下の通り．

・様々な代替法のコストを比較すると，投資コストの点では，小型排水処理による分散型処理法が最もコストが低いことが明らかである．その理由は，下水管システムのコストが節減できるためである．小型排水処理プラントの市場競争が高まれば，投資コストの更なる低減が予想される．
・全体としての経済効率の比較では，運転コストが比較的高いうえに，減価償却期間が短いため，小型排水処理プラントの年経費は集中型プラントと同程度である．
・分散型処理法を用いると，市民は排水基準の引下げを受入れなければならな

い.

自治体は資産所有者に排水処理システムへの接続や使用を義務付けることができない，という点も指摘しておく必要がある．自治体と使用者の協議による自発的な処理も考えられるが，使用者が追加コストその他の料金を払わなければなない場合は，それが難しくなる．集落は，法令で排水と排泄物を処理することが義務付けられている．すなわち，代替処理法の決定プロセスは，経済と法令の両面から影響を受ける．また，分散型処理法を実施する場合，集中型処理法にはなかった新しい問題が発生する．具体的には，これまで法令で規制されてこなかった汚泥処分の問題である．

30.5.2　灌漑のための排水再生

イタリアでは，配水業務の大多数を公的機関が行っており，水料金は通常，測定された使用水量ではなく，灌漑面積に基づいて計算される（Nurizzo et al., 2000）．イタリア北部の大規模灌漑地区の農家は，噴霧灌漑を行う場合，実使用水量とは無関係に，年間1ha当り約100ユーロの灌漑料金を課される．トウモロコシの場合，水の経費はトウモロコシの平均価格の約8％を占める（Nurizzo et al., 2000）．再生水を用いると，水量がメーターで計算されると共に水質確保のために余分な金銭的支出をしなければならないので，農家の収益がかなり減る可能性がある．

Nurizzoら（2000）は，イタリアでは中規模である50 000m^3/日プラントの，様々な処理水仕上げ処理に関するコスト評価を提示している．硝化－脱窒後の消毒法として塩素，紫外線照射，過酢酸添加（PAA）およびオゾンが比較された．エネルギーの現在価格（約0.1ユーロ/kWh），化学薬品，汚泥処理（約50ユーロ/トン），人件費に基づいて運用費が計算された．維持管理費は，年間で，建物コストの0.50％，機器コストの3％として評価した．表30.3で運用費は消毒方法と水質目標の両方に大きく左右されることがわかる．再生水の配水費は，この表の計算には含まれていない．

30.5.3　ノアルムーティエ（Noirmoutier）島（フランス）における水の再利用

ノアルムーティエ島は大西洋沿岸にある島で，典型的な島嶼型の小環境である．

表 30.3 様々な消毒法に関する $FeCl_3$ 接触ろ過の運用コスト（償却費を含まない）の増加，標準的な硝化‐脱窒処理をする排水処理場のコストに対する割合［%］として表示（Nurizzo et al.,

水質目標 ［大腸菌/100mL］	接触浸透＋NaClO ［%］	接触浸透＋紫外線 ［%］	接触浸透＋PAA ［%］	接触浸透＋O_3 ［%］
2.2	18.2	17.7	n.a.	60.6
23	16.0	15.4	64.4	41.6
100	15.3	14.1	42.2	33.1
1000	14.9	13.7	27.4	n.a.

n.a：適用できない

そこで行われている主な活動は，農業，製塩，貝の養殖，フィッシングおよび観光である．島の人口は，冬期には地元住民だけの9 000人であるが，夏期には90 000〜130 000人に増加する．そのため水域環境が汚染されやすく，水産業や沿岸地域を保護するため，処理水を海に放流することは時期によって禁止されている．その一方，島には真水の水源がほとんど存在しない．主たる供給源は70km離れた貯水池から運ばれる飲用水で，高価格で販売されている．

島にある4集落が協力して，水供給，排水収集，処理，再利用，処分を管理する組合を結成した．この組合が飲用水を購入し，消費者に販売している（**表30.4**）．組合では，農家に処理水も販売している．ノアルムーティエ島では，長年にわたり灌漑が実施されている．今日，再生水は北部の農業灌漑の80%，南部のそれの100%を占めている．こうして，廃棄物の海域処分量が減少して沿岸域の汚染が防止され，一方で利用可能な水資源が増加している．

表 30.4 ノアルムーティエ島の平均水価格，契約金と使用料金を含む（Xu et al., 2000）

	飲用水［ユーロ/m^3］				再生水［ユーロ/m^3］
購入	販売				販売
	家庭，ホテルなど	修景		農業	農業灌漑
0.6	4.57 *	0.67		1.54	0.23〜0.3

* 排水処理・処分価格を含む．2.21ユーロ/m^3

Xuら（2000）は，水および排水処理を水文学的単位で適正に管理するための技術－経済統合モデルを適用した．そのサブモデルは，飲用水の生産，流通および消費，排水収集，処理，処分，再利用を含めた水工学システムに焦点を当てている．経済的サブモデルと組合せて，経済・技術基準および環境影響を考慮に入

れながら水管理計画が評価された．島の水利用を改善するいくつかのシナリオについて，資金回収期間と水価が計算された．例えば，再生水を利用した灌漑について，農業利用と修景利用の割合や，汽水または海水の脱塩処理を含めた灌漑量を考慮して，その再生水量を変化させたシナリオなどである．

30.5.4 固形廃棄物の分散型処理

Sonessonら（2000）は，固形廃棄物と排水の様々な管理システムが，環境に与える影響について調べている．彼らは，システム分析を用いて，固形廃棄物とブラックウォーターの処理をグレイウォーターの処理と結合することによって，環境とその持続可能性に改善がみられるかどうかを評価した．システム分析は，物質循環シミュレーションモデル，有機廃棄物研究モデル（OWARE：organic waste research model）を用いて行われた．システム分析では，ライフサイクル評価（LCA）と経済分析を実施した．

事例研究と仮説に基づき，固形廃棄物の嫌気性処理が環境に対する影響が最も低いという結果が得られた（Sonesson et al., 2000）．また，尿分離を行うと環境影響は小さくなるが（処理プラントからの富栄養化原因物質排出の減少），散布後の土壌の酸性化が進行する．**表 30.5** に様々な資源利用のシナリオを示す．コンポスト化には，化石燃料が最も多く使用されていることが示されている．

表 30.5 様々な固形廃棄物処理法における資源利用（Sonesson et al., 2000）

資源	焼却	コンポスト化	嫌気性消化	尿分離
化石燃料 [TJ/年]	118	115	60	39
木材チップ[*1] [TJ/年]	0	49	42	42
全エネルギー [TJ/年]	118	164	102	81
リン[*2] [トン/年]	17	0	4	2

[*1] 補助的熱源として
[*2] 無機肥料

それぞれのシナリオでの経済的影響は，いくつかの要因によって決る（Sonesson et al., 2000）．研究報告によれば，廃棄物輸送が焼却とコンポスト化では最も大きなコストであり，処理コスト（設備投資，より高価な廃棄物輸送）が嫌気性消化の大きな部分を占めた．コンポスト化と嫌気性消化は両方とも，分離収集システムを必要とするため，廃棄物輸送に高いコストがかかった．残留物の

輸送と散布は，3つのシナリオすべてについて比較的少ないコストで済んだ．収益については，嫌気性消化では車両燃料としてのバイオガス，焼却では熱，コンポスト化では有機肥料が最大であった．

30.6 参考文献

Ahmad, A. (1990) Impact of human activities on marine environment and guidelines for its management: Environmentalist viewpoints. In *Recent Trends In Limnology* (eds V. Agrawal and P. Das), Delhi, pp. 49–60.

Appasamy, P. and Lundqvist, J. (1993) Water supply and waste disposal strategies for Madras. *Ambio* **22**(7), 442–448.

Asano, T. (1998) Wastewater reclamation and reuse. In *Water Quality Management Library* (eds W.W. Eckenfelder, J.F. Malina Jr. and J.W. Patterson), vol. 10, 260–261, Technomic, Lancaster, PA.

Boller, M. (1997) Small wastewater treatment plants – A challenge to wastewater engineers. *Wat. Sci. Tech.* **35**(6), 1–12.

Edwards, P. (1985) *Aquaculture: A Component of Low Cost Sanitation*. World Bank Technical Paper No. 36, Washington, DC.

EEA (1999) Societal developments and use of resources – Environment in EU at the turn of the century. Part II: Societal developments and use of resources, pp. 39–51.

Fahm, L. (1980) *The Waste of Nations: The Economic Utilisation of Human Waste in Agriculture*, Allanheld, Osmun & Co, Montclair, NJ.

Fehr, G. (1992) Entwicklung eines Bewertungsverfahrens zur Frage der zentralen oder dezentralen Abwasserreinigung im ländlichen Raum, Witten/Herdecke. (In German.)

Furedy, C. and Ghosh, D. (1984) Resource – conserving traditions and waste disposal: The garbage farms and sewage-fed fisheries of Calcutta. *Conservation & Recycling*, **7**(2–4), 159–165.

Gardner, G. (1998) *Recycling organic waste: From urban pollutant to farm resource*. Worldwatch Paper 135. State of the world 1998: A Worldwatch institute report on progress toward a sustainable society, W.W. Norton & Co., New York.

Giles, H. and Brown, B. (1997) 'And not a drop to drink'. Water and sanitation services in the developing world. *Geography* **82**(2), 97–109.

Grau, P. (1994) What Next? *Water Quality International* **4**, 29–32.

Hardoy, J. and Satterthwaite, D. (1990) Health and environment and urban poor. In *International Perspectives on Environment, Development and Health: Toward a Sustainable World* (eds G. Shahi, B. Levy, T. Kjellström and R. Lawrence), pp. 123–162, Springer-Verlag, New York.

von Hauff, M. (1998) Tendenzen und Perspektiven des Marktes für Umwelttechnik. In *Zukunftsmarkt Umwelttechnik?* (eds H.-D. Feser and M. von Hauff), Transfer Verlag, Regensburg.

Johnstone, N. (1997) Economic Inequality and the Urban Environment: The Case of Water and Sanitation. International Institute for Environment and Development, Discussion Paper 97-03, September.

Marr, G., and Steinle, E. (1998) Wirtschaftlichkeit und Machbarkeit dezentraler Abwasserentsorgung in ländlichen Ortsbereichen Beispiel Geiselhöring. In

Dezentrale Abwasserbehandlung für ländliche und urbane Gebiete (eds P.A. Wilderer, E. Arnold, E. and D. Schreff), pp. 27–51, Munich.

Munasinghe, M. (1992) Water supply and environmental management. In *Studies in Water Policy and Management* (ed. C.W. Howe), pp. 163–195, Westview Press, San Francisco.

National Research Council (NRC) (1981) *Food, Fuel and Fertiliser from Organic Wastes*, National Academy Press, Washington, DC.

Niemczynowicz, J. (1993) New aspects of sewerage and water technology. *Ambio* **22**(7), 449–455.

Niemczynowicz, J. (1996) Megacities from a water perspective. *Water International* **21**(4), 198–205.

Nurizzo, C., Bonomo, L. and Malpei, F. (2000) Some economic considerations on wastewater reclamation for irrigation, with reference to the Italian situation. In Proceedings of the 3rd International Symposium on Wastewater Reclamation, Recycling and Reuse, 3–7 July, Paris, pp. 425–432.

Rivera, D. (1996) Private Sector Participation in the Water Supply tnd Wastewater Sector. Lessons From Six Developing Countries. World Bank, Washington, DC.

Serageldin, I. (1995) Water Supply, Sanitation, and Environmental Sustainability – The Financing Challenge, World Bank, Washington, DC.

Sonesson, U., Bjorklund, A., Carlsson, M. and Dalemo, M. (2000) Environmental and economic analysis of management systems for biodegradable waste. *Resour. Conserv. Recycl.* **28**, 29–53.

United Nations (UN) (1997) *Critical Trends: Global Change and Sustainable Development*, UN, New York.

Wilderer, P.A., Schreff, D. and Arnold, E. (1998) Dezentrale Abwasserentsorgung: Eine Herausforderung für die Zukunft. In *Dezentrale Abwasserbehandlung für ländliche und urbane Gebiete* (eds P.A. Wilderer, E. Arnold and D. Schreff), pp. 1–12, Munich.

Xu, P., Valette, F., Brissaud, F., Fazio, A. and Lazarova, V. (2000) Technical-economic modelling of integrated water management: wastewater reuse in a French island. In Proceedings of the 3rd International Symposium on Wastewater Reclamation, Recycling and Reuse, 3–7 July, Paris, pp. 417–424.

Yan, J. and Ma, S. (1991) The function of ecological engineering in environmental conservation with some case studies from China. In *Ecological Engineering for Wastewater Treatment* (eds C. Etnier and B. Guterstam), pp. 110–120, Bokskogen, Gothenburg, Sweden.

Yepes, G. (1992) Infrastructure maintenance of LAC. The cost of neglect and options for improvement. Water supply and sanitation sector. Vol. 3, Report 17, Regional Studies Program. LAC Technical Department, World Bank, Washington, DC.

Yepes, G. (1996) Do cross subsidies help the poor to benefit from water and water services? Lessons from a case study. Infrastructure note WS-18. TWU Department, World Bank.

第6部

DESARの建築的・都市計画的側面

31章 市街地における DESAR 実施の都市計画的側面

J. Kristinsson and A. Luising

© IWA Publishing. Decentralised Sanitation and Reuse：Concepts, Systems and Implementation.
Edited by P. Lens, G. Zeeman and G. Lettinga. ISBN：1 900222 47 7

31.1 はじめに

　都市を永続的に発展させていくことは大変なことのようだ．現代の都市計画ではそのために，長く失われていた古い知識，新しい創案，そして軽快で知的なインフラといったものが必要である．物質を処理し使用するにあたって閉鎖循環系を構築することが，長い目で見て，都市の循環を永続的なものにする唯一の方法である．

　解決を複雑なものにする要因は，異なったレベルのスケールが存在することにあるのだが，「think globally, act locally」という考えに立つことが重要である．都市はこの世界の一部にすぎないが，都市になる以前はそうであった農村環境から切り離されたものになりつつある．Think globally, act locally．(Duijvestein, 1993)．

31.1.1 世界スケールでみた DESAR

　問題の分析と解決には，スケールのレベルが通常示される．これはどのようなアプローチにおいても重要である．環境システムの持続性を検討するうえでは，種々のスケールレベルの相互関係を把握する必要がある（図 31.1）．100 000km のスケールレベルは，大気だけでなく宇宙放射線や極におけるオゾンホールにも関係している．両極から赤道にかけて，乾燥・寒冷地帯から始まり，温帯湿潤地帯，熱帯の乾燥・湿潤地帯へと並んでいる．北極と南極から赤道までの 10 000km のスケール（地球の円周の 1/4）には，まったく異なる気候帯が並んでいる．それぞれの気候帯に対して，異なる DESAR が必要である．このスケールレベルで我々は，既にヨーロッパ地域の DESAR 手法に関し，議論を呼ぶよう

な相違を発見している．社会的に受入れられないためにこの問題が議論されていない国もある一方，科学の領域で開かれた議論が行われている国もある．北と南では他に方法がないため，廃棄物処理としての DESAR について活発な議論が行われている．

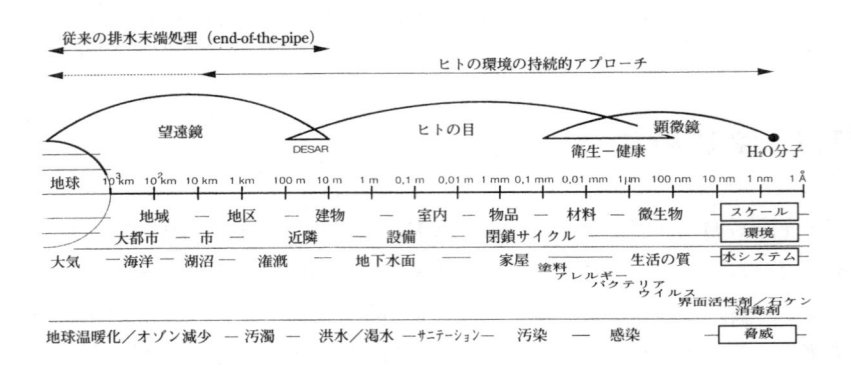

図 31.1 対数目盛で見た DESAR の位置付け

オランダは，温暖な気候帯にあり，水洗トイレが普及している．水洗トイレは車輪以来の最大の発明だと考えられている．ここの人々は世界の中でも豊かな地域に住んでいる．一方，北欧や北米では，1kg の水を氷や雪の形で得るほうが 1 L の真水を得るより容易である．

大陸や大規模な内陸湖といった 1 000km スケールで見ると，例えばバルチック海では魚や鳥に壊滅的な影響を与えるほどの環境汚染が広がっている．また，バルチック海沿いのフィンランドなどでは，最後の氷期以来の氷河が消滅した．あまりにも近年の出来事なので，岩盤上の腐食土層厚はわずか 30cm 程度である．また，直ちに凍結する危険を冒しながら下水管を敷設するため岩石質の土壌を掘削するのだが，その際，ノーベル賞に値するほど膨大な量のダイナマイトを使用する．それよりさらに北では，自給自足型家屋が出現してくる．例えばカナダのトロントにある Healthy House では，自給自足のために多くの設備が備えられている．ここで最も安価なサニテーションシステムは，ドライトイレと好気性腐敗槽である．

国や河川といった 100km スケールでは，水の再利用は当然のことになる．汚

染された河川の間にある農地に降る清浄な雨水は北海に排水されるが，農業用輸送手段に必要な水位を維持する（Tjallingi, 1996）．河川が溢水して洪水が起るかどうかは，合理的に人工化されてわずかな緩衝機能も持たなくなった水路によって決まっている．こうした河川の領域はますます重要になってきており，国際的な協議を必要としている．

　10kmのスケールでは，地下水位が管理され地表水は地表あるいは地下に排水される．これはまた，下水処理施設や運河のスケールレベルでもある．DESARの閉鎖循環システムでは，肥料とコンポストを都市から農村地域に送り，そこでは季節に応じた野菜が栽培される（Mollison, 1990）．長期間，家畜糞尿，微量成分，微量栄養塩類などが不足すると，作物はそれらの成分の欠乏症を呈し，例えばジャガイモに疾病が発生したり，農薬への抵抗力が弱くなったりする．

　1kmのスケールは，オランダの小都市のスケールレベルである．不法占拠の住民も含め，全ての住民が飲用水にアクセスする権利を有している．かつては水道事業体と電力会社は別個であり，地方自治体が都市インフラを整備していた．現在では，一つの民間企業が水と電力を供給したり，排水量を測定して料金を徴収するといった流れにある．

　不合理なのは，家庭廃棄物やその浄化業務に対して，毎年一定額の金が支出されていることである．汚染のない分別された廃棄物は売れるということになれば，やり方はもっと持続的になる．それにより，分別された廃棄物の大部分を，原料として循環プロセスに戻すことができる．私には，10年前に姿を消した残飯収集業者が，ジャガイモの皮を集めるためのバスケットを片手に町に戻ってくるというのは良い考えだと思われる．

　100mのスケールは，街路や大きな建物のスケールである．ここでの都市インフラの整備は，地域の議会で決定される．最適な，つまり小規模な水管理の概念を導入するには，自治体の議員たちがそれに関する知識をもっている必要がある．このスケールでは，洗浄用や皿洗い用にBクラスの水を使うことも考えられる．雨水排除のためには，通常，道路排水溝や地中排水管が設けられる．

　10mのスケールは，家屋のスケールである．自給自足型家屋は増加しているが，コストがかかるという問題がある．現在，正面玄関の2m以内に電気・水道・ガスのメーターを設置することになっているが，これらのメーターがなくて済めば，市街地計画をもっと柔軟にすることができる．家屋スケールのレベルに

おける発電（12V）は，コストはかかるが実現性がある．この電圧は，車やプレジャーボートに使われている．水のリサイクルは，より大きなスケールレベルですでに実現している．サニテーションシステムはDESARとする．

1mのスケールレベルでは，どちらかというと持続的なタイプのDESARが必要であり，その実現が待たれている．各大陸のそれぞれの国が独自の問題を抱えており，それぞれに固有の解決策がある．それはどのようなものであろうか？ドライトイレや真空式トイレ，嫌気性や好気性の腐敗槽を伴うトイレ，ミネラルウールによる浄化，沼生植物を用いたろ床，緑藻による熱帯型酸化池など様々なものが考えられる．単純だが持続性のあるDESARシステムを，実施に先立って念頭に置くべきである．多くの課題があり，経済や政治が気紛れな面はあるものの意思決定を左右する．

0.1mのスケールレベルである糞便はDESARの対象である．閉鎖系循環において生物処理を行うための，建築的解決策をみつけるうえでの前提条件が欠けているという状況にある．我々は都市計画者として，生物学的に持続的な解決策を求めている．グルメの大家は何を食べ何を飲むべきかは語るが，そこで話は終り，その4時間後に起ることについて語ることはない．

0.01m以下のスケールレベルは，完全に生物学者や微生物学者達の世界である．

31.1.2　環境システムの中にある都市

多くの人々が環境の悪化を懸念している．世界の大多数の住民は生活していくだけで精一杯である．その人達は知識に乏しく，先進国に住む人々のように持続可能性について考える機会もない．エコロジカルな環境や重荷を我々が知っている測定単位で表現しようとする際，"木を見ずに森を見る"ためには，それほど遠くをみる必要はないのだ．この想像上の森は森ではなく，全世界を網羅する異なった意見や見解からなるジャングルなのである．知識や関心の不足，あるいは経済的・政治的理由に起因するものなのである．

環境を全体としてみるためには，環境システムをある一定程度離れたところから分析できなければならない．生態学者のTomásec（1979）は，環境を3つの要素に分類している（図31.2）．

それは，建物，道路，製品などの人工物全てを含む**技術的要素**；微生物，植物，動物など全ての生き物を含む**生物的要素**；水と海，大地，大気，熱，光など生物

以外の要素を含む**非生物的要素**である．

　我々が今日直面している環境問題の根源は，ヒトによって引き起こされる資源の消耗，地球の汚染，土壌の侵食である．必要なことは様々な物質の流れと循環を理解することである．

　生態学者 H. T. Odum は**図 31.3**に示されているように，都市とそれを取巻く

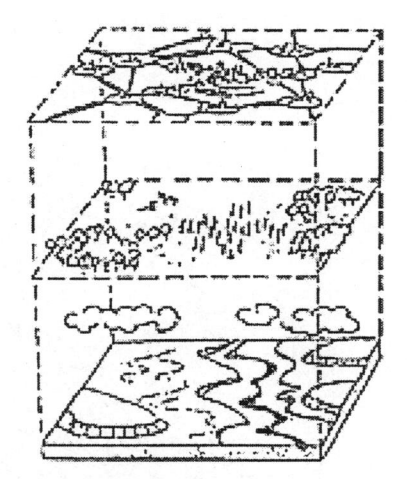

図 31.2　Tomásec による 3 要素からなるエコシステム

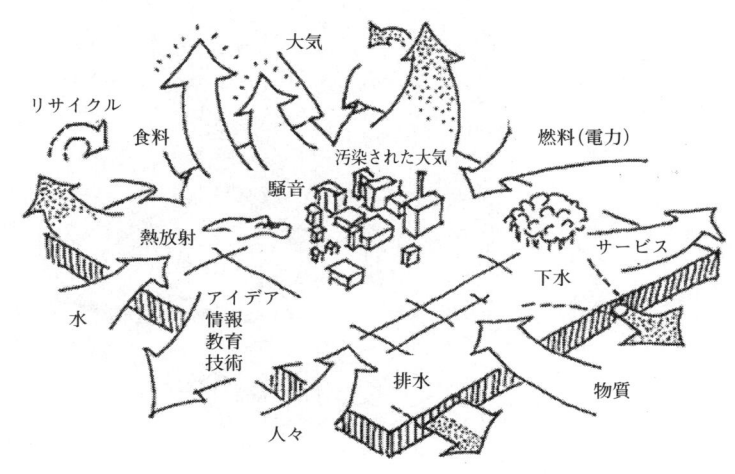

図 31.3　都市と環境

環境の関係を明らかにしている．この図は都市による自然環境への一方的な影響は，ただちに広範囲な環境問題につながるということを明確に示している．

閉鎖循環系による解決策を求める前に，技術者や建築家は両方の図を組合せることができる．Tomásecの非生物的要素を ①非生物的要素としての地球と，②無限の殻，大気，光，熱，液体，音，放射線などの物理的要素に分けると，イメージがより明確になる．

私の分析では，環境システムは4つの要素からなり，もう少し複雑になる（図

図 31.4 (a) 我々の環境（Kristinsson 1994 年）

図 31.4 　(b) 要素間の物質の流れ

31.4（a）)．要素間の相互作用は物質の流れで表わすことができるが，明らかに閉鎖循環系が必要であることを示している（図 31.4（b））．

31.2　閉鎖循環系の持続可能性

　消耗，汚染，侵食が発生する所では，環境システムの脆弱さが明らかになる．閉鎖循環系だけが，唯一の持続可能な方法である（Kristinsson, 1997）．ヒトが十分な酸素を呼吸できる大気の厚さは，地球を取り巻く 7.5km であり，これはサッカーボールの周りの薄いプラスチックの膜に例えることができる．地球の住民はこのような脆弱な環境に住んでいるのである．

31.2.1 大スケールでの水循環

オランダの降水量は年間 0.6〜0.85m であるが，これについて我々はほとんど何もできない．しかし蒸発に対しては，例えば，路面舗装をする代わりに樹木を植えることによって影響を与えることができる．オランダのある水域管理局（Jaarverslag Waterschap Salland）は，豪雨による瞬間的な増水を 36 時間以内に河川から北海に排出できることを誇っている．表流水の流れは地区毎に捕捉できるが，都市域で地下水の動きを記録するのは難しい．

最後に我々は，農地においては農薬やホルモン，肥料により汚染された地下水，都市のレベルでは糞便，風呂や台所からの排出物，および様々な化学物質などを輸送する手段としての洗浄水の汚染といった側面に到達する．現在，小規模な団地の街路レベルで，厨芥や草木，ドライな糞便を手頃なコストでコンポスト化するという大変有望な実験が行われている（Brabant 'RAZOB' 廃棄物処理プラントおよび De Twelf Ambachten, 2000 年 8 月； www.waterbesparen.nl 参照）．

31.2.2 小スケールでの水循環

我々は DESAR におけるヒトの廃棄物の大規模循環上の課題に到達したが，小規模な循環にこそ最大の注意を払う必要がある．

住居地域スケールでの都市デザインを考える場合，表流水の処理に関する意見は大きく分かれているように思われる．半世紀前の都市計画では，面積にして 5〜6％の土地は水面になっており，100〜150mm といった豪雨を保水させていた．技術的志向は，都市内の表流水を全て即座に大規模下水道システムと地下貯留施設内に貯留させた．原理的にこれは，雨水と居住地からの下水が混合するシステムである．極端な豪雨時には越流口から公衆衛生上の配慮もなく公共用水域に溢流される．都市内の地表水面積を広げて保水量を増やしたとしても，必ずしもうまくいくわけではなく，経済的に見合わないことが多い．インフラ整備への投資額は増大し，維持管理の負担も増す．最適な小規模施設を追求していくのとは違い，大規模施設を新規に建設することは政治的優先課題なのである．

31.2.3 サニテーションシステムの解決策

将来のサニテーションシステムはどのようなものなのだろうか，また現在はどのようなシステムが導入されているのであろうか？ スリナム共和国のスリナム

川沿いにあるパラマリボ市のSaramacca（サラマッカ）通り沿いの排水溝は，最近になって悪臭がひどいため埋め戻された．熱帯型安定池による生物浄化はうまくいかず，プロジェクトは失敗に終った．過去と現在における大きな違いの一つは，以前の廃棄物は腐敗したのに，今日使用されているプラスチックその他のパッケージ材は腐敗しないという点である．これは環境の変化が悪い方を向いた例である．熱帯諸国における沼生植物ろ床による排水処理システムはマラリア蚊の発生源になることもあり，大いに疑問である．我々は現在大きな問題に直面しているが，その最大のものは一般社会がゴミ，糞便，糞尿，あるいは廃棄物についての議論を十分しようとしないことである．

温帯気候帯で，夏も冬も機能する熱帯型安定池のようなものはつくれないだろうか？　日照時間の短い冬季には日照と熱が不足する．大学や研究機関は，都市のインフラ整備を大きく飛躍させるものとして，分散型サニテーションシステムの研究を進めている．

他のシステムとしては，糞便をコンパクトにする真空式トイレがある．このシステムでは，加熱，紫外線照射，またはコンポスト化によって，様々な病原体を無害化できる．スカンジナビアの多くの夏季コテージでは，Husquarna社製のトイレを用いて糞便を乾燥させている．

我々の地域では，グレイウォーターは宅地内の沼生植物ろ床で処理されることもある．別な小規模のサニテーションプロジェクトの試験では沼生植物ろ床に，温室から廃棄されたロックウールがコンパクトで軽量なろ材として使用されている．オランダでは，年間15 000トンの使用済みロックウールがこの目的に利用できる．処理法は国によって異なるだろう．寒冷で岩の多い地域（フィンランド，カナダ，グリーンランドなど）では，特にそれに適応したDESARが必要である．グリーンランドでは厳しい気候条件のため，公共住宅の建設が予定より12年も遅れていたので，公共住宅と都市計画に関するコンペが1999年に開催された．気象条件は，DESARの実現可能性に大きな影響を与える．

休暇をとってキャンプやクルージングに出かける場合は，飲用水が少ない生活でもまったく問題はない．何とかしようと様々な工夫をこらす．大型クルーザーは一つの小集落に例えることができる．船上ではわずかな水で済む真空式トイレが普通に使われている．港にいるときは収集タンクに貯留しておいて，海に出たときに廃棄する．

31.2.4 水と食物の循環の統合

　最も興味深いDESARは，ロシアの宇宙ステーションに使用されているシステムである．宇宙飛行士はそこで1年間の生活する．彼らは，自分たちの糞便を緑藻を使って蛋白質に変え，それを食糧にする．私の考えでは，魚類を飼育する餌として緑藻を使うのは，再利用に向けた無理のない出発点である．我々は技術者として以下のようなことを考える．地上の住宅地で廃棄物の閉鎖循環系を構築するために，宇宙時代のハイテクシステムを応用できないだろうか？　さらに，家庭で緑藻による糞便処理が行われないのはなぜだろうか？　糞便から直接食糧を生産することができないなら，次善の策は糞便をコンポスト化して肥料として農業に使用することである．

31.3　DESARに対する市民の受容性

　市民の受容性はサニテーションでは重要である．オランダの都市域にあるような現在の堅牢な技術を前にして何ができるだろうか？　水洗トイレが中心になっている世界で何を選択できるのだろうか？　小口径の下水道システムで，ブラックな廃棄物（ヒトの糞便）を社会的に受け入れられる方法で下水処理場に輸送するには，最低限，1人1日当り20LのBクラスの水が必要である．

　中国の都市には極めて分散的なサニテーションが存在する．古い町には下水道も水洗トイレもない．毎朝路上から糞便が収集され，何世紀にもわたって食料生産の農業用肥料として使用されてきた．きれいに塗られた便壺を空にする時の臭いはひどいものである．大変な仕事に違いない！

　アテネのような大都市でも，下水道システムの問題を抱えている．ギリシャでは，下水管の口径が小さいため，トイレットペーパーを下水に流すことが禁止されている．トイレの傍にバスケットが置いてあり，使用済みトイレットペーパーを入れるようになっている．

　フィンランドでは別な理由から，トイレットペーパーの代りに小さなシャワーを使用している．アジアの大部分の地域では，お尻を洗浄するために水を使用している．豊かな西欧人がトイレットペーパーという「汚い方法」を用いているというのは彼らにとって驚きである．

31.4 市街地におけるDESARの実施

31.4.1 郊外住宅地における閉鎖型水循環系

図 31.5 に，郊外住宅地で可能な DESAR の考え方を示した．全ての栄養塩類を含んだブラックウォーターは，熱帯型安定池のコンパクト版としての小型で温かい緑藻タンクで処理される．タンクには直射日光が当たる．1世帯当り1～2m^{3}のタンクにフレネルレンズにより約 3 000 lx （1m/m^2）の光が供給される．緑藻蛋白は魚の養殖業者に提供または販売される．ドライトイレ，あるいはコンポスト用好気性腐敗槽がこのシステムの代替技術として使用できる．

サニテーションシステムを変更する際に住民にとって重要なことは，現在の生活状況の変化が可能な限り小さいことである．従来型の水洗トイレには，藻類タンクの処理水を使用する．最終的便益は，貴重になりつつある硫酸塩を処理槽か

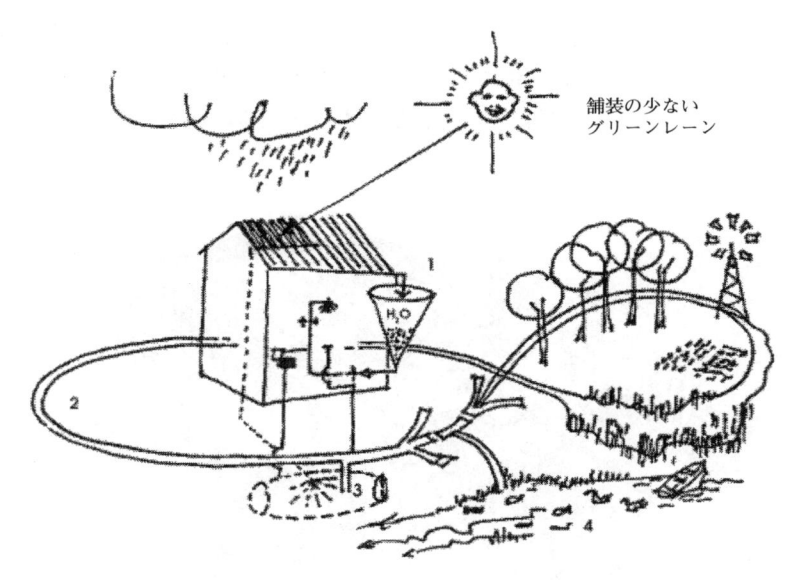

図 31.5 考えられるサニテーション構想での物質流れの概略図
1. 雨水砂ろ過：Bクラス雑用水利用　2. グレイ：生活雑排水（台所/洗濯排水）：生活環境内での緩やかな循環，沼生植物ろ床やヨシ・イグサによる浄化　3. ブラック：し尿排水：グラスファイバーを用いた光照射による緑藻タンクでの蛋白の処理　4. 河川や湖への放流

ら回収することで得られる．

グレイウォーターは湿地で処理される．長期的には，これが最大の問題である．なぜなら毎年ヨシやイグサを焼却したり刈り取ったりしなければならない．これらは再利用できないので，廃棄しなければならない．

31.4.2 新規の住宅地のエコロジカルな水管理

オランダ Wageningen 近くの Kernhem Ede の新規の住宅地では，財政や環境の面からは様々な水管理形態が考えられた．しかし様々な政治的理由から最大規模の施設が選択された．

本節では，この場所で満足のいく居住地をつくるために必要とされた，建築面のコンセプトについて説明する．行政当局は，公共住宅と民間住宅の両方についてのアイディアを依頼してきた．我々はまず最初に，新規居住者向けの住宅地区の設計を行った．高齢者向けの住宅は，商店のような施設に近くなるように配慮した．

地表水は地区割り上重要な建築要素であり，我々の計画においても特別な配慮を行った．ここでは，第二次世界大戦前に行われた現在北東ポルダーとして知られている Zuider Zee の干拓によって，地下水位が急激に低下した．オランダで

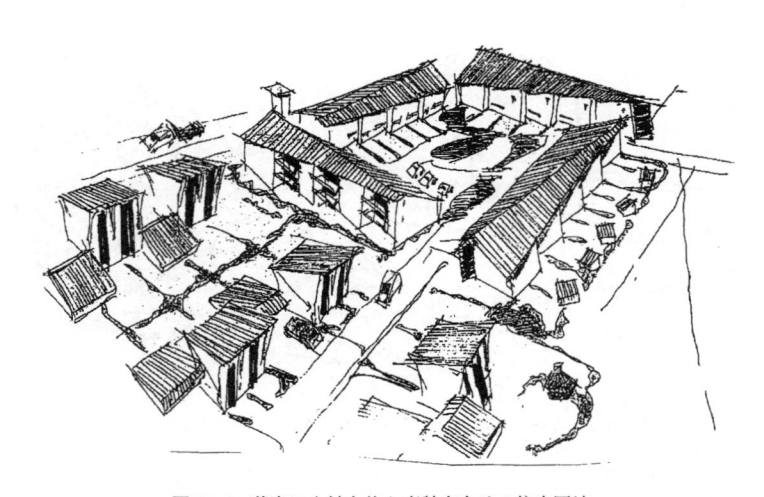

図 31.6 若者にも魅力的な高齢者向けの住宅団地

はほぼ例外なく，地下水位は地下約 10m にある．

Kernhem では，住宅地であるにもかかわらず，表流水をせき上げることで地下水位を上昇させることとした．その様子が図 31.7 に示されている．様々な高さに庭が配置され，通りでは低い地区に向けて水が流れている．

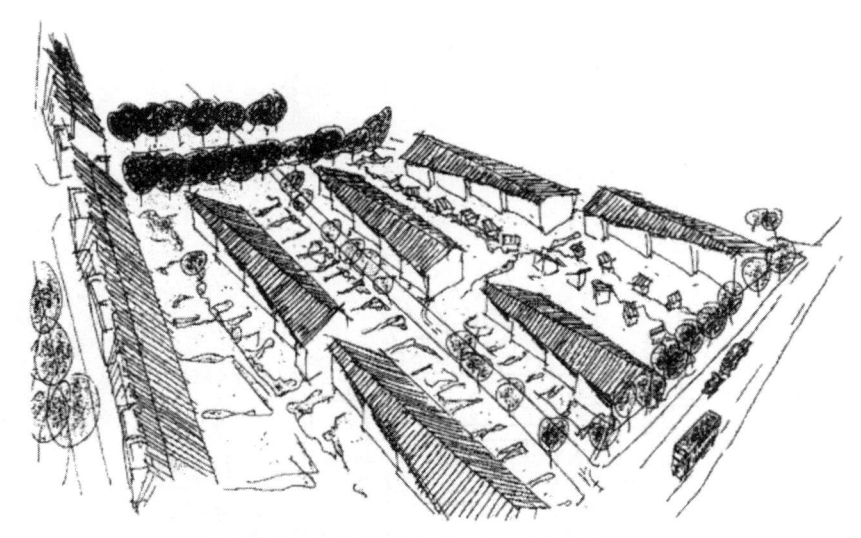

図 31.7 表流水をせき上げて地下水位を上昇させる

オランダでは，地下水を飲用水として使用することが多い．地下水は乏しくなってきているのに，水洗や洗濯にも使用されている．このために蒸発量は増加し，農薬や過剰に施された肥料を含む地表水の浸透によって地下水は汚染される．このようにして，何世紀にもわたって使われてきた飲用水源は損なわれてしまった．オランダ人は，1 日平均 143L の飲用水を主として洗濯・水洗に使用している．これが地下水位に悪い影響を与えている（図 31.8）．現在の人々の生活水準を維持しながらも，より優れた水の管理ができる方法を見つける努力が行われつつある（図 31.9）．

飲用水の無駄な利用を大幅に削減することが緊要である．この目標を達成するには，飲用水と非飲用水を区別することが重要である．オランダにおける最初の試みとして，Kernhem ではエコロジカルな水管理概念を基礎に置いている．Kernhem では 2 種類の水質が提案された．この考え方は 1 戸 1 戸の住宅建築だ

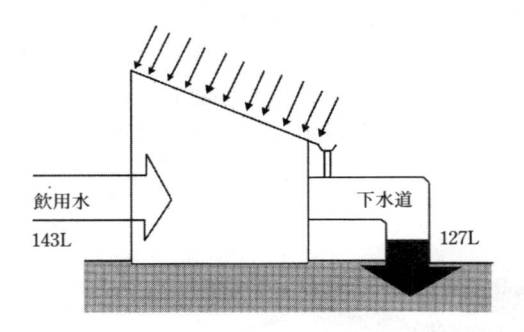

図 31.8 従来型の水管理概念：1日1人当り平均水使用量（1977年）

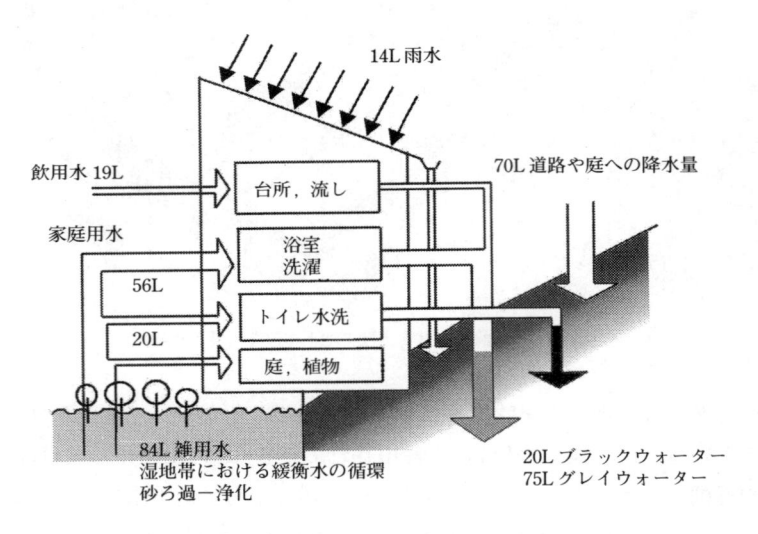

飲用水 143L
下水道 127L

図 31.9 オランダ Kernhem Ede の水管理概念

14L 雨水
飲用水 19L
70L 道路や庭への降水量
家庭用水
56L
20L
台所，流し
浴室，洗濯
トイレ水洗
庭，植物
84L 雑用水
湿地帯における緩衝水の循環
砂ろ過—浄化
20L ブラックウォーター
75L グレイウォーター

けに適用されたわけではなく，住宅を取り巻く地区にも持続可能な水システムをという考え方に基づいて計画された．道路は仕切り壁から離して設置され，雨水はゆっくり流下しながら地下へと浸透していく．この方法は他の場所でも採用された．この水システムの改善を行う場合は，駐車場の近くにグリーストラップ用の桝をつくっておく必要がある．

　都市デザインでは，建築される住居のタイプは自然の地形によって決める．最も低い場所に位置する家屋は柱上に建築される．またこの地域には堤防住居（堤

31.4 市街地における DESAR の実施　607

脚の排水溝に沿って建てられた住居）がみられる．床下のスペースや排水路のない住居もあるが，高い地形の住宅には床下にスペースがあり，雨水バッグを置き貯留スペースとすることができる．

　温排水をこの部分に蓄えて家屋の暖房に使用するという新しいアイディアも考えられる．これは飲用水だけの話ではなく，エネルギーをエクセルギーに変換して，例えば発電所の冷却水を家屋の暖房に使用するといったことも考えられる．これはここでの水管理概念に合致するが，まったく異なる水循環になる．

(1) 住宅地の水循環

　住宅では飲用水と家事用水の間に明確な違いがある．飲用水は台所の蛇口と冷水の蛇口から供給される．洗濯と水洗は家事用水で行う．飲料，歯磨き，野菜洗いなどの飲用水は冷水であるため，混合式蛇口は必要としない．家事用水は，屋根の雨水や，通路，庭からの流出水などで，新しい家の中で再利用される．

　このプロジェクトでは水管理の2つの側面を混同させないために，小スケールのサニテーションシステムには注目せず，飲用水の節減を中心に据えている．けれども，居住地におけるイヌやネコの糞便が家事用水の水質に及ぼす影響については注意を払う．その理由は，これらの動物の食物連鎖がヒトの食物連鎖と大変に似ているからである．

(2) 周辺への適応

　Kernhem の新規の住宅地における周辺空間の設計は自然条件を基にしている．地下水位の変動は樹種や樹木以外の植物と関係している．比較的標高が高い地区（海抜 14～15m）には乾燥したブナがみられる．地下水位が地表から 2～4m の間で変動しているところの自然植生はマツとナラが中心である．地下水位が 0.5～1m となっている住宅地の中央部分（海抜 11～12m）にはブナとニレがみられる．

　西部地区の丘陵の麓と湿地周辺では，湿潤な春季には地下水位が地表と同じ高さになる．地表標高は海抜 10～11m である．ここは，ヤナギ，ハンノキ，ポプラに適している．自然の植生の遷移によって，Koernhem の小道では多様な樹木を楽しむことができる．

　本質的に 3 種類の建物が建築上好ましい．
・中央地区では，前と裏に庭のある東西ブロックの住宅．
・地方道（N224）に平行な道路に南面する住宅．

・新しい住宅のタイプ．主要道路（A30）と Kernhem の西端に広がる湿地帯の間の「防音壁住宅」．これらの住宅では交通騒音を遮断する必要がある．

31.4.3　水浄化システム

湿地帯における家庭排水浄化については，河岸近くの住宅や柱上住宅ではヨシとイグサによる浄化を提案した．小さな水車で水を循環させる．オランダ Drachten の Morrapark 住宅地では 1992 年にこのシステムが導入されているが，非常に良好な水質が実現されている（de Jong et al., 1994）．通路や屋根の雨水が集められ，ゆっくりと流出している．

浄化能力を維持するためには，池の水深が十分にあることが重要である．このシステムによって，砂層による雨水浸透システムを省くことができ，家庭排水管理システムをかなり単純化することができる．またこのシステムの導入によって，持続的な水循環を目指す我々の研究は目に見えて進むだろう．しかし，このようなシステムを社会が受入れるどうかは別問題である．

31.4.4　閉鎖循環系を実現した自給自足型家屋の設計

1996 年に，私は自給自足型家屋の南北断面を設計してみた（図 31.10）．これは小規模な自給自足のシステムである．DESAR はこの家屋の設計コンセプトの一部にすぎない．メーター盤のない家屋の利点は明らかであるが，問題はその統合的な設計である．

この設計コンセプトは，明確に 4 つに機能区分できる．

①水
②エネルギー
③輸送
④廃棄物と食物

図 31.10 にあるように，雨水は雨樋の高さで集められ，床下の雨水貯蔵用バッグに保存される．中空のコンクリート基礎杭は水で満たされ，土壌層と熱交換を行う．ブラックウォーターはベランダの床下にある緑藻による屋内熱帯型酸化池に排出される．グレイウォーターは庭先の湿地に排出される．試験プロジェクトで，この先端的なエネルギー供給システムは十分に機能することが証明された．

31.5 分散型サニテーションシステムの住環境への統合

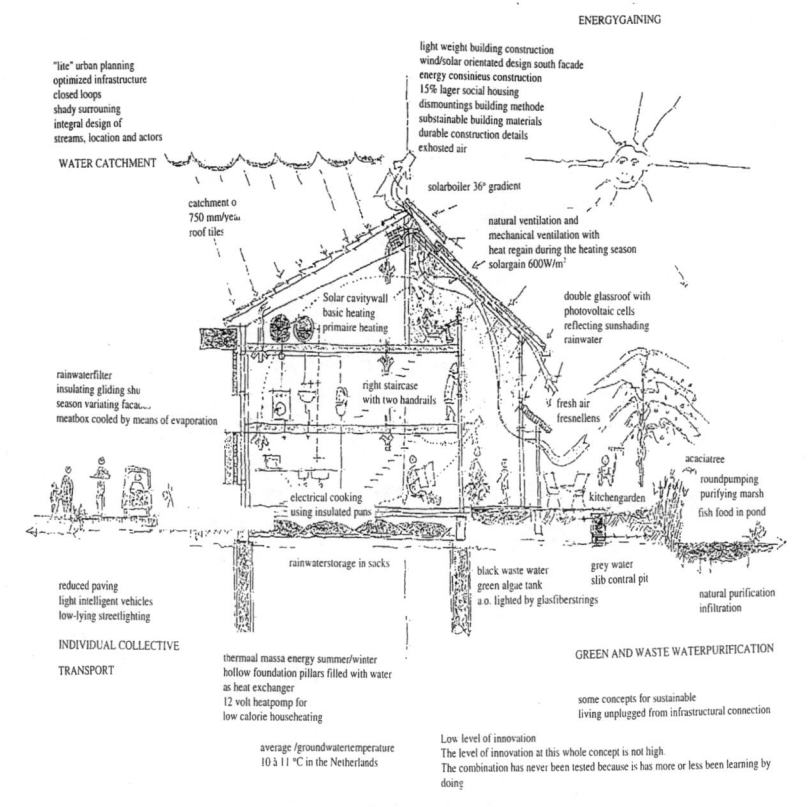

図 31.10 自給自足型家屋の始まり

31.5 分散型サニテーションシステムの住環境への統合

今日，排水はある場所に集めて浄化されている（van der Graaf, 1995）．けれども，この形式のサニテーションにはいくつかの欠点がある．一つは，排水を長距離輸送しなければならず，大量の水と大規模な下水管システムを必要とする．

長距離輸送の間に，廃棄物が詰まることを避けるため，排水の大部分は水となっている．混合排水式下水道システムでは，汚染の程度が異なる水を同じ排水管に流すことになる．最後に，このシステムは栄養塩類の損失をもたらす．つまり，排水中の栄養塩類が再利用されないため，土壌の劣化をもたらす．このケースで

は，本来循環すべきものが片道通行になっている．Otterpohl ら（1998）が作成した図 31.11 には，栄養塩類の損失がない排水循環が示されている．

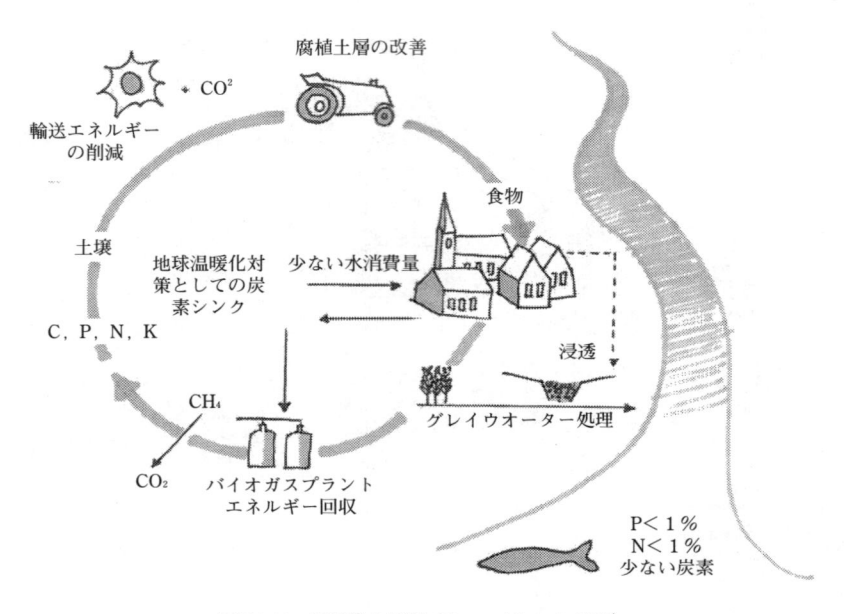

図 31.11 閉鎖排水循環（Otterpohl *et al.*, 1998）

集中型サニテーションシステムには上記のような欠点があり，新しいサニテーション方式が必要である．水循環について配慮したシステムを開発しなければならない．現在，いくつものそのようなシステムが開発されつつあるところであり，あるものは実用化されつつある．ドイツの Lübeck では約 300 人が居住する Flintenbreite 住宅地に分散型システムが適用されている．そこではバイオガスプラントが導入され，各戸は真空式トイレに接続されている．プラントではバイオガスが製造され，スラリー（懸濁汚泥）は土壌肥料として再利用される．この地域は公共下水道には接続されない．グレイウォーターは湿地に排出される．ドイツの Freiburg でも住宅団地に同様なシステムが導入されている．このプロジェクトでは，40 人が居住している 1 棟の建物にバイオガスシステムが適用された．分離されたグレイウォーターは砂ろ過槽に送られている．排水は直接再利用できる．図 31.12 は，ある建物における閉鎖排水循環を表わしている．

31.5 分散型サニテーションシステムの住環境への統合

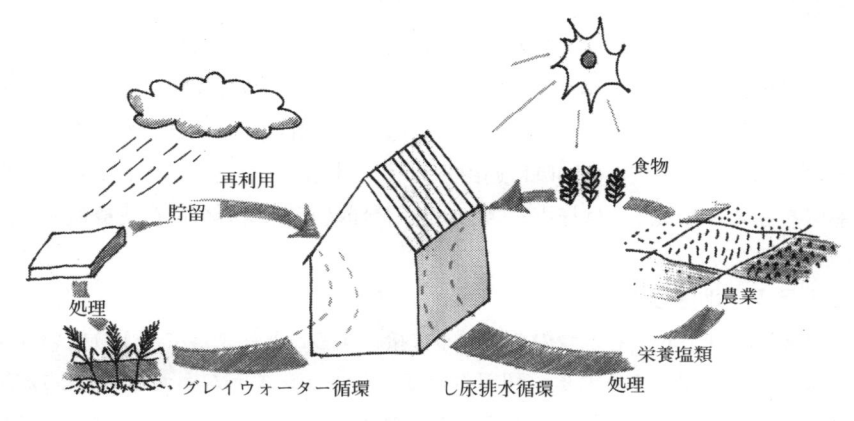

図 31.12 建物の閉鎖排水循環系

集中型サニテーションシステムから分散型に変更することは，浄化プロセスに違いがあるだけではない．それは多くのサニテーションシステムをより住宅地に近付ける，あるいは住宅地内に設けるということである．閉鎖循環系を重視するシステムは，浄化の方法が違うだけでなくデザインにも違いがある．それらは住宅地に設けられるため，デザインもそれに応じた変更を行う必要をもたらす．住宅地の近くにサニテーションを設けるには，設計と実施に関するより厳しい規則が必要になる．サニテーションのほかに臭気や外観も配慮しなければならない．サニテーションシステムが変わるだけでなく，集中型システムに合わせていた建物や住宅地が変わるかもしれない．現在は，処理システムを導入するために専用の部屋を確保しているようなビルはなく，既存の下水道インフラに合わせた設計がされている．

分散型サニテーションシステムは様々な排水規模での適用が可能である．これらのシステムの統合と適用は，住宅地の様々なレベルの抽象概念に影響する．それには2つのレベルがあり，その一つはさらに2つのサブレベルに分けられる．

・地区レベル．
・建物レベル（建物の一部と建物要素）．

地区レベルは，分散型システムの適用対象として最大のものである．あるシステムが適用されると，適用のスケールレベルに応じて，多かれ少なかれ他のレベルの抽象概念に影響を与える．例えば，大規模排水システムが地区レベルに組み

込まれると，地区計画などの要素に大きな影響を与える．

地区内全ての排水を扱う分散型システムは，建物およびそれ以下のレベルの設計よりは地区の設計・計画に影響を及ぼす．反対に，1つの建物に住むような少数の人々を対象としたシステムは，地区レベルの設計にそれほど影響しない．

異なる規模のシステムを同時に適用すると，周辺地区や建物にそれぞれに応じた影響を与える．次節では様々なスケールの分散型システムの特徴を概観する．

31.5.1 地区レベル

より多数のユーザーを1つのシステムに接続することによって，より低いコストでより高い効率がえられる．利用者が多くなるとシステムも大きくなるので，システムの地区内占有面積も大きくなる．設計する際には，この点に注意しておかなければならない．コミュニティーセンターのように，他の地区機能と結びつけてこのシステムを導入する方法も考えられる．排水は地区中心に集められるため，それほど複雑なものではないとしても下水管システムが必要となる．流量ははるかに少ないため，比較的容易に建設できる．小さな下水管でよい．地下深く設置する必要もない．

31.5.2 建物レベル

サニテーションシステムを建物の内部に適用する場合は，2つの異なった方法がある．1つは，システム用に専用の部屋を設ける方法である．場所の選択は，出入りの容易さ，搬入・搬出，安全性，利用可能な面積による．その部屋を，セントラルヒーティングのような他の設備と共有することも可能である．

もう1つは，基礎，屋根，壁など建物に既に存在する他の機能を果たしている要素の一部にシステムを組込むことである．この統合的な方法は，建物要素の設計に影響する．最初は，周囲の環境特性から切り離してシステムを設置する方が

表 31.1 建物レベルでサニテーションシステムを適用する場合の利点と欠点

欠点	利点
スペースの占有	下水道が不要
設計の制約	内部環境の利用
肥料などの除去	利用者の管理と責任

31.5 分散型サニテーションシステムの住環境への統合　613

簡単だろう．このシステムを既存の機能がもつ特性を利用するように，組合せて導入することは興味深い．特性としては，光，温度，向きなどがあげられる．断面，透明性，向き，堅牢性などの建物の物理的特質も利用される．このような物理的な面のほかに，建物使用者の生活パターンも考慮される．1日の一定時間に光と熱が建物内で発生する．このエネルギーをシステムに利用することができる．組合せが有効であるためには，建物要素とこのシステムの寿命がほぼ同じでなければならない．そのため，設計は技術的に複雑になる．

表 31.2　要素に組み込むことの利点と欠点

欠点	利点
複雑な設計	統合設計によるスペース節約
	配管が不要

31.5.3　分散型サニテーションシステムの種類

　適用するスケールレベルとは別に，システムの機能で種類を分けることができる．多くのサニテーションの原理は，要するに排水を浄化するものである．それを建物に適用する場合，システムを統合する方法で区別することができる．それには2つの方法がある．

　・自律システム．
　・統合システム．

　自律システムは，それが設置される周囲の特質を利用しない．工場においてセットアップされたシステムは，任意の場所に設置して使用することができる（Luisuin, 1999）．一方，統合システムは，周囲の環境に統合される．機能させるために，温度，光などの周囲の環境特性を利用する．建物に適用される場合は，透明性や断熱性などの物理的条件も重要な役割を果たす．統合システムの重要な側面を図 **31.13** に示す．

　分散型サニテーションシステムの導入に関して問題となる全ての側面について詳しく検討することを目的として，建物に統合する場合の問題についての研究が行われている（Luising, 2000）．住宅地に統合可能な2つのシステムが設計された．全体像が描がけるように，お互いの特徴が可能な限り異なる2つのシステムが選ばれた．一方のシステムは大規模な自律型 DESAR システムで，排水は嫌気

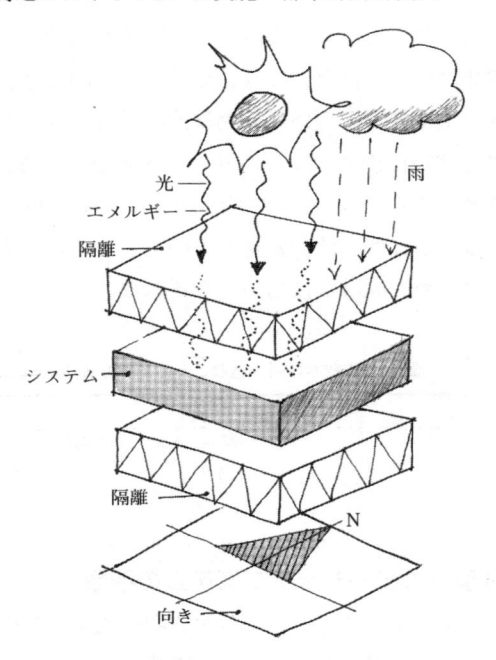

図 31.13 統合された排水処理

的に処理される．なお，グレイウォーターは分離して処理されている（DESAH, 1999）．他方のシステムには，小規模な統合システムである藻類浄化システムが選ばれた．藻類はこれまで小規模な排水処理に用いられたことはないが，分散型サニテーションシステムの統合に関して設計上参考になる面がある（NOVEM, 1993）．

藻類の成長は温度と光の強度に依存する（Bedker, 1994）．このようなシステムを周囲の環境に統合すると，むしろ周囲の環境の方に大きな影響を及ぼす．つまり窓の向き，室内の湿度そして大きなスケールでは住宅地の計画にも影響する．このような比較によって得られる情報が，自然環境に配慮した分散型サニテーションシステムを人間の生活の中に導入していくうえで役立つことを願うものである．

31.6 参考文献

Becker, E.W. (1994) *Microalgae, Biotechnology and Microbiology,* Cambridge University Press, Cambridge.

DESAH (1999) Decentrale Sanitatie en Hergebruik op Gebouwniveau, Rapport KIEM EET project 98115, University of Wageningen, the Netherlands. (In Dutch.)

Duijvestein, K (1993) Ecologisch Bouwen. SOM, Dept of Architecture, University of Delft, the Netherlands. (In Dutch.) .

Van der Graaf, J.H.J.M. (1995) Behandeling van afvalwater, Dept. of Civil Engineering, University of Delft, the Netherlands. (In Dutch.) .

De Jong, T., Kristinsson, J. and Tjallingi, S.P. (1994) Aanzet Stadsrandvisie Drachten. KC-326.112.000, Rotterdam, the Netherlands. (In Dutch.) .

Kristinsson, J. (1994) Lecture, De Nieuwe Noodzakelijkheid. Dept of Architecture, University of Delft, the Netherlands. (In Dutch.)

Kristinsson, Architect and Engineering Office (1981, 1986, 1991, 1996) 3th, 4th, 5th and 6th editions, Deventer, the Netherlands.

Kristinsson, J. (1997) Inleiding integraal ontwerpen. Dept of Architecture, University of Delft, the Netherlands. (In Dutch.)

Luising, A.A.E. (1999) Studies on decentralised sanitation systems, Report, Department of Architecture, Delft University of Technology, the Netherlands .

Luising, A.A.E. (2000) Integratie van decentrale sanitatiesystemen in gebouwen. Rapport final thesis, Dept. of Architecture, University of Delft, the Netherlands. (In Dutch.)

Mollison, B. (1990) *Permaculture,* Island Press, Washington DC.

NOVEM (1993) Algen in de Nederlandse. Energiehuishouding. Novemrapport ROPD9283/d2. (In Dutch.)

Otterpohl, R. , Albold, A, Oldenburg, M. (1998) Internet Conference on Integrated Biosystems. http://www.ias.unu.edu/proceedings/icibs/oldenburg/index.htm

Tjallingi, S.P. (1996) De strategie van de twee netwerken, Den Haag, the Netherlands. (In Dutch.)

Tomásec, W. (1979) Die Stadt als Ökosystem: Überlegungen zum Vorentwürf Landschaftsplan Köln. *Landschaft & Stadt* **11**(2).

32章 DESARの開発と実施における建築的・都市計画的側面

J. Schiere and J. Løgstrup

© IWA Publishing. Decentralised Sanitation and Reuse：Concepts, Systems and Implementation.
Edited by P. Lens, G. Zeeman and G. Lettinga. ISBN：1 900222 47 7

32.1 はじめに

本章の目的は，DESARの技術的な側面から，建築および都市計画におけるDESAR技術の設計，実施，利用の側面に焦点を移すと共に，事例研究を検討することによって現実生活でどのように機能するかを検討することである．

本書の読者の多くは，衛生実務と政策の専門家である．このような読者が，しばしば汚染に見舞われる遠く離れた人々の問題としてだけでなく，読者自身の家庭や生活に係わる問題としてDESARに取組むことが重要である．これはちょうど以下のVerhelstの記述（1986）と同様の関係にある：「人というものは解決されるべき問題というだけではなく探求されるべき謎であり，満たされるべき空虚というだけではなく発見されるべき豊かさに満ちてもいる」．私は次のことを強調したい：DESARの課題と解決策に対する専門家自身の日常生活における個人的な係わりが，政策立案者と政策目標の間の障害をなくすための基本的な条件である．そのような姿勢をもつことによって，DESARに関する発言や論述が「彼/彼女」とか「彼等」といった三人称ではなく，「私」とか「我々」といった1人称で展開されることになるはずである．

私はここにソクラテスとポロスの対話を取上げておきたいと思う．その対話でソクラテスは，論争相手であるポロスは個人的な立場を明確にすべきであるとして，次のように問うている：「世間一般の声を代表して語るのか，それとも自分が何者であり自身がどう考えているかを語るのか」（van Gelder, 1969）．この2つの立場は互いに矛盾するものではなく，互いを補完し合うものである（図32.1）．我々は，個人の行いが多数の傾向と反することを理由として，それを簡単に切り捨てがちである．しかし，反対の立場と思えることも，ある限られた状

況下で矛盾するだけであることが多い．ソクラテスの自由な考えを見習って，お互いが何を提供できるのかを理解すべきである（ソクラテスの課題の一つは，論争者のどちらが正しくどちらが間違っているかを決めることではなく，真の相互理解に近付く方法を見つけることである）．

図 32.1 ソクラテスの空間（資料：van Gelder, 1960）

今日の世界では衛生問題があまりにも喫緊なため，その取組みが一面的なものになっている．そこで本章の基本的テーマは，一般的に適用できる方法を検討するだけでなく，衛生に対する個人的で特異な方法の妥当性を示すこととする．

というわけで，まず私の個人的な立場を明確にしておきたい．私は，人間と自然の相互作用は必ずしも破壊的な結果をもたらすものではなく，どちらも良い方向に高めていくことができるものだと信じている．例えば，アマゾン流域の熱帯雨林は，何千年もの間，人間が注意深く畏敬の念をもって係わってきたため非常に豊かな一面を備えている（Ricardo Jordan や Claudio Tigre などのラテンアメリカの生態学者や思想家との多数の対話から）．人間の創造と破壊をめぐる個人的な経験からも，そのことを強く信じている．そのような信念が DESAR を研究する動機の一部になっている．

2 番目の基本的テーマは，実現すべき仕事に応じて，DESAR と非 DESAR の両者の間に互いに補完し合う関係をつくるという課題である．この点についても，

私はソクラテスの「誰が正しいかを問うのではなく，共に真実を求める」という伝統に倣いたい．そのような広い考えを実践するには，技術と良識を結合して人間的な空間を創造することができる建築家の力が必要である（van Kranendonk, 1980）．

本章では，初めに筆者の生活と実践を述べる（特に途上国における）．身近な社会と経験から離れた課題と選択肢に身をさらすことは，多くの専門家にとって有益であろう．次に，DESARに関する深い理解に著者を導いた基本的な視点を検討する．そして最後に，先進国と途上国の両方おける筆者らの実践を述べる．新しい有望な発展と課題が提示されることになる．

概要 32.1　本章「はじめに」の要約

- 筆者と読者はDESARの専門的な実践における客体であると同時に主体である．
- DESARを実践する者は，個と全体を識別することによってDESARをいっそう前進させることができる．
- DESARを実践する者は自分の立場と生活パターンの外部をみることでDESARをよりよく理解することができる．
- DESARは，水・排水管理の必要性と選択に関する理解が合致したところで正確に設定される．したがって，DESARは，保守的な取組み（集中・末端処理型（end-of-the-pipe））と進歩的衛生対策（分散・資源回収型）の間の従来的な確執をこえたものである．
- DESARは，人間の行動と環境との関係における摩擦を緩和するものでなければならない．
- 建築家（広い意味では都市計画家）は，DESARの内容と課題を設定するのに役立つことができる．

32.2　DESARと生活の質

本節では，DESARの世界に入るために，筆者の生活と実践の基本的内容（特に途上国における）を述べていく．

概要 32.2　「DESAR と生活の質」に関する説明の要約

- DESAR の実践者は，貧困層の生活上の限界や伝統的な衛生習慣に配慮しなければならない．これは，何かを強制する行為ではなく相互に期待に応えようとする開かれたプロセスである．
- DESAR を新しい習慣として推進するだけではいけない．新しい理解を踏まえて，これまでの一般的な習慣も配慮しなければならない．徐々に進行する変化と遷移に注目しなければならない．
- 法的・行政的措置は，市民を保護するのではなく市民に制限を課すことがある．そのため，DESAR では全体と個人の問題を区別することが不可欠である．全体的な進展が個人の理解と行動を阻害することがよくある．

サニテーションの専門家の多くは，中産階級の生活を送っている．エコロジカルな変更を行ううえで，平均的な人々より技術的進歩や社会的背景で恵まれている．十分な飲用水と集中型下水道システムが存在する地域の家族の一員として生活している．我々の多くは，飲用水がどこでどのようにして生産されているか，排水がどこへ流れどのように処理されているかということさえよく知らない．

我々は技術者として，高度な実験室やコンピューターデータベースに親しんでいる．また，我々はコンサルタントとして，まったく違った状況を調査することを求められる．我々は，人々が毎日必要な水と清浄な環境に対する人間としての権利を求めて闘っていることを知っている．そのようなコンサルタント業務は，北極の雪から熱帯の砂漠やジャングルに及ぶ．我々は，美しい丘陵の新鮮な泉が流れる平和な峡谷を歩くことが仕事のことがある，あるいは破壊され砂漠化した地域に残された水源を探さなければならないこともある．また，戦争犠牲者が殺虫剤の空き樽にわずかな水を保存している地雷原を歩かなければならないことさえある．我々は，自然災害に襲われやすい地域に係わる機会がますます増えている．仕事を終えると，水の豊富な高価なホテルに泊まることもあるが，水が不足しているために自分たちの手を夜に洗うか明日まで待つか決めなければならないような，僻地の小屋に滞在しなければならないこともある．

少なくとも現地を歩く専門家にとって，DESAR の問題は，生活の質や通常の意味での質的基準の差別化について，問いかけを行うことなしに扱うことができ

ないことは明らかである．したがって，持続可能な発展というテーマについて切迫した問いかけを行うことなしに，分散型サニテーションと再利用の問題を議論するのは難しいといえる．私はここで「持続可能性」という言葉を，社会，物質，および人間の厚生とその環境という，3つの主要な要素のバランスに対する追求として使用する．持続可能性とは，目標というよりむしろ進むべき道のことである．この道を探求することは，西欧で支配的な消費主義のパラダイムに反することであり，そのためDESAR専門家の仕事を複雑なものにする．

32.2.1 ニーズとポテンシャルに関する私的コメント

ソクラテスは，彼の論敵ポロスに自分の個人的な立場を明らかにするよう求めた．Merleau-Ponti（メルロポンチ）も同じテーマに取組み，彼が研究し再構築しようとしている社会システムの部外者ではないことを示している（Simon, 2000）．私も同じように本章の筆者として，ここに述べる内容が科学的に証明されていない点を取り繕うことにしかならないにしても，私の個人的な背景を説明しておく必要があると思う．

私はオランダの民間企業に建築家として勤めたのち，非営利団体で住宅供給と人々の環境を方向付ける課題に取組んだ．その多くは貧困，環境悪化，自然災害，戦争といった悪条件下での仕事であった．そのような状況は，一般的に「低開発」と呼ばれる傾向がある．私はこのような状況を「過度に複雑」とよぶにいたった．水と衛生は基本的なニーズであるため，私はすぐにDESARとよばれる問題に引き込まれた．私は今までに経験したことのないような課題に直面した（図32.2 (a)～(c)）．そのような特別な状況において，人間と環境の悲惨さに対して，主婦，技師，科学者が創造的な努力（必要から生まれた）を傾注して，ニーズ，手段，解答をこの順に明確にする現実的な取組みをしていることを知るようになった．まったく予想もしないような場所で，普通の人々が創造性や積極的なエネルギーを発揮していることを知った．私はそのような努力が存在することに励まされもしたが，そうした努力が場当たり的に行われていることに失望もした．私の経験からニーズと可能性が存在していることがわかったが，多くの努力が直感に頼ったものであり，農村地域の実情に合わないものでもあった．けれども，私が助力した仕事では，西欧の技術と経済的方法は適切ではないことが多く，私には地元の人々の実践を強化することができただけであった．そして相互学習の精神

図 32.2 (a) および (b) 険しい市街地斜面の修景例 (Villa Nueva Tegucigalpa, ホンジュラス)（資料：著者）

図 32.2 (c) ニカラグア Pantanal Managua の貧弱な衛生施設（資料：著者）

から，その経験を近代的都市環境に適用する方法を模索することになった．

既に述べたように，全ての衛生担当官にとって社会的に直接的な関係があるのは自分達の家族であり，その家族こそが事務所や実験室の経験を補足する論理を提供してくれる．必要に迫られた結果，私の妻は家族のために「バケツシャワー」（図 32.3）を開発し，それで水のカスケード利用と排水の再利用を行っている．入浴は浴槽に立ってそのバケツシャワーで浴びる．その後，流出水で洗濯し床を掃除して最後に植物に水を撒く．これは子供達にとって楽しいものであり，この技術革新に対して社会的要素としての妥当性を付与した．

水不足に対処するものとして，水を使わないコンポスト式トイレがすぐに考え

図 32.3 カスケード式家庭用水利用の必要から (need-driven) 生れた例としてのバケツシャワー (Santa Maria Cauqué, グアテマラ) (資料：著者)

られた．そのトイレをつくりいろいろな改良を加えることで，原型のグアテマラモデル（わずかに記録されているベトナムの「ダブルボールト（double vault)」を真似たもの（Chongrak, 1981））だけが，回虫その他の疾病ベクターを殺すといった衛生目的にあっていることがわかった．けれども，私の家庭にとって最も優先されたことは，水を用いない実用的な家族用トイレを開発することであった．たとえそれが限られたわずかなオプションの中での，一番良いものを選ぶだけであったとしても．決定の過程は実際にはもっと複雑なものであった．絶対的な水不足という点だけでなく，賃貸住宅であること，汲取り式トイレを掘らなければならないこと，この技術に対する個人的な好奇心などが，コンポスト式トイレを使うことに決める主な動機であった．ここでの問題は，複雑な状況の中で単純な技術を選択することである．結果として驚くほどの単純さと物理的な魅力が得られたが，このことは近隣の人たちにとってはこのアイディアを真似するうえでの大きな理由となった（図 32.4）．意図したわけではなかったが，衛生の問題の成功物語に深く係わることになっていた．以前は，「コンポストと尿はどのように処理すべきか？」「その結果として衛生をどうするか？」ということを第一に考えていたのだが（Cacerez, 1987 ; Schiere, 1989）．（この点について，共に興味深い経験をしている CEMAT (Dr Armand Cacerez and Lic Anamaria Xet) ならびに

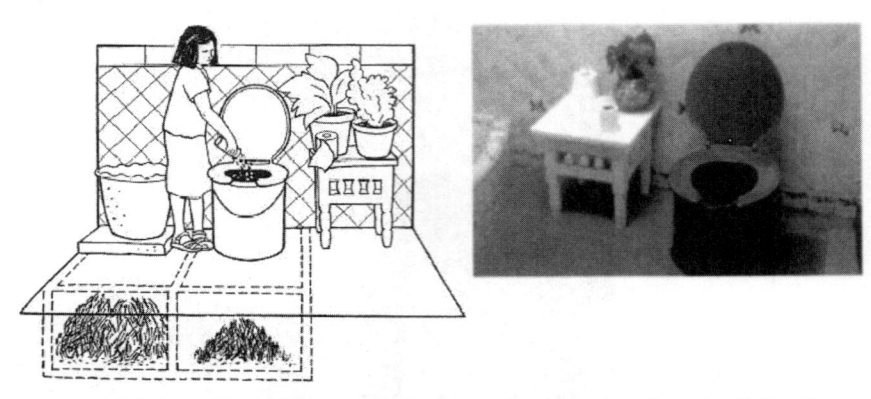

図 32.4 中流住宅の魅力的な機能的コンポスト式トイレ（Cuernavaca，メキシコ）．（資料：Esrey *et al.*, 1998）

Swiss EAWAG（Dr. Martin Strauss）が参考になる）．

結論として，どれほど有益な技術開発であっても，美観や社会的適合性といった他の価値によって補われなければならないということをいっておきたい．

32.3 美的価値観への非西欧的アプローチ

この節では，DESARの理解を深めることになった基本的な考え方について説明していく．

概要 32.3 美的価値観への非西欧的アプローチに関する要約

- 「美，健康，暮らし」という伝統的なスローガンは，DESARをより制約の少ない総合的なものにする．
- リスクと利点のバランスを取ることによって，より現実的な条件を備える．
- DESARは，西欧の支配的な技術と消費主義に対して決定的な態度を取ることを必要とし，持続可能な建設的取組みと社会的・環境的な調和を目標としなければならない．
- DESARは，今日の衛生課題と選択の相互関係の中で，伝統的な技術を補うものである．したがって，DESARは我々技術者が考える以上に困難な仕事になる．

32.3 美的価値観への非西欧的アプローチ 625

　建築家の一人として,ここで美的価値観の問題について語らなければならない.このDESARを説明するうえで,私は美的価値観を「創造的な摩擦」と定義する.摩擦は,「人に考えさせたり反応させたりすること」という視点から説明できるであろう.摩擦に反応する際に,人は諦める,頑強に推し進める,あるいは自分の立場を再考するといった選択を行う.最も創造的でないのは,諦めることである.頑強に推し進めるのは,物事を破壊することになりやすい.再考することは,成長や革新につながることがある.可能な限り,開発はこのように進めなければならない.私はここで「バランス」について語っているのであるが,この節の最後に述べるように,開発についての西欧的パラダイムは,バランスの取れたものではない.美的価値観とは外見を飾り立てることを意味しているのではなく,固有の美を発見することである.技術者の立場からは,私は固有な美というよりはすこし論理的に語りたい.西欧的な思考原理は3段階に分けることができる.DESARもその思考の一つの表現ではあるが,これはほかの現実(地雷原や軍事キャンプ,都市の荒廃,時には石器時代の習慣のような現実)にも直面させる.

　今日,ドライサニテーションすなわち非水洗のコンポスト式トイレのような方法が受入れられるようになっている.いくつかの試みがあった後(ビクトリア朝のロンドンから革命のベトナムまで),グアテマラのマヤ高地における内乱の只中でドライサニテーションが登場し,続いてメキシコなどで使用されるようになった.マヤ文化はその多くが生き残って,西欧の思考に影響を与えている(**図32.5**および**図32.6**).マヤ文化の範疇でなされた内乱中の多様な開発は,

図32.5　伝統的な非西欧的価値観が今でもマヤ人を鼓舞している(Patzun,グアテマラ)(資料:著者)

DESAR の非西欧的な要素を示すものである．

以下，マヤ人の観点からみた美的価値観とバランスの概念を説明していくことにしよう．

美的価値観：マヤ人は，人類はトウモロコシから創造されたと考えていた．この物語は，マヤ人とその世界観について書かれた古典的書物 Popol Vuh にみられる（Reinoso, 1956）．無限に続く驚異の生命循環のどこかで，種々の分解過程を通じて人類は大地に戻り，その大地からトウモロコシが再生された．それから，トウモロコシはふたたび身体（心と魂）を養った．このような捉え方は，DESAR 夏季講習におけるテーマ「経済，社会，衛生」といくらか矛盾している．私はこの余分な要素を「美的価値観」といっているが，それを「全体性」という人もある．マヤ人は「非常に良い」という意味で「utzil」と呼んでいる．生活，その要素，そして DESAR のようなプロセスは，建築家の目からも魅力的に見えなければならない．建築家は人々を動かす創造性について語らなければならない．美の概念は，観察者によって異なる．どんな専門家も「utzil」だけを押しつけることはできない．それは多くの異質な演者たち相互，さらにはそのまわりの環境との相互作用によって実現される．マヤ人の思考では，排水を資源としてみることの中に固有な論理と美が存在している．素直に生命の循環の一つの段階にすぎないとみなしているからである．

バランス：マヤ人のライフスタイルは，悪を絶滅させるというより善と悪のバランスを取る努力にあるように思われる．そのため，健康リスクを完全に消滅させるのではなく，そのリスクを最小限に抑えてうまく管理しようとする（場合によっては，それを利点に変えることもある）．完璧な解決策を求めると，意図とは逆の効果がもたらされることがある【思想家の Ivan Ilich（イバン・イリイッチ）は，技術開発と神話に関する批判的な研究を提示している（Ilich, 1978）．最近オランダのラジオニュースで次のような内容が放送された．「安全のために（交通など），多くの親は子供を学校に連れていっている．けれども，このような動きが子供にとって学校で過ごす時間を最も危ういものにしているという証拠がある】．一つだけ例をあげると，非衛生的なヒトの排泄物が，循環的本然（今日では都市農業とよんでいる）の知恵によって，パパイヤやガーリックなどを健康に成長させるための肥料となるが，両方とも腸内回虫などの寄生虫に対する優れた薬であることが証明されている．

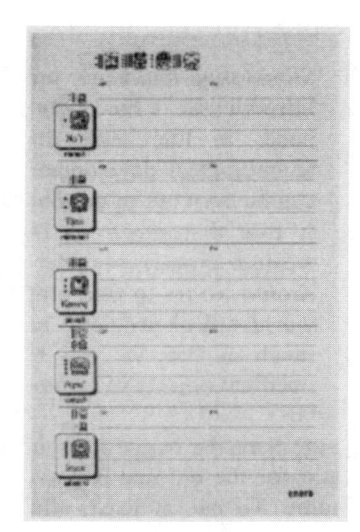

図 32.6 古代人の論理と洞察は今日でも共有されている（13 週と 20 日と共に）（資料：Maya ageneda, COMG グアテマラ）

今日の西欧における認識と行動の不均衡に関する Ellul の短い文章に，「utzil」とバランスについての補助的な見解が記載されている（Ellul, 1990）．マヤ文化の直接的な影響から離れて，彼は西欧的な開発のパラダイムの中で生活し労働する観察者を批判している．

利点の集中と欠点の拡散：Ellul は，物質的な財に対する西欧的な力点の置き方は，利点を集中させ欠点を拡散させる傾向があると述べている．すなわち，個々の問題を解決する従来の技術的方法は，どこか別の場所でさらに拡散してしまった 2 次的な問題を引き起こすといっている．そこで私は，「持続可能性」というものを，社会-精神的問題と環境的問題を考慮しながら，Ellul の矛盾を埋める努力として理解することを提案する．

このことから，DESAR に関する結論的な見解に導かれる．DESAR は従来型の下水処理が行われていない人々のニーズに応えるものであると誤って主張するなら，実務家や理論家は，自分たちの仕事は始まったばかりであり，この先にまったく奇妙な仕事が待っていると考えることになる．社会経済的な現実や今日の技術力を考えると，これに係わる複雑な要素をここで詳述するつもりはない（Schiere, 1991 年）．以下は，取組みの問題に関する要点である．

不利な条件の活用：先に紹介した私の見解が暗に意味するところは，創造的な発展は実際に必要なものから生まれる可能性があるということである．西欧流の技術開発に内在するアンバランスについての Ellul の指摘と並んで，私は必要性から生み出されるもの，富により失われる可能のあるものの存在を強調したい．DESAR の多くは非西欧的な状況のもとで，通常の西欧的経験の外で開発されたものではないだろうか？ 我々は，多くの問題と可能性に満ちた非西欧的世界にバランスを見つけなければならない．彼らを助けることができるのと同じくらい彼らから学ぶことがある．彼らを衛生技術の劣等で従順な生徒とみることはできない．

私はここで，明らかにロマンチックな取組みは，都市の荒廃や難民キャンプ以前の古き良き時代に有効であったにすぎないと言いたい．少なくとも私にとっては，このことは生活と仕事における逆境の中からつかんだ実践的な教訓である．

この思索的な節の結論として，西欧的な社会・経済的パラダイムはあまりにも狭いもので，DESAR を実践するうえでの思想的基盤とするわけにはいかないという点を指摘しておきたい．

32.4　DESAR に関する建築家と都市計画専門家の相互影響

本節では，イメージによる例を提示する．まず，現実に緊急に必要とされる大規模な DESAR のテーマは除外する．それとは違ったレベルにおいて，重要な技術的開発が実現されていることを示す．このようなささやかな例は DESAR と関係がないように思われるかもしれないが，恵まれた人々や特権的な人々もこのような例を通して，近代的な衛生概念に親しむようになったことを忘れてはならない．このような意識が，DESAR に対する政治的・国民的なより広い理解に寄与するものだと考える．ここでもう一度，プラトンとソクラテスの対話を引用しておく．「小さな個的視点は，全体的な視点同様に重要なものである」．古代に展開された彼らの政治論争は，今日でも妥当する重要なテーマである．政治的・技術的議論だけから進歩を期待することはできない．意志決定者となるべき人々が実際に体験する必要がある．

32.4 DESARに関する建築家と都市計画専門家の相互影響　629

32.4.1　分野をこえた学際的取組み

　DESARにより健康で緊密な地域社会の感覚を再構築することができる．これは，マヤ文化の概念「utzil」やEllulの持続可能性に関する提案の線に沿っている．以下の例は，文明をこえた事実，すなわち，DESARの実施は，あらゆる分野の専門家や地元住民を巻き込んだ，排水処理の問題をこえた異文化交流論上の可能性があることを示している．露のしづくの美しさ，蜘蛛の巣，苔類や色鮮やかな菌類に始まり，汚物（ブラックウォーターなど）処理の不透明な瞬間を通って，ハリケーンに耐える河川堤防の建設に至る全ての過程，このリストは，DESARを構成する基本的な要素の理解を広げてくれる．

32.4.2　ミクロ生態学 (Bad Kreuznach and Amersfoort)

　ドイツBad Kreuznachの近郊では，ミネラル，水，大気の興味深い相互作用がみられる．地殻の深いところにある水源の健康的なミネラル水が，巨大な散水ろ床のように見えるふとん籠に似た岩構造の上に流れている（ふとん籠とは，金属の網で束ねられた岩石である）．水と大気が出会うところで，自然環境の最も魅力的な場面がつくられている（図32.7）．

　オランダAmersfoortの近郊では，住宅地から交通騒音を遮るために，物理的

図32.7　ミネラル水，岩石，大気の相互作用（ドイツBad Kreuznach近郊）（資料：市PR事務所）

な障壁が建設されている（図32.8 (a)，(b)）．これらの防音壁は小さな蛇篭で仕上げられている（Kreuznachのように）．元来乾燥したものであるこの堤体の上端に潅水するために，近隣住宅のグレイウォーターをこの「散水ろ床」上部に汲み上げて通過させているのは興味深いことである．

図32.8 防音壁に用いた蛇籠が，グレイウォーター用の散水ろ床として機能している（Amersfoort，オランダ）（資料：Sietzema）

32.4.3 姿勢，健康，理解（Bad Kreuznach）

呼吸器に問題のある様々な社会階層の人々が，リラックスしながら，美しい「健康壁」の近くで座ったり歩いたりしている（図32.9）．彼らは「健康的なエアロゾル」をふんだんに含んだ，健康的な水と空気を吸って病気から回復する．ここでは，健康・安全の専門家が，エアロゾルの汚染または浄化の可能性やリスクを調査している（Amersfoortの例も参照）．新鮮な空気を吸うことだけでなく，リラックスしたり医療スタッフがいることもあって，精神的な健康を回復する．実際，あらゆる疾病は不健全な社会環境で発生しやすいため，DESARは微生物学や酸素要求といった問題をこえたものを提供する．

32.4 DESARに関する建築家と都市計画専門家の相互影響　631

図32.9 健康壁散水ろ床，安らぎとくつろぎの環境（Bad Kreuznach，ドイツ）（資料：市PR局）

32.4.4　水，大気，土壌（地球外空間とコペンハーゲン）

　地球外空間を旅する宇宙飛行士は，廃棄物や排水の問題に直面するだけでなく，多くの近代的なオフィスワーカーと同じような意味で，人工的な物質で汚染された環境で生活する．そこで，米国航空宇宙局（NASA）は，地球外空間でのスペースシャトル内の微気候を（最小限の手段で）改善することに関心をもっている．

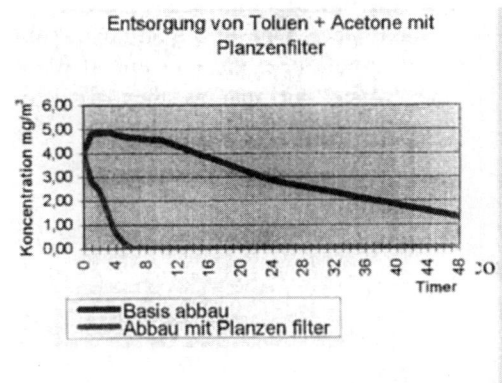

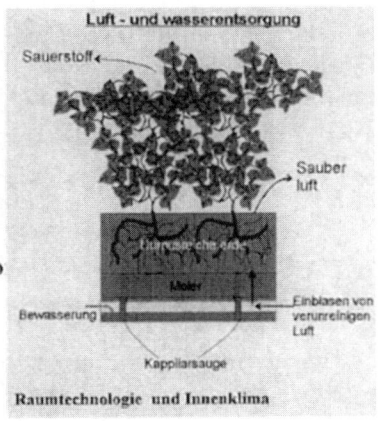

図32.10　(a) 土壌基質が大気の有毒成分を固定・低減する．(b) 植物と土壌を組合せることで，効果的な空調が可能となる（資料：DRT-TransTormファイル）

本章の筆者は，NASAの経験から，汚染された大気をろ過する植物や土壌基質の概念を開発した（図32.10，図32.11）．

32.4.5 家庭への統合的DESARの応用

Kalmer（スウェーデン）とAlborg（デンマーク）における公営住宅リフォームプロジェクトに向けた実験的プロジェクトにおいて，水，大気，騒音，空間および食物貯蔵への対応を組合せた技術が実施されている．これらについて美的側面を計画するのは，建築家の仕事である．Alborgでは，屋内大気とグレイウォーターの処理とリサイクルを組合せた実験が行われた（図32.11）．プロジェクトの目的は，古いものと新しいものを組合せて住宅とアパートを改良することであった．Alborgの経験は，持続可能で安価な方法の典型としてということではなく，屋内気候の開発に新しい概念を取入れる最初の試みであったと位置づけられる．ここでのポイントは，小規模DESARでさえ中産市民にそれを提供できたという美的側面である．

図32.11 都市型エコロジーを組入れて近代的中産市民用のアパートに改修された旧式のアパート（Alborg，デンマーク）（資料：DRT-TransForm ファイル）

32.4 DESARに関する建築家と都市計画専門家の相互影響　633

図 32.12 （左）：空気とグレイウォーターの調整器として窓に置かれている小型温室，視覚的にも快適な環境（Alborg，デンマーク）（資料：DRT-Transform ファイル）．（右）：基質と植物を組合せて，オフィス環境と音響的効果を改善（コペンハーゲン，デンマーク）（資料：DRT-TransForm ファイル）

図 32.13 （左）：大型屋内保冷庫の冷却システムを増強する散水ろ床．（右）：散水ろ床の冷却エネルギーが供給される屋内保冷庫（コペンハーゲン，デンマーク）（資料：DRT-TransForm ファイル）

図 32.14 分散型グレイウォーター処理装置の一部としての屋内水槽（資料：DRT-TransForm ファイル）

Kalmer（スウェーデン）では，屋内のグレイウォーターの滴下と台所の空気処理を組合せることで，背景の雑音を静めバックラウンドミュージックのような雰囲気がつくられている（図 32.12）．

Alborg の経験に戻る：共同洗濯場（伝統的にアパートの地下室）のグレイウォーター処理の滴下水は，大型保冷庫の吸気の冷却に使用できるように設計され，生鮮野菜や飲料水を冷蔵保存するために使用される（図 32.13）．ここでのポイントは，消費者が小型冷蔵庫に保存されているスーパーマーケットの食品に依存しなくても，地下貯蔵室のような収容力があるので，生鮮食品や地元の製品を地域市場で購入できることにある．この技術は地域社会の持続可能な開発を促進するということである．

DESAR の実践者で想像力豊かな人なら，不意の客に食事をもてなすための鮮魚をいれた水槽に，屋内排水の処理水を利用するといったことも容易に想像できる（図 32.14）．

32.4.6 DESARオンサイト処理と再利用（リマ，サンマルコス，Hichtumおよび Nieuwersluis）

ペルーのリマでは地元の排水処理技術者 Ing. Alejandro Vinces が，裕福な住民を集めて，排水を下水管に排出せずに（基本処理を施した後）浜辺の灌漑に利用するよう説得した．実際，リマは乾燥した砂漠地帯に建設されていたが，これによって，今ではその乾燥気候が緩和され植物や花が溢れ住宅地の環境が改善された．その地域は「花地区」と呼ばれている．その地域が緑の植物に満たされるようになったため，そこの住民は緑を求めて旅行する必要がなくなった．また，住民がこうした過程に積極的に参加するようになると，住民同士の交流が深まってきた．地元農民の習慣も改善され，市街地の下水管に割り込んで排水を用いて農地を灌漑するようになった．

1980年代の初頭に国連難民高等弁務官（UNHCR）として勤めていた時，私はホンジュラス南部のサルバドル難民キャンプでも同様の経験をしたことがある．排水が様々な社会経済的な活動に利用され，戦争中の絶望的な状況でも難民の役に立った（図32.15）．斜面の灌漑に排水の一部が利用された．この際直面した困難は，中長期的な資金を獲得することであった．難民は一つの場所に長期的に留まることはなく，キャンプ地に地域社会を建設する意志はないと考えられている．サルバドル戦争では社会的な正義の実現が課題となった．難民キャンプで社会環境的な理解が得られ，それに伴う行動が取られた主な理由の一つであった．

もう一つの課題は，戦争の早期終結に関する公式政治声明がなされたことであった．そこで，難民キャンプで実践されたと同様な統合的開発がキャンプ周辺の

図32.15 肥沃な果樹園に変わった乾燥斜面（Mesa Grande 難民キャンプ，サンマルコス，ホンジュラス）（資料：著者）

土着社会に対しても実施された．

オランダのフリースラント地方の一部では最近，集中型下水道システムの敷設が拒絶された．彼らの抵抗は，農村環境に都市型衛生施設を設けることの限界を示しており興味深い．村落周辺の運河や湿地は，通常の排水処理に必要な容量よりも大きな容量を有している．低密度の自然処理システムは，ヤナギやニセアカシアのような適切なバイオマスを生産することができる．これらの樹木は，毎年収穫して地域内で薪や塀柵などに使用することが可能である．

フリースラントの農村の現実とは反対に，オランダ西部の都市的環境にもDESARが適しているかもしれない．幹線道路，高速鉄道，国際水路，およびポルダーに必須の堤防に囲まれたユトレヒトに残された希少な田園スポットでは，オランダの企業が自分達の工場地域を汚染の少ないエコパークに開発したいと考えている（図32.16）．周囲の物理的な障壁によって，この地域は集中型下水道との接続から切り離されている．全ての排水を，環境を保護し鳥の棲息場となるバイオマスに変えることができる．けれども，オランダの行政的な枠組みでは，今のところまだ法的な条件が整っていない．

図32.16 オランダでも一部の地域は従来の集中型下水道へのアクセスが切り離されている（Nieuwersluis，オランダ）（資料：Mr Peter van Bolhuis, Pandeon Production, Westervoort)

32.4.7　雨水と侵食の防除（マナグアおよびチョルテカ）

DESARとして真剣に検討されるべき課題をさらに2つ提示する．この2つの事例は，オランダの低地やデンマークのアパート式住宅の仕事より緊急性と可能

性があると考えられる．彼らも，健康リスクに関する通常の思想を受け付けていない．私は，中米における都市改造と災害管理に関与した過去2年間にこのことを経験した．いずれの場合も，地域住民の参加と自覚がなければ不可能である．彼らに目的と共通の利益を与えることによって，地域社会を強化・救済できる可能性がある．

マナグアは，差し渡し20km未満の比較的小さな流域にあるため，DESARによる持続可能な水管理に適している．土壌は砂質であり，一部の地域だけに飲料水に使用できる管理された帯水層がある．この数十年の間に（地震や戦争のために），環境的・地形的な不安性のために都市の計画的な建設が困難な旧マナグア周辺に，人々は極端な仮小屋の町をつくっている．行政当局は，高速道路や幹線道路を中心に据えた都市開発を考えがちである．一方，私は建築家として，空間や視覚的な面に重きをおいて活動した．IDBコンサルタントの一員として，第三の視点，すなわち，流域や下水管の問題に関する基準を提案した．私は，下水管を家から道路に直結する都市計画に反対であり，排水が丘陵斜面を流れている間に酸化処理がなされるという自然流下式を最大限利用することを試みている．

また同時に，斜面を安定化し都市気候を緩和するために，処理水を都市緑地の潅漑に利用することを提案した．Amersfoortの蛇籠を想起し，少なくともグレイウォーターの処理と斜面の侵食保護を同じ斜面で統合的に実施することを提案した（図32.17）．このような「都市のテラス化」は，都市農業の参考になる．私の考えでは，都市農業には花卉，果実などの栽培と日陰の形成が含まれる．経済的・景観的な利点があるため，こうした物理的な防除策は，住民の理解を得る要素にもなる．

マナグアでは，汲取り式トイレがブラックウォーターを処分する主な方法である．けれども（汲取り式トイレはブラックウォーターだけに使用されるため），グレイウォーターが道路や子供達が遊ぶ運動場に流入している（図32.18）．傾斜地であれ平地であれ，グレイウォーターはコストをかけずにもっと創造的に用いることができる．

1998年に，ハリケーンMitchは中米に大被害をもたらした．大変な環境破壊が起った．ここで言及するのはホンジュラスのチョルテカ谷だけの話である．主要河川の流れが大きく変わり，近代的な橋梁が使用不能になった（図32.19）．広い範囲にわたって，もともとわずかだった肥沃な土地が破壊され，沃地の上に

図 32.17 グレイウォーターは，都市斜面の安定化および花や野菜を栽培することによる微気候の改善に用いることができる（Tegucigalpa，ホンジュラス）（資料：著者）

図 32.18 家屋の周辺で使用されるグレイウォーター（Pantanal，Managua，ニカラグア）（資料：著者）

は何 m もの砂と岩が残された．チョルテカでは，洪水によって下水処理場が流されてしまった．その場所に新たなプラントを建設するには，長年月がかかることになる．

　DESAR の実務家として，（こうした乾燥砂漠気候で使用される場合）従来型の下水処理方法を，スペースが潤沢にあって河川に護岸のないような所で用いる

図 32.19 自然災害が河川の流れを変えた．ヒトの技術もこの橋梁のように時代に適合しなくなることがある（チョルテカ，ホンジュラス）（資料：Prensa メモリアル，San Pedro Sula, 1998年）

のは適切なものかどうか疑問に思う．

第一に，最少限の前処理を施した後，排水を根の深い成長（および再成長）速度の速い樹木の施肥潅漑に使用することを提案する．そうすれば，豪雨による被害が「生きたフェンス」によって抑制され，その他にも薪を収穫することができるし，人々は塵埃のない涼しい微気候を享受することもできる．鳥を初めとする動物のハビタットが豊かになり，脅威（ヘビなどが出る恐れ）と利益（薪の収穫，鳥の鳴声，花の香りなど）のバランスが取れた環境になる．二番目に，破壊された河床から様々な水質の水を見つけ出し，様々な目的で活用する可能性の検討を提案する．岩と砂でできた巨大な貯水空間は興味深い水の貯留をもたらし，自然の論理に沿った新たな創造的な摩擦を示してくれる．

建築家の心には，バランスへの「utzil」が存在している．排水は美，健康，暮らしにおいて重要な役割を果たす不可欠な一要素である．

32.5 参考文献

Cacerez, A. (1987) Primer Seminario –Taller Nacional sobre Letrinas Aboneras Secas Familiares, Guatemala. (In Spanish.)
Chongrak, P. (1981) *Human Faeces and their Utilization,* AIT, Bangkok.
Ellul, J. (1990) *The Technological Bluff*, Erdmann, Grand Rapids.
Esrey, S. *et al.* (1998) *Ecological Sanitation,* SIDA, Stockholm. (A general, very worthwhile resource on the subject.)

Ilich, I. (1978) *Towards a History of Needs*, Pantheon Books, New York
Reinoso, D. (1956) Popol Vuh, Tradiciones Antiguas del Quiché, Guatemala. (In Spanish.)
Ross, G.D. (1999) Cities feeding people. Report 27, Community-based technologies for domestic wastewater treatment and reuse for urban agriculture, IDRC, Ottawa. (A general, very worthwhile resource on the subject.)
Schiere, J.J. (1989) LASF, Una Letrina para la Familia,.MCC, Santa Maria Cauqué. (In Spanish.)
Schiere, J.J. (1991) *Beyond Technology*, MCC occasional paper, Akron.
Simon, C. (2000) Westerse Mantra's XVII, Maurice Merlau-Ponti, *Filosofie* magazine. (In Dutch.)
Van Gelder, J. (1960) *Plato: Gorgias en Socrates*, Bert Bakker, The Hague, the Netherlands. (In Dutch.)
Van Kranendonk, A. (1980) Het Analytische en Compositorische in de Architectuur, OUP, Delft. (In Dutch.)
Verhelst, T. (1986) Het recht anders te zijn, Unistad, Antwerpen. (In Dutch.)

あとがき
翻訳者・監訳者を代表して

　私がDESARの概念に初めて出会ったのは，1998年11月にドイツのBadE1sterという古い温泉町で開催された「水，サニテーションそして健康」と題するWHO主催の小さな国際会議でした．スウェーデンのUno Winbladによるエコ・サン（EcologicaL Sanitation）の試みの話やアジア・アフリカ諸国の実情を直接聞く機会をもつことができたのです．しかし，当時はまだ極めて小さな動きでしかありませんでした．DESARが認知されはじめたのは，新しい世紀に入ってからでした．この分野の国際会議が2001年（南寧，中国），2003年（リューベック，ドイツ）と開催され，2004年にマラケシュで開催された世界水会議では独自に2日間のセッションをもつまでに拡がりをみせたのです．

　日本国内ではどうでしょうか？　原書の題名は「Decentralized Sanitat1on and Reuse」（DESAR）です．残念なことにDESARという概念を直接表現する適切な日本語がないため，日本語訳本の題名を「分散型サニテーションと資源循環」とせざるを得ませんでした．「サニテーション」という語が外来語から日本語になるのか，もしくは，漢字を当てはめて新しい日本語が用意できるのか，これからの私たちの活動にかかっていると自覚しています．翻訳を行うにあたり，私たちはまず適切な日本語を用意することから始めなくてはなりませんでした．

　水資源や水質汚濁のような水の問題，公衆衛生の問題，農業や食の安全の問題，経済の問題，文化の問題など，様々な問題が絡み合っているのが現実の姿であると思います．その中で持続可能な社会へ向かって，本書は私たちが利用した水と水に含まれる物質を如何に水循環系へ戻すか・再利用するかについて新しい考え方と具体的な方策を示しています．DBSARは自然科学・技術的側面から人文科学的側面まで多くの事柄が関連しています．そのことを反映して，本書では，DESARの考え方，DESARを支える技術，DESARと公衆衛生や環境保全との関わり，DESARの社会的要素，そしてDBSARと都市計画の関連など広範囲の事柄が扱われています．

あとがき

　50〜100年後の日本や世界にDESARの考え方がどれだけ生かされているか．これは，この本によりどれだけの多くの人たちにインパクトを与えることができるかにかかっていると思います．読者の皆様の率直な感想をいただければ幸いです．また，様々な分野の多くの人たちに本書が活用されることを念頭におき，専門家しか読めない本にならないように日本語訳に留意しました．しかし，この意図が十分に達成されたか確かではありません．この点に関しても，読者の皆様のご意見をいただきたいと思います．

　この本の出版にあたり，多くの方の協力をいただきました．丹保憲仁放送大学学長（前IWA会長）には，原書を出版しているIWAから日本語訳の許可を得ていただきました．また，本書の翻訳出版については（財）ダム水源地環境整備センター加藤昭理事長のご理解を得ることができ，多大な協力を得ました．また，戦略的創造研究推進事業（科学技術推進機構）のプロジェクト「持続可能なサニテーションシステムの開発と水循環系への導入に関する研究」（研究代表：船水尚行）の一環として翻訳・出版を行うこともできました．

　本書の翻訳には28名が参加しました．新しい概念を日本語に訳すという挑戦をなんとか達成できたと自負しています．28名という多くの翻訳者からの原稿に目を通し，全体としてバランスのとれたものに仕上げる監訳作業はより難しいものでした．この作業は監訳者の1人である（財）ダム水源地環境整備センター橋本健理事の献身的な努力により達成することができました．また，技報堂出版の小巻慎編集部長，宮村正四郎次長には大変お世話になりました．

　本書の出版は多くの人たちの共同作業により実現しました．ここに，関係各位に心から感謝申し上げます．

　本書に関するご意見，ご感想を次のメールアドレスまで送ってください．
Funamizu@eng.hokudai.ac.jp

2005年3月

北海道大学大学院工学研究科
船水　尚行

略号

略語		日本語訳
AC system	Accumulation system	蓄積システム
AF	Anaerobic filter	嫌気性生物膜，嫌気性ろ床
AH	Anaerobic hybrid	嫌気性ハイブリッド
AN	Anthropogenic nutrients	ヒト由来栄養塩類
AN technology	Anthropogenic nutrients technology	尿[ヒト由来栄養塩類]分離技術
AP	Algal pond	藻類安定池
AS	Activated sludge	活性汚泥（法）
ASBR	Anaerobic sludge blanket reactor	嫌気性汚泥床反応槽
BAF	Biologica Aerated Filter	エアレーション式生物ろ過
BASNEF model	Beliefs, Attitudes, SubjectiveNoms and EnablingFactors	BASNEFモデル
c.	circa	およそ，約，〜年頃
C&D	Construction and demolition	建築・解体
CEPS	Chemical enhanced primary sedimentation	薬剤投入による（最初）凝集沈殿
CSO	Combined sewer overflow	合流式下水道越流（量）
CSTR	Completely stirred tank reactor	完全混合反応槽
CUS	Centralised urban sanitation	集中型都市サニテーション
DAF	Dissolved air floatation	気泡浮上分離法
DESAR	Decentralised Sanitation and Reuse	分散型サニテーションと資源循環
DI	Drip irrigation	滴下潅漑
DUS	Decentralised urban sanitation	分散型都市サニテーション
DWF	Dry weather flow	晴天時汚水量
EGSB	Expanded granular sludge bed	膨張汚泥床

EQO/EQS	Environmental Quality Objectives/Environmental Quality Standards	環境(質)目標／環境(質)基準
FB	Fluidised bed	流動床
HDPE	High density polyethlene	高密度ポリエチレン
HLR	Hydraulic loading rate	水量負荷
HRT	Hydraulic retention time	水理学的滞留時間
HUSB	Hydrolysis upflow sludge blanket	加水分解上向流汚泥床
IPP	Integrated product policy	統合的製品（製造物）政策
ISF	Intermittent sand filter	間欠式砂ろ床
LAS	Linear alkylbenzene sulfonate	鎖状アルキルベンゼンスルホン酸
LCA	Life cycle assessment	ライフサイクルアセスメント
LCI	Life cycle inventory	ライフサイクル目録
LP	Lemna (duckweed) pond	ウキクサ安定池
MABR	Membrane aeration bioreactor	エアレーション式膜分離生物反応槽
MBBR	Moving bed biofilm reactor	移動床式生物膜処理槽
MBR	Membrane biological reactor	膜分離生物反応槽
MF	Micro-filtration	精密ろ過
MIPS	Material intensity per service	単位サービスあるいは単位機能当りの物質・エネルギー集約度
MLSS	Mixed liquor suspended solids	活性汚泥浮遊物質，活性汚泥懸濁物質
MSA	Maximum specific methanogenic activity	最大メタン生成活性値
NF	Nano-filtration	ナノろ過
NTS	Natural treatment systems	自然処理システム
NTSW	Natural treatment systems for wastewater	排水の自然処理システム
ODI	Onsurface drip irrigation	地表滴下灌漑
OF	Overland flow	表面流下（法）
OLR	Organic loading rate	有機物質負荷

PE	Population equivalent	人口当量
PL	Personal load	個人負荷
PVC	Polyvinylchloride	ポリ塩化ビニル
RBC	Rotating biological contactor	回転円盤生物接触装置
RI	Rapid infiltration	急速浸透（法）
RO	Reverse osmosis	逆浸透
SAR	Sodium absorption ratio	ナトリウム吸着率
SAT	Soil-aquifer-treatment	土層・帯水層処理（法）
SBR	Sequencing batch reactor	回分式反応槽
SDI	Subsurface drip irrigation	地中滴下灌漑
SR	Slow rate	緩速処理（法）
SRB	Sulphate-reducing bacteria	硫酸還元菌
SRT	Sludge retention time	汚泥滞留時間
SS	Suspended solids	浮遊物質，懸濁物質
SVI	Sludge volume index	汚泥容量指数
TDS	Total dissolved solids	溶解性蒸発残留物
TS	Total solids	蒸発残留物
UASB	Upflow anaerobic sludge bed	上向流嫌気性汚泥床
UF	Ultra-filtration	限外ろ過
UV	Ultraviolet	紫外線
VC	Vacuum closet	真空式トイレ
VFY	Vegetable, fruit and yard (garden) waste	バイオ家庭廃棄物［の通称］
VIPL	Ventilated improved pit latrine	換気式改良汲取り便所
VSS	Volatile susupended solids	揮発性浮遊物質,揮発性懸濁物質
WEMOS	Water extract of Moringa oleifera seeds	*Moringa oleifera*（ワサビノキ）の種子からの水抽出物
WWTP	Wastewater treatment plant	排水処理施設（下水処理場、終末処理場）
XOC	Xenobiotic organic compounds	毒性有機物質

索 引

【あ】
アジェンダ21　118, 164
後処理　279
アルカリ処理　489
安定池
　　好気性安定池　327
　　藻類安定池　145, 320
　　嫌気性安定池　284, 327
　　ウキクサ安定池　145, 320, 395
　　熟成池　289
　　通性池　285, 327
　　養魚池　146
　　排水安定池　284

【い】
イオン交換　391
維持管理，保守管理　238, 528
移動床式生物膜処理槽　248
イムホフタンク　24, 138
色排水　66

【う】
ウイルス　290, 475
ウキクサ　395
畝間灌漑法　309
埋立　92

【え】
エアレーション式生物ろ過　341
エアレーション式膜分離生物反応槽　343
衛生（学）　451, 467, 483
栄養塩類
　　排水の　383
　　回収　388
疫病の発生
　　コレラ　15
　　チフス　15
　　リスク　126
エクセルギー　372
エコロジカルサニテーション　123
エコロジカルビレッジ　123
エネルギー（電力）
　　消費　276
　　変換　197
F-ダイアグラム　494

【お】
王立委員会基準　27
屋外便所
　　衛生　138
　　素掘式　138
汚泥
　　汚染　119, 500
　　腐敗槽の　62
　　処理　32, 157
汚泥滞留時間　188
汚泥容量指数　208

オンサイト処理　233, 255, 302

【か】

回虫　145, 476
回転円盤生物接触装置　196, 236, 341
ガイドライン　445
回分式反応槽　35, 47
界面活性剤　352
化学物質　352, 470
加水分解　220
加水分解上向流汚泥床　191
カスケードシステム　380
活性汚泥
　　コンピュータによるモデリングと管理　33
　　歴史　27
　　栄養塩類除去　31, 238
　　基準　32
活性汚泥浮遊物質　270
家屋設備　135
家庭における水利用　370
刈り草（刈り芝）　91
灌漑
　　コスト　585
　　地表滴下（灌漑）　412
　　地中滴下（灌漑）　412
　　排水灌漑　409, 440
灌漑法　302
換気式改良汲取り便所　142
環境（質）目標/環境（質）基準　104
間欠式砂ろ床　153
完全混合反応槽　192, 219
乾燥　176
乾燥床　487

【き】

基準
　　排水　279
　　水の再(生)利用（リサイクリング）　336
規制
　　歴史　454
　　再利用　445
　　再利用に関する世界の　456
寄生虫　293, 477
揮発性浮遊物質　82
気泡浮上分離法　153
逆浸透　34, 394
吸着　360
強制的規制値　281
巨大都市　118, 427

【く】

くず（屑）　75
クラスAパン（大型蒸発計）　413
グラニュール化　188
グラニュール　187
クリーンテク調理　67
クリプトスポリジウム　360, 473
グレイウォーター
　　組成（成分）　235, 333, 352
　　処理　252, 255

【け】

計画降雨　105
経済
　　効率　579
　　評価　562
　　枠組み　565, 581
　　マクロ　576
　　ミクロ　576

下水道
  合流式　　100, 102
  分流式　　109
  自然流下式　　100, 155
  歴史　　12, 97
  機能　　97
  問題　　45
  越流　　104
  圧力式　　101
嫌気性
  変換　　8, 33, 181, 551
  バイオ廃棄物の消化　　89, 555
  ろ床　　189, 258
  実施状況　　558
  排水の処理　　138, 181, 203, 217, 281
嫌気性汚泥床反応槽　　501
嫌気性生物膜　　189
嫌気性ハイブリッド　　192
健康　　449
建築　　617
建築・解体　　78
原虫　　475

【こ】
高温性の　　183
行動の変化　　536
高密度ポリエチレン　　102
合流式下水道越流（量）　　104
固形廃棄物
  収集　　428, 483
  計画　　384
  庭の　　76
  発生　　78, 428
  有害な　　77
  台所の　　49, 60, 76, 492
  有機　　75, 195

個人負荷　　65
コンポスト化　　89, 168, 439, 489, 556

【さ】
最初沈殿　　23
再生
  バイオガス　　50
  栄養塩類　　42, 128, 388
  固形廃棄物　　88, 427
  水　　42, 410, 440, 446, 468
鎖状アルキルベンゼンスルホン酸　　359
殺菌　　473
サニテーション
  集中型　　4, 41
  分散型　　5, 136, 469, 609
  ドライ　　487
  歴史　　11
  自律システム　　613
  統合システム　　613
サルモネラ菌　　360, 475
散水ろ床　　26, 236
残飯　　76

【し】
ジアルジア　　290, 473
紫外線　　195
市街地
  生態システム（環境システム、エコシステム）　　596
  計画　　593, 617
資金調達　　545, 580
自然処理システム　　301
持続可能な
  発展（開発）　　118
  環境保護　　3

質
  水の等級　372
  放流水の基準　449
湿地
  人工湿地　33, 146
  自由水面流　146, 322
  地下浸透流　146, 322
指標生物　476
市民の（住民の，公衆の，一般の）
  支持（受容，受容性）　447, 515, 602
  啓発　533
  実証（試験）　522
  動員　533
  認識（理解）　239, 397
下肥　14, 67
重金属（金属）
  バイオ廃棄物　82
  下水　63
  グレイウォーター　355
  汚泥　119
集中型下水処理　4, 44, 499
集中型都市サニテーション（CUS）　5
住民の区分（階層）　542
浄化槽　255
小規模システム　134, 233, 255, 338, 467, 518
焼却　42
上向流嫌気性汚泥床　144, 189, 204, 221, 283
消毒　258, 282, 304, 339, 479
真空式
  トイレ　50
  下水道システム　100, 157
人口当量　65
浸透
  雨水　113, 364

  グレイウォーター　363
  排水　312, 363

【す】
水耕栽培，水産養殖　346, 395
水理学的滞留時間　181, 223, 283
水量負荷　204
スツルバイト沈殿　391
砂ろ床，砂ろ過　142, 153

【せ，そ】
晴天時汚水量　104
生分解性有機物　147
清掃（汚泥の）　275
節水技術　127, 371
ゼロ排出　163, 302
潜在的病原性微生物媒介物（ベクター）　492
全蒸発残留物　412

藻類安定池　145

【た】
対話の手段　546
台所廃棄物
  液状　67
  固形　68, 79, 83
タブー（禁忌）　539
単位サービスあるいは単位機能当りの物質・エネルギー集約度　175
短絡流　288

【ち，て】
地下水涵養　301
蓄積（AC）システム　223
チャドウィック（人名）　17

索　引

中温性　183

低温性　183, 195
滴下灌漑
　　地表滴下灌漑　412
　　地中滴下灌漑　412

【と】
トイレ
　　水洗　218
　　分離型　71
　　尿分別式　168
　　真空式　218
　　汲取り　17, 138
統合的製品（製造物）政策　41
毒性有機物質　358, 477
都市
　　農業　429
　　サニテーション　122
土壌
　　土層・帯水層処理（法）　313, 360, 479
　　目詰まり　353
　　汚染　351
土壌処理（法）
　　緩速処理（法）　302
　　急速浸透（法）　30
　　表面流下（法）　302
ドライサニテーション　487

【な, に, の】
内部補助　580
ナトリウム吸着率　409

尿
　　組成（成分）　121, 167, 385
　　肥料　121, 509

　　分離収集　50, 71, 124, 397
尿（ヒト由来栄養塩類）分離技術　397
農業
　　栄養塩類　402
　　都市　427
　　水の再利用　411
ノニルフェノール　359, 365

【は】
バイオガス　172, 210, 223, 554
バイオガストイレ　571
バイオ廃棄物　76
排出源コントロール　112
排水
　　好気（性）処理　236
　　嫌気（性）処理　181, 203, 217
　　化学処理　23, 241
　　下水農場　22, 305
　　土壌処理（灌漑法）　22, 141, 301
　　膜処理　304
　　排水の自然処理システム　301, 345
　　収集システム　97
　　成分　59
　　環境影響　501
　　再生　446
　　排水温（排水の温度）　181
　　輸送　72, 136
ハイブリッド反応槽　192

【ひ】
BASNEFモデル　536
微生物　64
ヒト由来栄養塩類　167, 385
ヒドロキシアパタイト　391
費用，コスト　51, 199, 545, 561, 576

病原体
　濃度（含有量）　359, 470, 473, 568
　除去　158, 289, 484
　土壌汚染　421
　基準　281, 451
　ベクター（潜在的病原性微生物媒介物）
　　492
表面流下法　317
肥料　119, 164
微量有機物質　147, 312

【ふ】

ファウリング（膜面の詰まり）　340
富栄養化　501
フォーカスグループ　400
腐敗槽　141, 221, 346, 486, 571
腐敗槽汚泥　158
浮漂水生植物　320
不法投棄　428
浮遊物質，懸濁物質　186
分散型（の）
　排水処理　47, 467, 499, 582, 609
　固形廃棄物処理　435, 564
分散型サニテーションと資源再利用
　（DESAR）
　コンセプト，概念，手法　7, 48,
　　163, 500, 569
　実施　515
　新市街地における　603
　住環境への統合　609, 632
　スケールレベル　593
分散型都市サニテーション（DUS）　7
糞尿（家畜の）　81, 394
糞便　85, 167, 385
糞便性大腸菌　286

【ほ】

法制的側面　445, 566
膨張汚泥床　189
補助（金）　524
補助的構造物　106
ホテイアオイ（*Eichhornia cassipes*）　320
ポリ塩化ビニル　102
ホルモン　53, 165

【ま，み，め】

膜　268, 340, 394, 410
膜分離生物反応槽　34, 304, 341
末端的処理　41, 163

水
　使用（消費）　69, 370
　共同組合　527
　家庭での再利用　369, 446
　節水　379
　不足　133, 331, 351
水指令
　地表水に関する指令　32
　水遊びに適した水指令　32, 281
　魚類の生息に適した水指令　32
　貝類の生息に適した水指令　32
　飲料水に関する水指令　32
　都市の廃水処理に関する指令　32,
　　281
水のタイプ
　ブラックウォーター　49, 66
　飲料水（飲用水）　375
　グレイウォーター　49, 65, 167, 331,
　　351
　雨水　44, 173, 376, 636
ミニ処理施設　237
民営化　567

メキシコ式排水法　345
メタンバクテリア　184

【ゆ, よ】

ユーザーの姿勢　380, 399, 526, 533
有害廃棄物　77
有機物質負荷　204

ヨシ　322, 347
予防　496

【ら】

ライフサイクル
　ライフサイクルアセスメント（LCA）
　　506
　ライフサイクル目録（LCI）　506
ラグーン（安定池）
　エアレーション式ラグーン（安定池）
　　149, 295, 327
　好気性ラグーン（安定池）　149
　嫌気性ラグーン（安定池）　149
　通性ラグーン（安定池）　149
　部分混合エアレーション式ラグーン
　　（安定池）　150
　排水(処理)ラグーン(安定池)　148

【り, ろ】

利害関係者　403, 536, 546
リスク　472, 495, 538
硫酸塩　186
硫酸還元菌　186
流動床　189, 390
リン酸カルシウム沈殿　391

ろ過
　精密ろ過　394
　限外ろ過　394
　ナノろ過　394
　逆浸透　394

【わ】

ワサビノキの種子からの水抽出物
　　（WEMOS）　195

分散型サニテーションと資源循環
―概念、システムそして実践―

2005 年 4 月 20 日　1 版 1 刷発行　　　　　　　ISBN 4-7655-3406-5 C3051

定価はカバーに表示してあります

企　画　(財)ダム水源地環境整備センター
監　修　虫　明　功　臣
監　訳　船水尚行・橋本　健
発行者　長　　　祥　　　隆
発行所　技 報 堂 出 版 株 式 会 社

〒 102-0075　東京都千代田区三番町 8-7
(第 25 興和ビル)

日本書籍出版協会会員
自然科学書協会会員
工 学 書 協 会 会 員
土木・建築書協会会員

電　話　営業　(03)(5215) 3165
　　　　編集　(03)(5215) 3161
F A X　　　　(03)(5215) 3233
振　替　口　座　　00140-4-10
http：//www.gihodoshuppan.co.jp/

Printed in Japan

ⓒWater Resources Environment Technology Center, 2005

装幀　セイビ　　印刷・製本　シナノ

落丁・乱丁はお取替えいたします．
本書の無断複写は，著作権法上での例外を除き，禁じられています．

●小社刊行図書のご案内●

書名	著者・編者	判型・頁数
自然システムを利用した水質浄化 —土壌・植生・池などの活用	S.C.Reedほか著/石崎・楠田監訳 ダム水源地環境整備センター企画	A5・254頁
河川・ダム湖沼用水質測定機器ガイドブック	河川環境管理財団編 ダム水源地環境整備センター	B5・460頁
水文大循環と地域水代謝	丹保憲仁・丸山俊朗編	A5・230頁
水資源マネジメントと水環境 —原理・規制・事例研究	N.S.Grigg著/浅野孝監訳 虫明・池渕・山岸訳	A5・670頁
流域マネジメント —新しい戦略のために	大垣眞一郎・吉川秀夫監修 河川環境管理財団編	A5・282頁
河川水質試験法(案) —1997年版—	建設省河川局監修	B5・総1102頁
水質事故対策技術 [2001年版]	国土交通省水質連絡会編	B5・258頁
自然の浄化機構	宗宮功編著	A5・252頁
自然の浄化機構の強化と制御	楠田哲也編著	A5・254頁
ノンポイント汚染源のモデル解析	和田安彦著	A5・250頁
ノンポイント負荷の制御 —都市の雨水流出と負荷制御法	和田安彦著	A5・162頁
水質環境工学 —下水の処理・処分・再利用	松尾友矩ほか監訳	B5・992頁
生活排水処理システム	金子光美ほか編著	A5・340頁
水系感染症リスクのアセスメントとマネジメント —WHOのガイドライン・基準への適用	金子光美ほか監訳	A5・350頁

技報堂出版 TEL編集03(5215)3161／営業03(5215)3165
FAX03(5215)3233／http：//www.gihodoshuppan.co.jp/